Striebel

Anästhesie und Intensivmedizin

für Studium und Pflege

4. Auflage

Anästhesie und Intensivmedizin

für Studium und Pflege

Hans Walter Striebel

Vierte, völlig neu bearbeitete Auflage

Mit 184 Abbildungen
und 27 Tabellen

Schattauer Stuttgart New York

Prof. Dr. med. Hans Walter Striebel, D.E.A.A.
Chefarzt des Instituts für Anästhesiologie,
Intensiv- und Notfallmedizin
Städtische Kliniken Frankfurt am Main/Höchst
Akademisches Lehrkrankenhaus
der Johann Wolfgang Goethe-Universität FFM
Gotenstr. 6–8
65929 Frankfurt am Main/Höchst

Die Zeichnungen wurden vom Autor selbst erstellt.

Die Deutsche Bibliothek – CIP-Einheitsaufnahme

Ein Titeldatensatz für diese Publikation ist bei der Deutschen Bibliothek erhältlich

Die Medizin unterliegt einem fortwährenden Entwicklungsprozeß, so daß alle Angaben, insbesondere zu diagnostischen und therapeutischen Verfahren, immer nur dem Wissensstand zum Zeitpunkt der Fertigstellung des Buches entsprechen können. Hinsichtlich der in diesem Buch angegebenen Dosierungen von Medikamenten usw. wurde die größtmögliche Sorgfalt beachtet. Gleichwohl werden die Leser aufgefordert, die entsprechenden Prospekte und Fachinformationen der Hersteller zur Kontrolle heranzuziehen.
In diesem Buch sind die Stichwörter, die zugleich eingetragene Warenzeichen sind, als solche nicht besonders kenntlich gemacht. Es kann also aus der Bezeichnung der Ware mit dem für diese eingetragenen Warenzeichen nicht geschlossen werden, daß die Bezeichnung ein freier Warenname ist.

Internet http://www.schattauer.de
Printed in Germany

Lektorat: Katrin Fabian, Pflegepädagogin FH, und Cornelia Diegel
Umschlaggestaltung: Bernd Burkart
Satz: Hofacker DDV, Dürrwiesen 3, 73614 Schorndorf
Druck und Einband: Druckerei Wilhelm Röck, Schwabstr. 20, 74189 Weinsberg
Gedruckt auf chlor- und säurefrei gebleichtem Papier.

ISBN 3-7945-1984-1

Den Pflegekräften, Ärztinnen und Ärzten
des Instituts für Anästhesiologie,
Intensiv- und Notfallmedizin
der Städtischen Kliniken Frankfurt am Main/Höchst
gewidmet für ihr kontinuierlich
weit überdurchschnittliches Engagement.

Geleitwort

Anästhesiologen, die die Entwicklung der Anästhesiologie aus der Ära der Chloräthyl-Äthernarkose zur heutigen hochspezifizierten Narkosetechnik miterlebt haben, erinnern sich noch sehr wohl der Zeiten, in denen Routinenarkosen von überaus erfahrenen Schwestern durchgeführt wurden, während die komplizierteren Narkosen dem jeweils jüngsten Assistenten eines betroffenen operativen Faches übertragen wurden, der sich mehr oder wenig geschickt der häufig ungeliebten Aufgabe unterzog, einen Patienten zu narkotisieren. Die ihn dabei unterstützenden Schwestern und Pfleger hatten meist mehr Erfahrung als er selbst, und er war für deren selbstlose Hilfe zumeist tief dankbar.

Inzwischen hat sich das Bild gewandelt. Die Anästhesiologie ist ein eigener, hochspezialisierter Beruf. Nicht nur die verwendeten Medikamente haben sich gewandelt, auch die Überwachungsmöglichkeiten haben sich dank der von vielen merkwürdigerweise negativ gesehenen sogenannten Apparatemedizin erweitert. Die Entwicklung der operativen Medizin zur heutigen Breite wäre nicht möglich gewesen, wenn nicht die Mitarbeiter dieses Faches gewährleisten würden, daß auch Patienten extremer Altersstufen mit komplizierten Begleiterkrankungen selbst großen operativen Eingriffen unterzogen werden können.

Mein ehemaliger Mitarbeiter Prof. Dr. H. W. Striebel erteilt seit langem Unterricht im Rahmen der Aus- und Weiterbildung von Pflegekräften, Fachkräften, Studenten und jungen Ärzten im Fach Anästhesiologie. Er hat – einem oft geäußerten Wunsch folgend – seine Unterrichtsmanuskripte überarbeitet und ergänzt. Das Ergebnis ist dieses, aus der Unterrichtspraxis heraus gewachsene Buch. Dieses Werk soll eine breite Wissensbasis für alle jene sein, die sich der Anästhesie widmen wollen und sich hierfür das notwendige Wissen aneignen möchten, seien es Schwestern oder Pfleger, angehende oder fertige Fachkräfte, Studenten im Praktischen Jahr oder Berufsanfänger.

Im Geleitwort für die zweite Auflage 1994 stand: „Ich bin überzeugt, daß auch die zweite, überarbeitete und erweiterte Auflage dieses Buches eine breite Leserschaft finden wird.“ Nach kaum zwei Jahren ist eine dritte und nach weiteren zwei Jahren nun eine vierte Auflage notwendig geworden. Dies spricht für sich allein und ich kann meinem hervorragenden ehemaligen Mitarbeiter H. W. Striebel nur wärmstens zu diesem Erfolg gratulieren. Möge dieses Buch weiterhin dem Nutzen all unserer Patienten, sowie denjenigen dienen, die sich auf ein Examen vorbereiten müssen. Außerdem ist dieses Buch bestens als Nachschlagewerk für jene geeignet, die Lücken ihres Wissens füllen möchten.

Univ.-Prof. em. Dr. med. K. Eyrich
ehem. Leiter der Klinik für Anästhesiologie
und operative Intensivmedizin
Universitätsklinikum Benjamin Franklin der
Freien Universität Berlin

Vorwort zur vierten Auflage

Grundlage für dieses Buch sind die Manuskripte zahlreicher Fortbildungsveranstaltungen, die von mir am Universitätsklinikum Benjamin Franklin der FU Berlin sowie an den Städtischen Kliniken Frankfurt am Main/Höchst sowohl für Studenten – insbesondere für Studenten des „Praktischen Jahres" – als auch für das Anästhesie-Pflegepersonal – insbesondere für Teilnehmer des Weiterbildungskurses zur Fachkrankenschwester beziehungsweise zum Fachkrankenpfleger für Anästhesie und Intensivmedizin – gehalten wurden.

In diese vierte, völlig neu bearbeitete Auflage wurden unter anderem neuere Medikamente sowie sonstige, praxisrelevante Fortschritte in der Anästhesie aufgenommen.

Das Buch ist als Nachschlagewerk für in der Anästhesie/Intensivmedizin arbeitende Schwestern, Pfleger, Studenten, Absolventen des Praktischen Jahres, Ärzte im Praktikum und junge Anästhesisten gedacht. Außerdem soll es ein Lehrbuch für die Absolventen des Weiterbildungskurses zur Fachkrankenschwester beziehungsweise zum Fachkrankenpfleger für Anästhesie und Intensivmedizin sein. Daneben kann es für Dozenten und Fortbildungslehrkräfte als Leitfaden für den Studenten- und fachpraktischen Pflegeunterricht dienen, aber auch für alle anderen an der Anästhesie interessierten Leser möchte es eine Anregung und Lernhilfe darstellen.

An dieser Stelle darf ich mich ganz herzlich bei folgenden Personen bedanken, die das Manuskript intensiv überarbeiteten und konstruktive Ergänzungen, Anmerkungen und Korrekturen vorgenommen haben: Kathrin Maidhof, Fachschwester für Anästhesie und Intensivmedizin, OA Dr. W. Philippi, Dr. A. Fischer, Dr. S. Longerich, Dr. I. Nottmeier, Dr. M. Straube und Dr. P. S. Sierra Barra, alle tätig am Institut für Anästhesiologie, Intensiv- und Notfallmedizin der Städtischen Kliniken Frankfurt am Main/Höchst.

Herrn Dipl.-Psych. Dr. med. W. Bertram, Frau Dipl.-Biol. C. Cohnen und Frau C. Diegel vom Schattauer Verlag möchte ich für ihre Unterstützung und die sehr gute Zusammenarbeit danken.

Der größte Dank gilt meiner Familie. Da das Buch ausschließlich nach dem oft anstrengenden Klinikalltag verfaßt wurde, bedeutete dies zwangsläufig eine Einschränkung des Familienlebens. Ohne die verständnisvolle Nachsicht und Geduld meiner Frau und meiner beiden Kinder wäre dies nicht möglich gewesen.

Frankfurt am Main/Höchst, im Herbst 1999

Hans Walter Striebel

Inhaltsverzeichnis

Teil 5
Anästhesie – Spezieller Teil

Teil 9 Anhang

Einführung

Aufgaben des Anästhesisten und des Anästhesiepflegepersonals

Die Anästhesiologie umfaßt vier Teilgebiete:

- Anästhesie
- Intensivmedizin
- Notfallmedizin
- Schmerztherapie

> Die ursprünglichste und wichtigste Aufgabe des Anästhesisten ist die Schaffung eines schmerzfreien Zustandes, in dem z.B. Operationen sowie diagnostische oder therapeutische Maßnahmen vorgenommen werden können.

Dies kann mit Hilfe einer Vollnarkose (Allgemeinanästhesie) oder – in geeigneten Fällen – mit Hilfe einer Lokal- oder Regionalanästhesie erreicht werden. Der Anästhesist ist für die Durchführung dieser **Anästhesien** sowie deren Überwachung verantwortlich. Auch die postoperative Weiterbetreuung von schwerkranken Patienten auf einer operativen **Intensivstation** untersteht zumeist der Anästhesieabteilung.

Eine weitere Aufgabe des Anästhesisten ist die **Notfallmedizin,** das heißt die Wiederbelebung und Stabilisierung vor allem des Herz-Kreislauf-Systems und der Atmung. Diese Aufgabe wird vom Anästhesisten nicht nur bei einem „Narkosezwischenfall" wahrgenommen, sondern vielerorts auch bei der Wiederbelebung von Neugeborenen, im Notarztwagen, bei der Aufnahme schwerverletzter Patienten in die Erste-Hilfe-Station eines Krankenhauses, auf operativen Intensivstationen sowie auf den Normalstationen. Ein weiterer Betätigungsbereich des Anästhesisten ist die **Schmerztherapie** bei chronischen Schmerzzuständen wie z.B. Karzinomschmerzen. In vielen großen Kliniken wurden hierzu inzwischen Schmerzambulanzen errichtet, die zumeist der Anästhesieabteilung unterstehen.

Diesen Anforderungen kann der Anästhesist nur dank der Mithilfe einer Anästhesieschwester oder eines Anästhesiepflegers gerecht werden.

Zu den wichtigsten Aufgaben der Anästhesiepflegekraft gehören:

- Assistenz bei den oben genannten ärztlichen Tätigkeiten
- Bereitlegen der dazu notwendigen Medikamente
- Herrichten der dazu benötigten Anästhesiegeräte
- Wartung und Reinigung der Anästhesiegeräte sowie die Überprüfung auf Funktionstüchtigkeit
- Übernahme ärztlicher Tätigkeiten, wenn diese ausdrücklich an die Anästhesiepflegekraft delegiert wurden

  Voraussetzung hierzu ist neben einer entsprechenden Erfahrung der Anästhesiepflegekraft eine genaue Handlungsanweisung sowie eine Überwachung durch den verantwortlichen Anästhesisten.

Teil 1
Anästhesie – Allgemeiner Teil

Grundlegende Bemerkungen zur Anästhesie

Definition
Anästhesie bedeutet Empfindungslosigkeit, also das Fehlen sämtlicher Wahrnehmungen.

Die Kunst der Anästhesie ist nicht alt. Bis ins 18. Jahrhundert gab es noch keine Medikamente zur Narkose. Wer damals das Pech hatte, sich einer Operation unterziehen zu müssen, wurde eventuell in einen Alkoholrausch versetzt, in dem dann beispielsweise die Amputation eines Beines vorgenommen wurde. Der vor Schmerzen brüllende Patient wurde während der Operation festgehalten. Häufig wurde er ohnmächtig vor Schmerzen. Die Operationszeit mußte so kurz wie möglich gehalten werden. Operiert wurde nur bei lebensbedrohlicher Indikation. Die Letalität war hoch.

Das Ziel jeder Allgemeinanästhesie (= Vollnarkose) muß es sein, den Patienten vorübergehend in einen Zustand zu versetzen, in dem eine Operation sowohl für den Patienten als auch für den Operateur optimal durchgeführt werden kann.

Optimale Bedingungen für den Patienten bedeuten:
- Bewußtlosigkeit (Hypnose)
- Schmerzfreiheit (Analgesie)
- Dämpfung von vegetativen Reflexen

Optimale Bedingungen für den Operateur bedeuten:
- Arbeiten ohne größeren Zeitdruck
- Muskelerschlaffung (Relaxation) und damit guter Zugang zum Operationsgebiet.

Im Jahre 1846 wurde erstmals Äther erfolgreich für eine Operation eingesetzt. In der Folgezeit kam es zu einem stürmischen Fortschritt in der Narkosetechnik. Die Apparaturen zur Ätherverabreichung wurden verbessert und sicherer gemacht. Neue Narkosemedikamente und neue Narkosetechniken wurden entdeckt. Erst die Möglichkeit zur Narkose erlaubte die Ausweitung der Chirurgie. Heute können Operationen von fast unbegrenzter Dauer durchgeführt werden. Operationszeiten von bis zu 15 Stunden und mehr sind keine Seltenheit mehr. Ein Patient, der sich heute einer Operation in Vollnarkose unterziehen muß, kann sicher sein, daß er während der Operation „schläft“ und völlig schmerzfrei ist.

Die präoperative Visite

Normalerweise liegt bereits am Nachmittag der Operationsplan für den folgenden Tag vor. Der Anästhesist sowie die Anästhesieschwester können daraus ersehen, welche Patienten

Tab. 1.1 Operationsplan.

Patient	Alter	Station	Diagnose	Operation	Operateur	OP-Saal	Anästhesist
Müller A.	17 J.	12 A	Abort	Curettage	Mai./Lut.	7	Mül.
Maier H.	54 J.	14 A	Cholezystolithiasis	Cholezystektomie	Kre./Weg. Dil./Stud.	4	Ham.
Hinz C.	78 J.	02	Rektumkarzinom	Rektumamputation	Kre./Wag. Dil./Stud.	4	Ham.
Kunz D.	81 J.	10	Niereninsuffizienz	Shuntrevision	Har./Bad.	1	Kle.

sie am nächsten Tag zu betreuen haben. In Tabelle 1.1 ist ein Beispiel für einen OP-Plan aus der täglichen Praxis dargestellt.

Es ist anzustreben, daß derjenige Anästhesist, der der Narkose zugeteilt ist, „seine" Patienten am Abend zuvor aufsucht und die sogenannte präoperative Visite durchführt.

Ziele der präoperativen Visite

- Überprüfung der vorliegenden Akten (z.B.: EKG, Röntgen- und Laborbefunde)
- Untersuchung des Patienten
- Einschätzung des Gesundheitszustandes des Patienten und damit
- Abschätzung des Narkoserisikos
- Entscheidung über das Narkoseverfahren
- Aufklärung des Patienten sowie Eingehen auf seine Fragen und Ängste bezüglich der Narkose
- Verordnen einer Prämedikation (s. S. 7)

Ablauf der präoperativen Visite

Der Anästhesist besorgt sich auf der Station die gesamten Unterlagen des zu operierenden Patienten. Diese müssen umfassen:

- Akte des Patienten mit anamnestischen Angaben, Untersuchungsbefunden, aktueller Medikation, evtl. Blutgruppe sowie Laborwerten. Sämtliche vorhandenen Unterlagen sind zu sichten. Außerdem sind eine anästhesierelevante Anamnese und körperliche Untersuchung vorzunehmen. Bei jungen, anamnestisch und klinisch unauffälligen Patienten sind keine weiteren laborchemischen und apparativ-technischen Untersuchungen notwendig.

Unter folgenden Bedingungen sind zusätzliche Untersuchungsbefunde notwendig:
- Laboruntersuchungen bei allen Patienten über 40 Jahre (für Routineeingriffe: Hb, HK, Na, K, Quick-Wert)
- Thoraxröntgenaufnahme bei allen Patienten über 60 Jahre, nur bei begründetem Verdacht auch bei jüngeren Patienten
- EKG bei allen Patienten über 40 Jahre, nur bei begründetem Verdacht auch bei jüngeren Patienten
- evtl. zusätzliche Untersuchungsergebnisse wie z.B. ein internistisches Konsil

Nachdem sich der Anästhesist durch das Studium der vorliegenden Unterlagen einen Überblick über die aktuelle Krankheit und über den allgemeinen Gesundheitszustand des Patienten verschafft hat, sucht er den Patienten auf, stellt sich vor und wird eine kurze Anamnese mit anästhesiologisch relevanten Fragen erheben. Von besonderem Interesse sind Vorerkrankungen, die evtl. zu Narkoseproblemen führen könnten. Dies sind insbesondere:

- Herz-Kreislauf-Probleme wie Bluthochdruck, Koronar- oder Zerebralsklerose, Angina pectoris, Herzinfarkt(e) oder Herzinsuffizienz
- Lungenerkrankungen wie Asthma bronchiale, Bronchitis, Lungenentzündungen
- Lebererkrankungen wie Leberzirrhose, Hepatitis
- Nierenprobleme, insbesondere eine Niereninsuffizienz
- sonstige Erkrankungen (wie z.B. Diabetes mellitus)
- Konsumgewohnheiten wie Alkohol-, Nikotin- oder Medikamentenabusus

Gezielt gefragt werden muß immer:

- nach eventuellen Problemen bei früheren Narkosen sowie nach Narkoseproblemen bei Familienangehörigen
- ob Allergien auf Medikamente bekannt sind und wenn ja, auf welche
- ob Zahnprothesen oder lockere Zähne vorhanden sind

Eine anschließende kurze körperliche Untersuchung muß zumindest die Auskultation der Lunge und des Herzens umfassen.

Abschließend sollte dem Patienten der Ablauf der Narkose erklärt werden. Bei einer voraussichtlich unkomplizierten Vollnarkose sollte ihm beispielsweise folgendes erzählt werden: „Für heute nacht verordne ich Ihnen eine Schlaftablette. Ab 24.00 Uhr heute nacht dürfen Sie dann bis zur Operation nichts mehr zu sich nehmen, weder Essen noch Trinken noch Kaugummis oder Bonbons. Sie dürfen auch nicht mehr rauchen. – Morgen früh bekommen Sie ca. 45 Minuten vor Narkosebeginn von einer Schwester der Station eine Beruhigungstablette. Diese bitte nur mit einem kleinen Schluck Wasser hinunterspülen. Kurz danach werden Sie in den OP-Bereich gefahren. Wichtig ist, daß Sie Ihren Schmuck, Ihre Uhr sowie Ihre Zahnprothese und Brille hier im Zimmer lassen oder der Schwester zur Aufbewahrung geben. – In einem Vorbereitungsraum werden Sie dann von der Narkoseschwester auf die Narkose vorbereitet. Die Narkoseschwester wird den Blutdruck messen und eine EKG-Ableitung zur Herzüberwachung anbringen. Außerdem muß am Handrücken eine ‚Nadel' gelegt werden, an die eine Tropfinfusion angeschlossen wird. Vor dem Legen der ‚Nadel' kann eine örtliche Betäubung vorgenommen werden, so daß es nicht schmerzhaft sein wird. Über diese ‚Nadel' wird dann später auch das Schlafmittel gespritzt. Wenn Sie das Schlafmittel bekommen haben, schlafen Sie innerhalb von 20–30 Sekunden ein. Wenn Sie aufwachen, wird die Operation bereits vorbei sein. Sie werden dann noch vorübergehend in einem sogenannten ‚Aufwachraum' einige Zeit überwacht werden. Sobald Sie wieder völlig wach sind, werden Sie wieder auf Ihr Zimmer zurückgebracht."

Falls für die geplante Operation sowohl eine Vollnarkose als auch eine Lokal- oder Regionalanästhesie in Frage kommen, sollten dem Patienten der Ablauf sowie die Vor- und Nachteile der einzelnen Verfahren erläutert werden. Wenn der Patient ein bestimmtes Verfahren wünscht, sollte dies, wenn irgend möglich, berücksichtigt werden. Außerdem sollte kurz auf spezielle Komplikationsmöglichkeiten der geplanten Narkose eingegangen werden. Die besprochenen Risiken bzw. Besonderheiten sollten vom Anästhesisten auf dem Narkoseprotokoll vermerkt werden. – Falls der Patient nun keine weiteren Fragen mehr hat, muß er noch die **„Einwilligungserklärung in die Narkose"** in Ruhe durchlesen und unterschreiben. Sollten bei dieser präoperativen Visite Probleme aufgetaucht sein, so müssen gegebenenfalls noch Zusatzuntersuchungen wie eine Lungenfunktionsprüfung, eine arterielle Blutgasanalyse oder ein internistisches Konsil angefordert werden. Unter Umständen muß, nach Rücksprache mit den Operateuren, ein Wahleingriff noch um einige Tage verschoben werden, um den Patienten besser auf die Ope-

Tab. 1.2 ASA-Klassifikation. Muß ein Patient notfallmäßig operiert werden, dann wird hinter die ASA-Klasse noch ein „E“ angehängt, das für Notfall (**e**mergency) steht.

ASA 1	Gesunder Patient
ASA 2	Patient mit leichter Systemerkrankung (z.B. eingestellter Hypertonus)
ASA 3	Patient mit schwerer Systemerkrankung und Leistungseinschränkungen (z.B. Angina pectoris)
ASA 4	Patient mit schwer beeinträchtigender, lebensbedrohlicher Erkrankung (z.B. dekompensierte Herzinsuffizienz)
ASA 5	Moribunder Patient, bei dem die Lebenserwartung ohne Behandlung geringer als 24 Stunden ist (z.B. rupturiertes Aortenaneurysma)

ration vorzubereiten. Öfters muß z.B. ein Diabetes mellitus, ein Hypertonus oder eine Herzinsuffizienz „eingestellt“ werden oder es muß gewartet werden, bis ein akuter Infekt der oberen Luftwege abgeklungen ist.
Abschließend wird dem Patienten eine geeignete Schlafmedikation zur Nacht und eine Prämedikation verschrieben (s.u.).

Während es bisher als zwingend angesehen wurde, daß ein Erwachsener zumindest für sechs Stunden vor der Anästhesieeinleitung nüchtern sein muß, wird in neueren Studien berichtet, daß die Gabe von klarer Flüssigkeit bis ca. drei Stunden vor der Narkoseeinleitung keinen negativen Einfluß auf Menge und pH-Wert des Magensekrets bei Narkosebeginn habe (s. S. 131; 215).

In den meisten Narkoseprotokollen muß der körperliche Status (nicht das Narkoserisiko!) des Patienten noch anhand einer Skala eingestuft werden. Hierfür hat sich am besten die Klassifikation der **American Society of Anesthesiologists** (ASA) bewährt (vgl. Tab. 1.2).

Die Prämedikation

Ziele einer idealen Prämedikation

Trotz des beruhigenden und aufklärenden Gesprächs während der präoperativen Visite (s. S. 4) ist es notwendig, dem Patienten zur Angstminderung und Sedierung sowie gegebenenfalls zur Schmerzlinderung eine Medikation zu verordnen, die er idealerweise ca. 45 Minuten vor Narkosebeginn verabreicht bekommt. Das Ziel dieser sogenannten Prämedikation wird zum Teil auch darin gesehen, möglichen Narkoseproblemen vorzubeugen.

▶ **Mögliche Narkoseprobleme**

- das Auslösen von vegetativen Reflexen, vor allem vagaler Reflexe bei der Narkosevorbereitung und bei der Narkoseeinleitung (z.B. eine vasovagale Synkope beim „Nadellegen“ oder eine reflektorische Bradykardie bei der Intubation)
- eine übermäßige Speichel- und Bronchialsekretion, die während der Narkose und bei der Narkoseausleitung zu Problemen führen kann
- eine allergische oder pseudoallergische Reaktion nach Verabreichung eines Narkosemedikamentes, die sich durch eine Histaminfreisetzung unter anderem als Quaddelbildung (= Urtikaria), Blutdruckabfall oder Bronchospasmus äußern kann (s. S. 193)
- eine häufig postoperativ auftretende Übelkeit mit Brechreiz (dies ist eine häufige Nebenwirkung der zur Narkose verwendeten Medikamente)

▶ **Primäre Ziele einer Prämedikation**

- Angstlösung (= Anxiolyse) und Sedierung
- evtl. Schmerzlinderung (= Analgesie)

Als sekundäre Ziele einer Prämedikation werden zum Teil genannt:

- Dämpfung von vegetativen Reflexen
- Verminderung der Speichel- und Bronchialsekretion
- Verminderung von allergischen und pseudoallergischen Reaktionen (= Antihistaminwirkung)
- Verminderung von Übelkeit und Brechreiz (= antiemetische Wirkung)

Die im Rahmen der Prämedikation am häufigsten angewandten Substanzgruppen werden im folgenden kurz vorgestellt.

Medikamente für die Prämedikation

Benzodiazepine

▶ Wirkungen

- angst- und spannungslösend
- leichte sedierende Wirkung
- antikonvulsive Wirkung (= Erhöhung der zerebralen Krampfschwelle und damit Unterdrückung von epileptischen Anfällen)

▶ Nebenwirkungen

- unter Umständen paradoxe Erregungszustände, vor allem bei alten Patienten
- zentrale Herabsetzung des Muskeltonus (daher kontraindiziert bei vorbestehender Muskelschwäche wie z.B. bei der Myasthenia gravis oder einem obstruktiven Schlafapnoesyndrom)

▶ Medikamente und Dosierung

Die wichtigste Substanzgruppe der Tranquilizer sind die Benzodiazepine. In Tabelle 1.3 sind die zur Prämedikation am häufigsten verwendeten Benzodiazepine und deren Dosierungen aufgelistet.

Benzodiazepine zeichnen sich durch eine große therapeutische Breite aus. Sie eignen sich vor allem als orale Schlafmedikation (z.B. Oxazepam) für die präoperative Nacht. Inzwischen werden sie auch in den meisten Kliniken für die orale Prämedikation ca. 45 Minuten vor Operationsbeginn (z.B. 7,5 mg Midazolam) verabreicht. Benzodiazepine stellen die im Rahmen der Prämedikation am häufigsten eingesetzten Medikamente dar.

Die intramuskuläre Injektion der meisten Benzodiazepine ist sehr schmerzhaft. Nur das Benzodiazepin Midazolam eignet sich aufgrund seiner Wasserlöslichkeit auch für die intramuskuläre Injektion.

Tab. 1.3 Zur Prämedikation häufig eingesetzte Benzodiazepine.

Medikament	Dosierung für Erwachsene
Dikaliumclorazepat (Tranxilium) Tabl. à 50 mg Kapseln à 5; 10; 20 mg	10–20–50 mg oral
Diazepam (Valium) Tabl. à 2,5; 5; 10 mg	10 mg oral
Oxazepam (Adumbran) Tabl. à 10 mg	10–20 mg oral
Lormetazepam (Noctamid) Tabl. à 0,5; 1; 2 mg	1 mg oral
Bromazepam (Lexotanil) Tabl. à 6 mg	6–12 mg oral
Flunitrazepam (Rohypnol) Tabl. à 1 mg	1–2 mg oral
Midazolam (Dormicum) Tabl. à 7,5 mg	(3,75–) 7,5 mg oral

Barbiturate

▶ Wirkungen

- Sedierung, Erzeugung von Schlaf oder Bewußtlosigkeit je nach Dosierung
- antikonvulsive Wirkung (= Erhöhung der zerebralen Krampfschwelle und damit Unterdrückung von epileptischen Anfällen)

▶ Nebenwirkungen

- Enzyminduktion in der Leber bei chronischer Anwendung. Bei einer Enzyminduktion werden die Barbiturate – sowie andere Medikamente – schneller abgebaut. Es werden immer höhere Dosierungen zur Erzielung der gleichen Wirkung benötigt.
- unter Umständen paradoxe Reaktion, vor allem bei älteren Patienten
- Atemdepression in höheren Dosierungen
- Beim Vorliegen einer Porphyrie sind Barbiturate kontraindiziert (s. S. 43).

▶ Medikamente und Dosierungen

- Phenobarbital (Luminal) 100–200 mg oral

> Oral verabreichte Barbiturate eignen sich vor allem als Schlafmedikation für die präoperative Nacht. Barbiturate werden jedoch im Rahmen der Prämedikation nur noch sehr selten eingesetzt.

Neuroleptika

▶ Wirkungen

- Sedierung, Gleichgültigkeit, Antriebsminderung
- antiemetische Wirkung (= Verminderung von Übelkeit und Brechreiz)
- Antihistaminwirkung (= Verminderung von allergischen und pseudoallergischen Reaktionen)

▶ Nebenwirkungen

- extrapyramidale Bewegungsstörungen (daher kein Neuroleptikum bei Patienten mit Parkinson-Krankheit)
- Neigung zu orthostatischer Hypotonie (= Kollapsneigung) durch Blockade der Alpha-Rezeptoren (s. S. 54, 200)
- Erniedrigung der zerebralen Krampfschwelle und damit Begünstigung von epileptischen Anfällen (deshalb: kein Neuroleptikum bei Epileptikern)

▶ Medikamente und Dosierung

- Promethazin (Atosil) 0,5–1 mg/kg Körpergewicht intramuskulär, maximal 50 mg intramuskulär
- Droperidol (s. S. 54, enthalten in Thalamonal, s. S. 55)

> Promethazin ist das meist benützte Neuroleptikum zur intramuskulären Prämedikation. Für die Prämedikation wird die sedierende Nebenwirkung dieses relativ schwachen Neuroleptikums ausgenutzt.

Opiate und Opioide

> Die im Opium enthaltenen Analgetika werden als Opiate bezeichnet. Wichtigster Vertreter ist das Morphin. Inzwischen können auch halbsynthetische oder vollsynthetische morphinartige Substanzen hergestellt werden. Die natürlich vorkommenden Opiate sowie die halb- und vollsynthetisch hergestellten morphinartigen Substanzen werden inzwischen als Opioide zusammengefaßt.

▶ Wirkungen

- starke Analgesie
- Sedierung
- antitussive (= hustenstillende) Wirkung

▶ Nebenwirkungen

- Atemdepression (!!)
- Übelkeit und Brechreiz (= emetische Wirkung)
- Pupillenverengung (= Miosis, sogenannte stecknadelkopfgroße Pupillen)

- Suchtgefahr (eine Opioidgabe im Rahmen der Prämedikation, Narkoseführung und postoperativen Schmerztherapie führt nur in extrem seltenen Fällen zu einer Sucht). Bei ehemals opioidabhängigen Patienten kann hierdurch jedoch eine Rückfälligkeit in die Opioidsucht erzeugt werden. Opioide sollten bei diesen Patienten vermieden werden.
- Euphorie
- Spasmen glatter Muskulatur (z.B. Obstipation = Verstopfung; Konstriktion der Gallen- und Harnwege)
- Neigung zu orthostatischer Hypotonie (= Kollapsneigung)

▶ Medikamente und Dosierung
- Pethidin (Dolantin) 1 mg/kg Körpergewicht intramuskulär, maximal 75 mg intramuskulär
- Piritramid (Dipidolor) 7,5–15 mg intramuskulär beim Erwachsenen

Eine eindeutige Indikation für ein Analgetikum zur Prämedikation besteht nur dann, wenn der Patient bereits präoperativ Schmerzen hat.

Parasympatholytika

Parasympatholytika hemmen den Parasympathikus und damit auch den Nervus vagus, den wichtigsten Nerv des parasympathischen Nervensystems. Parasympatholytika blockieren die Wirkung der Überträgersubstanz Acetylcholin im Bereich des Nervus vagus und anderer parasympathischer Nervenfasern (s. S. 58).

▶ Medikamente
- Atropin

▶ Wirkungen und Nebenwirkungen

Die Wirkungen und Nebenwirkungen des Atropins ergeben sich aus der Blockade des Nervus vagus:

- Herzfrequenzsteigerung (= Tachykardie) und damit Schutz vor bradykarden Rhythmusstörungen bei einer Reizung des Nervus vagus (= vagaler Reflex, s. S. 67, 90)
- Pupillenerweiterung (= Mydriasis)
- Hemmung der Speichel-, Bronchial- und Schweißsekretion
- Verminderung des Tonus der glatten Muskulatur vor allem im Magen-Darm-Bereich

▶ Dosierung
- Erwachsene = 0,01 mg/kg Körpergewicht
- Säuglinge und Kleinkinder = 0,01–0,02 mg/kg Körpergewicht
  Zur Hemmung der Speichel- und Bronchialsekretion kann diese Dosis intramuskulär zur Prämedikation verabreicht werden. Die für die intramuskuläre Injektion übliche Dosierung dämpft die vagalen Reflexe am Herzen jedoch nicht ausreichend. Sollen die vagalen Reflexe des Herzens sicher blockiert werden, dann sollte diese Dosis vor der Intubation intravenös (!!) verabreicht werden. Dies ist z.B. besonders bei der Intubation von Kindern wichtig, da bei ihnen hierbei leicht vagale Reflexe mit einer Bradykardie, im Extremfall ein Herzstillstand ausgelöst werden können (s. S. 218).

▶ Kontraindikation für Atropin
- Erkrankungen, die mit einer hohen Herzfrequenz einhergehen (z.B. Hyperthyreose, hohes Fieber u.ä.)
- Erkrankungen, bei denen eine Steigerung der Herzfrequenz vermieden werden muß (z.B. eine Mitralklappenstenose, s. S. 280)
- Weitwinkelglaukom
- Prostatahyperplasie (vergrößerte Prostata)

Neben Atropin gibt es noch andere Parasympatholytika, z.B. das Glykopyrrolat und das Scopolamin. Diese werden in Deutschland jedoch relativ selten im Rahmen der Narkose eingesetzt.

Allgemeine Bemerkungen zur Prämedikation

Die Prämedikation erfolgt nur noch selten durch intramuskuläre Injektion. Die orale Prämedikation erfreute sich in den letzten Jahren zunehmender Beliebtheit. Die dazu benützte geringe Wassermenge zum Hinunterspülen der Tablette wird schnell resorbiert und widerspricht daher nicht dem Nüchternheitsgebot. Zum Einsatz kommt hierbei häufig Midazolam (z.B. 7,5 mg beim Erwachsenen) oder Tranxilium (z.B. 20 mg beim Erwachsenen).

Wichtig ist es, die orale (bzw. intramuskuläre) Prämedikation ca. 45 Minuten vor Narkosebeginn zu verabreichen. – In der Praxis wird leider oft die orale (bzw. intramuskuläre) Prämedikation erst unmittelbar vor dem Transport in den OP verabreicht. Dies ist zu spät! Die Wirkung der Prämedikation hat dann noch nicht eingesetzt, wenn die Patienten im Operationssaal ankommen und mit der Narkose begonnen wird.

Die primären Ziele einer Prämedikation (s. S. 6) lassen sich z.B. folgendermaßen erfüllen:

- Eine **Angstlösung** (= Anxiolyse) und leichte Sedierung kann beispielsweise durch ein langwirksames Benzodiazepin, das als Schlafmedikation für die präoperative Nacht verabreicht wird, erreicht werden. Hierzu eignen sich z.B. 20 mg Dikaliumclorazepat (Tranxilium) oder 1 mg Lormetazepam (Noctamid) oral. Ca. 45 Minuten vor OP-Beginn sollte nochmals ein Benzodiazepin oral verabreicht werden (z. B. 7,5 mg Midazolam oder 20 mg Tranxilium).
- Eine **Schmerzlinderung** (= Analgesie) kann beispielsweise durch Pethidin (Dolantin) erreicht werden. Die meisten Patienten leiden präoperativ jedoch nicht an Schmerzen, so daß auf die Gabe eines Opioids verzichtet werden kann.

Die sekundären Ziele einer Prämedikation (s. S. 7) lassen sich durch die folgenden Medikamente erfüllen:

- Eine **Verminderung von allergischen und pseudoallergischen Reaktionen** (= Antihistaminwirkung), eine **Verminderung von Übelkeit und Brechreiz** sowie eine **Sedierung** lassen sich durch ein Neuroleptikum zur Prämedikation, wie z.B. Promethazin (Atosil), erreichen.
- Eine **Verminderung der Speichel- und Bronchialsekretion** kann durch Atropin erzielt werden.
- Eine **Dämpfung vegetativer Reflexe,** insbesondere vagaler Reflexe, kann durch eine intramuskuläre Gabe von Atropin in der üblichen Dosierung nicht sicher erzielt werden. Nur durch eine intravenöse (!) Atropingabe können vagale Reflexe sicher verhindert werden.

Die beim Erwachsenen manchmal noch angewandte intramuskuläre „Standard-Prämedikation" von

- 50 mg Dolantin
- 50 mg Atosil
- 0,5 mg Atropin

ist zwar meist nicht falsch, aber häufig auch nicht optimal.

Die verordneten Medikamente sowie deren Dosierung müssen immer dem einzelnen Patienten angepaßt werden. Alte und schwerkranke Patienten müssen oft weniger als die nach dem Körpergewicht errechnete Dosierung erhalten.
In den letzten Jahren wird zunehmend auf die intramuskuläre Prämedikation zugunsten einer oralen Prämedikation, vor allem mit Midazolam (Dormicum; z.B. 7,5 mg) oder Dikaliumclorazepat (Tranxilium; z.B. 20 mg) verzichtet.

Der Narkoseapparat

Narkosesysteme

Zur Durchführung einer Narkose stehen neben den intravenös zu verabreichenden Medikamenten auch Inhalationsanästhetika zur Verfügung.

Inhalationsanästhetika sind Gase (z.B. Lachgas, s. S. 32) oder Dämpfe von leicht verdampfbaren Flüssigkeiten (z.B. Halothan, Enfluran, Isofluran, Sevofluran, Desfluran; s. S. 33), die der Einatmungsluft zugemischt und über die Lungen ins Blut aufgenommen werden.

Es werden vier verschiedene Narkosesysteme unterschieden:

Das offene System

Beim offenen System atmet der Patient Luft aus der Umgebung ein. Das Ausatemvolumen wird wieder in die Umgebung abgegeben. Der Einatemluft wird ein Inhalationsanästhetikum zugemischt.

Das bekannteste Beispiel für ein offenes System ist die früher übliche Äthertropfnarkose. Mit Hilfe einer Schimmelbusch-Maske (vgl. Abb. 1.1) wurden der Einatemluft Ätherdämpfe zugemischt.

Eine **Schimmelbusch-Maske** ist ein dem spontan atmenden Patienten über Mund und Nase gelegter Metallrahmen, der mit einigen Lagen Mull bespannt ist, auf die kontinuierlich Äther aufgetropft wird (s. S. 39). Die dabei entstehenden Ätherdämpfe werden mit eingeatmet.

Vorteil der Schimmelbusch-Maske ist die Einfachheit der Anwendung. Entscheidender Nachteil ist jedoch, daß mit einem offenen System die zugeführten Gaskonzentrationen nicht überwacht werden können. Außerdem können die Atemgase weder befeuchtet noch angewärmt werden.

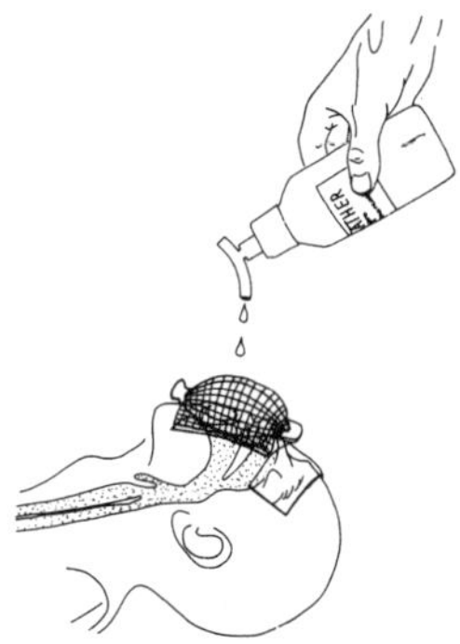

Abb. 1.1 Anwendung der Schimmelbusch-Maske (offenes System).

Das halboffene System

Beim halboffenen System wird das Einatmungsgemisch (= Inspirationsgemisch) aus einem Reservoir (z.B. Sauerstoffflaschen) bezogen und über ein Schlauchsystem zum Patienten geleitet. Dem Inspirationsgemisch wird ein Inhalationsanästhetikum zugemischt. Das Ausatmungsgemisch (= Exspirationsgemisch) wird dagegen in den freien Raum abgegeben.

Beim halboffenen System muß der Frischgasfluß aus dem Reservoir mindestens das 2- bis 3fache des Atemminutenvolumens betragen, da das Frischgas auch während der Ausatmung des Patienten weiterströmt, die Einatmungszeit aber nur ca. 33–50% des Atemzyklus ausmacht. Durch diesen hohen Frischgasverbrauch ist das halboffene System relativ teuer. Die eingeatmeten Frischgase aus dem Reservoir enthalten keine Feuchtigkeit und sind relativ kühl. Sie müssen daher in den

Atemwegen stark angefeuchtet und angewärmt werden. Da jedoch das gesamte Ausatemvolumen in die Umgebung abgegeben wird, droht damit beim halboffenen System ein großer Feuchtigkeits- und Wärmeverlust über die Lungen. Außerdem wird die Umgebung mit den abgeatmeten Narkosegasen belastet. Das bekannteste Beispiel für ein halboffenes System ist das in der Kinderanästhesie selten noch verwendete Kuhn-System (s. S. 212).

Das halbgeschlossene System

Beim halbgeschlossenen System wird ein Teil des Ausatemvolumens nach „Herausfiltern" des darin enthaltenen Kohlendioxids (= CO_2) mittels eines CO_2-Absorbers (s. S. 18) wieder zurückgeatmet. Ein Teil des Ausatemvolumens wird in die Umgebung (bzw. in eine Absaugvorrichtung) abgegeben.

Zusätzlich atmet der Patient noch Frischgas aus einem Reservoir (vgl. halboffenes System) ein. Aufgrund dieser teilweisen „Rückatmung" des Ausatemgemisches genügt ein wesentlich geringerer Frischgasfluß als beim halboffenen System. Beim Erwachsenen genügen 3–4 l/min Frischgas. Der Wärme- und Feuchtigkeitsverlust über die Lungen ist durch diese teilweise stattfindende „Rückatmung" wesentlich geringer als beim halboffenen System. Fast alle gebräuchlichen Narkosegeräte arbeiten nach diesem Prinzip des halbgeschlossenen Systems.

In den letzten Jahren gewinnen sogenannte **Low-flow-Systeme** bzw. **Minimal-flow-Systeme** zunehmend an Bedeutung. Hierbei handelt es sich um halbgeschlossene Systeme mit geringem bzw. sehr geringem Frischgasfluß. Beim Low-flow-System wird normalerweise 1 l/min Frischgas (0,5 l/min O_2 und 0,5 l/min N_2O) und beim Minimal-flow-System werden 0,5 l/min (0,3 l/min O_2 und 0,2 l/min N_2O) verabreicht. Je niedriger der Frischgasfluß ist, desto höhere Anforderungen sind an die Genauigkeit der Frischgasdosierung, die Dichtigkeit des Narkosesystems und die Eigenschaften des Beatmungsgerätes zu stellen.

Sowohl bei der Low-flow- als auch bei der Minimal-flow-Anästhesie muß zur Ein- und Ausleitung ein hoher Frischgasfluß eingestellt werden, um in einer angemessenen Zeit eine ausreichende Narkosetiefe bzw. Narkosegasabatmung zu erzielen. Für die ersten 10 Minuten (low flow) bzw. 20 Minuten (minimal flow) werden beispielsweise 2 l Sauerstoff und 4 l Lachgas pro Minute zugeführt. Erst danach kann ein minimal flow oder low flow eingestellt werden (s. S. 106).

Das geschlossene System

Beim geschlossenen System wird das gesamte Ausatmungsgemisch, nach „Herausfiltern" des darin enthaltenen CO_2 mit einem CO_2-Absorber (s. S. 18), dem Patienten wieder zugeführt. Es findet also eine totale Rückatmung statt.

Als Frischgas müssen nur der vom Körper im Stoffwechsel verbrauchte Sauerstoff von ca. 4 ml/kg KG/min (ca. 250–300 ml/min beim Erwachsenen) sowie die vom Körper verstoffwechselten Anteile der Inhalationsanästhetika zugeführt werden. Vorteile des geschlossenen Systems sind der sehr niedrige Frischgasverbrauch und, bedingt durch die vollständige Rückatmung, ein fehlender Wärme- und Feuchtigkeitsverlust über die Lungen. Außerdem besteht keine Umweltbelastung durch abgeatmete Narkosegase. Das geschlossene System kann mit den bisher üblichen Narkosegeräten jedoch nicht zur Narkoseeinleitung oder zur Narkoseausleitung verwendet werden. Es eignet sich nur zur Aufrechterhaltung einer konstanten Narkosetiefe. Seit kurzem steht mit dem Physioflex Narkosegerät (Fa. Dräger) ein technisch völlig neuartiges

Gerät zur Verfügung, das nach dem geschlossenen System arbeitet und auch eine Narkosein- und -ausleitung im geschlossenen System erlaubt (s. S. 22).

Das Kreissystem

Beim halbgeschlossenen (bzw. beim geschlossenen) System wird das Ausatemvolumen zum Teil (bzw. vollständig) wieder zum Patienten zurückgeleitet. Das hierfür notwendige Schlauchsystem wird als **Kreissystem** bezeichnet.

Da die gebräuchlichen Narkoseapparate fast alle nach dem Prinzip des halbgeschlossenen Systems (s. S. 12) arbeiten, soll das Funktionsprinzip des Kreissystems anhand des halbgeschlossenen Systems nachfolgend ausführlich beschrieben werden (vgl. Abb. 1.2).
Das vom Patienten abgeatmete Gas strömt über den sogenannten Exspirationsschlauch (1) und das Exspirationsventil (2) ab. Ein eingebautes Volumeter (3) mißt das Ausatemvolumen. Ein mechanisch (oder elektronisch) arbeitendes Manometer (4) zeigt die während des Atemzyklus auftretenden Drücke an. (Inzwischen werden anstatt mechanisch arbeitender Manometer fast ausschließlich elektronisch arbeitende Manometer verwendet.) Diese Elemente werden zusammen als Ausatem- oder Exspirationsschenkel bezeichnet. Beim halbgeschlossenen System wird ein Teil des Ausatemvolumens in eine Absaugvorrichtung (5) geleitet. Der andere Teil wird, nach „Herausfiltern" des CO_2 durch die CO_2-Absorber (6), über das Inspirationsventil (7) und den Inspirationsschlauch (8) wieder dem Patienten zugeführt.

CO_2-Absorber, Inspirationsventil und Inspirationsschlauch werden zusammen als **Einatmungs- oder Inspirationsschenkel** bezeichnet.

Der zurückgeatmete Anteil „kreist" also im System zum Patienten zurück, weshalb das beschriebene System als Kreissystem bezeichnet wird.

In- und Exspirationsventil stellen sicher, daß der Gasfluß im Kreissystem nur in der vorgeschriebenen Richtung möglich ist.
Dem rückgeatmeten Volumen wird im halbgeschlossenen System eine Frischgasmenge von normalerweise 3 (–6) l/min zugemischt (= high flow). Das Frischgas (9) besteht hierbei meist zu 25 bis 33% aus Sauerstoff und zu 66 bis 75% aus Lachgas (s. S. 32). Daneben enthält es noch die eingestellte Dampfkonzentration eines Inhalationsanästhetikums, z.B. 1,5 Vol.% Enfluran (s. S. 35). Der Sauerstoffanteil am Frischgas muß mindestens 21% betragen, aus Sicherheitsgründen (z.B. Meßungenauigkeiten) werden meist 25–33% eingestellt.

Wichtig ist, zu beachten, daß im halbgeschlossenen System immer so viele Liter pro Minute in die Absaugung gelangen, wie Frischgas dazugeleitet wird.

Werden z.B. insgesamt 3 Liter Frischgas pro Minute in das Kreissystem eingeleitet, bestehend aus 1 Liter O_2 (= $^1/_3$ = 33%) und 2 Liter Lachgas (= $^2/_3$ = 66%), so werden über die Absaugung auch 3 Liter des Ausatemvolumens pro Minute abgesaugt. Ansonsten würde

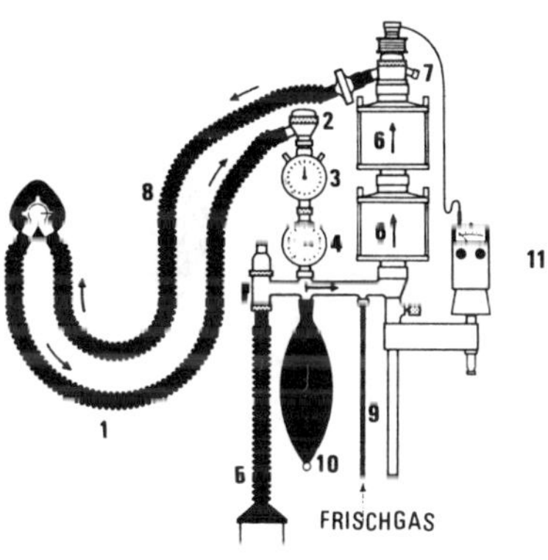

Abb. 1.2 Kreissystem eines üblichen Narkoseapparates für Erwachsene.

es zur Überblähung des Patienten kommen. Werden z.B. 2 Liter O_2 und 4 Liter Lachgas, also 6 Liter Frischgas pro Minute ins Kreissystem zugeleitet, dann werden entsprechend 6 Liter pro Minute über die Absaugung verworfen. Je höher der Frischgasfluß (und damit der Anteil des in die Absaugung gelangenden Ausatemvolumens), desto größer ist der Wärme- und Feuchtigkeitsverlust über die Lungen (s. S. 12) und desto höher und damit teurer ist der Frischgasverbrauch. Aus diesem Grunde sollte der Frischgasfluß möglichst niedrig gehalten werden. Aus Sicherheitsgründen sollte der Frischgasfluß normalerweise nicht unter 3 Liter pro Minute eingestellt werden. Die Anwendung eines deutlich geringeren Frischgasflusses (Minimal-flow-System, Low-flow-System, s. S. 12, 106, oder geschlossenes System, s. S. 12, 22) ist nur mit bestimmten Narkosegeräten und einem erweiterten Monitoring zuverlässig und sicher möglich.

Das Kreissystem besitzt im Nebenschluß einen Ausgleichsbeutel (10 in Abb. 1.2), der bei manueller Beatmung oder Spontanatmung des Patienten plötzliche Volumenschwankungen im Kreissystem auffängt. Dieser Beutel wird auch Beatmungsbeutel genannt, da mit ihm die manuelle Beatmung durchgeführt wird (s. S. 21).

Der Inspirationsschlauch und der Exspirationsschlauch werden über ein Winkelstück (vgl. Abb. 1.3) verbunden. An dieses Winkel-

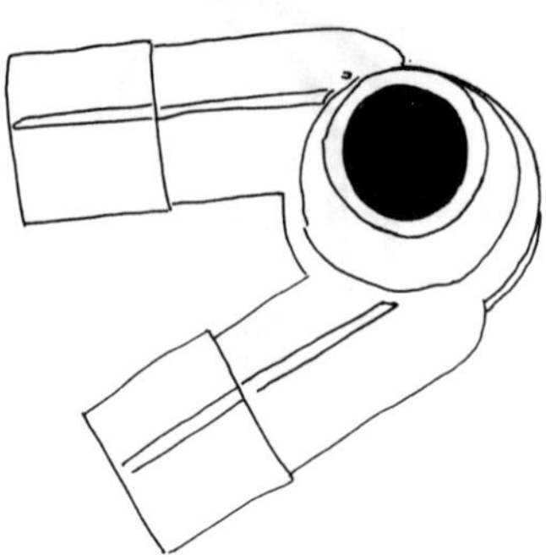

Abb. 1.3 Winkelstück.

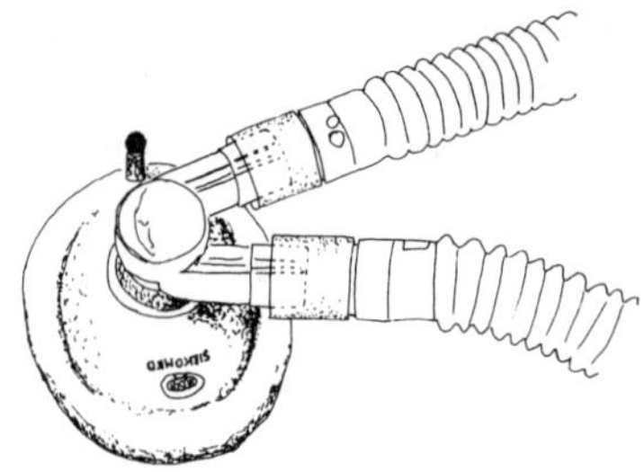

Abb. 1.4 An ein Winkelstück konnektierte Gesichtsmaske.

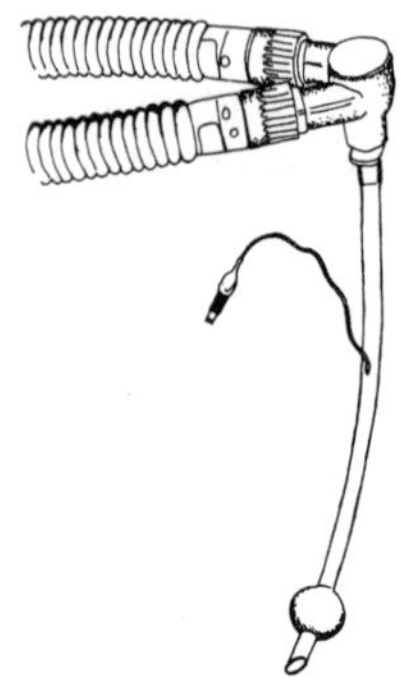

Abb. 1.5 An ein Winkelstück konnektierter Endotrachealtubus.

Abb. 1.6 Y-Stück.

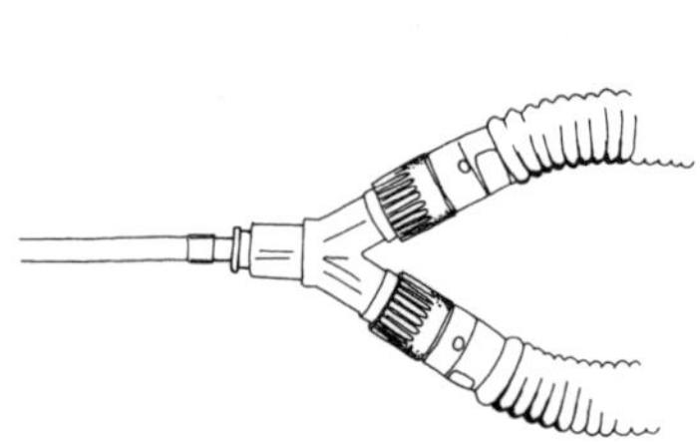

Abb. 1.7 An ein Y-Stück konnektierter Endotrachealtubus.

stück kann eine Gesichtsmaske (vgl. Abb. 1.4), ein Endotrachealtubus (vgl. Abb. 1.5) oder eine Larynxmaske (s. S. 91) angeschlossen werden. Zur Verbindung der In- und Exspirationsschläuche mit einem Endotrachealtubus (s. S. 75) kann auch ein sogenanntes Y-Stück verwendet werden (vgl. Abb. 1.6 und 1.7).

> Am Treffpunkt von In- und Exspirationsschlauch – also am Winkel- oder Y-Stück – beginnt der sogenannte Totraum des Kreissystems.
> Als Totraum wird derjenige Anteil des Atemhubvolumens bezeichnet, der nicht am Gasaustausch teilnimmt. Bei einer Maskenbeatmung sind dies also Winkelstück, Gesichtsmaske, Mund-, Nasen- und Rachenraum, Trachea und größere Bronchialwege.

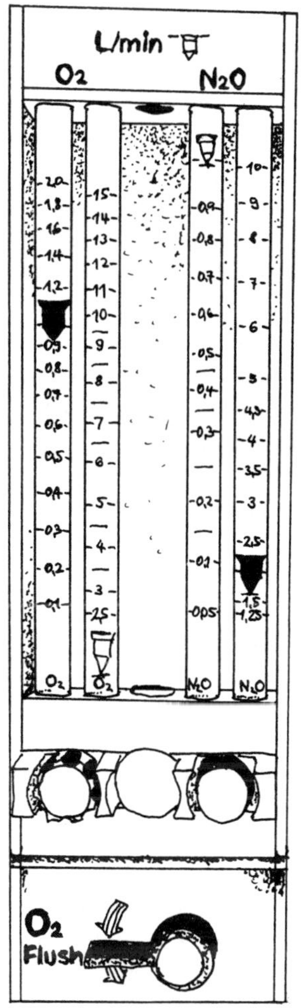

Abb. 1.8 Rotameter für Sauerstoff (O_2) und Lachgas (N_2O).

Elemente eines Narkoseapparates

Das Rotameter

Sauerstoff und Lachgas werden entweder aus der zentralen Druckgasversorgung oder aus Gasflaschen entnommen. Die jeweils zum Patienten geleitete Menge an Sauerstoff bzw. Lachgas wird in einem sogenannten Rotameter gemessen (vgl. Abb. 1.8).

> Rotameter sind Präzisionsmeßröhren zur Bestimmung der Durchflußmengen (l/min) eines bestimmten Gases.

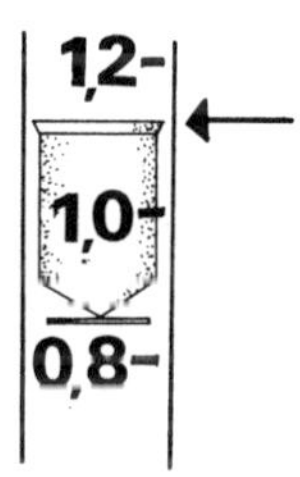

Abb. 1.9 Gasflußanzeiger („Schwimmer") eines Rotameters.

Je nach Gasfluß wird ein „Schwimmer" mehr oder weniger weit hochgehoben. Der momentane Gasfluß pro Minute wird am Oberrand des Schwimmers abgelesen (vgl. Abb. 1.9). Im Falle eines kugelförmigen Ballschwimmers muß allerdings in Höhe der Kugelmitte abgelesen werden.

Aufgrund unterschiedlicher physikalischer Eigenschaften wird für jedes Gas ein spezifisches Rotameter benötigt. Moderne Rotameterblöcke verfügen auch über ein Rotameter für Luft (air). Außerdem besitzen sie eine sogenannte Lachgassperre, das heißt, falls der Druck in der zuführenden Sauerstoffleitung abfällt, ertönt ein O_2-Mangelsignal und die Lachgaszufuhr wird gesperrt. Bei normalem Druck in der O_2-Leitung kann jedoch trotz Lachgassperre am Rotameter ein hypoxisches Frischgasgemisch ($<21\%$ O_2) eingestellt werden!

Eine Verbesserung stellt das sogenannte ORC-(**O**xygen-**R**atio-**C**ontroller-)System dar, das in modernen Narkosegeräten (z.B. Cicero; Fa. Dräger) eingebaut ist. Es verhindert, daß Werte $>75\%$ Lachgas bzw. $<25\%$ O_2 eingestellt werden können.

Der Verdampfer

> Die meisten Inhalationsanästhetika liegen als leicht verdampfbare Flüssigkeiten vor (z.B. Halothan, Enfluran, Isofluran, Sevofluran, Desfluran; s. S. 33). Sie werden daher als verdampfbare Anästhetika bezeichnet. Sie müssen in einen dampfförmigen Zustand gebracht und in genau bestimmbaren Konzentrationen dem Frischgas zugemischt werden. Hierzu wird ein Verdampfer verwendet.

Zumeist wird ein kleiner, variabler Teil des Frischgases in die Verdampferkammer geleitet, streicht dort über das flüssige Inhalationsanästhetikum (z.B. die Enfluranflüssigkeit) hinweg und wird mit dem Dampf des Inhalationsanästhetikums gesättigt. Das restliche Frischgas umgeht die Verdampferkammer, wird also nicht mit dem Inhalationsanästhetikum gesättigt. Am Verdampferausgang vermischen sich der gesättigte und der ungesättigte Anteil und es ergibt sich eine bestimmte, am Verdampfer einstellbare Dampfkonzentration des Inhalationsanästhetikums im Frischgas. Von einem guten Verdampfer muß gefordert werden, daß die eingestellte Dampfkonzentration von der Größe des Frischgasflusses und von Druckschwankungen während der Beatmung unabhängig ist. Außerdem muß der Verdampfer eine Temperaturkorrektur besit-

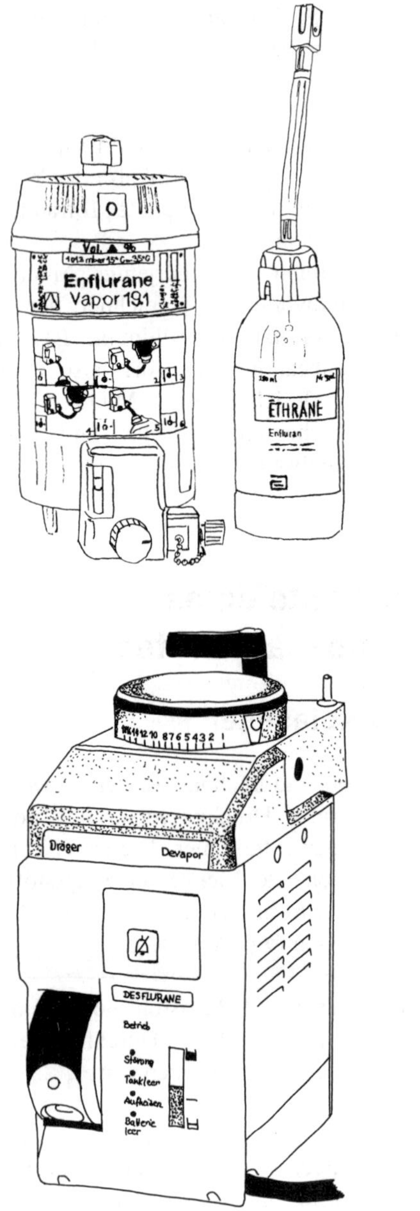

a

b

Abb. 1.10 a Enfluran-Verdampfer mit entsprechender Nachfüllflasche. **b** Desfluran-Verdampfer (Tec-6-Verdampfer).

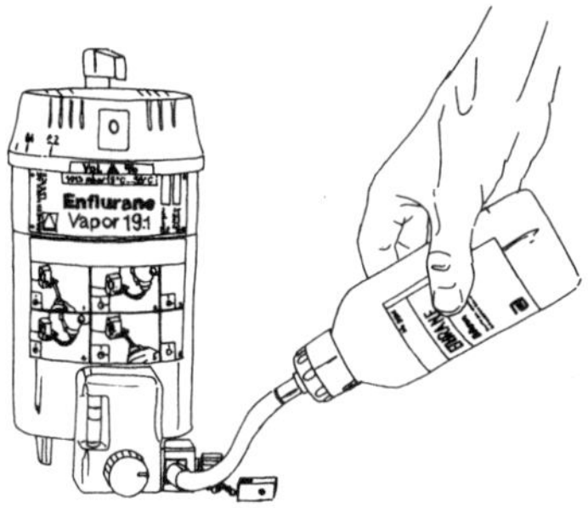

Abb. 1.11 Nachfüllen eines Enfluran-Verdampfers.

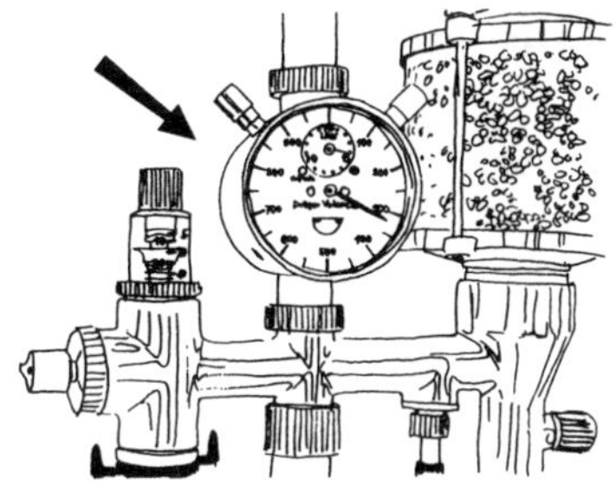

Abb. 1.12 Mechanisches Volumeter.

zen, da die Verdampfung von Flüssigkeiten temperaturabhängig ist.

Für jedes verdampfbare Inhalationsanästhetikum muß ein speziell dafür bestimmter Verdampfer verwendet werden. Die Verdampfer müssen mit Hilfe eines speziellen Einfüllschlauches aufgefüllt werden. Da das eine Ende des Einfüllschlauches nur auf eine bestimmte Nachfüllflasche, z.B. Enfluran, geschraubt werden kann und das andere Ende dann nur in den Einfüllstutzen eines Enfluranverdampfers eingesteckt werden kann (vgl. Abb. 1.10 und 1.11), sind Verwechslungen nicht möglich. Muß ein Verdampfer ausnahmsweise während einer Narkose nachgefüllt werden, so ist unbedingt darauf zu achten, daß der Verdampfer während des Nachfüllens ausgeschaltet sein muß und nach dem Nachfüllen wieder einzuschalten ist! Lediglich der Desfluran-Verdampfer (vgl. Abb. 1.10 b; s. S. 38) darf nachgefüllt werden, während er eingeschaltet (in Betrieb) ist. Anhand eines Schauglases kann der Füllungszustand des Verdampfers überprüft werden.

Das Volumeter

Das vom Patienten ausgeatmete Volumen kann mit Hilfe eines mechanischen Volumeters gemessen werden (vgl. Abb. 1.12). Das Volumeter muß immer im Ausatemschenkel (!) angebracht werden. Wäre das Volumeter im Inspirationsschenkel angebracht, dann würde eine Undichtigkeit hinter dem Volumeter (z.B. eine Diskonnektion von Winkelstück und Tubus) unbemerkt bleiben. Das Gasvolumen würde in diesem Falle das Volumeter noch passieren, jedoch den Patienten nicht erreichen.

> Vorsicht: Während der maschinellen Beatmung dreht sich bei manchen Beatmungsgeräten (z.B. Ventilog 2, Fa. Dräger) das mechanische Volumeter (seltsamerweise) auch dann weiter, wenn es zur Diskonnektion einer Schlauchverbindung gekommen ist (Sogwirkung aufgrund des „fallenden" bzw. selbstentfaltenden Beatmungsbalges vieler Beatmungsgeräte)!

Anstatt mechanischer Volumeter werden inzwischen zumeist elektronische Apparate zur Messung des Ausatemvolumens verwendet, z.B. das **Dräger-Spirolog-Gerät** (vgl. Abb. 1.13) oder moderne Kombinationsgeräte, die noch weitere beatmungsrelevante Größen messen und anzeigen (z.B. Atemwegsmonitor PM 8050, Fa. Dräger; s. S. 18). Der elektronische Meßfühler muß ebenfalls im Ausatemschenkel angebracht werden.

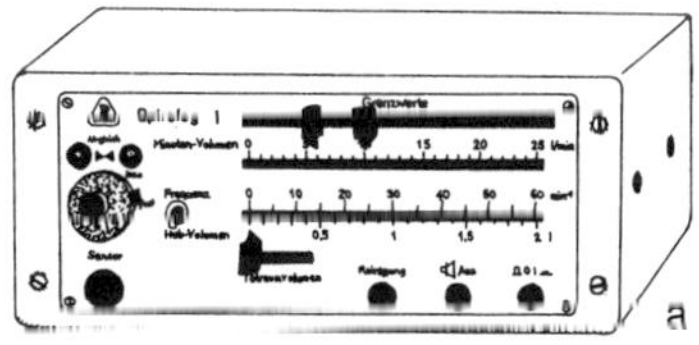

Abb. 1.13 Elektronisches Volumeter (Spirolog-Gerät).

Das Manometer

Mit Hilfe eines mechanischen Manometers können die während der Beatmung auftretenden momentanen Druckschwankungen angezeigt werden (vgl. Abb. 1.14). Diese mechanischen Manometer sind inzwischen nur noch für die Handbeatmung (nicht mehr für die maschinelle Beatmung) zugelassen.

Normalerweise werden elektronische Apparate zur Messung des momentanen Beatmungsdrucks verwendet, z.B. das **Dräger-Barolog-Gerät** (vgl. Abb. 1.15a). An diesen Geräten können eine untere und eine obere Alarmgrenze eingestellt werden. Die wählbaren unteren und oberen Alarmgrenzen müssen so eingestellt werden, daß der Manometerzeiger bei der Inspiration den unteren Alarmwert überschreitet und bei der Ausatmung wieder unterschreitet. Die obere Alarmgrenze darf nicht überschritten werden. Bei zu hohem oder zu niedrigem Beatmungsdruck werden ein akustischer und ein optischer Alarm ausgelöst. Ursache für eine solche Alarmauslösung kann z.B. das Lösen einer Schlauchverbindung (Diskonnektion) sein. Dann wird im Schlauchsystem kein Druck mehr aufgebaut.

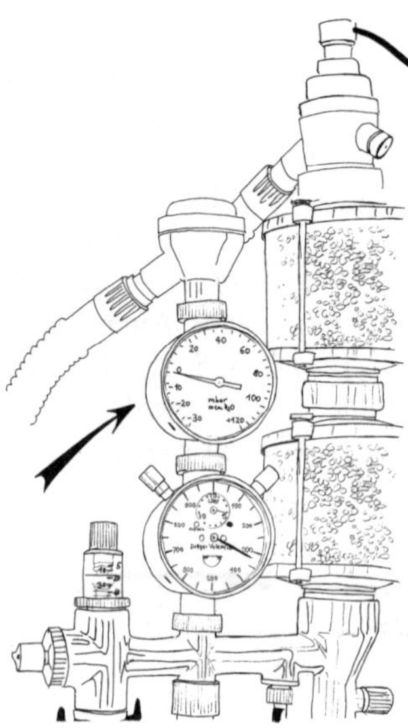

Abb. 1.14 Kreissystem mit integriertem mechanischem Manometer.

a

b

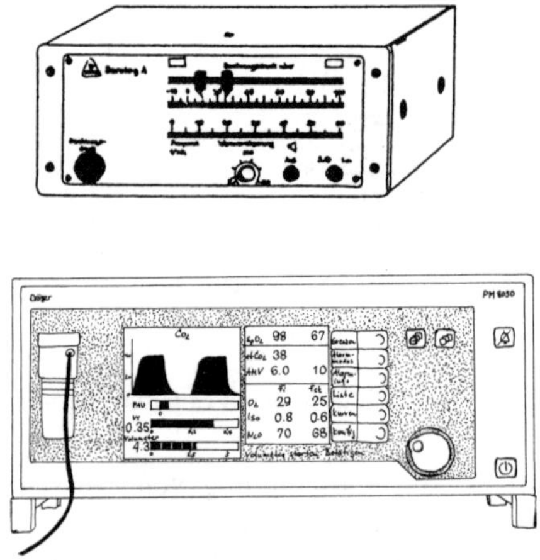

Abb. 1.15 a Elektronisches Manometer (Barolog-Gerät). **b** Modernes Kombinationsgerät zur Messung der beatmungsrelevanten Größen (Atemwegsmonitor PM 8050; Fa. Dräger).

Der Manometerzeiger bleibt unterhalb der Alarmgrenze und löst den Alarm aus. Kommt es dagegen aus irgendeinem Grund zum Aufbau eines Überdrucks im Beatmungssystem und der Druck fällt während der Ausatmung nicht mehr unter die Alarmgrenze, so wird ebenfalls Alarm ausgelöst. Der Dräger-Barolog verfügt daneben noch über eine Anzeige für die Atemfrequenz.

Zunehmend werden die Atemwegsdrücke mit Kombinationsgeräten (z.B. Atemwegsmonitor PM 8050, Fa. Dräger; Abb. 1.15b) überwacht.

Der Kohlendioxid-(CO_2-)Absorber

> CO_2-Absorber sind mit sogenanntem Absorberkalk gefüllte, durchsichtige Behälter, durch die das rückgeatmete Ausatemvolumen zum Patienten zurückgeleitet wird (vgl. Abb. 1.16).

In einer wärmeproduzierenden (exothermen) Reaktion wird der CO_2-Anteil des rückgeatmeten Atemvolumens an den Absorberkalk gebunden. Außerdem wird bei dieser Reaktion

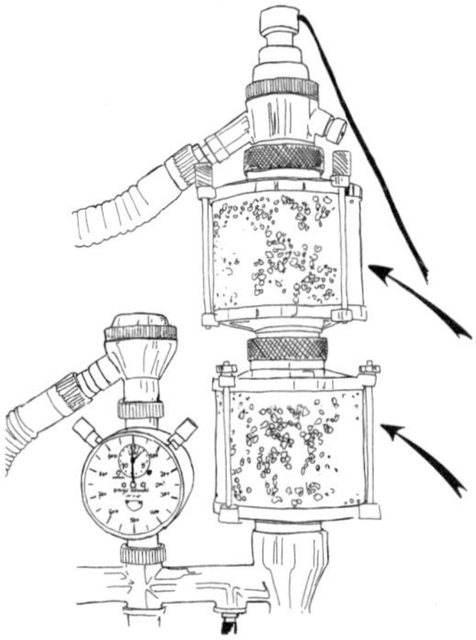

Abb. 1.16 CO_2-Absorber.

Wasser freigesetzt. Deshalb kann während einer Narkose eine Erwärmung des Absorbers gefühlt und häufig an der durchsichtigen Absorberinnenwand ein Wasserniederschlag erkannt werden. Da eine Rückatmung nur im halbgeschlossenen und im geschlossenen System (s. S. 12) stattfindet, verfügen nur diese Systeme über CO_2-Absorber.

Absorberkalke sind mit einem Indikatorfarbstoff versehen, der sich bei Erschöpfung des Absorberkalks bläulich-violett verfärbt. Aus Sicherheitsgründen werden normalerweise zwei Absorber hintereinander geschaltet. Diese **Doppelabsorber** sind bei einem Frischgasfluß von ca. 4 l/min ca. 40 bis 60 Stunden funktionsfähig. Zuerst wird immer der (untere) Absorber, durch den das Gas zuerst strömt, verbraucht. Ein verbrauchter Absorber muß mit neuem Absorberkalk nachgefüllt werden. Dabei ist auf eine engkörnige Nachfüllung zu achten, damit sich keine „Gasstraßen" bilden können. Der nachgefüllte Absorber kommt nicht mehr in die alte Position, sondern muß so eingesetzt werden, daß das Gas nun zuerst den nicht erneuerten Absorber durchströmt. Der nachgefüllte Absorber muß also jetzt oben eingesetzt werden. CO_2-Absorber werden in den Inspirationsschenkel (s. S. 13) eingebaut, damit sie nur das rückgeatmete Volumen von CO_2 befreien müssen. Bei Einbau des CO_2-Absorbers in den Exspirationsschenkel (s. S. 13) würde das CO_2 aus dem gesamten Ausatemvolumen, also auch aus dem in die Absaugung gelangende Volumen, herausgefiltert. Der CO_2-Absorber würde also schneller erschöpft sein.

Das Überdruckventil

Während der manuellen Beatmung (s. S. 96) muß das Druckbegrenzungsventil, das sogenannte Überdruckventil, eingeschaltet werden, indem der Umschalthahn (1 in Abb. 1.17) nach oben gestellt wird. Mit Hilfe des Drehknopfes (2) kann nun eingestellt werden, wie hoch der Druck im Kreissystem sein muß, damit sich das Überdruckventil öffnet und Gas über das Überdruckventil entweichen kann. Die Überdruckgrenze kann hiermit meistens zwischen 5 und 40 mbar eingestellt werden (mbar = millibar, 1 mbar entspricht ungefähr 1 cm Wassersäule). Normalerweise wird die Überdruckgrenze bei 10–15 mbar eingestellt. Wenn nun während der manuellen Beatmung die Lunge mit mehr als 10–15 mbar gebläht wird, öffnet sich das Überdruckventil

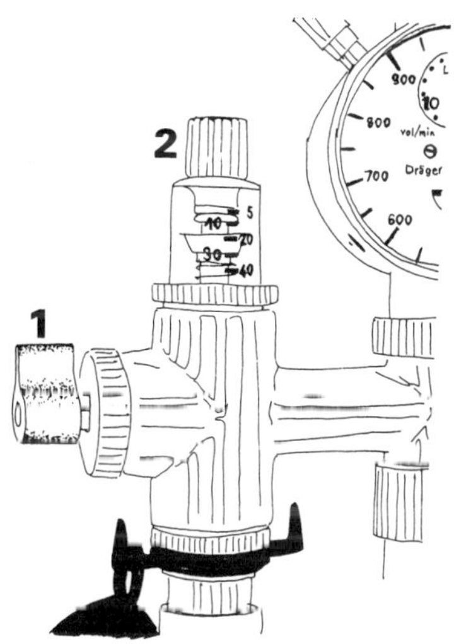

Abb. 1.17 Überdruckventil. Einstellung für die manuelle Beatmung. 1 = eingeschalteter (nach oben zeigender) Umschalthahn, 2 = Drehknopf zur Feineinstellung des Überdruckventils.

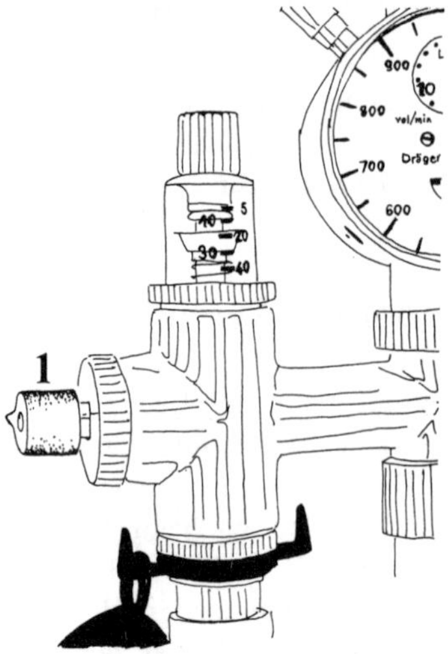

Abb. 1.18 Geschlossenes (horizontal gestelltes) Überdruckventil. Einstellung für die maschinelle Beatmung.

und Gas entweicht über dieses Ventil in die Absaugung (oder in den freien Raum).

Wird in einem halbgeschlossenen Narkosesystem ein Frischgasfluß von z.B. 3 Liter pro Minute eingestellt, so müssen auch 3 Liter Ausatemgas pro Minute in die Absaugung (oder den freien Raum) gelangen (s. S. 13).

Atmet der Patient spontan und seine Eigenatmung soll nicht unterstützt werden, so wird der Umschalthahn (1 in Abb. 1.17) nach oben gestellt und die Überdruckgrenze normalerweise auf den Minimalwert von 5 mbar eingestellt.

Wird der Patient maschinell mit einem Beatmungsgerät beatmet, so sollte der Umschalthahn (1 in Abb. 1.18) horizontal gestellt sein. Manchmal wird bei der maschinellen Beatmung das Umschaltventil auch nach oben gestellt. Gleichzeitig muß dann das Feinregulierventil auf einen Wert eingestellt werden, der über dem notwendigen Beatmungsdruck liegt. Normalerweise wird der maximal einstellbare Wert von ca. 40 mbar eingestellt. Sollte nun z.B. der Patient husten, und im Kreissystem ein Druck über 40 mbar auftreten, so kann Gas über das Überdruckventil entweichen. Dies stellt einen gewissen Sicherheitsfaktor von versehentlich zu hohen Beatmungsdrücken dar.

a

b

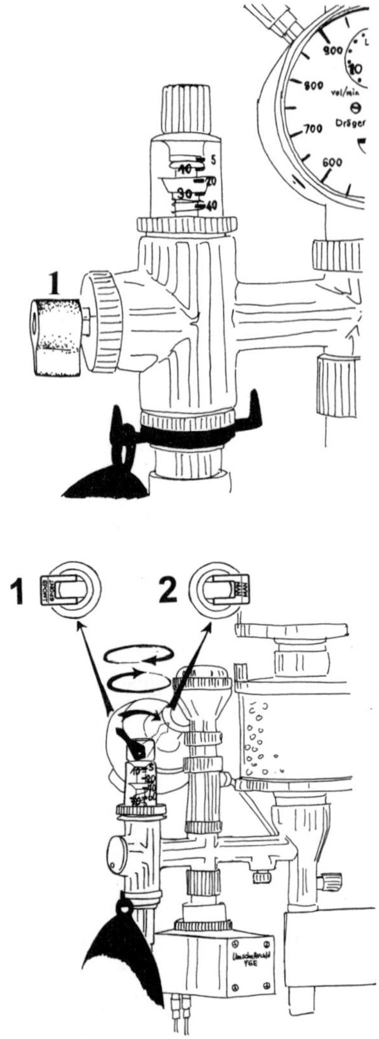

Abb. 1.19 a Geöffnetes (nach unten zeigendes) Überdruckventil. **b** Modernes, modifiziertes Überdruckventil. 1 = Hebel-Stellung „SPONT" für Spontanatmung. 2 = Hebel-Stellung „MAN" für manuelle oder maschinelle Beatmung. Bei der manuellen Beatmung ist das Feinregulierventil durch Drehen des Kippschalters auf ca. 10–15 mbar einzustellen. Bei der maschinellen Beatmung ist das Feinregulierventil höher als der notwendige Beatmungsdruck einzustellen. Zumeist wird ein Wert von ca. 40 mbar eingestellt.

Wird der Umschalthahn nach unten gestellt, dann ist das Überdruckventil ausgeschaltet und das Gas kann ohne Widerstand aus dem System entweichen (vgl. Abb. 1.19 a). Es kann kein Druck im Kreissystem aufgebaut werden, eine manuelle oder maschinelle Beatmung ist nicht möglich. Manchmal wird auch bei der Spontanatmung des Patienten der Umschalthahn (1 in Abb. 1.19 a) nach unten gestellt. Dabei ist gleichzeitig ein hoher Frischgasfluß einzustellen. Besser ist jedoch das oben beschriebene Vorgehen (Umschalthahn nach oben und Überdruckventil auf Minimalwert von 5 mbar einstellen), da hierbei der Beatmungsbeutel gebläht ist und so ein Reservoirvolumen ermöglicht wird, falls der Patient plötzlich einen tiefen Atemzug macht.
In neuen Kreissystemen (Kreissystem 9) und in modernen Narkosegeräten (z.B. Cicero; Fa. Dräger) ist inzwischen ein neueres, etwas modifiziertes Überdruckventil eingebaut (vgl. Abb. 1.19 b). Bei der Spontanatmung wird der oben angebrachte Kipphebel des Überdruckventils lediglich auf „SPONT“ gestellt. Bei der manuellen Beatmung wird der Kipphebel des Überdruckventils auf „MAN“ gestellt. Das Feinregulierventil wird auf die gewünschte Druckbegrenzung eingestellt, indem der Kipphebel solange im oder gegen den Uhrzeigersinn gedreht wird, bis an der Feinregulierskala die gewünschte Druckbegrenzung (meist ca. 10–15 mbar) eingestellt ist. Bei der maschinellen Beatmung wird der Hebel des Überdruckventils auf „MAN“ gestellt und an der Feinregulierskala eine Druckbegrenzung eingestellt, die über dem Beatmungsdruck liegt. Dieses Ventil kann zwischen 5 und 70 mbar eingestellt werden.

Der Beatmungsbeutel

Soll der Patient von Hand beatmet oder seine Spontanatmung unterstützt werden, so muß dies durch rhythmisches Komprimieren des Beatmungsbeutels (10 in Abb. 1.2) erfolgen.

(Die manuelle Beatmung wird ausführlich auf S. 96 beschrieben.)

Das Beatmungsgerät

Bei der maschinellen Beatmung wird der Beatmungsbeutel durch ein mehr oder weniger aufwendiges Beatmungsgerät (vgl. Abb. 1.20) ersetzt. An neueren Beatmungsgeräten können die verschiedenen Parameter der Beatmung, wie z.B. Atemhubvolumen, Atemfrequenz, Verhältnis der Einatmungszeit (= **I**nspirationszeit = I) zur Ausatmungszeit (= **E**xspirationszeit = E), also I:E, die Geschwindigkeit, mit der das Volumen in den Patienten gedrückt werden soll (= flow), genau eingestellt werden. Außerdem verfügen sie über verschiedene akustische und/oder optische Alarmsysteme, um Beatmungsfehler schnell erkennen zu können.
Folgende Werte sind beim lungengesunden Patienten am Beatmungsgerät einzustellen:

- Atemhubvolumen:
  ungefähr 10(–12) ml/kg KG beim Erwachsenen, also 700(–840) ml bei einem 70 kg schweren Erwachsenen
- Atemfrequenz:
  8–10 Atemzüge/min beim Erwachsenen

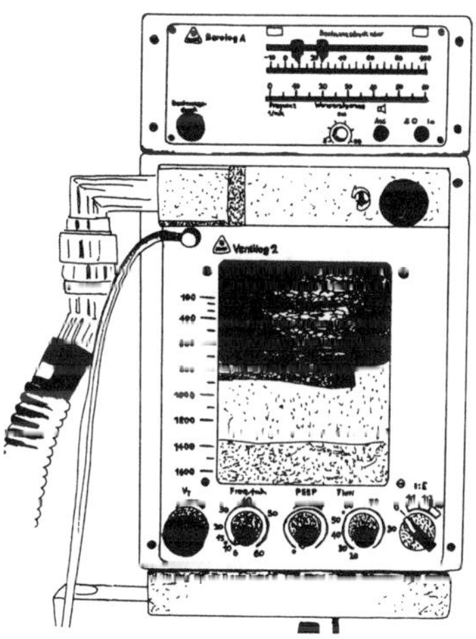

a

Abb. 1.20 a Beatmungsgerät (Ventilog; Fa. Dräger).

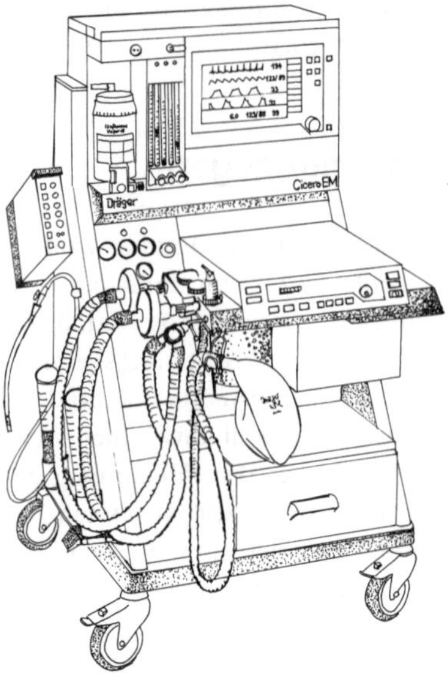

b

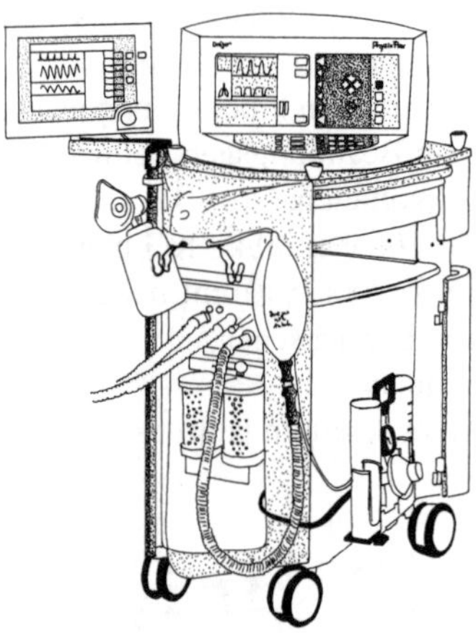

c

Abb. 1.20 b Modernes Narkosegerät (Cicero; Fa. Dräger). **c** Hochmodernes Narkosegerät (Physioflex; Fa. Dräger) das nach einem völlig neuen Funktionsprinzip arbeitet und mit den bisherigen Narkosegeräten nicht mehr vergleichbar ist.

- Flow:
  ungefähr 30 l/min
- I:E:
  1:2 (oder 1:1,5) beim Erwachsenen, 1:1 beim Säugling und Kleinkind
- PEEP:
  Am Ende der Ausatmung fällt der Beatmungsdruck auf Null ab. Durch Einschalten eines PEEP (= **p**ositive **e**nd**e**xspiratory **p**ressure = positiver endexspiratorischer Druck) fällt der Beatmungsdruck am Ende der Ausatmung nicht auf Null, sondern nur bis auf den eingestellten PEEP-Wert ab (zumeist 5–15 cm Wassersäule). Damit bleibt die Lunge auch am Ende der Ausatmung noch etwas gebläht. Bei allen Lungenschädigungen, bei denen ein Rechts-Links-Shunt (s. S. 236, 246, 328) besteht (z. B. Lungenentzündung, Atelektasen), kann dadurch zumeist eine Erhöhung des Sauerstoffgehalts im arteriellen Blut erzielt werden. Bei lungengesunden Patienten wird normalerweise kein PEEP eingeschaltet.
- Sämtliche Alarmvorrichtungen müssen (!) sinnvoll (!) eingeschaltet werden.

Das Sauerstoffmeßgerät

Sämtliche Narkosegeräte müssen inzwischen über ein Sauerstoffmeßgerät verfügen, mit dem die inspiratorische (eventuell auch die exspiratorische) Sauerstoffkonzentration kontinuierlich gemessen werden kann (11 in Abb. 1.2).

Narkosevorbereitungen – Überprüfung des Narkoseapparates vor Inbetriebnahme

Zur Narkosevorbereitung gehört die Überprüfung der voraussichtlich benötigten Narkosegeräte, also das im Vorbereitungsraum und im Operationsraum stehende Narkosegerät. Es muß stets folgendes kontrolliert werden:

- Sind unbenützte In- und Exspirationsschläuche, ein unbenütztes Winkelstück und eine unbenützte Gesichtsmaske (s. S. 97) angebracht? Diese Dinge müssen nach jeder Narkose ausgewechselt werden. (Lediglich wenn zwischen Winkelstück und Gesichtsmaske bzw. Endotrachealtubus oder Larynxmaske regelmäßig ein Bakterienfilter geschaltet wird, brauchen Winkelstück und Beatmungsschläuche nicht nach jeder Narkose ausgetauscht werden. Es genügt dann ein einmaliger Austausch am Ende des Tages.)

- Ist genügend volatiles Inhalationsanästhetikum, z.B. Enfluran, Desfluran oder Isofluran im Verdampfer? Gegebenenfalls muß der Verdampfer mit dem dafür bestimmten Inhalationsanästhetikum nachgefüllt werden (s. S. 16).
- Sind die Sauerstoff-, Lachgas-, Druckluft- und Vakuumanschlüsse in die Buchsen der zentralen Gasversorgungsanlage eingesteckt? Die verschiedenen Leitungen sind durch „Kennfarben" vor Verwechslung geschützt. Bisher gelten folgende Kennfarben:

Sauerstoff = blau
Lachgas = grau
Druckluft = gelb
Vakuum = weiß

(In einigen Jahren werden in Europa die Kennfarben vereinheitlicht. Sauerstoff wird dann die Kennfarbe weiß erhalten, Lachgas bzw. Luft werden blau bzw. schwarz/weiß und Vakuum wird gelb gekennzeichnet.)
Beim versuchsweisen Öffnen des Rotameters (s. S. 15) müssen für Sauerstoff bzw. Lachgas die maximal einstellbaren Gasflußmengen (von 15 bzw. 10 l/min) gewährleistet sein. Werden Sauerstoff und Lachgas aus Gasflaschen bezogen, so muß der Füllungszustand der Flaschen überprüft werden.

Sauerstoffvorrat: Eine 1 Liter fassende Sauerstoffflasche, die einen Druck von 200 bar aufweist, enthält 1 x 200 = 200 Liter Sauerstoff (Rauminhalt der Sauerstoffflasche x Flascheninnendruck = Sauerstoffvorrat in Litern).

Lachgasvorrat: Der Füllungszustand einer Lachgasflasche kann nur durch Wiegen ermittelt werden (s. S. 32). In Flaschen geliefertes Lachgas liegt zu 3/4 als Flüssigkeit vor. 1 kg flüssiges Lachgas ergibt 500 Liter Lachgas (Gesamtflaschengewicht [in kg] minus Gewicht der leeren Flasche x 500 = Lachgasvorrat in Litern). Das Leergewicht der Flaschen ist jeweils am Flaschenhals eingeprägt.

- Ist das Kreissystem dicht?
Prüfung: Hierzu muß das Überdruckventil durch Horizontalstellen des Umschalthahns geschlossen werden (vgl. Abb. 1.18). Bei modernen Überdruckventilen mit Kipphebel (vgl. Abb. 1.19 b) muß der Hebel auf „MAN" gestellt sein und am Feinregulierventil die maximale Überdruckgrenze von 70 mbar eingestellt werden. Nach Einstellen eines Gasflusses am Rotameter und bei andauerndem Zuhalten des Winkelstücks kommt es zum Aufblähen des Beatmungsbeutels und zu einem Druckaufbau im Kreissystem, der am Manometer abgelesen werden kann. Bei einem Druck von ca. 30 mbar wird der Gasfluß auf 150 ml/min reduziert. Das Winkelstück wird weiterhin zugehalten.
Wenn das Gerät dicht ist, bleibt der angezeigte Druck im Kreissystem konstant oder steigt sogar leicht an, der Beatmungsbeutel bleibt weiterhin stark gebläht. Bei einem Leck im System sinkt der Druck ab, der Beatmungsbeutel wird schlaffer. Eine eventuelle Leckstelle muß gesucht und beseitigt werden.

Ein Kreissystem ist dicht, wenn es bei einem Druck von 30 mbar maximal 150 ml/min verliert.

- Ist der Absorberkalk noch funktionstüchtig (bisherige Expositionszeit? Verfärbung? s. S. 19)?
- Funktioniert das Absaugegerät und sind genügend sterile Absaugschläuche vorhanden?
  Prüfung: Beim Zuhalten der Absaugöffnung muß sich ein genügend hoher Sog (ca. – 0,4 bar) aufbauen (Regelbereich Erwachsene: 0 bis – 0,9 bar, Regelbereich Kinder: 0 bis – 0,5 bar). Außerdem muß darauf geachtet werden, daß die Saugerschläuche und die Sekretauffangbehälter regelmäßig erneuert werden. Oft werden hier bereits Einmalartikel verwendet. Des weiteren muß kontrolliert werden, ob die Spülflasche genügend Spülflüssigkeit enthält, damit nach einem Absaugemanöver das Schlauchsystem mit der Spülflüssigkeit sofort klargespült werden kann. Da das Absaugegerät nicht nur zum Absaugen von Speichel oder Bronchialsekret benützt wird, sondern unter Umständen beim plötzlichen Erbrechen des Patienten notfallmäßig benötigt wird, muß die Funktionstüchtigkeit immer (!!) gewährleistet sein.
- Gegebenenfalls elektronische Systemüberprüfung. Bei modernen Beatmungsgeräten (z.B. Cicero; Fa. Dräger) ist noch eine vom Gerät selbständig durchgeführte Systemprüfung zu starten. Das Gerät zeigt eventuelle Fehler (z.B. Undichtigkeit) auf dem Anzeigefeld an.

Überprüfung des Narkosewagens auf Vollständigkeit

Der fahrbare Narkosewagen (vgl. Abb. 1.21) enthält nicht nur sämtliche für eine Routinenarkose notwendigen Utensilien, sondern auch die für die Behandlung eines eventuellen Narkosezwischenfalls wichtigen Instrumente und Medikamente:

Abb. 1.21 Narkosewagen.

- Endotrachealtuben (s. S. 75)
- Laryngoskop mit verschiedenen Spatelgrößen (s. S. 79)
- Gesichtsmasken (s. S. 97)
- Guedel- und Wendl-Tuben (s. S. 80, 288)
- Führungsstäbe (s. S. 79)
- Stahlkanülen
- Magill-Zangen (s. S. 80)
- intravenöse Plastikverweilkanülen (vgl. Abb. 1.22)
- Einwegspritzen
- Routine- und Notfallmedikamente
- Magensonden
- sterile Absaugschläuche
- Blutdruckmeßgerät und Stethoskop
- Infusionsbesteck sowie Infusionslösungen (z.B. eine Flasche kolloidales Plasmaersatzmittel und eine Flasche kristalloide Lösung, s. S. 122)
- Dreiwegehähne und Stöpsel
- Einweghandschuhe
- diverse Pflastersorten

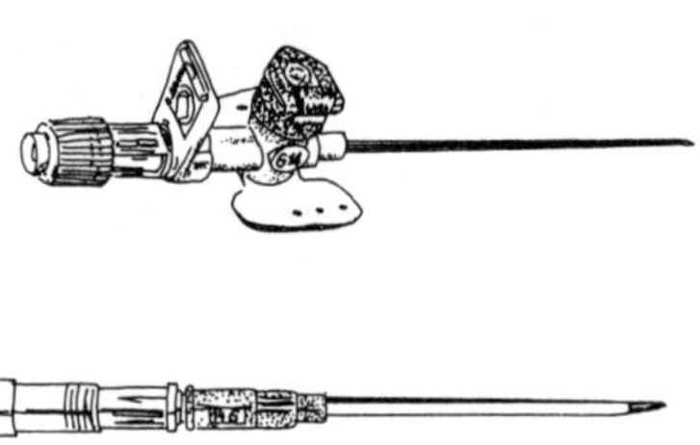

Abb. 1.22 Häufig verwendete peripher-venöse Verweilkanülen.

- sterile Tupfer und Zellstoff
- Desinfektionsspray

Die Pflegekraft ist für den stets kompletten Zustand des Narkosewagens verantwortlich und hat sich dessen bei jeder Narkosevorbereitung zu vergewissern. Während der Narkose muß sich der Narkosewagen immer in unmittelbarer Reichweite des Anästhesisten befinden.

Vorbereitung von Material und Medikamenten

Vom Anästhesisten erfragt die Anästhesiepflegekraft die Narkoseform, die notwendigen Medikamente und Infusionen sowie den benötigten Endotrachealtubus (s. S. 75). Die für die Narkose voraussichtlich benötigten Dinge richtet die Pflegekraft her und legt sie auf dem Narkosewagen bereit. Für eine Routinenarkose sind dies:

- Blutdruckmeßgerät und Stethoskop
- EKG-Elektroden
- Desinfektionsspray und sterile Tupfer (zur Hautdesinfektion vor dem Legen eines peripher-venösen Zugangs)
- 2-ml-Spritze mit z.B. 2%igem Xylocain für die Lokalanästhesie vor dem Legen des peripher-venösen Zugangs, dazu eine dünne Stahlkanüle, z.B. 26 G

> G = gauge (englisch, sprich: geidsch). Gauge ist ein Maß für den Durchmesser. Bei Stahlkanülen geht die Gauge-Zahl normalerweise von 18 bis 26 G; je größer die Gauge-Zahl, desto kleiner ist der Durchmesser.

- intravenöse Plastikverweilkanüle, z.B. Vygon 17 G, sowie ein Pflaster zur späteren Fixierung der Kanüle. Bei den intravenösen Plastikverweilkanülen geht die Gauge-Zahl normalerweise von 12 bis 26 G.
- Infusion mit angeschlossenem und entlüftetem Infusionsbesteck
- Laryngoskop (s. S. 79, die Lichtquelle muß vorher auf Funktionstüchtigkeit überprüft werden!)
- Endotrachealtubus bzw. Larynxmaske (s. S. 75 und 91). Die Blockermanschette des Tubus muß vorher durch Aufblasen mit Luft auf Dichtigkeit geprüft werden (!); die Tubusspitze sollte mit einem Lokalanästhetikum (z.B. Xylocain-Gel) bestrichen werden.
- Guedel-Tubus (s. S. 80)
- 10- oder 20-ml-Spritze zum Aufblasen (Blocken) der Tubusmanschette (s. S. 75). Diese Spritze muß gekennzeichnet werden. Da sie unsteril wird, darf sie später nicht versehentlich zum Aufziehen von Medikamenten verwendet werden.
- die voraussichtlich benötigten Medikamente

Aufziehen der Medikamente

Die Pflegekraft zieht die vom Narkosearzt gewünschten Medikamente auf und legt die Spritzen auf dem Narkosewagen bereit.

> Jede (!!) aufgezogene Spritze muß (!!) beschriftet werden. Für die meisten Medikamente liefert die Pharmaindustrie bereits entsprechende Aufkleber. Das Aufstecken der leeren Ampulle auf die unbeschriftete Spritze ist nicht zulässig!

Vorbereitung des Patienten für die Narkose

Der Patient wird meist von einer Pflegekraft der Station in den Vorbereitungsraum des entsprechenden Operationssaals gebracht. Die Anästhesiepflegekraft begrüßt den Patienten, stellt sich vor und überprüft die Identität des

Patienten und die Richtigkeit und Vollständigkeit der Akten.
Nun wird der Patient vom Bett auf den Operationstisch gelegt. Er muß sich dann seines Flügelhemdes entledigen und wird umgehend mit einem Tuch zugedeckt. Die Arme werden bequem auf Armstützen gelagert und locker angeschnallt. Der Körper wird leicht mit einem „Bauchgurt" am Operationstisch fixiert. Erst nach der Narkoseeinleitung wird der Patient in die eigentliche Operationslagerung gebracht.
Während der nun folgenden Vorbereitung des Patienten auf die Narkose ist es wichtig, ihm immer zu erklären, was und gegebenenfalls warum etwas gemacht wird.
Es empfiehlt sich folgendes Vorgehen:

- EKG-Elektroden anlegen und EKG-Monitor folgendermaßen anschließen (vgl. Abb. 1.23):

> rotes EKG-Kabel = rechte Schulter
> gelbes EKG-Kabel = linke Schulter
> grünes (bzw. schwarzes) EKG-Kabel = linke Thoraxseite

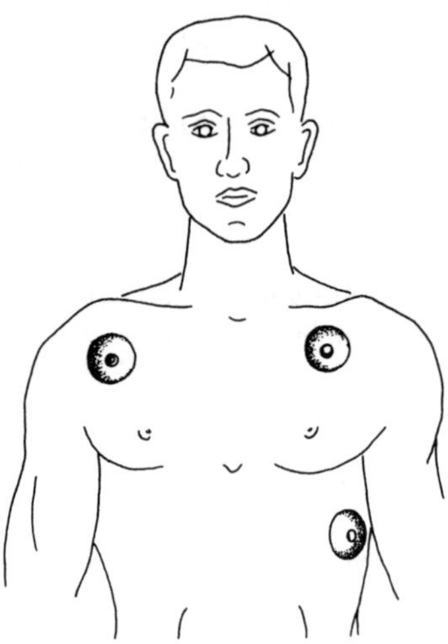

Abb. 1.23 Plazierung der EKG-Elektroden: rechte Schulter: Anschluß rotes Kabel; linke Schulter: Anschluß gelbes Kabel; linke Thoraxseite: Anschluß grünes (bzw. schwarzes) Kabel.

Gleichzeitig muß am EKG-Gerät die Ableitung II (nach Einthoven) eingestellt sein. Mit dieser Ableittechnik können Herzrhythmusstörungen am besten erkannt werden. Eine ST-Streckensenkung (s. S. 366, Abb. 7.7), die typisch für eine Mangeldurchblutung der Koronararterien mit unzureichender Durchblutung der Herzmuskulatur (Myokardischämie) ist, kann mit dieser Ableittechnik nur schwer erfaßt werden. Um ST-Streckensenkungen besser zu erkennen, können gegebenenfalls das gelbe und grüne (bzw. schwarze) Kabel (s.o.) vertauscht werden und gleichzeitig muß am EKG-Gerät die Ableitung I (nach Einthoven) eingestellt werden. Dies ist insbesondere bei Patienten mit einer Koronarsklerose sinnvoll.

- Fingersensor für die pulsoxymetrische Messung der arteriellen Sauerstoffsättigung anlegen (s. S. 371). Falls die arterielle Sauerstoffsättigung niedrig ist (unter ca. 95%), dann sollte dem Patienten Sauerstoff über eine Nasensonde (ca. 2 l/min) verabreicht werden.
- Blutdruckmanschette anlegen und (auskultatorische) Blutdruckmessung
- Legen eines peripher-venösen Zugangs: Wenn irgend möglich, sollten die Venen des Handrückens bevorzugt werden.

> Eine Punktion in der Ellenbeuge (sowie an der radialen Unterarmseite) sollte vermieden werden, da hier eine versehentliche intraarterielle Lage der Kanüle möglich ist. Bei versehentlicher intraarterieller Injektion bestimmter Medikamente kann der Verlust der Hand oder des Armes drohen (s. S. 44)! Außerdem besteht in der Ellenbeuge eine Verletzungsgefahr des hier verlaufenden Nervus medianus.

Mit Hilfe der Blutdruckmanschette wird nun mit einem Manschettendruck von z.B. 50 mmHg gestaut. Der Staudruck muß über dem Venendruck, aber deutlich unterhalb des arteriellen Druckes liegen. Hierdurch wird der venöse Abfluß gedrosselt, während der arterielle Zufluß fast unbehindert ist. Die Venen treten meist deutlich hervor und können gut punktiert werden. Bei aufgeregten Patienten ist trotz korrekter Stauung häufig nur eine **schlechte Venenfüllung** vorhanden. Durch Tieflagerung des Armes, durch rhythmisches Öffnen- und Schließenlassen der Faust, durch leichtes Beklopfen der voraussichtlichen Punktionsstelle oder durch lokale Wärmeanwendung, vor allem aber durch längerfristiges Stauen, treten die Venen deutlicher hervor.

- Venenpunktion:
  - Desinfektion der Punktionsstelle
  - Lokalanästhesiequaddel neben der zu punktierenden Vene
  - Fixierung der zu punktierenden Vene; dies kann durch Straffung der Haut (mit dem Daumen der nicht punktierenden Hand, Abb. 1.24) erreicht werden
  - Punktion durch die Hautquaddel schräg in die Vene (vgl. Abb. 1.24)
  - Festhalten des Stahlmandrins und Vorschieben der Plastikverweilkanüle
  - Öffnen der Stauung
  - Fixierung der Kanüle mit Pflaster
  - Anschluß der vorbereiteten Infusion

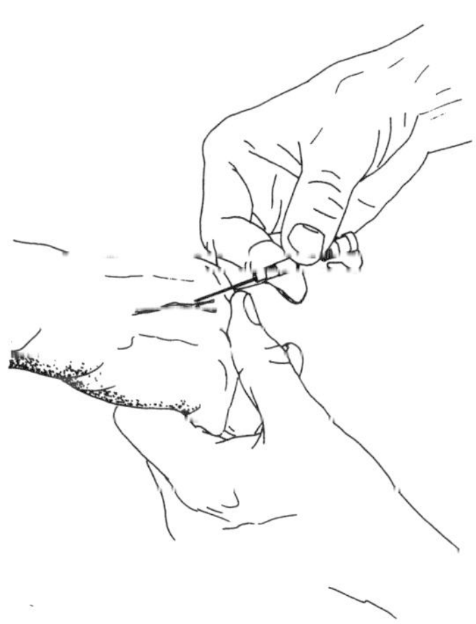

Abb. 1.24 Punktion einer peripher-venösen Vene.

Zusätzlich benötigte peripher-venöse Zugänge sollten normalerweise erst nach der Narkoseeinleitung gelegt werden.

▶ Routinefragen

Während der Vorbereitung des Patienten auf die Narkose müssen immer nochmals folgende Routinefragen an den Patienten gestellt werden:

- Wann haben Sie das letzte Mal gegessen, getrunken, geraucht?
  Manchmal gestehen die Patienten auf diese gezielten Fragen, das Nüchternheitsgebot (s. S. 185) gebrochen zu haben. In diesem Falle muß eine nicht notfallmäßige Operation verschoben werden.
- Haben Sie eine Zahnprothese?
  Wenn ja, haben Sie diese entfernt? Manchmal gestehen die Patienten, ihre Prothese aus Eitelkeit nicht entfernt zu haben, obwohl dies bei der präoperativen Visite angeordnet wurde. Sie muß jedoch in jedem Falle herausgenommen und sicher aufbewahrt werden.
- Haben Sie eine Allergie auf bestimmte Medikamente oder z.B. auf braunes Pflaster?

Lagerung des Patienten – Lagerungsschäden

Die endgültige Operationslagerung wird erst nach Einleitung der Narkose vorgenommen. Für die korrekte Lagerung des Patienten trägt der Operateur die Verantwortung. Während der Operation ist der Anästhesist dafür verantwortlich, daß vor allem die Arme des Patienten weiterhin richtig gelagert sind. Abbildung 1.25 zeigt die Lagerung des Patienten, wenn er in Rückenlage operiert werden soll. Spezielle Operationslagerungen werden in den entsprechenden Kapiteln der „Speziellen Anästhesie" besprochen.

Bei unsachgemäßer Lagerung des Patienten können vor allem Nervenschädigungen (durch Druck oder Zerrung) sowie Schädigungen des Auges drohen.

Plexus brachialis

Meist wird der Arm, an dem die Infusion läuft, ausgelagert (abduziert). Zur Vermeidung von Zerrungen des Plexus brachialis muß bei der Armauslagerung folgendes beachtet werden:

- Der Arm muß (!) unbedingt an der Armstütze fixiert werden. Ein versehentliches Herunterfallen des Armes von der Armstütze kann beim relaxierten Patienten zu einer Schulterluxation, zu einer Zerrung des Plexus brachialis oder gar zum Ausriß des Plexus brachialis führen (!!).
- Der Oberarm darf nicht weiter als 90 Grad ausgelagert werden.
- Der Arm darf nicht unterhalb des Thoraxniveaus gelagert werden.
- Es sollte auf eine leichte Beugung im Ellenbogengelenk geachtet werden. Der Handrücken sollte nach oben zu liegen kommen.
- Der Kopf sollte leicht auf die Seite des ausgelagerten Armes gedreht werden.

Nervus radialis

Häufig wird nur ein Arm ausgelagert, der andere Arm wird dem Körper angelagert. Bei dem am Körper angelagerten Arm besteht die Gefahr, daß er über die Kante des Operationstisches hängt und durch den Operateur gegen die Tischkante gedrückt wird. Dies kann leicht zu einer Schädigung des Nervus radialis im Bereich der Oberarminnenseite führen. Der dem Körper angelagerte Arm muß deshalb in einer Ober- und Unterarm umfassenden Polstermanschette dicht dem Körper angelagert und dort fixiert werden.

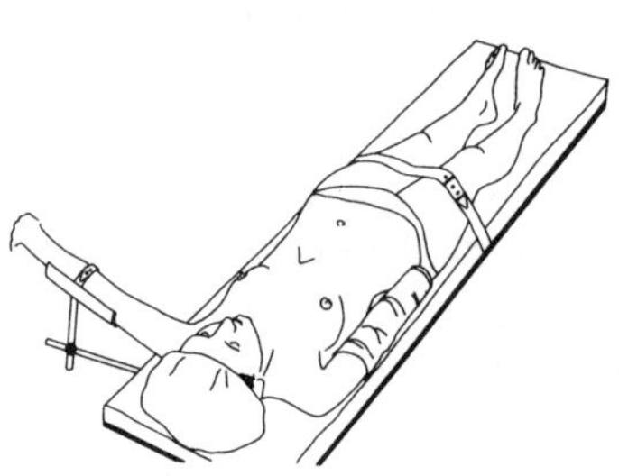

Abb. 1.25 Rückenlagerung des Patienten.

Auge

Jeder längerdauernde Druck auf das Auge kann zu Durchblutungsstörungen der Netzhaut und damit zur Erblindung führen. Besonders bei Bauchlagerungen ist darauf zu achten, daß nicht ein Lagerungskissen, ein Lagerungsring oder eine Kopfstütze auf das Auge drückt. Außerdem ist darauf zu achten, daß die Augenlider während der Narkose geschlossen sind. Bei geöffneten Augenlidern droht ein Austrocknen der Hornhaut mit Hornhautulkus. Das Auge muß dann entweder zugeklebt oder es muß eine sterile Augensalbe eingebracht werden. Sind die Augen während der Operation nicht zu sehen, müssen die Augenlider immer mit Pflaster zugeklebt werden.

Inhalationsanästhetika –

Grundlegende Bemerkungen zu den Inhalationsanästhetika

Inhalationsanästhetika sind Gase oder Dämpfe, die eingeatmet und über die Lungen ins Blut aufgenommen werden. Über das Blut werden sie auch zum **Z**entralen **N**erven**s**ystem (ZNS) transportiert, wo sie vorübergehende Veränderungen an den Zellmembranen verursachen und dadurch die Weiterleitung von Nervenimpulsen hemmen. Sie wirken dadurch anästhetisch, das heißt, sie erzeugen eine Bewußtlosigkeit, Schmerzdämpfung, Muskelerschlaffung und eine Dämpfung von vegetativen Reflexen.

Diese einzelnen Wirkungen sind jedoch bei den verschiedenen Inhalationsanästhetika unterschiedlich stark ausgeprägt und reichen für eine Operation unter Umständen erst bei sehr hohen Konzentrationen aus. Um diese hohen Konzentrationen mit ihren Nebenwirkungen zu vermeiden, werden die Inhalationsanästhetika meist mit anderen Medikamenten kombiniert.

Inhalationsanästhetika werden größtenteils wieder über die Lungen abgeatmet. Nur ein unterschiedlich kleiner Anteil (0,02% bei Desfluran; 20% bei Halothan; s.u.) wird im Körper metabolisiert. Da sich die Ventilation der Lunge gut beeinflussen läßt, kann sowohl die Aufnahme als auch die Abatmung der Inhalationsanästhetika gut gesteuert werden.

Inhalationsanästhetika besitzen also den großen Vorteil der guten Steuerbarkeit. Ein Nachteil der Inhalationsanästhetika ist allerdings der relativ langsame Wirkungseintritt.

Die meisten Medikamente verteilen sich durch Diffusion innerhalb der verschiedenen Körperräume. Voraussetzung dafür, daß ein Medikament in ein anderes Gewebe abdiffundieren kann, ist ein Konzentrationsunterschied. Die Diffusion erfolgt immer vom Ort hoher Konzentration zum Ort niedriger Konzentration, also entlang eines Konzentrationsgefälles. Dies gilt auch für Inhalationsanästhetika. Allerdings wird bei Gasen und Dämpfen nicht von „Konzentration", sondern vom **Partialdruck** gesprochen.

Gase und Dämpfe diffundieren immer vom Ort eines hohen Partialdrucks zum Ort eines niedrigen Partialdrucks.

Bei der Narkoseeinleitung mit einem Inhalationsanästhetikum diffundiert das Inhalationsanästhetikum daher aus der Alveolarluft (hoher Partialdruck) ins Blut (niedriger Partialdruck). Aus dem Blut diffundieren die Inhalationsanästhetika in die verschiedenen Gewebe ab.

Je besser ein Gewebe durchblutet ist, desto mehr Inhalationsanästhetikum kann es pro Zeiteinheit aus dem Blut aufnehmen und desto schneller wird es mit dem Inhalationsanästhetikum gesättigt sein.

Die stark durchbluteten Organe wie ZNS, Herz, Nieren und Leber sind daher schnell (innerhalb von Minuten) mit dem Inhalationsanästhetikum aufgesättigt. Die weniger gut durchblutete Muskulatur ist z.B. erst nach Stunden gesättigt. Das schlecht durchblutete Fettgewebe wäre erst nach Tagen vollständig aufgesättigt. Erst wenn es zum Ausgleich der Partialdrücke in den verschiedenen Geweben gekommen ist, findet keine Diffusion mehr statt.

Von besonderem Interesse ist der Partialdruck des Inhalationsanästhetikums im Gehirn, denn die Narkosetiefe ist vom Partialdruck des Inhalationsanästhetikums im Gehirn abhängig.

Da das Gehirn sehr gut durchblutet wird, gleicht sich der Partialdruck des Inhalationsanästhetikums im Gehirn sehr schnell dem Partialdruck im Blut an. Der Partialdruck im Gehirn entspricht daher ungefähr dem Partialdruck im Blut.

Bei Narkosebeginn diffundiert fast das gesamte Inhalationsanästhetikum aus dem arteriellen Blut in die verschiedenen Gewebe ab, da diese noch völlig ungesättigt sind. Das venöse Blut enthält damit fast kein Inhalationsanästhetikum mehr und muß in der Lunge wieder aufgesättigt werden. Zur Aufrechterhaltung eines bestimmten Partialdrucks im arteriellen Blut und damit eines bestimmten Partialdrucks im Gehirn (bzw. einer bestimmten Narkosetiefe) muß also bei Narkosebeginn viel Inhalationsanästhetikum über die Lungen ins Blut aufgenommen werden. Hierzu ist eine hohe Konzentration des Inhalationsanästhetikums in dem Inspirationsgemisch nötig.

Mit zunehmender Narkosedauer nimmt die Sättigung der verschiedenen Gewebe stetig zu. Es diffundiert immer weniger Inhalationsanästhetikum aus dem arteriellen Blut in die Gewebe ab, da die Partialdruckdifferenz zwischen Blut und Gewebe immer kleiner wird. Das venöse Blut enthält einen zunehmend höheren Partialdruck des Inhalationsanästhetikums. Zur Aufrechterhaltung eines bestimmten Partialdrucks im arteriellen Blut und damit eines bestimmten Partialdrucks im Gehirn (bzw. einer bestimmten Narkosetiefe) muß immer weniger Inhalationsanästhetikum pro Zeiteinheit über die Lungen ins Blut aufgenommen werden. Mit zunehmender Narkosedauer genügt daher eine immer geringer werdende inspiratorische Konzentration.
Bei Narkoseausleitung, das heißt Reduktion oder Abbruch der Zufuhr des Inhalationsanästhetikums, kehrt sich das Partialdruckgefälle um. Das Inspirationsgemisch enthält nun weniger oder kein Inhalationsanästhetikum. Das Inhalationsanästhetikum diffundiert nun aus dem Blut (jetzt hoher Partialdruck) in die Alveolarluft (jetzt niedriger Partialdruck) und wird abgeatmet. Außerdem diffundiert das Inhalationsanästhetikum aus dem Gewebe zurück ins Blut. Wenn das Inhalationsanästhetikum aus den gut durchbluteten Organen (mit hohem Partialdruck des Narkosegases) schnell abflutet, kann der Partialdruck des Gases im Blut höher als im schlecht durchbluteten Gewebe (z.B. dem Fettgewebe) sein. Dann diffundiert das aus den gut durchbluteten Geweben abdiffundierte Gas zum Teil in die schlechter durchbluteten Gewebe. Es wird von einer sogenannten Umverteilung gesprochen. Umverteilungsphänomene treten auch bei intravenös zu verabreichenden Medikamenten auf (s. S. 41).

Faktoren, die die Aufnahme und die Abatmung eines Inhalationsanästhetikums beschleunigen bzw. verzögern

Wie schnell ein Inhalationsanästhetikum über die Lungen aufgenommen wird, mit dem Blut ins Gehirn gelangt und dort seine narkotische Wirkung entfaltet, hängt von mehreren Faktoren ab.

Inspiratorischer Partialdruck des Inhalationsanästhetikums

Je höher das Partialdruckgefälle zwischen Alveolarluft und Blut ist, desto mehr Inhalationsanästhetikum diffundiert pro Zeiteinheit ins Blut über.

Zur Beschleunigung der Narkoseeinleitung wird die inspiratorische Konzentration des Inhalationsanästhetikums deshalb relativ hoch gewählt, um schnell den für die gewünschte Narkosetiefe notwendigen Partialdruck im Blut bzw. im Gehirn zu erreichen.

Lungenbelüftung pro Minute (alveoläre Ventilation)

Bei Beginn der Einatmung eines Inhalationsanästhetikums wird das Anästhetikum im Volumen der funktionellen Residualkapazität verteilt und damit verdünnt.

Als funktionelle Residualkapazität wird das nach einer normalen Ausatmung noch in der Lunge befindliche Luftvolumen (von ca. 2,5 Litern beim Erwachsenen) bezeichnet.

Erst nach mehrfachem Ein- und Ausatmen ist die gesamte funktionelle Residualkapazität mit Inhalationsanästhetikum angereichertem Inspirationsgemisch ausgefüllt. Durch eine

Steigerung der alveolären Ventilation (= Hyperventilation) wird dieser Anstieg des Partialdrucks in der funktionellen Residualkapazität beschleunigt.

Durch Hyperventilation kann also die Narkoseeinleitung oder eine Veränderung der Narkosetiefe beschleunigt werden.

Herzminutenvolumen

Normalerweise fließen ca. 14% des **Herzminutenvolumens** (= HMV) zum Gehirn. Im **Volumenmangelschock** besteht eine maximale Kreislaufzentralisation. Die Peripherie (Muskulatur, Fett, Magen-Darm) wird zugunsten der lebensnotwendigen Organe wie Gehirn und Herz vermindert durchblutet. Das Gehirn erhält also einen prozentual größeren Anteil des HMV. Der Antransport zum Gehirn und damit die Narkoseeinleitung erfolgt damit schneller. Bei einer **Erhöhung des HMV** durch Streß, Muskeltätigkeit oder Hyperthyreose kommt es dagegen zu einer Umverteilung der Organperfusion zugunsten der Muskulatur. Das Gehirn erhält einen prozentual geringeren Anteil des HMV. Die Ein- und Ausleitung einer Inhalationsnarkose ist damit verzögert. Bei **vermindertem HMV** infolge einer Herzinsuffizienz ist der Antransport zum Gehirn und damit der Wirkungsbeginn, das heißt die Narkoseeinleitung, verzögert.

Löslichkeit des Inhalationsanästhetikums im Blut (sogenannter Blut-Gas-Verteilungskoeffizient)

Die Geschwindigkeit, mit der ein Inhalationsanästhetikum über die Lungen aufgenommen wird, ist auch davon abhängig, wie gut es sich im Blut löst. Diese physikalische Eigenschaft wird mit Hilfe des **Blut-Gas-Verteilungskoeffizienten** ausgedrückt.

Lachgas z.B. löst sich nur sehr gering im Blut, es hat einen sehr niedrigen Blut-Gas-Verteilungskoeffizienten (vgl. Tab. 1.4). Da sich nur wenig Lachgas im Blut löst, ist das Blut sehr schnell mit Lachgas gesättigt. Äther dagegen löst sich in hohem Maße im Blut. Der Blut-Gas-Verteilungskoeffizient ist entsprechend hoch (vgl. Tab. 1.4). Es wird also lange dauern, bis das Blut mit Äther aufgesättigt ist und sich der Partialdruck im Blut dem Partialdruck im Einatmungsgemisch angeglichen hat.

Je niedriger der Blut-Gas-Verteilungskoeffizient ist, desto schneller gleicht sich der Partialdruck im Blut dem Partialdruck im Einatmungsgemisch an, desto schneller flutet das Inhalationsanästhetikum an und ab und um so besser ist seine Steuerbarkeit.

Tab. 1.4 Blut-Gas-Verteilungskoeffizienten und MAC-Wert der wichtigsten Inhalationsanästhetika.

Inhalations-anästhetika	Blut-Gas-Verteilungs-koeffizient	MAC-Wert in 100% O_2 (Vol.%)	MAC-Wert in 70% N_2O (Vol.%)
Lachgas	0,47	110,0	–
Halothan	2,30	0,75	0,29
Enfluran	1,9	1,68	0,57
Isofluran	1,4	1,15	0,50
Sevofluran	0,65	2,0	0,66
Desfluran	0,4	6,0	3,00
Äther	12,1	1,92	–

Der MAC-Wert

Jedes Inhalationsanästhetikum besitzt eine bestimmte Wirkungsstärke, eine bestimmte narkotische Potenz. Diese wird mit dem MAC-Wert (= minimale alveoläre [oder auch anästhetische] Konzentration) ausgedrückt.

Der MAC-Wert ist diejenige Konzentration eines Inhalationsanästhetikums, bei der 50% der Patienten auf einen definierten Schmerzreiz (Hautschnitt) mit keiner Schmerzreaktion mehr reagieren. Je niedriger der MAC-Wert, desto potenter ist das Inhalationsanästhetikum (vgl. Tab. 1.4).

Der MAC-Wert eines Inhalationsanästhetikums kann durch die zusätzliche Gabe eines Opioids oder durch die Kombination mit Lachgas erniedrigt werden. Auch andere zentral dämpfende Medikamente wie Barbiturate oder Benzodiazepine bewirken eine Reduktion des MAC-Wertes, ebenso ein Abfall der Körpertemperatur. Außerdem ist der MAC-Wert altersabhängig; bei Säuglingen mit 6 Monaten beträgt er z.B. für Halothan (s. S. 33) 1,08 Vol.%, bei Patienten über 70 Jahre dagegen nur noch 0,64 Vol.%. Bei Neu- und Frühgeborenen sowie bei sehr alten Patienten kann der MAC-Wert deutlich erniedrigt sein.

Wichtige Inhalationsanästhetika

Lachgas = Stickoxydul = N_2O

Sowohl Lachgasflaschen als auch entsprechende Anschlußleitungen an die (zentrale) Gasversorgung haben bisher (s. S. 23) die Kennfarbe grau! Lachgas ist ein geruchloses, nicht reizendes, farbloses Gas.

Es wird unter hohem Druck (51 atm = 51 bar) in Stahlzylindern geliefert. Lachgas liegt dabei zu ca. $^3/_4$ in flüssiger Form vor, der Rest ist gasförmig. 1 kg Lachgasflüssigkeit ergibt ca. 500 Liter Lachgas. Solange noch ein flüssiger Anteil vorliegt, bleibt der Manometerdruck (von 51 atm = 51 bar) konstant (s. S. 23). Beim Verdampfen von Lachgas wird der Umgebung Wärme entzogen, deshalb beschlagen oder gefrieren manchmal die Lachgasflaschen an den Gasaustrittventilen.

Lachgas ist zur Zeit das sicherste aller Inhalationsanästhetika und wird normalerweise bei fast allen Narkosen als Basisnarkotikum in Konzentrationen bis 70 (–75)% zugesetzt.

Als alleiniges Anästhetikum hat Lachgas eine unzureichende Wirkung. Es vermag aber als Zusatzanästhetikum die Wirkung der anderen Inhalationsanästhetika zu verstärken, das heißt, deren MAC-Wert zu erniedrigen (vgl. Tab. 1.4). Die anderen Inhalationsanästhetika können dadurch niedriger dosiert werden. Damit sind auch ihre Nebenwirkungen geringer. Durch Zusatz von Lachgas kann auch die Dosierung der intravenösen Anästhetika reduziert werden.

▶ **Wirkungen**

- gute analgetische Wirkung
- schwache narkotische Wirkung; der (theoretische) MAC-Wert beträgt 110 Vol.% (vgl. Tab. 1.4)
- keine muskelrelaxierende Wirkung
- erzeugt eine Amnesie (= Erinnerungslücke)

▶ **Nebenwirkungen**

- Lachgas geht eine Bindung mit Vitamin B_{12} ein, wodurch es bei langfristiger Anwendung (länger als sechs Stunden) zu Blutbildungsstörungen ähnlich wie bei Vitamin-B_{12}-Mangel (perniziöse Anämie) kommen kann. In Folge tritt eine Störung der Erythrozyten- und der Granulozytenbildung auf.

- Lachgas kann zu einer leichten Steigerung eines bereits vorher erhöhten intrakraniellen Druckes führen. Deshalb sollte bei Patienten mit Verdacht auf einen erhöhten intrakraniellen Druck kein Lachgas verwendet werden.
- Lachgas diffundiert schnell in sämtliche lufthaltige Räume wie z.B. in luftgeblähte Darmschlingen, in die Blockermanschette eines Endotrachealtubus (s. S. 91), in einen evtl. vorhandenen Pneumothorax, in das luftgefüllte Mittelohr (s. S. 254) oder in eine Luftembolieblase (s. S. 244). Hierdurch kann es zu einer Druck- und Volumenzunahme dieser lufthaltigen Räume kommen, was meistens nachteilige Auswirkungen hat.

Die Nebenwirkungen auf Atmung, Kreislauf, Leber und Nieren sind vernachlässigbar klein. Lachgas wird fast vollständig über die Lungen wieder abgeatmet. Es findet kein Abbau im Körper statt.

Da sich Lachgas nur in geringem Ausmaß im Blut löst, ist das Blut bereits nach wenigen Minuten mit Lachgas gesättigt. Lachgas flutet also sehr schnell an. Es hat einen sehr niedrigen Blut-Gas-Verteilungskoeffizienten (vgl. Tab. 1.4) und ist damit gut steuerbar.

Nach Abstellen der Lachgaszufuhr flutet das Lachgas ebenso schnell wieder ab. Innerhalb kurzer Zeit diffundieren nun große Mengen Lachgas aus dem Körper zurück in die Lunge und können dort, bei Atmung von Raumluft, zu einer Verdrängung des Sauerstoffes mit Hypoxie führen. Dieses Phänomen wird als **Diffusionshypoxie** bezeichnet.

Nach Abstellen des Lachgases muß deshalb mindestens über 3 Minuten 100% Sauerstoff verabreicht werden, um dieser Diffusionshypoxie vorzubeugen.

Halothan (Halothan, Fluothan)

Halothan ist eine klare, süßlich riechende und leicht verdampfbare Flüssigkeit. Durch Lichteinwirkung zersetzt sich Halothan unter Bildung toxischer Abbauprodukte. Halothan muß deshalb in dunklen Flaschen aufbewahrt werden. Außerdem muß ein Stabilisator (Thymol) zugesetzt werden.

In speziellen, nur für Halothan zulässigen Verdampfern (s. S. 16) werden dem Inspirationsgemisch Halothandämpfe in der eingestellten Konzentration zugemischt. Halothan war lange Zeit das weltweit am häufigsten angewandte verdampfbare Inhalationsanästhetikum. Es wurde jedoch zunehmend durch Enfluran und Isofluran und in den letzten Jahren vor allem durch Sevofluran und Desfluran verdrängt.

▶ Wirkungen

- sehr potentes Narkotikum (MAC-Wert beträgt 0,75 Vol.%; vgl. Tab. 1.4)
- nur geringe analgetische Wirkung, wird deshalb normalerweise mit Lachgas kombiniert
- Erzeugt eine leichte Muskelerschlaffung und verstärkt die Wirkung von nichtdepolarisierenden Muskelrelaxanzien (s. S. 60). Deren Dosierung kann deshalb bei einer Halothannarkose reduziert werden.

▶ Nebenwirkungen

- Herz-Kreislauf-System:
  Halothan bewirkt eine konzentrationsabhängige Blutdruckerniedrigung. Ursache ist vor allem eine direkte Minderung der Herzkraft (negativ inotrope Wirkung) mit Abnahme des Herzminutenvolumens. Der Blutdruckabfall ist also nicht durch eine Gefäßweitstellung, das heißt Abnahme des peripheren Gesamtwiderstandes, bedingt. Der periphere Gesamtwiderstand bleibt unter Halothan annähernd konstant. Ledig-

lich im Bereich der Haut und des Gehirns kommt es zu einer Vasodilatation mit einer Durchblutungssteigerung.
Die Herzfrequenz bleibt weitgehend konstant oder nimmt leicht ab.

Zur Beurteilung der Narkosetiefe einer Halothannarkose eignen sich am besten das Blutdruck- und das Herzfrequenzverhalten.

Halothan „sensibilisiert das Herz gegen Katecholamine" (s. S. 269). Bei endogener Katecholaminfreisetzung, wie dies z.B. aufgrund einer zu flachen Narkoseführung der Fall sein kann oder bei Katecholaminverabreichung (z.B. Gabe von adrenalinhaltigen Lokalanästhetika; s. S. 144), neigt das Herz bei gleichzeitiger Halothangabe zu Rhythmusstörungen. Dies muß insbesondere in der HNO- und Kieferchirurgie (s. S. 253) beachtet werden. Hier werden oft adrenalinhaltige Lokalanästhetika ins Operationsgebiet eingespritzt (um eine Gefäßkonstriktion und damit eine Verminderung der Blutung zu erzielen).

- Atmung:
  Halothan bewirkt ab 0,5 Vol.% eine dosisabhängige Atemdepression, die bei 1–1,5 Vol.% zu einer ausgeprägten Veränderung der Ventilationsgrößen führt. Der Atmungstyp ist dann durch eine Tachypnoe und kleine Atemzugvolumina gekennzeichnet. Der arterielle CO_2-Wert steigt an. Bei Halothangabe ist also meistens eine assistierte Beatmung notwendig. Halothan weist eine bronchodilatierende Komponente auf und kann deshalb bei Patienten mit Asthma bronchiale von Vorteil sein. Halothan flutet mäßig schnell an und ab. Der Blut-Gas-Verteilungskoeffizient beträgt 2,3 (vgl. Tab. 1.4).
- Uterus:
  Halothan bewirkt eine dosisabhängige Uterusrelaxierung und erhöht die Gefahr einer stärkeren Blutung aus dem Uterus nach der Entbindung.
- Leber (Metabolisierung):
  Bis zu 20% des Halothans werden im Körper metabolisiert. In sehr seltenen Fällen soll es zu einer akuten Leberzellschädigung nach einer Halothannarkose kommen. Falls diese sogenannte **„Halothanhepatitis"** auftreten sollte, dann vor allem in der ersten (oder zweiten) Woche nach einer Halothannarkose. Sie kann tödlich verlaufen. Der Mechanismus dieser Leberzellschädigung ist unklar. Möglicherweise spielen Reaktionen auf Abbauprodukte des Halothans eine Rolle. Werden innerhalb kurzer Zeit (Wochen) mehrere Halothannarkosen beim gleichen Patienten durchgeführt, so soll die Gefahr einer „Halothanhepatitis" erhöht sein. Bei kurz aufeinanderfolgenden Inhalationsnarkosen ist dann Enfluran, Isofluran, Sevofluran oder Desfluran vorzuziehen.
- Gehirn:
  Halothan erzeugt durch eine Gefäßweitstellung eine Steigerung der Hirndurchblutung. Bei bereits erhöhtem intrakraniellen Druck, z.B. nach einem **S**chädel-**H**irn-**T**rauma (= SHT), kann dies zu einer weiteren, evtl. lebensbedrohlichen Steigerung des intrakraniellen Drucks führen (s. S. 241). Bei Verdacht auf einen erhöhten intrakraniellen Druck ist Halothan kontraindiziert!
- Auge:
  Während einer Halothannarkose kommt es zu einer Erniedrigung des Augeninnendruckes. Dies ist für intraokuläre Operationen erwünscht (s. S. 256).

▶ **Kontraindikationen**

- frühere Halothanhepatitis
- maligne Hyperthermie (s. S. 188) in der Anamnese des Patienten oder seiner Angehörigen
- eine zur Zeit durchgeführte Strahlentherapie
- Leberzellschädigung (nur eine relative Kontraindikation)

▶ **Dosierung**

- zur Narkoseeinleitung: inspiratorisch ca. 1,5–2,5 Vol.%
- zur Aufrechterhaltung der Narkose: inspiratorisch ca. 0,8–1,0 Vol.% (nach Wirkung) in einem Gemisch von 30% O_2 und 70% N_2O

Enfluran (Ethrane)

Enfluran ist eine klare, leicht verdampfbare Flüssigkeit. Im Gegensatz zu Halothan ist es lichtstabil und ohne Stabilisator haltbar. Mit speziellen, nur für Enfluran zulässigen Verdampfern werden dem Inspirationsgemisch Enflurandämpfe in der eingestellten Konzentration zugemischt.

In seinen physikalischen und anästhesiologischen Eigenschaften ist Enfluran dem Halothan sehr ähnlich.

▶ **Wirkungen**

- Die narkotische Potenz ist etwa nur halb so groß wie bei Halothan; der MAC-Wert beträgt 1,68 Vol.% (vgl. Tab. 1.4).
- Die analgetische Wirkung ist gering, reicht jedoch in Kombination mit Lachgas aus.
- Die muskelrelaxierende Wirkung ist stärker als die von Halothan! Nichtdepolarisierende Muskelrelaxanzien (s. S. 57) können bei einer Enflurannarkose niedriger dosiert werden.

▶ **Nebenwirkungen**

- Herz-Kreislauf-System:
  Entgegen der früheren Auffassung bestehen heute kaum noch Zweifel, daß Enfluran eine ähnlich stark negativ inotrope Wirkung aufweist wie Halothan. Der konzentrationsabhängige, blutdrucksenkende Effekt von Enfluran ist bei äquipotenter Dosierung stärker als bei Halothan. Die Ursachen sind zum einen ein deutlich erniedrigter peripherer Gesamtwiderstand und zum anderen die negativ inotrope Wirkung mit Verminderung des HMV. Die Herzfrequenz bleibt unter Enfluran annähernd konstant oder steigt leicht an.

  Zur Beurteilung der Narkosetiefe einer Enflurannarkose eignet sich am besten das Blutdruckverhalten.

  Die Sensibilisierung des Herzens gegen Katecholamine ist bei Enfluran deutlich geringer als bei Halothan! Es wird deshalb z.B. in der HNO- und Kieferchirurgie dem Halothan vorgezogen, da dort häufig zusätzlich adrenalinhaltige Lokalanästhetika eingespritzt werden (s. S. 253).
- Atmung:
  Auch Enfluran führt zu einer dosisabhängigen Atemdepression, die meistens eine assistierte Beatmung notwendig macht. Die bronchodilatierende Wirkung von Enfluran soll geringer als die von Halothan sein. Enfluran flutet aufgrund seines geringeren Blut-Gas-Verteilungskoeffizienten von 1,9 (vgl. Tab. 1.4) schneller an und ab als Halothan, wodurch die Narkoseein- und -ausleitungsphase verkürzt werden.
- Uterus:
  Enfluran bewirkt eine dosisabhängige Uterusrelaxierung.
- Leber (Metabolisierung):
  Es werden nur ungefähr 2,5% des zugeführten Enflurans metabolisiert. Beim Enfluranabbau entstehen Spuren von Fluoridionen. Ihre Konzentration soll jedoch unterhalb der nierentoxischen Grenze liegen. Die Möglichkeit einer Leberschädigung wird bei Enfluran geringer als bei Halothan eingeschätzt.
- Gehirn:
  Enfluran erzeugt eine Steigerung der Hirndurchblutung. Sie ist zwar geringer als bei Halothan, kann aber bei bereits erhöhtem intrakraniellen Druck zu einer weiteren, unter Umständen lebensgefährlichen Steigerung führen (s. S. 241). Bei Verdacht auf

einen erhöhten intrakraniellen Druck ist Enfluran kontraindiziert!
Ein dem Enfluran eigenes Phänomen sind die vor allem bei hohen Enflurankonzentrationen manchmal auftretenden peripheren Muskelzuckungen und epileptiformen EEG-Veränderungen. Deshalb sollte Enfluran bei bekanntem Krampfleiden vermieden werden.

▶ **Kontraindikationen**

- nachgewiesene frühere Hepatitis nach verdampfbaren Inhalationsanästhetika
- maligne Hyperthermie (s. S. 188) in der Anamnese des Patienten oder seiner Angehörigen
- Leberzellschädigung (nur eine relative Kontraindikation)

▶ **Dosierung**

- zur Narkoseeinleitung: inspiratorisch ca. 2–3 Vol.%
- zur Unterhaltung der Narkose: inspiratorisch ca. 1,2–1,5 Vol.% (nach Wirkung) in einem Gemisch von 30% O_2 und 70% N_2O

Isofluran (Forene, Forane)

Isofluran ist ein chemisch dem Enfluran sehr eng verwandtes Inhalationsanästhetikum.

> Isofluran ist eine klare, farblose Flüssigkeit, die lichtstabil und ohne Stabilisator haltbar ist. Es hat einen ätherischen, stechenden Geruch.

Bei einer Narkoseeinleitung per inhalationem (s. S. 110) husten die Patienten oft oder halten den Atem an.

▶ **Wirkungen**

- Die narkotische Potenz liegt zwischen der von Halothan und Enfluran. Der MAC-Wert beträgt 1,15 Vol.% (vgl. Tab. 1.4).
- Die analgetische Wirkung ist schwach; Isofluran wird deshalb mit Lachgas kombiniert.
- Die muskelrelaxierende Wirkung ist gut und der von Enfluran vergleichbar. Die Wirkung der nichtdepolarisierenden Muskelrelaxanzien (s. S. 57) wird durch Isofluran verstärkt. Sie können entsprechend niedriger dosiert werden.

▶ **Nebenwirkungen**

- Herz-Kreislauf-System:
  Isofluran führt zu einem dosisabhängigen, blutdrucksenkenden Effekt, der vergleichbar stark ausgeprägt ist wie bei Enfluran. Seine Ursache ist nicht eine Abnahme des HMV wie bei Halothan, sondern eine starke Verminderung des peripheren Gefäßwiderstandes durch eine direkte vasodilatierende Wirkung. Isofluran wirkt auch negativ inotrop, aufgrund der auftretenden Vasodilatation nimmt das Herzminutenvolumen jedoch nicht ab. Die Herzfrequenz bleibt unter Isofluran annähernd konstant. Manchmal tritt eine Tachykardie auf.

  > Zur Beurteilung der Narkosetiefe einer Isoflurannarkose eignet sich am besten das Blutdruckverhalten.

  Die Sensibilisierung des Herzens gegen Katecholamine ist bei Isofluran deutlich geringer als beim Halothan.
- Atmung:
  Auch Isofluran führt zu einer starken, dosisabhängigen Atemdepression, so daß zumeist eine assistierte Beatmung notwendig ist. Aufgrund seines niedrigen Blut-Gas-Verteilungskoeffizienten von 1,4 (vgl. Tab. 1.4) flutet Isofluran noch schneller als Enfluran an und ab. Die Narkoseein- und -ausleitung sowie eine Veränderung der Narkosetiefe verlaufen deshalb schneller (s. S. 31)!
- Uterus:
  Isofluran bewirkt eine dosisabhängige Uterusrelaxierung.

- Leber (Metabolisierung):
  Die Metabolisierungsrate ist mit ungefähr 0,2% noch niedriger als bei Enfluran. Die Möglichkeit einer Leberzellschädigung soll noch geringer sein als bei Enfluran.
- Gehirn:
  Isofluran erzeugt eine Vasodilatation mit Steigerung der Durchblutung. Dieser Effekt ist zwar geringer als bei Halothan, kann aber bei bereits erhöhtem intrakraniellen Druck zu einer weiteren, unter Umständen lebensbedrohlichen Steigerung des intrakraniellen Drucks führen.

▶ **Kontraindikationen**
- maligne Hyperthermie (s. S. 188) in der Anamnese des Patienten oder seiner Angehörigen
- nachgewiesene frühere Hepatitis nach verdampfbaren Inhalationsanästhetika
- Leberzellschädigung (nur eine relative Kontraindikation)

▶ **Dosierung**
- zur Narkoseeinleitung: inspiratorisch ca. 2–3 Vol.%
- zur Unterhaltung der Narkose: inspiratorisch ca. 1 Vol.% in einem Gemisch von 30% O_2 und 70% N_2O

Sevofluran (Sevorane)

Sevofluran ist seit Oktober 1995 in Deutschland zugelassen. Sevofluran verdankt seinen Namen der Tatsache, daß seine Moleküle sieben Fluoratome besitzen.

Die Vorteile des Sevoflurans sind darin zu sehen, daß es schneller an- und abflutet als Halothan, Enfluran oder Isofluran. Der Blut-Gas Verteilungskoeffizient beträgt 0,65 (vgl. Tab. 1.4). Lediglich Desfluran und Lachgas fluten noch schneller an und ab (vgl. Tab. 1.4).

▶ **Wirkungen**
- Die narkotische Potenz ist noch geringer als bei Enfluran. Der MAC-Wert beträgt beim Erwachsenen 2,0 Vol.% (vgl. Tab. 1.4).
- Die analgetische Wirkung ist schwach; Sevofluran wird deshalb mit Lachgas kombiniert.
- Die Wirkung nichtdepolarisierender Relaxanzien (s. S. 57) wird durch Sevofluran in ähnlichem Ausmaß wie durch Isofluran verstärkt.

▶ **Nebenwirkungen**
- Herz-Kreislauf-System:
  Sevofluran führt dosisabhängig zu einer Vasodilatation und zu einem Blutdruckabfall. Eine Tachykardie ist nicht zu erwarten. Insgesamt ist Sevofluran durch eine gute hämodynamische Stabilität ausgezeichnet. Da die hämodynamischen Veränderungen geringer als bei den anderen Inhalationsanästhetika sind, kann es bei kardialen Risikopatienten Vorteile aufweisen. Die Sensibilisierung des Myokards durch Sevofluran gegenüber Katecholaminen ist vernachlässigbar gering.
- Atmung:
  Die Irritation der Atemwege ist vergleichbar gering (wie bei Halothan) und geringer als bei Enfluran, Isofluran oder Desfluran. Sevofluran weist einen relativ angenehmen Geruch auf, so daß es zur Inhalationseinleitung in der Kinderanästhesie besonders geeignet erscheint und dort die moderne Alternative zu Halothan darstellt. Die Einschlaf- und Aufwachzeiten sind signifikant kürzer als bei Halothan. Es führt zu einer dosisabhängigen Atemdepression.
- Gehirn:
  Wie andere volatile Inhalationsanästhetika kann Sevofluran zu einer weiteren Steigerung eines bereits erhöhten intrakraniellen Drucks führen.
- Leber (Metabolisierung):
  Sevofluran wird zu ca. 3–5% in der Leber metabolisiert. Als Abbauprodukt entstehen unter anderem Fluoridionen. Durch diese Fluoridionenfreisetzung braucht jedoch

keine Nephrotoxizität befürchtet zu werden.
Das hepatotoxische Potential von Sevofluran erscheint minimal.

- Sonstiges:
Bei der Rezirkulation von Sevofluran im Kreissystem können im Absorberkalk geringe Mengen des sogenannten Compound A entstehen. Compound A ist bei Ratten potentiell nierenschädigend (nephrotoxisch). Bisher gibt es keinen Hinweis, daß Compound A beim Menschen (nieren-)toxisch ist.

▶ **Kontraindikationen**

- nachgewiesene, frühere (Halothan-)Hepatitis nach verdampfbaren Inhalationsanästhetika
- maligne Hyperthermie (s. S. 188) in der Anamnese des Patienten oder seiner Angehörigen
- Leberzellschädigung (z.B. eine Leberzirrhose) ist nur eine relative Kontraindikation für Sevofluran.

▶ **Dosierung**

- zur Narkoseeinleitung: inspiratorisch ca. 3–4 Vol.%
- zur Unterhaltung der Narkose: inspiratorisch ca. 1,5–2 Vol.% in einem Gemisch von 30% O_2 und 70% N_2O

Desfluran

Desfluran ist chemisch dem Sevofluran eng verwandt. Die respiratorischen, kardiovaskulären und neuromuskulären Eigenschaften von Desfluran sind denen des Isofluran sehr ähnlich.

▶ **Wirkungen**

- Die narkotische Potenz ist geringer als bei allen anderen volatilen Inhalationsanästhetika. Der MAC-Wert von Desfluran beträgt ca. 6,0 Vol.% (vgl. Tab. 1.4).
- Die analgetische Wirkung ist schwach; Desfluran wird deshalb mit Lachgas kombiniert.
- Die Wirkung nichtdepolarisierender Relaxanzien (s. S. 57) wird durch Desfluran in vergleichbarem Ausmaß wie durch Isofluran verstärkt.

▶ **Nebenwirkungen**

- Herz-Kreislauf-System:
Desfluran führt zu einem ähnlich stark ausgeprägten Blutdruckabfall wie Isofluran. Ursache ist vor allem eine Verminderung des peripheren Gefäßwiderstandes. Die negativ inotrope Wirkung ist gering ausgeprägt, das Herzminutenvolumen fällt nur leicht ab. Es findet keine Sensibilisierung des Myokards gegenüber Katecholaminen statt. Bei einer schnellen Konzentrationserhöhung kann es (aufgrund einer zentralen Sympathikusstimulation) zu einer einige Minuten dauernden Steigerung von Herzfrequenz und Blutdruck kommen. Durch langsame Dosissteigerung ist dies vermeidbar.
- Atmung:
Desfluran hat von allen volatilen Anästhetika den geringsten Blut-Gas-Verteilungskoeffizienten, er beträgt 0,4 (vgl. Tab. 1.4). Es flutet damit sehr schnell an und ab und ist besonders gut steuerbar. Lediglich Lachgas zeigt eine noch schnellere Anflutung. Die Elimination von Desfluran findet ähnlich schnell statt. Die Aufwachzeit nach einer Desflurannarkose scheint kürzer als nach allen anderen Anästhetika zu sein. So ist z.B. die Aufwachzeit nach Desfluran fast zwei- bis viermal so schnell wie bei Isofluran. Die schnelle Abflutung scheint insbesondere bei ambulanten Anästhesien (wirtschaftliche) Vorteile zu haben. Aufgrund der sehr schnellen An- und Abflutung ist Desfluran auch besonders gut für Low-flow- oder Minimal-flow-Narkosen geeignet (s. S. 12).
Desfluran führt ab einer Dosierung von 6 Vol.% zu einer starken Irritation der Atem-

wege. Eine Inhalationseinleitung mit Desfluran führt häufig zu Laryngospasmus, Atemanhalten, Husten sowie zu einer Stimulation der tracheobronchialen Sekretion. Dies ist bei Kindern noch stärker ausgeprägt als bei Erwachsenen. Zur Inhalationseinleitung bei Kindern ist es daher nicht geeignet. Desfluran führt zu einer dosisabhängigen Atemdepression.

- Leber (Metabolisierung):
  Desfluran wird lediglich zu ca. 0,02% metabolisiert. Die Gefahr einer durch Desfluran bedingten „Hepatitis" ist extrem gering. Eine toxische Leberschädigung durch Desfluranmetabolite ist weitgehend ausgeschlossen.
- Gehirn:
  Die Wirkungen von Desfluran auf den intrakraniellen Druck entsprechen denen von Isofluran. Ein bereits erhöhter intrakranieller Druck steigt unter Desfluran weiter an.
- Sonstiges:
  Der Siedepunkt von Desfluran liegt ungefähr bei Zimmertemperatur (bei 22,8 °C), während der z.B. von Isofluran bei 48,5 °C und der von Enfluran bei 56,5 °C liegt. Der Dampfdruck von Desfluran ist daher bei Raumtemperatur fast dreimal so groß wie der von Isofluran. Zur Verabreichung von Desfluran ist daher eine neue Verdampfertechnologie notwendig. Der notwendige Tec-6 Verdampfer wird auf 39 °C beheizt und das flüssige Desfluran dadurch in die Gasphase übergeführt (vgl. Abb. 1.10 b).

▶ **Kontraindikationen**

- maligne Hyperthermie (s. S. 188) in der Anamnese des Patienten oder seiner Angehörigen
- nachgewiesene, frühere (Halothan-)Hepatitis nach verdampfbaren Inhalationsanästhetika
- Leberzellschädigung (z.B. eine Leberzirrhose) ist keine Kontraindikation für Desfluran

▶ **Dosierung**

- zur Narkoseeinleitung: inspiratorisch ca. 5–12 Vol.%
- zur Unterhaltung der Narkose: inspiratorisch ca. 3–6 Vol.% in einem Gemisch von 30% O_2 und 70% N_2O

Äther, Diäthyläther, Äther pro narcosi

Äther ist eine sehr flüchtige, farblose Flüssigkeit mit stechendem Geruch. Um eine Zersetzungsreaktion zu vermeiden, sollte Äther kühl sowie unter Licht- und Luftabschluß, also in braunen und nur in vollen Flaschen gelagert werden. Außerdem muß ein Stabilisator (Äthanol) zugesetzt werden.

▶ **Nachteile**

- Explosibel:
  Ätherdämpfe ergeben mit Sauerstoff ein explosibles Gemisch. Wegen der stets drohenden Explosionsgefahr aufgrund der zahlreichen elektrischen Geräte im Operationssaal kann Äther leider nicht mehr eingesetzt werden. In Entwicklungsländern, die noch kaum über elektrische Geräte im OP verfügen, wird Äther dagegen noch häufiger eingesetzt.
- Reizung der Atemwege:
  Durch seinen stechenden Geruch ist Äther stark schleimhautreizend, und eine gesteigerte Speichelsekretion macht Atropin in der Prämedikation erforderlich (s. S. 9).
- Langsame An- und Abflutung:
  Aufgrund seiner guten Blutlöslichkeit, das heißt seines hohen Blut-Gas-Verteilungskoeffizienten (vgl. Tab. 1.4), flutet Äther nur sehr langsam an und ab. Bei einer Narkoseeinleitung per inhalationem (s. S. 110) mit Äther wird ein ausgeprägtes Exzitationsstadium (s. S. 94) durchlaufen.

- Postoperative Übelkeit:
  Nach einer Äthernarkose stellt sich meist eine langanhaltende Übelkeit mit Brechreiz ein.

► **Vorteile**

- Geringe Toxizität:
  Äther ist kaum toxisch. Ein geringer Prozentsatz wird über „physiologische" Zwischenprodukte bis zu CO_2 abgebaut, der Rest wird über die Lungen wieder abgeatmet. Äther hat eine große therapeutische Breite und ist immer noch das sicherste verdampfbare Inhalationsanästhetikum.
- gute analgetische Wirkung
- ausgeprägte Muskelerschlaffung
- Stabile Kreislaufverhältnisse:
  Das Herzminutenvolumen ist während einer Äthernarkose eher erhöht, der systemische Gefäßwiderstand ist leicht erniedrigt. Der arterielle Blutdruck bleibt annähernd konstant, die Herzfrequenz steigt an. An den Koronararterien erzeugt Äther eine Verbesserung der Durchblutung, weshalb er sich bei kardiovaskulären Erkrankungen als Narkotikum eignet.
- Geringe Atemdepression:
  Die Atmung ist bei einer flachen Äthernarkose eher gesteigert. Mit zunehmender Narkosetiefe nehmen die Atembewegungen ab, erst in tiefer Narkose wird die Atmung unzureichend. Aufgrund seiner bronchodilatierenden Wirkung eignet sich Äther gut bei asthmatischen Patienten.
- Einfache Narkoseführung:
  Aufgrund der stabilen Kreislaufverhältnisse, der stabilen Atemfunktion und der geringen Toxizität kann in Katastrophenfällen auch schlechter geschultes Personal eine Äthernarkose ohne größere Risiken durchführen.
- billig

Intravenöse Anästhetika

Grundlegende Bemerkungen zur intravenösen Narkose

Bei den vorstehend besprochenen Inhalationsanästhetika wird die für die gewünschte Wirkung notwendige Blutkonzentration nur langsam erreicht (5–10 Minuten). Sie haben also den Nachteil des langsamen Wirkungseintritts. Da die Inhalationsanästhetika fast vollständig wieder über die Lungen abgeatmet werden und die Ventilation gut beeinflußbar ist, haben sie jedoch den großen Vorteil der guten Steuerbarkeit (s. S. 31).

> Bei den intravenös zu verabreichenden Anästhetika wird die notwendige Blutkonzentration sehr schnell erreicht (20–30 Sekunden). Sie haben also den großen Vorteil des schnellen Wirkungseintritts. Den meisten intravenösen Anästhetika gemeinsam ist jedoch der Nachteil der schlechten Steuerbarkeit. Nach der Injektion entziehen sie sich der Beeinflußbarkeit durch den Anästhesisten.

Bei einer Allgemeinnarkose werden häufig Medikamente aufgrund ihres schnellen Wirkungseintritts intravenös zur Narkoseeinleitung verwendet. Der Patient schläft schnell und angenehm ein. Zur Weiterführung und Aufrechterhaltung der Narkose werden dann oft Inhalationsanästhetika verwendet, die sich durch eine gute Steuerbarkeit auszeichnen.
Die schlechte Steuerbarkeit der intravenös injizierten Medikamente äußert sich vor allem darin, daß die Wirkungsdauer von einmal injizierten Medikamenten nicht mehr beeinflußt werden kann. Auch die Wirkungsstärke eines intravenös verabreichten Medikamentes ist von einigen Faktoren abhängig, die durch die

üblichen Überwachungsmaßnahmen nicht erfaßbar sind. Die Wirkstärke ist damit schlecht vorhersehbar, das heißt schlecht steuerbar.
Die **Wirkungsdauer** eines intravenös verabreichten Medikamentes ist von folgenden Faktoren abhängig:

- Umverteilungsphänomenen:
  Das ins Blut injizierte Medikament diffundiert, ähnlich wie die Inhalationsanästhetika (s. S. 28), entlang eines Konzentrationsgefälles in die Gewebe ab. Je besser ein Gewebe durchblutet ist, desto mehr Medikament kann es pro Zeiteinheit aus dem Blut aufnehmen. Aus diesem Grund entsteht sehr schnell ein Konzentrationsausgleich zwischen dem Blut und den gut durchbluteten Organen Gehirn, Herz, Leber und Niere. Nur langsam nimmt auch die schlechter durchblutete Muskulatur das Medikament auf. Die Blutkonzentration sinkt dadurch ab. Das Medikament diffundiert nun, aufgrund der Konzentrationsabnahme im Blut, teilweise wieder aus dem Gehirn zurück ins Blut und von dort weiter in die großen Muskeldepots. Es findet also eine Umverteilung vom Gehirn in die Muskulatur statt. Noch langsamer beginnt das Medikament auch in das sehr schlecht durchblutete Fettgewebe abzudiffundieren. Die Plasmakonzentration fällt weiter ab. Teilweise diffundiert das Medikament nun weiter aus dem Gehirn und der Muskulatur zurück ins Blut, mit dem es in die Fettdepots transportiert wird.
  Das ins Blut injizierte Medikament ist also kurze Zeit später hauptsächlich von den gut durchbluteten Organen, wie z.B. dem Gehirn, aufgenommen. Später befindet sich der größte Anteil in der Muskulatur, und zuletzt wird der Großteil des Medikamentes sich im Fettgewebe befinden. Der beschriebene Mechanismus wird als Umverteilungsphänomen bezeichnet.

  > Vor allem durch Umverteilungsphänomene ist der schnelle Konzentrationsabfall im Gehirn und damit die Wirkungsbeendigung vieler intravenöser Medikamente bedingt. Aufgrund dieser schnellen Umverteilungsphänomene ist die Wirkungsdauer kürzer als die Verweildauer im Körper.

  Bei wiederholter Nachinjektion besteht bei solchen Medikamenten eine Kumulationsgefahr, das heißt, bei Nachinjektionen werden evtl. höhere Plasmakonzentrationen erreicht, weil die Fett- und Muskeldepots zunehmend weniger Medikamente aus dem Blut aufnehmen können, da sie langsam gesättigt sind. Bei wiederholten Nachinjektionen müssen daher fortlaufend niedrigere Repetitionsdosen gewählt werden.
- Metabolisierung:
  Die Wirkungsdauer der intravenös applizierten Medikamente hängt auch von deren Metabolisierung in der Leber und deren Ausscheidung über Galle und Nieren ab. Leber-Gallen-Erkrankungen und Nierenleiden können daher zu einer Wirkungsverlängerung von intravenös verabreichten Medikamenten führen. Medikamente, die z.B. großteils über die Nieren ausgeschieden werden, müssen bei Niereninsuffizienz entsprechend niedriger dosiert werden.
  Je nach Medikament ist die Wirkungsbeendigung vor allem durch Umverteilungsphänomene oder durch eine schnelle Metabolisierung und Ausscheidung bedingt.

Die Blutkonzentration und damit die Wirkungsstärke eines intravenös verabreichten Medikamentes ist von folgenden Faktoren abhängig:

- verabreichte Dosis
- Grad der Plasmaeiweißbindung:
  Nahezu alle in der Anästhesie gebräuchlichen intravenös applizierten Medikamente werden im Blut zu einem mehr oder weniger großen Prozentsatz an Plasmaeiweiße, insbesondere an Albumin, gebunden. Für die Wirkung verantwortlich ist jedoch nur der freie, also nicht an Eiweiß gebundene Anteil des Medikamentes. Bei Eiweißman-

gelzuständen, wie z.B. bei Patienten mit einer Leberzirrhose, einem Karzinom oder einem nephrotischen Syndrom, kann daher, vor allem bei schneller Injektion (s.u.) eines stark an Eiweiß gebundenen Medikamentes, die Bindungskapazität des Plasmaeiweißes überschritten werden. In diesem Fall nehmen der ungebundene Anteil und damit die Wirkung und Nebenwirkung des Medikamentes zu. Bei Plasmaeiweiß-Mangelzuständen müssen also stark plasmaeiweißgebundene Medikamente niedriger dosiert werden. Außerdem ist auf eine besonders langsame Injektion zu achten (s.u.).

- Injektionsgeschwindigkeit:
  Wird ein Medikament intravenös injiziert, so wird es zuerst nur in dem kleinen Blutvolumen verteilt, das während der Injektion „vorbeifließt". Bei langsamer Injektion ist dieses „anfängliche Verteilungsvolumen", in das das Medikament injiziert wird, relativ groß. Das in diesem Blutvolumen enthaltene Eiweiß reicht normalerweise aus, um den üblichen Prozentsatz des Medikamentes zu binden. Wird dagegen das Medikament schneller injiziert, so ist das „anfängliche Verteilungsvolumen" viel kleiner. Unter Umständen reicht die in diesem kleinen Blutvolumen enthaltene Eiweißmenge nicht mehr aus, um den üblichen Prozentsatz des Medikamentes zu binden; das heißt, der nicht an Eiweiß gebundene Anteil nimmt zu. Erreicht dieses Blutvolumen mit dem hohen, ungebundenen Medikamentenanteil das Zielorgan (z.B. das Gehirn), bevor eine ausreichende Vermischung mit dem restlichen Blut stattgefunden hat, so ist eine stärkere Wirkung und Nebenwirkung zu erwarten.

Bei zu schneller Injektion stark eiweißgebundener Medikamente können der ungebundene Anteil und damit Wirkung und Nebenwirkung zunehmen.

- Herzminutenvolumen:
  Wird ein Medikament mit der üblichen Injektionsgeschwindigkeit bei einem Patienten mit erniedrigtem Herzminutenvolumen injiziert, so ist das Blutvolumen, das während der Injektion „vorbeifließt" („anfängliches Verteilungsvolumen"), ebenfalls herabgesetzt. Ein erniedrigtes Herzminutenvolumen hat also die gleichen Folgen wie eine zu schnelle Injektion (s.o.).
  Bei einem Patienten mit einer schweren Herzinsuffizienz, das heißt einem verminderten Herzminutenvolumen, müssen daher stark eiweißgebundene Medikamente entsprechend niedriger dosiert und langsamer injiziert werden.

Wichtig bei der Dosierung von intravenösen Medikamenten ist, daß sie niemals schematisch verabreicht werden dürfen. Die Dosierung muß – wegen der vielen unbekannten Einflußgrößen auf Wirkungsstärke und -dauer – immer nach Wirkung erfolgen (!), das heißt Injektion mehrerer kleiner Dosen, bis die erwünschte Wirkung erreicht ist. Also: **Dosierung nach Wirkung (!)**.

Intravenös zu verabreichende Medikamente

Thiopental (Trapanal)

Thiopental ist ein Hypnotikum aus der Barbituratgruppe (s. S. 8), das durch einen schnellen Wirkungsbeginn und eine kurze Wirkungsdauer gekennzeichnet ist.

Es wird vor allem zur Narkoseeinleitung verwendet. Thiopental ist wahrscheinlich das weltweit am häufigsten angewandte Hypnotikum zur Narkoseeinleitung.

Nach Injektion einer Einleitungsdosis tritt innerhalb von 20–30 Sekunden der Wirkungsbeginn ein. Es stellt sich eine Bewußtlosigkeit ein, die anfänglich von einer Atemdepression oder einem Atemstillstand begleitet ist. Die Beendigung der Bewußtlosigkeit nach ca. 10 Minuten ist durch den rasch einsetzenden Konzentrationsabfall im Gehirn bedingt. Dieser rasche Konzentrationsabfall im Gehirn und damit das Nachlassen der Wirkung ist durch Umverteilungsphänomene verursacht (s. S. 40); das heißt, der Großteil des Thiopentals wird nun in die Muskulatur und anschließend vor allem in das Fettgewebe umverteilt. Erst in zweiter Linie ist die Wirkungsbeendigung durch einen Abbau in der Leber bedingt. Durch diesen Abbau in der Leber fällt die Blutkonzentration langsam weiter ab und unterschreitet die Konzentration im Fettgewebe. Nun diffundiert Thiopental entsprechend dem Konzentrationsgefälle wieder aus dem Fettgewebe zurück ins Blut. Dadurch können über längere Zeit niedrige Blutkonzentrationen entstehen, die unter Umständen ausreichen, um einen langen postoperativen Nachschlaf oder eine lange postoperative Sedierung zu erzeugen („Überhang“).

▶ Wirkungen und Nebenwirkungen

- ZNS:
  Je nach Dosierung bewirkt Thiopental eine Sedierung, einen Schlaf, eine Bewußtlosigkeit oder ein Koma. Zur Narkoseeinleitung wird Thiopental so hoch dosiert, daß eine Bewußtlosigkeit (= Hypnose) eintritt. Thiopental weist keine analgetische Wirkung auf. Wie alle Barbiturate (s. S. 8) erhöht auch Thiopental die zerebrale Krampfschwelle. Ein epileptischer Anfall kann daher durch die intravenöse Gabe von Thiopental durchbrochen werden. Thiopental erniedrigt dosisabhängig die Aktivität der Neurone und damit den Sauerstoffbedarf des Gehirns sowie die Hirndurchblutung. Bei erhöhtem Hirndruck kann durch diese Verminderung des zerebralen Blutvolumens eine rasche Senkung des intrakraniellen Drucks erzeugt werden. Ist z.B. bei einem Schädel-Hirn-Verletzten oder einem neurochirurgischen Patienten eine akute Senkung des intrakraniellen Drucks notwendig, so eignet sich hierzu Thiopental sehr gut (s. S. 242).
- Atmung:
  Thiopental bewirkt in hypnotischen Dosen eine zentrale Atemdepression bis zum Atemstillstand. Bei Patienten mit Asthma bronchiale wird manchmal empfohlen, auf Thiopental zugunsten von Propofol (s. S. 47) zu verzichten. Wichtiger als die Auswahl eines bestimmten Hypnotikums scheint jedoch vor allem eine ausreichend tiefe Bewußtlosigkeit (also eine ausreichende Dosierung) zu sein.
- Kreislauf:
  Thiopental bewirkt einen dosisabhängigen Blutdruckabfall. Die Ursache ist vor allem eine Hemmung der Herzkraft (= negativ inotrope Wirkung) und eine Weitstellung der venösen Kapazitätsgefäße. Das Blut versackt im venösen System (= venöses Pooling). Bei Patienten mit einer bereits geschwächten Herzkraft (= Herzinsuffizienz) oder einem Volumenmangel (= Schock) muß Thiopental deshalb vorsichtig dosiert oder vermieden werden.
- Leber:
  Thiopental wird hauptsächlich in der Leber abgebaut. Die entstehenden wasserlöslichen Abbauprodukte werden über die Nieren ausgeschieden. Bei chronischer Anwendung bewirkt Thiopental in der Leber eine Stimulierung von verschiedenen Leberenzymen (= Enzyminduktion, s. S. 8) mit beschleunigtem Abbau von körpereigenen Substanzen sowie von Medikamenten. Zur Erzielung einer bestimmten Wirkung müssen die Medikamente in immer höheren Dosierungen verabreicht werden. Besonders wichtig ist die Enzyminduktion beim Krankheitsbild der Porphyrie, für das eine abnorm hohe Porphyrinkonzentration verantwortlich ist. Durch die Gabe eines

Barbiturates kann unter der eintretenden Enzyminduktion eine Steigerung der Porphyrinsynthese auftreten. Dadurch wiederum kann eine akute Porphyrieattacke ausgelöst werden. Daher ist Thiopental bei Vorliegen einer Porphyrie absolut kontraindiziert.

▶ **Sonstiges**
Extrem selten kann nach Thiopentalinjektion eine anaphylaktoide Reaktion durch Histaminfreisetzung auftreten.

▶ **Kontraindikationen**
- Barbituratallergie
- Porphyrie
- schweres Asthmaleiden (relative Kontraindikation)
- Herzinsuffizienz oder Schock (relative Kontraindikation)

▶ **Darreichungsform**
Thiopental liegt als gelbes Pulver in 500-mg-Ampullen vor (vgl. Abb. 1.27). Es wird üblicherweise mit 20 ml Wasser für Injektionszwecke (Aqua ad injectabilia) aufgelöst und ist dann 24–48 Stunden haltbar; 1 ml entspricht 25 mg.

▶ **Dosierung**
Zur Narkoseeinleitung streng nach Wirkung (!), beim Erwachsenen ungefähr 3–5 mg/kg KG intravenös.

▶ **Injektion**
Langsam! Thiopental wird in einem hohen Prozentsatz (ca. 70%) an Bluteiweiße gebunden. Bei zu schneller Injektion kann der nicht eiweißgebundene Anteil zunehmen und damit können auch Wirkungen und Nebenwirkungen verstärkt sein (s. S. 42). Ähnliches muß bei Eiweißmangelzuständen wie Leberzirrhose oder bei einer Herzinsuffizienz beachtet werden (s. S. 261). Das aufgelöste Thiopental hat einen pH-Wert von ungefähr 11 und ist damit ausgesprochen alkalisch. Dadurch kann es bei versehentlicher paravenöser Injektion zu Gewebsschädigungen und Nekrosen kommen. Nach versehentlicher intraarterieller Injektion droht eine Schädigung der Arterienintima, ein Arterienspasmus und eine Arterienthrombosierung, eventuell mit Verlust der Extremität. Vor allem deshalb soll ein peripher-venöser Zugang nicht in der Ellenbeuge (oder an der radialen Unterarmseite) gelegt werden, denn hier ist eine versehentliche intraarterielle Kanülenlage durch einen atypischen Arterienverlauf möglich (s. S. 26). Ein peripher-venöser Zugang sollte möglichst am Handrücken gelegt werden.

Methohexital (Brevimytal)

Methohexital ist ein kurzwirksames Hypnotikum aus der Barbituratreihe. In seinen Wirkungen und Nebenwirkungen ist es fast identisch mit Thiopental (s. S. 42), so daß im wesentlichen auf das Thiopental verwiesen werden kann.

An dieser Stelle soll deshalb nur erwähnt werden, inwieweit sich Methohexital von Thiopental unterscheidet.
Methohexital ist noch schneller und noch kürzer wirksam als Thiopental. In seiner Wirkung ist Methohexital ungefähr dreimal so potent wie Thiopental. Die Wirkungsdauer ist etwa nur halb so lang wie die des Thiopentals. Der anfängliche Konzentrationsabfall ist wie bei Thiopental vor allem durch Umverteilungsphänomene bedingt. Der Abbau in der Leber erfolgt jedoch bei Methohexital wesentlich schneller als bei Thiopental, so daß es das schlecht durchblutete Fettgewebe kaum erreicht und sich dort nur in geringem Ausmaß anreichern kann. Aufgrund dieser schnellen Metabolisierung und der kurzen Wirkungsdauer wird z.B. nach einer Narkoseeinleitung zu einem Kaiserschnitt (= Sectio caesarea, s. S. 229) beim Neugeborenen fast keine (Atem-) Depression beobachtet. Methohexital wird selten noch für die rektale Narkoseeinleitung in der Kinderanästhesie eingesetzt (s. S. 215).

Abb. 1.26 Stechampulle für Methohexital (Brevimytal).

▶ **Darreichungsform**
Methohexital liegt als Pulver in Ampullen zu 100 mg oder 500 mg vor. 100 mg werden mit 10 ml, 500 mg mit 50 ml Wasser für Injektionszwecke (Aqua ad injectabilia) zu einer 1%igen Lösung aufgelöst (vgl. Abb. 1.26).

▶ **Dosierung**
Zur Narkoseeinleitung 1–2 mg/kg KG intravenös.

▶ **Injektion**
Während der Injektion treten häufig Venenschmerzen auf.

Etomidat (Etomidat-Lipuro, Hypnomidate)

Etomidat ist ein sehr potentes Hypnotikum. Es gehört nicht in die Barbituratreihe. Es zeichnet sich durch geringe kardiovaskuläre Nebenwirkungen, einen schnellen Wirkungseintritt sowie eine sehr kurze Wirkungsdauer aus und eignet sich insbesondere zur Narkoseeinleitung bei kardialen Risikopatienten. Etomidat hat keinerlei analgetische Wirkung.

▶ **Wirkungen**
- Kurze Wirkungsdauer:
  Die Wirkungsdauer von Etomidat beträgt bei der normalerweise zur Narkoseeinleitung verwendeten Dosis ca. 3–4 Minuten. Die kurze Wirkungsdauer ist hauptsächlich durch einen sehr schnellen Abbau in der Leber bedingt. Wegen der sehr kurzen Wirkungsdauer ist Etomidat als alleiniges Einleitungsmittel bei Inhalationsnarkosen schlecht geeignet. Die Etomidatwirkung klingt oft ab, bevor die langsam anflutenden Inhalationsanästhetika ausreichend hohe Konzentrationen erreicht haben. Etomidat wird daher zur Narkoseeinleitung meist mit Fentanyl oder Sufentanil, also einem synthetischen Morphinderivat (s. S. 56), kombiniert.
- Minimale Herz-Kreislauf-Wirkungen:
  Etomidat wird vor allem zur Narkoseeinleitung bei kardialen Risikopatienten angewendet, da es keine klinisch nennenswerten Nebenwirkungen am Herz-Kreislauf-System aufweist.
- Geringe Atemdepression:
  Etomidat erzeugt eine nur leichte Atemdepression. Gelegentlich kann ein kurzfristiger Atemstillstand auftreten.
- Keine Histaminfreisetzung:
  Wegen einer fehlenden Histaminfreisetzung eignet sich Etomidat auch besonders bei allergisch veranlagten Patienten (z.B. Asthmatikern).

▶ **Nebenwirkungen**
- Venenschmerzen:
  Bei dem älteren Handelspräparat Hypnomidate treten während der Injektion häufig Venenschmerzen auf. Durch besonders langsame Injektion bzw. Verdünnen des Hypnomidate mit NaCl 0,9% oder durch Vorgabe einer kleinen Dosis Fentanyl

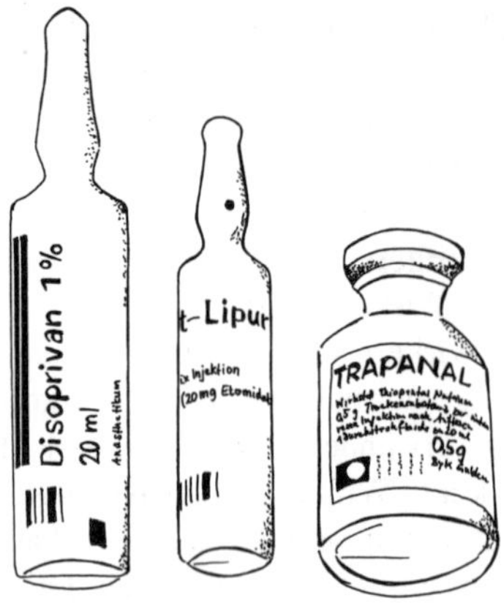

Abb. 1.27 Brechampulle für Propofol (Disoprivan), Etomidat (Etomidat-Lipuro) und Durchstechampulle für Thiopental (Trapanal).

(0,05–0,1 mg, s. S. 50) können diese Venenschmerzen vermindert werden. Bei dem neueren, in einer Fettemulsion gelösten Etomidat-Lipuro sind keine Venenschmerzen mehr zu erwarten. Inzwischen wird fast nur noch die weiße Etomidat-Lipuro-Lösung eingesetzt.

- Myokloni:
  Myokloni (= Muskelzuckungen) einzelner oder mehrerer Muskelgruppen können vor allem bei nicht prämedizierten Patienten auftreten.
- Hemmung der Kortisolsynthese:
  Etomidat führt zu einer Hemmung der körpereigenen Kortisolsynthese in der Nebennierenrinde. Dies ist vor allem bei einer wiederholten Gabe zu beachten. Aus diesem Grund ist Etomidat zur Langzeitsedierung auf der Intensivstation kontraindiziert.

▶ Indikationen

Kardiale Risikopatienten: z.B. alte Patienten, herzinsuffiziente Patienten, koronar- oder zerebralsklerotische Patienten, kardiochirurgische Patienten sowie Patienten im Schock.

▶ Kontraindikationen

Keine (außer der Langzeitanwendung).

▶ Darreichungsform

Brechampullen zu 10 ml; 1 ml = 2 mg (vgl. Abb. 1.27). Es hat sich bewährt, Hypnomidate 1:1 mit NaCl 0,9% zu verdünnen. Die Etomidat-Lipuro-Lösung braucht nicht verdünnt zu werden, da sie nicht venenreizend ist.

▶ Dosierung

Zur Narkoseeinleitung 0,2–0,3 mg/kg KG intravenös.

Midazolam (Dormicum)

> Midazolam ist ein neueres Benzodiazepin. Wie auch die anderen Benzodiazepine (z.B. Valium, s. S. 7) wirkt es im Gehirn über spezifische Benzodiazepinrezeptoren.

Midazolam weist gegenüber den anderen Benzodiazepinen einige Vorteile auf.

▶ Vorteile

- Starke hypnotische Wirkung:
  Die hypnotische Wirkung ist wesentlich stärker als bei den anderen Benzodiazepinen. Es eignet sich daher gegebenenfalls als Einleitungshypnotikum für eine Narkose.
- Wasserlöslichkeit:
  Ein großer Vorteil des Midazolam ist seine Wasserlöslichkeit. Durch diese Wasserlöslichkeit ist Midazolam sowohl intravenös als auch intramuskulär gut verträglich. Die Injektion ist nicht schmerzhaft. Thrombophlebitiden treten nach intravenöser Gabe selten auf.
- Kurze Wirkungsdauer:
  Der Abbau in der Leber und die Ausscheidung über die Nieren ist bei Midazolam schneller als bei den anderen Benzodiazepinen. Die Wirkungsdauer beträgt ca. 1–2 Stunden.

▶ Wirkungen

Nach einer Injektion von Midazolam bleiben

die Herz-Kreislauf-Parameter beim Gesunden weitgehend stabil. Manchmal kann ein Blutdruckabfall auftreten. Dies ist vor allem Folge einer vasodilatierenden Wirkung im venösen System und tritt besonders bei vorbestehendem Volumenmangel in Erscheinung. Bezüglich der Atmung ist bei der für eine Narkoseeinleitung üblichen Dosierung mit einer Atemdepression zu rechnen. Midazolam wird häufig auch für die orale oder rektale Prämedikation bei Kindern eingesetzt (s. S. 215).

▶ **Dosierung**
Zur Narkoseeinleitung 0,15–0,2 mg/kg KG intravenös.

▶ **Darreichungsform**
Midazolam ist in zwei unterschiedlichen Konzentrationen erhältlich (Achtung!). Es sind Brechampullen mit 1 ml = 5 mg bzw. 3 ml = 15 mg (5 mg/ml) verfügbar, die z.B. für eine eventuelle intramuskuläre Applikation bevorzugt werden sollten. Daneben sind Brechampullen mit 5 ml = 5 mg (1 mg/ml) verfügbar, die vor allem für die intravenöse Applikation zu empfehlen sind.

Propofol (Disoprivan)

> Propofol ist ein rasch und nur kurz wirksames Hypnotikum. Propofol wird vor allem zur Narkoseeinleitung bei kurzdauernden Anästhesien verwendet. Es kann aber auch zur Aufrechterhaltung der Narkose im Rahmen einer sogenannten totalen intravenösen Anästhesie (TIVA, z.B. Kombination von Sauerstoff, Fentanyl, Relaxans und Propofol) eingesetzt werden (s. S. 111).

Das wasserunlösliche Propofol ist in einer milchig weißen, 10%igen Lipidemulsion (aus Sojabohnenöl) aufbereitet.

▶ Wirkungen
- Kreislauf:
  Propofol hemmt die Herzkraft (wirkt negativ inotrop) und führt zu einer Herabsetzung des peripheren Gefäßwiderstandes. Blutdruck und Herzminutenvolumen nehmen dadurch oft ab (insbesondere bei älteren und koronargeschädigten Patienten). Die Herzfrequenz bleibt meist relativ konstant.
- ZNS:
  Nach der Injektion einer klinisch üblichen Dosis tritt innerhalb von 30–40 Sekunden eine ca. 5–8 Minuten dauernde Bewußtlosigkeit auf. Ein wichtiger Vorteil des Propofols ist darin zu sehen, daß die Patienten sehr schnell und angenehm wieder wach werden. Übelkeit und Brechreiz sind selten. Propofol weist sogar eine eigene antiemetische (übelkeitshemmende) Wirkung auf.
  Propofol senkt den zerebralen Sauerstoffverbrauch, die zerebrale Durchblutung sowie einen evtl. erhöhten intrakraniellen Druck.
- Atmung:
  Propofol wirkt deutlich atemdepressiv. Die Atemwegsreflexe werden durch Propofol stärker gedämpft als durch andere Hypnotika. Daher wird es zunehmend häufiger für Patienten mit Asthma bronchiale empfohlen. Aus dem gleichen Grund stellt es das Hypnotikum der Wahl beim Einführen einer Larynxmaske (s. S. 91) dar.

▶ **Sonstiges**
Vor Gebrauch sollte die Ampulle aufgeschüttelt werden. Aufgezogenes Propofol sollte (wegen relativ gutem Bakterienwachstum in einer eventuell beim Aufziehen verunreinigten Lösung) möglichst bald verwendet werden.
Die Injektion kann schmerzhaft sein, vor allem bei Injektion in kleinere Venen. Es hat sich daher bewährt, kurz vor der Injektion eine kleine Menge eines Lokalanästhetikums (z.B. 1–2 ml Lidocain 1%) in die gestaute Vene zu injizieren, dadurch kann der Injektionsschmerz vermindert werden.

Eine Histaminfreisetzung ist bisher nicht beobachtet worden. Propofol ist daher auch bei allergisch veranlagten Patienten gut geeignet. Bei Kindern unter 3 Jahren ist Propofol nicht zugelassen.

▶ **Darreichungsform**

Propofol liegt als 1%ige (bzw. 2%ige) Lösung vor. 1 ml = 10 mg (bzw. 20 mg) Propofol. Die 1%ige Lösung wird normalerweise in der Anästhesie verwendet, die 2%ige Lösung kommt meist nur im Rahmen der Sedierung auf der Intensivstation zur Anwendung.
Propofol liegt inzwischen auch in Form vorgefüllter Fertigspritzen für die kontinuierliche Zufuhr vor allem im Rahmen der TCI (**t**arget **c**ontrolled **i**nfusion; s. S. 113) zur Verfügung (50 ml Emulsion-Applikationsset Disoprivan 1%/2%).

▶ **Dosierung**

- Zur Narkoseeinleitung: 2–2,5 mg/kg KG (bei geriatrischen Patienten ist eine Dosisreduktion auf ca. 1,5 mg/kg KG notwendig). Es empfiehlt sich eine Dosistitration!
- Zur Infusion: Als hypnotische Komponente bei einer totalen intravenösen Anästhesie (TIVA, s. S. 111) reichen normalerweise 0,1–0,13–1,6 mg/kg KG/min bzw. 6–8–10 mg/kg KG/h.

Ketamin (Ketanest)

> Ketamin unterscheidet sich sowohl chemisch als auch in seiner Wirkung deutlich von allen anderen Anästhetika und Hypnotika. Es erzeugt einen Zustand, der als sogenannte dissoziative Anästhesie bezeichnet wird. Dieser Zustand ist durch eine starke Analgesie bei nur oberflächlichem Schlaf gekennzeichnet.

▶ **Wirkungen und Nebenwirkungen**

- ZNS:
  Nach Ketamininjektion bietet sich ein ungewohntes Bild: Der Patient schaut, nach anfänglichem Nystagmus, meist mit geöffneten Augen ausdruckslos in die Ferne. Trotz Bewußtlosigkeit sind die Lid- und Kornealreflexe erhalten. Der Muskeltonus sowie die Muskeleigenreflexe sind eher erhöht. Die Schutzreflexe (Husten, Schlukken) sind vorhanden, ebenso die Spontanatmung. Im Vordergrund stehen eine potente Analgesie und eine Amnesie (= Erinnerungslosigkeit). Es wird von einer dissoziativen Anästhesie gesprochen. In der Aufwachphase können, vor allem bei jüngeren Erwachsenen, lebhafte Träume, zum Teil auch bedrohliche Angstträume und Erregungszustände, auftreten. Durch zusätzliche Gabe eines Benzodiazepins (z.B. Midazolam oder Diazepam, s. S. 7) und durch Abschirmung gegen Umweltreize können diese Nebenwirkungen vermindert werden. Diese Angstträume und Halluzinationen schränken die Anwendung von Ketamin sehr stark ein.
- Herz-Kreislauf-System:
  Über eine Sympathikusaktivierung kommt es nach Ketamin zu einem Anstieg des systolischen und des diastolischen Blutdrucks. Parallel dazu tritt bei bereits erhöhtem intrakraniellen Druck eine weitere Drucksteigerung auf. Bei Verdacht auf einen erhöhten intrakraniellen Druck (z.B. SHT) ist Ketamin normalerweise kontraindiziert, es sei denn, daß zusätzlich eine therapiebedürftige Hypotonie vorliegt.
- Atmung:
  Die Atmung wird bei langsamer Injektion kaum beeinflußt. Bei zu schneller Injektion kann ein kurzfristiger Atemstillstand auftreten. Die Reflexe des Rachens und des Kehlkopfes bleiben erhalten, weshalb das Einlegen eines Guedel-Tubus (s. S. 80) unterlassen werden sollte. Da es zu einem vermehrten Speichelfluß kommt, ist eine Prämedikation mit Atropin dringend angezeigt. Ketamin besitzt durch seine Sympathikusstimulierung eine unspezifische bronchodilatierende Wirkung und eignet sich daher auch gut bei Asthmatikern als

Einleitungshypnotikum. Ketamin kann sogar zum Durchbrechen eines Asthmaanfalls verabreicht werden.

▶ **Indikationen**

- Als Monoanästhetikum eignet sich Ketamin insbesondere bei Kindern, um z.B. einen Verbandswechsel, eine Wundversorgung oder eine Nekrosenabtragung nach Verbrennungen vorzunehmen.
- Zur Narkoseeinleitung wird es bei Patienten mit einem Volumenmangelschock eingesetzt. Bei diesen Patienten kommt es während der Narkoseeinleitung meist zu einem weiteren Blutdruckabfall. Bei Verwendung von Ketamin zur Narkoseeinleitung bleibt der Kreislauf relativ stabil.
- Als Analgetikum kommt es in der Notfall- und Katastrophenmedizin zum Einsatz.

▶ **Kontraindikationen**

- wenn eine Herzfrequenzsteigerung vermieden werden muß, z.B. bei Koronarsklerose oder Mitralklappenstenose
- wenn eine Blutdrucksteigerung vermieden werden muß, z.B. bei Zerebralsklerose oder Bluthochdruck
- bei erhöhtem intrakraniellen Druck
- bei Alkoholikern und psychiatrischen Patienten
- bei Epilepsie in der Anamnese, da Ketamin unter Umständen einen epileptischen Anfall auslösen kann

▶ **Dosierung**

- Zur intravenösen Narkoseeinleitung: 1–2 mg/kg KG langsam (!) verabreichen. Bei zu schneller Injektion droht ein Atemstillstand. Der Wirkungseintritt beginnt innerhalb von 30 Sekunden. Die Narkosedauer beträgt 5–10 Minuten. Als Wiederholungsdosis empfiehlt sich die halbe Initialdosis.
- als Analgetikum ohne narkotische Wirkung: 0,25–0,5 mg/kg KG
- Zur intramuskulären Narkoseeinleitung: 4–8 mg/kg KG. Der Narkoseeintritt beginnt nach 3–4 Minuten. Die Narkosedauer beträgt 12–25 Minuten.

▶ **Darreichungsform**

Für Ketanest: Injektionsflaschen mit 20 ml = 200 mg; 1 ml = 10 mg. Injektionsflasche mit 10 ml = 500 mg; 1 ml = 50 mg.

S-Ketamin

Bisherige Ketaminpräparate stellten ein Razemat dar. Unter einem Razemat wird ein Gemisch verstanden, das zu gleichen Anteilen aus zwei spiegelbildlich aufgebauten Molekülen (sogenannten Stereoisomeren) besteht. Diese beiden Molekülformen drehen polarisiertes Licht in unterschiedliche Richtungen (nach rechts bzw. nach links). Bisherige Ketaminpräparate bestehen also aus einem Gemisch aus rechtsdrehendem S-Ketamin und linksdrehendem R-Ketamin. Das S-Ketamin hat eine deutlich stärkere analgetische Potenz als das R-Ketamin. Das R-Ketamin wird für die halluzinogenen Nebenwirkungen des Ketamins verantwortlich gemacht. Die Verabreichung des reinen S-Ketamins scheint daher Vorteile aufzuweisen. Inzwischen wurde das Stereoisomer S-Ketamin isoliert und ist als Ketanest S erhältlich. Das S-Ketamin braucht im Vergleich zum konventionellen Ketamin aufgrund der potenteren Wirkung nur ungefähr halb so hoch dosiert werden. Die Aufwachphase ist bei S-Ketamin kürzer. Psychomimetische Reaktionen scheinen jedoch leider nicht seltener zu sein als beim konventionellen Razemat. Die kardiovaskularen Nebenwirkungen von S-Ketamin unterscheiden sich ebenfalls nicht.

▶ **Darreichungsform**

Für Ketanest S: Ampullen bzw. Injektionsflaschen für hochkonzentrierte Lösung mit 2, 10 bzw. 50 ml (25 mg/ml) bzw. Ampullen oder Injektionsflaschen mit niedrigkonzentrierter Lösung mit 5 bzw. 20 ml (5 mg/ml).

▶ **Dosierung**

- 0,5–1,0 mg/kg KG i.v.
- 2–4 mg/kg KG i.m.

Fentanyl (Fentanyl)

> Fentanyl ist nach Sufentanil (s.u.) das potenteste im Handel befindliche intravenöse Analgetikum. Es ist ein chemisch dem Pethidin verwandtes, synthetisches Morphinderivat (s. S. 8), das ca. 600mal potenter als Pethidin und ca. 100mal potenter als Morphin ist. Wie die anderen Opioide auch, erzeugt Fentanyl seine Wirkungen durch Bindung an spezifische Opioidrezeptoren im Gehirn und im Rückenmark.

Bei intravenöser Applikation setzt die Wirkung nach ca. 20 Sekunden ein. Das Wirkungsmaximum ist nach ca. 6 Minuten zu erwarten. Die Analgesie dauert 20–30 Minuten. Insgesamt ist Fentanyl durch eine nur minimale Beeinflussung des Herz-Kreislauf-Systems ausgezeichnet. Gelegentlich tritt eine leichte Bradykardie auf. Das Fehlen toxischer Nebenwirkungen auf Leber und Nieren sind weitere Vorteile von Fentanyl.

▶ **Nebenwirkungen**

Fentanyl verursacht die für Opioide typischen Nebenwirkungen (s. S. 8).

- Atemdepression:
  Bereits ab 0,1 mg ist beim Erwachsenen mit einer deutlichen Atemdepression zu rechnen. Bei höheren Dosierungen kann es zum Atemstillstand kommen. Typisch für Opioide ist, daß die Patienten auf Aufforderung durchatmen. Werden sie aber in Ruhe gelassen, so „vergessen" sie zu atmen. Als weitere Nebenwirkung auf die Atmungsfunktion kann beim nichtrelaxierten Patienten manchmal eine Versteifung der Thoraxmuskulatur (eine sogenannte Thoraxrigidität) auftreten. Diese äußert sich in einem plötzlich erhöhten Beatmungswiderstand.
- Pupillenverengung (= Miosis)
- Übelkeit und Brechreiz
- Sucht
- Euphorie
- Obstipation (= Verstopfung) und eine Erhöhung des Muskeltonus im Gallengangsystem sowie in den ableitenden Harnwegen

▶ **Indikationen**

Fentanyl wird vor allem im Rahmen einer sogenannten (**t**otalen) **i**ntravenösen **A**nästhesie ([T]IVA) (s. S. 111) oder Neuroleptanästhesie (s. S. 115) angewandt. Auch bei der Inhalationsnarkose wird häufig, vor allem bei Narkosebeginn, eine kleine Dosis von Fentanyl oder eines anderen Opioids verabreicht, um Inhalationsanästhetika einzusparen. Dieses Vorgehen wird als balancierte Anästhesie bezeichnet (s. S. 110).

▶ **Kontraindikationen**

- Ehemalige Opioidsüchtige können postnarkotisch, falls perioperativ Fentanyl oder ein anderes Opioid verabreicht wurde, rückfällig werden. Deshalb sollte bei ihnen auf Fentanyl verzichtet und ein Inhalationsanästhetikum vorgezogen werden.
- Beim Kaiserschnitt darf vor der Abnabelung des Kindes kein Fentanyl verabreicht werden. Es besteht die Gefahr der Atemdepression beim Neugeborenen (!) (s. S. 229).

▶ **Dosierung**

- (T)IVA: initial ca. 0,1–0,3 mg beim Erwachsenen, Wiederholungsdosen 0,05–0,1 mg
- balancierte Anästhesie: initial 0,1–0,2 mg Fentanyl, Wiederholungsdosen 0,05–1,0 mg
- Initialdosierung bei Einleitung einer Neuroleptanästhesie: ca. 0,005 mg/kg KG (= 0,3–0,5 mg beim Erwachsenen), Wiederholungsdosen nach ca. 30 Minuten: 0,05–0,1 mg, maximal 0,2 mg

Da die Wirkungsbeendigung von Fentanyl vor allem durch Umverteilungsphänomene (s. S. 41) bedingt ist, müssen bei wiederholten Nachinjektionen immer niedrigere Dosen verwendet werden, da die Muskel- und Fettdepots langsam gefüllt sind. Wichtig ist eine ausreichende Initialdosis, um die Opioidrezeptoren aufzusättigen. Eine zu hohe Dosierung ist jedoch sinnlos. Sind alle Opioidrezeptoren besetzt, so kann auch durch eine weitere Dosissteigerung keine bessere Analgesie mehr erreicht werden. Je näher das Ende der Operation ist, desto niedriger sollte die Wiederholungsdosis sein. Die letzte Dosis sollte mindestens 30 Minuten vor Operationsende erfolgen, um einen postoperativen Fentanylüberhang mit Atemdepression zu vermeiden. Gegebenenfalls muß die Fentanylwirkung mit einem Gegenmittel aufgehoben (antagonisiert) werden (s. S. 53).

▶ **Darreichungsform**
Brechampullen zu 2 ml und 10 ml; 1 ml = 0,05 mg.

Alfentanil (Rapifen)

Alfentanil ist ein potentes Analgetikum vom Opioidtyp (s. S. 8). Alfentanil ist nicht nur in seiner chemischen Struktur, sondern auch in seinen Wirkungen und Nebenwirkungen dem Fentanyl sehr ähnlich (s.o.). Gegenüber dem Fentanyl zeichnet es sich vor allem durch folgende Unterschiede aus: Der Wirkungsbeginn des Alfentanil ist dreimal schneller als bei Fentanyl, die Wirkungsdauer ist mit ca. 10 Minuten um einiges kürzer als bei Fentanyl.

Alfentanil eignet sich vor allem für kürzere Eingriffe. Die analgetische Potenz von Alfentanil ist nur ca. ein Drittel bis ein Viertel so hoch wie die des Fentanyls.
Bezüglich der Beeinflußung des Herz-Kreislauf-Systems liegen zum Teil unterschiedliche Mitteilungen vor. Während manche Autoren von einer ähnlich geringen Beeinflussung des Herz-Kreislauf-Systems wie durch das Fentanyl (s.o.) berichten, beschreiben andere Autoren nach Alfentanilgabe einen Abfall des Blutdrucks und vor allem einen deutlichen Abfall der Herzfrequenz. Durch die vorherige intravenöse Gabe von Atropin können diese Kreislaufveränderungen jedoch weitgehend verhindert werden.
In Bezug auf die Atmung ist nach Alfentanilgaben aufgrund der kurzen Wirkungsdauer seltener mit einer postoperativen Atemdepression zu rechnen. Allerdings kann es nach Alfentanilgabe häufiger zu einer vorübergehenden **Thoraxstarre** (= Thoraxrigidität, s. S. 50) kommen. Hierdurch können Beatmungsprobleme bei einer Maskenbeatmung auftreten. Durch eine langsame Injektion von Alfentanil läßt sich die Häufigkeit dieser Thoraxstarre deutlich vermindern. Notfalls muß eine kleine Dosis eines Muskelrelaxans (z.B. Succinyldicholin; s. S. 65) verabreicht werden, um die Thoraxstarre zu durchbrechen.

▶ **Dosierungsempfehlung**
Meist genügen für kurze Eingriffe (z.B. eine Curettage) ca. 15 µg/kg KG, also ca. 1,0 mg. Nachinjektion: 0,5–1,0 mg beim Erwachsenen. Wird Alfentanil ausnahmsweise für eine größere Operation verwendet, dann werden zur Narkoseeinleitung 25–50 µg/kg KG verabreicht.

▶ **Kontinuierliche Infusion**
1–1,5 µg/kg KG/min = 8–12 ml/h beim Erwachsenen.

▶ **Darreichungsform**
Brechampullen zu 2 ml oder 10 ml; 1 ml = 0,5 mg.

Sufentanil (Sufenta, Sufenta mite 10)

Sufentanil ist das potenteste verfügbare Opioid. Es ist ca. 500- bis 1000mal potenter als Morphin und ca. sieben- bis achtmal potenter als Fentanyl. 15 µg Sufentanil entsprechen ungefähr 0,1 mg Fentanyl. Bezüglich Nebenwirkungen, Indikation und Kontraindikation entspricht es weitgehend dem Fentanyl (s. S. 50). Es unterscheidet sich jedoch in einigen pharmakokinetischen Größen. Die maximale Wirkung ist bereits nach zwei bis drei Minuten und damit ca. doppelt so schnell wie bei Fentanyl zu erwarten. Sufentanil weist eine sehr hohe Bindung an Plasmaproteine auf und wird weniger ins Fettgewebe umverteilt. Die Gefahr einer Kumulation bei Mehrfachgabe ist geringer als bei Fentanyl (s. S. 344); die Wirkdauer ist etwas kürzer. Sufentanil wirkt stärker sedierend als Fentanyl und kann zur Analgosedierung bei Intensivpatienten evtl. als Monosubstanz verwendet werden (s. S. 343). Die therapeutische Breite des Sufentanils bezüglich kardiovaskulärer Nebenwirkungen ist ca. 100mal so groß wie bei Fentanyl. Es wird daher relativ häufig in der Kardioanästhesie eingesetzt.
Um vagotone Reaktionen (Bradykardie) und eine Thoraxrigidität zu vermeiden, ist eine langsame Injektion vorzunehmen.

▶ **Darreichungsform**

- Sufenta mite 10: Ampulle à 10 ml; 1 ml = 5 µg
  Sufenta mite 10 ist 10fach weniger konzentriert als die Sufenta-Lösung. Die hochkonzentrierte Sufenta-Lösung wird vor allem für die Kardioanästhesie sowie für die Sufentanilgabe per Infusionspumpe (vor allem auf der Intensivstation), selten auch für langdauernde, große operative Eingriffe empfohlen. Bei kleinen und mittelgroßen Eingriffen wird normalerweise die Sufenta-mite-10-Lösung verwendet.
- Sufenta: Ampulle à 5 ml; 1 ml = 50 µg

▶ **Dosierung**

- Initialdosis zur Narkoseeinleitung einer Kombinationsnarkose: 0,3–0,6 µg/kg KG (entsprechend 20–40 µg = 4–8 ml Sufenta mite 10 beim 70 kg schweren Erwachsenen)
- Repetitionsdosis in Abhängigkeit von der klinischen Symptomatik: 0,15–0,30 µg/kg KG (entsprechend 10–20 µg = 2–4 ml Sufenta mite 10 beim 70 kg schweren Erwachsenen)
  Empfehlung für eine kontinuierliche Infusion: 0,3–11 mg/kg KG/h = 0,004–0,015 µg/kg KG/min
- Bei kardiochirurgischen Eingriffen werden deutlich höhere Dosierungen empfohlen.

Remifentanil (Ultiva)

Remifentanil ist ein ultrakurz wirkendes Opioid. Es wurde 1996 in Deutschland eingeführt. Es ist strukturell dem Fentanyl verwandt. Remifentanil weist als einziges Opioid eine Esterbindung auf. Dadurch kann es schnell durch die im Plasma und Gewebe vorhandenen unspezifischen Esterasen (Enzyme, die Esterverbindungen spalten können) abgebaut werden. Der Wirkungsbeginn ist ähnlich schnell wie beim Alfentanil (s. S. 51). Es kann daher auch häufiger zu einer Thoraxrigidität kommen. Remifentanil führt oft zu einer deutlichen Abnahme von Herzfrequenz und Blutdruck. Ursache ist eine zentrale Stimulation der Vagusaktivität und/oder eine Hemmung der Sympathikusaktivität. Dies ist vor allem bei schnellerer Gabe oder einer höheren Dosierung zu befürchten. Remifentanil sollte daher nur langsam über eine Spritzenpumpe verabreicht und initial vorsichtig dosiert werden. Auch die sehr kurze Wirkdauer verlangt eine kontinuierliche Gabe per Spritzenpumpe. Die Metabolisierung ist unabhängig von eventuellen Leber- oder Nierenschädigungen, von Alter oder Gewicht. Die Erholungszeit ist weitgehend unabhängig von der Dauer der Infusion und/oder der verabreichten Gesamtdosis. Innerhalb von ca. 3 Minuten fällt nach Infusionsende die Plasmakonzentration um ca. 50% ab, unabhängig davon, ob die Infusion über nur wenige Minuten oder gar über mehrere Stunden durchgeführt wurde. Da nach Verwendung von Remifentanil postoperativ meist sehr schnell stärkere Schmerzen auftreten, ist eine konsequente postoperative Schmerztherapie notwendig. Remifentanil wird ausschließlich intraoperativ eingesetzt.

▶ Darreichungsform

Remifentanil liegt als Pulver in Durchstechampullen mit 1 mg, 2 mg oder 5 mg vor. Es ist mit NaCl-Injektionslösung (0,9%), Aqua ad injectabilia oder 5%iger Glukoselösung aufzulösen. Am besten haben sich die 1 mg Durchstechampullen bewährt.
Auflösung von z.B. 1 mg in 20 ml = 50 µg/ml.

▶ Dosierung

Vom Hersteller wird eine initiale Bolusgabe (über ca. 30–60 Sekunden) von ungefähr 0,5–1 µg/kg und eine anschließende kontinuierliche Infusion mit 0,25–0,5–1,0 µg/kg KG/min (= 21–42–84 ml/Stunde beim 70 kg schweren Erwachsenen bei einer Verdünnung von 50 µg/ml) empfohlen. Die praktische Erfahrung hat gezeigt, daß unter diesen Dosierungen häufig starke Bradykardien und Blutdruckabfälle auftreten. Zumeist kann die initiale Bolusdosis deutlich reduziert oder ganz darauf verzichtet werden und gleich mit einer Erhaltungsdosis von ca. 0,2–0,3 µg/kg KG/min begonnen werden. Eventuell kann es sinnvoll sein, vor der Gabe von Remifentanil Atropin intravenös zu verabreichen. Dadurch können Bradykardien und Blutdruckabfälle meist vermindert werden.

Opioidantagonisten

Opioide (s. S. 8) entfalten ihre Wirkung durch eine Bindung an spezifische Rezeptoren im Gehirn und Rückenmark. Opioidantagonisten sind Substanzen, die die Opioide aus dieser Rezeptorbindung verdrängen und sich selbst an diesen Rezeptor binden können. Diese Opioidantagonisten sind dem Morphinmolekül sehr ähnliche Substanzen und können deshalb mit diesen Rezeptoren reagieren. Ihnen fehlen jedoch die für die Opioide typischen Wirkungen vollständig (s. Naloxon).

Opioidantagonisten können die meisten Opioide (mit Ausnahme des stark rezeptorgebundenen Buprenorphins; s. S. 293) aus der Rezeptorverbindung verdrängen. Opioidantagonisten haben also eine stärkere Bindungsneigung (Affinität) zum Opioidrezeptor als die meisten Opioide. Damit kann durch Gabe eines Opioidantagonisten die Wirkung von zuvor verabreichten Opioiden aufgehoben, das heißt antagonisiert, werden. Ein Opioidantagonist wird vor allem bei Verdacht auf einen postoperativen Opioidüberhang (s. S. 119) verabreicht. Der wichtigste Opioidantagonist ist Naloxon. Er wird vor allem zur Antagonisierung einer opioidbedingten Atemdepression angewandt, also z.B. bei einem Fentanylüberhang nach einer sogenannten Neuroleptanästhesie (s. S. 115).

Naloxon (Narcanti)

Naloxon ist der wichtigste Opioidantagonist. Obwohl Naloxon chemisch dem Morphin sehr ähnlich ist, ist es frei von morphinartigen Nebenwirkungen. Es ist also ein reiner Opioidantagonist.

▶ Darreichungsform

1 Ampulle zu 1 ml = 0,4 mg;
Außerdem: Narcanti Neonatal; 1 Ampulle = 2 ml = 0,04 mg.

▶ Dosierung

Es hat sich bewährt, eine Ampulle Naloxon = 0,4 mg = 1 ml mit 9 ml NaCl 0,9% zu verdünnen; 1 ml enthält dann 0,04 mg. Nach initialer Gabe von ca. 1 µg/kg KG (ca. 0,08 mg = 2 ml dieser Lösung) sollte die Wirkung abgewartet werden. Bei unzureichender Wirkung wird nach 2–3 Minuten nochmals 1 ml injiziert, und dies gegebenenfalls so oft wiederholt, bis eine ausreichende Spontanatmung erreicht ist. Zumeist reichen 0,001–0,002 mg/kg KG aus, beim Erwachsenen also ca. 0,08–0,16 mg = 2–4 ml der verdünnten Lösung.

▶ **Nebenwirkungen**

Bei einer schnellen Injektion von hohen Dosen kann es bei frischoperierten Patienten zu einem erheblichen Anstieg des Blutdrucks und der Herzfrequenz kommen. Durch die vollständige Aufhebung der analgetischen Wirkung klagen die Patienten dann auch über starke postoperative Schmerzen. Es sollten deshalb wiederholt kleine Dosen injiziert werden, bis die gewünschte atemstimulierende Wirkung erreicht ist, aber noch eine ausreichende Analgesie vorhanden ist (s.o.).

▶ **Sonstiges**

Die Wirkung von Naloxon ist relativ kurz, so daß unter Umständen nach einer Stunde die Naloxonwirkung abklingt und die Atemdepression wieder auftreten kann!! Dies ist möglich, wenn intraoperativ hohe Dosen eines Opioids oder langwirksame Opioide verwendet wurden. Nach einer Antagonisierung ist deshalb eine ca. zweistündige postoperative Überwachung des Patienten im Aufwachraum nötig!

Droperidol (Dehydrobenzperidol = DHBP)

> Droperidol gehört, wie z.B. auch Promethazin (Atosil s. S. 8) oder Haloperidol, in die Gruppe der Neuroleptika. Die Wirkungsdauer beträgt ca. 6–8 Stunden.

▶ **Wirkungen**

- Sedierung, Gleichgültigkeit, Antriebshemmung
- starke antiemetische Wirkung (= Hemmung von Übelkeit und Brechreiz), insbesondere bei einer durch Opioide (z.B. Fentanyl) induzierten Übelkeit
- Antihistaminwirkung (= Verminderung von anaphylaktoiden Reaktionen)

▶ **Nebenwirkungen**

- Blutdruckabfall:
  Droperidol bewirkt eine starke Vasodilatation durch Blockade der für den Gefäßtonus wichtigen Alpha-(α-)Rezeptoren (**Alpha-Blockade**, s. S. 270). Folge dieser Alpha-Blockade ist ein Blutdruckabfall nach Droperidolgabe. Besteht bei dem Patienten ein intravasaler Volumenmangel, den der Körper durch eine Gefäßengstellung zu kompensieren versucht, so erzeugt die Gefäßweitstellung nach Droperidol unter Umständen einen starken Blutdruckabfall.
- Extrapyramidale Bewegungsstörungen:
  Bei hoher Dosierung können extrapyramidale Bewegungsstörungen, ähnlich wie bei der Parkinson-Krankheit, auftreten.
- Verschlimmerung einer Depression/Epilepsie:
  Droperidolgabe kann bei Patienten mit einer Depression zu einem postoperativen Rezidiv führen. Bei Patienten mit einer Epilepsie kann unter Umständen ein epileptischer Anfall ausgelöst werden, da Droperidol, wie alle Neuroleptika (s. S. 8), die zerebrale Krampfschwelle erniedrigt.
- Atmung, Leber, Niere und Herz werden kaum beeinflußt.

▶ **Indikationen**

- Neuroleptanästhesie:
  Droperidol wird vor allem im Rahmen der sogenannten Neuroleptanästhesie (s. S. 115) verwendet.
- Prämedikation:
  Droperidol wurde früher sehr häufig in

einer fixen Kombination mit Fentanyl zur intramuskulären Prämedikation eingesetzt. Hierzu wird das Mischpräparat Thalamonal angeboten (1 ml Thalamonal enthält 2,5 mg Droperidol und 0,05 mg Fentanyl). Beim Erwachsenen wurden 1–2 ml Thalamonal empfohlen. Die Verwendung von Thalamonal ist heute sehr umstritten. Thalamonal kommt nur noch sehr selten zur Anwendung, da die Patienten durch die Antriebshemmung der Neuroleptika zwar äußerlich ruhig erscheinen, innerlich jedoch aufgewühlt sind. Dieser Zustand wird häufig mit einem Auto verglichen, bei dem die Handbremse fest angezogen ist, der Motor aber auf Hochtouren läuft.

- Therapie postoperativer Übelkeit:
  Droperidol stellt das zur Therapie der postoperativen Übelkeit im Aufwachraum vermutlich am häufigsten eingesetzte Antiemetikum dar. Bei Erwachsenen wird hierfür eine Dosierung von 0,625–1,25–2,5 mg (= 0,5–1–2 ml) empfohlen.

▶ **Kontraindikationen**

- starker Volumenmangel
- Parkinson-Krankheit, Epilepsie oder Depression in der Anamnese; Krankheitsbilder können verstärkt werden
- ambulante Patienten: Aufgrund der langen Wirkdauer sind höhere Dosierungen (über ca. 2,5 mg) zu vermeiden

▶ **Darreichungsform**

1 Ampulle zu 2 ml = 5 mg, 1 ml = 2,5 mg.

▶ **Dosierung**

- Zur Narkoseeinleitung: initial 0,1–0,2 mg/kg KG = 5–15 mg zur Einleitung einer Neuroleptanästhesie (s. S. 116) beim Erwachsenen. Bei intravasalem Volumenmangel muß vor der Narkoseeinleitung Volumen infundiert werden. Gegebenenfalls muß Droperidol niedrig dosiert oder fraktioniert (in kleinen Portionen) verabreicht werden, um einen stärkeren Blutdruckabfall zu vermeiden.
- Nachinjektionen von Droperidol sind nur bei langen Operationen notwendig. Es empfiehlt sich eine Wiederholungsdosis von ca. 5 mg alle ca. 3–4 Stunden.

Physostigmin (Anticholium)

Falls ein Patient nach der Narkose verzögert wach wird oder ein sehr abnormes Aufwachverhalten aufweist, muß differentialdiagnostisch auch an ein sogenanntes **z**entrales **a**nticholinerges **S**yndrom (ZAS) gedacht werden.

> Ein zentrales anticholinerges Syndrom kann sich als verzögertes Wachwerden aus der Narkose mit verlängertem postanästhetischem Koma oder verlängerter Somnolenz, aber auch als postnarkotische Unruhe oder in Form von Halluzinationen, Koordinationsstörungen, Sprachstörungen und ähnlichem äußern. Neben zentralen Symptomen treten bei einem ZAS auch periphere Symptome wie Mundtrockenheit, Tachykardie, trockene und rote Haut sowie Mydriasis (also atropinartige Symptome) auf. Ein ZAS ist nach ca. 1% aller Allgemeinnarkosen zu erwarten.

Wegen des vielfältigen Erscheinungsbildes ist die Abgrenzung des zentralen anticholinergen Syndroms gegen z.B. einen Narkoseüberhang, gegen eine Hypoxie oder andere Ursachen oft sehr schwierig. Bevor ein ZAS angenommen werden darf, müssen stets andere Ursachen ausgeschlossen werden.
Ein ZAS ist durch eine Störung im Bereich derjenigen Synapsen bedingt, die als Überträgersubstanz Acetylcholin haben. Ursache kann eine medikamentös bedingte Verdrängung von Acetylcholin vom Rezeptor oder ein Überwiegen anderer Neurotransmittersysteme sein. Ursache ist also stets eine absolute oder relative Verarmung an Acetylcholin im ZNS.

Als auslösende Medikamente kommen vor allem in Frage: Atropin, Scopolamin (ein dem Atropin vergleichbares Parasympatholytikum), Antidepressiva, Antihistaminika und Neuroleptika wie z.B. Dehydrobenzperidol. Selten kann es nach Gabe fast aller anderen Medikamente ebenfalls zu einem ZAS kommen.
Die erfolgreiche Therapie mit Physostigmin spricht für das Vorliegen eines ZAS. Physostigmin hemmt – genauso wie Neostigmin oder Pyridostigmin (s. S. 65) – das Enzym Cholinesterase. Dadurch wird der Abbau von Acetylcholin gehemmt, die Acetylcholinkonzentration steigt an (Parasympathikomimetikum). Physostigmin kann jedoch, im Gegensatz zu Neostigmin und Pyridostigmin, die Blut-Hirn-Schranke überwinden und damit auch zentral zu einer Erhöhung der Acetylcholinkonzentration führen.

▶ Darreichungsform
Physostigmin (Anticholium) liegt in Ampullen zu 5 ml = 2 mg vor.

▶ Dosierung
Initial werden 0,04 mg/kg KG intravenös empfohlen. Beim Erwachsenen sollten initial ca. 2 mg langsam intravenös verabreicht werden. Gegebenenfalls kann nach 15–20 Minuten eine Nachinjektion von 1–4 mg vorgenommen werden.

▶ Sonstiges
Die Injektion muß langsam erfolgen, um Nebenwirkungen wie Übelkeit, Erbrechen, Bradykardie, Bronchokonstriktion oder gar zerebrale Krämpfe zu vermeiden. Patienten mit einem ZAS werden nach Injektion von Physostigmin meist schlagartig ansprechbar. Da dessen Wirkung nur ca. 30–60 Minuten anhält, sollten die Patienten für mindestens 2 Stunden überwacht werden, um ein nach Wirkungsende von Physostigmin evtl. erneut auftretendes ZAS erfassen zu können. In seltenen Fällen kann eine kontinuierliche Physostigmininfusion über einen längeren Zeitraum erforderlich werden. Physostigmin ist bei Patienten mit Asthma bronchiale oder Koronarsklerose kontraindiziert.

Muskelrelaxanzien

Definition
Muskelrelaxanzien sind Medikamente, die eine vorübergehende Lähmung (= Relaxierung) der quergestreiften Muskulatur bewirken. Es werden „nichtdepolarisierende" Muskelrelaxanzien (s. S. 57) und „depolarisierende" Muskelrelaxanzien unterschieden (s. S. 65).

Physiologie der neuromuskulären Übertragung

Quergestreifte Muskelfasern werden von motorischen Nerven innerviert. Die Verbindungsstelle zwischen einer motorischen Nervenendigung und einer Muskelzelle wird als **motorische Endplatte** bezeichnet. Ihr schematischer Aufbau ist in Abb. 1.28 dargestellt.

Ein ankommender Nervenimpuls löst in der motorischen Nervenendigung die Freisetzung der dort gespeicherten Überträgersubstanz Acetylcholin (vgl. Abb. 1.28) aus. **Acetylcholin (ACh)** wandert durch den synaptischen

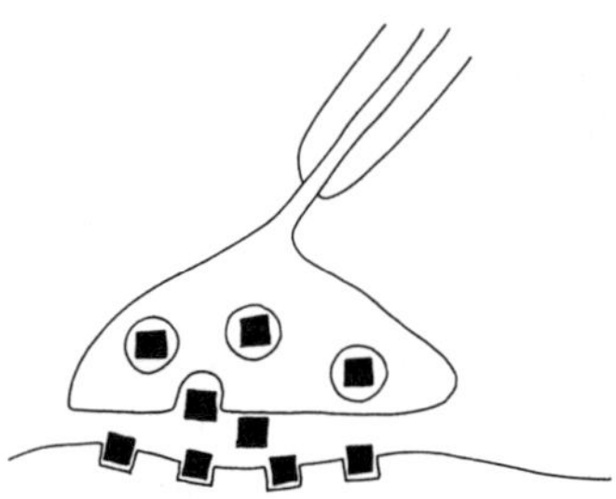

Abb. 1.28 Motorische Endplatte. Impulsübertragung durch die Überträgersubstanz Acetylcholin (■).

Spalt zur Muskelzellmembran, bindet sich dort an spezifische Acetylcholinrezeptoren und verursacht dadurch eine Depolarisation der Muskelzellmembran, das heißt einen Zusammenbruch des normalerweise vorhandenen Membranpotentials mit nachfolgender Muskelkontraktion. Innerhalb von Millisekunden wird die Überträgersubstanz (der **Transmitter**) Acetylcholin durch das Enzym **Acetylcholinesterase** wieder gespalten und ist damit wirkungslos. Ein neuer Impuls kann nun übergeleitet werden.

„Nichtdepolarisierende" Muskelrelaxanzien

Curare, der Prototyp der nichtdepolarisierenden Muskelrelaxanzien, ist ein Extrakt aus den Wurzeln und Blättern der tropischen Kletterpflanze Chondrodendron tomentosum und wurde ursprünglich von südamerikanischen Indianern als Pfeilgift verwendet. Sämtliche wie Curare wirkenden nichtdepolarisierenden Muskelrelaxanzien werden nach ihm auch als curareähnliche **(curariforme)** Muskelrelaxanzien bezeichnet.

Wirkungsweise der „nichtdepolarisierenden" Muskelrelaxanzien

> Nichtdepolarisierende Muskelrelaxanzien sind Medikamente, die sich an die Rezeptoren des Acetylcholins (ACh) binden können, obwohl sie dabei die Muskelzellmembran nicht (!) zu depolarisieren vermögen, also auch keine Muskelkontraktion erzeugen können. Da die Muskelzellmembran nicht (!) depolarisiert wird, werden die Medikamente als nichtdepolarisierende Muskelrelaxanzien bezeichnet.

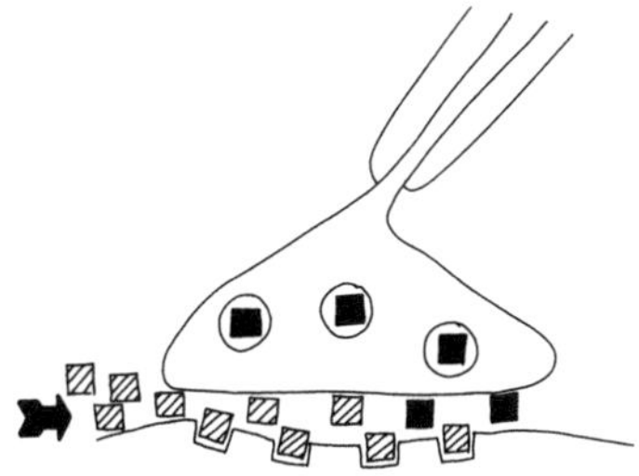

Abb. 1.29 Motorische Endplatte. Acetylcholin wird durch das anflutende „nichtdepolarisierende" Muskelrelaxans (▨) verdrängt.

Nichtdepolarisierende Muskelrelaxanzien konkurrieren mit dem ACh um den begehrten Rezeptorplatz. Beide können sich gegenseitig aus dieser Verbindung verdrängen, je nachdem, welche Substanz in höherer Konzentration vorhanden ist **(kompetitive Bindung).** Wenn das nichtdepolarisierende Muskelrelaxans in genügender Konzentration vorliegt, besetzt es alle ACh-Rezeptoren. Das nun nach einem Nervenimpuls freigesetzte ACh hat keine Chance mehr, an noch freie Rezeptoren zu gelangen, um eine Depolarisation auszulösen (vgl. Abb. 1.29). Die Muskeln bleiben also unerregbar, das heißt relaxiert. Diese nichtdepolarisierenden Muskelrelaxanzien können von dem Enzym Acetylcholinesterase nicht abgebaut werden. Die Muskelerregbarkeit tritt erst wieder ein, wenn die nichtdepolarisierenden Muskelrelaxanzien über die Lymphe und das Blut langsam abtransportiert und zunehmend wieder mehr Rezeptoren für

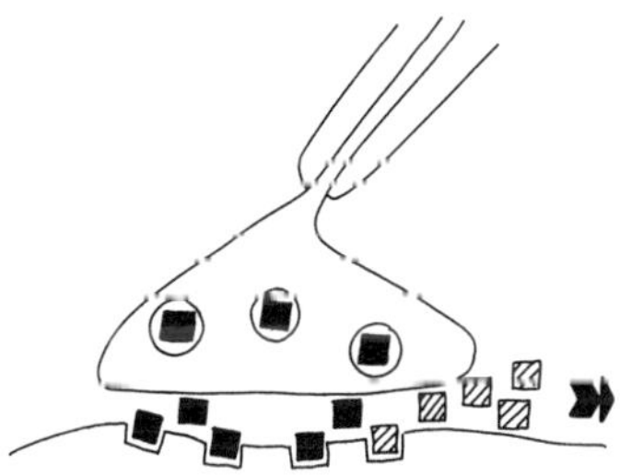

Abb. 1.30 Motorische Endplatte. Das „nichtdepolarisierende" Muskelrelaxans (▨) diffundiert aus der motorischen Endplatte. Acetylcholin (■) kann wieder an den Rezeptor.

das ACh frei werden (= normale Wirkungsbeendigung, Abb. 1.30). Die Wirkung der nichtdepolarisierenden Muskelrelaxanzien kann auch beendet werden, indem medikamentös die Konzentration des ACh erhöht wird. Dann ist ACh zahlenmäßig weit in der Überzahl und verdrängt das nichtdepolarisierende Muskelrelaxans schnell aus seiner Rezeptorverbindung (Wirkungsbeendigung durch ein Gegengift = Antagonisierung, s. S. 64).

Wirkungen und Nebenwirkungen der „nichtdepolarisierenden" Muskelrelaxanzien

▶ Wirkung

Die Hauptwirkung der nichtdepolarisierenden Muskelrelaxanzien ist die Relaxierung der quergestreiften Muskulatur. Die relaxierende Wirkung einer hohen Dosis eines nichtdepolarisierenden Muskelrelaxans wirkt im Bereich des Kehlkopfes und des Zwerchfelles schneller als im Bereich von peripheren Muskeln. Dies ist dadurch zu erklären, daß Kehlkopf und Zwerchfell sehr gut durchblutet werden. Deshalb flutet das Muskelrelaxans dort schneller an, aber auch wieder schneller ab.

Einzelne Muskelgruppen sind unterschiedlich empfindlich auf nichtdepolarisierende Muskelrelaxanzien. Um einen bestimmten Relaxationsgrad zu erzielen, werden z.B. am Zwerchfell doppelt so hohe Plasmakonzentrationen des Relaxans benötigt wie an den Handmuskeln.

Die Anwendung eines Muskelrelaxans verlangt eine künstliche Beatmung, da ansonsten der Tod durch periphere Lähmung der Atemmuskulatur droht! Bei der Wirkungsbeendigung eines Relaxans erlangen zuerst unempfindliche Muskeln wie das Zwerchfell ihre Funktion wieder zurück. Wenn der Patient dann auf Aufforderung wieder die Augen öffnen, den Kopf für 5 Sekunden hochheben und die Zunge herausstrecken kann, so spricht dies für eine weitgehende Wirkungsbeendigung des Muskelrelaxans. Zur objektiven Überwachung des Relaxationsgrades hat sich die **Relaxometrie** (s. S. 69) bestens bewährt. Sie erfreut sich in den letzten Jahren zunehmender Beliebtheit.

▶ Nebenwirkungen

- Unter Umständen eine Histaminfreisetzung:
  Folgen einer eventuellen Histaminfreisetzung nach Injektion eines nichtdepolarisierenden Muskelrelaxans können ein Blutdruckabfall mit Tachykardie, bronchospastische Zustände sowie ein fleckförmiges Exanthem, insbesondere im Gesicht und am oberen Körperstamm, sein.
- Plazenta:
  Nichtdepolarisierende Muskelrelaxanzien können die intakte Plazentaschranke nicht nennenswert überschreiten und führen daher – z.B. bei Verabreichung bei einem Kaiserschnitt – auch zu keiner Muskelerschlaffung des Neugeborenen.
- Blutdruck:
  Als Ursache für eine Hypotonie nach Injektion von nichtdepolarisierenden Muskelrelaxanzien können vor allem eine eventuelle Histaminfreisetzung (s.o.) sowie zum Teil auch die einsetzende Muskelerschlaffung verantwortlich sein. Die Muskelerschlaffung bewirkt eine indirekte Abnahme des venösen Gefäßtonus und damit eine Verminderung des venösen Rückflusses, was wiederum eine Hypotonie verstärken kann.
- Vegetatives Nervensystem:
  Zum besseren Verständnis des Wirkungsmechanismus der nichtdepolarisierenden Muskelrelaxanzien auf das vegetative Nervensystem sei dessen Aufbau anhand der Abbildung 1.31 kurz wiederholt.
  Die Nerven des vegetativen Nervensystems bestehen immer aus zwei (!) Neuronen. Die Überträgersubstanz des ersten Neurons (= präganglionäres Neuron) ist im sympathi-

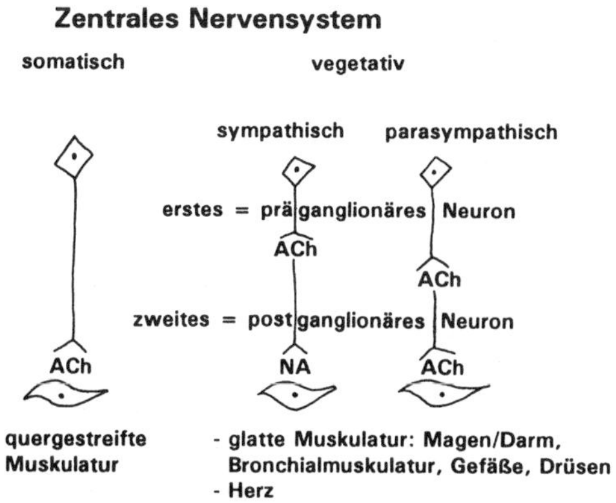

Abb. 1.31 Schematische Darstellung des somatischen und vegetativen Nervensystems.
ACh = Acetylcholin; NA = Noradrenalin.

schen und im parasympathischen Nervensystem Acetylcholin (ACh). Die Überträgersubstanz des zweiten Neurons (= postganglionäres Neuron) ist im parasympathischen Nervensystem Acetylcholin, im sympathischen Nervensystem dagegen Noradrenalin (= NA, s. S. 271).

Muskelrelaxanzien wirken nun nicht ausschließlich an den Acetylcholinrezeptoren der motorischen Endplatten, also an der quergestreiften Muskulatur, sondern sie können auch an den ACh-Rezeptoren des vegetativen Nervensystems wirken und dadurch unerwünschte Nebenwirkungen verursachen. Die ACh-Rezeptoren des parasympathischen Nervensystems (insbesondere diejenigen im Bereich des postganglionären Neurons) sind leichter zu blockieren als die ACh-Rezeptoren des sympathischen Nervensystems. Wirkt z.B. ein nichtdepolarisierendes Muskelrelaxans auch an den ACh Rezeptoren des parasympathischen Nervensystems, so werden diese ACh-Rezeptoren – wie die ACh-Rezeptoren an der motorischen Endplatte – blockiert. Eine Blockierung des Parasympathikus im Bereich des postganglionären Neurons (= atropinartige Wirkung, s. S. 9) bewirkt eine Herzfrequenzsteigerung und unter Umständen auch einen Blutdruckanstieg, da nun die parasympathische Dämpfung am Herzen blockiert ist und der Sympathikus ungehindert wirken kann.

Aufnahme, Verteilung und Ausscheidung der „nichtdepolarisierenden" Muskelrelaxanzien

Die nichtdepolarisierenden Muskelrelaxanzien sind nur nach intramuskulärer und intravenöser Injektion wirksam. Bei oraler Applikation werden sie dagegen nicht resorbiert. Die **Wirkungsbeendigung** der meisten nichtdepolarisierenden Muskelrelaxanzien ist erstrangig durch die Abdiffusion vom ACh-Rezeptor und dem Abtransport über die Lymphe und das Blut bedingt. Sie werden also innerhalb des Körpers umverteilt (= Umverteilungsphänomene, s. S. 41). Erst in zweiter Linie ist die Wirkungsbeendigung von z.B. einer langsamen, unveränderten Ausscheidung vor allem über die Nieren und teilweise über die Galle bedingt. Außerdem findet zum Teil auch ein geringer Abbau in der Leber statt. Aufgrund dieser schnellen Umverteilungsmechanismen ist die Wirkungsdauer meist kürzer als die Verweildauer im Körper. Bei wiederholten Nachinjektionen besteht daher meist eine Kumulationsgefahr, das heißt, bei mehrmaligen Nachinjektionen müssen bei den meisten nichtdepolarisierenden Muskelrelaxanzien immer niedrigere Dosen verwendet werden. Lediglich Atracurium, Cis-Atracurium und Mivacurium (s.u.) machen hierbei eine Ausnahme.

Da die meisten nichtdepolarisierenden Muskelrelaxanzien vor allem unverändert über die Nieren ausgeschieden werden, ist bei einer **Niereninsuffizienz**, aufgrund der verlangsamten renalen Ausscheidung, eine **Wirkungsverlängerung** dieser Relaxanzien zu erwarten. Bei niereninsuffizienten Patienten müssen daher nichtdepolarisierende Muskelrelaxanzien, die über die Nieren ausgeschieden werden, möglichst niedrig dosiert oder

ganz vermieden werden. Inzwischen stehen mit Atracurium und Cis-Atracurium auch nichtdepolarisierende Muskelrelaxanzien zur Verfügung, deren Wirkungsdauer unabhängig von der Nieren-, Leber- und Gallenfunktion ist. Ansonsten sollten die nichtdepolarisierenden Muskelrelaxanzien verwendet werden, die zu einem relativ großen Teil über die Galle ausgeschieden werden (s.u.).
Auch **Leber-** und **Gallenwegserkrankungen** (z.B. Gallenwegsverschluß) können unter Umständen zu einer **Wirkungsverlängerung** von solchen nichtdepolarisierenden Muskelrelaxanzien führen, die in einem stärkeren Maße in der Leber metabolisiert oder unverändert über die Galle ausgeschieden werden. Auch bei diesen Erkrankungen ist ein Relaxans vorzuziehen, dessen Wirkungsdauer unabhängig von der Leber- und Gallenfunktion ist (Atracurium oder Cis-Atracurium). Ansonsten sollten die nichtdepolarisierenden Muskelrelaxanzien bevorzugt werden, die hauptsächlich über die Nieren ausgeschieden werden.

Interaktionen der „nichtdepolarisierenden" Muskelrelaxanzien mit anderen Medikamenten

Alle nichtdepolarisierenden Muskelrelaxanzien werden in ihrer Wirkung durch verdampfbare Inhalationsanästhetika verstärkt.

Bei Enfluran, Isofluran, Sevofluran und Desfluran (s. S. 35) ist dies stärker ausgeprägt als bei Halothan (s. S. 33). Verschiedene Antibiotika (z.B. Aminoglykosid-Antibiotika wie Neomycin, Gentamicin, Streptomycin usw.) führen unter Umständen zu einer enormen Wirkungsverlängerung der nichtdepolarisierenden Muskelrelaxanzien.

Klinisch wichtige „nichtdepolarisierende" Muskelrelaxanzien

Alcuronium (Alloferin)

Alcuronium ist ein halbsynthetisches Curarederivat (s. S. 57). Der Wirkungseintritt nach Alcuroniumgabe erfolgt nach 3–4 Minuten. Die Wirkungsdauer beträgt ca. 40–60 Minuten. Bei hoher Dosierung kommt es zu einer deutlichen Wirkungsverlängerung. Alcuronium gehört zu den langwirksamen Relaxanzien. Es ist inzwischen durch moderne Relaxanzien weitgehend verdrängt worden.

Nach Alcuroniumgabe kommt es meist zu einem geringen Blutdruckabfall (ca. 10–20% des Ausgangswertes) durch eine Abnahme des peripheren Widerstandes. Ursache ist eine leichte Blockade der sympathischen ACh-Rezeptoren. Eine Histaminfreisetzung ist nach Alcuronium nicht zu erwarten. Alcuronium wird zu 80–90% unverändert über die Nieren und zu 10–20% über die Galle ausgeschieden. Es findet keine Metabolisierung in der Leber statt. Die fast ausschließliche Ausscheidung über die Nieren verlangt bei niereninsuffizienten Patienten eine entsprechende Dosisreduktion bzw. ein möglichst vollständiges Vermeiden von Alcuronium zugunsten anderer Relaxanzien, deren Ausscheidung weniger nierenabhängig ist (s.u.). Alcuronium weist ein ungünstiges Wirkprofil auf. Die Zeitspanne der tiefen und chirurgisch nutzbaren Relaxation ist relativ kurz, die Erholungszeit bis zur Rückkehr einer ausreichenden Muskelkraft ist verhältnismäßig lang. Es wird zunehmend seltener eingesetzt.

▶ **Darreichungsform**
Brechampullen zu 5 ml bzw. 10 ml; 1 ml = 1 mg.

▶ **Dosierung**

- zur initialen Vollrelaxierung: ca. 0,15 mg/kg KG = 10 mg beim Erwachsenen
- Nachinjektionsdosis: ca. 20% der Initialdosis

▶ **Sonstiges**

Alcuronium muß kühl (unter 8 °C) gelagert werden.

Pancuronium (Pancuronium „Organon")

> Pancuronium ist den Curarepräparaten bezüglich des Molekülaufbaus in keiner Weise verwandt. Chemisch gesehen gehört es zu den Steroiden. Der Wirkungseintritt von Pancuronium ist nach ca. 3–4 Minuten zu erwarten. Die Wirkungsdauer beträgt ca. 60 Minuten. Pancuronium gehört zu den langwirksamen Relaxanzien. Pancuronium wird zunehmend seltener eingesetzt.

Pancuronium bewirkt eine leichte Blockierung des Parasympathikus (s. S. 59) und erzeugt damit wie Atropin (s. S. 9) eine Vagusblockade. Diese leichte Vagusblockade führt meist zu einer Herzfrequenzsteigerung und gelegentlich zu einem leichten Blutdruckanstieg. Pancuronium verursacht keine relevante Histaminfreisetzung. Pancuronium wird zu ca. 85% unverändert über die Nieren ausgeschieden. 10 bis 20% des Pancuroniums werden in der Leber metabolisiert. Da Pancuronium größtenteils unverändert über die Nieren ausgeschieden wird, muß es bei niereninsuffizienten Patienten vorsichtig dosiert bzw. vermieden werden.

▶ **Darreichungsform**

Brechampulle zu 2 ml = 4 mg. Es hat sich bewährt, Pancuronium 1:1 mit NaCl 0,9% zu verdünnen. 1 ml enthält dann 1 mg.

▶ **Dosierung**

- zur initialen Vollrelaxierung: ca. 0,08 mg/kg KG = 6 mg beim Erwachsenen
- Nachinjektionsdosis: ca. 20% der Initialdosis = 1(–2) mg beim Erwachsenen

Vecuronium (Norcuron)

> Vecuronium ist ein Abkömmling des Pancuroniums. Es unterscheidet sich von Pancuronium durch seine kürzere Wirkungsdauer von ca. 30–40 Minuten. Vecuronium gehört zu den mittellang wirksamen Relaxanzien. Bei Neugeborenen und Säuglingen ist die Wirkung von Vecuronium deutlich verlängert.

Vecuronium hat keine Wirkungen an den sympathischen oder parasympathischen Acetylcholinrezeptoren (s. S. 59). Nebenwirkungen am Herz-Kreislauf-System sind daher nicht zu erwarten. Eine Histaminfreisetzung tritt ebenfalls nicht auf. Vecuronium wird zu 40–50% über die Niere ausgeschieden. 30–40% werden in der Leber metabolisiert. Der Rest wird unverändert über die Galle ausgeschieden. Wegen dieser, im Vergleich zu Alcuronium und Pancuronium relativ geringen Ausscheidung über die Nieren ist Vecuronium bei niereninsuffizienten Patienten relativ gut geeignet. Bei Patienten mit Erkrankungen der Leber und Gallenwege kann eine Dosisreduktion notwendig sein.

▶ **Darreichungsform**

1 Brechampulle zu 4 mg Trockensubstanz und 1 Brechampulle Lösungsmittel (Wasser für Injektionszwecke) zu 1 ml; 1 ml = 4 mg. Zur besseren Dosierbarkeit hat es sich als vorteilhaft erwiesen, 1 Ampulle Trockensubstanz = 4 mg mit 4 ml Aqua ad injectabilia aufzulösen. 1 ml enthält dann 1 mg.

▶ **Dosierung**

- zur initialen Vollrelaxierung: ca. 0,08 mg/kg KG = 6 mg beim Erwachsenen
- Nachinjektionsdosis: ca. 30% der Initialdosis = 2 mg beim Erwachsenen

Atracurium (Tracrium)

Atracurium ist ein nichtdepolarisierendes Muskelrelaxans mit mittellanger Wirkdauer. Chemisch gehört es zu den Estern. Der Abbau von Atracurium ist im Gegensatz zu den anderen nichtdepolarisierenden Muskelrelaxanzien nicht enzymgebunden, sondern findet chemisch durch Esterspaltung (unabhängig von der Pseudocholinesterase) und durch spontanen, nicht enzymatischen Abbau, durch die sogenannte Hofmann-Elimination, statt. Daher ist selbst bei Leber- oder Niereninsuffizienz mit keiner Wirkungsverlängerung zu rechnen.

Ungefähr 2–3 Minuten nach Injektion beginnt die ca. 30–40 Minuten dauernde Wirkung. Vor allem nach hohen Atracuriumdosen kann es unter Umständen zu einer stärkeren Histaminfreisetzung mit Hautrötung, Tachykardie, Blutdruckabfall und Bronchospasmus kommen. Durch eine langsame Injektionsgeschwindigkeit kann die Histaminfreisetzung vermindert werden.
Abbauprodukte des Atracuriums (Laudanosin, Monoacrylat) können (falls Atracurium extrem hoch dosiert wird) unter Umständen zu zerebralen Krampfanfällen oder auch Interaktionen mit anderen Medikamenten führen.

Atracurium muß bis kurz vor Gebrauch bei 4–5 °C und lichtgeschützt gelagert werden.

▶ Darreichungsform
1 Ampulle à 2,5 ml enthält 25 mg Atracurium, 1 ml = 10 mg; 1 Ampulle à 5,0 ml enthält 50 mg Atracurium, 1 ml = 10 mg. In der Praxis hat sich bewährt, Atracurium mit NaCl 0,9% 1:1 zu verdünnen, so daß 1 ml = 5 mg Atracurium enthält.

▶ Dosierung
- initiale Vollrelaxierung: 0,3–0,6 mg/kg KG
- Nachinjektionsdosis: 0,1–0,2 mg/kg KG
- Infusionsdosis: nach Gabe einer Initialdosis 0,3–0,6 mg/kg KG/h per infusionem

Rocuronium (Esmeron)

Rocuronium ist ein relativ neues, chemisch dem Pancuronium und Vecuronium verwandtes nichtdepolarisierendes Muskelrelaxans. Rocuronium ist das nichtdepolarisierende Relaxans mit dem schnellsten Wirkungsbeginn. Der Wirkungsbeginn tritt nach ca. 1,5 Minuten ein. Die Wirkdauer dieses mittellang wirkenden Relaxans beträgt 30–40 Minuten. Rocuronium wird zunehmend häufiger als Routinerelaxans eingesetzt.

Rocuronium wird unverändert zu ca. 40% über die Niere und zu ca. 60% über die Galle ausgeschieden. Eine Metabolisierung in der Leber findet nicht statt.
Rocuronium führt zu keiner Histaminfreisetzung. In höheren Dosierungen blockiert Rocuronium (ähnlich wie Pancuronium) die ACh-Rezeptoren der postganglionären parasympathischen Neurone (s. S. 59) und führt dadurch zu einer leichten Tachykardie.

▶ Darreichungsform
1 Ampulle à 5 ml enthält 50 mg Rocuronium, 1 ml = 10 mg;
1 Ampulle à 10 ml enthält 100 mg Rocuronium, 1 ml = 10 mg.

▶ Dosierung
- initiale Vollrelaxierung: 0,6–0,8 mg/kg KG
- Nachinjektionsdosis: 0,15 mg/kg KG
- Infusionsdosis: nach Gabe einer Initialdosis 0,3–0,6 mg/kg KG/h

▶ Sonstiges
Rocuronium ist kontraindiziert bei einer Bromidallergie. Rocuronium muß kühl (unter 8 °C) gelagert werden.

Cis-Atracurium (Nimbex)

Cis-Atracurium ist als Nachfolgerelaxans von Atracurium (s.o.) zu betrachten. Atracurium besteht aus einem Gemisch aus zehn Stereoisomeren. Stereoisomere sind Moleküle, die zwar aus der gleichen Anzahl verschiedener Atome bestehen (also die gleiche Summenformel haben), die aber eine unterschiedliche räumliche Anordnung der Atome aufweisen. Cis-Atracurium enthält lediglich das sogenannte Cis-Stereoisomer des Atracuriums. Dies macht ca. 15% des Atracurium-Gemisches aus. Cis-Atracurium führt im Gegensatz zu Atracurium zu keiner Histaminfreisetzung mehr. Die Laudanosinkonzentrationen nach Cis-Atracurium betragen nur ca. 10–20% derjenigen nach Atracurium.

Cis-Atracurium gehört wie Atracurium zu den mittellang wirksamen Relaxanzien und wird ebenfalls durch die Hofmann-Elimination abgebaut (s.o.). Im Gegensatz zum Atracurium findet jedoch kein zusätzlicher relevanter Abbau durch Esterspaltung (s.o.) statt. Die pharmakokinetischen Größen des Cis-Atracuriums entsprechen weitgehend denen des Atracuriums. Die Wirkdauer einer üblichen Intubationsdosis wird mit ca. 45 Minuten angegeben. Bei nieren- oder leberinsuffizienten Patienten muß keine Wirkungsverlängerung befürchtet werden. Es verursacht keine relevanten Kreislaufveränderungen.

▶ Darreichungsform

Ampullen zu 2,5 ml bzw. 5 ml = 5 mg bzw. 10 mg; 1 ml = 2 mg.

▶ Dosierung

- initiale Vollrelaxierung: 0,1–0,15 mg/kg KG
- Nachinjektionsdosis: 0,015–0,02 mg/kg KG
- Infusionsdosis: 1–2–3 µg/kg KG/min

Mivacurium (Mivacron)

Mivacurium ist das am kürzesten wirkende nichtdepolarisierende Relaxans. Es ist in Deutschland seit 1996 im Handel. Der Wirkungsbeginn ist vergleichbar schnell wie bei Vecuronium oder Atracurium. Die Wirkungsdauer einer üblichen Intubationsdosis beträgt nur 15–20 Minuten, die einer üblichen Repetitionsdosis ca. 10–15 Minuten. Mivacurium wird – ähnlich wie Succinylcholin (s. S. 65) – nahezu vollständig von der Plasmacholinesterase (Pseudocholinesterase) abgebaut. Bei Patienten mit einer deutlich erniedrigten Konzentration der Pseudocholinesterase (z.B. wegen schwerer Leberfunktionsstörung) oder bei Vorliegen einer angeborenen atypischen Pseudocholinesterase ist – wie auch bei Succinylcholin – mit einer Wirkungsverlängerung zu rechnen.

Aufgrund der schnellen Metabolisierung ist bei Mivacurium keine Kumulation zu erwarten. Mivacurium eignet sich aufgrund der kurzen Wirkdauer auch gut für eine kontinuierliche Infusion. Die Gefahr eines Relaxansüberhangs stellt kein relevantes Problem mehr dar. Auch nach einer längeren Infusion über mehrere Stunden ist die Erholungszeit nicht verlängert. Bei höherer Dosierung oder schnellerer Injektionsgeschwindigkeit kann eine Histaminfreisetzung auftreten und zu Gesichtsrötung und leichtem Blutdruckabfall führen. Es ist daher eine langsame Injektionsgeschwindigkeit zu empfehlen (über ca. 30 Sekunden). Dadurch läßt sich dieses Problem minimieren. Es sind keine klinisch relevanten Kreislaufveränderungen zu erwarten. Als Indikationen für das kurzwirksame Mivacurium bieten sich vor allem kurze Eingriffe (z.B. kurze HNO-Eingriffe, Bronchoskopie) und ambulante Eingriffe an.

▶ Darreichungsform

Ampullen à 5/10 ml = 10/20 mg; 1 ml = 2 mg.

▶ Dosierung

- initiale Vollrelaxierung: (0,15–)0,2(–0,25) mg/kg KG

- Nachinjektionsdosis: (0,05–)0,1 mg/kg KG
- Infusionsdosis: 6–8 µg/kg KG/min

Antagonisierung der „nichtdepolarisierenden" Muskelrelaxanzien

Nichtdepolarisierende Muskelrelaxanzien konkurrieren mit dem ACh um den begehrten Rezeptorplatz. Beide können sich gegenseitig aus dieser Verbindung verdrängen, je nachdem, welche Substanz in höherer Konzentration vorhanden ist (= kompetitive Bindung).
Das von der motorischen Nervenendigung freigesetzte ACh wird durch ein Enzym, die sogenannte Acetylcholinesterase normalerweise sehr schnell wieder abbaut und damit inaktiviert (s. S. 59). Durch die Hemmung der Acetylcholinesterase (mit einem sogenannten Cholinesterasehemmer) wird der Acetylcholinabbau blockiert, es kommt zu einer starken Konzentrationserhöhung des ACh. Durch diese starke Erhöhung der ACh-Konzentration kann ACh das nichtdepolarisierende Muskelrelaxans aus seiner Rezeptorverbindung verdrängen. ACh kann damit wieder an seine Rezeptoren gelangen, eine Depolarisation und damit eine Kontraktion auslösen. Diese Tatsache wird genützt, wenn die Wirkung der nichtdepolarisierenden Muskelrelaxanzien mit einem Gegenmittel (= Antidot) aufgehoben (antagonisiert) werden soll. Die Wirkung von nichtdepolarisierenden Muskelrelaxanzien kann also dadurch aufgehoben (antagonisiert) werden, daß als Gegenmittel (Antidot) ein Cholinesterasehemmer verabreicht wird. Diese Cholinesterasehemmer wirken jedoch nicht ausschließlich an der motorischen Endplatte, sondern auch am zweiten (= postganglionären) Neuron im parasympathischen Nervensystem (s. S. 59). Dieses Neuron setzt als Überträgersubstanz ebenfalls ACh frei. Da es hier auch zu einer Vermehrung des ACh kommt, resultiert daraus eine verstärkte Wirkung des Parasympathikus. Es zeigen sich daher folgende, **für eine Parasympathikusstimulierung typischen Nebenwirkungen:**

- Bradykardie
- vermehrte Speichel- und Bronchialsekretproduktion
- Krampfzustände der glatten Muskulatur (z.B. im Darmbereich und im Bronchialsystem)

Diese unerwünschten Nebenwirkungen bei der Antagonisierung von nichtdepolarisierenden Muskelrelaxanzien können dadurch vermieden werden, daß gleichzeitig das vagushemmende Medikament Atropin (s. S. 9) verabreicht wird.
Hierbei ist es möglich, zuerst Atropin intravenös zu verabreichen und erst nach Einsetzen der Vagusblockade, erkennbar am Anstieg der Herzfrequenz, Pyridostigmin oder Neostigmin zu verabreichen. Atropin kann aber auch mit Pyridostigmin oder Neostigmin gemeinsam aus einer „Mischspritze" verabreicht werden, da Atropin einen schnelleren Wirkungsbeginn aufweist als Neostigmin oder Pyridostigmin.
Bei der Antagonisierung der nichtdepolarisierenden Muskelrelaxanzien ist **Vorsicht** geboten **bei Patienten mit:**

- Asthma bronchiale:
  Unter Umständen kann es trotz Atropingabe zu einem Bronchospasmus und zu einer vermehrten Sekretbildung im Bronchialsystem kommen!
- Bradykardien oder AV-Blockierungen:
  Unter Umständen kann es trotz Atropingabe zu einer weiteren Abnahme der Herzfrequenz oder einer Verstärkung der AV-Blockierung kommen.

Der Erfolg einer Antagonisierung kann klinisch anhand der zurückkehrenden Muskelkraft oder objektiv mit Hilfe der Relaxometrie (s. S. 69) überwacht werden.

Antidote für „nichtdepolarisierende“ Muskelrelaxanzien (Cholinesterasehemmer)

Neostigmin (Prostigmin)

▶ **Darreichungsform**
Brechampulle zu 1 ml; 1 ml = 0,5 mg.

▶ **Dosierung**
Wiederholte Einzeldosen von 0,5 mg; die durchschnittliche Erwachsenendosis beträgt 2,5 mg, die Maximaldosis 5 mg. Zusätzlich sollten 0,25–1,0 mg Atropin verabreicht werden.

Pyridostigmin (Mestinon)

Pyridostigmin wird aufgrund seiner längeren Wirkung oft dem Neostigmin vorgezogen.

▶ **Darreichungsform**
Stechampullen zu 5 ml; 1 ml = 5 mg.

▶ **Dosierung**
Wiederholte Einzeldosen von 5 mg bis maximal 15–20 mg. Die durchschnittliche Erfolgsdosis beträgt 10 mg beim Erwachsenen. Zusätzlich sollten 0,25–1,0 mg Atropin verabreicht werden.

„Depolarisierende“ Muskelrelaxanzien

Wirkungsweise der „depolarisierenden“ Muskelrelaxanzien

Depolarisierende Muskelrelaxanzien sind Medikamente, die sich ebenfalls an die Rezeptoren des Acetylcholins (ACh) im Bereich der motorischen Endplatte (s. S. 59) anlagern können. Sie erzeugen dabei wie ACh eine Depolarisation der Muskelzellmembran und werden deshalb als depolarisierende Muskelrelaxanzien bezeichnet.

Während jedoch ACh innerhalb von Millisekunden durch das Enzym Acetylcholinesterase wieder abgebaut und inaktiviert wird (s. S. 59), können die depolarisierenden Muskelrelaxanzien von der Acetylcholinesterase nicht inaktiviert werden. Depolarisierende Muskelrelaxanzien bleiben einige Minuten in der Rezeptorbindung und erzeugen dabei eine Dauerdepolarisation der Muskelzellmembran. Auf diese Dauerdepolarisation kann die Muskelzelle jedoch nicht mit einer Dauerkontraktion, sondern nur mit einer kurzfristigen Muskelzuckung bei Beginn der Depolarisation reagieren. Danach ist die Muskelzelle erschlafft (**Depolarisationsblock** oder **Phase-I-Block**). Das bei einem neu ankommenden Nervenimpuls freigesetzte ACh kann nun keine Muskelkontraktion mehr auslösen, da das ACh auf besetzte Rezeptoren und eine bereits depolarisierte Muskelzellmembran trifft. Das Wirkungsende der depolarisierenden Muskelrelaxanzien tritt ein, wenn diese sich nach einigen Minuten wieder aus der Rezeptorbindung lösen, wegtransportiert und durch das im Blut vorhandene Enzym Plasmacholinesterase (die Pseudocholinesterase) abgebaut werden (s.u.). Es werden damit wieder zunehmend mehr Rezeptoren für das ACh frei.

Im Gegensatz zu den nichtdepolarisierenden Muskelrelaxanzien, die durch eine erhöhte ACh-Konzentration aus dieser Rezeptorbindung verdrängt werden können (= kompetitive Bindung, s. S. 57), ist dies bei den depolarisierenden Muskelrelaxanzien nicht möglich. Sie sind damit auch nicht antagonisierbar.

Klinisch wichtige „depolarisierende“ Muskelrelaxanzien

Succinylcholin

Succinylcholin = Succinyldicholin = Suxamethonium = Succinylbischolin (z.B. Pantolax, Lysthenon).

Succinylcholin ist das einzige depolarisierende Muskelrelaxans, das klinische Bedeutung hat. Succinylcholin ist durch einen sehr schnellen Wirkungseintritt innerhalb von 30 Sekunden sowie durch eine kurze Wirkungsdauer von nur 3–5 Minuten gekennzeichnet.

Bei Wirkungsbeginn tritt für einige Sekunden ein unkoordiniertes Muskelzucken auf (s.o.). Danach tritt eine schlaffe Lähmung ein.
Die Wirkungsbeendigung des Succinylcholin ist durch dessen Wegdiffusion vom ACh-Rezeptor und einen schnellen enzymatischen Abbau im Blut bedingt. Das hierfür zuständige Enzym, die sogenannte **Pseudocholinesterase** (oder **Plasmacholinesterase**), wird in der Leber produziert und ist nur im Blut vorhanden. Sehr schwere Leberschädigungen können unter Umständen zu einer Bildungsstörung dieser Pseudocholinesterase und damit zu einem verzögerten Abbau des Succinylcholins mit einer Wirkungsverlängerung führen. Bei einem erworbenen Mangel an Pseudocholinesterase muß Succinylcholin vorsichtig dosiert werden. Sehr selten gibt es Patienten, die aufgrund einer genetischen Störung eine abnorme Pseudocholinesterase besitzen. Diese veränderte (atypische) Pseudocholinesterase kann Succinylcholin nur sehr langsam abbauen. Bei diesen Patienten kann es dadurch zu einer Wirkungsverlängerung des Succinylcholins um Stunden oder Tage kommen. Ob ein Patient Träger für eine atypische Pseudocholinesterase ist, kann anhand der sogenannten (und leicht zu bestimmenden) **Dibucainzahl** ermittelt werden. Da depolarisierende Muskelrelaxanzien wie Succinylcholin nicht antagonisiert werden können (s.o.), müssen solche Patienten evtl. bis zum Wirkungsende des Succinylcholins nachbeatmet werden. In Ausnahmefällen kann auch eine Transfusion von frisch gefrorenem Blutplasma (FFP; s. S. 127) durchgeführt werden, wodurch dem Patienten die im FFP enthaltene „normale" Pseudocholinesterase zugeführt wird.

Beim Abbau des Succinylcholins durch die Pseudocholinesterase entsteht in einem ersten, sehr schnell ablaufenden Schritt das **Succinylmonocholin.** In einem zweiten, sechsmal langsamer ablaufenden Schritt wird dieses Succinylmonocholin vollends (zu Cholin und Bernsteinsäure) gespalten. Müssen hohe Dosen von Succinylcholin abgebaut werden, so staut sich daher dieses Succinylmonocholin an. Da Succinylmonocholin die Eigenschaften eines nichtdepolarisierenden Muskelrelaxans hat, kann es hierdurch zu einer langanhaltenden nichtdepolarisierenden Muskelblockade, zu einem sogenannten **Dualblock (Phase-II-Block)** kommen. Dieser Dualblock tritt aber erst auf, wenn sehr hohe Dosen von Succinylcholin verabreicht wurden (mehr als ca. 400 mg). Ein Dualblock kann durch einen Cholinesterasehemmer (s. S. 65) wie Neostigmin oder Pyridostigmin antagonisiert werden.

▶ **Nebenwirkungen**

- Muskelfibrillieren:
  Bei Wirkungsbeginn des Succinylcholins treten für einige Sekunden unkoordinierte Muskelzuckungen auf, die als Muskelfibrillieren oft erkennbar sind. Dieses initiale Muskelfibrillieren ist häufig die Ursache postoperativer Muskelschmerzen, ähnlich einem Muskelkater. Wird vor der Injektion des Succinylcholins eine kleine, nicht lähmende Dosis eines nichtdepolarisierenden Muskelrelaxans (ca. 10–20% der zur initialen Vollrelaxierung benötigten Dosis) beim Erwachsenen, z.B. 2 mg Alcuronium, 1 mg Pancuronium, 1 mg Vecuronium oder 10–20% der initialen Atracurium-, Cis-Atracurium- oder Rocuronium-Volldosis verabreicht, so wird hierdurch bereits ein Teil der Acetylcholinrezeptoren blockiert und für Succinylcholin unzugänglich. Das initiale Muskelfibrillieren nach Succinylcholingabe kann dadurch vermindert oder ganz vermieden werden. Diese Gabe einer kleinen, nicht lähmenden Dosis eines nichtdepolarisierenden Relaxans vor der

Verabreichung von Succinylcholin wird als Präcurarisierung bezeichnet (s. S. 103).

- Kaliumfreisetzung:
  Da Succinylcholin ein depolarisierendes Muskelrelaxans ist, bewirkt es eine Depolarisation der Muskelzellmembranen mit Einstrom von Natrium in die Muskelzellen und Ausstrom von Kalium aus den Muskelzellen. Durch diesen Kaliumausstrom aus den Zellen kommt es normalerweise zu einem geringen Anstieg der extrazellulären Kaliumkonzentration um ca. 0,5 mmol/l. Bei einigen Krankheitsbildern kann es jedoch nach Succinylcholingabe zu einem enormen Kaliumanstieg kommen, wodurch unter Umständen Herzrhythmusstörungen, Kammerflimmern oder gar ein Herzstillstand (= Asystolie) verursacht werden können. Besonders gefährdet sind vor allem niereninsuffiziente Patienten mit erhöhter Kaliumkonzentration, polytraumatisierte Patienten, wenn die Verletzungen älter als eine Woche sind, Patienten mit großflächigen Verbrennungen, die älter als eine Woche sind, oder Patienten, bei denen kurz vorher eine Tumorbestrahlung durchgeführt wurde. Auch bei Patienten mit einer Innervationsstörung der Muskulatur, wie z.B. einer Querschnittsverletzung, die älter als eine Woche ist, und bei Patienten, die schon längere Zeit immobilisiert sind (= „Langlieger“), kann es nach Succinylcholingabe zu einem bedrohlichen Kaliumanstieg kommen.
- Wirkungen im vegetativen Nervensystem:
  Succinylcholin wirkt nicht selektiv an den ACh-Rezeptoren der motorischen Endplatte, sondern kann, wie die nichtdepolarisierenden Muskelrelaxanzien, auch an den ACh-Rezeptoren des vegetativen Nervensystems wirken (s. S. 59). Dabei wirkt Succinylcholin normalerweise vor allem im Bereich der postganglionären parasympathischen Fasern. Die Wirkung an den anderen vegetativen Nervenfasern ist deutlich geringer. Als depolarisierendes Muskelrelaxans führt Succinylcholin zu einer Depolarisation mit einer anfänglichen kurzfristigen Stimulierung. Auch im parasympathischen Nervensystem kommt es zu einer kurzfristigen, initialen Stimulierung. Eine Stimulierung des Nervus vagus, dem wichtigsten Nerven des parasympathischen Nervensystems, kann sich in einer Verlangsamung der Herzfrequenz (Bradykardie), in einer Bradyarrhythmie oder im Extremfall in einer Asystolie äußern. Die initiale Stimulierung des Nervus vagus erklärt auch eine nach Succinylcholingabe auftretende Zunahme der Bronchial-, Speichel- und Magensaftproduktion sowie eine Tonussteigerung im Magen-Darm-Trakt. Die vagalen Reaktionen am Herzen können insbesondere bei zu schneller Injektion oder bei Nachinjektionen von Succinylcholin auftreten. Bei Kindern und Schwangeren sind diese vagalen Reflexe besonders häufig und treten manchmal schon bei der Erstinjektion des Succinylcholins auf.
  Durch eine Vagusblockade mit Atropin lassen sich diese vagalen Herzrhythmusstörungen des Succinylcholins vermeiden bzw. meist sofort therapieren. Auch durch die Vorgabe einer kleinen Menge eines nichtdepolarisierenden Muskelrelaxans können diese vagalen Reaktionen vermindert werden. Werden diese vagalen Reflexe durch Atropin geblockt, so kann die leichte Stimulierung des sympathischen Nervensystems durch Succinylcholin in Form einer Blutdruck- und Herzfrequenzsteigerung auffallen (s.o.).
- Histaminfreisetzung:
  Succinylcholin kann häufig eine Histaminfreisetzung verursachen. Folgen einer Histaminfreisetzung können z.B. ein fleckförmiges Exanthem, vor allem im Gesicht und am oberen Körperstamm, ein Blutdruckabfall und eine Tachykardie sowie bronchospastische Zustände sein. Es wurden auch schon schwere anaphylaktoide Reaktionen beschrieben.
- Steigerung des Augeninnendrucks:
  Bei Wirkungsbeginn des Succinylcholins

kommt es auch an den äußeren Augenmuskeln zu einer kurzfristigen Muskelkontraktion und dadurch zu einem kurzfristigen Anstieg des Augeninnendrucks (s. S. 256).

- Steigerung des Mageninnendrucks:
  Die initialen Muskelkontraktionen auch der Bauchmuskulatur sowie die initiale Vagusstimulierung können zu einer Drucksteigerung im Magen mit der Gefahr einer Regurgitation (s. S. 185) führen. Insbesondere bei der Narkoseeinleitung von nicht nüchternen Patienten ist dies zu beachten. Die Vorgabe einer kleinen Menge eines nichtdepolarisierenden Muskelrelaxans ist daher dringend notwendig.
- Wirkungen auf den Uterus:
  Succinylcholin kann die Plazentaschranke nicht überschreiten. Bei Succinylcholingabe zur Narkoseeinleitung beim Kaiserschnitt ist daher mit keiner Relaxierung des Neugeborenen zu rechnen.
- Maligne Hyperthermie:
  Succinylcholin kann eine maligne Hyperthermie (s. S. 188) auslösen.
- Rhabdomyolyse:
  Nach einer Succinylcholingabe kann es zu einer Rhabdomyolyse (Auflösung quergestreifter Muskelfasern) kommen. Die meisten Fälle einer succinylcholinbedingten Rhabdomyolyse wurden bei Jungen beobachtet. Es wird vermutet, daß es sich um klinisch noch unauffällige Jungen handelte, bei denen eine bisher unbekannte Muskelstörung (Myopathie; vor allem eine Muskeldystrophie vom Typ Duchenne) vorlag. Bei diesen Myopathien befinden sich Acetylcholinrezeptoren auch in großer Anzahl außerhalb der motorischen Endplatte (auf der gesamten Muskelzelloberfläche). Bei Gabe von Succinylcholin kommt es durch die initiale Erregung dieser großen Anzahl an ACh-Rezeptoren zur massiven Kaliumfreisetzung aus den Muskelzellen. Folge kann eine Bradykardie und evtl. ein therapieresistenter Herzstillstand sein.
  Eine Rhabdomyolyse führt auch zu einer Freisetzung von Myoglobin und zu dessen Ausscheidung über den Urin (Myoglobinurie) mit einer rot-braunen Verfärbung des Urins.
  Da viele Myopathien im Kindesalter klinisch noch nicht erkennbar sind, sondern sich meist erst im späteren Alter äußern, wird inzwischen häufig empfohlen, die Indikationen für die Gabe von Succinylcholin bei Kindern und Jugendlichen generell sehr eng zu stellen (s.u.).

▶ Indikationen

Wegen des schnellen Wirkungseintritts und der kurzen Wirkungsdauer wurde Succinylcholin lange Zeit als das Relaxans der Wahl zur Intubation eingesetzt. Gelingt z.B. die Intubation nicht, so kann der Patient bereits nach wenigen Minuten wieder spontan atmen. Inzwischen wird der routinemäßige Einsatz von Succinylcholin zunehmend kritisch beurteilt. Bei einer geplanten, voraussichtlich unkomplizierten Intubation wird inzwischen zunehmend auf Succinylcholin zugunsten eines nichtdepolarisierenden Muskelrelaxans verzichtet.
Anerkannte Indikationen sind weiterhin die **„Ileuseinleitung“** („Blitzintubation“) beim nicht nüchternen Patienten (s. S. 185) sowie die Notwendigkeit einer sofortigen Intubation oder eines sofortigen Freimachens der Atemwege (z.B. bei einem Laryngospasmus).

▶ Darreichungsform

Für Pantolax: Ampullen mit 2%iger Lösung zu 5 ml = 100 mg; 1 ml = 20 mg. Ampullen mit 1%iger Lösung zu 10 ml (= 100 mg); 1 ml = 10 mg. Zumeist wird die 2%ige Lösung verwendet.

▶ Dosierung zur initialen Vollrelaxierung

- zur initialen Vollrelaxierung: ca. 1–1,5/kg KG intravenös
- Wiederholungsdosis (falls unbedingt nötig): ca. die Hälfte der Initialdosis

Neuromuskuläres Monitoring – Relaxometrie

Beurteilung des Relaxationsgrades anhand klinischer Parameter

Wird ein Muskelrelaxans verabreicht, so kommt es erst dann zu einer beginnenden Muskellähmung bzw. einer Abnahme der Zuckungsamplitude (s.u.), wenn mehr als ca. 70–75% der Acetylcholinrezeptoren blockiert sind. Sind mehr als ca. 95% der Rezeptoren besetzt, liegt eine vollständige Muskellähmung vor, es kommt bei der Reizung eines motorischen Nerven zu keiner Zuckungsreaktion mehr (vgl. Tab. 1.5).

Die Wirkungsdauer einer bestimmten Muskelrelaxansdosis kann je nach Patient evtl. deutlich variieren. Beispielsweise können Nieren- oder Lebererkrankungen, extreme Gewichts- oder Altersklassen, ein Abfall der Körpertemperatur oder mögliche Wechselwirkungen mit anderen Medikamenten (z.B. verstärken volatile Inhalationsanästhetika die Wirkung von nichtdepolarisierenden Relaxanzien) die individuelle Empfindlichkeit auf ein Relaxans deutlich beeinflussen. Ob die Wirkung eines Relaxans bereits abgeklungen ist oder ob sie noch andauert, kann subjektiv anhand klinischer Parameter, aber auch objektiv mittels Relaxometrie beurteilt werden.

Damit ein Patient extubationsfähig ist, sollte er folgendes auf Aufforderung können:

- mindestens 5 Sekunden lang den Kopf anheben (besonders sensibler Test)
- Augen öffnen
- Zunge herausstrecken
- Hand drücken
- den gestreckten Arm anheben

Außerdem sollte der Patient gegen den Tubus anhusten können (zumindest beim Absaugen).

Für einen Relaxansüberhang sprechen:

- unruhige, ruckartige Bewegung der Extremitäten

Tab. 1.5 Beurteilung der Relaxationstiefe (VK = **V**ital**k**apazität, AZV = **A**tem**z**ugs**v**olumen; nähere Erklärungen siehe Text).

Blockierte Rezeptoren (%)	Zuckungsamplitude (Reizantwort T_1) (%)	Neuromuskuläre Blockade (%)	T4/T1-Quotient	TOF-Zahl	Reizantwort	Klinische Beurteilung
<75	100	0	1	4		keine Relaxation
	90	10	0,75	4		Extubation möglich
	75	25	0,5	4		Kopfheben nicht möglich, VK ↓
	50	50	0,2	4		AZV ↓, VK ↓↓
	25	75	0	3		(chirurgische Relaxation)
	20	80	0	2		chirurgische Relaxation
	10	90	0	1		Intubation / chirurgische Relaxation
100	0	100	0	0		Intubation / chirurgische Relaxation

- nur unvollständige Augenöffnung unter Runzeln der Stirn
- unkoordinierte Schaukelatmung
- schwacher, kraftloser Hustenstoß beim endotrachealen Absaugen
- kraftloser Händedruck
- eventuell Streßsymptome wie Tachykardie, Blutdruckanstieg

Es muß jedoch beachtet werden, daß verschiedene klinische Funktionsprüfungen wie das Kopfheben nach einer Bauchoperation schmerzbedingt eingeschränkt sein können. Auch ein Narkoseüberhang (z.B. durch ein volatiles Inhalationsanästhetikum) kann die klinische Überprüfung der Restrelaxation verfälschen.
Die klinische Beurteilung des Relaxationsgrades kann schwierig und irreführend sein und dazu führen, daß am Operationsende ein noch anrelaxierter Patient extubiert wird.

Beurteilung des Relaxationsgrades anhand der Relaxometrie

Zur objektiven Abschätzung des Relaxationsgrades kann ein peripherer Nervenstimulator verwendet werden. Die Überwachung des Relaxationsgrades mit Hilfe eines peripheren Nervenstimulators wird als **Relaxometrie,** der dazu verwendete periphere Nervenstimulator als **Relaxometer** bezeichnet.
Bei einer Überwachung der neuromuskulären Funktion mittels Relaxometrie kann

- der aktuelle Relaxationsgrad auch bei unkooperativen oder bewußtlosen Patienten beurteilt werden.
- der Wirkungsbeginn eines Relaxans erfaßt und somit verhindert werden, daß die Intubation versucht wird, bevor der Patient ausreichend relaxiert ist (wichtig bei nicht nüchternen Patienten und bei Patienten mit erhöhtem intrakraniellem Druck).
- eine intraoperativ nachlassende Relaxation rechtzeitig erfaßt und gegebenenfalls eine Nachinjektion zeitgerecht vorgenommen werden.
- ein evtl. auftretender Dualblock (Phase-II-Block; s. S. 66) erfaßt werden.
- ein eventueller Relaxansüberhang am Narkoseende erkannt werden.
- beurteilt werden, ob im Falle eines Relaxansüberhangs eine Antagonisierung bereits sinnvoll ist oder ob die neuromuskuläre Blockade noch zu tief ist.
- kontrolliert werden, wie effektiv eine Relaxansantagonisierung ist.

Wirkungsprinzip der Relaxometrie

Die Relaxometrie basiert darauf, daß ein peripherer Nerv, der einen bestimmten Muskel innerviert, mittels eines peripheren Nervenstimulators elektrisch gereizt wird. Die auftretende Reizantwort des Muskels wird visuell, taktil oder apparativ-technisch beurteilt. Bei dem verwendeten elektrischen Stimulationsreiz muß es sich um einen sogenannten supramaximalen Reiz handeln. Eine supramaximale Reizung ist aus folgenden Gründen wichtig: Die Reizantwort (Kontraktionskraft, Zuckungsamplitude) bei Stimulation eines peripheren Nervs hängt davon ab, wie viele Nervenfasern (mit den dazugehörenden Muskelfasern) des stimulierten Nervs erregt werden. Mit zunehmender Reizstärke werden immer mehr Nervenfasern mit den zugehörenden Muskelfasern erregt, bis schließlich durch den Reiz alle Nervenfasern des stimulierten Nervs erregt werden und damit die maximale Reizantwort erzielt wird.
Ein für die Relaxometrie verwendeter sogenannter supramaximaler Reiz ist mindestens um 25% größer als der Reiz, mit dem gerade die maximale Reizantwort erzielt wird. Diese Sicherheitsreserve ist notwendig, um auch bei einer im Laufe der Zeit auftretenden Zunahme

des Hautwiderstands (z.B. bei intraoperativer Auskühlung) weiterhin eine maximale Nervenstimulation zu garantieren.

Durchführung der Relaxometrie

Elektroden und Polarität

Zur Nervenstimulation werden entweder zwei spezielle selbstklebende Gelelektroden oder zwei übliche EKG-Elektroden über den zu stimulierenden Nerv geklebt. Nervenstimulatoren verfügen über eine aktive (negative, meist schwarze) Elektrode und eine inaktive (positive, meist weiße oder rote) Elektrode. Werden die Stimulationselektroden im Verlauf eines Nervs sehr eng nebeneinander plaziert (was erstrebenswert ist, um eine hohe Stromdichte am Nerv zu erzielen), dann ist es egal, welches Stimulationskabel an welcher Elektrode angeschlossen wird.

Stimulationsorte

Normalerweise wird zur Überprüfung der neuromuskulären Übertragung der Nervus ulnaris stimuliert. Der Nervus ulnaris innerviert am Daumen lediglich den Musculus adductor pollicis. Die anderen Muskeln des Daumenballens werden vom Nervus medianus innerviert. Zur Stimulation des Nervus ulnaris werden meist 2 cm bzw. 4 cm proximal der Handgelenksfurche im Verlauf des Nervus ulnaris (auf der Kleinfingerseite) zwei Stimulationselektroden plaziert (vgl. Abb. 1.32). Der Nervus ulnaris verläuft neben der Arteria ulnaris. Zur Orientierung bei der Elektrodenplazierung kann daher die Arteria ulnaris getastet werden. Bei Stimulation des Nervus ulnaris wird der Daumen im Grundgelenk gebeugt und adduziert.
Die Daumenbewegung ist gut sichtbar, tast- und meßbar. Zur supramaximalen Stimulation

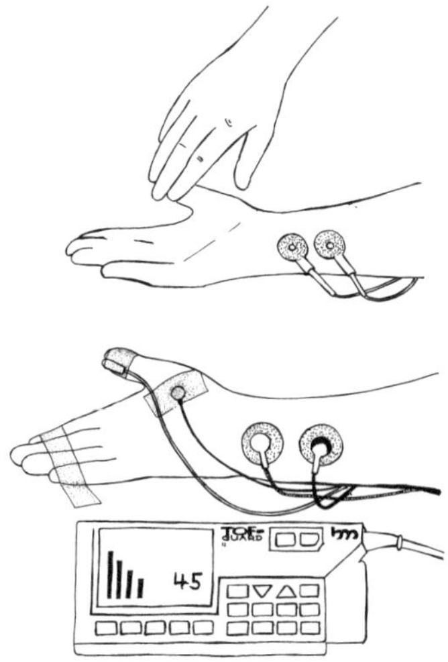

Abb. 1.32 Übliche Elektrodenpositionen für die Reizung des Nervus ulnaris im Bereich des Handgelenkes. Taktile Berührung (oben) oder Registrierung der Reizantwort mittels Akzelerographie (Mitte).

des Nervus ulnaris sind meist ca. 50–70 mA notwendig. Es sollte jedoch nicht mit mehr als 80 mA stimuliert werden.
Bei bestimmten operativen Eingriffen ist der Nervus ulnaris für eine Stimulation nicht zugänglich. Falls z.B. der Kopf intraoperativ gut zugänglich ist, bietet sich dann die Stimulation des Nervus facialis an (vgl. Abb. 1.33). Ist das Bein für den Anästhesisten erreichbar, dann kann evtl. der Nervus tibialis posterior hinter dem Innenknöchel oder der Nervus

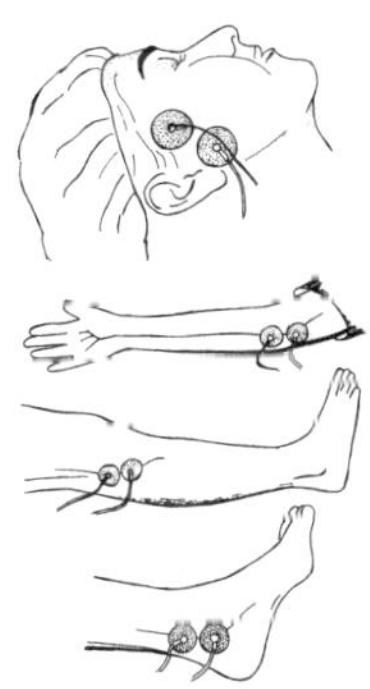

Abb. 1.33 Stimulation des Nervus facialis, des Nervus ulnaris (im Bereich des Ellenbogens), des Nervus peronaeus oder des Nervus tibialis posterior.

peronaeus unmittelbar distal des Wadenbeinköpfchens stimuliert werden (vgl. Abb. 1.33).

„Train-of-four"-Reizung (TOF; Vierfachreizung)

Zur Überwachung der neuromuskulären Übertragung wird inzwischen fast immer die „Train-of-four"-Reizung (TOF) vorgenommen. Bei der TOF-Reizung werden vier supramaximale Reize mit 2 Hz, das heißt einem zeitlichen Abstand von jeweils 0,5 Sekunden, durchgeführt.

Durch einen TOF-Reiz kommt es beim nichtrelaxierten Patienten zu vier gleich starken Kontraktionen. Bei inkompletter Blockade mit einem nichtdepolarisierenden Muskelrelaxans nimmt die Zuckungsamplitude vom ersten bis zum vierten Reiz zunehmend ab, da es bei kurz aufeinander folgenden Stimulationen zur Entleerung der Acetylcholinspeicher und zur Abnahme der Zuckungsamplitude, einer sogenannten Ermüdungsreaktion, kommt. Die Zuckungsamplitude des ersten Reizes wird mit der Zuckungsamplitude des vierten Reizes verglichen. Der Quotient aus der Amplitude der vierten Zuckung geteilt durch die Amplitude der ersten Zuckung wird als **„Train-of-four"-Quotient** (T_4/T_1-Quotient) bezeichnet. Beim nichtrelaxierten Patienten mit vier gleich starken Zuckungsamplituden ist der T_4/T_1-Quotient 1,0. Je niedriger der T_4/T_1-Quotient, desto stärker ist der Relaxierungsgrad (vgl. Tab. 1.5).

> Der TOF-Quotient kann nur bestimmt werden, wenn alle vier Reize mit einer Muskelkontraktion beantwortet werden. Bei zunehmender Relaxationstiefe wird der TOF-Quotient immer kleiner. Schließlich werden bei weiter zunehmender Relaxationstiefe nur noch drei bzw. zwei Stimulationsreize oder es wird nur noch der erste Stimulationsreiz oder keiner der vier Reize mehr beantwortet.

Kommt es nach einem TOF-Reiz zu keiner motorischen Antwort, dann wird von einer **tiefen Relaxation** gesprochen. Von einer für chirurgische Eingriffe ausreichenden Relaxationstiefe kann ausgegangen werden, wenn nur ein oder zwei (oder drei) Reizantworten vorhanden sind (TOF-Zahl 1, 2 oder 3). Dennoch sind hierbei eventuelle Bewegungen, vor allem Zwerchfellbewegungen (Schluckauf, Husten) möglich, da für die Relaxation des Zwerchfells (und der Kehlkopfmuskeln) höhere Dosen an Relaxans benötigt werden, als zur Relaxation der meisten anderen Muskelgruppen. Bei Rückkehr der (dritten und) vierten Reizantwort ist die Relaxierung für abdominalchirurgische Eingriffe als nicht mehr ausreichend zu betrachten.

Erst wenn der T_4/T_1-Quotient 0,7–0,75 (70–75%) beträgt, ist die Relaxation soweit abgeklungen, daß der Patient sicher extubiert werden kann.

Die „Train-of-four"-Methode ermöglicht auch die Unterscheidung einer neuromuskulären Blockade nach Gabe eines depolarisierenden Muskelrelaxans (= Depolarisationsblock) von einer neuromuskulären Blockade nach Gabe eines nichtdepolarisierenden Relaxans (= Nichtdepolarisationsblock). Während der inkomplette Nichtdepolarisationsblock (kompetitiver Block) nach Vierfachreizung eine charakteristische Ermüdungsreaktion aufweist, kommt es beim inkompletten Depolarisationsblock (Phase-I-Block) zu einer weitgehend

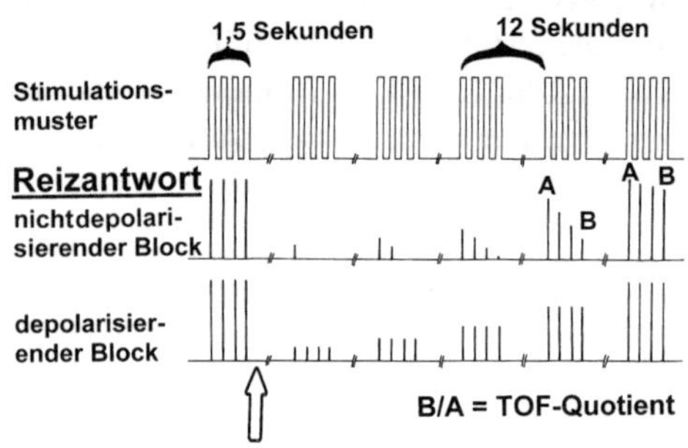

Abb. 1.34 Reizantwort.

gleichmäßigen Verminderung aller vier Zuckungen gegenüber dem nicht relaxierten Zustand. Die Relation des ersten zum vierten Stimulus ist meist nahezu 1,0 (vgl. Abb. 1.34). Es tritt also keine Ermüdungsreaktion auf.

Auch ein Phase-II-Block (Dualblock) kann mit der „Train-of-four"-Stimulation erfaßt werden (vgl. Abb. 1.34). Kommt es nach Gabe größerer Dosen von Succinylcholin zu einer Ermüdungsreaktion, dann hat sich ein Phase-II-Block (Dualblock) entwickelt.

Der TOF ist vor allem bei einer Blockade mit einem nichtdepolarisierenden Muskelrelaxans von großem Aussagewert. Es kann relativ einfach der Relaxierungsgrad beurteilt werden.

Die TOF-Stimulation bietet sich an zur

- Überwachung des Relaxationsgrades vor und während der Intubation.
- intraoperativen Überwachung des Relaxationsgrades.
- Überwachung des Relaxationsgrades während der Narkoseausleitung.

Registrierung der Muskelantwort

Die durch den elektrischen Reiz ausgelöste Muskelantwort wird meist

- taktil bzw. visuell oder
- mittels Akzelerographie

registriert.

Taktiles oder visuelles Erfassen

Die einfachste Methode zur Registrierung der Reizantwort nach peripherer Nervenstimulation ist die Beurteilung der Reizantwort durch Fühlen mit der Hand oder durch visuelles Betrachten des gereizten Muskels. In vielen Kliniken wird die Reizantwort noch taktil oder visuell beurteilt, da nicht ausreichend Geräte zur apparativen Reizregistrierung verfügbar sind. Es hat sich gezeigt, daß ein taktiles Erfassen der Reizantwort genauere Ergebnisse liefert als die optische Einschätzung.

Zur Steuerung der intraoperativen Relaxationstiefe ist die taktile Beurteilung meist ausreichend. In der Erholungsphase ist das taktile Auflösungsvermögen nicht ausreichend. Taktil kann ein TOF-Quotient bis zu 0,4 erfaßt werden. Bei größerem TOF-Quotient, also geringem Relaxierungsgrad, werden die Reizantworten als gleich stark empfunden und können nicht mehr differenziert werden. Da für eine sichere Extubation ein TOF-Quotient von 0,7 gefordert wird, ist die taktile Beurteilung in der Abklingphase nicht ausreichend genau möglich. Hier ist die apparativ-technische Registrierung der Reizantwort (z.B. mittels Akzelerographie) am zuverlässigsten.

Registrierung mittels Akzelerographie

Bei der Akzelerographie wird nach Stimulation eines Nervs (z.B. des Nervus ulnaris) nicht die Kraftentwicklung, sondern die nachfolgende proportionale Beschleunigungsbewegung (z.B. des Daumens) gemessen. Voraussetzung ist eine freie Beweglichkeit des Daumens.

Zur Registrierung der Reizantwort wird ein Beschleunigungswandler am Daumen fixiert (vgl. Abb. 1.32). Ein Beschleunigungswandler enthält einen Mechanosensor. Dieser führt zu einer Spannungsänderung, die proportional der Beschleunigung ist. Anhand der gemessenen Beschleunigung kann auf die entwickelte Kraft geschlossen werden.

Antagonisierung von nichtdepolarisierenden Muskelrelaxanzien

Ein Nichtdepolarisationsblock sollte frühestens dann antagonisiert werden, wenn mindestens eine Reizantwort bei der TOF-Reizung nachweisbar ist. Bei tieferen Relaxationsgraden ist eine Antagonisierung meist unzuverlässig und sollte unterlassen werden.

Die endotracheale Intubation

Definition
Unter endotrachealer Intubation wird das Einführen eines Schlauches oder Tubus (lateinisch: tubus = Rohr) durch die Stimmritze in die Trachea verstanden.

Bei der endotrachealen Intubation muß der Kehlkopf möglichst sichtbar gemacht und der Tubus unter Sicht durch den Kehlkopf in die Trachea vorgeschoben werden. Über dieses Rohr kann der Patient entweder selbständig atmen oder künstlich beatmet werden.

Wird der Tubus durch den Mund in die Trachea eingeführt, so wird von **orotrachealer Intubation** gesprochen. Beim Einführen des Tubus durch die Nase in die Trachea wird von **nasotrachealer Intubation** gesprochen.

Vorteile der endotrachealen Intubation

Die Beatmung während einer Narkose kann sowohl über eine dicht um Mund und Nase geschlossene Gesichtsmaske, eine Kehlkopfmaske als auch über einen endotrachealen Tubus erfolgen. Die Vorteile einer endotrachealen Intubation sind:

- Der Patient ist vor einem Eindringen von Speichel, Blut, Magen-Darm-Inhalt und sonstigen Fremdkörpern in die Trachea (= Aspiration, s. S. 187) geschützt, solange er intubiert ist.
- Es ist ein gezieltes, endotracheobronchiales Absaugen möglich.
- Der Anschluß an ein Beatmungsgerät ist möglich.
- Die Personal- und Umweltbelastung durch Narkosegase ist minimal. Bei einer Maskenbeatmung kann durch die meist nicht völlig abgedichtete Maske Narkosegas in den OP-Raum entweichen. Bei einer Intubationsnarkose können alle Narkosegase sicher abgesaugt werden.

Absolute Indikationen zur Intubation

Absolute Indikationen zur endotrachealen Intubation sind

- ein nicht „nüchterner" Patient (z.B. Patienten mit einem Ileus, Schwangere ab der 14. Schwangerschaftswoche, Notfallpatienten usw., s. S. 185).
- Eingriffe, bei denen eine Beatmung über Gesichtsmaske oder über eine Larynxmaske nicht möglich ist oder sich verbietet.
- die meisten Operationen im Gesichts-, Mund- und Halsbereich.
- Bauch- und Thoraxeingriffe.
- ungünstige Operationslagerungen wie Bauchlage, Seitenlage oder sitzende Lagerung, bei denen eine Maskenbeatmung bzw. eine Beatmung über eine Larynxmaske zu vermeiden ist.
- mechanische Wiederbelebung (Reanimation) eines Patienten (s. S. 409).

Anatomie des Kehlkopfes

Der Kehlkopf ist aus einem Knorpelskelett aufgebaut. Wichtigster Knorpel ist der Schildknorpel, dessen prominentester Punkt normalerweise als „Adamsapfel" getastet werden kann. Unmittelbar darunter sitzt der Ringknorpel (Cartilago cricoidea). Der Kehlkopfeingang, die Stimmritze (Glottis, 1 in Abb. 1.35), wird durch die beiden Stimmbänder (2 in Abb. 1.35) begrenzt. Während des Schluckaktes wird die Stimmritze von der darübersitzenden Epiglottis (3 in Abb. 1.35) bedeckt, um das Eindringen von Fremdkörpern in die Luftwege zu verhindern.

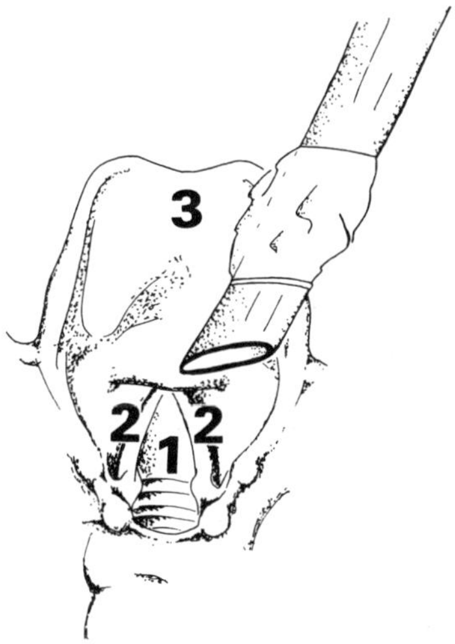

Abb. 1.35 Kehlkopfeingang mit angenäherter Tubusspitze.
1 = Stimmritze; 2 = Stimmbänder; 3 = Epiglottis.

Engste Stelle des Kehlkopfes ist beim Erwachsenen die Glottis. Die Größe eines Endotrachealtubus muß sich daher an der Größe der Glottis orientieren. Beim Kind dagegen ist die engste Stelle des Kehlkopfes unterhalb der Stimmritze im Bereich des Ringknorpels. Ein Endotrachealtubus, der sich durch die Glottis vorschieben läßt, kann daher beim Kind knapp unterhalb der Glottis auf Widerstand stoßen. Er darf dann nicht mit Gewalt vorgeschoben, sondern muß gegen einen kleineren Tubus ausgetauscht werden.

Instrumentarium für die endotracheale Intubation

Der Endotrachealtubus

Allgemeine Bemerkungen

Endotrachealtuben werden in unterschiedlichen Größen und Formen sowie aus unterschiedlichem Material geliefert. Die meisten Tuben besitzen am trachealen Ende eine aufblasbare Manschette (englisch: cuff, sprich: kaf). Diese Manschette (1) ist über eine teilweise in die Tubuswand eingearbeitete Leitung (2) aufblasbar. Anhand der Prallheit eines in diese Leitung eingebauten Kontrollballons (3) kann abgeschätzt werden, wie stark der **Tubus-Cuff** aufgeblasen (= geblockt) ist. Durch dieses Blocken des Cuffs wird ein Abdichten des Tubus gegen die Trachealwand garantiert. Bei den Tubusmanschetten kann (nach Art des Manschettenmaterials und des Manschettenvolumens) zwischen sogenannten **Hochdruckmanschetten** und **Niederdruckmanschetten** unterschieden werden (vgl. Abb. 1.36 a, b). Hochdruckmanschetten werden mit einem relativ kleinen Volumen (ca. 5–7 ml) geblockt (s. S. 86). Der zur Entfaltung der Manschette notwendige Druck ist relativ hoch. Niederdruckmanschetten werden mit einem relativ großen Volumen (ca. 15 ml) geblockt. Der Druck in diesen geblockten Manschetten ist relativ niedrig. Niederdruckmanschetten sind für die Trachealschleimhaut am schonendsten. Am oralen Ende besitzen

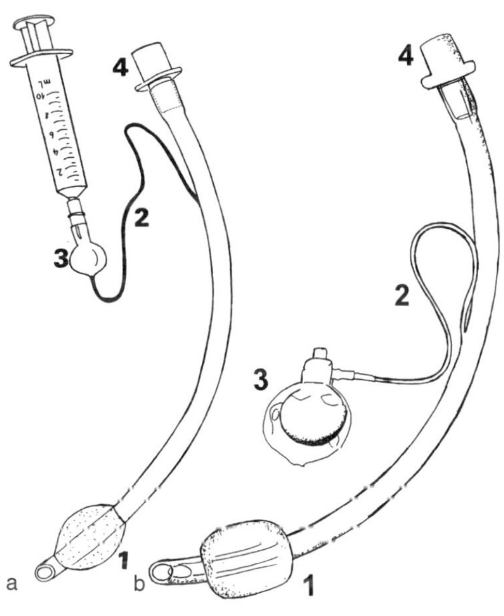

Abb. 1.36 a, b Endotrachealtubus mit aufgesetzter Spritze zum Blocken der Manschette.
1 = **a:** kleinvolumige Hochdruckmanschette, **b**: großvolumige Niederdruckmanschette; 2 = Zuleitung für die Manschette; 3 = Kontrollballon der Manschettenzuleitung; 4 = Konnektor.

alle Trachealtuben einen abziehbaren Konnektor (4) aus Kunststoff oder Metall. Die In- und Exspirationsschläuche werden mittels eines sogenannten Winkelstückes oder eines Y-Stückes (s. S. 14) mit dem Konnektor verbunden (Steckverbindung).

Tubusgröße

Die Größe eines Tubus wird meist nach dem in Millimetern gemessenen **Innendurchmesser (ID)** angegeben, selten wird noch die alte französische Bezeichnung **Charrière (Charr)** benutzt.

> 4 x ID + 2 = Charrière

Der kleinste Tubus hat einen Innendurchmesser von 2,0 mm und entspricht der Charrière-Größe 10. Der nächstgrößere Tubus hat jeweils einen um 0,5 mm größeren Innendurchmesser, was einer Zunahme der Charrière-Größe um jeweils 2 entspricht. 2,5 mm Innendurchmesser (= 2,5er Tubus) entsprechen 12 Charrière. Der größte Tubus hat 11 mm Innendurchmesser (= 11er Tubus), was einer Charrière-Zahl von 46 entspricht (vgl. Tab. 1.6).

> Für erwachsene Männer wird meist ein Tubus der Größe 8,0–8,5 (34–36 Charrière), für erwachsene Frauen ein solcher von 7,5–8,0 (32–34 Charrière) empfohlen. Bei Kindern unter 8–10 Jahren wird allgemein empfohlen, einen Tubus ohne Manschette zu verwenden.

Inzwischen werden zumeist Einwegendotrachealtuben verwendet. Die meisten Einwegendotrachealtuben werden aus PVC (**Po**lyvinyl**c**hlorid) hergestellt. PVC-Tuben sind relativ weich und nicht gewebereizend. Auch für kürzerdauernde Intubationen werden zunehmend Endotrachealtuben mit Niederdruckmanschette eingesetzt.

Tab. 1.6 Tubusgrößen für verschiedene Altersstufen.

Alter (Jahre)	Gewicht (kg KG)	Tubusgröße Innendurchmesser (mm)	Charrière	Einführtiefe ab Zahnleiste (in cm)	Cuff
Frühgeborene		2,5	12	7	ohne
Neugeborene	3,3	3,0	14	9	Cuff
6 Monate	8,0	3,5	16	10	
1 Jahr	10	4,0	18	12	
1,5 Jahre	12	4,5	20	12,5	
2 Jahre	13	5,0	22	13	
4 Jahre	17	5,5	24	15	
6 Jahre	22	6,0	26	15	
8 Jahre	28	6,5	28	16	
10 Jahre	31	7,0	30	17	mit
12 Jahre	39	7,5	32	19	Cuff
14 Jahre	48	8,0	34		
Faustregel (Tubusdurchmesser):					
von 2–14 Jahren		4,5 + Alter/4	20 + Alter		

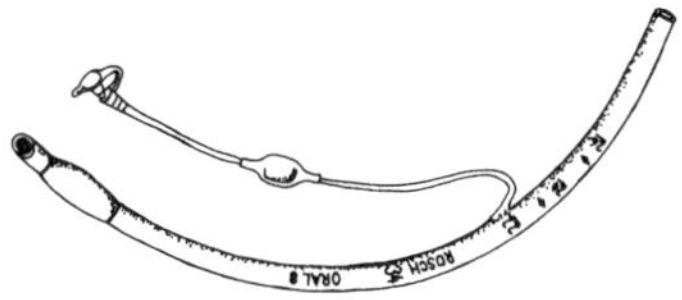

Abb. 1.37 Magill-Tubus.

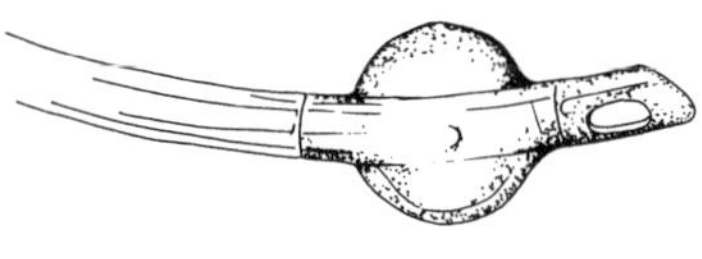

Abb. 1.38 Spitze einer Murphy-Tubus mit Murphy-Auge.

- **Magill-Tuben** (vgl. Abb. 1.37) sind leicht vorgebogene Tuben mit einem normierten Krümmungsradius. Magill-Tuben liegen sowohl für die orotracheale wie auch für die nasotracheale Intubation vor. Sie bestehen aus Plastik (meist PVC) oder aus Weichgummi. Insbesondere bei den für den Einmalgebrauch gedachten Plastiktuben gibt es ein riesiges Angebot. Wiederverwendbare Magill Tuben aus Weichgummi werden zunehmend seltener eingesetzt.
- Der **Murphy-Tubus** (vgl. Abb. 1.38) unterscheidet sich vom Magill-Tubus nur dadurch, daß er auf der rechten Seite kurz vor der Tubusspitze ein zusätzliches seitliches Loch, ein sogenanntes Murphy-Auge, besitzt. Über dieses Auge kann ein möglicherweise atypisch aus der distalen Trachea entspringender rechter Oberlappenbronchus besser belüftet werden. Zumeist werden Endotrachealtuben mit einem Murphy-Auge verwendet.
- Der **Oxford-Tubus** (vgl. Abb. 1.39) ist ein nicht knickbarer, „L"-förmiger Tubus, der nur zur orotrachealen Intubation verwendet werden kann. Er wird normalerweise mit einem speziellen, (ausnahmsweise) etwas über die Tubusspitze herausragenden Führungsstab (s. S. 79) angewandt. Dadurch läßt sich erfahrungsgemäß mit dem Oxford-Tubus sehr leicht intubieren, meist auch in schwierigen Situationen. Der Oxford-Tubus kommt jedoch nur noch selten zum Einsatz.

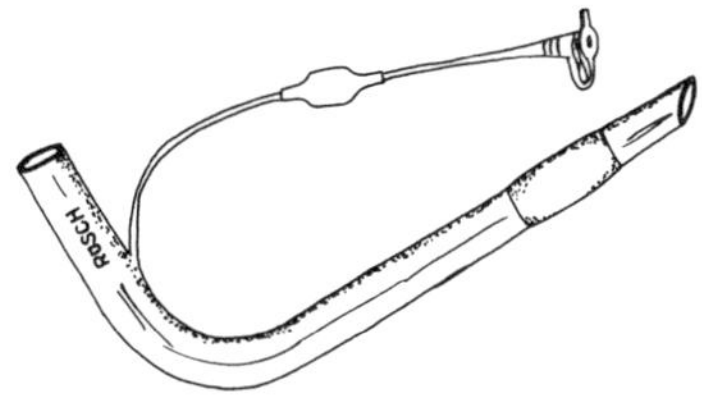

Abb. 1.39 Oxford-Tubus.

Abb. 1.40 Woodbridge-Tubus.

- Der **Woodbridge-Tubus** (vgl. Abb. 1.40) wird aus Latex hergestellt und zeichnet sich durch eine in die Tubuswand eingebaute Metallspirale aus. Dadurch erhält der Tubus seine enorme Flexibilität und läßt sich nicht knicken. Zur inneren Stabilisierung dieses sehr flexiblen Tubus muß für die Intubation immer ein Führungsstab (s. S. 79) verwendet werden. Woodbridge-Tuben werden z.B. dann verwendet, wenn der Patient auf dem Bauch gelagert oder der Tubus aus einem anderen Grund stark zur Seite abgeleitet werden muß.
- Der **Kamen-Wilkinson-Tubus** (vgl. Abb. 1.41) besitzt einen Cuff aus schwammartigem Polyurethangewebe, das normalerweise ballonförmig entfaltet ist. Zur Intubation muß dieser Cuff über die Blockerleitung leergesaugt (!) werden. Nach der Intubation wird die Blockerleitung wieder freigegeben, und das Polyurethangewebe saugt sich mit Luft voll und entfaltet sich. Dieser Cuff legt sich besonders schonend an die Tra-

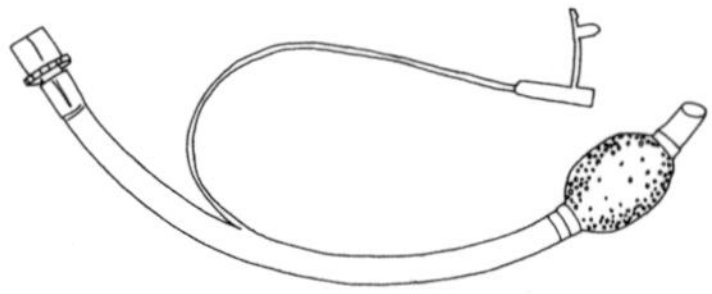

Abb. 1.41 Kamen-Wilkinson-Tubus.

chealwand an. Bei hohen Beatmungsdrücken reicht diese „Eigenblockung" jedoch häufig nicht aus. Die Blockerzuleitung kann daher gegebenenfalls an einen (zwischen Tubus und Y-Stück zwischengesteckten) Adapter angeschlossen werden, wodurch der Cuff bei jeder Inspiration (durch den Beatmungsdruck) „nachgeblockt" und während der Exspiration zum Teil wieder etwas „entblockt" wird.

- Der **Carlens-,** der **White-** und der **Robertshaw-Tubus** (vgl. Abb. 1.42 und 1.43)
Diese Tuben sind spezielle, doppellumige Tuben, die entweder eine gleichzeitige Beatmung der linken und der rechten Lunge oder eine nur einseitige Beatmung ermöglichen. Die Spitze des Carlens-Tubus liegt im linken Hauptbronchus (für Operationen der rechten Lunge), die Spitze des White-Tubus wird im rechten Hauptbronchus pla-

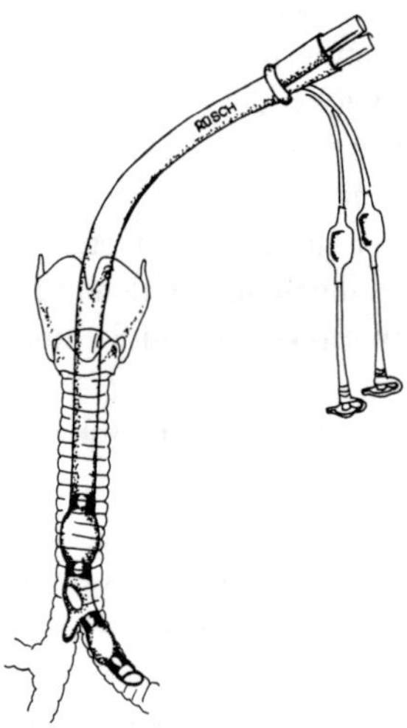

Abb. 1.42 In den linken Hauptbronchus eingeführter Carlens-Tubus.

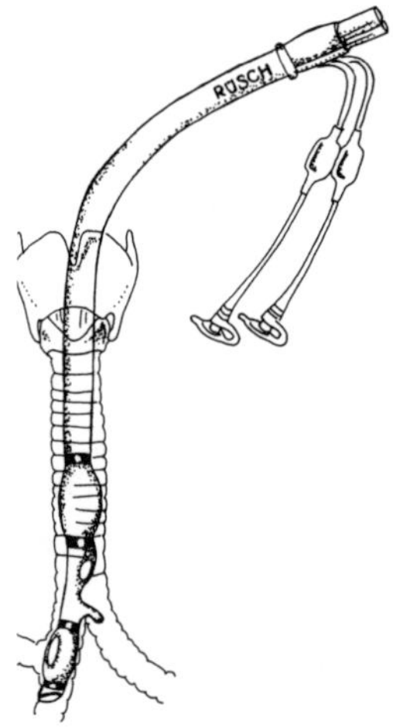

Abb. 1.43 In den rechten Hauptbronchus eingeführter White-Tubus.

ziert (für Operationen der linken Lunge). Diese Tuben besitzen einen Sporn, der auf der Carina zu liegen kommt (Carinasporn). Der Sporn kann beim Einführen manchmal zu Verletzungen führen. Durch die Möglichkeit zur seitengetrennten Beatmung kann auch verhindert werden, daß z.B. während einer Lungenoperation infektiöses Material oder Tumorgewebe von der kranken Lunge in die gesunde Lunge verschleppt wird. Der Robertshaw-Tubus ist ein dem Carlens- und White-Tubus sehr ähnlicher doppelläufiger Tubus. Er besitzt jedoch keinen Carinasporn. Der Robertshaw-Tubus besitzt zwei typische Krümmungen und ist leichter zu plazieren als ein doppelläufiger Tubus mit Sporn. Er liegt sowohl für die linksseitige als auch für die rechtsseitige endobronchiale Intubation vor. Wiederverwendbare Doppellumentubi wie z.B. der Carlens-, der White- und auch der Robertshaw-Tubus werden inzwischen meist durch Einwegdoppellumentubi aus Plastik (z.B. Broncho-Cath) ersetzt.
Bei der rechtsseitigen endobronchialen Intubation kann es leicht zur Verlegung des kurz nach der Bifurkation abgehenden Bronchus für den rechten Lungenoberlappen kommen (vgl. Abb. 1.43). Die Tubus-

lage muß mittels Fiberbronchoskop (s. S. 200) kontrolliert werden. Falls irgend möglich, wird die linksendobronchiale Intubation vorgezogen. Lediglich falls der linke Hauptbronchus kurz hinter der Carina während der Operation abgetrennt werden muß, wird ein rechtsläufiger Doppellumentubus verwendet.

Führungsstäbe (vgl. Abb. 1.44)

Führungsstäbe sind kunststoffbeschichtete, biegsame Metalldrähte, die in orale (!) Tuben eingeführt werden können. Dadurch kann ein oraler Tubus bei schwierigen Intubationsverhältnissen in eine intubationsgünstigere Form vorgebogen werden.
Die Führungsstäbe dürfen nicht aus der Tubusspitze herausragen, da sie ansonsten eine große Verletzungsgefahr darstellen. Ausnahme ist der Oxford-Tubus, bei dem die sehr weiche Gummispitze des speziellen Führungsstabes normalerweise aus der Tubusspitze herausragt. Die Woodbridge-Tuben müssen immer mit einem Führungsstab intubiert werden, um eine innere Schienung der sehr flexiblen Tuben zu garantieren. Es empfiehlt sich, die Führungsstäbe mit einem Gleitmittel zu versehen, damit sie sich nach der Intubation wieder problemlos aus dem Tubus herausziehen lassen.

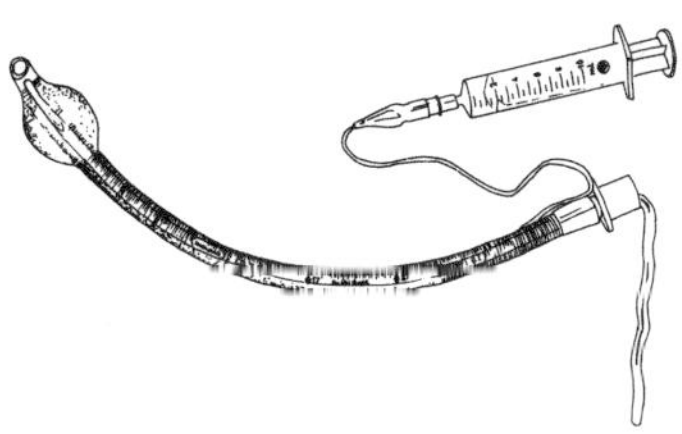

Abb. 1.44 In einen Woodbridge-Tubus eingeführter Führungsstab.

Das Laryngoskop

> Ein Laryngoskop ist ein Hilfsinstrument, mit dem der Kehlkopf eingestellt, das heißt sichtbar gemacht, werden kann.

Das Laryngoskop wird normalerweise zur endotrachealen Intubation unter Sicht, manchmal auch zum Einführen einer Magensonde bzw. einer Ösophagustemperatursonde unter Sicht oder zur Rachen- und Kehlkopfinspektion verwendet. Laryngoskope bestehen aus einem **Griff** und einem **Spatel.** An der Spatelspitze ist ein Lämpchen angebracht, dessen Stromquelle (z.B. zwei Trockenbatterien) im Griff untergebracht ist. Moderne Laryngoskope besitzen eine Kaltlichtquelle, das heißt das Lämpchen befindet sich im Griff und die Lichtstrahlen werden über Glasfaserbündel, die in den Spatel eingearbeitet sind, bis an die Spatelspitze geleitet.
Griff und Spatel sind über ein leicht ausklinkbares Scharniergelenk miteinander verbunden. Zusammengeklappt kann das Laryngoskop platzsparend aufbewahrt werden (vgl. Abb. 1.45). Aufgeklappt (ca. 90°) schließt sich ein Kontakt, und das Lämpchen leuchtet auf (vgl. Abb. 1.46). Es werden heute vor allem Laryngoskope mit einem **gebogenen**

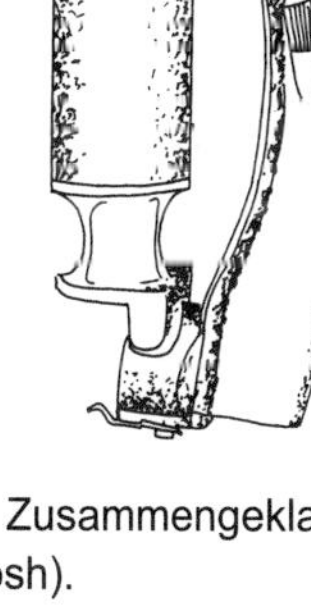

Abb. 1.45 Zusammengeklapptes Laryngoskop (nach MacIntosh).

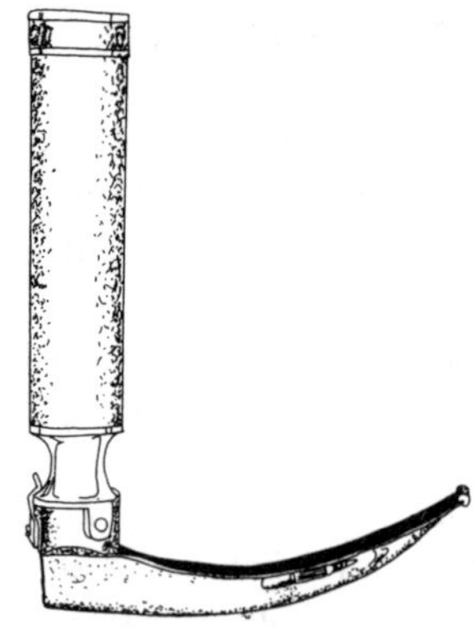

Abb. 1.46 Geöffnetes Laryngoskop (nach MacIntosh).

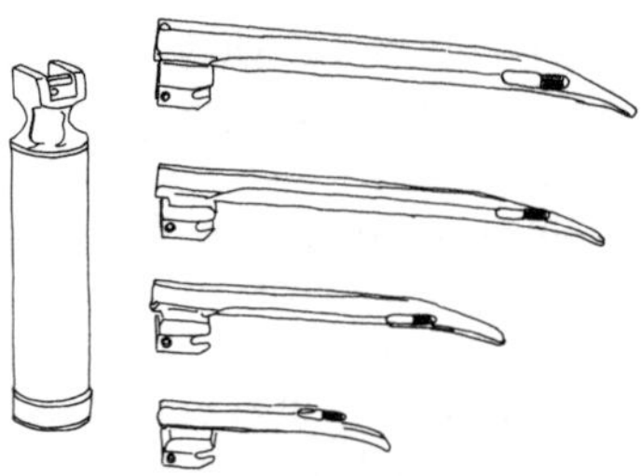

Abb. 1.47 Griff des Laryngoskops mit verschiedenen Spatelgrößen (gerade Spatel nach Miller).

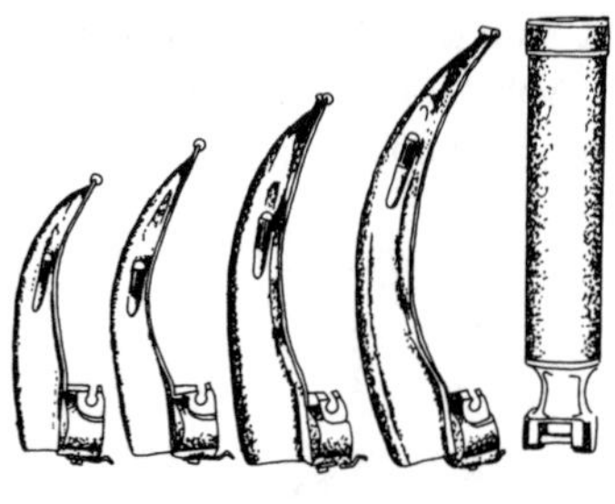

Abb. 1.48 Griff des Laryngoskops mit verschiedenen Spatelgrößen (gebogene Spatel nach MacIntosh).

Spatel nach MacIntosh (vgl. Abb. 1.46) oder leichte Modifikationen davon, seltener auch noch Laryngoskope mit **geradem Spatel** (z.B. nach Miller, Abb. 1.47) verwendet. Die gebogenen Spatel passen sich besser der Anatomie der Mundhöhle an und werden aus diesem Grunde allgemein bevorzugt. Bei den gebogenen Spateln nach MacIntosh gibt es fünf verschiedene Spatelgrößen (Größe 0, 1, 2, 3, 4; Abb. 1.48). Vor allem bei Säuglingen und Kleinkindern kommt manchmal noch das Laryngoskop mit geradem Spatel zur Anwendung (s. S. 211).

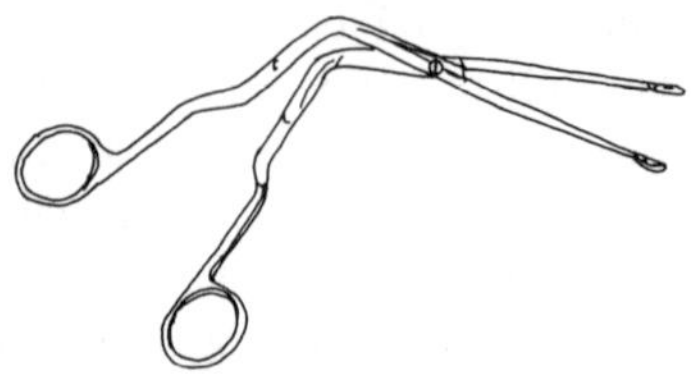

Abb. 1.49 Magill-Zange.

Die Magill-Zange (vgl. Abb. 1.49)

Insbesondere bei der nasotrachealen Intubation sowie z.B. beim Einführen einer Magensonde unter Sicht wird häufig eine Faßzange benötigt, um den Tubus oder die Sonde zu dirigieren. Am gebräuchlichsten ist die sogenannte Magill-Zange, deren scherenförmiger Griff stark zur Seite gebogen ist, damit bei Gebrauch der Blick auf den Kehlkopf frei bleibt.

Der Guedel-Tubus (vgl. Abb. 1.50)

Guedel-Tuben sind Oropharyngealtuben, die z.B. beim bewußtlosen nicht intubierten Patienten eingelegt werden, um ein Zurückfallen der Zunge mit Verlegung der oberen Luftwege zu verhindern (vgl. Abb. 1.51). Auch beim oral intubierten Patienten wird zusätzlich ein Guedel-Tubus als „Beißschutz" für den Orotrachealtubus eingelegt (s. Abb. 1.67, S. 89).

Es gibt insgesamt 9 verschieden große Guedel-Tuben: Nr. 6, 5, 4, 3, 2, 1, 0, 00, 000. Guedel-Tuben werden nach der in Abb. 1.52 und 1.53 gezeigten Weise in den Mund eingeführt. Sie werden oft auch bei der Maskenbeatmung (s. S. 98) narkotisierter Patienten in deren

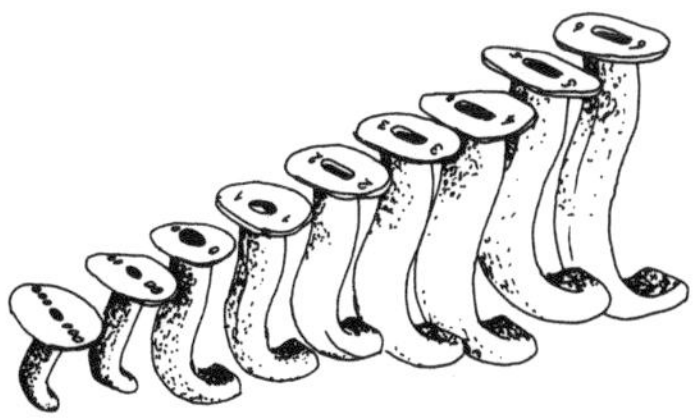

Abb. 1.50 Unterschiedlich große Guedel-Tuben.

Mund eingeführt, wodurch eine Verlegung der oberen Luftwege durch die zurückfallende Zunge verhindert wird. Guedel-Tuben können zu einer starken Reizung der Rachenwand mit Husten, Würgen und Brechreiz führen. Sie dürfen deshalb erst eingeführt werden, wenn der Patient tief genug in Narkose ist und die Schutzreflexe sicher ausgeschaltet sind. Bei der Auswahl des Tubus ist auf die richtige

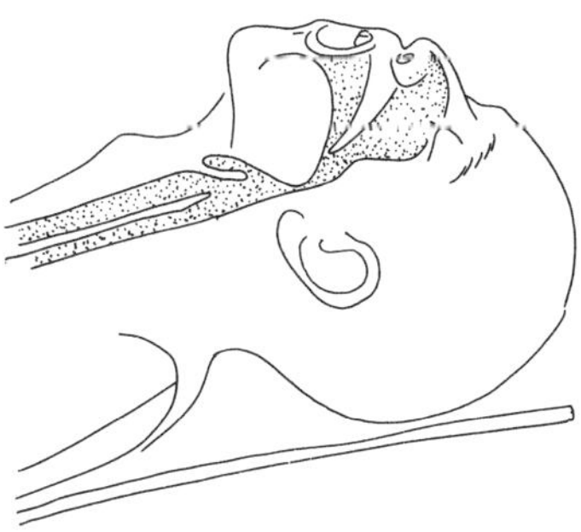

Abb. 1.51 Verschluß der oberen Luftwege durch zurückgefallene Zunge.

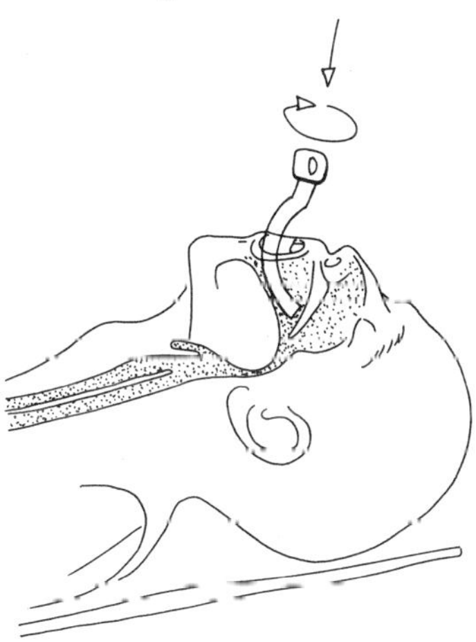

Abb. 1.52 Einführen eines Guedel-Tubus.

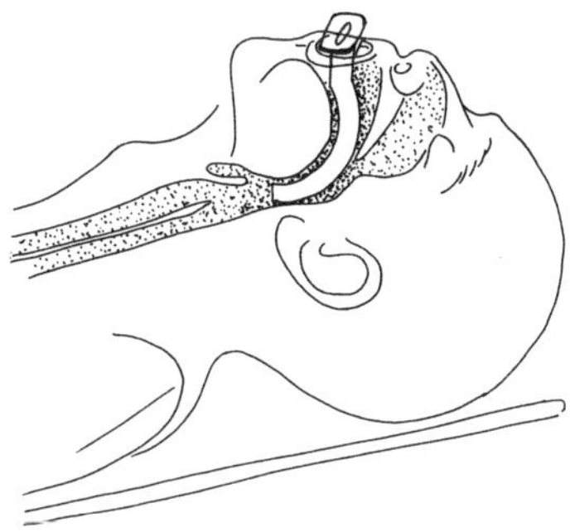

Abb. 1.53 Eingeführter Guedel-Tubus (richtige Größe).

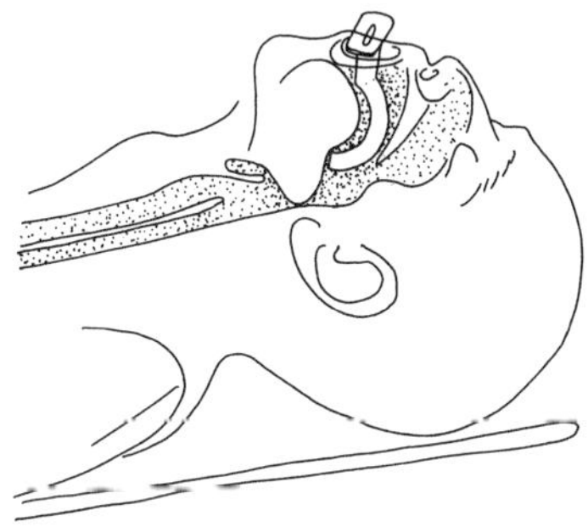

Abb. 1.54 Eingeführter Guedel-Tubus (zu geringe Größe).

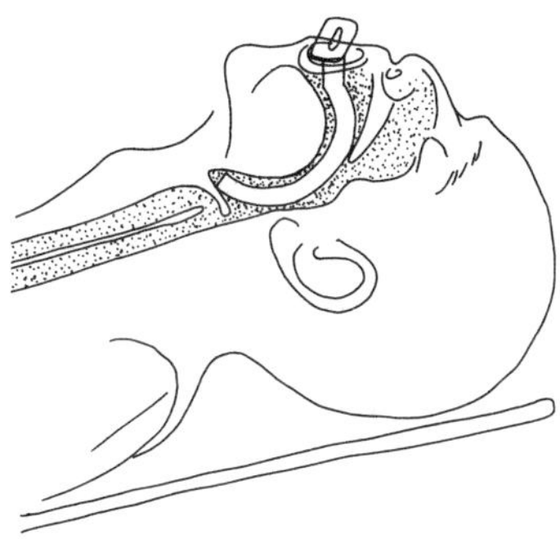

Abb. 1.55 Eingeführter Guedel-Tubus (zu große Größe).

Größe zu achten. Ist der Guedel-Tubus zu klein gewählt, kann es trotzdem zur Verlegung der oberen Luftwege durch die Zunge kommen (vgl. Abb. 1.54); ist er zu groß gewählt, kann er die Epiglottis vor den Kehlkopfeingang drücken (vgl. Abb. 1.55), wodurch der Kehlkopfeingang verschlossen wird und es beim Beatmen zum Einblasen von Luft in den Magen kommen kann.

Vorbereitungen zur endotrachealen Intubation

- Überprüfung des Narkosegerätes (s. S. 22)
- Überprüfung des Narkosewagens auf Vollständigkeit (!) (s. S. 24)
- Vorbereitung des Narkosewagens (s. S. 25), das heißt Bereitlegen der für die Intubation notwendigen Dinge:
  - Laryngoskop (Lichtquelle auf Funktionsfähigkeit prüfen!)
  - Tubus (Cuff durch Aufblasen auf Dichtigkeit prüfen!); zusätzlich müssen noch der nächstkleinere und der nächstgrößere Tubus griffbereit gelegt werden; die Tubusspitze sollte mit einem Lokalanästhetikum (z.B. Xylocain-Gel) bestrichen werden.
  - 10-ml- oder 20-ml-Spritze zum Blocken des Tubus-Cuffs nach der Intubation
  - Guedel-Tubus bei geplanter oraler Intubation (s. S. 80)
  - evtl. Führungsstab (s. S. 79) bei geplanter oraler Intubation
    Magill Zange (s. S. 80) bei geplanter nasaler Intubation
  - Pflaster zum Festkleben des Tubus
- Aufziehen der Medikamente (s. S. 25)
- Vorbereitung des Patienten auf die Narkose (s. S. 25)

Die Technik der orotrachealen Intubation unter laryngoskopischer Sicht

Die orotracheale Intubation unter Sicht ist die Methode der Wahl bei Routineoperationen. Der Kopf des Patienten wird auf einem ca. 10 cm hohen Polster gelagert und im Nacken überstreckt (= sogenannte **„verbesserte Jackson-Position“** oder **„Schnüffelposition“** wie beim „Wittern von Morgenluft“, Abb. 1.56). Bei dieser Lagerung bilden die Mundhöhle, der Pharynx (= Rachen), der Larynx (= Kehlkopf) und die Trachea beinahe eine Gerade, was den Einblick auf die Stimmritze und damit die Intubation unter laryngoskopischer Sicht erleichtert. Mit den behandschuhten Fingern der rechten Hand wird der Mund des Patienten geöffnet. Wird im rechten Mundwinkel der Mittelfinger gegen die obere Zahnreihe und der Daumen gegen die untere Zahnreihe gedrückt, dann kann hierdurch der Mund kraftvoll geöffnet werden. Das angereichte Laryngoskop wird in die linke Hand genommen, vorsichtig am rechten (!) Mundwinkel eingeführt und dann vorsichtig tiefer in den Mund eingeschoben und gleichzeitig, unter Wegdrängen der Zunge nach links, zur

Abb. 1.56 Kopflagerung für die endotracheale Intubation („verbesserte Jackson-Position“).

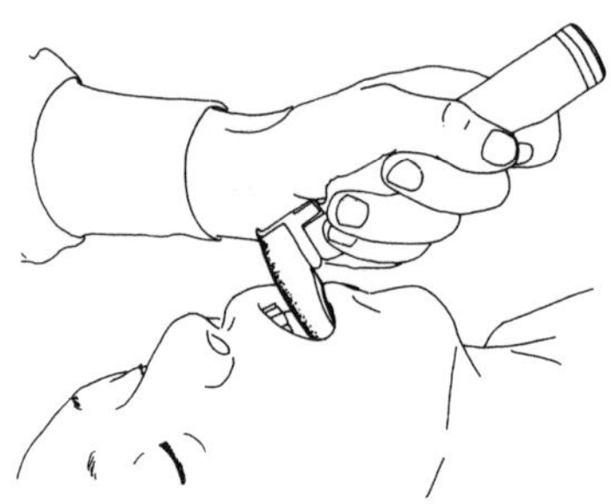

Abb. 1.57 Einführen des Laryngoskops mit der linken Hand.

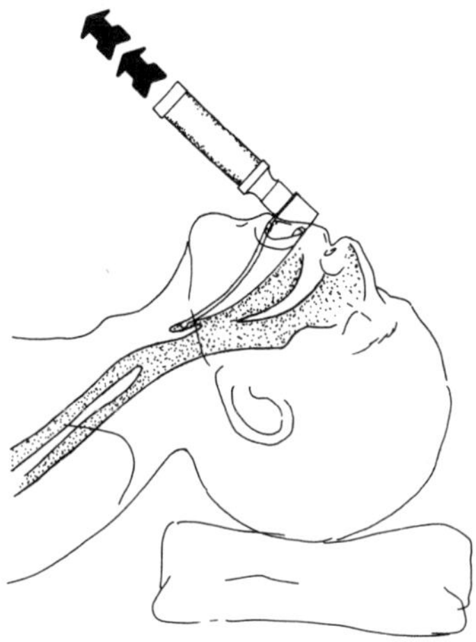

Abb. 1.58 Eingeführtes Laryngoskop mit angedeuteter Zugrichtung.

Mundmitte gebracht (vgl. Abb. 1.57). Der Laryngoskopspatel wird vorgeführt, bis die Epiglottis erkennbar ist. Bei Verwendung eines Laryngoskops mit gebogenem Spatel nach MacIntosh (s. S. 80) wird die Spatelspitze in der Falte zwischen Zungengrund und Epiglottis, in der sogenannten **glossoepiglottischen Falte** plaziert. Nun wird das Laryngoskop in Griffrichtung (!!), also nach fußwärts und oben gezogen (vgl. Abb. 1.58). Hierdurch wird die Zungenbasis angehoben und die daranhängende Epiglottis aufgerichtet. Der Blick auf die Stimmritze (= Glottis) wird frei, die Glottis ist „eingestellt" (vgl. Abb. 1.59, 1.60).

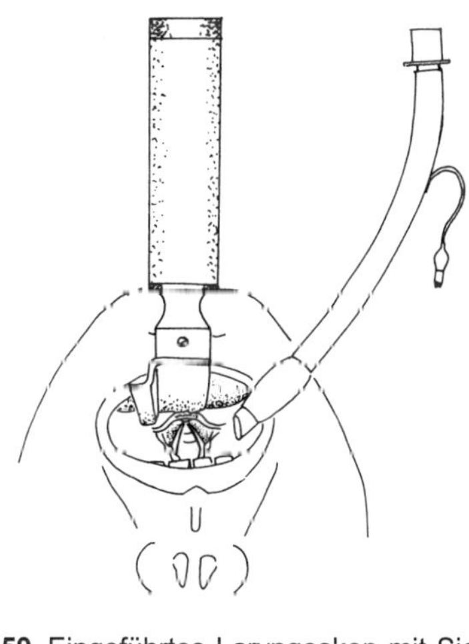

Abb. 1.59 Eingeführtes Laryngoskop mit Sicht auf die geöffnete Stimmritze.

Zum Aufrichten der Epiglottis darf niemals (!!) nur die Spatelspitze angehoben werden, indem das Ende des Laryngoskopgriffs nach kopfwärts gezogen und gegen die oberen Schneidezähne gehebelt wird. Hierdurch kann zwar die Glottis eingestellt werden, aber genauso leicht können hierbei selbst gesunde obere Schneidezähne herausgebrochen werden!

Mit der rechten Hand kann der nun angereichte Tubus vorsichtig unter Sicht (!) durch die Stimmritze geführt werden (vgl. Abb. 1.61 und 1.62). Die Blockermanschette muß ganz hinter der Stimmritze verschwinden (vgl. Abb. 1.63). Bei Tuben ohne Cuff (für Kinder unter 8–10 Jahre) sollte der Tubus soweit eingeführt werden, daß der meist markierte Anteil der Tubusspitze gerade hinter der Glottis verschwindet (und die Tubusspitze sich ungefähr in Tracheamitte befindet). Der Tubus sollte möglichst vom rechten Mundwinkel aus

Abb. 1.60 Kehlkopfeingang.

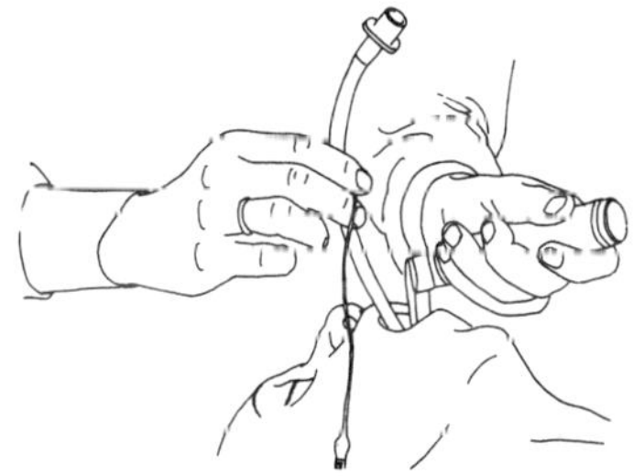

Abb. 1.61 Laryngoskopische Einstellung des Kehlkopfes mit der linken Hand und Einführen des Endotrachealtubus mit der rechten Hand.

eingeführt werden, damit zwischen Laryngoskopspatel und dem einzuführenden Tubus immer auf die Stimmritze gesehen werden kann (vgl. Abb. 1.59). Beim Durchtritt durch die Stimmritze muß der Tubus manchmal leicht hin und her rotiert werden, damit er schonend durch die Stimmritze gleitet. Den Tubus nicht gewaltsam in die Trachea vorschieben. **Nach erfolgreicher Intubation:**

- Blocken des Tubus (s. S. 86)
- Lagekontrolle des Tubus (s. S. 87)
- Fixierung des Tubus (s. S. 88)
- erneute Lagekontrolle des Tubus

Vor allem **bei Neugeborenen und Kleinkindern** läßt sich mit einem gebogenen Laryngoskopspatel nach MacIntosh die Epiglottis manchmal nicht richtig aufrichten, da sie in diesem Alter relativ groß und leicht verformbar ist. Von manchen Anästhesisten wird deshalb in dieser Altersgruppe ein **Laryngoskop mit geradem Spatel,** z.B. nach Miller, bevorzugt. Hierbei wird die Epiglottis meist mit auf die Spatelspitze aufgeladen. Da die Unterseite der Epiglottis von Ästen des N. vagus innerviert wird, können deshalb beim Aufladen der Epiglottis mit dem geraden Spatel leichter vagale Reflexe ausgelöst werden (z.B. eine Bradykardie oder ein Laryngospasmus). Es ist daher ein tieferes Narkosestadium nötig als bei Verwendung eines gebogenen Spatels, bei dem die Spatelspitze in die Falte zwischen Zungengrund und Epiglottis eingeführt wird. Dieses Gebiet wird nicht vom N. vagus innerviert. Aus diesem Grunde sind vagale Reflexe hierbei seltener und es genügt ein etwas flacheres Narkosestadium für die Intubation.

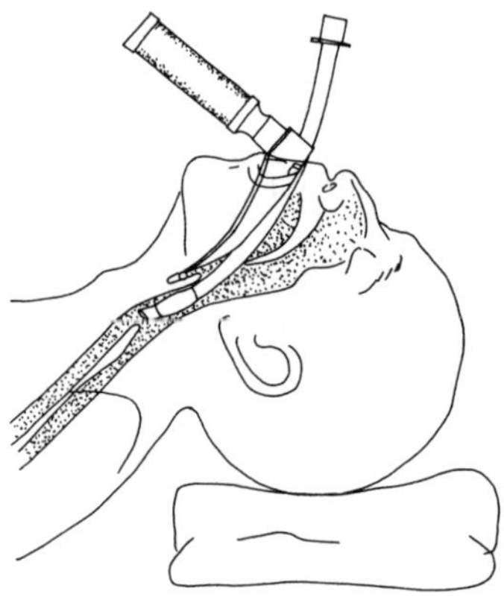

Abb. 1.62 Einführung eines orotrachealen Tubus.

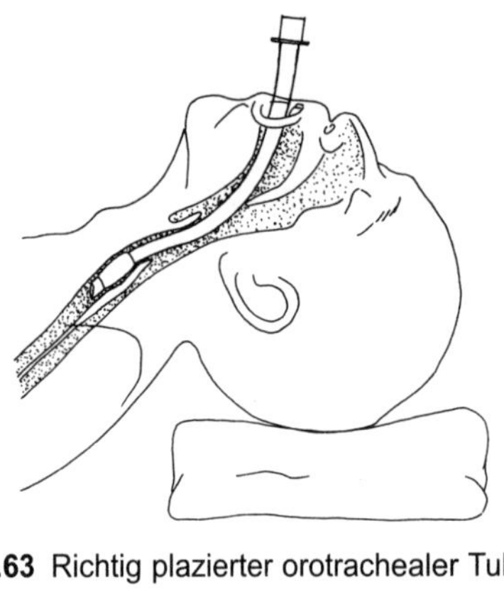

Abb. 1.63 Richtig plazierter orotrachealer Tubus.

Die Technik der nasotrachealen Intubation unter laryngoskopischer Sicht

Die nasotracheale Intubation unter laryngoskopischer Sicht (vgl. Abb. 1.64) ist wesent-

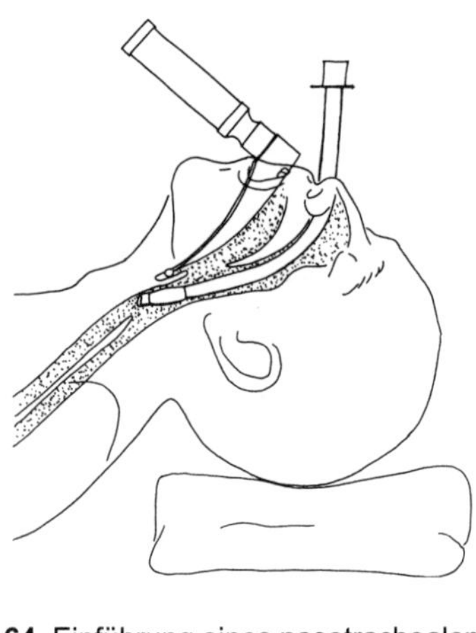

Abb. 1.64 Einführung eines nasotrachealen Tubus.

lich schwieriger als die orale Intubation unter Sicht und wird deshalb nur bei bestimmten Indikationen vorgenommen.

Indikationen für die nasotracheale Intubation sind z.B. Operationen im Mund- und Rachenbereich, bei denen ein oraler Tubus den Operateur behindern würde. Die nasotracheale Intubation wird auch bei Langzeitintubationen auf der Intensivstation öfters noch bevorzugt, da der nasale Tubus besser fixierbar ist und vom Patienten langfristig besser toleriert wird (Kontraindikationen stellen vor allem Frakturen der Schädelbasis dar, z.B. nach einem Schädel-Hirn-Trauma).

Vor der nasalen Intubation empfiehlt es sich, abschwellende Nasentropfen (z.B. Nasivin) in beide Nasenlöcher einzubringen. Die Gefahr von Schleimhautblutungen wird dadurch vermindert. Zusätzlich hat sich noch das Besprühen der Nasenschleimhaut mit einem Lokalanästhetikum (z.B. Lidocain-Spray, s. S. 145) bewährt. Außerdem muß der nasale Tubus gut mit einem Gleitmittel (z.B. Lidocain-Gel, s. S. 145) bestrichen werden. Der Kopf des Patienten wird in die verbesserte Jackson-Position gebracht (vgl. Abb. 1.56). Der Tubus wird nun vorsichtig durch den unteren Nasengang, also nach dorsal (= zum Rücken hin; nie parallel zum Nasenrücken) vorgeschoben, bis er in den Rachenraum (= Pharynx) eintritt. Jetzt wird, wie bei der orotrachealen Intubation unter laryngoskopischer Sicht, mit Hilfe des Laryngoskops die Stimmritze eingestellt (vgl. Abb. 1.59). Mit der rechten Hand und mit Hilfe einer Magill-Zange dirigiert der Anästhesist die Tubusspitze durch die Stimmritze, während die Anästhesiepflegekraft den Tubus nach Aufforderung weiter vorschiebt. Bei einiger Erfahrung ist es meist möglich, den Tubus ohne Magill-Zange durch die Stimmritze zu dirigieren. Der Anästhesist schiebt dabei den Tubus selbst mit der rechten Hand voran und kann z.B. durch leichtes Drehen des Tubus dessen Spitze dirigieren oder

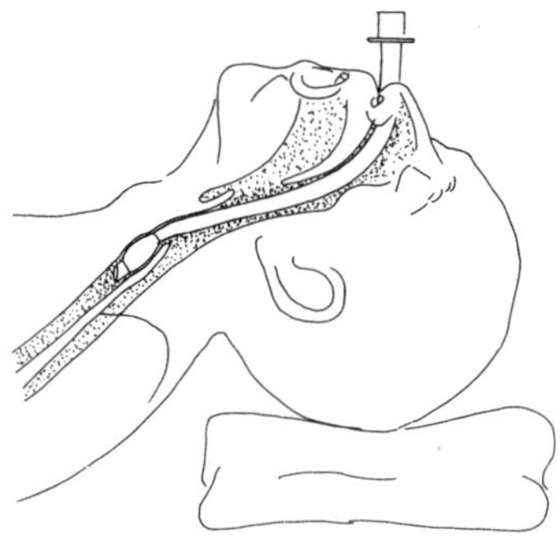

Abb. 1.65 Richtig plazierter nasotrachealer Tubus.

durch Manipulation mit dem Laryngoskop den Kehlkopfeingang etwas der Tubusspitze nähern. Außerdem kann die Anästhesiepflegekraft nach Aufforderung den Kehlkopf durch Druck auf den Schildknorpel etwas nach dorsal, nach links oder rechts zur Tubusspitze hin verschieben. **Nach erfolgreicher Intubation** (vgl. Abb. 1.65):

- Blocken des Tubus (s. S. 86)
- Lagekontrolle des Tubus (s. S. 87)
- Fixierung des Tubus (s. S. 88)
- erneute Lagekontrolle des Tubus

Bei einer geplanten nasotrachealen Intubation empfiehlt es sich, den Patienten zuerst oral zu intubieren (s. S. 82). Nun kann der nasale Tubus langsam und vorsichtig über die Nase in den Rachen vorgeschoben und unter laryngoskopischer Sicht bis unmittelbar vor den Kehlkopfeingang dirigiert werden. Erst jetzt wird auf Aufforderung von einem Helfer der orale Tubus wieder herausgezogen, und der nasale Tubus kann durch die Stimmritze dirigiert werden.

Auch bei der nasotrachealen Intubation wird normalerweise ein Laryngoskop mit gebogenem Spatel nach MacIntosh verwendet. Nur in Einzelfällen (meist bei Säuglingen und Kleinkindern) kommt ein Laryngoskop mit geradem Spatel (z.B. nach Miller) zur Anwendung (s. S. 79, 211).

Die „blinde" nasotracheale Intubation

In Ausnahmefällen kann eine sogenannte „blinde" nasotracheale Intubation erfolgen. Sie darf jedoch nur am spontan (!) atmenden Patienten durchgeführt werden.

Seit die Möglichkeit zur Intubation unter fiberbronchoskopischer Kontrolle möglich ist (s. S. 200), wird eine „blinde" nasotracheale Intubation nur noch sehr selten vorgenommen.
Der Patient kann zum „blinden" nasotrachealen Intubationsversuch sediert und analgesiert werden, oder der Intubationsversuch wird unter einer Inhalationsanästhesie bei erhaltener Spontanatmung vorgenommen.
Für die Intubation wird der Kopf des Patienten durch Hochlagern auf einem ca. 10 cm hohen Kissen in die verbesserte Jackson-Position gebracht (s. S. 82). Der nasale Tubus wird nun, wie bei der nasotrachealen Intubation unter Sicht, durch die Nase in den Pharynx eingeführt. Am Tubusende ist bei Annäherung des Ohres eine Luftströmung hör- und fühlbar. Der Tubus wird nun unter **Hörkontrolle (!)** dirigiert. Je näher die Tubusspitze vor dem Kehlkopfeingang liegt, desto lauter sind die Strömungsgeräusche am Tubusende hörbar. Liegt die Tubusspitze direkt vor der Stimmritze, so sind die hörbaren Strömungsgeräusche maximal. Während einer Inspiration wird nun versucht, den Tubus durch die Stimmritze zu schieben. Gleitet der Tubus durch die Stimmritze, so ist am Tubusende eine kräftige Luftströmung zu hören und zu fühlen. Der Patient hustet meist auch kurzfristig. Beim Abgleiten des Tubus in den Ösophagus ist plötzlich keine Luftströmung am Tubusende mehr hörbar, obwohl der Patient weiteratmet. Das beschriebene Intubationsmanöver muß nun wiederholt werden. Bei der „blinden" nasalen Intubation gelingt es häufig nicht auf Anhieb, die Tubusspitze durch die Stimmritze zu dirigieren. Die Tubusspitze kann sich z.B. vor (!) der Stimmritze in der Falte zwischen Zungengrund und Epiglottis (= glossoepiglottische Falte) verfangen. Beim Vorschieben des Tubus tritt ein Widerstand auf, und der Hals wölbt sich meist nach ventral vor. Bei einem erneuten Versuch empfiehlt es sich, den Kopf des Patienten etwas anzuheben, wodurch die Tubusspitze weiter nach dorsal verlagert wird. Kommt die Tubusspitze dagegen zu weit dorsal (!), also hinter dem Kehlkopfeingang zu liegen, so gleitet der Tubus in die Speiseröhre ab. Bei einem erneuten Versuch empfiehlt es sich, den Kopf des Patienten stärker zu überstrecken, wodurch die Tubusspitze weiter nach ventral verlagert wird. Verfängt sich dagegen die Tubusspitze seitlich der Stimmritze, so tritt beim Vorschieben des Tubus ein Widerstand auf und der Hals wölbt sich meist seitlich vor. Bei einem erneuten Versuch empfiehlt es sich, den Tubus etwas zur Gegenseite zu rotieren, wodurch die Tubusspitze zur Mitte hin gelagert wird. **Nach erfolgreicher Intubation** (vgl. Abb. 1.65):

- Blocken des Tubus (s. S. 86)
- Lagekontrolle des Tubus (s. S. 87)
- Fixierung des Tubus (s. S. 88)
- erneute Lagekontrolle des Tubus

Blocken des Tubus

Sofort nach der Intubation muß von der Anästhesiepflegekraft der Tubus-Cuff geblockt werden, indem mit einer normalen 10- oder 20-ml-Spritze, einer sogenannten **„Blockerspritze"**, soviel Luft in die Manschettenzuleitung eingeblasen wird, bis der Tubus bei Beatmung gerade (!!) dicht ist, also keine Luft mehr am Tubus vorbei aus der Trachea entweicht. Dies muß durch genaues Hören am Mund des Patienten festgestellt werden. Also: **Blocken nach Gehör (!!).** Bei zu geringem Blocken ist der Tubus undicht. Bei der Beatmung entweicht ein Teil des Atemhubvolumens neben dem unzureichend geblockten Tubus aus der Trachea. Dieses

Entweichen von Luft kann meist auf Distanz oder am Mund des Patienten bzw. mit dem Stethoskop am Hals des Patienten gehört werden. Bei unzureichender Blockung des Cuffs kann eine unter Umständen im Rachen befindliche Flüssigkeit in die Trachea eindringen (vgl. Aspiration, S. 187). Ist der Tubus dagegen zu stark geblockt, so droht eine druckbedingte Schädigung der Trachealschleimhaut im Bereich des Tubus-Cuffs. Im Idealfall sollte zur Kontrolle ein Cuff-Druckmesser verwendet werden. Der Cuff-Druck sollte bei den üblichen Plastiktuben möglichst unter 20 mmHg liegen.

Das bei einer Narkose üblicherweise verwendete Lachgas diffundiert in alle lufthaltigen Räume des Körpers, also auch in die geblockte Tubusmanschette (s. S. 33). Hierdurch kommt es zu einer Volumen- und Druckzunahme im Cuff mit verstärktem Druck auf die anliegende Trachealschleimhaut; dies kann unter Umständen zu einer druckbedingten Durchblutungsstörung führen. Deshalb muß bei längeren Narkosen die Blockung des Cuffs mehrmals neu vorgenommen werden.

Lagekontrolle des Tubus

Eine stets (!) drohende Gefahr bei der Intubation ist die versehentliche Fehlintubation in die Speiseröhre (vgl. Abb. 1.66). Deshalb ist es unmittelbar nach jeder Intubation zwingend (!) notwendig, sich von der korrekten Lage des Tubus zu überzeugen.

Hierzu wird die Lunge beidseits auskultiert. Bei richtiger Tubuslage ist über beiden (!) Lungen ein seitengleiches Atemgeräusch zu hören. Falls über beiden Lungen kein Atemgeräusch auskultierbar ist, so wurde vermutlich in den Ösophagus intubiert. Beim sofortigen **Auskultieren über der Magengegend** ist das von der Lagekontrolle der Magensonde bekannte Blubbern über dem Magen zu hören.

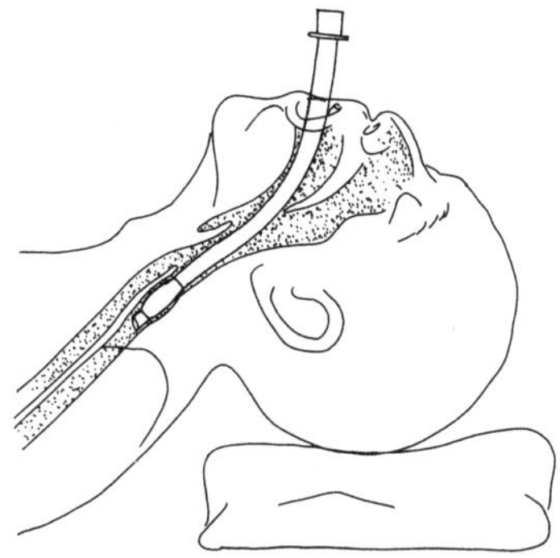

Abb. 1.66 Fehlplazierter Orotrachealtubus (Intubation in den Ösophagus).

Der Tubus muß umgehend entfernt, der Patient gegebenenfalls mit 100% Sauerstoff zwischenbeatmet werden, und es ist ein neuer Intubationsversuch vorzunehmen. Nach geglückter Intubation muß nun eine Magensonde gelegt werden, um die in den Magen geblasene Luft zu entfernen. Ist das Atemgeräusch auf einer Seite wesentlich lauter oder gar nur auf einer Seite zu auskultieren, so spricht dies dafür, daß der Tubus zu weit, nämlich bis in einen Hauptbronchus eingeführt wurde. Da beim Erwachsenen der rechte Hauptbronchus etwas größer ist und richtungsmäßig ungefähr die Fortsetzung der Trachea darstellt, während der linke Hauptbronchus etwas kleiner ist und in einem größeren Winkel abgeht (vgl. Abb. 4.7), gleitet ein zu weit eingeführter Tubus beim Erwachsenen zumeist in den rechten Hauptbronchus ab. Damit ist die linke Lunge schwächer oder gar nicht ventiliert.

Bei einseitiger Intubation muß der vorher wieder entblockte (!) Tubus 1–2 cm zurückgezogen und die Lage erneut kontrolliert werden.

Die Auskultation der Lunge zur Lagekontrolle des Tubus hat schon manchen Anästhesisten irregeführt. Bei Fehlintubation in die Speiseröhre können unter Umständen die aus der Speiseröhre fortgeleiteten Strömungsgeräusche als Atemgeräusche fehlinterpretiert werden. Andererseits können manchmal trotz richtiger Intubation, z.B. bei Emphysematikern, nur sehr schwer Atemgeräusche gehört werden. Aus diesen Gründen darf die Auskultation der Lunge nicht als absolut sichere Methode angesehen werden.

Ist die Auskultation nicht eindeutig, so sollten nicht die Lungen während mehrerer Beatmungen immer wieder auskultiert werden. Sollte der Tubus in der Speiseröhre liegen, so werden mit jedem Atemhub z.B. 700 ml Atemgas in den Magen geblasen!

Es muß sofort die Frage geklärt werden: Liegt der Tubus im Tracheobronchialsystem oder in der Speiseröhre?

Es sollte nun sofort eine Auskultation über der Magengegend erfolgen; hiermit kann meist bestätigt oder ausgeschlossen werden, daß der Tubus im Ösophagus liegt.

Eine andere Möglichkeit besteht darin, unmittelbar nach der Intubation mit dem Handballen kurz auf das Brustbein des Patienten zu drücken. Am oralen Tubusende kann mit dem angenäherten Ohr bei Intubation ins Tracheobronchialsystem die entweichende Luftströmung aus der Lunge gehört und gefühlt werden. Beim starren Brustkorb des Emphysematikers kann diese Methode jedoch manchmal versagen. Auch ein beatmungssynchroner Feuchtigkeitsbeschlag bei durchsichtigen Endotrachealtuben spricht für eine endotracheale Intubation. Dennoch muß beachtet werden, daß alle bisher genannten Zeichen nicht (!) sicher beweisend für eine richtige bzw. eine falsche Intubation sind. Im Idealfall sollte eine exspiratorische CO_2-Messung vorhanden sein, um die Tubuslage zu kontrollieren. Diese Methode kann als absolut sicher gelten, da aus dem Ösophagus und Magen kein Kohlendioxid „abgeatmet" wird.

Weitere sichere Zeichen sind die fiberbronchoskopische Kontrolle, atemsynchrone Volumenschwankungen der Beatmungsbeutel beim spontanatmenden Patienten oder ein (allerdings erst verzögert auftretender) Abfall der pulsoxymetrischen Sättigung sowie eine nochmalige direkte laryngoskopische Bestätigung bei gut einstellbarer Glottis.

Ist es nun sicher, daß der Tubus im Tracheobronchialsystem liegt, kann in Ruhe mehrfach die Lunge auskultiert werden, um eine einseitige Intubation auszuschließen. Nach der Intubation sollte der Patient auf jeden Fall kurzfristig von Hand (= manuell) beatmet werden. Bei der manuellen Beatmung kann einerseits wesentlich besser auskultiert werden als bei der maschinellen Beatmung, andererseits läßt sich bei einiger Erfahrung meistens schon am Beatmungsbeutel fühlen, ob an der Beatmung „etwas nicht stimmt".

Bestehen Zweifel, ob der Tubus richtig plaziert wurde, so sollte folgende Faustregel beachtet werden:
If in doubt – take it out!!
(Falls Zweifel bestehen – ziehe ihn heraus!!)

Fixierung des Tubus

Ist der Tubus geblockt und die Tubuslage als richtig befunden, so muß der Tubus in dieser (!) Lage fixiert werden. Als Beißschutz für einen orotrachealen Tubus muß zusätzlich ein Guedel-Tubus (s. S. 80) eingeführt werden, der ein Zusammenbeißen und damit eine Einengung des Lumens des Endotrachealtubus wirksam verhindern kann.

Es hat sich die **Fixierung des orotrachealen Tubus** mit zwei langen Pflasterstreifen bewährt (vgl. Abb. 1.67). Der Pflasterstreifen wird erst über die eine Wange geklebt, dann möglichst nahe am Mund einmal um den

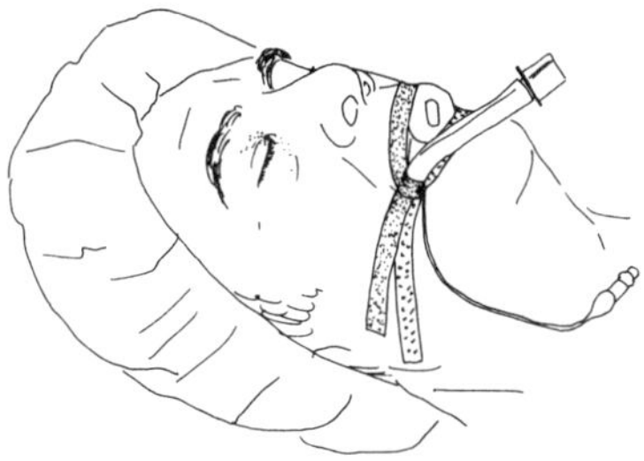

Abb. 1.67 Mittels zwei Pflasterstreifen im Mundwinkel fixierter Orotrachealtubus.

Tubus geschlungen und anschließend über die andere Wange geklebt. Ein zweiter Pflasterstreifen wird gegenläufig in gleicher Art und Weise festgeklebt, zusätzlich jedoch noch über die auf den Lippen liegende Abschlußplatte des Guedel-Tubus geklebt, wodurch dieser mit fixiert wird. Falls der Patient einen Vollbart hat, kann kein Pflaster verwendet werden. Der Tubus muß in diesem Fall mit einem um den Nacken geschlungenen Band (z.B. Mullbinde) festgebunden werden. Es stehen inzwischen auch komplette Sets zur Tubusfixierung zur Verfügung.

Zur **Fixierung eines nasotrachealen Tubus** hat sich z.B. ein breiter, ca. 7–10 cm langer Pflasterstreifen bewährt, der an einem Ende ca. 4 cm weit eingeschnitten wird (vgl. Abb. 1.68). Das breite Ende wird auf die Nase geklebt, die beiden Füßchen werden jeweils von einer Seite um den Tubus geschlungen (vgl. Abb. 1.69).

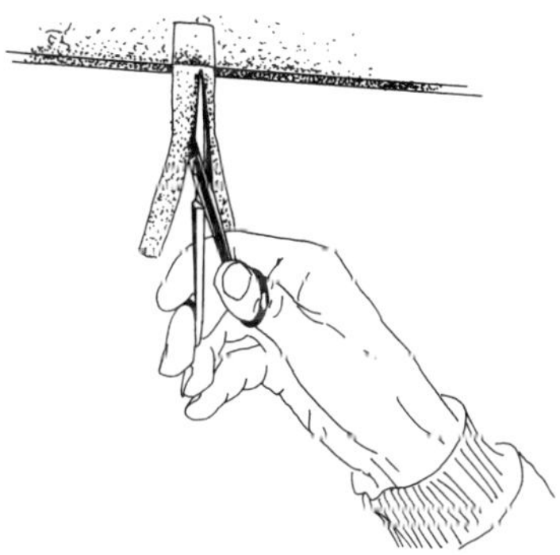

Abb. 1.68 Vorbereitung eines Pflasters für die Fixierung eines nasotrachealen Tubus.

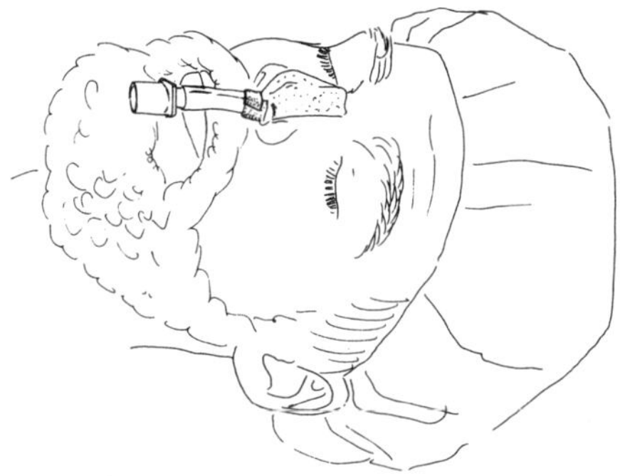

Abb. 1.69 Mittels Pflaster fixierter nasotrachealer Tubus.

Nach der Fixierung des Tubus muß immer nochmals auskultiert werden, ob das Atemgeräusch noch beidseits gleich laut ist. Manchmal rutscht der Tubus während des Fixierens weiter in die Trachea hinein, und es kommt zur einseitigen Intubation.

Mögliche Komplikationen durch die Intubation und durch den Tubus

Verletzungen beziehungsweise Ausbrechen von Zähnen

Bei unsachgemäßem Handhaben des Laryngoskops kann es vor allem zur Beschädigung der oberen Schneidezähne kommen. Ausgebrochene Gebißteile sind umgehend zu entfernen, damit sie nicht in die Trachea eindringen können. Bereits ins Tracheobronchialsystem eingedrungene Gebißteile müssen bronchoskopisch entfernt werden. Zahnbeschädigungen müssen stets dokumentiert werden.

Quetschung der Lippe

Bei unvorsichtiger Intubation kann es zur Quetschung vor allem der Oberlippe zwischen Zahnreihe und Laryngoskop kommen.

Verletzung der Nasen-, Rachen- und Trachealschleimhaut

Die nasale Intubation kann zu Verletzungen und unter Umständen starken Blutungen aus der Nasen- und Rachenschleimhaut führen. **Zu starkes Blocken des Tubus-Cuffs** sowie eine **Langzeitintubation** können zur Druckschädigung der Trachealschleimhaut führen. Außerdem kommt es während der maschinellen Beatmung zu geringfügigen **atemsynchronen Scheuerbewegungen des Tubus** an der Schleimhaut, vor allem an der Tubusspitze sowie an der Rachenhinterwand. Auch Kopfbewegungen des Patienten begünstigen solche Scheuerläsionen. Folge kleiner Schleimhautläsionen sind 2–3 Tage dauernde Halsschmerzen, Schluckbeschwerden und Heiserkeit nach der Extubation. In Einzelfällen kann als Spätkomplikation auch eine Trachealstenose auftreten.

Vor allem bei Kindern kann eine **Verletzung der subglottischen Trachealschleimhaut** nach der Extubation zu einer starken Schwellung mit Einengung des Tracheallumens und zu Atemnot führen. Sehr selten kommt es durch größere subglottische Trachealschäden zu einer schweren, narbigen Stenose der Trachea, die unter Umständen eine operative Korrektur notwendig macht.

Bei Verwendung eines Führungsstabes zur Intubation kann es zu Verletzungen (bis zur Perforation) der Trachea kommen, wenn diese versehentlich über die Tubusspitze hinausragen (s. S. 79).

Verletzung der Stimmbänder

Bei grober Intubation, nach Langzeitintubation sowie bei der Wahl eines zu großen Tubus kann es zu Ulzerationen und Druckschädigungen an den Stimmbändern kommen. Die Folge können postoperativer Stridor oder ein Larynxödem sein. Sehr selten wurden auch meist vorübergehende ein- oder doppelseitige Stimmbandlähmungen durch druckbedingte Nervenschädigungen beschrieben. Eine mögliche Spätkomplikation nach Intubation können auch sogenannte **Stimmbandgranulome** sein, die sich meist in einer hartnäckigen Heiserkeit äußern. Wenn sie sich durch Stimmschonung nicht zurückbilden, kann eine operative Entfernung notwendig werden.

Auslösen von vegetativen Reflexen bei der Intubation

Bei der Intubation in zu oberflächlicher Narkose können vegetative Reflexe ausgelöst werden. Eine Vagusstimulierung (s. S. 9) kann sich als Bradykardie, als Laryngospasmus (s. S. 190) mit Intubationsschwierigkeiten und/oder als Bronchospasmus (= Krampf der Bronchialmuskulatur) mit Beatmungsproblemen äußern. Eine streßbedingte Sympathikusstimulierung äußert sich in einer Herzfrequenzsteigerung und in einer Blutdrucksteigerung.

Fehlintubation

Eine Fehlintubation in den Ösophagus sowie eine zu tiefe Intubation mit einseitiger Ventilation sind durch eine sofortige Lagekontrolle des Tubus (s. S. 87) stets auszuschließen.

Tubusverlegung

Ursachen einer Tubusverlegung können sein:

- abgeknickter Tubus
- eingetrocknetes Sekret
- Fremdmaterial im Tubus

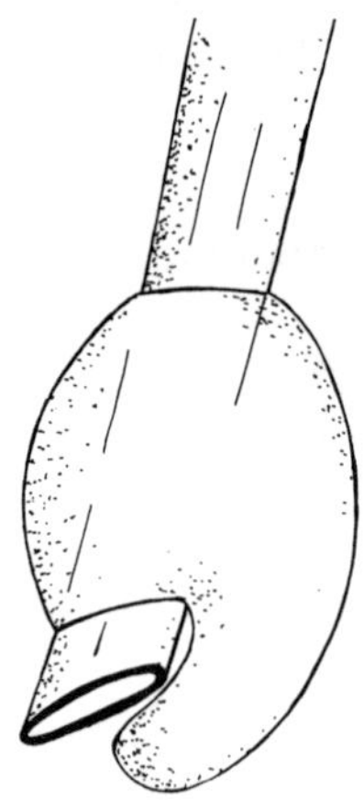

Abb. 1.70 Geblockter Endotrachealtubus mit vorgewölbter „Blockerhernie".

- sehr selten eine sogenannte **„Blockerhernie"** (vgl. Abb. 1.70)

Vor allem bei wiederverwendbaren Tuben kann es durch eine Materialermüdung des Tubus-Cuffs zu einer hernienartigen Vorwölbung des geblockten Cuffs an der schwächsten Stelle der Cuffs kommen. Diese sogenannte **„Blockerhernie"** kann sich unter Umständen nach vorne bis vor die Tubusöffnung ausdehnen und diese verlegen.

Die Beatmung ist plötzlich erschwert. Es fallen hohe Beatmungsdrücke auf. Beim Überprüfen der Tubusdurchgängigkeit durch Einführung eines Absaugkatheters tritt an der Tubusspitze ein Hindernis auf. Nach Entblocken des Tubus-Cuffs ist der Tubus typischerweise wieder durchgängig. Auch bei dem nicht erlaubten Zurückziehen eines geblockten Tubus kann sich die Blockermanschette evtl. vor die Tubusöffnung legen. Dieses Problem trat vor allem bei den heute nur noch selten verwendeten, vielfach resterilisierten Latextuben (aufgrund von Materialermüdung) auf. Auch bei Tuben mit sogenanntem „high volume low pressure cuff" kann dieses Problem leichter auftreten (s. S. 75). Auch eine totale Verlegung der Tubusspitze kann durch Entblocken des Cuffs beseitigt werden. Bei Lagekorrektur des Tubus muß der Tubus-Cuff vorher immer entblockt werden!

Beschrieben wurde auch schon eine **Verlegung des Innenlumens des Tubus durch eine lachgasgefüllte Blase.** Dies kann bei Latextuben (Woodbridge-Tuben) auftreten, die aufgrund von Materialdefekten unter der Innenschicht eine Luftblase besitzen. Bei Verwendung von Lachgas diffundiert dieses in diese Luftblase und kann zu einer Volumen- und Druckzunahme in der Blase mit teilweiser oder vollständiger Tubusverlegung führen. Beim Prüfen des Tubus auf Durchgängigkeit mit einem Absaugkatheter tritt ein Hindernis auf. Durch ein Entblocken des Tubus-Cuffs läßt sich dieses Beatmungshindernis jedoch nicht beheben. Der Tubus muß umgehend entfernt bzw. ausgetauscht werden.

Diskonnektion

Ein nicht sofort bemerktes Lösen (= eine Diskonnektion) einer Schlauchverbindung kann fatale Folgen haben. Die Alarmsysteme des Narkoseapparates müssen daher stets sinnvoll eingeschaltet sein. Um eine Diskonnektion festzustellen, muß vor allem die untere Beatmungsdruckgrenze exakt eingestellt werden.

Extubationsprobleme

Bei oder kurz nach der Extubation kann es zu einem **Laryngospasmus** (s. S. 190) kommen, wenn Sekret, Blutkoagel oder Fremdmaterial den Kehlkopfeingang irritieren oder wenn zu einem ungünstigen Zeitpunkt (z.B. während des Exzitationsstadiums, s. S. 94) extubiert wird.

Vor der Extubation ist daher immer ein sorgfältiges Absaugen des Rachens, gegebenenfalls unter laryngoskopischer Sicht, erforderlich.

Die Extubation sollte möglichst am ausreichend spontan atmenden Patienten mit zurückgekehrten Schutzreflexen vorgenommen werden. Bei der Extubation kann es beim Patienten auch zum Erbrechen kommen. Sind hierbei die Schutzreflexe noch nicht zurückgekehrt, so droht eine Aspiration (s. S. 187).

Die Kehlkopfmaske (Larynxmaske)

1988 wurde eine sogenannte Kehlkopfmaske (Larynxmaske) in die Klinik eingeführt. Sie soll eine größere Sicherheit für den Patienten und eine bessere Bequemlichkeit für den Anästhesisten bieten als die herkömmliche Gesichtsmaske. Der Einsatz einer Larynxmaske bietet sich oft anstatt einer Maskennarkose an. Durch den Einsatz einer Larynxmaske können die oberen Luftwege gesichert und die Risiken einer endotrachealen Intubation vermieden werden.

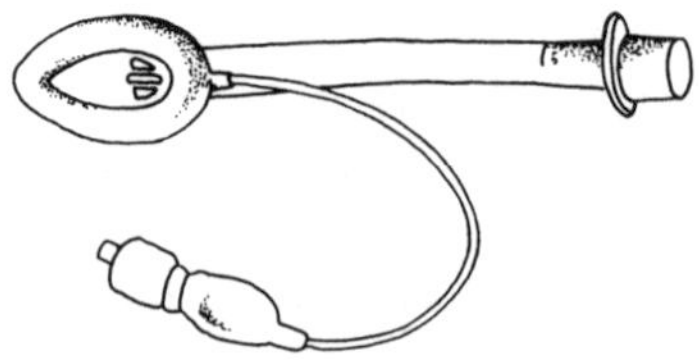

Abb. 1.71 Larynxmaske.

Die Kehlkopfmaske besteht im Prinzip aus einem weitlumigen Silikontubus; dieser ist mit einem gekürzten Endotrachealtubus vergleichbar, der aber unmittelbar vor dem Kehlkopfeingang endet. Am distalen Ende dieses Silikontubus ist schräg eine ovale, leicht trichterförmige kleine Maske angebracht, deren Randwulst über eine Blockerzuleitung – ähnlich der Blockermanschette eines Endotrachealtubus – aufgeblasen (geblockt) werden kann (vgl. Abb. 1.71). Der geblockte Wulst der Larynxmaske legt sich trichterförmig um den Kehlkopfeingang und dichtet diesen ab. Auf der Innenseite der trichterförmigen Maske befinden sich vor der Öffnung zum Tubus hin zwei Längsstege, die ein Einklemmen der Epiglottis im Tubuslumen verhindern. Am oberen Ende der Kehlkopfmaske befindet sich ein Konnektor für den Anschluß der Beatmungsschläuche bzw. den Direktanschluß eines Beatmungsbeutels.
Nach Narkoseeinleitung wird die Larynxmaske plaziert. Vor dem Einführen muß der Wulstrand der Larynxmaske vorzugsweise mit einer 20-ml-Spritze über die Blockerzuleitung luftleer gesaugt und der rückseitige Wulstrand sollte mit künstlichem Speichel besprüht oder mit Xylocain-Gel versehen werden. Zum Plazieren der Larynxmaske wird der Kopf des Patienten meist etwas stärker überstreckt als für die endotracheale Intubation

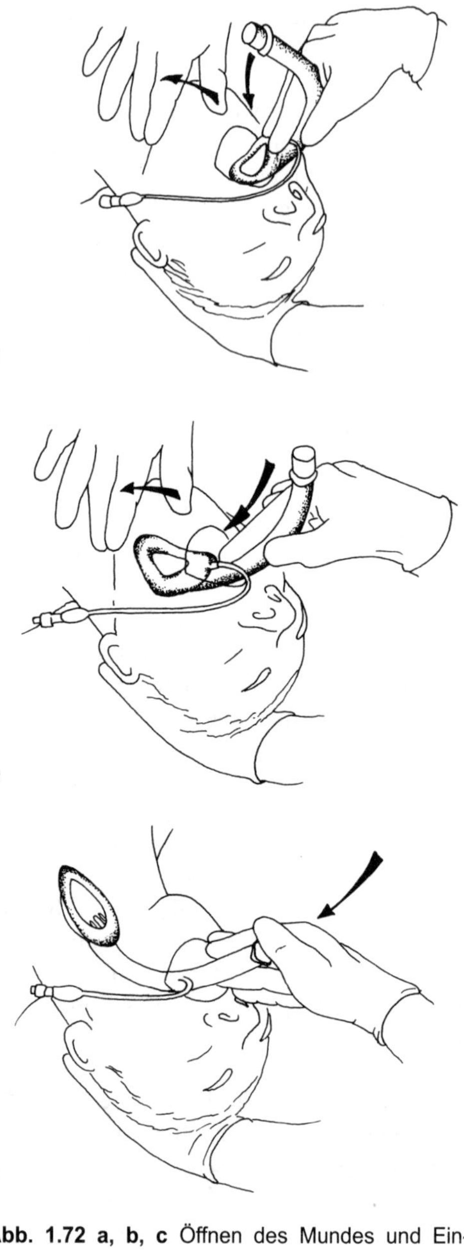

a

b

c

Abb. 1.72 a, b, c Öffnen des Mundes und Einführen einer Larynxmaske.

üblich, und der Mund des Patienten wird mit der linken Hand – gegebenenfalls durch eine Hilfsperson – weit geöffnet. Nun wird die Larynxmaske über den Zungenrücken, dicht am harten Gaumen, in Richtung Kehlkopf

vorgeschoben (vgl. Abb. 1.72 a). Die Larynxmaske wird blind, das heißt ohne Verwendung des Laryngoskops eingeführt. Hierbei muß die Öffnung der Kehlkopfmaske nach kaudal und ventral zeigen. Die am Schlauch der Larynxmaske angebrachte schwarze Strichmarkierung muß stets in Richtung Nase des Patienten zeigen. Der Zeigefinger wird als Schienung benutzt (vgl. Abb. 1.72 b und c).
Nach vollständigem Einführen der Larynxmaske tritt ein Widerstand auf, sie kann nicht weiter vorgeschoben werden. Nun liegt die Kehlkopfmaske mit ihrer Spitze im Ösophaguseingang. Der Trichter der Kehlkopfmaske liegt vor dem Kehlkopfeingang. Die Stimmbänder werden nicht berührt. Es wird jetzt der Maskenwulst (je nach Maskengröße; s.u.) mit ca. 2–45 ml Luft geblockt (s. S. 86), wodurch der Kehlkopfeingang abgedichtet wird.
Jetzt kann der Patient über die Kehlkopfmaske beatmet werden (vgl. Abb. 1.73). Bei der Beatmung bis zu einem Beatmungsdruck von 15–20 cm H_2O sollte keine Luft neben der Maske entweichen. Falls beim Beatmen jedoch hörbar Luft entweicht, muß die Maske nachgeblockt bzw. neu positioniert werden. Für eine eventuelle Neupositionierung wird die Maske am besten nochmals entfernt, der Patient kurz mit Gesichtsmaske zwischenbeatmet, und danach wird ein erneuter Plazierungsversuch unternommen. Wie beim Endotrachealtubus wird auch neben der Kehlkopfmaske ein Beißschutz eingeführt. Gut geeignet ist hierfür z.B. eine angefeuchtete Rolle Mullbinde. Ein Guedel-Tubus ist weniger geeignet, da er zu einer lateralen Verdrängung der normalerweise mittig im Mund und Rachen liegenden Larynxmaske führt. Es sind auch spezielle Fixierungshilfen erhältlich, in die der Schlauch der Larynxmaske eingeklemmt wird und die ein Zusammenbeißen der Zähne des Patienten wirkungsvoll verhindern. Larynxmaske und Beißschutz werden wie ein endotrachealer Tubus mit Pflasterstreifen fixiert.

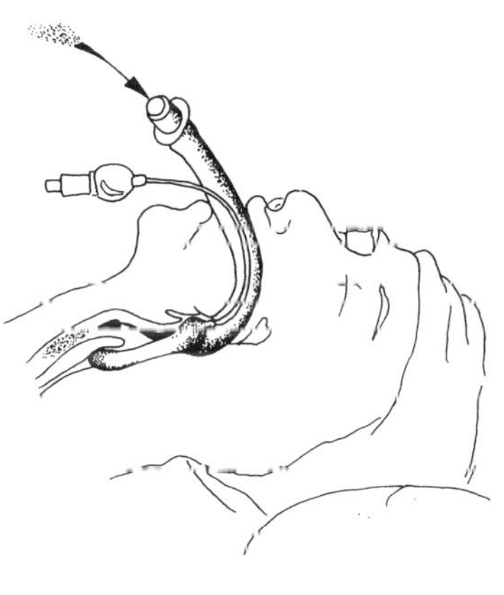

Abb. 1.73 Richtig plazierte und geblockte Larynxmaske.

> Die Kehlkopfmaske bietet keinen absoluten Schutz im Falle einer Regurgitation. Deshalb ist bei bestehender Aspirationsgefahr stets eine endotracheale Intubation vorzuziehen.

Bei zu flacher Narkoseführung kann während, aber auch noch nach bereits erfolgreicher Plazierung der Larynxmaske ein Glottiskrampf mit Beatmungsproblemen auftreten.
Der Einsatz der Larynxmaske bietet sich vor allem bei kürzeren, voraussichtlich unkomplizierten Narkosen an.
Larynxmasken liegen inzwischen in den Größen 1; 2; 2,5; 3; 4 und 5 vor. Diese sechs verschiedenen Größen ermöglichen den Einsatz in allen Altersgruppen.

- Größe 1: bis 6,5 kg KG
- Größe 2: bis 25 kg KG
- Größe 2,5: 20 bis 30 kg KG
- Größe 3: Kinder über 25 kg und kleine Erwachsene
- Größe 4: Erwachsene
- Größe 5: Übergröße für Männer mit mehr als 90 kg KG

Die Maske der Größe 1 wird mit 2–5 ml geblockt. Für die Maskengröße 2 werden 7–10 ml, für die 2,5er Larynxmasken ca. 14 ml, für die Größe 3 15–20 ml, für die Größe 4 25–30 ml und für die 5er Larynxmasken werden 25–45 ml Luft zum Blocken benötigt.

Außerdem sind inzwischen auch Kehlkopfmasken verfügbar, bei denen das Schlauchstück sehr flexibel gearbeitet ist und (vergleichbar einem Woodbridge-Tubus) eine eingegossene Metallspirale enthält. Diese **„flexiblen Kehlkopfmasken“** (RT-Larynxmaske; RT = **r**einforced **t**ube) sind für Operationen mit abgedecktem Kopf oder für Operationen in Seitenlage gedacht, bei denen das aus dem Mund ausgeleitete Schlauchstück zur Seite oder nach oben bzw. unten abgeleitet werden muß.
Seit kurzem steht für Notfallsituationen eine spezielle Intubationslarynxmaske (Fastrach) zur Verfügung, deren Silikontubus metallverstärkt und stärker vorgebogen ist, wodurch ein relativ leichtes Einführen auch in schwierigen Situationen möglich ist. Über diese spezielle Kehlkopfmaske kann nach der Plazierung auch ein (mitgelieferter) spezieller Endotrachealtubus relativ leicht bis in die Trachea vorgeschoben werden.
Die Kehlkopfmasken sind vielfach dampfsterilisierbar.

Narkosestadien – Das Guedel-Schema

Bereits bei den Anfängen der Äther-Tropf-Narkose wurde versucht, die Narkosetiefe in verschiedene Stadien einzuteilen. Erst Guedel entwickelte dann das heute noch für die Äthernarkose gültige sogenannte Guedel-Schema, das in vier Stadien unterteilt ist. Für die Zuordnung zu einem bestimmten Stadium ist entscheidend das Verhalten

- der Atmung
- der Pupillen
- der vegetativen Reflexe
- des Muskeltonus

Erstes Stadium – Stadium der Amnesie und Analgesie

> Es ist definiert vom Beginn der Äthernarkose bis zum Verlust des Bewußtseins und gekennzeichnet durch eine Erinnerungslosigkeit (= Amnesie) und eine zunehmende Schmerzfreiheit (= Analgesie).

Der Patient kann unter Umständen noch ansprechbar und kooperativ sein. Weniger schmerzhafte Eingriffe, wie z.B. ein Verbandwechsel, werden toleriert. Dieses Stadium wird auch als **„Rauschstadium“** bezeichnet.

Zweites Stadium – Erregungs- oder Exzitationsstadium

> Es ist definiert vom Bewußtseinsverlust bis zum Beginn einer automatischen, regelmäßigen Atmung. Das Exzitationsstadium entspricht der langsamen Ausschaltung der Großhirnaktivität und ist gekennzeichnet durch überschießende motorische Aktivität.

Reize werden übersteigert beantwortet, die Pupillen sind weit, die Augen wandern unruhig hin und her, eine gesteigerte Speichelproduktion, Schlucken sowie Atemstörungen (Husten, Atemanhalten, gesteigerte, unregelmäßige Atmung usw.) sind typisch für das Exzitationsstadium. Gelegentlich können Erbrechen oder ein Laryngospasmus (s. S. 190) auftreten. Das Exzitationsstadium muß möglichst schnell durchlaufen und der Patient während dieser Zeit von äußeren Reizen abgeschirmt werden.

Drittes Stadium – Stadium der chirurgischen Toleranz

> Es ist definiert vom Beginn der regelmäßigen Atembewegungen bis zum Einsetzen der Atemlähmung.

Das Toleranzstadium wird weiter unterteilt in **Planum 1 bis 4.** Im Planum 1 sind die Pupillen eng. Mit zunehmender Narkosetiefe werden sie weiter und sind im Planum 4 weit und reaktionslos. Der Atemtyp verlagert sich mit zunehmender Narkosetiefe vom thorakalen Atmungstyp zum diaphragmal-abdominalen Atmungstyp. Im Planum 3 erlischt die Interkostalatmung, im Planum 4 kommt auch die Zwerchfellatmung zum Erlöschen. Mit zunehmender Narkosetiefe nehmen der Muskeltonus, die Schluck-, Würge-, Husten- und Kornealreflexe ab. Auch der Blutdruck sinkt mit zunehmender Narkosetiefe immer weiter ab.

Viertes Stadium – Paralyse-Stadium

Es ist definiert vom Beginn der Zwerchfellähmung bis zum Tod des Patienten durch Atemstillstand mit nachfolgendem Kreislaufstillstand.

Das Guedel-Schema wurde für die Äthernarkose entwickelt und hat nur beim nicht prämedizierten und mit Äther narkotisierten Patienten volle Gültigkeit. Bei den neueren Kombinationsnarkosen wird durch die Verabreichung von Muskelrelaxanzien die Beurteilung des Muskeltonus und damit auch der Spontanatmung und der Reflexe unmöglich gemacht. Durch die Verabreichung von Analgetika der Opioidgruppe ist aufgrund deren pupillenverengender Nebenwirkung (s. S. 8) die Beurteilung der Pupillengröße nicht mehr möglich. Bei der heute üblichen Narkoseeinleitung mit intravenösen Hypnotika wie z.B. Thiopental (s. S. 42) werden Stadium 1 und Stadium 2 übersprungen. Das Durchlaufen der einzelnen Stadien entfällt damit. Des weiteren wird die Stadieneinteilung durch die Prämedikation verfälscht.

Das Guedel-Schema hat daher bei einer Inhalationsnarkose nur begrenzten Aussagewert. Bei einer IVA, TIVA (s. S. 111) oder einer Neuroleptanästhesie (s. S. 115) ist es nicht verwertbar.

Die bei einer modernen Kombinationsnarkose angestrebte Narkosetiefe entspricht im Guedel-Schema dem 3. Stadium, Planum 1 bis 2.

Beurteilung der Narkosetiefe

Die Beurteilung der Narkosetiefe bei einer modernen Narkose ist abhängig von den dazu verwendeten Medikamenten. Bei einer Inhalationsnarkose bzw. einer IVA oder TIVA ist das Blutdruckverhalten der zuverlässigste Parameter.

Alle Inhalationsanästhetika und die meisten intravenösen Hypnotika (mit Ausnahme von Ketamin) sowie Remifentanil führen zu einer dosisabhängigen Blutdrucksenkung. Eine zu hohe Dosierung der meisten Anästhetika wird sich daher in einem erniedrigten Blutdruck äußern. In einem zu flachen Narkosestadium kommt es zu einem schmerzbedingten Blutdruckanstieg. Ist der Patient bei einer Inhalationsnarkose nicht relaxiert und hat er spontane Atembewegungen, so können durch operative Schmerzreize in einem zu flachen Narkosestadium Störungen der Atmung auftreten. Der Patient atmet plötzlich tiefer durch, es kann ein Hustenanfall oder, bei einer Beatmung über Gesichts- bzw. Larynxmaske, ein Laryngospasmus (s. S. 190) ausgelöst werden. Ebenso können schmerzbedingte Abwehrbewegungen auftreten. Auch tränende Augen oder eine stark gefäßinjizierte Bindehaut sprechen für eine zu flache Narkose.
Eine Herzfrequenzsteigerung (in Kombination mit einem Blutdruckanstieg) spricht gleichfalls für eine zu flache Narkose. Der Abfall einer erhöhten Herzfrequenz spricht umgekehrt für eine tiefere Narkose oder für ein Nachlassen des operativen Schmerzreizes.

Die manuelle Beatmung – mit dem Kreissystem

Die Einstellung des Überdruckventils während der manuellen Beatmung

Zum besseren Verständnis sei kurz nochmals das Funktionsprinzip des Kreissystems und des Überdruckventils wiederholt (ausführliche Beschreibung S. 13 und S. 19).

Das Kreissystem funktioniert nach dem Prinzip des halbgeschlossenen Systems (s. S. 12), das heißt, ein Teil des Ausatemvolumens wird nach Herausfiltern des CO_2 wieder rückgeatmet. Der andere Teil des Ausatemvolumens entweicht über das Überdruckventil in die Absaugung. Es muß immer soviel Gas pro Minute in die Absaugung entweichen wie Frischgas pro Minute in das Kreissystem geleitet wird.

Während der manuellen Beatmung muß das Überdruckventil eingeschaltet werden, das heißt, der Umschalthahn (vgl. Abb. 1.74 a) des konventionellen Überdruckventils muß nach oben gestellt werden (1). Bei einem modernen, modifizierten Überdruckventil muß der Kipphebel auf „MAN" (manuell) gestellt werden (vgl. Abb. 1.74 b). Mit Hilfe des Drehknopfes (2) am Überdruckventil kann nun eingestellt werden, wie hoch der Druck im Kreissystem sein muß, damit Gas über das Überdruckventil entweichen kann. Die Überdruckgrenze ist bei den konventionellen Überdruckventilen zwischen 5 und 40 mbar einstellbar. Moderne, modifizierte Überdruckventile können zwischen 5 und 70 mbar eingestellt werden. Bei Beatmung über eine Gesichts- bzw. Larynxmaske sollte die Grenze von 20 mbar nicht überschritten werden, da ansonsten Beatmungsgemisch in den Magen gelangen könnte. Durch rhythmisches Komprimieren des Beatmungsbeutels (s. S. 21) kann nun der Patient beatmet werden.

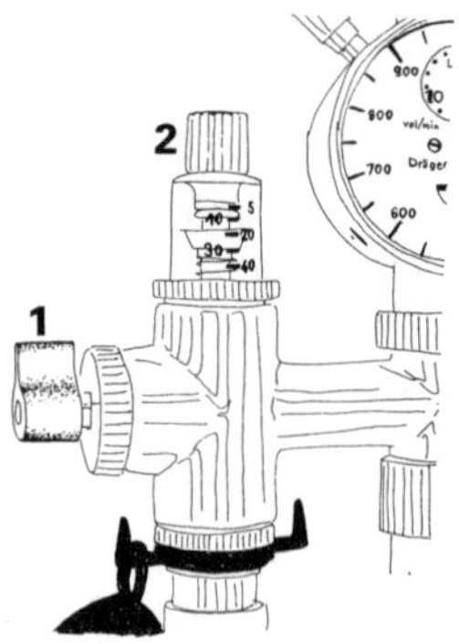

a

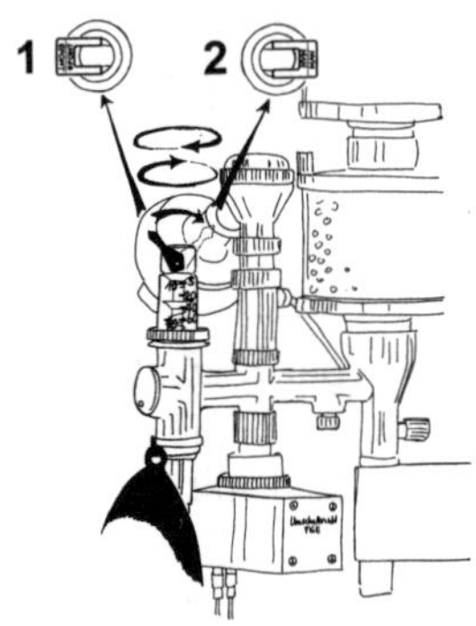

b

Abb. 1.74 a Konventionelles Überdruckventil: Einstellung für die manuelle Beatmung. 1 = eingeschalteter (nach oben zeigender) Umschalthahn; 2 = Drehknopf zur Feineinstellung des Überdruckventils. **b** Modernes, modifiziertes Überdruckventil 1 = Hebel-Stellung „SPONT" für Spontanatmung. 2 = Hebel-Stellung „MAN" für manuelle oder maschinelle Beatmung. Bei der manuellen Beatmung ist das Feinregulierventil durch Drehen des Kippschalters auf ca. 10–15 mbar einzustellen. Bei der maschinellen Beatmung ist das Feinregulierventil höher als der notwendige Beatmungsdruck einzustellen. Zumeist wird ein Wert von ca. 40 mbar eingestellt. Dieses Ventil kann zwischen ca. 5 und 70 mbar eingestellt werden.

Um die Lungen eines Patienten blähen zu können, ist normalerweise während der Inspiration ein Beatmungsdruck von ca. 10–15 mbar notwendig. Während der Inspiration muß also im Kreissystem ein

Druck von 10–15 mbar aufgebaut werden. Deshalb wird das Überdruckventil auf mindestens 10–15 mbar eingestellt.

Wird das Überdruckventil zu niedrig, z.B. nur auf 5 mbar eingestellt, so ist eine ausreichende Blähung der Lungen nicht möglich. Bereits bei einem Druck von 5 mbar im Kreissystem entweicht das Gasvolumen des komprimierten Beatmungsbeutels über das Überdruckventil in die Absaugung. Der Beatmungsbeutel wird sich bei jedem Beatmungshub fast ohne Widerstand leerdrücken lassen, ohne daß die Lungen des Patienten genügend gebläht werden – der Patient wird zu wenig beatmet.

Immer wenn der Beatmungsbeutel zu schlaff ist und sich fast widerstandslos leerdrücken läßt, muß also die Überdruckgrenze erhöht werden.

Wird die Überdruckgrenze dagegen zu hoch eingestellt, z.B. auf 30 mbar, so wird vorerst bei der Beatmung des Patienten, für die nur 10–15 mbar nötig sind, keine Luft über das Überdruckventil entweichen. Da jedoch laufend Frischgas in das Kreissystem einströmt (z.B. 3 l/min), nimmt das Gasvolumen im Kreissystem kontinuierlich zu. Der als Ausgleichsbeutel dienende Beatmungsbeutel wird entsprechend praller, und es baut sich ein zunehmender Druck im Kreissystem auf. Erst wenn der Druck bei der manuellen Inspiration über die eingestellte Druckgrenze von 30 mbar ansteigt, kann Ausatemgas über das Überdruckventil in die Absaugung entweichen. Die Lungen des Patienten werden hierbei überbläht – der Patient wird meist zu stark beatmet.

Immer wenn der Beatmungsbeutel zu prall ist und sich nur gegen hohen Widerstand leerdrücken läßt, muß also die Überdruckgrenze erniedrigt werden.

Während der manuellen Beatmung muß erfahrungsgemäß die Überdruckgrenze mehrmals verändert werden, bis durch Ausprobieren die optimale Überdruckgrenze eingestellt werden kann und der Beatmungsbeutel weder zu schlaff noch zu prall ist.

Die manuelle Beatmung über eine Gesichtsmaske

Allgemeine Bemerkungen

Die Beatmung während einer Narkose kann über einen Endotrachealtubus, eine Kehlkopfmaske oder auch über eine dicht um Mund und Nase geschlossene Gesichtsmaske (= Maskenbeatmung) erfolgen. Auch wenn eine Intubationsnarkose durchgeführt werden soll oder eine Kehlkopfmaske eingelegt werden soll, wird der Patient normalerweise zuerst kurzfristig mit einer Gesichtsmaske beatmet, denn nach Injektion des Einleitungshypnotikums wird der Patient bewußtlos, und es kommt zu einem Atemstillstand. Der Patient muß dann solange über eine Gesichtsmaske beatmet werden, bis die Kehlkopfmaske eingeführt oder er intubiert werden kann. Für die Maskenbeatmung stehen Gesichtsmasken unterschiedlicher Größe zur Verfügung.

Gesichtsmasken

Gesichtsmasken bestehen meist aus schwarzem, antistatischem Gummi. Für Erwachsene gibt es, je nach Modell, meist drei bis fünf verschiedene Größen (vgl. Abb. 1.75 und 1.76). Für Säuglinge und Kleinkinder werden in der Regel sogenannte **Rendell-Baker-Masken verwendet** (s. S. 210).

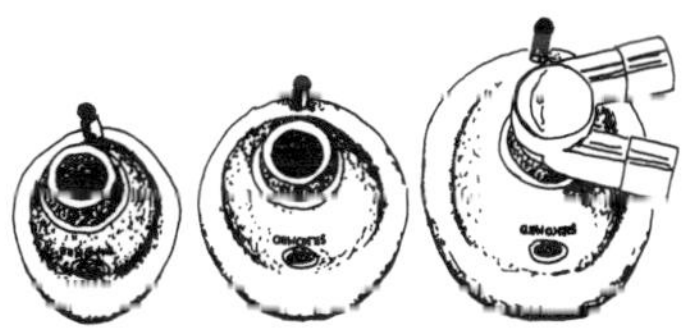

Abb. 1.75 Gesichtsmasken unterschiedlicher Größe mit aufblasbarem Randwulst.

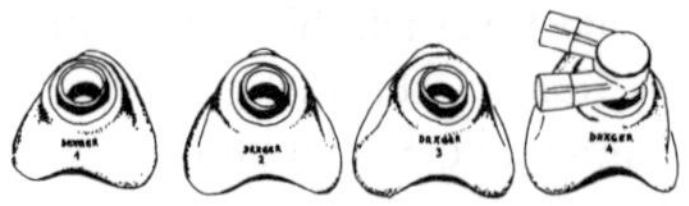

Abb. 1.76 Gesichtsmasken unterschiedlicher Größe (Standardmodell).

Die Maske wird über ein Winkelstück mit dem Ein- und Ausatemschlauch des Narkosegerätes verbunden (vgl. auch Abb. 1.4).

Durchführung der Maskenbeatmung

Die manuelle Beatmung eines Patienten über eine Gesichtsmaske wird folgendermaßen durchgeführt: Die Gesichtsmaske wird mit der linken Hand fest auf das Gesicht des Patienten gesetzt und um Mund und Nase dicht verschlossen (vgl. Abb. 1.77). Der Daumen kommt oberhalb, der Zeigefinger unterhalb des Winkelstückes zu liegen. Mittel-, Ring- und Kleinfinger umgreifen den Unterkiefer im Bereich des Unterkieferwinkels. Besonders wichtig ist hierbei eine gleichzeitige deutliche Überstreckung des Kopfes mit der linken Hand, um zu verhindern, daß durch die bei Bewußtlosigkeit zurückfallende Zunge der Rachenraum verlegt und die Maskenbeatmung behindert wird. Mit der rechten Hand wird nun der Beatmungsbeutel bedient.

Bei der Maskenbeatmung ist streng darauf zu achten, daß mit einem möglichst geringen Beatmungsdruck beatmet wird. Ist der am Manometer angezeigte Beatmungsdruck höher als ca. 20 mbar (mbar = millibar, 1 mbar entspricht ungefähr 1 cm Wassersäule), so muß befürchtet werden, daß ein Teil des insufflierten Volumens in den Magen gepreßt wird.

Baut sich während der Beatmung fast kein Druck am Manometer auf, und der Beatmungsbeutel bleibt trotz hoher Einstellung des Überdruckventils schlaff, so liegt der Grund meistens in einer nicht ausreichend ab-

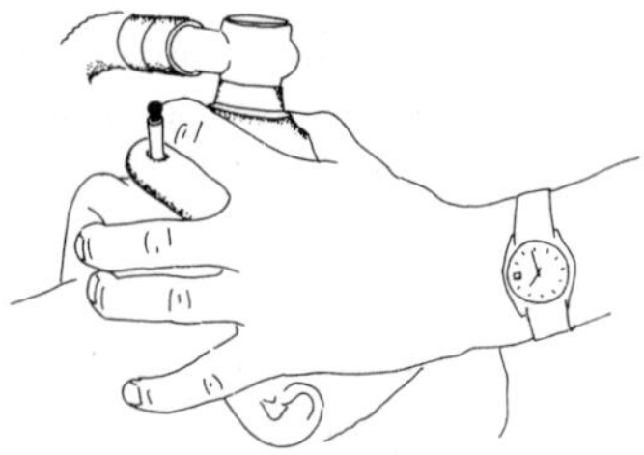

Abb. 1.77 Korrektes Halten der Gesichtsmaske.

dichtenden Gesichtsmaske. Die Gesichtsmaske ist dichter aufzusetzen. Ist der Beatmungsdruck zu hoch, kommen vor allem folgende Gründe in Frage:

- Zumeist ist der Kopf des Patienten nicht ausreichend überstreckt und die nach hinten fallende Zunge verlegt die oberen Luftwege. Durch eine korrekte Überstreckung des Kopfes kann dies meist beseitigt werden. Manchmal ist allerdings trotz korrektem Überstrecken des Kopfes eine Verlegung der oberen Luftwege durch die zurückfallende Zunge nicht zu vermeiden. In diesem Falle empfiehlt es sich, dem Patienten einen entsprechend großen Guedel-Tubus einzulegen (s. S. 80). Voraussetzung für das Einlegen eines Guedel-Tubus ist jedoch, daß der Patient genügend tief bewußtlos ist und die Reflexe des Rachens und des Kehlkopfes ausgeschaltet sind. Ansonsten muß mit einer Reizung der Rachenschleimhaut und mit dem Auslösen von Husten- und Würgereflexen, im schlimmsten Falle mit Erbrechen oder einem Laryngospasmus (s. S. 190) gerechnet werden.
- Der Patient ist noch nicht bewußtlos und wehrt sich gegen die Maskenbeatmung. Meist liegt es daran, daß eine zu niedrige Dosis des Einleitungshypnotikums verabreicht worden ist. Es empfiehlt sich eine Nachinjektionsdosis. Vor dem Einlegen eines Guedel-Tubus in dieser Situation ist zu warnen.
- Das Überdruckventil ist zu hoch eingestellt (s.o.).

Die manuelle Beatmung des intubierten Patienten

Soll ein intubierter Patient manuell beatmet werden, so muß das Überdruckventil (wie oben beschrieben) bedient werden. Zumindest unmittelbar nach der Intubation wird kurzfristig eine manuelle Beatmung durchgeführt. Bei der manuellen Beatmung kann besser auskultiert werden. Auch sollte der Patient immer, wenn während der maschinellen Beatmung Probleme auftreten, vorübergehend manuell beatmet werden. Bei einiger Erfahrung kann dann am Beatmungsbeutel gefühlt werden, ob der Patient z.B. einen asthmatischen Anfall hat, ob er selber atmet oder ob er hustet. Auch wenn eine Inhalationsnarkose schnell vertieft werden muß, sollte neben einer Erhöhung der inspiratorischen Konzentration des Inhalationsanästhetikums auch eine kurzfristige manuelle Beatmung durchgeführt werden. Hierbei kann der Patient kurzfristig hyperventiliert werden, wodurch die höhere Konzentration des Inhalationsanästhetikums schneller anflutet (s. S. 30). Auch bei bestimmten Operationsabschnitten, z.B. bei Lungenoperationen, lassen sich durch die manuelle Beatmung die Atemexkursionen besser dem operativen Vorgehen anpassen. Gegen Ende der Narkose, wenn die Spontanatmung des Patienten wieder stimuliert werden soll, empfiehlt sich ebenfalls eine manuelle Beatmung. Beginnt der Patient nun langsam spontan zu atmen, so kann die manuelle Beatmung seiner Eigenatmung angepaßt werden **(assistierte Beatmung).** Im Prinzip kann auch während der ganzen Narkose ein intubierter Patient manuell beatmet werden.

Die manuelle Beatmung über eine Larynxmaske

Bei Durchführung einer Allgemeinanästhesie unter Verwendung einer Larynxmaske sollte möglichst keine maschinelle Beatmung, sondern stets eine manuelle Beatmung durchgeführt werden. Ideal ist eine Spontanatmung des Patienten, die manuell leicht unterstützt (assistiert) wird. Bei einer maschinellen Beatmung treten höhere Beatmungsdrücke auf und die Gefahr, daß Beatmungsgas an der Larynxmaske vorbei, z.B. in den Magen entweicht, ist wesentlich höher.

Die Spontanatmung

Soll der Patient über das Kreissystem spontan atmen und dabei nicht manuell unterstützt werden, so muß der Umschalthahn des konventionellen Überdruckventils nach oben gestellt (vgl. Abb. 1.74 a) und das Feinregulierventil möglichst niedrig (5 mbar) eingestellt werden (vgl. Abb. 1.17). Bei einem modernen, modifizierten Überdruckventil muß der Kipphebel auf „SPONT“ (spontan) gestellt werden (vgl. Abb. 1.74 b). Hierbei ist das Feinregulierventil automatisch auf ca. 5 mbar eingestellt.

Ausatemluft kann nun über das Überdruckventil entweichen, sobald der Druck im Kreissystem über 5 mbar ansteigt. Der Patient atmet dann bei einem PEEP von ca. 5 mbar (s. S. 22) spontan. Aufgrund des geringen Druckes von 5 mbar im Kreissystem ist der Atembeutel leicht gebläht. Er stellt damit ein Reservevolumen dar, falls der Patient plötzlich einen tiefen Atemzug macht. Manchmal wird bei der Spontanatmung auch das konventionelle Überdruckventil nach unten gestellt. Hierbei ist der Beatmungsbeutel kollabiert, und bei einem übermäßig tiefen spontanen Atemzug erhält der Patient (aufgrund des fehlenden Reservoirs) möglicherweise nicht genügend Inspirationsgas. Dieses Vorgehen erscheint daher nicht empfehlenswert.

Die maschinelle Beatmung

Soll von der manuellen auf die maschinelle Beatmung übergegangen werden (z.B. weil der Patient inzwischen intubiert wurde), so muß der Umschalthahn des konventionellen Überdruckventils horizontal gestellt werden (vgl. Abb. 1.18).

Das Überdruckventil ist nun ganz geschlossen. Es entweicht kein Gas über das Überdruckventil. Die eingeschaltete Beatmungsmaschine kontrolliert selbständig über einen anderen Mechanismus die Gasmenge, die in die Absaugung gelangen muß. Das Beatmungsgerät und die entsprechenden Alarme sind einzuschalten und korrekt einzustellen (s. S. 21).

Alternativ kann der Umschalthahn bei der maschinellen Beatmung auch nach oben gestellt (vgl. Abb. 1.17) und das Überdruckventil auf den Maximalwert von 40 mbar eingestellt werden. Bei dieser Einstellung öffnet sich das Überdruckventil, falls der Beatmungsdruck plötzlich auf über 40 mbar ansteigt (z.B. falls der Patient hustet). Handelt es sich um ein modernes, modifiziertes Überdruckventil, so muß der Kipphebel für eine maschinelle Beatmung auf „MAN" stehen, und das Feinregulierungsventil muß ebenfalls auf ca. 40 mbar eingestellt werden.

Die Maskennarkose

Allgemeine Bemerkungen

Bei einer Maskennarkose wird auf die endotracheale Intubation verzichtet und der Patient während der gesamten Dauer der Narkose über eine dicht um Mund und Nase geschlossene Gesichtsmaske von Hand beatmet. Eine Maskennarkose verbietet sich, wenn eine absolute Indikation zur Intubation (s. S. 74) besteht. Insbesondere sei nochmals erwähnt, daß jeder nicht nüchterne Patient (s. S. 185) eine absolute Kontraindikation für eine Maskennarkose darstellt. Des weiteren sollten Maskennarkosen nur bei voraussichtlich unkomplizierten Eingriffen vorgenommen werden, die weniger als 30 Minuten dauern. Eine Maskennarkose wird meist mit einem verdampfbaren Inhalationsanästhetikum oder mit Propofol, Alfentanil und O_2/N_2O durchgeführt.

Folgende Operationen werden häufig in Maskennarkose durchgeführt:

- Abszeßspaltung,
  soweit sich der Abszeß nicht im Mund-Rachen-Bereich oder auf dem Rücken befindet
- kurze kinderchirurgische Eingriffe,
  wie z.B. Herniotomie (= Leistenbruch) oder Zirkumzision (= Beschneidung)
- Curettage (= Ausschabung),
  nicht jedoch bei einer Curettage nach einer Fehlgeburt nach der 14. Schwangerschaftswoche oder unmittelbar nach einer Entbindung. Diese Patientinnen sind prinzipiell als nicht nüchtern zu betrachten, zudem kann es unter Umständen erheblich bluten; diese Patientinnen müssen stets intubiert werden.

Vorbereitung zur Maskennarkose

- Überprüfung des Narkosegerätes (s. S. 22)
- Überprüfung des Narkosewagens auf Vollständigkeit (s. S. 24)
- Vorbereitung des Narkosewagens (s. S. 25); auch bei einer Maskennarkose müssen die für eine eventuelle Intubation nötigen Dinge griffbereit liegen
- Aufziehen der Medikamente (s. S. 25)
- Vorbereitung des Patienten für die Narkose (s. S. 25)

Durchführung einer Maskennarkose

Präoxygenierung

Dem Patienten wird die Maske leicht vors Gesicht gehalten und es wird ihm erklärt, daß ihm über die Maske nur Sauerstoff verabreicht wird. Am Rotameter wird ein Sauerstofffluß von ca. 6 Liter pro Minute eingestellt. Dieses Voratmen von reinem Sauerstoff wird als Präoxygenierung bezeichnet. Hierdurch wird der Stickstoff (ca. 78% der Luft) aus dem Körper ausgewaschen, und die funktionelle Residualkapazität der Lunge (s. S. 30, 326) sowie der Körper werden maximal mit Sauerstoff gesättigt. Meist wird dem Patienten vor Gabe des Einleitungshypnotikums eine relativ niedrige Dosis eines Opioids (z.B. 10–20 µg Sufentanil, 0,1 mg Fentanyl oder 1,0 mg Alfentanil) verabreicht.

Einleitungshypnotikum

Hierzu eignen sich z.B. Thiopental (3–5 mg/kg KG intravenös, s. S. 42), Methohexital (ca. 1–2 mg/kg KG i.v., s. S. 44) oder Propofol (ca. 1,5–2,5 mg/kg KG i.v., s. S. 47). Bei Patienten mit schlechtem Allgemeinzustand muß diese Dosis reduziert, bei Patienten, die regelmäßig Alkohol oder Medikamente zu sich nehmen, muß diese Dosis meist erhöht werden.

> Wichtig ist stets die langsame Injektion und die Dosierung nach Wirkung (s. S. 42).

Innerhalb weniger Sekunden werden die meisten Patienten bewußtlos. Durch Bestreichen der Augenwimpern oder leichtes Hochziehen des Oberlides eines Auges kann überprüft werden, ob der Patient bewußtlos ist. Normalerweise verursacht das Bestreichen der Augenwimpern oder das leichte Hochziehen des Oberlides ein reflektorisches Zusammenkneifen der Lider. Bei Eintritt ins Stadium 3 nach Guedel (s. S. 94) erlischt dieser Lidreflex. Es kann nun davon ausgegangen werden, daß der Patient bewußtlos ist.

Maskenbeatmung

Die Gesichtsmaske wird nun, wie auf S. 97 beschrieben, mit der linken Hand fest auf das Gesicht gesetzt und um Mund und Nase dicht verschlossen. Mit der rechten Hand kann jetzt der Beatmungsbeutel bedient werden (vgl. ausführliche Beschreibung der Maskenbeatmung mit dem Kreissystem auf S. 97). Am Rotameter für Sauerstoff werden nun z.B. (1 oder) 2 Liter O_2/Minute und am Rotameter für Lachgas z.B. (2 oder) 4 Liter N_2O/Minute eingestellt. Entweder muß nun Propofol weiter zugeführt werden (ca. 3–6–10 mg/kg KG/h mittels Spritzenpumpe oder wiederholte Einzelboli à 20–30 mg) oder es muß am Verdampfer die gewünschte Dampfkonzentration des ausgewählten Inhalationsanästhetikums eingeschaltet werden.

> Zur anfänglichen Anflutung sind relativ hohe inspiratorische Konzentrationen notwendig; bei Halothan ca. 1,5–2,5 Vol.%; bei Verwendung von Enfluran oder Isofluran ist eine Konzentration von ca. 2–3 Vol.% notwendig. Bei Gabe von Sevofluran sind initial ca. 4–5 Vol.% und bei Desfluran ca. 5–12 Vol.% notwendig.

Eine Ursache für anfängliche Beatmungsschwierigkeiten kann sein, daß der Patient noch nicht tief genug bewußtlos ist und sich gegen die Maskenbeatmung wehrt. In solchen Fällen ist meist eine zu niedrige Dosis des Einleitungshypnotikums verabreicht worden. Es empfiehlt sich eine Nachinjektion.

Läßt sich der Patient gut beatmen, so kann nach wenigen Minuten die Konzentration des Inhalationsanästhetikums schrittweise auf die Erhaltungsdosis reduziert werden.

> Die Erhaltungsdosis beträgt bei Halothan ca. 0,8 Vol.%, bei Enfluran ca. 1,2 Vol.% und bei Isofluran ca. 1,0 Vol.%. Bei Sevo-

fluran liegt die Erhaltungsdosis bei ca. 2–3 Vol.% und bei Desfluran bei ca. 4–6 Vol.%.

Meist fängt der Patient nach einigen Minuten wieder an, spontan zu atmen. Falls nicht, kann dies durch eine geringe **Hypoventilation** provoziert werden. Bei vorhandener **Spontanatmung** muß nun versucht werden, die Maskenbeatmung dem Rhythmus des Patienten anzupassen. Dann kann mit nur minimalem Beatmungsdruck beatmet werden. Immer wenn sich der Zeiger des mechanischen Volumeters bewegt, atmet der Patient aus (Messung im Ausatmungsschenkel! s. S. 17). Wenn der Volumeterzeiger zum Stillstand kommt, muß also erneut mit der Kompression des Beatmungsbeutels begonnen werden. Mit einiger Erfahrung kann die Eigenatmung des Patienten auch sehr gut am rhythmisch praller und schlaffer werdenden Beatmungsbeutel gefühlt werden. Immer wenn der Beatmungsbeutel praller wird, atmet der Patient aus. Beginnt der Beatmungsbeutel zu erschlaffen, so beginnt der Patient mit der Einatmung, und der Beatmungsbeutel muß gedrückt werden. Durch eine leichte **Hyperventilation** kann die Spontanatmung auch unterdrückt werden (s. S. 108).

Als Atemminutenvolumen sollten beim Erwachsenen ungefähr 10–12 ml/kg KG/min angestrebt werden. Beim 70 kg bzw. 80 kg schweren Patienten entspricht dies einem Atemminutenvolumen von knapp über 7 l/min bzw. 8 l/min.

Aufgrund der relativ langsamen Anflutung der meisten Inhalationsanästhetika (s. S. 30) kann mit der Operation normalerweise erst 5–10 Minuten nach Narkoseeinleitung begonnen werden.

Zur Beurteilung der Narkosetiefe eignen sich das Blutdruckverhalten, das Verhalten der Herzfrequenz, die spontanen Atembewegungen sowie der Muskeltonus des Patienten.

Bei einer zu flachen Narkoseführung ist mit einem Blutdruckanstieg und mit einer Herzfrequenzsteigerung zu rechnen. Ursache ist eine streßbedingte vermehrte Katecholaminausschüttung, die insbesondere bei einer Halothannarkose unter Umständen zu Extrasystolen führen kann (s. S. 33). Außerdem kann es schmerzbedingt plötzlich zu einer vertieften Spontanatmung des Patienten kommen. Sehr starke Schmerzreize können bei ungenügender Narkosetiefe auch dazu führen, daß es zu einem Atemanhalten oder einem Laryngospasmus kommt.
Wichtig ist stets die genaue Beobachtung der Operation.

Bei voraussichtlich schmerzhaften Manipulationen sollte bereits vorher die Konzentration des Inhalationsanästhetikums erhöht werden, z.B. kurz vor dem Hautschnitt. Bei nachlassendem Operationsschmerz kann die Konzentration entsprechend erniedrigt werden.

Wichtig ist bei sehr kurzen Eingriffen auch die Absprache mit dem Operateur. Da das voraussichtliche OP-Ende vom Anästhesisten oft nicht genau abgeschätzt werden kann, ist es von Vorteil, wenn der Operateur das OP-Ende z.B. 5 Minuten vorher ankündigt. Denn meist kann bereits vor OP-Ende die Konzentration des Inhalationsanästhetikums erniedrigt oder gar ausgeschaltet werden.

Je länger die Operation dauert, desto früher kann das Inhalationsanästhetikum vor OP-Ende reduziert bzw. ausgeschaltet werden (s. S. 30).

Erst mit Ende der Operation sollte das Lachgas abgeschaltet werden, und es sollten für mindestens 3 Minuten ca. 6 Liter Sauerstoff verabreicht werden, um eine **Diffusionshypoxie** (s. S. 33) zu verhindern. In der Regel sind die Patienten nach diesen kurzen Maskennarkosen wieder schnell wach und ansprechbar.

Die Intubationsnarkose (= ITN)

Allgemeine Bemerkungen

Eine **I**ntuba**t**ions**n**arkose (= ITN) ist dadurch ausgezeichnet, daß der Patient intubiert und über diesen Tubus beatmet wird. Hierbei kann die Beatmung sowohl manuell (s. S. 96) als auch mit Hilfe eines Beatmungsgerätes (s. S. 21) durchgeführt werden.

Eine Vollnarkose **muß** als ITN durchgeführt werden, wenn eine absolute Indikation zur Intubation besteht (s. S. 74). Eine Vollnarkose **kann** als ITN durchgeführt werden, wenn auf die Vorteile einer Intubation (s. S. 74) nicht verzichtet werden soll. Eine Intubationsnarkose kann entweder mit einem verdampfbaren Inhalationsanästhetikum (s.u.) oder als **i**ntra**v**enöse **A**nästhesie (IVA; s. S. 111), als **t**otale **i**ntra**v**enöse **A**nästhesie (TIVA; s. S. 111) oder als sogenannte Neuroleptanästhesie (s. S. 115) durchgeführt werden.

Die Intubationsnarkose mit einem verdampfbaren Inhalationsanästhetikum

Vorbereitungen zur Intubationsnarkose mit einem verdampfbaren Inhalationsanästhetikum

- Überprüfung des Narkosegerätes (s. S. 22)
- Überprüfung des Narkosewagens auf Vollständigkeit (s. S. 24)
- Vorbereiten des Narkosewagens (s. S. 25)
- Aufziehen der Medikamente (s. S. 25)
- Vorbereiten des Patienten auf die Narkose (s. S. 25)

Einleitung einer ITN mit einem verdampfbaren Inhalationsanästhetikum

- Präoxygenierung (s. S. 101)
- Präcurarisierung bzw. Priming-Dosis: Nachdem der Patient ca. 3 Minuten lang reinen Sauerstoff eingeatmet hat (präoxygeniert wurde), wird ihm – falls zur endotrachealen Intubation ausnahmsweise mit Succinylcholin relaxiert werden soll – eine kleine, nicht lähmende Dosis eines nichtdepolarisierenden Muskelrelaxans verabreicht. Je nachdem, welches nichtdepolarisierende Muskelrelaxans gewählt wird, werden z.B. beim Erwachsenen 2 mg Alcuronium, 1 mg Pancuronium, 1 mg Vecuronium oder 10–20% der initialen Volldosis von Atracurium, Cis-Atracurium, Mivacurium oder Rocuronium (s. S. 56 ff) verabreicht. Zweck dieser kleinen Dosis eines nichtdepolarisierenden Muskelrelaxans ist es, die nach Succinylcholingabe auftretenden Muskelfaszikulationen und den danach postoperativ auftretenden „Muskelkater" zu vermindern (s. S. 66). Es wird von Präcurarisierung gesprochen.

In den letzten Jahren wird bei der Intubation zunehmend auf Succinylcholin verzichtet und statt dessen bereits zur Intubation mit einem nichtdepolarisierenden Muskelrelaxans (meist mit Rocuronium, Vecuronium oder Atracurium) eine Vollrelaxierung durchgeführt. Auch hier empfiehlt es sich meist, einige Minuten vorher eine nicht lähmende Dosis (entsprechend der Präcurarisierungsdosis, ca. 10–20% der Initialdosis) des nichtdepolarisierenden Relaxans zu verabreichen (sogenannte Priming-Dosis). Dadurch wirkt die danach verabreichte Hauptdosis schneller (sogenanntes **Priming-Prinzip**). Lediglich bei dem schnell wirkenden Rocuronium wird keine Priming-Dosis empfohlen, da dessen Wirkungsbeginn nicht weiter beschleunigt werden kann.

- Einleitungshypnotikum (s. S. 101)
- Maskenbeatmung (s. S. 101)
- Relaxierung mit Succinylcholin oder einem nichtdepolarisierenden Relaxans:
  Erst wenn sich der Patient gut beatmen läßt, darf er relaxiert werden. Zur Intubation wurde der Patient früher routinemäßig mit Succinylcholin (1–1,5 mg/kg KG i.v., s. S. 65) relaxiert. Die Injektion von Succinylcholin hat langsam und unter Kontrolle der Herzfrequenz zu erfolgen. Mit Wirkungsbeginn des Succinylcholins fällt auf, daß sich der Patient durch die nun einsetzende Muskelerschlaffung leichter beatmen läßt. Trotz Präcurarisierung kann es manchmal noch zu leichtem Muskelfaszikulieren beim Patienten kommen. Nach völliger Erschlaffung der Muskulatur kann der Patient intubiert werden.
  Wegen möglicher schwerwiegender Nebenwirkungen des Succinylcholins wird inzwischen bereits zur Intubation meist eine Relaxierung mit einem nichtdepolarisierenden Relaxans durchgeführt. Zur Vollrelaxierung mit Rocuronium werden ca. 50 mg, bei Mivacurium werden ca. 15 mg, bei Pancuronium oder Vecuronium ca. 6 mg, bei Atracurium ca. 35 mg, beim Cis-Atracurium werden ca. 7–10 mg (und beim Alcuronium ca. 10 mg) für einen ca. 70 kg schweren Erwachsenen verabreicht.
- orotracheale Intubation (s. S. 82)
- Blocken des Tubus (s. S. 86)
- Lagekontrolle des Tubus (s. S. 87)
- Fixierung des Tubus (s. S. 88)
- erneute Lagekontrolle des Tubus
- Einstellen von O_2 und N_2O am Rotameter:
  Am Rotameter für Sauerstoff wird nun z.B. 1 Liter O_2/min und am Rotameter für Lachgas werden 2 Liter N_2O/min eingestellt.
- Einstellen des Inhalationsanästhetikums:
  Am Verdampfer wird die gewünschte Dampfkonzentration des ausgewählten Inhalationsanästhetikums eingeschaltet. Zur anfänglichen Anflutung sind kurzfristig relativ hohe Konzentrationen notwendig. Bei Halothan ca. 1,5–2,5 Vol.%, bei Verwendung von Enfluran oder Isofluran ca. 2,0–3,0 Vol.%. Bei Gabe von Sevofluran sind initial ca. 4–5 Vol.% und bei Desfluran ca. 5–12 Vol.% notwendig. Zur Beschleunigung der Anflutung des Inhalationsanästhetikums empfiehlt es sich, den Patienten kurzfristig zu hyperventilieren (s. S. 30, 107) und gegebenenfalls den Frischgasfluß für einige Minuten zu steigern (z.B. 2 l O_2 und 4 l N_2O pro Minute). Bei Patienten mit koronarer oder zerebraler Gefäßsklerose ist jedoch eine stärkere Hyperventilation zu vermeiden. Durch eine Hyperventilation wird eine Gefäßkonstriktion ausgelöst, die auch das zerebrale und koronare Gefäßsystem betrifft. Die durch eine Gefäßkonstriktion mögliche Minderperfusion kann bei zerebral- und koronarsklerotischen Patienten zu einer gefährlichen Mangeldurchblutung der betreffenden Stromgebiete führen und ist daher zu vermeiden.
- Blutdruck- und Herzfrequenzkontrolle:
  Da die Intubationsphase einer der kritischsten Momente jeder Narkose ist, müssen kurz nach der Intubation unbedingt der Blutdruck gemessen und die Herzfrequenz kontrolliert werden. Zum einen droht ein Blutdruckabfall bei zu tiefer Narkose, zum anderen ein schmerzbedingter Blutdruck- und Herzfrequenzanstieg bei zu flacher Narkose.
  Ist der Blutdruck nach Narkoseeinleitung kritisch abgefallen, so bieten sich folgende Maßnahmen an:
  - Erniedrigung der Konzentration des Inhalationsanästhetikums
  - schnellere Infusion oder evtl. Austauschen der kristalloiden Infusionslösung gegen ein kolloidales Plasmaersatzmittel (z.B. HÄS, s. S. 123)
  - Kippen des Operationstisches in eine Kopf-tief- und Bein-hoch-Lage Schocklagerung; „Trendelenburg-Lagerung“)

- Injektion eines blutdrucksteigernden Medikamentes (z.B. Akrinor; es empfiehlt sich 1 Ampulle Akrinor = 2 ml mit 8 ml NaCl 0,9% zu verdünnen und gegebenenfalls wiederholt 2 ml Boli dieser Mischung so oft zu verabreichen, bis sich der Blutdruck wieder normalisiert hat)
- Falls ausnahmsweise mit Succinylcholin intubiert wurde, vorerst Verzicht auf die Vollrelaxierung mit einem nichtdepolarisierenden Muskelrelaxans (z.B. Alcuronium), da es dadurch zu einem weiteren Blutdruckabfall kommen kann (s. S. 60).

Bei den Zeichen einer zu flachen Narkose ist die Konzentration des Inhalationsanästhetikums entsprechend zu erhöhen. Bewegt sich der Patient oder droht er aufzuwachen, so ist nicht eine Muskelrelaxierung, sondern zuerst eine Vertiefung des „Schlafes", z.B. durch Nachinjektion des Einleitungshypnotikums oder durch Erhöhung des Inhalationsanästhetikums, angezeigt. Anschließend kann bei Bedarf auch relaxiert werden.

- Gegebenenfalls Vollrelaxierung:
  Ist der Blutdruck normal, so kann, falls für die Operation notwendig und falls zur Intubation Succinylcholin verwendet wurde, der Patient nun mit dem nichtdepolarisierenden Muskelrelaxans voll relaxiert werden. Bei Verwendung mit Rocuronium sind dies beim Erwachsenen (ca. 70 kg KG) ca. 50 mg, bei Mivacurium ca. 15 mg, bei Pancuronium und bei Vecuronium ca. 6 mg, bei Atracurium ca. 35 mg, bei Cis-Atracurium ca. 7–10 mg (und bei Alcuronium sind dies ca. 10 mg). Je nach Art der Operation kann die Relaxansdosis evtl. erniedrigt oder – selten – kann ganz auf eine Relaxierung verzichtet werden. Dies ist möglich, da die Inhalationsanästhetika über eine eigene muskelerschlaffende Wirkung verfügen bzw. die Wirkung der Muskelrelaxanzien verstärken. Bei vielen Operationen ist allerdings eine Vollrelaxation notwendig.
- Transport in den Operationssaal:
  Erst wenn die Kreislaufverhältnisse stabil sind, wird der Patient vom Narkosevorbereitungsraum in den angrenzenden OP gefahren. Hierzu kann der Patient z.B. mit einem Ambu-Beutel beatmet oder, wenn die Beteiligten routiniert sind, während dieser kurzen Zeitspanne (meist weniger als 30 Sekunden) ganz auf eine Ventilation verzichtet werden. Im OP muß der Patient sofort wieder an das Narkosegerät angeschlossen und beatmet werden. Am Narkosegerät im OP werden die gleichen Gasflußmengen am Rotameter und die gleiche Dampfkonzentration des Inhalationsanästhetikums eingestellt.
  Bevor die maschinelle Beatmung eingeschaltet wird, sollte immer zuerst kurzfristig manuell beatmet werden; hierdurch kann sofort gefühlt werden, ob etwas mit der Beatmung nicht stimmt.

Ist alles überprüft, so kann von der manuellen auf die maschinelle Beatmung übergegangen werden. Die maschinelle Beatmung mit dem Kreissystem wurde auf S. 21 ausführlich beschrieben, ebenso die nun vorzunehmende korrekte Einstellung des Beatmungsgerätes und dessen Alarmvorrichtungen.

- Lagerung des Patienten:
  Nun wird der Patient vom Operateur selbst oder unter Anleitung des Operateurs in die eigentliche Operationslagerung gebracht; hierbei ist darauf zu achten, daß Lagerungsschäden vermieden werden (s. S. 27).
- erneute Lagekontrolle des Tubus (s. S. 87)

Aufrechterhaltung einer ITN mit einem verdampfbaren Inhalationsanästhetikum

Dosierung des Inhalationsanästhetikums

Mit zunehmender Dauer der Inhalationsnarkose reicht zur Aufrechterhaltung einer bestimmten Narkosetiefe eine immer geringere Konzentration des Inhalationsanästhetikums. Der Grund liegt in der zunehmenden **Aufsättigung der Muskel- und Fettdepots** (s. S. 29). Die am Verdampfer eingestellte Konzentration kann bei langen Operationen unter Umständen unter die für Halothan bzw. Enfluran oder Isofluran übliche Erhaltungsdosis von ca. 0,8 Vol.% bzw. 1,2 Vol.% oder 1,0 Vol.% gesenkt werden. Auch bei Sevofluran bzw. Desfluran können niedrigere Konzentrationen als die üblicherweise für die Unterhaltung notwendigen Konzentrationen (2–3 Vol.% bzw. 4–6 Vol.%) ausreichen.

Ein Isofluranverdampfer wird initial kurzfristig z.B. auf Werte von ca. 2,0 Vol.%, ein Enfluranverdampfer auf Werte von ca. 2,0 Vol.% eingestellt. Ein Sevofluran- bzw. Desfluranverdampfer sollte initial auf ca. 3–4 Vol.% bzw. 5–12 Vol.% eingestellt werden. Sobald als möglich sollte die inspiratorische Dampfkonzentration langsam wieder reduziert werden. Die Reduktion muß vor allem an den hämodynamischen Parametern orientiert werden. Soll eine **Low-flow- bzw. Minimal-flow-Anästhesie** durchgeführt werden, dann werden initial für mindestens 10 bzw. 20 Minuten z.B. 2 l Sauerstoff und 4 l Lachgas pro Minute zugeführt (sogenannte Einwaschphase). Nach dieser initialen Einwaschphase werden die Frischgase auf 0,5 l Sauerstoff und 0,5 l Lachgas pro Minute (low flow) bzw. 0,3 l Sauerstoff und 0,2 l Lachgas pro Minute (minimal flow) reduziert. Gleichzeitig muß die eingestellte Konzentration des volatilen Anästhetikums erhöht werden (z.B. Isofluran ca. 30% oder Enfluran ca. 50%). Bei Sevofluran und insbesondere bei Desfluran ist eine geringere Erhöhung der Konzentration notwendig (ca. 20 bzw. 15%). Daß mit Einstellen des Low oder Minimal flows die inspiratorische Konzentration des volatilen Inhalationsanästhetikums erhöht werden muß, ist dadurch bedingt, daß aufgrund des nun niedrigeren Frischgasflusses die Menge des zugeführten volatilen Inhalationsanästhetikums abnimmt (z.B. nur noch 0,5 l/min anstatt 3 l/min Isofluran-haltiges Frischgas). Außerdem vermischt sich das geringere Frischgasvolumen mit einem größerem Rückatmungsvolumen (s. S. 12), wodurch noch ein stärkerer Verdünnungseffekt dazukommt. Wird der Frischgasfluß wieder erhöht, dann muß die inspiratorische Gaskonzentration wieder entsprechend reduziert werden. Es ist eine apparative Überwachung der Konzentration des volatilen Inhalationsanästhetikums im In- und Exspirationsvolumen notwendig. In der Low- oder Minimal-flow-Phase können Änderungen der Gaskonzentrationen nur langsam erreicht werden. Ist eine schnelle Änderung erforderlich, muß der O_2- und N_2O-Fluß vorübergehend erhöht werden. Aufgrund seiner besonders schnellen An- und Abflutung ist insbesondere das Desfluran für Low-flow- und Minimal-flow-Narkose zu bevorzugen. Zur Narkoseausleitung muß der O_2- und N_2O-Fluß wieder erhöht werden, um eine schnelle Ausleitung zu ermöglichen. Durch Anwendung des Low- und Minimal-flow-Systems lassen sich vor allem bei längerdauernden Narkosen (über 2 Stunden Dauer) deutlich Gase (und damit Kosten) einsparen. Außerdem sind die Wärme- und Feuchtigkeitsverluste und auch die Umweltbelastung geringer.

Nachrelaxation

Bei der Nachinjektion von nichtdepolarisierenden Muskelrelaxanzien ist zu beachten, daß **Wiederholungsdosen** relativ niedrig dosiert werden müssen. Bei Pancuronium und Alcuronium sollten Wiederholungsdosen ca. 20% der Initialdosis, bei Vecuronium, Rocuronium, Atracurium, Cis-Atracurium und Mivacurium ca. 20–30% der Initialdosis betragen. Bei einer Inhalationsnarkose werden jedoch nur selten regelmäßige Nachinjektionen eines nichtdepolarisierenden Muskelrelaxans notwendig, da die Inhalationsanästhetika selbst über eine muskelerschlaffende Wirkung verfügen sowie die Wirkung von nichtdepolarisierenden Muskelrelaxanzien verstärken.

Die letzte Dosis eines nichtdepolarisierenden Muskelrelaxans muß mindestens so lange vor Operationsende verabreicht werden, wie dessen übliche Wirkungsdauer beträgt.

Das heißt, die letzte Rocuronium-, Atracurium-, Cis-Atracurium- bzw. Vecuronium-Dosis sollte spätestens 30 Minuten, die letzte Alcuronium- bzw. Pancuronium-Dosis spätestens 45 Minuten und die letzte Mivacurium-Dosis ca. 10–15 Minuten vor Operationsende verabreicht werden, um nicht einen Überhang eines Muskelrelaxans zu riskieren.

Beurteilung der Narkosetiefe

Zur Beurteilung der Narkosetiefe einer Inhalationsnarkose eignet sich insbesondere das Blutdruckverhalten, da alle Inhalationsanästhetika zu einem dosisabhängigen Blutdruckabfall führen (s. S. 95).

Zeichen einer zu tiefen Narkoseführung kann ein zu niedriger Blutdruck sein.
Maßnahmen bei zu tiefer Narkose:
Reduktion der Konzentration des Inhalationsanästhetikums, schnellere Infusion, evtl. Gabe eines kolloidalen Plasmaersatzmittels oder einer kristalloiden Lösung, evtl. Gabe von Akrinor (s. S. 105).

Zeichen einer zu flachen Narkoseführung kann eine schmerzbedingte Katecholaminausschüttung sein mit:

- Blutdruckanstieg
- Herzfrequenzsteigerung
- Schwitzen
- tränenden Augen und roter, gefäßinjizierter Bindehaut
- Abwehrbewegungen beim nicht relaxierten Patienten
- vertieften Atemzügen beim spontanatmenden Patienten

Die Zeichen Blutdruckanstieg, Herzfrequenzsteigerung und Schwitzen können allerdings auch Folgen einer **Hypoventilation** des Patienten sein! Wird bei der Narkose als Inhalationsanästhetikum Halothan verwendet, so können bei einer zu flachen Narkose gehäuft Extrasystolen auftreten, da Halothan das Herz gegen Katecholamine sensibilisiert (s. S. 33).
Maßnahmen bei zu flacher Narkose:
Erhöhung der Konzentration des Inhalationsanästhetikums. Um eine schnelle Änderung der Blutkonzentration des Inhalationsanästhetikums und damit eine schnelle Änderung der Narkosetiefe zu erreichen, empfiehlt es sich, auf die manuelle Beatmung überzugehen und den Patienten zu hyperventilieren und gegebenenfalls den Frischgasfluß vorübergehend zu erhöhen, wodurch diese neu eingestellte Konzentration des Inhalationsanästhetikums schneller anflutet (s. S. 30).

Es ist stets zu empfehlen, den Patienten vorübergehend manuell zu beatmen, sobald Probleme wegen zu flacher Narkose auftreten. Auch falls irgendwelche unklaren Beatmungsprobleme auftreten, sollte der Patient vorübergehend manuell beatmet werden.

Beobachtung des operativen Vorgehens

Zur optimalen Narkoseführung ist es enorm wichtig, stets genau das operative Geschehen zu verfolgen, denn die benötigte Narkosetiefe hängt entscheidend von den momentanen operativen Manipulationen ab.

Bei erfahrungsgemäß sehr schmerzhaften Maßnahmen wie dem Hautschnitt bei Operationsbeginn, dem Zug am Peritoneum oder an den Eingeweiden, der Durchtrennung des Sternums (= Sternotomie) bei Herz-Thorax-

Eingriffen, der Dehnung des Anus oder des Gebärmutterhalses oder dem Schaben am Periost ist eine tiefere Narkose erforderlich als bei schmerzarmen Manipulationen wie einer Darmnaht, einer Operation an der Lunge, an Muskeln, Faszien oder am Bindegewebe. Mit zunehmender Erfahrung sind dem Anästhesisten die Operationen bekannt, und er kann dann bereits vor Beginn einer schmerzhaften Operationsphase die Narkose vertiefen. Die Zeichen einer zu flachen Narkoseführung treten dann nicht auf. Umgekehrt kann der Anästhesist während schmerzarmer Phasen die Narkose flacher gestalten. Nach den gleichen Kriterien müssen auch die **Muskelrelaxanzien** dosiert werden. Der erfahrene Anästhesist wird die Relaxation vertiefen, bevor eine Operationsphase beginnt, die eine tiefe Relaxation verlangt.

Die Kunst einer guten Narkoseführung besteht darin, die Narkose so flach wie möglich zu führen, so daß gerade noch **keine** Anzeichen einer zu flachen Narkose wie z.B. Blutdruckanstieg auftreten.

Narkoseausleitung einer ITN mit einem verdampfbaren Inhalationsanästhetikum

Bei einer gut gesteuerten Inhalationsnarkose ist der Patient einige Minuten nach Operationsende bereits ansprechbar und atmet suffizient spontan, so daß der Extubation nichts mehr im Wege steht. Dies setzt jedoch voraus, daß der Patient am Operationsende das Inhalationsanästhetikum bereits weitgehend abgeatmet hat und die Wirkung des Muskelrelaxans abgeklungen ist. Des weiteren ist eine ausreichende Spontanatmung für die Extubation zu fordern. Das Atemzugvolumen sollte mindestens 6 ml/kg KG betragen.

Spontanatmung anstreben

Vor der Extubation muß der Patient über eine ausreichende Spontanatmung verfügen. Während einer Intubationsnarkose wird der Patient meist leicht hyperventiliert, das heißt, es wird vermehrt Kohlendioxyd (CO_2) abgeatmet. Der **CO_2-Wert im Blut** sollte unter die Norm von ca. 40 mmHg (= 5,3 kPa) im arteriellen Blut auf ca. 33–35 mmHg (= 4,4–4,7 kPa) erniedrigt sein.

Da der Atemantrieb über den CO_2-Wert reguliert wird, fehlt dem Patienten bei einem erniedrigten CO_2-Wert der Atemantrieb.

Um den Patienten zur Spontanatmung zu bringen, muß er leicht hypoventiliert werden. Der CO_2-Wert sollte auf einen Wert von z.B. 45 mmHg (= 6,0 kPa) erhöht werden. Der natürliche Atemanreiz stellt sich dann wieder ein. Besteht kein Muskelrelaxansüberhang mehr, so wird der Patient beginnen, spontan zu atmen, auch wenn noch ein Inhalationsanästhetikum zugeführt wird. Diese Spontanatmung sollte bereits vor Ende der Operation angestrebt werden, solange noch das Inhalationsanästhetikum eingeschaltet (!) ist. Trotz Beginn der Spontanatmung muß der Patient durch eine manuelle Beatmung leicht unterstützt (= assistiert) werden. Die Konzentration des Inhalationsanästhetikums kann nun nach Bedarf weiter reduziert oder ausgeschaltet werden.

Reduktion des Inhalationsanästhetikums

Nach einer längeren Inhalationsanästhesie sind die Muskulatur- und Fettdepots mehr oder weniger mit dem Inhalationsanästhetikum aufgesättigt. Wird das Inhalationsanästhetikum ausgeschaltet, so wird der **Partialdruck** (s. S. 29) des Inhalationsanästhetikums in der Lunge und im Blut schnell abfallen und bald niedriger als der Partialdruck in der Muskulatur und im Fettgewebe sein. Das Inhalationsanästhetikum diffundiert nun entlang des Partialdruckgefälles wieder aus den Geweben ins Blut zurück. Die hierdurch entstehenden Konzentrationen im

Blut reichen meist aus, die Narkose noch für eine gewisse Zeit aufrecht zu erhalten. Wird dies beachtet, so wird der erfahrene Anästhesist das Inhalationsanästhetikum bereits vor Operationsende ausschalten. Je besser die Löslichkeit des volatilen Inhalationsanästhetikums im Gewebe ist, das heißt, je höher der Blut-Gas-Verteilungskoeffizient ist (vgl. Tab. 1.4), desto früher kann es ausgeschaltet werden. Schnell abflutende volatile Inhalationsanästhetika wie Sevofluran und Desfluran brauchen daher erst relativ kurz vor dem Operationsende ausgeschaltet zu werden.

Das volatile Inhalationsanästhetikum kann um so früher ausgeschaltet werden, je mehr Inhalationsanästhetikum aus den Geweben freigesetzt werden kann, je länger die Narkose gedauert hat, je mehr Fettdepots der Patient hat, je höher dessen Blut-Gas-Verteilungskoeffizient ist und je niedriger der Frischgasfluß ist.

Spätestens bei Beginn der Subkutannaht oder der Hautnaht kann normalerweise das Inhalationsanästhetikum ausgeschaltet werden.

Abstellen des Lachgases

Erst bei der letzten Hautnaht sollte das Lachgas abgeschaltet werden. Zur Vermeidung einer **Diffusionshypoxie** (s. S. 33) durch das nun sehr schnell abflutende Lachgas muß für mindestens 3 Minuten mit reinem Sauerstoff beatmet werden. Hierzu werden ca. 6 Liter Sauerstoff/Minute am Rotameter eingestellt.

Extubation

Die Extubation kann sowohl am noch bewußtlosen, aber bereits spontan atmenden Patienten als auch erst am fast wachen Patienten mit zurückgekehrten Schutzreflexen vorgenommen werden. Sie darf jedoch niemals während des Exzitationsstadiums (s. S. 94), das bei der Ausleitung einer Inhalationsnarkose durchlaufen wird, erfolgen.

Empfehlenswert ist die Extubation erst nach Durchlaufen des Exzitationsstadiums und nach Rückkehr der Schutzreflexe beim fast wachen Patienten. Beim nicht nüchternen Patienten ist dies sogar zwingend (s. S. 185). Die frühzeitige Extubation beim noch bewußtlosen, unter Inhalationsanästhetika spontan atmenden Patienten wird empfohlen, wenn der Patient bei und nach der Extubation nicht husten oder pressen darf. Dies ist z.B. bei Bandscheibenoperationen, nach bestimmten Augenoperationen und nach Leistenbruchoperationen erwünscht. Bei Patienten mit einem Asthma bronchiale sollte die Extubation ebenfalls in tiefer Halothannarkose bei zurückgekehrter Spontanatmung vorgenommen werden. Bei zu später Extubation kann bei diesen Patienten leicht ein asthmatischer Anfall ausgelöst werden.

Vor der Extubation müssen der Mund- und Rachenraum des Patienten mit einem Einmalkatheter von Speichel freigesaugt werden.

Besteht der Verdacht, daß sich Blut, ein Fremdkörper oder Erbrochenes im Mund-Rachen-Raum befinden könnte, so sollte der Mund-Rachen-Raum immer **unter laryngoskopischer Sicht** abgesaugt werden. Bei ausreichender Spontanatmung und möglichst vorhandenen Schutzreflexen wird der Patient nun extubiert. Die Tubusfixierung wird gelöst. Es hat sich bewährt, unmittelbar vor dem Herausziehen des Tubus den (erwachsenen) Patienten mit einem sterilen Einmalkatheter durch den Tubus endotracheal abzusaugen und unter Absaugung den Tubus herauszuziehen. Unmittelbar vorher muß die Anästhesiepflegekraft den Tubus-Cuff mit der Blockerspritze entblocken.

Nach der Extubation wird der Patient zum kräftigen Durchatmen aufgefordert, während ihm über eine leicht vor das Gesicht gehaltene Maske weiter Sauerstoff zugeführt wird.

Der Anästhesist muß sich nach der Extubation nochmals von der ausreichenden Spontanatmung des Patienten überzeugen. Ist diese plötzlich nicht mehr ausreichend, so ist es meist zu einem Zurückfallen der Zunge und zur Verlegung der oberen Luftwege gekommen. Durch Überstrecken des Kopfes und Hochziehen des Unterkiefers (= **Esmarch-Handgriff**, s. S. 287) kann dies meist leicht behoben werden.

In seltenen Fällen kann es nach der Extubation zum Auftreten eines Laryngospasmus kommen. Die dann durchzuführenden Maßnahmen werden auf S. 191 beschrieben. Wurde in tiefer Narkose extubiert, so muß der Patient nach der Extubation so lange auf dem Operationstisch verbleiben, bis die Schutzreflexe sicher zurückgekehrt sind.

„Ablegen" des Patienten vom Operationstisch

Bei ausreichender Spontanatmung und sicher zurückgekehrten Schutzreflexen kann der Patient nun „abgelegt", das heißt vom Operationstisch in ein möglichst vorgewärmtes Bett gelegt werden. Anschließend muß der Patient vom verantwortlichen Anästhesisten in den Aufwachraum gebracht und der dort zuständigen Pflegekraft übergeben werden (s. S. 285).

Kombination eines verdampfbaren Inhalationsanästhetikums mit einem Opioid (balancierte Anästhesie)

Häufig wird bei einer ITN mit einem verdampfbaren Inhalationsanästhetikum zusätzlich eine kleine Dosis Fentanyl, Alfentanil oder Sufentanil verabreicht. Durch zusätzliche Gabe eines Opioids kann der **MAC-Wert der Inhalationsanästhetika vermindert werden** (s. S. 32), das heißt, das Inhalationsanästhetikum kann niedriger dosiert werden, womit auch dessen Nebenwirkungen geringer sind. Dieses Verfahren ermöglicht eine schonendere Narkoseführung und eignet sich insbesondere für Risikopatienten. Die Gabe von Fentanyl (meist 0,1–0,2 mg) oder z.B. Sufentanil (meist 15–30 μg) sollte bereits vor der Intubation verabreicht werden, um die starke analgetische Wirkung dieser Opioide auch während der Intubation ausnützen zu können. Einleitungshypnotikum und Inhalationsanästhetikum können nun niedriger dosiert werden. Herz-Kreislauf-Probleme bei der Narkoseeinleitung sind damit seltener. Nachinjektionen von Fentanyl oder Sufentanil sollten bei kurzen Operationen möglichst vermieden oder bei längeren Operationen eher niedrig (0,05–0,1 mg Fentanyl oder 5–15 μg Sufentanil) dosiert werden.

Die Kombination eines intravenösen Opioidanalgetikums (z.B. Fentanyl), eines Inhalationsanästhetikums, Muskelrelaxans und eines Hypnotikums wird auch als **balancierte Anästhesie** bezeichnet.

Narkoseeinleitung per inhalationem

In seltenen Fällen muß auf die intravenöse Narkoseeinleitung verzichtet werden, und die Narkose ist durch Einatmen eines verdampfbaren Inhalationsanästhetikums einzuleiten; es wird von einer Einleitung per inhalationem gesprochen.

Am Rotameter werden Sauerstoff (z.B. 2 l/min) und Lachgas (z.B. 4 l/min) eingestellt. Nun muß dem Patienten, wenn möglich, die Maske dicht auf das Gesicht gesetzt werden, und schrittweise ist das hierfür zumeist verwendete Sevofluran oder Halothan zu erhöhen. Der Patient wird zum tiefen Durchatmen aufgefordert. Während früher Halothan das Mittel der Wahl für eine Einleitung per inhalationem darstellte, wird es inzwischen zunehmend durch Sevofluran verdrängt, das schneller anflutet und damit eine schnellere Einleitung ermöglicht. Es empfiehlt sich, die Konzentration des Sevoflurans alle 3 Atemzüge um ca. 1 Vol.% bis auf initial ca. 4–5 Vol.% bzw. die Konzentration des Halothans alle 3 Atemzüge um ca. 0,5 Vol.% bis auf initial ca. 2,5 Vol.% zu erhöhen. Sevofluran oder Halothan werden für diese Form der Narkoseeinleitung aufgrund ihres relativ angenehmen Geruches häufiger verwendet. Insbesondere Desfluran und Isofluran haben dagegen einen sehr scharfen Geruch, bei dem viele Patienten den Atem anhalten.

Bei der Einleitung per inhalationem wird das Exzitationsstadium, das bei der intravenösen Einleitung übersprungen wird, relativ langsam durchlaufen.

Während dieser Zeit muß der Patient von äußeren Reizen abgeschirmt werden. Es sollte Ruhe im Raum herrschen, und jegliche Manipulationen am Patienten sollten unterlassen werden. Insbesondere das Einlegen eines Guedel-Tubus darf erst vorgenommen werden, wenn das Exzitationsstadium sicher durchlaufen ist. Sobald der Patient „eingeschlafen“ ist, wird vorsichtig seine Spontanatmung unterstützt, um eine schnelle Anflutung der Inhalationsanästhetika zu erreichen. Nach Durchschreiten des Exzitationsstadiums muß die initial relativ hohe Konzentration des volativen Inhalationsanästhetikums reduziert werden.

Die Intubation kann evtl. in tiefer Sevofluran- bzw. Halothannarkose durchgeführt werden. Vor dem ersten Intubationsversuch sollte in jedem Falle ein sicherer venöser Zugang gelegt werden. Bei der meist durchgeführten zusätzlichen Gabe von Muskelrelaxanzien genügt ein weniger tiefes Narkosestadium.

Indikationen für eine Narkoseeinleitung per inhalationem:

- bei Kindern, bei denen eine intravenöse Narkoseeinleitung oft nicht möglich ist (s. S. 218), da sie die Anlage einer peripheren Venenkanüle im Wachzustand nicht tolerieren
- Mögliches Verfahren bei voraussichtlichen Intubationsschwierigkeiten, um beim bereits bewußtlosen Patienten mit noch erhaltener Spontanatmung eine Intubation zu versuchen (s. S. 199). Dies wird evtl. dann durchgeführt, wenn ein flexibles Fiberbronchoskop zur primär fiberbronchoskopischen Intubation (s. S. 200) nicht zur Verfügung steht.
- evtl. bei schwerem Asthmaleiden

Intravenöse Anästhesie (IVA) und totale intravenöse Anästhesie (TIVA)

Bei einer **i**ntravenösen **A**nästhesie (IVA) wird auf volative Anästhetika verzichtet. Lachgas wird jedoch verabreicht. Bei einer **t**otalen **i**ntravenösen **A**nästhesie (TIVA) wird auf volatile Anästhetika und auch auf Lachgas verzichtet.

Vorbereitungen für eine IVA bzw. TIVA

- Überprüfung des Narkosegeräts (s. S. 22)
- Überprüfen des Narkosewagens auf Vollständigkeit (s. S. 24)
- Vorbereiten des Narkosewagens (s. S. 25)
- Aufziehen der Medikamente (s. S. 25). Im Rahmen einer IVA bzw. TIVA wird zumindest das normalerweise verwendete Hypnotikum Propofol über eine Spritzenpumpe verabreicht. Öfters werden auch das Opioidanalgetikum (insbesondere wenn Remi-

fentanil verwendet wird) und auch das Muskelrelaxans (insbesondere wenn Mivacurium verwendet wird) über eine Spritzenpumpe verabreicht. Es sind daher die entsprechenden Infusionspumpen vorzubereiten und über 3-Wege-Hähne an die intravenöse Verweilkanüle des Patienten anzuschließen.

Mögliche Einleitungsform einer IVA bzw. TIVA

- Präoxygenierung (s. S. 101)
- Gabe einer Priming-Dosis oder Präcurarisierung (s. S. 103). Falls eine IVA bzw. TIVA unter Verwendung einer Larynxmaske geplant ist, wird hierauf verzichtet.
- Opioidgabe:
  Es kommt entweder Sufentanil (z.B. 20 µg), Fentanyl (z.B. 0,1–0,2 mg), Alfentanil (z.B. 1–2 mg) oder Remifentanil (z.B. 0,2–0,3µg/kg KG/min; s. S. 52) zur Anwendung.
- Einleitungshypnotikum:
  Normalerweise kommt Propofol (z.B. 1,5–2,5 mg/kg KG) zur Anwendung.
- Maskenbeatmung (s. S. 101)
- Relaxierung mit einem nichtdepolarisierenden Muskelrelaxans (oder ausnahmsweise mit Succinylcholin; s. S. 104). Falls eine IVA bzw. TIVA unter Verwendung einer Larynxmaske geplant ist, wird hierauf verzichtet.
- endotracheale Intubation (s. S. 82) bzw. Einführen einer Larynxmaske
- Blocken des Tubus (s. S. 86) bzw. der Larynxmaske (s. S. 93)
- Fixierung des Tubus (s. S. 86) bzw. der Larynxmaske (s. S. 93)
- erneute Lagekontrolle des Tubus bzw. der Larynxmaske
- Einstellen von O_2 und N_2O am Rotameter. Bei Durchführung einer IVA wird Lachgas verwendet und es werden meist 1 Liter O_2/Minute und 2 Liter N_2O/Minute eingestellt.
  Bei Durchführung einer TIVA wird auf Lachgas verzichtet. Es werden z.B. 1 Liter O_2/Minute und 2 Liter Luft (air) eingestellt.
- Blutdruck- und Herzfrequenzkontrolle (s. S. 104):
  Bei und nach der Einleitung einer IVA bzw. TIVA droht häufiger ein Blutdruckabfall, insbesondere wenn neben Propofol auch das Opioid Remifentanil verwendet wird. Ist der **Blutdruck kritisch abgefallen,** so bieten sich folgende Maßnahmen an:
  – Schnellerstellen der laufenden kristalloiden Lösung oder evtl. ein Austauschen der kristalloiden Lösung gegen ein kolloidales Plasmaersatzmittel (z.B. Hydroxyäthylstärke o. ä.; s. S. 123)
  – Kippen des Operationstisches in eine Oberkörper-tief- und Bein-hoch-Lage (Schocklagerung; Trendelenburg-Lagerung)
  – Injektion eines blutdrucksteigernden Medikamentes (z.B. Akrinor; s. S. 105)
  – Gabe von Atropin (z.B. 0,25 mg) falls die Herzfrequenz kritisch abgefallen ist (vor allem nach Remifentanil)

  Sind **Blutdruck und Herzfrequenz** als Zeichen einer zu flachen Narkose **zu hoch** und/oder der Patient bewegt sich oder droht aufzuwachen, dann ist nicht eine Muskelrelaxierung sondern eine Vertiefung des Schlafes oder der Analgesie durch Nachinjektion des Einleitungshypnotikums (zumeist Propofol) oder des Opioids angezeigt. Anschließend kann gegebenenfalls auch relaxiert werden.
- gegebenenfalls Vollrelaxierung (falls ausnahmsweise unter Succinylcholingabe intubiert wurde) (s. S. 105)
- Transport in den Operationssaal (s. S. 105)
- Lagerung des Patienten (s. S. 105)
- erneute Lagekontrolle des Tubus bzw. der Larynxmaske (s. S. 87, 93)

Aufrechterhaltung einer IVA bzw. TIVA

Dosierung des Hypnotikums

Für die Aufrechterhaltung einer IVA/TIVA wird zumeist Propofol per Spritzenpumpe verabreicht. Initial werden ca. 10 mg/kg KG/h und als Erhaltungsdosis ca. (3–)6 mg/kg KG/h verabreicht. Wird bei sehr kurzen Eingriffen Propofol nicht per Spritzenpumpe verabreicht, dann sind im Abstand von wenigen Minuten Propofol-Boli à 20–30 mg bei Bedarf zu verabreichen.

Zur Verabreichung von Propofol wird zunehmend häufiger eine sogenannte **TCI** (**t**arget **c**ontrolled **i**nfusion; zielorientierte Infusion) durchgeführt. Ziel ist hierbei eine gewünschte Plasmakonzentration des Propofols. Die TCI beruht auf folgenden Überlegungen:

Bei intravenös verabreichten Medikamenten treten nach der Injektion Umverteilungsphänomene auf (s. S. 41). Aufgrund dieser ständig ablaufenden Umverteilungsphänomene sowie ständig stattfindender Eliminationsprozesse aufgrund von Ausscheidung und Metabolisierung, kann die tatsächlich erreichte Plasmakonzentration weder bei wiederholten Bolusgaben noch bei einer konstanten Infusion zuverlässig vorausgesagt werden. Häufig liegt die tatsächliche Plasmakonzentration deutlich oberhalb oder unterhalb der gewünschten Plasmakonzentration.

Die sogenannte „**t**arget **c**ontrolled **i**nfusion" (TCI) stellt eine neue (1997 eingeführte) Form der intravenösen Applikation von Propofol dar. Mit Hilfe von speziellen computerunterstützten Spritzenpumpen kann für Propofol eine gewünschte Ziel-(Target-)Plasmakonzentration eingestellt werden. Diese spezielle Spritzenpumpe errechnet kontinuierlich anhand von Daten über Umverteilung, Ausscheidung und Metabolisierung die notwendige Infusionsgeschwindigkeit, um die eingestellte Zielkonzentration tatsächlich zu erreichen. Diese TCI-Pumpe verändert ständig die aktuelle Infusionsgeschwindigkeit, um die vorgegebene Plasmakonzentration zu ermöglichen bzw. aufrecht zu erhalten.

Mittels TCI kann ein relativ konstantes Verhalten von Blutdruck und Herzfrequenz erzielt werden. Außerdem sollen auch grobe Fehldosierungen eher vermeidbar sein.

In die spezielle Spritzenpumpe (sogenannter TCI-Diprifusor) müssen zuvor die patienteneigenen Daten (Alter, Körpergewicht) eingegeben werden. Außerdem muß die Zielkonzentration im Plasma eingegeben werden. Für den TCI-Diprifusor sind spezielle Propofol-Fertigspritzen mit einem Codierungsstreifen an einem Spritzenflügel (zur automatischen elektronischen Erkennung der Spritzen) zu verwenden. Es stehen Propofol-Fertigspritzen à 50 ml mit 1- oder 2%iger Lösung zu Verfügung. Anhand des Codierungsstreifens erkennt die TCI-Pumpe, ob es sich um 1- oder 2%iges Propofol handelt. Die erkannte Propofolkonzentration wird angezeigt und muß per Knopfdruck bestätigt werden.

Im Anzeigenteil dieser Pumpen wird die gewünschte Zielkonzentration sowie die errechnete aktuelle Konzentration angezeigt. Außerdem wird die momentane Förderrate der Pumpe in mg/kg KG/h bzw. in ml/h angezeigt. Diese Pumpen können auch für die Narkoseeinleitung verwendet werden. Hierfür kann eingestellt werden, ob die eingestellte Zielkonzentration so schnell als möglich (innerhalb von 30 Sekunden) erreicht werden soll bzw. es kann eine Zeitspanne (zwischen 0,5 und 10 Minuten) gewählt werden, innerhalb derer die Zielkonzentration erreicht werden soll.

Zur Aufrechterhaltung der Narkose (bei Patienten der ASA-Gruppe I oder II und bei Patienten jünger als 60 Jahre), bei denen zusätzlich eine mäßige Opioiddosis verabreicht wird, sollte initial eine Zielkonzentration von ca. 4 µg/ml angestrebt werden. Zur Aufrechterhaltung der Narkose reicht meist eine Zielkonzentration von ca. 3 µg/ml aus. Bei Patienten der ASA-Gruppen III oder IV oder bei Patienten über 60 Jahre sind deutlich niedrigere Zielkonzentrationen notwendig.

Bei einer Plasmakonzentration von ca. 1,5 µg/ml öffnen die Patienten normalerweise wieder die Augen.
Der TCI-Diprifusor darf nur für Verabreichung von Propofol für die Einleitung und Aufrechterhaltung von Anästhesien bei Erwachsenen verwendet werden.

Dosierung des Opioids

Bei sehr kurzen Eingriffen (z.B. einer Curettage) genügt oft die initiale Opioiddosis (z.B. 1 mg Alfentanil, 0,1 mg Fentanyl, 20 µg Sufentanil). Gegebenenfalls kann noch ca. die halbe Initialdosis nachinjiziert werden. Bei länger dauernden Eingriffen wird meist Sufentanil (10–20 µg) oder Fentanyl (0,05–0,1 mg) in ca. 30-Minuten-Abständen repetiert. Inzwischen wird häufiger auch Remifentanil im Rahmen einer IVA/TIVA verabreicht. Als Erhaltungsdosis reichen zumeist 0,2–0,3 µg/kg KG/min aus (s. S. 52). Bei länger dauernden Eingriffen kann auch Sufentanil per Spritzenpumpe (0,004–0,015 µg/kg KG/min = 0,3–1 µg/kg KG/h verabreicht werden.

Dosierung des Relaxans

Zumeist wird die Relaxierung durch wiederholte Bolusgaben eines Relaxans aufrechterhalten. Bei Verwendung von Mivacurium ist bei längeren Eingriffen die Gabe per Spritzenpumpe empfehlenswert.

Beurteilung der Narosetiefe

(s. S. 107)

Beurteilung des operativen Vorgehens

(s. S. 107)

Narkoseausleitung bei einer IVA bzw. TIVA

Die letzte Opioiddosis sollte bei Sufentanil und Fentanyl ca. 30 Minuten, bei Alfentanil ca. 10 Minuten vor OP-Ende verabreicht werden, und eine Remifentanildauerinfusion sollte ca. 5 Minuten vor OP-Ende abgestellt werden. Bei Gabe eines mittellang wirkenden Relaxans sollte die letzte Gabe spätestens ca. 30 Minuten vor OP-Ende und bei dem kurz wirkendem Mivacurium sollte die letzte Gabe spätestens ca. 10–15 Minuten vor OP-Ende erfolgen. Wird das Hypnotikum Propofol per Spritzenpumpe kontinuierlich verabreicht, so kann bei längeren Eingriffen zumeist ca. 10 Minuten vor OP-Ende die Infusionsgeschwindigkeit verlangsamt und ca. 5 Minuten vor OP-Ende kann die Zufuhr gestoppt werden.
Kurz vor Ende der Hautnaht kann das evtl. verwendete Lachgas abgestellt werden (s. S. 109).

Extubation

(s. S. 109)

„Ablegen" des Patienten vom Operationstisch

(s. S. 110)

Vorteile einer IVA/TIVA

Die Vorteile einer IVA/TIVA sind vor allem darin zu sehen, daß die Patienten am Ende der Operation relativ schnell und meist angenehm wach werden. Aufgrund des zumeist verwendeten Propofols ist die Häufigkeit von postoperativer Übelkeit sehr gering, denn Propofol weist eine antiemetische (Übelkeit hemmende) Wirkung auf. Typisch für Propofol ist auch die Tatsache, daß Patienten, die ausnahmsweise während einer Narkose etwas geträumt haben, fast immer von sehr angenehmen Trauminhalten berichten.

Nachteile einer IVA/TIVA

Wird eine IVA/TIVA unter Verwendung von Remifentanil durchgeführt, so treten aufgrund der sehr kurzen Wirkung des Remifentanils meist sehr schnell starke postoperative Schmerzen auf. Kurz nach Erwachen des Patienten muß dann gegebenenfalls mit einer intravenösen Titration eines längerwirkenden Opioids (vor allem Piritramid; s. S. 293) begonnen werden. Zum Teil wird auch schon eine zusätzliche intraoperative Gabe eines längerwirkenden Opioids (vor allem Piritramid) empfohlen. Falls möglich sollte bereits präoperativ oder nach Narkoseeinleitung ein antipyretisches („peripheres“) Analgetikum (z.B. Diclofenac; s. S. 295) oral bzw. als Suppositorium rektal verabreicht werden.

Die Neuroleptanästhesie (= NLA)

Allgemeine Bemerkungen zur Neuroleptanalgesie und Neuroleptanästhesie

Die klassische Neurolept**analgesie** ist, wie der Name sagt, durch die Kombination eines Neuroleptikums mit einem Analgetikum gekennzeichnet.

Hierzu wurde klassischerweise das potente Analgetikum Fentanyl (s. S. 50) und das Neuroleptikum Droperidol (s. S. 54) kombiniert. Dieser Zustand ist z.B. bei bestimmten neurochirurgischen Operationen (stereotaktischen Operationen) notwendig, während derer die Mitarbeit des Patienten notwendig ist. Auch bestimmte diagnostische Eingriffe (Ösophagoskopie, Bronchoskopie, Angiographie usw.) können in einer Neuroleptanalgesie durchgeführt werden.

Das Neuroleptikum verursacht eine Sedierung, Gleichgültigkeit und Antriebsminderung, das Analgetikum dämpft die Schmerzen. Bei dieser klassischen Neuroleptanalgesie ist der Patient also ansprechbar und kooperativ.
Inzwischen wird, falls eine Analgesie und eine Sedierung beim noch wachen und kooperativen Patienten angestrebt wird, oft ein potentes und kurzwirksames Opioid (wie Fentanyl, Alfentanil, Sufentanil) mit einem Benzodiazepin (meist Midazolam) kombiniert.

Bei der Neurolept**anästhesie** handelt es sich um eine Allgemeinanästhesie, bei der alle Kriterien einer Vollnarkose erfüllt sind (s. S. 3). Sie wurde jedoch während der letzten Jahre durch Einführung der IVA und TIVA (s.o.) weitgehend verdrängt.

Eine Neuroleptanästhesie wird nur als Intubationsnarkose, nie als Maskennarkose durchgeführt. Auch die Larynxmaske kommt bei den normalerweise langdauernden Neuroleptanästhesien nicht zum Einsatz.
Die Durchführung der Neuroleptanästhesie wird zum Teil sehr unterschiedlich gehandhabt. Es sind viele Variationen mit Erfolg durchführbar. Das im folgenden beschriebene Vorgehen kann daher nur eine von vielen möglichen Vorgehensweisen aufzeigen.
Zur Durchführung einer Neuroleptanästhesie werden meist folgende Medikamente kombiniert:

- Fentanyl oder Sufentanil:
  Fentanyl oder Sufentanil ermöglichen als potente Opioidanalgetika die Schmerzfreiheit.
- Droperidol:
  Droperidol als starkes Neuroleptikum erzielt Sedierung, Gleichgültigkeit und Antriebsminderung. Es wird inzwischen häufig durch Midazolam ersetzt.
- Lachgas:
  Lachgas wird immer zugesetzt. Lachgas potenziert die Wirkung des Opioids. Außerdem ist Lachgas in Kombination mit Droperidol für die Amnesie (= Erinnerungslosigkeit) und Bewußtlosigkeit des Patienten verantwortlich. Droperidol alleine erzeugt keine Bewußtlosigkeit.
- Muskelrelaxanzien:
  Muskelrelaxanzien werden immer benötigt. Zur Intubation wird ein nichtdepolarisierendes Muskelrelaxans (oder selten Succinylcholin, s. S. 104), zur Aufrechterhaltung der Relaxierung ein nichtdepolarisierendes Muskelrelaxans verwen-

det. Wird zur Intubation bereits ein nichtdepolarisierendes Muskelrelaxans verwendet, dann kann evtl. – ähnlich wie vor der Gabe von Succinylcholin – eine kleine, nicht lähmende Dosis vorweggegeben werden. Dadurch wirkt die Hauptdosis schneller. Dieses Vorgehen wird als Priming-Prinzip bezeichnet (s. S. 104).

- Einleitungshypnotikum:
  Zur schonenden und schnellen Narkoseeinleitung wird meist zusätzlich ein Einleitungshypnotikum verwendet. Von manchen Anästhesisten wird hierauf jedoch verzichtet.

Indikationen für eine Neuroleptanästhesie sind z. B.:

- bei Patienten mit Herzinsuffizienz
- wenn sich verdampfbare Inhalationsanästhetika verbieten (Verdacht auf einen erhöhten intrakraniellen Druck, schwere Leberschädigungen)

Inzwischen wird anstatt einer Neuroleptanästhesie zumeist eine IVA oder TIVA (s.o.) vorgezogen.

Kontraindikationen für die Neuroleptanästhesie sind z.B.:

- geburtshilfliche Operationen (z.B. Kaiserschnitt) vor der Abnabelung des Kindes (Atemdepression des Neugeborenen!)
- kurzfristige Operationen (unter 45 Minuten Dauer)

Vorbereitungen zur Neuroleptanästhesie

- Überprüfung des Narkosegerätes (s. S. 22)
- Überprüfung des Narkosewagens auf Vollständigkeit (s. S. 24)
- Vorbereiten des Narkosewagens (s. S. 25)
- Aufziehen der Medikamente (s. S. 25)
- Vorbereiten des Patienten auf die Narkose (s. S. 25)

Mögliche Einleitungsform einer Neuroleptanästhesie

- Präoxygenierung (s. S. 101)
- Präcurarisierung oder Priming-Dosis (s. S. 103)
- Droperidol:
  Droperidol kann durch seine ausgeprägte Alpha-Blockade (s. S. 54) einen unter Umständen starken Blutdruckabfall bewirken. Vor allem wenn ein durch Vasokonstriktion noch kompensierter, intravasaler Volumenmangel besteht, kann eine Alpha-Blockade einen starken Blutdruckabfall verursachen.

> Mit Hilfe einer kleinen Dosis von Droperidol kann geradezu getestet werden, ob der Patient einen kompensierten Volumenmangel hat.

Kommt es nach einer ersten kleinen „Testdosis" von Droperidol (ca. 5 mg) schon zu einem deutlichen Blutdruckabfall, so sollte die Narkoseeinleitung unterbrochen und erst eine weitere Volumengabe zur Kreislaufauffüllung durchgeführt werden. Bei Durchführung einer Neuroleptanästhesie hat es sich bewährt, bereits vor und während der Narkoseeinleitung zumeist ca. 500 ml Volumen zu infundieren.
Droperidol hat einen ausgesprochen starken **antiemetischen Effekt** (= Hemmung von Übelkeit und Brechreiz). Damit kann der allen Opioiden und somit auch dem Fentanyl und Sufentanil eigene emetische Effekt (= Auslösung von Übelkeit und Brechreiz) vermindert werden. Droperidol sollte daher vor (!) dem Opioid verabreicht werden.
Zur Narkoseeinleitung eignen sich 0,1–0,2 mg/kg KG = 5–15 mg Droperidol beim Erwachsenen. Die Dosierungsempfehlungen sind jedoch zum Teil recht unterschiedlich. Inzwischen wird zunehmend häufiger anstatt Droperidol das Benzodiazepin Midazolam im Rahmen einer NLA verwendet.

Wird Midazolam bereits zur Narkoseeinleitung in einer Dosierung von 0,1–0,15 mg/kg KG verwendet, ist ein Einleitungshypnotikum wie z.B. Etomidat meist nicht mehr notwendig. Midazolam wird jedoch meist erst nach der Narkoseeinleitung (mit einem Hypnotikum) zur Aufrechterhaltung der NLA verabreicht. Als Erstdosis werden dann meist ca. 5 mg Midazolam verabreicht. Repetitionsdosen von 2–5 mg sollten alle ca. 1–2 Stunden nachinjiziert werden.

- Fentanyl/Sufentanil:
  Um anfänglich möglichst eine Vollbesetzung der **Opioidrezeptoren** zu garantieren, sollte eine hohe Erstdosis von Fentanyl (ca. 0,005–0,007 mg/kg KG = 0,3–0,5 mg beim Erwachsenen) oder Sufentanil (45–75 µg beim Erwachsenen) verabreicht werden. Der Patient wird bei und nach der Opioidgabe aufgefordert, tief durchzuatmen.
- Einleitungshypnotikum:
  Hierzu eignen sich neben Thiopental und Methohexital – vor allem bei Risikopatienten – auch Etomidat oder Midazolam. Aufgrund der zusätzlichen Opioidgabe reicht im Vergleich zu einer ITN mit einem Inhalationsanästhetikum eine geringere Dosis des Einleitungshypnotikums. Sind die Patienten bewußtlos (erloschener Lidreflex, s. S. 101), werden sie über die Gesichtsmaske beatmet.
- Maskenbeatmung (s. S. 101)
- Relaxierung mit einem nichtdepolarisierenden Muskelrelaxans (oder Succinylcholin, s. S. 104)
- orotracheale Intubation (s. S. 82)
- Blocken des Tubus (s. S. 86)
- Lagekontrolle des Tubus (s. S. 87)
- Fixierung des Tubus (s. S. 88)
- erneute Lagekontrolle des Tubus
- Einstellen von O_2 und N_2O am Rotameter:
  Am Rotameter für Sauerstoff wird nun z.B. 1 Liter O_2/Minute und am Rotameter für Lachgas werden 2 Liter N_2O/Minute eingestellt.
- Blutdruck- und Herzfrequenzkontrolle:
  Da die Intubationsphase einer der kritischsten Momente jeder Narkose ist, muß kurz nach der Intubation unbedingt der Blutdruck gemessen und die Herzfrequenz kontrolliert werden. Zum einen droht bei Überdosierung der Medikamente ein Blutdruckabfall, zum andern bei zu flacher Narkose ein schmerzbedingter Blutdruck- und Herzfrequenzanstieg.
  Ist der **Blutdruck** nach der Narkoseeinleitung **kritisch abgefallen,** so bieten sich folgende Maßnahmen an:
  - Falls mit Succinylcholin zur Intubation relaxiert wurde, vorerst Verzicht auf eine Vollrelaxierung mit einem nichtdepolarisierenden Muskelrelaxans (z.B. Alcuronium), da es hierdurch zu einem weiteren Blutdruckabfall kommen kann.
  - Schnellerstellen der laufenden kristalloiden Lösung oder evtl. ein Austauschen der kristalloiden Lösung gegen ein kolloidales Plasmaersatzmittel (z.B. Hydroxyäthylstärke o. ä., s. S. 123)
  - Kippen des Operationstisches in eine Oberkörper-tief- und Bein-hoch-Lage (Schocklagerung; Trendelenburg-Lagerung)
  - Injektion eines blutdrucksteigernden Medikamentes (z.B. Akrinor)

  Ist der Blutdruck als Zeichen einer zu flachen Narkose zu hoch und der Patient bewegt sich oder droht aufzuwachen, so ist nicht eine Muskelrelaxierung sondern eine Vertiefung des Schlafes oder der Analgesie durch Nachinjektion des Einleitungshypnotikums oder von Fentanyl/Sufentanil angezeigt. Anschließend kann der Patient auch relaxiert werden.
- Gegebenenfalls Vollrelaxierung.
  Ist der Blutdruck nicht kritisch abgefallen, so wird, falls für die Operation notwendig und für die Intubation ausnahmsweise mit Succinylcholin relaxiert wurde, der Patient jetzt mit einem nichtdepolarisierenden Muskelrelaxans relaxiert. Zur Vollrelaxierung beim Erwachsenen sind bei Verwen-

dung von Rocuronium ca. 50 mg, bei Mivacurium ca. 15 mg, bei Pancuronium und Vecuronium ca. 6 mg, bei Atracurium ca. 35 mg, bei Cis-Atracurium ca. 7–10 mg (und bei Alcuronium ca. 10 mg) notwendig.
- Transport in den Operationssaal (s. S. 105)
- Lagerung des Patienten (s. S. 105)

Aufrechterhaltung einer Neuroleptanästhesie

Beobachtung des operativen Vorgehens

(s. S. 107)

Nachinjektion von Muskelrelaxanzien

Der Bedarf an Muskelrelaxanzien ist bei einer NLA deutlich höher als bei einer Inhalationsnarkose.

Den verdampfbaren Inhalationsanästhetika ist eine muskelrelaxierende Wirkung und eine Wirkungsverstärkung der nichtdepolarisierenden Muskelrelaxanzien eigen. Dies entfällt bei der NLA und erklärt den höheren Relaxanzienverbrauch. Daher muß z.B. bei einer Bauchoperation in NLA auf eine regelmäßige Nachinjektion des Muskelrelaxans geachtet werden. Eine eventuelle Nachinjektion des Muskelrelaxans muß zum einen an der momentanen Operationsphase sowie an der Überprüfung des Relaxationsgrades mittels Relaxometrie (s. S. 69) und an der Wirkdauer des verwendeten Relaxans orientiert werden.

Bewegt sich ein Patient während der Operation aufgrund der schmerzhaften Manipulation, wäre es falsch, ihn nur wieder zu relaxieren. Er würde sich zwar nicht mehr bewegen, aber der Grund für die Bewegungen, nämlich die Schmerzen, wäre noch vorhanden.

In diesem Falle muß also zusätzlich zum Relaxans z.B. Fentanyl gegeben werden. Die letzte Dosis des Muskelrelaxans sollte mindestens so lange vor OP-Ende verabreicht werden, wie dessen normale Wirkungsdauer beträgt. Ansonsten besteht die Gefahr eines **postoperativen Überhangs des Muskelrelaxans** mit einer Lähmung der Atemmuskulatur.

Nachinjektion von Fentanyl/Sufentanil

Eventuelle Nachinjektionen von Fentanyl oder Sufentanil müssen ebenfalls zum einen an der momentanen OP-Situation und zum anderen an deren mittlerer Wirkungsdauer von ca. 30 Minuten orientiert werden. Als Wiederholungsdosen eignen sich 0,05–0,1 (bis maximal 0,2) mg Fentanyl oder 10–20 µg Sufentanil. Bei langen Operationen sollten die anfänglichen Wiederholungsdosen eher hoch, spätere Wiederholungsdosen sollten eher niedrig gewählt werden. Weitere Kriterien für eine nötige Nachinjektion von Fentanyl oder Sufentanil sind **Anzeichen einer nachlassenden Analgesie:**

- Anstieg des Blutdrucks
- Anstieg der Herzfrequenz
- tränende Augen
- Schwitzen des Patienten

Fentanyl und Sufentanil wirken wie alle Opioide durch Bindung an spezifische Opioidrezeptoren. Sind alle Opioidrezeptoren besetzt, so kann auch durch eine weitere Fentanyl-/Sufentanilgabe keine bessere Analgesie mehr erzielt werden.

Insbesondere bei abdominalchirurgischen und herzchirurgischen Operationen kommt es immer wieder vor, daß Zeichen einer ungenügenden Analgesie vorhanden sind, die aber durch Nachinjektion auch größerer Fentanylgaben nicht zu beseitigen sind. Durch die kurzfristige, zusätzliche Gabe eines Inhalationsanästhetikums in niedriger Dosierung kann die Situation fast immer beherrscht werden.

Die letzte, möglichst geringe Dosis von Fentanyl oder Sufentanil sollte mindestens 30 Minuten vor OP-Ende verabreicht werden, um **keine postoperative Atemdepression durch einen Opioidüberhang** zu riskieren. Muß gegen Ende der Narkose kurzfristig die Narkose vertieft werden, so hat es sich oft bewährt, statt einer Fentanyl- oder Sufentanil-Nachinjektion (mit der Gefahr einer postoperativen Atemdepression) kurzfristig ein Inhalationsanästhetikum (z.B. 1 Vol.% Isofluran) zusätzlich zu verabreichen, um den kritischen Moment zu überbrücken.

Es ist jedoch zu beachten, daß durch die Kombination von Fentanyl oder Sufentanil mit größeren Dosen eines verdampfbaren Inhalationsanästhetikums der Fentanyl- oder Sufentanilabbau verzögert wird. Die atemdepressive Wirkung des Fentanyls oder Sufentanils kann damit verlängert (!!!) werden.

Das Inhalationsanästhetikum sollte also nur kurzfristig zugegeben werden.

Nachinjektion von Droperidol/Midazolam

Im Normalfall braucht Droperidol nach einer ausreichenden Initialdosis nur selten (ca. alle 4 Stunden) nachinjiziert zu werden. Gelegentlich wird auch die Ansicht vertreten, daß eine einmalige, hochdosierte Droperidolgabe am Anfang einer NLA ausreichend ist.
Wird anstatt Dehydrobenzperidol z.B. Midazolam verwendet, so empfiehlt sich meist eine Repetitionsdosis von ca. 2–5 mg alle 1–2 Stunden.

Narkoseausleitung bei einer Neuroleptanästhesie

Während bei einer Inhalationsanästhesie die Spontanatmung des Patienten bereits vor OP-Ende angestrebt werden sollte, empfiehlt es sich bei einer NLA, die kontrollierte Beatmung des Patienten erst unmittelbar vor dem OP-Ende zu beenden und durch eine Hypoventilation einen Anstieg des CO_2-Wertes und damit die Spontanatmung des Patienten zu provozieren.

Erst bei der letzten Hautnaht sollte das Lachgas abgeschaltet werden. Zur Vermeidung einer Diffusionshypoxie (s. S. 33) durch das nun sehr schnell abflutende Lachgas muß für mindestens 3 Minuten mit reinem Sauerstoff (ca. 6 Liter O_2/Minute) beatmet werden.
Besteht kein Überhang von Fentanyl/Sufentanil oder eines Muskelrelaxans, so wird der Patient bald beginnen, spontan zu atmen. Da die analgetische Wirkung des Fentanyls/Sufentanils meist noch einige Zeit nachwirkt, tolerieren die nun spontan atmenden und wach werdenden Patienten den Tubus normalerweise relativ gut.

Fentanyl-/Sufentanilüberhang?

Besteht bei dem Patienten ein Opioidüberhang, so wird er nur verzögert anfangen, spontan zu atmen. Wird er aufgefordert tief durchzuatmen, so tut er dies (= **Kommandoatmung**). Wird er jedoch in Ruhe gelassen, so „vergißt" er oft das Atmen.

Der Atemtypus ist durch eine ganz langsame Atemfrequenz bei relativ großem Atemzugvolumen gekennzeichnet. Die Pupillen des Patienten sind noch sehr eng (stecknadelkopfgroße Pupillen, s. S. 8). Der Patient verneint, Schmerzen zu haben. Er liegt ruhig da und kommt Aufforderungen, wie z.B. Anheben des Kopfes, nach. Er fühlt sich jedoch durch den Tubus nicht gestört.

Bei einem Opioidüberhang sollte der Patient mit einem Opioidantagonisten, z.B. Naloxon (s. S. 53), antagonisiert werden.
Da Naloxon eine kürzere Wirkdauer als das zu antagonisierende Fentanyl oder Sufentanil hat, besteht die Gefahr einer erneuten Atemdepression, sobald die Wirkung des Naloxons nachläßt. Aus diesem Grunde sind „antagonisierte" Patienten besonders sorgfältig für mindestens zwei Stunden im Aufwachraum zu überwachen.

Relaxansüberhang?

Besteht bei einem Patienten ein Überhang an Muskelrelaxanzien, so bietet sich meist folgendes Bild: Der Atemtypus des Patienten ist eher schnell, die Atemzüge sind sehr flach. Der Patient versucht krampfhaft, nach Luft zu ringen und ist unruhig.
Ein eventueller Relaxansüberhang kann mit Hilfe der Relaxometrie objektiviert werden (s. S. 69).

Der Aufforderung, tief durchzuatmen, kann ein noch anrelaxierter Patient kaum nachkommen. Bei der Aufforderung, die Augen zu öffnen, versucht er typischerweise auch mit Hilfe der Stirnmuskulatur die Lider zu heben. Die Stirn wirft sich in Falten, die Augen können aber nur andeutungsweise geöffnet werden. Auch anderen Aufforderungen, wie Hochheben des Kopfes, Öffnen des Mundes oder Drücken der Hand, kann der Patient nur andeutungsweise nachkommen.

Bei dem Patienten sollte die Wirkung des nichtdepolarisierenden Muskelrelaxans z.B. mit Pyridostigmin oder Neostigmin (in Kombination mit Atropin) antagonisiert werden (s. S. 64).

Da Pyridostigmin eine längere Wirkdauer als die zumeist verwendeten mittellang wirkenden Relaxanzien (z.B. Rocuronium, Atracurium, Cis-Atracurium, Vecuronium) hat, besteht nach dessen Wirkungsende nicht die Gefahr einer erneuten Zunahme des Relaxierungsgrades. Voraussetzung für die Antagonisierung eines Muskelrelaxansüberhangs ist eine bereits zurückgekehrte, wenn auch minimale Spontanatmung des Patienten oder eine relaxometrisch nachweisbare erste Reizantwort!

Extubation
(s. S. 109)
Nach der Extubation wird der Patient zum kräftigen Durchatmen aufgefordert, während ihm über eine leicht vor das Gesicht gehaltene Maske weiter Sauerstoff zugeführt wird. Nach der Extubation ist wiederholt zu überprüfen, ob die Spontanatmung des Patienten ausreichend ist. Nach Fentanyl-/Sufentanilverabreichung kommt es öfters vor, daß die noch intubierten Patienten, bedingt durch den schmerzhaften Reiz des Tubus, gut durchatmen. Wird ihnen der Tubus, das heißt der Schmerzreiz, genommen, so hören sie nach der Extubation auf zu atmen! Stets muß überprüft werden, ob die Patienten auch genügend durchatmen, wenn sie nicht dazu aufgefordert werden (!!).

„Ablegen" des Patienten vom OP-Tisch
(s. S. 110)

Nachteile einer Neuroleptanästhesie

- Selten ist die durch Lachgas und Droperidol bewirkte Bewußtlosigkeit unzureichend, und die Patienten können sich unter Umständen daran erinnern, was während einer bestimmten Operationsphase gesprochen wurde.
- Durch Droperidol können, vor allem bei nicht erkanntem Volumenmangel, unter

Umständen drastische Blutdruckabfälle ausgelöst werden.
- Manchmal treten die Anzeichen einer zu flachen Narkoseführung auf, die trotz hoher Fentanyldosen nicht zu beherrschen sind.
- Die schlechte Steuerbarkeit der intravenös zu verabreichenden Medikamente (s. S. 40) hat häufiger einen postoperativen Fentanyl-/Sufentanil- oder Relaxansüberhang zur Folge.
- Postoperativ müssen die Patienten wegen der oft hohen Fentanyl-/Sufentanildosen wesentlich länger im Aufwachraum überwacht werden.

Narkose unter Verwendung einer Kehlkopfmaske

Allgemeine Bemerkungen

Eine Narkose unter Verwendung einer Kehlkopfmaske (Larynxmaske) ist dadurch ausgezeichnet, daß der Patient anstatt eines Endotrachealtubus (s. Intubationsnarkose, S. 103) eine Kehlkopfmaske erhält. Über die Kehlkopfmaske kann der Patient entweder spontan atmen oder manuell (s. S. 99) bzw. ausnahmsweise auch maschinell mittels Beatmungsgerät (s. S. 100) beatmet werden. Eine Narkose unter Verwendung einer Kehlkopfmaske verbietet sich bei nicht nüchternen Patienten, da die Kehlkopfmaske keinen sicheren Schutz vor einer Aspiration darstellt. Auch bei Operationen, bei denen das Peritoneum oder die Pleura eröffnet wird sowie bei Operationen im Bereich des Mund-Nasen-Rachen-Raums ist auf eine Kehlkopfmaske zu verzichten (s. auch S. 203).

Vorbereitungen

- Überprüfung des Narkosegerätes (s. S. 22)
- Überprüfung des Narkosewagens auf Vollständigkeit (s. S. 24)
- Vorbereitung des Narkosewagens (s. S. 25)
- Aufziehen der Medikamente (s. S. 25)
- Vorbereitung des Patienten auf die Narkose (s. S. 25)
- Vorbereitung der Kehlkopfmaske (s. S. 92)

Einleitung der Narkose

- Präoxygenierung (s. S. 101)
- Einleitungshypnotikum:
  Als Einleitungshypnotikum wird zumeist Propofol verwendet, da es die laryngealen Reflexe stärker dämpft als andere Hypnotika.
- Maskenbeatmung (s. S. 101):
  Nach Narkoseeinleitung mittels intravenöser Injektion eines Hypnotikums (normalerweise Propofol) wird der Patient kurzfristig über eine Gesichtsmaske beatmet.
- Einführen der Kehlkopfmaske (s. S. 92)
- Die vorherige Gabe eines Muskelrelaxans ist nicht notwendig.
- Blocken der Kehlkopfmaske (s. S. 93)
- Überprüfen der Kehlkopfmaske auf Dichtigkeit (s. S. 93)
- Fixierung der Kehlkopfmaske (s. S. 93)
- Einstellen von O_2 (und N_2O) am Rotameter (s. S. 101)
- Einstellen des Inhalationsanästhetikums (s. S. 104) bzw. Fortführung als IVA/TIVA (s. S. 113)
- Blutdruck- und Herzfrequenzkontrolle (s. S. 104)
- gegebenenfalls Vollrelaxierung (s. S. 105)
- Transport in den Operationssaal (s. S. 105)
- Lagerung des Patienten (s. S. 105)

Aufrechterhaltung und Ausleitung der Narkose

Das Vorgehen entspricht großteils dem bei der Aufrechterhaltung bzw. Narkoseausleitung einer ITN mit einem verdampfbaren Inhalationsanästhetikum (s. S.106) bzw. bei der Kombination eines verdampfbaren Inhalationsanästhetikums mit einem Opioid (s. S. 110) bzw. dem einer IVA/TIVA (s. S. 111). Es sei daher auf die entsprechenden Kapitel verwiesen.

Während allerdings bei endotracheal intubierten Patienten fast immer eine kontrollierte maschinelle Beatmung vorgenommen wird, sollte bei einer Narkose unter Verwendung einer Kehlkopfmaske möglichst eine Spontanatmung des Patienten mit manueller Unterstützung angestrebt werden. Bei der kontrollierten maschinellen Beatmung ist die Kehlkopfmaske häufiger undicht. Es kann hierdurch zum Eindringen von Beatmungsgas in den Magen (mit der Gefahr einer Regurgitation) kommen. Da eine Spontanatmung aber nicht über längere Zeiträume erwünscht ist (Gefahr von Atelektasen), werden nur selten Kehlkopfmasken verwendet, wenn die Operation länger als 1–2 Stunden dauert.

Extubation

Bei Patienten mit eingelegter Kehlkopfmaske wird normalerweise erst extubiert, wenn der Patient aus der Narkose erwacht und auf Aufforderung den Mund öffnet. Erst nach (nicht vor!) Entfernen der Kehlkopfmaske wird der Mund- und Rachenraum abgesaugt. Weder vor noch beim Entfernen der Maske wird (im Unterschied zum intubierten Patienten) endotracheal abgesaugt.

Perioperative Infusions- und Transfusionstherapie

Für die perioperative Flüssigkeitstherapie stehen je nach Bedarf verschiedene Infusions- und Transfusionslösungen zur Verfügung.

Infusionen

Kristalloide Lösungen

Kristalloide sind kristallisierbare Substanzen. Zu den kristalloiden Lösungen werden Elektrolytlösungen sowie niederprozentige Glukoselösungen (z.B. Glukose 5%) gezählt. Kristalloide Lösungen können ungehindert durch fast alle Zellmembranen diffundieren.

Nach der Infusion diffundiert daher der überwiegende Teil (fast 80%) aus dem Gefäßsystem in die Gewebe ab. Je nachdem, wie hoch der Elektrolytgehalt einer Elektrolytlösung im Vergleich zum Plasma ist, wird von einer **Vollelektrolytlösung,** einer $^1/_2$- oder $^2/_3$-**Elektrolytlösung** usw. gesprochen. Wird die Osmolarität der Kristalloidlösung mit der des Plasmas verglichen, so können isotone, hypotone oder hypertone Kristalloidlösungen unterschieden werden.

Isotone Lösungen haben die gleiche Osmolarität wie das Plasma. **Hypotone** Lösungen haben eine geringere und **hypertone** Lösungen eine höhere Osmolarität als das Plasma (vgl. Tab. 1.7).

Tab. 1.7 Osmolaritäten verschiedener Lösungen.

Lösung (Plasma)	Natrium (140 mmol/l)	Kalium (4 mmol/l)	Osmolarität (300 mOsmol)	Sonstiges/l
Glukose 5%	–	–	hypoton	Glukose 50 g
NaCl 0,9%	154	–	isoton	–
Sterofundin	140	4	isoton	Laktat 45 mmol
Normofundin	100	–	hyperton	Acetat 38 mmol Glukose 50 g
Ringerlaktat	130	4	leicht hypoton	Laktat 28 mmol

Kolloidale Plasmaersatzmittel

Kolloide sind große, hochmolekulare Substanzen mit einem Molekulargewicht größer als 10 000. Kolloidale Lösungen sind normalerweise nicht in der Lage, durch Zellmembranen zu diffundieren. Kolloide haben die Fähigkeit, Wasser an sich zu binden. Durch diese Fähigkeit sind sie für die Aufrechterhaltung des **kolloidosmotischen Drucks** verantwortlich.

Einige Kolloide haben eine größere Wasserbindungsfähigkeit als die Plasmaeiweiße und ziehen dadurch noch Wasser aus dem Gewebe und binden es an sich. Die intravasale Volumenzunahme ist daher nach Infusion solcher Kolloide größer als das eigentlich zugeführte Volumen. Es kommt also durch diese Kolloide zu einer Volumenexpansion. Diese Substanzen werden daher als **Plasmaexpander** bezeichnet.
Kolloide werden verabreicht, um Plasmaverluste zu ersetzen. Sie werden daher auch als **Plasmaersatzmittel** bezeichnet. Bei den kolloidalen Plasmaersatzmitteln kann zwischen Plasmaersatzmitteln, die künstlich hergestellt werden, und Plasmaersatzmitteln, die aus menschlichem Plasma gewonnen werden, unterschieden werden.

Künstliche kolloidale Plasmaersatzmittel

Die künstlichen Plasmaersatzmittel ermöglichen einen vorübergehenden Ersatz der körpereigenen Plasmaproteine, bis diese nach einem Verlust wieder neu synthetisiert sind. Sie übernehmen die onkotische Aktivität der Plasmaproteine, das heißt, die Funktion, Wasser an sich zu binden. Sie können aber keine sonstigen biologischen Funktionen der Plasmaproteine, z.B. die Transportfunktion für viele körpereigene und körperfremde Substanzen übernehmen.

Die wichtigsten künstlichen kolloidalen Plasmaersatzmittel sind:

Stärkepräparate – Hydroxyäthylstärke (= HÄS) (z.B. HÄS-steril 6%)

Stärkepräparate werden aus der z.B. in Mais, Getreide und Reis enthaltenen Stärke hergestellt. Damit das körpereigene Enzym Alpha-Amylase, das für die Stärkespaltung verantwortlich ist, dieses Molekül nicht abbauen kann, wird es durch eine bestimmte chemische Umwandlung, eine sogenannte Hydroxyäthylierung, stabilisiert. Das entstehende Molekül ist die **Hydroxyäthylstärke (HÄS).** Die Wasserbindungsfähigkeit der HÄS ist hoch. HÄS ist ein Plasmaexpander (s.o.). Die Wirkungsdauer beträgt ca. 3–4 Stunden. HÄS-Moleküle werden größtenteils über die Nieren wieder ausgeschieden, teilweise auch im Körper gespalten oder auch im Körper gespeichert. Bei HÄS kommt es durch einen sogenannten „coating"-Effekt. Unter einem „coating-Effekt" wird die Tatsache verstanden, daß die Thrombozyten, die Gefäße und sonstige Zellelemente mit einem dünnen HÄS-Mantel (englisch: coat = Mantel) überzogen werden. Hierdurch kann die für die Blutgerinnung wichtige Freisetzung von Gewebsfaktoren und das Zusammenballen von Thrombozyten behindert werden. Bei HÄS kommt es jedoch zu keiner relevanten Verschlechterung der Blutgerinnung. Die Höchstdosis von HÄS beträgt ca. 30 ml/kg KG/Tag. Bei Stärkepräparaten können sehr selten anaphylaktoide Reaktionen auftreten. Meist kommt eine 6 oder 10%ige HÄS-Lösung zur Anwendung.

Gelatinepräparate (z.B. Gelifundol, Haemaccel)

Gelatinepräparate werden aus Abbauprodukten des in Knochen, Sehnen usw. enthaltenen Kollagens hergestellt. Das mittlere Molekulargewicht liegt bei ca. 30 000. Die Wirkungsdauer beträgt ca. 2–3 Stunden. Ihre Fähigkeit zur Wasserbindung ist deutlich geringer als bei HÄS (s.o.) und den Dextranen (s.u.).

Die Gelatinepräparate werden fast ausschließlich über die Nieren ausgeschieden. Durch ihre Fähigkeit, Wasser an sich zu binden, kommt es während ihrer raschen Ausscheidung über die Nieren zu einer vermehrten Urinausscheidung, einer sogenannten osmotischen Diurese. Auch nach Gabe von Gelatinepräparaten können sehr selten Unverträglichkeitsreaktionen auftreten, die jedoch erst nach Infusion größerer Mengen zu erwarten sind.

Dextranpräparate (z.B. Macrodex 6%)

Dextranmoleküle sind aus Zuckermolekülen aufgebaute Riesenmoleküle. Für die Anästhesie wichtig sind Dextranpräparate mit einem mittleren Molekulargewicht von 60 000 (Dextran 60). Die Dextranpräparate zeichnen sich durch eine hohe onkotische Aktivität aus. Ihre Wasserbindungsfähigkeit ist größer als die der Plasmaproteine. Dextrane sind also Plasmaexpander (s.o.).

Dextrane führen zu einer deutlichen Beeinträchtigung der Blutgerinnung. Ursache ist ein sogenannter **„coating"-Effekt** (s.o.). Aus diesem Grunde sollte eine Höchstdosis für Dextranpräparate von ca. 15–20 ml/kg KG/Tag (ca. 1,5 l beim Erwachsenen) nicht überschritten werden. Die Wirkungsdauer des Dextrans 60 000 beträgt ca. 6–8 Stunden. Dextrane werden vor allem über die Niere wieder ausgeschieden. In sehr seltenen Fällen kann es bereits nach wenigen Millilitern eines Dextranpräparates zu schweren **anaphylaktoiden Reaktionen** kommen. Die Ursache sind echte Antigen-Antikörper-Reaktionen. Durch die vorherige Gabe von Promit (20 ml) sollen diese Allergien vermeidbar sein. Promit ist ein monovalentes Hapten-Dextran. Es bindet sich an eventuell vorhandene Antikörper und kann diese blockieren und damit die Antigen-Antikörper-Reaktionen verhindern. Dextranpräparate werden aufgrund dieser möglichen allergischen Nebenwirkungen inzwischen nur noch selten in der Anästhesie eingesetzt.

Körpereigene kolloidale Plasmaersatzmittel

Die wichtigsten körpereigenen kolloidalen Plasmaersatzmittel sind:

Humanalbumin

Humanalbuminlösungen werden aus gemischten Spenderplasmen gewonnen. Sie bestehen zu ca. 95% aus Albumin. Durch eine spezielle Hitzebehandlung sind Humanalbuminlösungen hepatitissicher. Humanalbuminlösungen sind als 5%ige und 20%ige Lösungen im Handel. Das 20%ige Präparat wird zu den Plasmaexpandern gerechnet (s.o.). Es hat eine Wirkungssdauer von 24–36 Stunden und eine Plasmahalbwertszeit von ca. 19 Tagen. Humanalbumin kann universell, das heißt unabhängig von der Blutgruppe des Empfängers, verabreicht werden.

Pasteurisierte Plasmaproteinlösung (= PPL)

Die pasteurisierte Plasmaproteinlösung entspricht weitgehend den Humanalbuminpräparaten. Sie unterscheidet sich lediglich in ihrer geringeren Reinheit. Der Albuminanteil beträgt nur ca. 85%. Neben Albumin sind noch andere Serumproteine enthalten. PPL wird als 3,5%ige Lösung angeboten. PPL ist hepatitissicher und universell anwendbar.

Serumeiweißkonserven (= SEK)

Serumeiweißkonserven entsprechen in ihrer Zusammensetzung weitgehend der normalen Zusammensetzung des menschlichen Serums. Neben Albumin sind z.B. auch die Immunglobuline darin enthalten. Der Eiweißgehalt der Serumeiweißkonserven beträgt 5%. SEK sind hepatitissicher und universell einsetzbar.

Transfusionen

Vollblut

Vollblutkonserven werden aus einer Einzelblutspende gewonnen. Sie enthalten 450–500 ml Blut. Vollblut (vgl. Abb. 1.78) kann bei Verwendung von $CPDA_1$-Stabilisator bis 35 Tage gelagert werden. Während der Lagerung nimmt die Aktivität der Gerinnungsfaktoren V und VIII ab und die Thrombozyten werden funktionsunfähig. Auch die Granulozyten (weiße Blutkörperchen) sterben ab. Vollblut enthält also im wesentlichen funktionsfähige rote Blutkörperchen und Albumin.

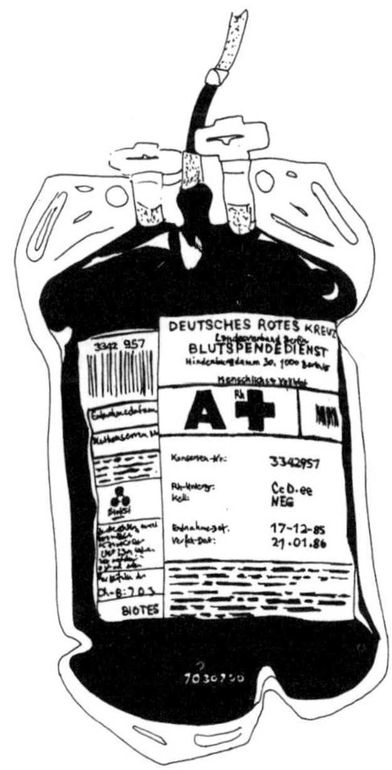

Abb. 1.78 Blutkonserve.

Daneben enthält Vollblut jedoch verklumpte, abgestorbene Thrombozyten und Granulozyten, sogenannte **Mikroaggregate,** die angeschuldigt werden, für Lungenschädigungen nach Massivtransfusionen mitverantwortlich zu sein. Um diese Mikroaggregate weitgehend herauszufiltern, werden Vollblutkonserven über ein Transfusionssystem mit Standardfilter (170–230 µm) transfundiert. **Hepatitis-Gefahr! AIDS-Gefahr!** (AIDS = **a**quired **i**mmuno**d**eficiency **s**yndrom = erworbenes Immunschwächesyndrom). Die Transfusion von Vollblut wird heute nicht mehr empfohlen. Vollblutkonserven sollten möglichst schnell in die einzelnen Komponenten (Erythrozytenkonzentrat und gefrorenes Frischplasma; s.u.) aufgetrennt werden.

Erythrozytenkonzentrat

Erythrozyten-(Ery-)Konzentrate werden durch Zentrifugieren von Vollblutkonserven hergestellt. Bei den sogenannten

Buffy-coat-freien Ery-Konzentraten sind die Mikroaggregate (s.o.) sowie das Plasma und der Stabilisator weitgehend entfernt. Das Standard-Ery-Konzentrat ist die Buffy-coat-freie Ery-Konserve in sogenannter additiver Lösung. Plasma- und Stabilisatoranteil sind besonders gering. Zur Verbesserung der Lagerfähigkeit ist eine spezielle (additive) Lösung zugesetzt. Ein Ery-Konzentrat enthält ungefähr gleich viele Erythrozyten wie eine Vollblutkonserve.

Der HK-Wert eines Ery-Konzentrats beträgt ca. 75%. Auch Ery-Konzentrate sollten über ein Transfusionssystem mit Standardfilter (170–230 g) transfundiert werden. Das **Hepatitisrisiko** ist bei einem Ery-Konzentrat gleich groß wie bei einer Vollblutkonserve. **AIDS-Gefahr!** Eine Erythrozytenkonserve hat ein Volumen von ca. 200–300 ml (Buffy-coat-frei) bzw. ca. 250–350 ml (Buffy-coat-frei in additiver Lösung).

In lebensbedrohlichen Situationen können Ery-Konzentrate der Gruppe 0-negativ als **„Universalspenderblut"** ungekreuzt transfundiert werden. Als Universalblut werden Ery-Konzentrate verwendet, da hierbei – im Gegensatz zu Vollblutkonserven – das Plasma sowie die darin enthaltenen **Isoagglutinine** Anti-A und Anti-B weitgehend entfernt sind. Damit können Unverträglichkeitsreaktionen im Sinne einer Minor-Reaktion die Schädigung der Erythrozyten des Empfängers durch Isoagglutinine des transfundierten Blutes weitgehend verhindert werden.

Gewaschene Erythrozytenkonzentrate

Durch mehrmaliges Waschen in isotoner Kochsalzlösung werden aus Ery-Konzentraten sogenannte gewaschene Ery-Konzentrate hergestellt. Hierdurch kann ein Präparat mit besonders wenig Thrombozyten, Granulozyten und Serumproteinen gewonnen werden.

Gewaschene Ery-Konzentrate kommen vor allem bei Patienten mit Thrombozyten- oder Leukozytenantikörpern oder bei Patienten mit einer Eiweißallergie zur Anwendung. Da bei dem Waschvorgang den Erythrozyten wichtige Ionen entzogen werden, ist die Haltbarkeit der gewaschenen Ery-Konzentrate auf ca. 6 Stunden begrenzt. **Hepatitis-Gefahr! AIDS-Gefahr!**

Eigenblutkonserven

Beträgt die Wahrscheinlichkeit einer perioperativen Bluttransfusion über 10%, dann muß aufgrund einer seit 1992 bestehenden Aufklärungspflicht der Patient über die Möglichkeit der präoperativen Eigenblutspende und intraoperativen Retransfusion aufgeklärt werden. Es machen zunehmend mehr Patienten von dieser Möglichkeit Gebrauch. Hierbei wird dem Patienten in den letzten ca. 4 Wochen vor der Operation eine, oder es werden jeweils im Abstand von ca. einer Woche auch mehrere Eigenblutkonserven abgenommen. Die letzte Eigenblutspende sollte normalerweise mindestens 7 Tage vor dem Operationstermin sein. Zwischen mehreren Eigenblutspenden muß der Patient nachweislich wieder ausreichend Erythrozyten gebildet haben (Hb-Kontrolle vor Abnahme, Hb größer 12,5 g/dl). Zumeist wird empfohlen, Eigenblut in Erythrozytenkonzentrat und gefrorenes Frischplasma aufzutrennen. Bei der Retransfusion von Eigenblut kann der Patient sich **keine Neuinfektion** mit z.B. einem Hepatitis- oder HI-Virus erwerben. Falls bei dem Patienten Eigen- und Fremdblut bereitliegen, muß im Falle einer Blutung immer zuerst das Eigenblut transfundiert werden. Bezüglich der Retransfusion von Eigenblut gilt eine vergleichbar strenge Indikationsstellung wie bei

Fremdblut (Verwechslungsgefahr, Kontaminationsgefahr).

Gefrorenes Frischplasma (englisch: **f**resh **f**rozen **p**lasma = FFP)

Durch sofortiges Tiefgefrieren von Plasma kann die Aktivität der Gerinnungsfaktoren erhalten werden. Vor Gebrauch muß das FFP vorsichtig bei 37 °C maschinell aufgetaut werden. FFP muß AB0-Blutgruppen-identisch transfundiert werden. Der Rhesus-Faktor braucht jedoch nicht berücksichtigt werden. Im Notfall kann als „Universalplasma" FFP der Blutgruppe AB verwendet werden (enthält keine Isoagglutinine Anti-A und Anti-B). Hepatitis-Gefahr! AIDS-Gefahr! Eine FFP-Konserve hat ein Volumen von ca. 200–250 ml. Es ist ein Transfusionssystem mit Standardfilter (170–230 µm) zu verwenden.

Thrombozytenkonzentrat

Ein Thrombozytenkonzentrat wird aus Frischblut gewonnen. Thrombozytenkonzentrate sind nur ca. 5 Tage lagerungsfähig. Sie müssen bei Raumtemperatur gelagert werden. Es wird empfohlen, Thrombozytenkonzentrate AB0-Blutgruppen-identisch zu übertragen. Es ist über ein Transfusionssystem mit Standardfilter (170–230 µm) zu transfundieren. **Hepatitis-Gefahr! AIDS-Gefahr!**

Praktisches Vorgehen bei einer Bluttransfusion

Blutabnahme

Dem Patienten wird zur **Bestimmung der Blutgruppe,** zur Durchführung der **Kreuzprobe** und des **Antikörpersuchtests** (Suche nach irregulären Antikörpern) Blut abgenommen. Auf ein korrektes Beschriften der Blutprobe, des Blutgruppenzettels und des Blutanforderungsscheines ist unbedingt zu achten: Verwechslungsgefahr (!). Das Blut muß anschließend in die Blutbank geschickt werden.

Blutauslieferung

Die Blutbank liefert das angeforderte Blut in Kühltaschen. Falls es nicht sofort benötigt wird, muß es in einem speziellen, weitgehend erschütterungsfrei arbeitenden Kühlschrank bei 4 °C übersichtlich gelagert werden (= Kühlkette aufrechterhalten). Nicht mehr benötigte Konserven müssen umgehend wieder zur Blutbank zurückgeschickt werden.

Identitätskontrolle vor der Transfusion

Gehören der vorliegende Blutgruppen- und Kreuzprobenzettel zu diesem Patienten? Wenn ja: Stimmt die Blutgruppe auf der Konserve mit derjenigen des Patienten überein? Wenn ja: Stimmt die auf dem Konservenetikett angegebene Konserven-Nr. mit der Konserven-Nr. auf dem Kreuzprobenzettel überein? Wenn ja: Vorbereitung der Konserve.

Erwärmung der Konserve

Falls kein Durchlauferwärmer (z.B. Warmflo; Fa. Mallinckrodt) verwendet wird, sollte die Konserve in einem speziellen Wärmegerät (z.B. Plasmatherm; Fa. Barkey) erwärmt werden. Wird das Blut kalt transfundiert, so droht bei einer Massivtransfusion eine Unterkühlung des Patienten. Außerdem können bei Kalttransfusionen Reaktionen mit möglicherweise vorhandenen **Kälteagglutininen** auftreten.

Anschluß des Transfusionsbestecks

Hierzu wird die Konserve so gehalten, daß die zwei Anschlußstutzen nach oben (!) zeigen. Die Verschlußkappe eines Anschlußstutzens wird abgedreht und der Dorn des Transfusionsfilters unter sterilen Bedingungen mit einer drehenden Bewegung in den Stutzen eingesteckt. Die Rollerklemme wird geöffnet, und durch leichten Druck auf die Konserve steigt das Blut durch den Filter nach oben in die Tropfkammer (vgl. Abb. 1.79). Wenn die Tropfkammer zu ca. $^{1}/_{2}$ mit Blut gefüllt ist, wird die Konserve mitsamt dem Transfusionsbesteck schnell umgedreht (vgl. Abb. 1.80). Durch dieses Manöver kann ein Flüssigkeitsspiegel in der starren Tropfkammer erreicht werden.

Durchführung des „bedside"-Tests

Mit Hilfe z.B. einer Eldon- oder Medtro-Karte wird der sogenannte „bedside"-Test durchgeführt, mit dem nochmals die AB0-Gruppen des Patienten und der Konserve überprüft werden. Damit sollen Verwechslungen ausgeschlossen werden. Bei dem „bedside"-Test wird ein Tropfen Blut des Patienten bzw. der

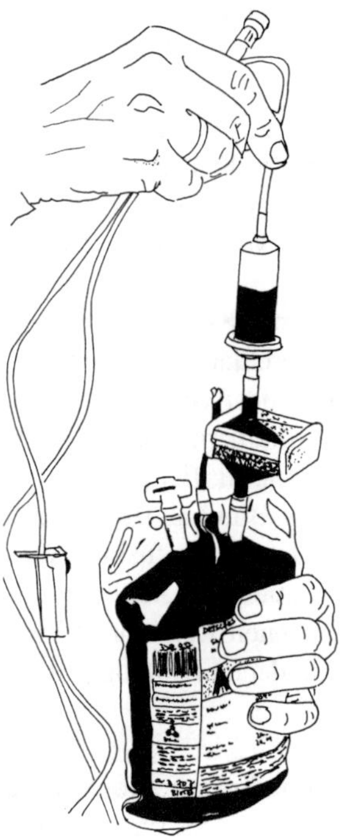

Abb. 1.79 Füllen des Transfusionsbestecks mit Blut. Durch vorsichtiges Komprimieren der Konserve wird das nach oben gehaltene Transfusionsbesteck soweit mit Blut gefüllt, bis die Tropfkammer zur Hälfte gefüllt ist. Danach werden Konserve und Transfusionsbesteck um 180° gedreht und das Transfusionsbesteck wird vollends mit Blut gefüllt.

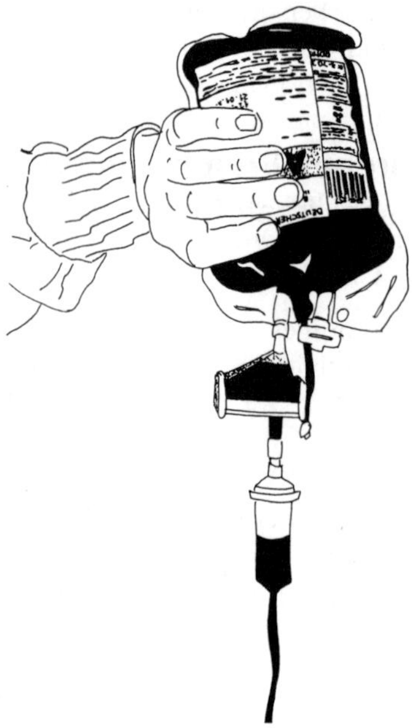

Abb. 1.80 Korrekt mit Blut gefülltes Transfusionsbesteck (Tropfkammer nur zur Hälfte gefüllt).

Konserve in die entsprechend gekennzeichneten Antiserumschalen gegeben (vgl. Abb. 1.81).

Bestätigung durch den Arzt

Sind die Identitätskontrolle und das Ergebnis des „bedside"-Tests vom Arzt schriftlich als richtig bestätigt worden, kann das Blut transfundiert werden.

Transfusion

Die Bluttransfusion ist eine ärztliche Maßnahme und muß vom verantwortlichen Arzt ein-

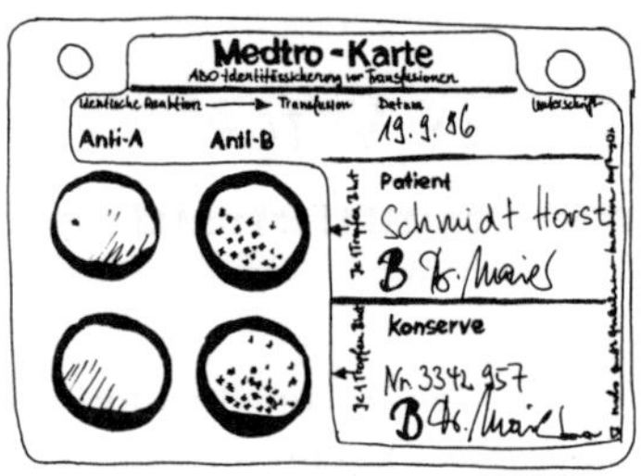

Abb. 1.81 Karte zur Durchführung eines „bedside"-Tests (Bestimmung der AB0-Blutgruppen).

geleitet werden. Eine Transfusion sollte immer **über einen peripher-venösen Zugang** erfolgen. Die Transfusion ist auch über spezielle großlumige Dialysekatheter (z.B. Shaldon-Katheter) möglich (vor allem im Rahmen einer Massivtransfusion). Möglichst nie (!) über einen Kavakatheter transfundieren. Läuft eine Transfusion über einen Kavakatheter einige Minuten nicht mehr, weil z.B. der Katheter abgeknickt oder der Transfusionsbeutel leer ist, so kann es zu einer Thrombosierung des Kavakatheters kommen!! Außerdem kann über einen großlumigen peripher-venösen Zugang wesentlich schneller und erythrozytenschonender transfundiert werden als über einen Kavakatheter. Einer Blutkonserve dürfen keine Medikamente zugesetzt werden. Eine Bluttransfusion darf nicht zusammen mit einer anderen Infusion über einen gemeinsamen Zugang laufen.

Biologische Probe

Nach der Transfusion weniger Milliliter wird die Infusion unterbrochen und der Patient auf die Zeichen einer Unverträglichkeitsreaktion hin überprüft (s.u.). Falls keine Auffälligkeiten zu registrieren sind, wird die Transfusionsgeschwindigkeit gesteigert. Vorsicht: Beim sedierten/narkotisierten Patienten können selbst ausgeprägte Transfusionsreaktionen nur schwer erkennbar sein (s.u.).

Dokumentation

Beginn und Ende der Transfusion, Konserven-Nr., Chargen-Nr. und Ergebnis des „bedside“-Tests müssen dokumentiert werden.

Sonstiges

- **nie (!)** Medikamente in eine Konserve injizieren
- Leere Transfusionsbeutel (mit anhängendem Pilotröhrchen) müssen 24 Stunden aufbewahrt werden. Im Falle einer Unverträglichkeit sind serologische Nachuntersuchungen wichtig.

Abweichungen von dem beschriebenen Vorgehen sind nur in Notsituationen erlaubt. Hier kann von der Blutbank unter Umständen ungekreuztes, aber blutgruppengleiches (!) Blut angefordert werden. Die Bestimmung der Blutgruppe dauert nur wenige Minuten (!), die Kreuzprobe dagegen ca. 45 Minuten. Nach der oben beschriebenen Identitätsprobe und des „bedside“-Tests kann dann dieses ungekreuzte Blut transfundiert werden. Inzwischen führt die Blutbank die Kreuzprobe durch und gibt die Konserve im Nachhinein frei. Nur in lebensbedrohlichen Fällen kann das nicht blutgruppengleiche „Universalblut“ einer 0-negativen Erythrozytenkonserve transfundiert werden. Auch hier sollte zuvor Blut für die Blutgruppenbestimmung abgenommen werden, da nach Transfusion mehrerer 0-negativer Erythrozyten-Konserven eine Blutgruppenbestimmung schwierig bis unmöglich ist.

Gefahren einer Bluttransfusion

Die Transfusion von Blut oder Blutkomponenten erfordert aufgrund der zahlreichen Komplikationsmöglichkeiten eine sehr strenge Indikationsstellung. Mögliche Gefahren einer Bluttransfusion sind:

- Transfusionszwischenfall (Hämolyse durch Blutunverträglichkeit, zumeist durch Verwechslungen bedingt!!! Kunstfehler!!!)
- Übertragung von Hepatitis B (1:50 000) oder Hepatitis C (1:40 000)
- Übertragung von HI-Viren (Häufigkeit ca. 1:1 000 000)
- Übertragung von Cytomegalieviren (CMV). Dies ist vor allem bei Neugeborenen zu vermeiden (Gefahr von Hirnschädigungen). Es müssen CMV-negative Konserven oder spezielle (Leukozytendepletions-)Filter verwendet werden.
- Transfusion einer Konserve, die mit infektiösen Keimen verunreinigt ist
- Fieberreaktionen durch fiebererzeugende Gifte (= Pyrogene) aus abgestorbenen Bakterien

- Übertransfusion mit Lungenödem
- anaphylaktoide Reaktion auf das in der Konserve enthaltene Eiweiß
- Hypokalzämie bei gleichzeitiger Leberinsuffizienz oder bei Massivtransfusion (s. S. 135)

Anzeichen eines hämolytischen Transfusionszwischenfalls

Die Ursache eines hämolytischen Transfusionszwischenfalls ist fast immer ein Nichtübereinstimmen im AB0-System.

Symptome beim wachen Patienten

- Brennen im Bereich der zuführenden Vene
- Juckreiz, Gesichtsrötung, Kopfschmerz
- Fieber
- Schüttelfrost
- Kreuzschmerzen
- Tachykardie
- Blutdruckabfall
- Tachypnoe
- in sehr schweren Fällen Vollbild des anaphylaktoiden Schocks mit Kreislaufzusammenbruch

Symptome beim narkotisierten Patienten

Die Erkennung eines Transfusionszwischenfalls ist beim narkotisierten Patienten relativ schwierig und daher meist erst verzögert durch folgende Symptome möglich:

- Hämoglobinurie und Oligurie (nur erkennbar, falls der Patient einen Dauerkatheter hat)
- ungeklärter Blutdruckabfall
- ungeklärte diffuse Blutung im Operationsgebiet (durch auftretende Gerinnungsstörung)
- Fieber
- unter Umständen Auftreten eines Bronchospasmus

Therapie eines Transfusionszwischenfalls

Schon bei Verdacht (!):

- sofort Abbruch der Transfusion
- Behandlung des drohenden Nierenversagens durch Erzwingung einer gesteigerten Diurese mittels
  - Volumenzufuhr
  - evtl. Furosemid (Lasix)
  - evtl. Mannitol (= osmotisches Diuretikum)
  - evtl. Dopamin in Nierendosis zur Verbesserung der Nierendurchblutung (ca. 3 µg/kg KG/min, s. S. 271)
- evtl. Alkalisierung des Urins durch intravenöse Gabe von Natriumbikarbonat
- evtl. Gabe von Glukokortikoiden
- Therapie einer Hypotension mit Volumengabe und Katecholaminen
- notfalls Austauschtransfusion (bei sehr schweren Fällen)
- Blutbank informieren:
  Konserve sowie frisch entnommenes Blut des Patienten in die Blutbank zur Überprüfung der Blutgruppe, der Kreuzprobe und des Antikörpersuchtests schicken.
- Laborbestimmungen:
  Kalium, freies Hämoglobin, Hb im Blut und im Urin, großer Gerinnungsstatus, Bilirubin, LDH, Haptoglobin
- genaue Dokumentation des Transfusionszwischenfalls
- postoperative Verlegung des Patienten auf die Intensivstation

Allgemeine Bemerkungen zur perioperativen Flüssigkeitstherapie

Die Empfehlungen für den perioperativen Flüssigkeitsbedarf sind zum Teil recht unterschiedlich, dies betrifft sowohl die Menge als auch die Art der zuzuführenden Flüssigkeit.

Die im folgenden angegebenen Werte sind daher als grobe Richtlinien gedacht und müssen oft entsprechend des Krankheitsbildes modifiziert werden.

Bei der Berechnung der perioperativen Flüssigkeitstherapie sollte zwischen Basis-, Verlust- und Nachholbedarf unterschieden werden:

Basis-(oder Erhaltungs-)bedarf

Es werden folgende Richtwerte angegeben:

- Erwachsener:
  70 kg KG: 1,5 ml/kg KG/Stunde
- Schulkind:
  14 J./50 kg KG: 2,0 ml/kg KG/Stunde
  6 J./20 kg KG: 3,5 ml/kg KG/Stunde
- Kleinkind:
  5 J./20 kg KG: 3,5 ml/kg KG/Stunde
  2 J./13 kg KG: 4,0 ml/kg KG/Stunde
- Säugling:
  1 J./10 kg KG: 5,0 ml/kg KG/Stunde
  ab 5. Lebenstag: 5,5 ml/kg KG/Stunde
  1., 2., 3., 4. Lebenstag: 2,5,–3, –3,5, –4,5 ml/kg KG/Stunde

Intraoperativer Verlustbedarf

Der intraoperative Verlustbedarf ergibt sich vor allem aus der Verdunstung über Wundflächen (z.B. eröffnetes Abdomen) und durch Sequestration (= Absonderung) von Flüssigkeit in das durch die Operation geschädigte ödematöse Gewebe.

Diese Flüssigkeitsverluste durch Sequestration in den „dritten Raum" sind nur sehr schwer abzuschätzen.

Es werden folgende Richtwerte angegeben:

- mäßige Gewebstraumatisierung
  (z.B. Tonsillektomie, Herniotomie):
  1–4 ml/kg KG/Stunde
- mittlere Gewebstraumatisierung
  (z.B. offene Gallenoperation, Appendektomie, Thoraxoperation):
  5–7 ml/kg KG/Stunde
- ausgeprägte Gewebstraumatisierung
  (z.B. große Bauchoperation):
  8–10(–15) ml/kg KG/Stunde

Bei Operationen mit minimaler Gewebstraumatisierung wie Operationen am Auge, mikrochirurgische Eingriffe am Ohr, Extremitätenoperationen in Blutleere usw. kann der intraoperative Verlustbedarf oft vernachlässigt werden.
Zum intraoperativen Verlustbedarf können zusätzlich noch Blutverluste sowie Verluste über Drainagen und Sonden hinzukommen.

Nachhol- oder Korrekturbedarf

Der Nachholbedarf ergibt sich aus dem Zeitraum der Flüssigkeitskarenz sowie aus zusätzlichen vorbestehenden Flüssigkeitsmängeln, z.B. durch präoperatives Erbrechen, Durchfall, Sondenableitung usw.

Bei einem Erwachsenen (70 kg KG) ist präoperativ zumeist von einer mindestens sechsstündigen Flüssigkeitskarenz auszugehen. Das heißt, der 70 kg schwere Erwachsene hat bei einem Basisbedarf von 1,5 ml/kg KG/Stunde nach 6 Stunden einen Nachholbedarf von mindestens 1,5 x 70 x 6 = 630 ml. Dieser Nachholbedarf aufgrund der Flüssigkeitskarenz sollte bei Erwachsenen innerhalb der ersten Operationsstunde ausgeglichen werden (vgl. Tab. 1.8).
Kinder unter 2 Jahren dürfen meist ca. 4 Stunden, Kinder über 2 Jahre ca. 6 Stunden vor Narkosebeginn nochmals klare Flüssigkeit zu sich nehmen. Während die Nüchternheit in Bezug auf feste und dickflüssige Nahrung weiterhin streng gefordert wird, gibt es neuere Studien, die belegen, daß klare Flüssigkeiten bis zu ca. 3 Stunden vor Narkosebeginn verabreicht werden können, ohne daß Volumen und pH-Wert des Magensaftvolumens negativ beeinflußt werden. Hiermit kann das präoperative Flüssigkeitsdefizit möglichst gering gehalten werden. Die empfohlenen Zeit-

Tab. 1.8 Nachholbedarf aufgrund der präoperativen Flüssigkeitskarenz.

Patient			Nüchternheit	Nachholbedarf	Ausgleich in der 1. Operationsstunde
Erwachsener		70 kg KG	>6 Std.	630 ml	100% = 630 ml
Schulkind	14 J.	50 kg KG	6 Std.	600 ml	100% = 600 ml
	6 J.	20 kg KG	6 Std.	420 ml	50% = 210 ml
Kleinkind	5 J.	20 kg KG	6 Std. (3 Std.)	420 ml (210 ml)	50% = 210 ml
	2 J.	13 kg KG	4 Std. (3 Std.)	208 ml (156 ml)	50% = 104 ml (78 ml)
Säugling	1 J.	10 kg KG	4 Std. (3 Std.)	200 ml (150 ml)	50% = 100 ml (75 ml)
ab 5. Lebenstag		3 kg KG	4 Std. (3 Std.)	66 ml (50 ml)	50% = 33 ml (25 ml)
1.–4. Lebenstag		3 kg KG	4 Std. (3 Std.)	24–54 ml (18–40 ml)	50% = 12–27 ml (9–20 ml)

spannen für die Nahrungs- und Flüssigkeitskarenz sollten möglichst nicht wesentlich überschritten werden, da bei Säuglingen und Kleinkindern sehr schnell eine Entgleisung des Wasser-Elektrolyt-Haushalts droht. Der Nachholbedarf aufgrund der präoperativen Flüssigkeitskarenz sollte bei Kindern zu ca. 50% in der ersten Operationsstunde, zu je 25% in der 2. und 3. Operationsstunde bzw. postoperativ ausgeglichen werden (vgl. Tab. 1.8).

> Ziel der perioperativen Flüssigkeitstherapie ist es, den Flüssigkeitsbedarf **adäquat** zu ersetzen.

Die Volumenzufuhr sollte einerseits an den errechneten Bedarfsmengen orientiert werden, andererseits sollte sie auch an den Kreislaufparametern Herzfrequenz, Blutdruck, am zentralen Venendruck, am Durstempfinden des Patienten, an der Feuchtigkeit seiner Schleimhäute sowie an der eventuell über einen Dauerkatheter gemessenen Urinausscheidung (die beim Erwachsenen mindestens 1 ml/kg KG/Stunde und beim Säugling und Kleinkind mindestens 2 ml/kg KG/Stunde betragen sollte) orientiert werden.

Zur perioperativen Flüssigkeitstherapie eignen sich:

- kristalloide Lösungen (s. S. 122)
  - Glukose 5%:
    Glukose 5% ist für den Basisbedarf sowie den Ausgleich eines Nachholbedarfs aufgrund der Flüssigkeitskarenz besonders geeignet. Häufig wird in der Praxis hierfür dennoch eine Elektrolytlösung verwendet. Diese Substitution sollte bereits vor Narkoseeinleitung begonnen werden.
  - Vollelektrolytlösungen:
    Vollelektrolytlösungen sind für den intraoperativen Verlustbedarf sowie für einen Nachholbedarf aufgrund von Erbrechen oder Durchfall besonders geeignet.

  Besteht ein Nachholbedarf aufgrund von Blutung, Erbrechen oder Durchfall usw., so sollten diese Verluste möglichst bereits vor Narkosebeginn ausgeglichen werden (vgl. Tab. 1.9 und 1.10).
- künstliche oder körpereigene Kolloide (s. S. 123)
- Blut oder Blutkomponenten (s. S. 125)

Tab. 1.9 Beispiele für die perioperative Infusionsmenge beim Erwachsenen.

Operation	Flüssigkeitsmenge	Flüssigkeit für einen Erwachsenen (70 kg) in der ersten Operationsstunde
Geringe Gewebstraumatisierung	3 ml/kg KG/Stunde für Sequestration ins Gewebe und Verdunstung	210 ml
	+ 1,5 ml/kg KG/Stunde Basisbedarf	105 ml
	+ Nachholbedarf (6stündige Flüssigkeitskarenz, beim Erwachsenen 100% in der ersten Operationsstunde ersetzen)	630 ml
		945 ml
	+ aktueller Verlustbedarf (z B. Blutung)	
Mittlere Gewebstraumatisierung	6 ml/kg KG/Stunde für Sequestration ins Gewebe und Verdunstung	420 ml
	+ 1,5 ml/kg KG/Stunde Basisbedarf	105 ml
	+ Nachholbedarf (6stündige Flüssigkeitskarenz, beim Erwachsenen 100% in der ersten Operationsstunde ersetzen)	630 ml
		1155 ml
	+ aktueller Verlustbedarf (z.B. Blutung)	
Ausgeprägte Gewebstraumatisierung	10 ml/kg KG/Stunde für Sequestration ins Gewebe und Verdunstung	700 ml
	+ 1,5 ml/kg KG/Stunde Basisbedarf	105 ml
	+ Nachholbedarf (6stündige Flüssigkeitskarenz, beim Erwachsenen 100% in der ersten Operationsstunde ersetzen)	630 ml
		1435 ml
	+ aktueller Verlustbedarf (z.B. Blutung)	

Ersatz von Blutverlusten

Bei Abfall des Hb-Wertes auf ca. 8(–10) g/dl und einem Abfall des HK-Wertes auf ca. 25(–30)% ist mit einem grenzwertigen **Mangel an Sauerstoffträgern,** das heißt an Erythrozyten, zu rechnen. Diese Situation wird erreicht, wenn ca. 25% des Blutvolumens beim Erwachsenen, also 1,25 Liter, verlorengehen.
Damit es bei einem Blutverlust zu einem therapiebedürftigen **Mangel an Plasmaeiweißen** kommt, also zu einer grenzwertigen Abnahme des kolloidosmotischen Drucks durch Albuminmangel, müssen bereits 40–50% des Blutvolumens verlorengehen.
Für die Aufrechterhaltung der plasmatischen Gerinnung reichen sogar nur 40% der Konzentration an **Gerinnungsfaktoren** aus. Das heißt, erst bei Blutverlusten von 60% des normalen Blutvolumens sind normalerweise Störungen der plasmatischen Gerinnung zu erwarten.
Bezüglich der **Thrombozyten** ist aufgrund von großen, mobilisierbaren

Thrombozytenreserven normalerweise erst nach einem Blutverlust von ca. 85% des normalen Blutvolumens mit einer Blutgerinnungsstörung aufgrund eines Thrombozytenmangels zu rechnen.

An diesen Werten orientiert sich die sogenannte **Blutkomponententherapie.** Nach diesem inzwischen anerkannten Therapieverfahren sollten nur diejenigen Blutbestandteile ersetzt werden, an denen der Patient einen therapiebedürftigen Mangel hat.

Kleinere Blutverluste, bei denen noch kein kritischer Mangel an Sauerstoffträgern anzunehmen ist, sollten mit künstlichen Plasmaersatzmitteln wie z.B. Hydroxyäthylstärke volu-

Tab. 1.10 Beispiele für die perioperative Infusionsmenge im Kindesalter.

Operation	Flüssigkeitsmenge	Flüssigkeit für die 1. Operationsstunde bzw. eine Operationsdauer von 30 Minuten	
Säugling, 2 Monate, 4 kg KG			
Leistenhernie (Operationszeit: 30 min)	2 ml/kg KG/Stunde für Sequestration ins Gewebe und Verdunstung	8 ml	4 ml
	+ 5,5 ml/kg KG/Stunde Basisbedarf	22 ml	11 ml
	+ Nachholbedarf (3 Std. Flüssigkeitskarenz, beim Kind 50% in der ersten Operationsstunde ersetzen)	33 ml	17 ml
		63 ml	32 ml
	+ aktueller Verlust (z.B. Blutung)		
Säugling, 1 Jahr, 10 kg KG			
Leistenhernie (Operationszeit: 30 min)	2 ml/kg KG/Stunde für Sequestration ins Gewebe und Verdunstung	20 ml	10 ml
	+ 5,0 ml/kg KG/Stunde Basisbedarf	50 ml	25 ml
	+ Nachholbedarf (3 Std. Flüssigkeitskarenz, beim Kind 50% in der ersten Operationsstunde ersetzen)	75 ml	38 ml
		145 ml	73 ml
	+ aktueller Verlust (z.B. Blutung)		
Kleinkind, 5 Jahre, 20 kg KG			
Appendektomie	6 ml/kg KG/Stunde für Sequestration ins Gewebe und Verdunstung	120 ml	60 ml
	+ 3,5 ml/kg KG/Stunde Basisbedarf	70 ml	35 ml
	+ Nachholbedarf (4 Std. Flüssigkeitskarenz, beim Kind 50% in der ersten Operationsstunde ersetzen)	140 ml	70 ml
		330 ml	165 ml
	+ aktueller Verlust (z.B. Blutung)		

mengleich ersetzt werden. Bei einem stärkeren Blutverlust mit einem Mangel an Sauerstoffträgern, also bei einem Abfall des Hb-Wertes unter ca. 8(–10) g/dl und einem Abfall des HK-Wertes knapp unter ca. 25(–30)%, sollten Erythrozyten (in Form von Ery-Konzentraten) transfundiert werden.

Bei stärkeren Blutverlusten mit Mangel an Sauerstoffträgern und Mangel an Plasmaproteinen sollten Erythrozyten in Form von Ery-Konzentraten und eventuell Plasmaproteine in Form von z.B. Serumeiweißkonzentrat oder Humanalbumin verabreicht werden. Eiweißlösungen werden jedoch zunehmend seltener verabreicht. Die kolloidosmotische Wirkung der Plasmaeiweiße kann auch durch künstliche Kolloide (z.B. HÄS) erreicht werden. Oft wird nur noch bei Säuglingen und Kleinkindern Eiweißlösung verabreicht, da in dieser Altersgruppe kolloidale Lösungen (wegen der noch unreifen Nierenfunktion) umstritten sind.

Bei massiven Blutverlusten mit Mangel an Erythrozyten, Plasmaeiweißen und einem zusätzlichen Mangel an Gerinnungsfaktoren sind neben Erythrozyten (und Plasmaeiweißen) zusätzlich noch Gerinnungsfaktoren in Form von frisch gefrorenem Plasma (**f**resh **f**rozen **p**lasma = FFP) zu verabreichen. Bei Massivtransfusionen empfiehlt es sich, nach jeder 2. bis 3. Blutkonserve eine FFP-Konserve zu verabreichen.

Bei extremen Blutverlusten, bei denen außerdem noch ein Thrombozytenmangel anzunehmen ist, müssen neben Ery-Konzentrat (und Proteinlösungen) auch Gerinnungsfaktoren in Form von FFP und Thrombozytenkonzentrate verabreicht werden.

Um den Hb-Wert um 1g% anzuheben, werden ca. 3 ml Ery-Konzentrat/kg KG (oder 6 ml Vollblut/kg KG) benötigt, vorausgesetzt, daß kein weiterer Blutverlust auftritt. Bei einem 70 kg schweren Patienten bedeutet dies, daß ca. ein Ery-Konzentrat (oder eine Vollblutkonserve) benötigt wird, um den Hb-Wert um 1g% anzuheben.

Dokumentation in der Anästhesie

Die wahrheitsgetreue, zeitgerechte und dokumentensichere Protokollierung in der Anästhesie beginnt normalerweise mit der präoperativen Visite und endet mit der Entlassung des Patienten aus dem Aufwachraum. Hierfür werden vorgedruckte Narkoseprotokolle verwendet, die leider von Klinik zu Klinik meist unterschiedlich gestaltet sind. Das **Narkoseprotokoll** dient einerseits dem Anästhesisten als Gedächtnisstütze, andererseits hat es juristische Bedeutung und ist insbesondere im Falle eines Narkosezwischenfalls als Beweisstück zu betrachten. Daneben ist es Grundlage für die spätere Weiterbehandlung des Patienten. Außerdem kann es für die Leistungserfassung und Qualitätskontrolle sowie für wissenschaftlich-statistische Auswertungen verwendet werden. Die Dokumentation wird vom Anästhesisten und/oder von der Pflegekraft vorgenommen. Für die Richtigkeit der Dokumentation bürgt der verantwortliche Anästhesist mit seiner Unterschrift auf dem Narkoseprotokoll.

Moderne Narkoseprotokolle sind meist dreigeteilt. Auf dem ersten Blatt werden die Personalien des Patienten, die aktuelle Diagnose, der durchzuführende Eingriff, die Vorerkrankungen des Patienten, vorherige Operationen und Narkosen, aktuelle Medikamente usw. sowie die verordnete Prämedikation notiert. Auf dem zweiten Blatt werden die während des Eingriffs erhobenen **Meßwerte** sowie die vorgenommenen **anästhesiologischen Maßnahmen** dokumentiert. Dazu gehören insbesondere:

- Dokumentation aller verabreichten Medikamente:
  Hierzu zählen auch die per inhalationem zugeführten Gase sowie die verdampfbaren Inhalationsanästhetika.
- Dokumentation aller gemessenen biologischen Größen:

Je nach Operation sind mehr oder weniger viele biologische Größen zu erheben. Je schneller sich eine biologische Größe verändern kann, desto engmaschiger muß deren Kontrolle und Dokumentation durchgeführt werden. Als Minimum ist bei jeglichem Eingriff die Kontrolle der Vitalfunktionen Atmung und Kreislauf zu dokumentieren. Der Kreislauf wird im Normalfall mit Hilfe der **Riva-Rocci-Methode** oder der oszillometrischen Methode (z.B. mit dem Dinamap-Gerät) anhand des systolischen und diastolischen Blutdrucks sowie anhand der Herzfrequenz kontrolliert. Es ist eine 5minütige Kontrolle und Dokumentation zu fordern. Bei beatmeten Patienten müssen alle für die Beatmungseinstellung maßgeblichen Größen wie Atemfrequenz, Atemzugvolumen, Atemminutenvolumen, Beatmungsdrücke, Beginn und Ende der Beatmung usw. dokumentiert werden.

- Dokumentation der Flüssigkeitszufuhr: Bezeichnung und Menge der infundierten oder transfundierten Flüssigkeiten sind zu protokollieren. Bei Blut oder Blutkomponenten ist zusätzlich die entsprechende Konserven- und Chargennummer zu notieren.
- Dokumentation aller Flüssigkeitsverluste, insbesondere Urinausscheidung, Verluste über Drainagen, Sonden, Blutungen usw.
- Dokumentation aller Gefäßpunktionen unter Angabe des Punktionsortes sowie des dazu verwendeten Punktionsmaterials
- Dokumentation aller sonstigen invasiven Maßnahmen wie Intubation, Extubation, Legen eines Dauerkatheters, Legen einer Temperatursonde, Lagerung des Patienten (z.B. Rückenlage, Steinschnittlage oder ähnliches). Gegebenenfalls Dokumentation eines durchgeführten Lokal- oder Regionalanästhesieverfahrens (Punktionsort, evtl. Punktionsprobleme, verwendete Menge an Lokalanästhetikum mit Konzentration und Millilitern). Ausbreitung und Erfolg der Blockade sind ebenfalls zu dokumentieren.
- Dokumentation aller Komplikationen wie Herzrhythmusstörungen, Erbrechen, Laryngospasmus usw.
- Dokumentation aller eventuell zusätzlich erhobenen Größen wie
  - Körpertemperatur
  - zentraler Venendruck
  - Überwachung der Atemgaskonzentrationen (Messung der inspiratorischen Sauerstoffkonzentration, endexspiratorische CO_2-Messung usw.)
- Dokumentation von Beginn und Ende des operativen Eingriffs
- Dokumentation einer abschließenden Bilanz der ein- und ausgeführten Flüssigkeiten

Auf einem dritten Blatt wird die Überwachung im Aufwachraum dokumentiert. Alle erhobenen Parameter und durchgeführten Maßnahmen sind zu dokumentieren (s. S. 285). Außerdem sind hier eventuelle Verordnungen für die postoperative Nachbehandlung auf der Station zu vermerken.

Von besonderen Vorkommnissen, wie z.B. einer Reanimation, einem Transfusionszwischenfall oder dem Ausbrechen eines Zahns bei der Intubation, sollte zusätzlich noch ein gesondertes ausführliches Protokoll angefertigt werden.

Das Original des Narkoseprotokolls bleibt im Besitz des entsprechenden Anästhesie-Instituts, der Durchschlag kommt zu der Patientenakte.

Reinigung, Desinfektion- und Sterilisation von Narkosegeräten und Narkosezubehör

Allgemeine Bemerkungen

Bereits nach kurzfristigem Gebrauch von Narkosegeräten ist von deren Verunreinigung mit infektiösen Keimen auszugehen.

Um eine Keimübertragung auf den nächsten Patienten durch infektiöse Geräte zu vermeiden, kommt einer sachgerechten Reinigung, Desinfektion oder Sterilisation des benützten Narkosezubehörs eine große Bedeutung zu. Da die einzelnen Anästhesiegeräte aus zum Teil recht unterschiedlichem Material hergestellt werden, ist hierzu jedoch kein einheitliches Verfahren möglich. Auch die Frage, ob für ein bestimmtes Zubehör eine Desinfektion oder eine Sterilisation nötig ist, ist nicht immer eindeutig zu beantworten.

Reinigung

Möglichst unmittelbar nach der Benützung müssen verunreinigte Geräte in eine Desinfektionslösung (möglichst mit zusätzlicher Reinigungswirkung) eingelegt werden. In dieser Lösung werden die Geräte später in einen „unreinen" Geräteraum gebracht; hier erfolgt eine manuelle oder maschinelle Reinigung. Bei der manuellen Reinigung werden die Geräte zuerst unter fließendem Leitungswasser abgewaschen und anschließend mit einer schonenden Bürste gereinigt. Nachdem die Geräte abgetropft bzw. trocken sind, können sie dem gewünschten Desinfektions- oder Sterilisationsverfahren zugeführt werden.

Diese mechanische Reinigung ist Voraussetzung für eine sichere Wirkung der nachfolgenden Desinfektion oder Sterilisation. Im Bereich von nicht entfernten und eingetrockneten Sekret- oder Blutrückständen ist keine sichere Desinfektionswirkung zu garantieren!

Desinfektion

„Des-Infektion" bedeutet soviel wie Ent-Keimung, Ent-Seuchung. Bei einer Desinfektion werden alle Mikroorganismen (mit Ausnahme der Sporen) entfernt, abgetötet oder in ihrer Infektiosität gehemmt.

Ein „des-infizierter" Gegenstand kann also nicht mehr infizieren. Eine Desinfektion kann durch chemische Desinfektionsmittel, durch Hitze (thermisch) oder durch Strahlen (physikalisch) erzielt werden.

Händedesinfektion

Eine regelmäßige Desinfektion der Hände, z.B. mit hochprozentigem Alkohol, gehört zu den Selbstverständlichkeiten eines hygienischen Verhaltens. Eine unzureichende Händedesinfektion stellt immer noch die Hauptursache für eine Keimübertragung dar!

Wischdesinfektion

Geräte wie das Narkosegerät, der Narkosewagen und ähnliches müssen täglich einer Wischdesinfektion unterzogen werden. Nach einer vorausgehenden mechanischen Reinigung ist mit einem geeigneten Desinfektionsmittel (z.B. Meliseptol) eine Wischdesinfektion vorzunehmen; hierbei müssen die vorgeschriebenen Einwirkzeiten genau beachtet werden.

Desinfektion mit dem Eintauchverfahren

Die Eintauchdesinfektion war die früher übliche Desinfektionsmethode. Sie wird heute zum Teil noch in einzelnen Krankenhäusern durchgeführt. Bei Beachtung der vorher notwendigen Reinigung (s.o.), dem notwendigen Abtropfenlassen der gereinigten Geräte, bei Beachtung der korrekten Einwirkzeit sowie der richtigen Konzentration des Desinfektionsmittels garantiert das Einlegen von Narkosezubehör in eine Desinfektionslösung (z.B. Gigasept) eine ausreichende Desinfektion. Bei Unachtsamkeit kann jedoch mit diesem Verfahren leicht eine unzureichende Desinfektion stattfinden, wenn z.B. in Schläuchen oder Beatmungsbeuteln Luftblasen verbleiben, die eine Befeuchtung und damit eine Einwirkung auf die gesamte Oberfläche verhindern. Auf ein korrektes, luftblasenfreies Einlegen ist daher zu achten. Ebenso müssen Gegenstände, die evtl. an der Oberfläche schwimmen und teilweise aus der Flüssigkeit ragen, z.B. durch ein aufgelegtes Gitter, völlig in die Flüssigkeit eingetaucht werden.
Nach der Eintauchdesinfektion müssen die Geräte in einem desinfizierten Spülbecken einer ausgiebigen Nachspülung mit nachweislich keimfreiem Leitungswasser unterzogen werden. Anschließend ist eine Trocknung der Gegenstände nötig. Für Faltenschläuche und ähnliches eignet sich ein Gebläse mit steriler Warmluft, für Kleinzubehör eignet sich eine Trocknung im Wärmeschrank.

Desinfektion mit Spülautomaten

Die Desinfektion mit dem Eintauchverfahren ist sehr personalaufwendig. Aus Rationalisierungsgründen wurden daher spülmaschinenartige Geräte entwickelt, die durch Heißwasserspülungen und die Anwendung von Desinfektionsmitteln einen **thermochemischen Reinigungs- und Desinfektionsvorgang** garantieren. Hierzu zählt z.B. der sogenannte Desinfektor von Miele, der das Narkosezubehör von ca. 5 Narkosen aufnehmen kann und dessen Reinigungs- und Desinfektionsprogramm 35 Minuten dauert. Zu den thermochemischen Reinigungs- und Desinfektionsautomaten gehört auch der wesentlich größere sogenannte Purfactor von Dräger (vgl. Abb. 1.82), in dessen Programm auch eine Trocknungsphase integriert ist. Sein gesamtes Programm dauert ca. 2,5 Stunden.

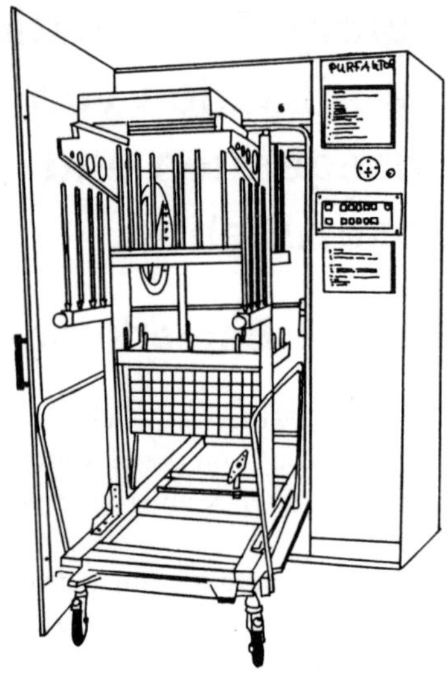

Abb. 1.82 Thermochemischer Reinigungs- und Desinfektionsautomat (Purfactor).

> Eine Desinfektion mit dem Eintauchverfahren oder mit Spülautomaten eignet sich für Anästhesiezubehör, das zwar desinfiziert werden muß, bei dem aber eine sterile Lagerung nicht nötig erscheint. Hierzu zählen z.B. Faltenschläuche, Beatmungsbeutel, Gesichtsmasken sowie Y- und Winkelstücke, außerdem Guedel- und Wendl-Tuben und ähnliches.

Sterilisation

Unter Sterilisation wird das Abtöten sämtlicher Mikroorganismen verstanden. Eine Sterilisation kann z.B. durch Hitzeeinwirkung, durch Chemikalien oder durch Bestrahlung erzielt werden.

Sterilisation durch Hitze

Die Sterilisation durch Hitzeeinwirkung ist die einfachste Sterilisationsmethode und sollte immer angewandt werden, wenn das zu sterilisierende Material hitzebeständig ist. Prinzipiell muß bei der Hitzesterilisation zwischen Sterilisation mit trockener Hitze und Sterilisation mit feuchter Hitze unterschieden werden. Die **Sterilisation mit trockener Hitze** hat weitgehend an praktischer Bedeutung verloren. Bei diesem Verfahren wird atmosphärische Luft in einem Heißluftsterilisator auf 180 °C erhitzt. Die Sterilisationsdauer beträgt 30 Minuten. Hierfür eignen sich Metall- und Glasteile; thermolabile Materialien wie Kunststoffe und Gummi sind nicht geeignet.

Bei der üblichen **Sterilisation mit feuchter Hitze** wird unter Überdruck stehender, gesättigter Wasserdampf in sogenannten Dampfdrucktöpfen (= **Autoklaven**) verwendet. Bei einem Überdruck von 1 atü (atü = **At**mosphären**ü**berdruck) kocht das Wasser bei 120 °C, bei einem Überdruck von 2 atü kocht das Wasser im Autoklaven bei 134 ° C. Dampf von 120 ° C muß ca. 20 Minuten, 134 ° C heißer Dampf ca. 5 Minuten auf das zu sterilisierende Material einwirken, um eine sichere Sterilisation zu garantieren. Geeignet für die Dampfsterilisation sind Metallteile, Glas- sowie verschiedene Gummi- bzw. Plastikmaterialien und Textilien. Durch die Dampfsterilisation (= Autoklavierung) kommt es jedoch zu einem beschleunigten Alterungsprozeß von Gummiteilen.

Die Autoklavierung ist die sicherste und billigste Sterilisationsmethode für Anästhesiezubehör. Die zu sterilisierenden Geräte können vorher in spezielle Sterilisationstüten eingeschweißt und darin anschließend steril gelagert werden.

Gassterilisation mit Äthylenoxyd (z.B. mit der Sterivit-Anlage)

Äthylenoxyd liegt bei Raumtemperatur als explosionsfähiges und hochgiftiges Gas vor. Es eignet sich zur Sterilisation von Geräten, die nicht hitzebeständig sind. Die zu sterilisierenden Teile müssen vorher gereinigt werden und trocken (!) sein.

Außerdem können sie vorher in spezielle Sterilisationstüten eingeschweißt werden. Vor allem bei den aus mehreren Latexschichten bestehenden Woodbridge-Tuben kann es durch das eindringende Äthylenoxydgas zur Abhebung von Latexschichten und zur Blasenbildung kommen. Diese Materialschäden können später während des Gebrauchs unter Umständen ernsthafte Probleme heraufbeschwören (s. S. 90). Aufgrund der hohen Giftigkeit des Äthylenoxyds ist nach der Desinfektion auf eine ausreichend lange „Entgasung" der sterilisierten Geräte zu achten. Die Sterilisation mit Äthylenoxyd sollte nur durchgeführt werden, wenn keine andere Sterilisationsmethode verfügbar ist.

Sterilisation durch Strahlen

Die Sterilisation mit ionisierenden Strahlen wird vor allem zur Sterilisation von pharmazeutischen Produkten verwendet.

Die Produkte können in der endgültigen Verpackung bestrahlt werden. Da es hierbei kaum zu einer Erwärmung des Sterilisationsgutes kommt, kann dieses Verfahren auch für sämtliche hitzeempfindlichen Produkte verwendet werden.

Teil 2 Lokal- und Regionalanästhesie

Allgemeine Bemerkungen

Bei einer **Allgemeinanästhesie** sind sämtliche Empfindungen und damit auch die Schmerzwahrnehmung im Gehirn vorübergehend ausgeschaltet.
Bei einer **Lokal- oder Regionalanästhesie** wird dagegen versucht, die Schmerzleitung aus einem bestimmten Körpergebiet zum Gehirn zu verhindern, indem die entsprechenden peripheren Nerven reversibel blockiert werden. Die Empfindungswahrnehmungen aus anderen Körperregionen sind dabei unbeeinflußt; das heißt, der Patient ist wach und kann adäquat reagieren.

Wirkungsweise der Lokalanästhetika

Die Impulsweiterleitung in einer Nervenzelle erfolgt durch Depolarisation der Nervenzellmembran. Bei einer Depolarisation kommt es zum Eintritt von Natriumionen in die Zelle und zum Austritt von Kaliumionen aus der Zelle.

Lokalanästhetika sind Medikamente, die den für die Depolarisation notwendigen Natriumioneneinstrom in die Nervenzelle verhindern. Sie blockieren die Natriumkanäle. Lokalanästhetika erzeugen also eine Membranstabilisierung und verhindern damit die Depolarisation und Impulsweiterleitung im Nerven.
Lokalanästhetika werden normalerweise in die unmittelbare Nähe von peripheren Nerven injiziert. Durch Diffusion dringen sie vollends in diese Nerven ein, bewirken eine Membranstabilisierung und blockieren damit die Impulsweiterleitung in diesen Nerven.

Teilweise diffundieren die Lokalanästhetika auch in die Blutbahn und werden dadurch zum Gehirn und zum Herzen transportiert, wo sie unter Umständen Nebenwirkungen entfalten können (s.u.).
Die am häufigsten eingesetzten Lokalanästhetika sind Bupivacain, Ropivacain, Prilocain und Xylocain (vgl. Tab. 2.1). Bupivacain und Ropivacain zeichnen sich durch eine besonders lange Wirkdauer aus. Das relativ neue Ropivacain weist etwas geringere toxische Nebenwirkungen auf als Bupivacain. Prilocain zeichnet sich durch eine sehr große therapeutische Breite aus, das heißt, erst bei relativ hohen Volumina muß mit toxischen Nebenwirkungen gerechnet werden. Es wird daher vor allem bei den Blockadeformen verwendet, bei denen große Volumina an Lokalanästhetika benötigt werden (z.B. Blockade des Plexus brachialis). Lidocain stellt das Standardlokalanästhetikum dar, das z.B. für eine lokale Betäubung der Haut (Hautquaddel) üblicherweise verwendet wird.

Tab. 2.1 Dosierung, Anschlagszeit und Wirkungsdauer häufig verwendeter Lokalanästhetika. Die älteren Substanzen vom Ester-Typ werden inzwischen nur noch sehr selten verwendet (S = schnelle, M = mittelschnelle, L = langsame Anschlagszeit).

Freiname	Handelsname	Maximale Einzeldosis ohne Adrenalin in mg/kg KG beim Erwachsenen	mit Adrenalin	Anschlagszeit	Wirkungsdauer in Stunden
Lokalanästhetika vom Amid-Typ					
Lidocain	Xylocain	2 mg/kg KG 200 mg/E	500 mg/E	S	1,5–2,5
Mepivacain	Meaverin Scandicain	4 mg/kg KG 300 mg/E	7 mg/kg KG 500 mg/E	S	2–4
Prilocain	Xylonest	6 mg/kg KG 400 mg/E	8,5 mg/kg KG 600 mg/E	S	2–4
Bupivacain	Carbostesin Bupivacain	2 mg/kg KG 10 mg/E	2 mg/kg KG 150 mg/E	M	3–8
Ropivacain	Naropin	3 mg/kg KG 250 mg/E	3 mg/kg KG 250 mg/E	L	3–8
Endocain	Duranest	4 mg/kg KG 300 mg/E	4 mg/kg KG 300 mg/E	S	3–8
(Lokalanästhetika vom Ester-Typ)					
Procain	Novocain	500 mg/E	600 mg/E	L	0,5–1
Tetracain	Pantocain	100 mg		L	3–8

Nebenwirkungen der Lokalanästhetika

Toxische Nebenwirkungen der Lokalanästhetika

Die Lokalanästhetika üben ihre membranstabilisierende Wirkung nicht nur an peripheren Nerven aus, sondern sie können prinzipiell an allen erregbaren Zellen, also auch im Gehirn und am Reizleitungssystem des Herzens wirken, wenn sie dort in genügend hoher Konzentration anfluten.

Am Gehirn und am Herzen können daher auch Nebenwirkungen der Lokalanästhetika auftreten, falls unbeabsichtigt hohe toxische Blutkonzentrationen erreicht werden.

Dies ist möglich bei

- einer versehentlichen **intravasalen Injektion.**
- einer Überschreitung der Maximaldosis (= **absolute Überdosierung**).
- einer sehr schnellen Resorption (= **relative Überdosierung**). Die Plasmakonzentration des Lokalanästetikums hängt von der Resorptionsgeschwindigkeit ab. Die schnellste Resorption findet z.B. bei der Interkostalblockade statt (Interkostalblockade > Periduralanästhesie > Plexus-brachialis-Block > 3-in-1-Block > Spinalanästhesie).

Toxische Nebenwirkungen der Lokalanästhetika am Gehirn

Bei toxisch hoher Blutkonzentration eines Lokalanästhetikums wird dieses auch an den erregbaren Strukturen des Gehirns anfluten und dort ebenfalls eine, allerdings unerwünschte, Membranstabilisierung erzeugen.
Normalerweise stehen im ZNS hemmende und erregende Neurone im Gleichgewicht.

Die hemmenden Neurone werden durch Lokalanästhetika früher blockiert, so daß es bei ansteigender toxischer Blutkonzentration zuerst zur Ausschaltung dieser hemmenden Neurone kommt. Damit überwiegen die erregbaren Neurone, und es wird somit verständlich, daß es zuerst zu Erregungszuständen, Unruhe, Muskelzuckungen, metallischem Geschmack, Schwindel, Seh-, Hör- sowie Sprachstörungen und Krämpfen kommt. Charakteristisch sind auch Parästhesien im Bereich von Zunge und Mund.

Bei noch höheren toxischen Blutkonzentrationen kommt es zur Dämpfung auch der erregenden zerebralen Strukturen, also zur allgemeinen Dämpfung des Gehirns mit Bewußtlosigkeit, zentraler Atemdepression, zentraler Kreislaufdepression mit Blutdruck- und Herzfrequenzabfall.

▶ Therapie einer Intoxikation mit zerebraler Übererregbarkeit

- Verabreichung eines Benzodiazepins wie z.B. Diazepam (5–10 mg intravenös) oder Midazolam
- Ein Barbiturat (z.B. Thiopental 1–2 mg/kg KG intravenös) ist bei leichten Intoxikationen mit zerebralen Erregungszuständen das Mittel der Wahl. Hiermit wird die zerebrale Krampfschwelle erhöht, und zerebrale Erregungszustände sowie Krämpfe können unterdrückt werden.
- Hyperventilation: Der Patient sollte zum tiefen Durchatmen (= hyperventilieren) aufgefordert werden. Durch eine Hyperventilation kommt es zum Abfall des CO_2-Wertes im Blut, wodurch die zerebrale Krampfschwelle gegenüber Lokalanästhetika erhöht wird. Bei einer schweren Intoxikation mit einer zerebralen Depression muß der Patient beatmet werden, wobei ebenfalls eine Hyperventilation anzustreben ist. Läßt sich ein Patient aufgrund von zerebralen Krämpfen nicht beatmen, so kann eine Relaxation (mit z.B. Succinylcholin) notwendig werden.
- Sauerstoffverabreichung
- Intubation, künstliche Beatmung und kreislaufstabilisierende Maßnahmen können bei einer schweren Intoxikation mit Bewußtlosigkeit, Atem- und Herz-Kreislauf-Depression notwendig werden.

Toxische Nebenwirkungen der Lokalanästhetika am Herzen

Treten versehentlich sehr hohe toxische Blutkonzentrationen eines Lokalanästhetikums auf, so wird das Lokalanästhetikum auch am Reizleitungssystem des Herzens anfluten und dort ebenfalls eine, allerdings unerwünschte, Membranstabilisierung erzeugen. Eine Dämpfung des Reizleitungssystems äußert sich vor allem in einer Bradykardie, in AV-Blockierungen, in einer Abnahme der Herzkraft sowie in einem Blutdruckabfall, unter Umständen in einem Herzstillstand.
Einige Lokalanästhetika (z.B. Lidocain) können bewußt intravenös gegeben werden, um deren membranstabilisierende Wirkung am Herzen auszunützen. Damit können Herzrhythmusstörungen, wie z.B. ventrikuläre Extrasystolen, therapiert werden.

▶ Therapie einer schweren Intoxikation mit Herz-Kreislauf-Depression

Die Therapie erfolgt symptomatisch; in Frage kommen Maßnahmen wie

- Sauerstoffverabreichung und gegebenenfalls künstliche Beatmung.
- Volumengabe und vasokonstringierende (= gefäßverengende) Medikamente wie Akrinor oder Adrenalin (s. S. 271) bei Hypotonie.
- unter Umständen kardiopulmonale Reanimation bei einem Herz-Kreislauf-Stillstand (s. S. 408).

Anaphylaktoide Nebenwirkungen der Lokalanästhetika

Eine weitere mögliche Nebenwirkung der Lokalanästhetika ist eine anaphylaktoide Reaktion, die sich z.B. als Urtikaria (= Quaddelbildung), als Asthmaanfall, als Blutdruckabfall oder gar als anaphylaktoider Schock äußern kann. Dies ist vor allem bei den älteren Lokalanästhetika vom Ester-Typ bekannt (durch das Abbauprodukt Paraaminobenzoesäure). Bei den neuen Lokalanästhetikaverbindungen vom Amid-Typ (vgl. Tab. 2.1) sind allergische Reaktionen extrem selten. Die Therapie und Prophylaxe allergischer und pseudoallergischer Reaktionen wird ausführlich auf den Seiten 193 ff. beschrieben.

Sonstige Nebenwirkungen der Lokalanästhetika

Den Lokalanästhetika kann **Adrenalin** (s. S. 271) im Verhältnis 1:200 000 zugesetzt werden, wodurch eine **lokale Vasokonstriktion** erreicht wird. Ein Milliliter einer adrenalinhaltigen Lokalanästhetikalösung enthält 5 µg Adrenalin. Damit kann die Resorption verzögert, die Wirkungsdauer verlängert und toxische Nebenwirkungen können vermindert werden. Mögliche Gefahren sind jedoch Blutdruck- und Herzfrequenzanstiege, falls es dennoch zur Resorption des adrenalinhaltigen Lokalanästhetikums kommen sollte. Kontraindiziert ist die Anwendung eines Adrenalinzusatzes in Gebieten mit Endarterien wie Finger, Ohr, Nase und Penis. Hier könnte es durch die Vasokonstriktion zu Nekrosen aufgrund einer Mangeldurchblutung kommen. Bei Verabreichung größerer Dosen von Prilocain (Xylonest) kann es zur Anhäufung des Abbauproduktes O-Toluidin kommen. Dieses oxidierende Abbauprodukt überführt Hämoglobin in Methämoglobin. Bei hohen Methämoglobinkonzentrationen muß unter Umständen eine reduzierende Substanz (z.B. Methylenblau; 1–3 mg/kg KG) verabreicht werden.

Verschiedene Formen — der Lokal- und Regionalanästhesie

> Das Ziel der Lokal- und Regionalanästhesie, nämlich die Unterbrechung der Schmerzleitung von der Körperperipherie zum Gehirn, kann auf verschiedenen Ebenen vorgenommen werden.

Lokalanästhesien (vgl. Abb. 2.1)
- Oberflächenanästhesie (= Schleimhautanästhesie) (1)
- Infiltrationsanästhesie (2)

Regional- oder Leitungsanästhesien (vgl. Abb. 2.1)
- Nervenblockade (3)
- Plexusanästhesie (4)
- Rückenmarknahe Leitungsanästhesien (5)
  - Spinalanästhesie
  - Periduralanästhesie

Allgemeinnarkose = Vollnarkose = totale zentrale Narkose

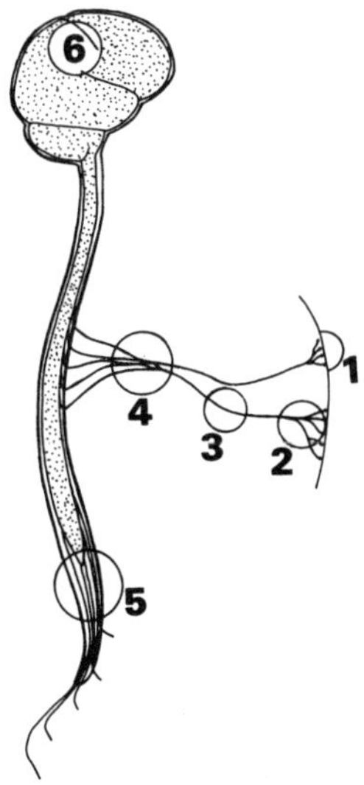

Abb. 2.1 Lokal- und Regionalanästhesieverfahren. 1 = Schleimhautanästhesie, 2 = Infiltrationsanästhesie, 3 = Nervenblockade, 4 = Plexusanästhesie, 5 = rückenmarknahe Leitungsanästhesie, (6 – Vollnarkose).

Lokalanästhesie

Oberflächenanästhesie (= Schleimhautanästhesie)

Bei der Oberflächenanästhesie wird ein Schleimhautareal mit einem Lokalanästhetikum besprüht oder bepinselt. Hierdurch werden die in der Schleimhaut liegenden kleinsten sensiblen Nervenendigungen blockiert.

▶ **Beispiel**
- Einspritzen eines Lokalanästhetikum-haltigen Gleitmittels in die Harnröhre eines Mannes vor deren Katheterisierung

▶ **Medikamente**
- Lidocain 2–4%
- Mepivacain 2%

Inzwischen liegt mit der EMLA-Creme eine Lokalanästhetikamischung vor, die bei ausreichend langer Einwirkzeit auch durch die intakte Haut dringen und diese anästhesieren kann. Die EMLA-Creme wird insbesondere in der Kinderanästhesie zur schmerzlosen Anlage eines peripher-venösen Zuganges beim wachen Kind verwendet (s. S. 216).

Infiltrationsanästhesie

Bei der Infiltrationsanästhesie wird das Lokalanästhetikum intradermal, subkutan oder intramuskulär injiziert, wodurch die dort liegenden sensiblen Nervenendigungen blockiert werden. Dies ist eine gebräuchliche Methode in der sogenannten **„kleinen Chirurgie"**, um z.B. eine zu versorgende Wunde zu umspritzen.

▶ **Beispiel**
- Wundnaht

▶ **Medikamente**
- Lidocain 0,5–1,0%
- Mepivacain 0,5–1,0%
- Bupivacain 0,25–0,5%
- Prilocain 0,5–1,0%
- Etidocain 0,5%

Bei der Infiltrationsanästhesie wird häufiger ein Lokalanästhetikum mit Adrenalinzusatz verwendet (s. S. 144).

Leitungs- oder Regionalanästhesie

Allgemeine Bemerkungen

Bei einer Leitungs- oder Regionalanästhesie wird das Lokalanästhetikum in die Nähe eines peripheren Nerven injiziert und diffundiert dann selbständig vollends in den Nerv. Nervenfasern werden um so leichter durch ein Lokalanästhetikum blockiert, je dünner sie sind und je stärker der Myelinisierungsgrad ist. Die einzelnen Fasertypen (vgl. Tab. 2.2) werden normalerweise bei einer Spinal- und Periduralanästhesie in folgender Reihenfolge blockiert: B, C, A-Delta, A-Gamma, A-Beta, A-Alpha (Gefäßweitstellung, Schmerzreduktion, vermindertes Temperaturempfinden, vermindertes Druck- und Berührungsempfinden, Einschränkung der Motorik). Die B-Fasern werden vor den dünneren C-Fasern blockiert, da sie im Vergleich zu den C-Fasern myelinisiert sind. Myelinisierte Fasern sind leichter blockierbar als nicht myelinisierte Fasern.

Zuerst werden die B-Fasern (präganglionäre sympathische Fasern) blockiert. Durch Blokkade dieser sympathischen Fasern kommt es zur Gefäßweitstellung, was als Rötung, Wärmegefühl oder deutliches Hervortreten der venösen Gefäße im ausgeschalteten Gebiet erkennbar ist. Folge dieser Gefäßweitstellung kann ein Blutdruckabfall sein, vor allem wenn große Gebiete des Körpers ausgeschaltet werden, wie z.B. bei der Spinal- oder Periduralanästhesie (s. S. 150). Zuletzt werden die **dicksten Fasern** eines Nerven, die für die Bewegung zuständigen motorischen Fasern, ausgeschaltet.

Vorbereitungen zur Leitungsanästhesie

Die anästhesiologische Überwachung bei der Leitungsanästhesie muß die gleiche sein **wie bei einer Vollnarkose,** das heißt, es muß gefordert werden:

- EKG-Ableitung
- peripher-venöser Zugang und Infusionstherapie (s. S. 130)
- Blutdruckmessung
- Sauerstoffgabe (z.B. 2 l/min über eine Nasensonde)
- Narkosegerät und Intubationsbesteck müssen bereitliegen.
- Medikamente (z.B. Atropin, Adrenalin, Akrinor, Midazolam, Thiopental, Succinylcholin) müssen griffbereit sein.

Prinzipiell muß eine Leitungsanästhesie unter den gleichen Sterilitätsbedingungen wie eine Operation vorgenommen werden. Es sind also

Tab. 2.2 Klassifizierung der Nervenfasertypen sowie ihre Blockierbarkeit durch Lokalanästhetika.

Fasertyp	Durchmesser (μm)	myelinisiert	Blockierbarkeit durch Lokalanästhesie	Funktion
A-Fasern				
Alpha	12–20	ja	+	Motorik
Beta	5–12	ja	++	Druck, Berührung
Gamma	3–6	ja	+++	Muskelspindeln
Delta	2–5	ja	++++	Temperatur und gut lokalisierbarer Erstschmerz
B-Fasern	< 3	ja	++++++	präganglionäre sympathische Fasern
C-Fasern	0,3–1,2	nein	+++++	schlecht lokalisierbarer Zweitschmerz

sterile Handschuhe, Mundschutz sowie Kopfhaube zu tragen. Nach mehrmaliger Desinfektion der Punktionsstelle wird diese steril abgedeckt.

Des weiteren ist bei den rückenmarknahen Leitungsanästhesien (Spinalanästhesie, s. S. 150 und Periduralanästhesie, s. S. 157) sowie bei den Plexusblockaden (s. S. 148) eine vorherige **Kontrolle der Blutgerinnung** sinnvoll. Der Quick sollte nicht unter ca. 60%, die PTT nicht länger als ca. 45 Sekunden und die Thrombozytenzahl nicht niedriger als ca. 100 000 sein. Nach Gabe von niedermolekularem (fraktioniertem) Heparin zur Thromboseprophylaxe sollte vor einer rückenmarknahen Punktion ein 12stündiges Sicherheitsintervall eingehalten werden. Nach Gabe von nichtfraktioniertem (konventionellem) Heparin wird ein Sicherheitsintervall von 4 Stunden empfohlen. Auch bei Einnahme von Thrombozytenaggregationshemmern, z.B. Acetylsalicylsäure bzw. einem Antirheumatikum (z.B. Diclofenac), sollte vor der rückenmarknahen Punktion ein Sicherheitsintervall (Einnahmepause) von mehr als 3 Tagen bzw. 1–2 Tagen eingehalten werden. Gerinnungsstörungen aufgrund von niedermolekularem, fraktioniertem Heparin oder z.B. Acetylsalicylsäurepräparaten können durch die üblichen Gerinnungstests nicht erfaßt werden. In diesen Fällen wurde zum Teil die sogenannte **subaquale** (unter Wasser gemessene) **Blutungszeit** als Globaltest empfohlen. Gemessen wird die Zeitspanne, bis der ausfließende Blutfaden abreißt (Normalwert: bis 300 Sekunden). Diese Methode ist jedoch sehr fehlerbehaftet und wird in ihrer Aussagekraft inzwischen angezweifelt. Seit kurzem steht ein neuer apparativer Test zur Verfügung (PFA; Plättchenfunktionsanalysator). Mit diesem Gerät kann anhand einer Blutprobe die z.B. durch Acetylsalicylsäure bedingte Thrombozytenfunktionsstörung objektiv gemessen werden.

Nervenblockade

> Unter einer Nervenblockade wird die vorübergehende Ausschaltung eines bestimmten peripheren Nerven durch ein Lokalanästhetikum verstanden.

▶ **Beispiel**

- Ausschaltung des Nervus alveolaris inferior durch den Zahnarzt:
  Hierdurch wird eine Unterkieferseite betäubt.
- Nervenblockade nach Oberst:
  Hierbei werden die vier Nerven, die jeweils einen Finger versorgen, an der Fingerbasis (vgl. Abb. 2.2) mit Lokalanästhetikum umspritzt. Von einer Punktionsstelle aus werden drei Nerven betäubt (1, 2 und 3 in Abb. 2.3). Für den vierten Nerv muß ein zweites Mal punktiert werden (4 in Abb. 2.3). Pro Nerv werden ca. 0,5–1 ml Lokalanästhetikum injiziert.

▶ **Medikamente**

- Lidocain 1–1,5%
- Mepivacain 1–1,5%

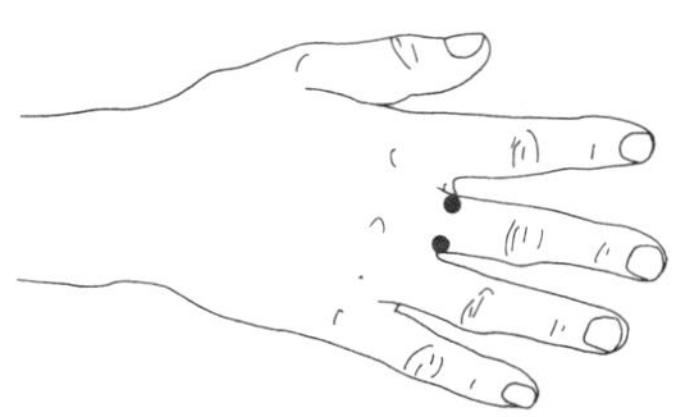

Abb. 2.2 An der Fingerbasis markierte Punktionsorte bei Durchführung einer Oberst-Nervenblockade

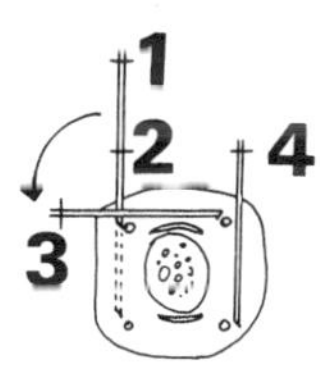

Abb. 2.3 Punktionstechnisches Vorgehen bei der Oberst-Nervenblockade (genaues Vorgehen siehe Text).

- Prilocain 1%
- Bupivacain 0,25–0,5%
- Etidocain 0,5–1,0%

Blockade des Plexus brachialis

Jeder Arm wird von einem Nervengeflecht, dem Plexus brachialis, versorgt. Der Plexus brachialis kann im Halsbereich sowie unmittelbar oberhalb bzw. unterhalb des Schlüsselbeins oder in der Achselhöhle ausgeschaltet werden.

Axillare Blockadetechnik

Die häufigste und komplikationsärmste Methode ist die Blockade des Plexus brachialis in der Achselhöhle (axillare Blockade). Hierdurch ist eine Schmerzausschaltung an der Hand, am Unterarm und teilweise am Oberarm möglich.

▶ Material

- Einmalrasierer zur Rasur der Achselhöhle
- Desinfektionsspray und sterile Kompressen
- sterile Handschuhe, Mütze, Mundschutz
- steriles Lochtuch
- sterile 2-ml-Spritze, eine 26-G-Stahlkanüle und z.B. Lidocain 1% für die Lokalanästhesie der Haut
- spezielle Punktionskanüle, z.B. „immobile Nadel" oder Elektrostimulationskanüle (s.u.)
- 30–40 ml Lokalanästhetikum für die Plexusblockade sowie 3–4 sterile 10-ml-Spritzen
- evtl. einen Nervenstimulator (s.u.)
- steriles Verbandsmaterial für die Punktionsstelle

▶ Vorgehen

Im Bereich der Axilla verlaufen die Nerven des Plexus brachialis, nämlich der Nervus radialis, der Nervus medianus und der Nervus ulnaris, unmittelbar neben der Arteria axillaris. Gefäße und Nerven werden von einem faszienartigen Schlauch (sogenannte Gefäß-Nerven-Scheide) umhüllt. Beim Aufsuchen dieser Nerven stellt deshalb der Verlauf der zu ertastenden Arteria axillaris die Orientierungshilfe dar.

Der auf dem Rücken liegende Patient abduziert den Oberarm ca. 90–100 Grad (vgl. Abb. 2.4). Nach sorgfältiger Rasur und mehrmaliger Desinfektion der Achselhöhle wird ein steriles Lochtuch über die Punktionsstelle geklebt. Am Oberarm, möglichst tief in der Axilla, wird die Arteria axillaris palpiert. In dieser Armposition liegt der Nervus radialis hinter und etwas oberhalb der Arteria axillaris, der Nervus ulnaris liegt hinter und etwas unterhalb der Arterie, der Nervus medianus liegt vor der Arteria axillaris. Die Arteria axillaris sowie die drei sie umgebenden Nerven werden von einer Faszienscheide umgeben. Direkt über der Arterie wird die voraussichtliche Punktionsstelle der Haut mit einer Hautquaddel betäubt.
Früher wurde die axillare Blockade meist folgendermaßen durchgeführt: Mit einer normalen Stahlkanüle wurde unmittelbar kranial der Arteria axillaris in verschiedene Richtungen punktiert, bis mit der Kanülenspitze z.B. der Nervus radialis mechanisch irritiert wurde.

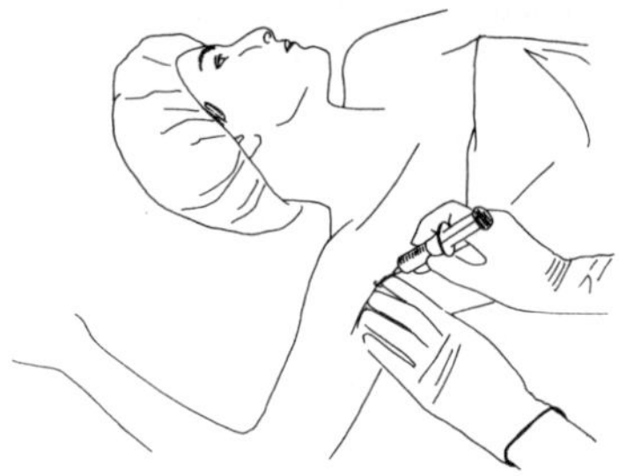

Abb. 2.4 Blockade des Plexus axillaris mittels einer auf eine 10-ml-Spritze aufgesetzten Stahlkanüle (nicht mehr üblich, zur besseren Detaildarstellung ist keine sterile Abdeckung dargestellt).

War dies der Fall, so gab der Patient ein elektrisierendes Gefühl, sogenannte **Parästhesien** im Versorgungsbereich des Nervus radialis an. Die Kanüle wurde nun minimal zurückgezogen und das Lokalanästhetikum injiziert (vgl. Abb. 2.4). Ähnlich wurde der Nervus medianus aufgesucht. Nach erneuter Punktion unterhalb der Arteria axillaris wurde auf dieselbe Weise auch der Nervus ulnaris aufgesucht und blockiert.

Durch dieses Auslösen von Parästhesien kann es jedoch zu Nervenverletzungen mit bleibenden Nervenschäden kommen.

Deshalb wird inzwischen versucht, das Auslösen von Parästhesien zu vermeiden. Hierzu empfiehlt es sich, z.B. eine sogenannte **„immobile Nadel“** zu verwenden. Dies ist eine spezielle, etwas stumpfere Kanüle, die über ein kurzes Schlauchstück mit der Injektionsspritze verbunden wird (vgl. Abb. 2.5). Durch den stumpfen Anschliff kann meist ein Klick beim Durchstechen der Gefäß-Nerven-Scheide erfaßt werden.

Wichtig ist, daß das Lokalanästhetikum sicher innerhalb dieser Gefäß-Nerven-Scheide injiziert wird. Dann genügt meist ein einziges Depot, um alle drei Nerven auszuschalten, da sich das Lokalanästhetikum nur innerhalb der Gefäß-Nerven-Scheide ausbreiten kann.

Es kann ausnahmsweise auch zweimal die Faszienscheide, nämlich oberhalb und unterhalb der Arteria axillaris punktiert und das Lokalanästhetikum entsprechend der Lage der

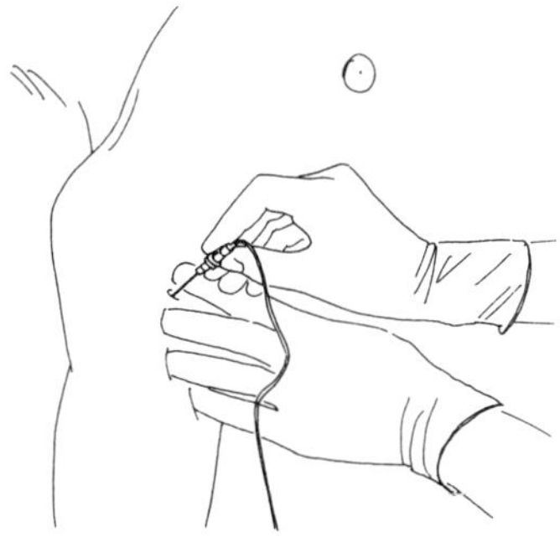

Abb. 2.6 Blockade des Plexus axillaris mit einer „immobilen Nadel“. (Zur besseren Detaildarstellung ist keine sterile Abdeckung dargestellt).

Nerven zur Arterie injiziert werden. Da die „immobile Nadel“ durch eine Perfusorleitung von der Spritze getrennt ist, braucht bei Manipulationen an der Spritze keine Verlagerung der Punktionskanüle befürchtet werden (vgl. Abb. 2.6).

Zum Aufsuchen des Plexus brachialis kann auch ein sogenannter **Nervenstimulator** verwendet werden (vgl. Abb. 2.7). Die hierzu benötigte spezielle Punktionskanüle (Elektrostimulationskanüle) ist über ein Kabel mit dem Nervenstimulator verbunden, an dem ein Reizstrom bestimmter Stärke und bestimmter Frequenz eingestellt werden kann. Ein zweites Kabel muß an eine in der Nähe der Punktionsstelle auf die Haut geklebte EKG-Elektrode („Erdungselektrode“) angeschlossen werden. Ist die Spitze der Punktionskanüle in der Nähe des aufzusuchenden Nerven, so wird durch diesen Reizstrom eine Muskelkontraktion ausgelöst.

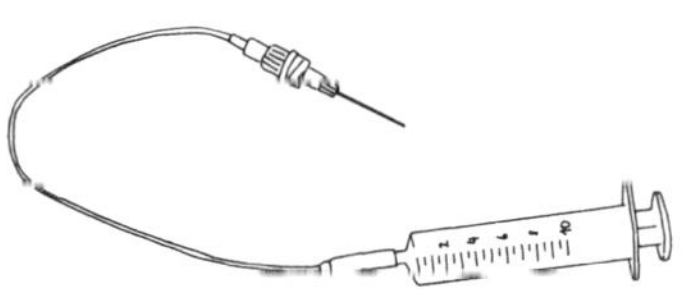

Abb. 2.5 „Immobile Nadel“ (Kurzschliffkanüle mit kurzem Verbindungsschlauch).

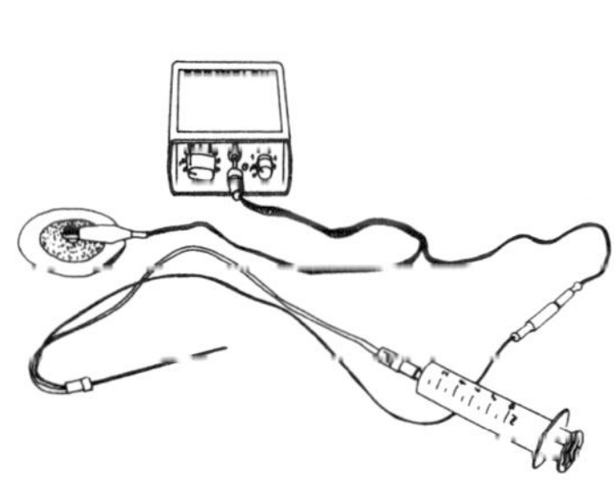

Abb. 2.7 Nervenstimulationsgerät mit angeschlossener Elektrostimulationskanüle.

Initial wird mit einer Stromstärke von ca. 1(–2) mA (Milliampere) stimuliert. Bei motorischen Reizantworten wird die Stromstärke soweit reduziert, bis die Zuckungen fast verschwinden. Die Kanüle wird weiter vorgeschoben, bis jetzt bereits bei geringer Stromstärke deutliche Zuckungen auftreten. Dieses Vorgehen wird gegebenenfalls mehrfach wiederholt.
Die Kanülenposition ist vermutlich korrekt plaziert, wenn bereits mit einer Stromstärke von 0,2–0,5 mA **Zuckungen im Bereich der Hand** auslösbar sind. Das Lokalanästhetikum kann nun injiziert werden.
Bei der elektrischen Stimulation des Nervus radialis kommt es zur Streckung von Fingern, Hand und Ellenbogengelenk sowie zur Supination der Hand (Drehen der Handfläche nach oben). Bei der Stimulation des Nervus medianus kommt es zur Beugung der Hand und des ersten, zweiten und dritten Fingers. Eine Stimulation des Nervus ulnaris führt zur Beugung des dritten bis fünften Fingers. Kommt es zur Beugung im Ellenbogengelenk und zur Supination der Hand, dann wurde der Nervus musculocutaneus stimuliert. Dieser Nerv versorgt die Haut im Bereich der radialen Unterarmseite. Der Nervus musculocutaneus verläßt die Gefäß-Nerven-Scheide bereits tief in der Axilla. Wird er stimuliert, liegt die Kanüle nicht in der Gefäß-Nerven-Scheide. Um den Plexus und den Nervus musculocutaneus zu blockieren, sollte eine axillare Blockade möglichst tief in der Axilla durchgeführt werden.
Nach der Injektion des Lokalanästhetikums wird die Punktionsstelle mit sterilem Verbandsmaterial bedeckt.

> Bis die Blockade des Plexus brachialis komplett ist, vergehen mindestens 20 Minuten.

▶ **Medikamente**
- Prilocain 1–1,5%, 30–40 ml
- Mepivacain 1%, 30 ml
- Bupivacain 0,5–0,25%, 30(–40) ml
- Etidocain 0,5–1%, 30–40 ml

▶ **Komplikationen**
- Nervenverletzungen
- Hämatombildung nach versehentlicher Punktion der Arteria axillaris. Da die Ausbreitung des Hämatoms durch die Gefäß-Nerven-Scheide behindert ist, kann es durch das Hämatom innerhalb der Gefäß-Nerven-Scheide zu einer Kompression und einer Druckschädigung der dort verlaufenden Nerven kommen. 5 Minuten komprimieren!
- intravasale Injektion
- anaphylaktische Reaktion
- systemische Toxizität

▶ **Kontraindikationen**
- Allergie gegen Lokalanästhetika
- Gerinnungsstörungen (s. S. 147)
- vorbestehende Nervenschädigungen
- entzündliche Hautveränderungen im Punktionsbereich
- Entzündliche Veränderungen der Lymphgefäße (= Lymphangitis) oder Lymphknoten (= Lymphadenitis) am entsprechenden Arm, die häufig bei einer eitrigen Entzündung des Fingerbettes (= Panaritium) vorliegen; entzündliche Lymphknotenvergrößerungen in der Axilla sind stets vorher (!) auszuschließen.
- ein nicht kooperativer Patient

Rückenmarknahe Leitungsanästhesien

Spinalanästhesie

> Unter einer Spinalanästhesie wird das Einbringen eines Lokalanästhetikums in den Spinalraum verstanden. Hierdurch kann eine Schmerzausschaltung an der unteren Körperhälfte erzielt werden.

▶ **Anatomie**
Das Rückenmark endet normalerweise auf der

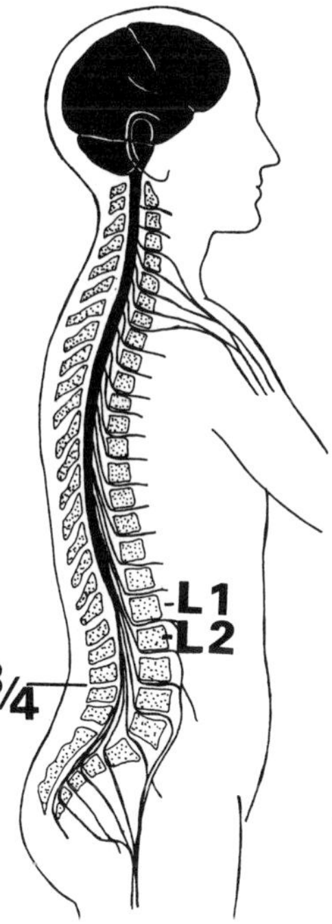

Abb. 2.8 Lage des Rückenmarks im Spinalkanal (Ende des Rückenmarks bei L1/L2; übliche Punktionshöhe L3/L4).

Höhe des ersten bis zweiten Lendenwirbels (= L1/L2) (vgl. Abb. 2.8). Unterhalb davon befindet sich in dem von der Dura umgebenen Spinalraum nur noch die aus Nervenfasern bestehende Cauda equina (wörtlich übersetzt: „Pferdeschweif"). Spinalpunktionen dürfen daher nur unterhalb von L2 durchgeführt werden, damit das Rückenmark nicht versehentlich verletzt wird. Die Fasern der Cauda equina weichen dagegen einer eindringenden Kanüle leicht aus. Die häufigste Punktionsstelle ist zwischen dem dritten und vierten Lendenwirbel (= L3/L4).

Bei der Punktion des Spinalkanals dringt die Kanüle durch folgende Strukturen (vgl. Abb. 2.9):

1 = Haut
2 = subkutanes Fettgewebe
3 = Ligamentum supraspinale (Band, das von einer Dornfortsatzspitze zur nächsten zieht)

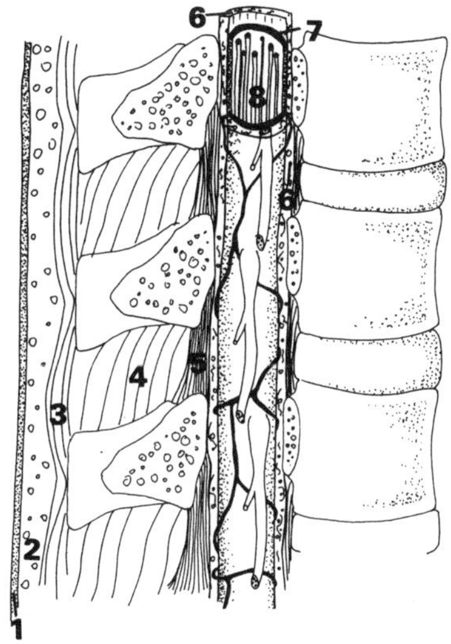

Abb. 2.9 Lendenwirbelsäule. 1 = Haut, 2 = subkutanes Fettgewebe, 3 = Ligamentum supraspinale, 4 = Ligamentum interspinale, 5 = Ligamentum flavum, 6 = Periduralraum, 7 = Dura, 8 = Spinalraum mit Cauda equina.

4 = Ligamentum interspinale (Band, das sich zwischen den Dornfortsätzen befindet)
5 = Ligamentum flavum (= gelbes, elastisches, aber sehr festes, derbes Band)
6 = Periduralraum (besteht aus lockerem Bindegewebe, Fettgewebe sowie reichlich Venengeflechten und ist nur einige Millimeter breit)
7 = Dura (= harte Hirnhaut)
8 = Spinalraum (mit Liquor und Cauda equina)

▶ Material

- sterile Handschuhe, Mundschutz und Kopfhaube
- Desinfektionslösung
- Lokalanästhetikum für die lokale Betäubung der Punktionsstelle
- Lokalanästhetikum für die Spinalanästhesie
- Spinal-Set, das meist alle weiteren Utensilien enthält:
  - Gefäß für die Desinfektionslösung
  - sterile Tupfer und Kompressen

Abb. 2.10 Sitzende Lagerung zum Anlegen einer rückenmarknahen Leitungsanästhesie.

- Stieltupfer
- steriles Lochtuch
- 2-ml-Spritze für die Lokalanästhesie
- 5-ml-Spritze für die Spinalanästhesie
- Stahlkanülen zum Aufziehen der Medikamente und zur lokalen Betäubung der Punktionsstelle, außerdem eine dickere Führungskanüle (s.u.) für die dünne Spinalkanüle
- Spinalkanüle (z.B. 24 oder 25 G)

- steriles Verbandmaterial für die Punktionsstelle

▶ Technik

Eine Spinalpunktion kann am sitzenden (vgl. Abb. 2.10) oder am liegenden (vgl. Abb. 2.11) Patienten vorgenommen werden. Der Patient muß hierbei einen Rundrücken, einen sogenannten „Katzenbuckel", machen.

Hierzu muß der Patient das Kinn auf die Brust nehmen bzw. bei der Punktion im Liegen die Beine an den Bauch ziehen. Bei der Punktion im Sitzen muß der am Bettrand bzw. am Rand des OP-Tisches sitzende Patient die Beine auf eine Fußbank stellen. Durch diesen Rundrücken vergrößern sich die Abstände zwischen

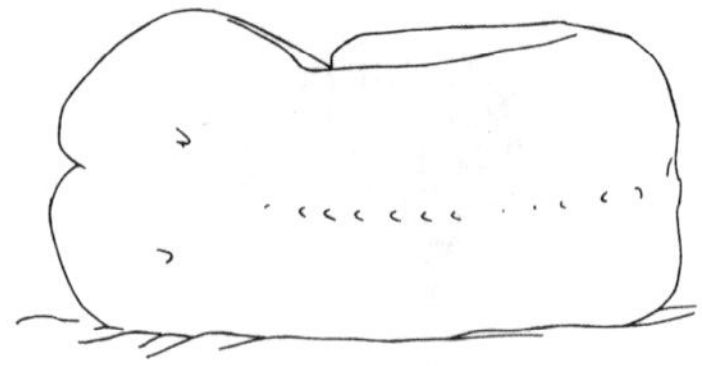

Abb. 2.11 Seitenlagerung zur Anlage einer rückenmarknahen Leitungsanästhesie.

den Dornfortsätzen, was die Punktion zwischen den Dornfortsätzen hindurch in den Spinalraum wesentlich erleichtert.

Die Punktion am sitzenden Patienten ist technisch einfacher. Der Patient muß jedoch hierbei unbedingt von einer Hilfsperson festgehalten werden, da Patienten aufgrund einer vasovagalen Synkope oder eines plötzlichen Blutdruckabfalls nach Injektion des Lokalanästhetikums unvermittelt kollabieren und vom Bett fallen könnten!

Die beabsichtigte Punktionsstelle muß aufgesucht werden. Als Orientierungsmarke gilt die Verbindungslinie der Beckenkämme, die die Wirbelsäule auf Höhe des Dornfortsatzes des vierten Lendenwirbels schneidet. Bei Auflegen der flachen Hände auf die Beckenkämme treffen sich die Daumen in der Höhe des Dornfortsatzes von L4 (vgl. Abb. 2.12). Zumeist wird zwischen L3/L4 punktiert. Die beabsichtigte Punktionsstelle kann nun z.B. durch einen längeren und kräftigen Druck mit

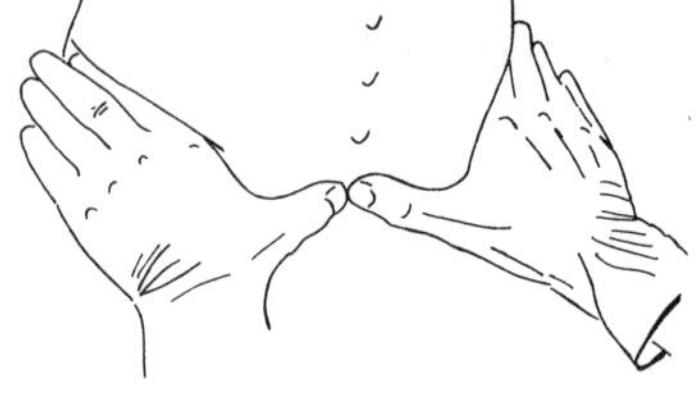

Abb. 2.12 Aufsuchen eines Zwischenraums zwischen 3. und 4. Lendenwirbel. Die flachen Handflächen liegen auf den Beckenkämmen auf.

dem Daumennagel markiert werden, damit sie auch nach der Desinfektion noch erkennbar ist.

▶ **Vorgehen**

Nach mehrmaliger großflächiger Desinfektion der Punktionsstelle wird diese mit einem sterilen Lochtuch abgeklebt. Normalerweise wird zwischen dem Dornfortsatz des dritten und vierten Lendenwirbelkörpers (L3/L4) mit einem Lokalanästhetikum (z.B. Lidocain 1%) eine Hautquaddel gesetzt, außerdem werden die tiefer liegenden Bandstrukturen betäubt (vgl. Abb. 2.13). Es empfiehlt sich nun, durch die Hautquaddel eine dicke **Führungskanüle** bis ins Ligamentum interspinale einzustechen (vgl. Abb. 2.14). Durch diese Führungskanüle wird eine möglichst dünne Spinalkanüle (z.B. 25 G) eingeführt (vgl. Abb. 2.15). Bei Verwendung einer Führungskanüle kommt die Spinalkanüle nicht in Kontakt mit der Haut und verbiegt sich nicht so leicht. Die Stichrichtung der Spinalkanüle sollte horizontal bis leicht nach kranial verlaufen. Da die Bindegewebsfasern der zu durchstechenden Dura von kranial nach kaudal verlaufen, empfiehlt es sich, den Anschliff der Spinalkanüle nach lateral zu halten. Hierdurch werden die Bindegewebsfasern der Dura beim Vorstechen auseinandergedrängt. Wird der Kanülenanschliff nach kranial oder kaudal gerichtet, so werden diese Bindegewebsfasern der Dura durchtrennt und es entsteht ein größeres Loch in der Dura. Durch Entfernen des Mandrins aus der Spinalkanüle kann geprüft werden, ob bereits Liquor abtropft, das heißt, ob die Kanülenspitze im Spinalraum liegt. Falls dies nicht der Fall ist, so muß der Mandrin wieder eingeführt und die Kanüle etwas weiter vorgeschoben werden. Kommt es beim Vorstechen zum Knochenkontakt, so muß die Stichrichtung der Spinalkanüle korrigiert werden. Häufig kann die Duraperforation als zarter Klick empfunden werden. Nach der Entfernung des Mandrins tropft nun langsam Liquor ab (vgl. Abb. 2.16 und 2.17). Die Kanüle wird um 90 Grad gedreht. Wenn versehentlich ein Gefäß perforiert wurde, sind manchmal die ersten Liquortropfen blutig gefärbt. Beim Abtropfen

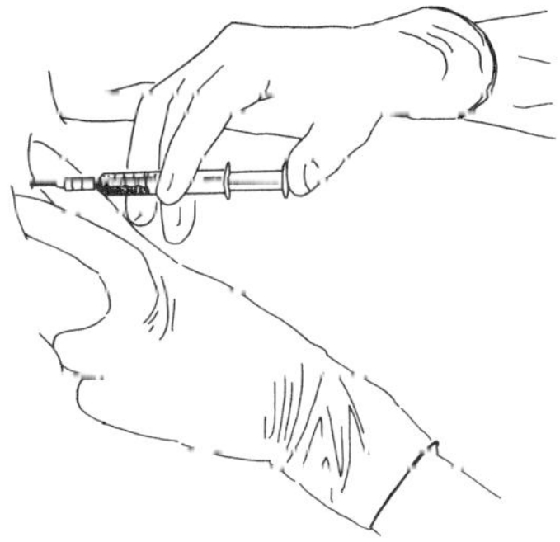

Abb. 2.13 Durchführung einer Lokalanästhesie.

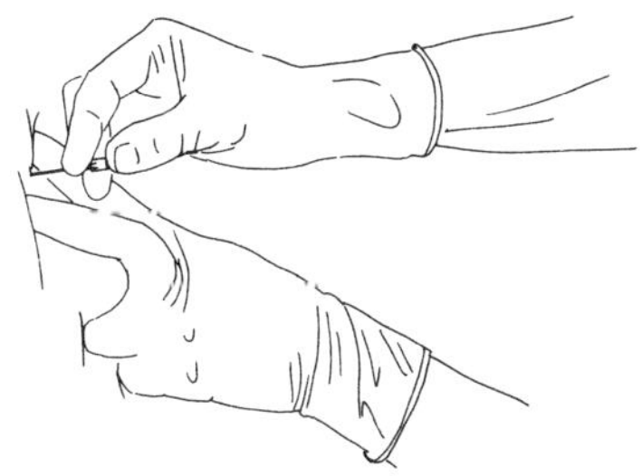

Abb. 2.14 Einstechen einer Führungskanüle.

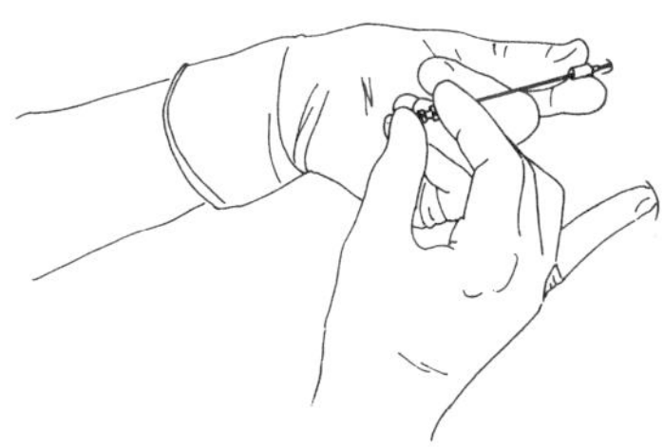

Abb. 2.15 Einführung der Spinalkanüle durch die Führungskanüle.

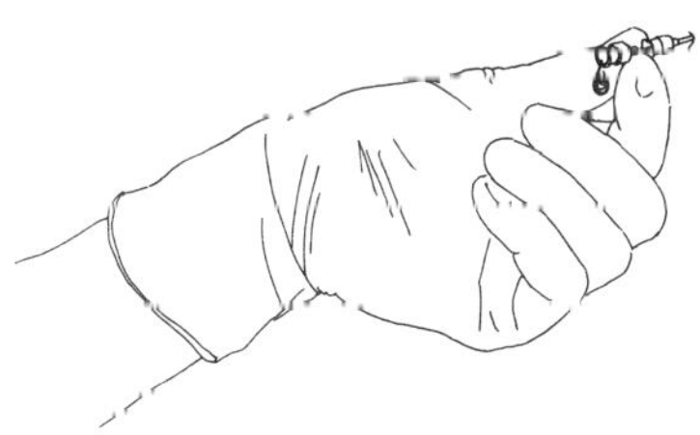

Abb. 2.16 Erfolgreiche Spinalpunktion: Abtropfen von Liquor cerebrospinalis.

des Liquors werden die Tropfen jedoch bald klar.

Es darf erst injiziert werden (vgl. Abb. 2.18), wenn klarer Liquor kommt. Vor der Injektion des Lokalanästhetikums wird mit der Spritze etwas Liquor aspiriert, um sich nochmals von der richtigen Lage der Kanüle zu überzeugen. Aspirierter Liquor ist in der mit Lokalanästhetikum gefüllten Spritze an einer Schlierenbildung erkennbar.

Nach Entfernen der Kanüle muß die Punktionsstelle mit sterilem Verbandsmaterial abgedeckt werden.

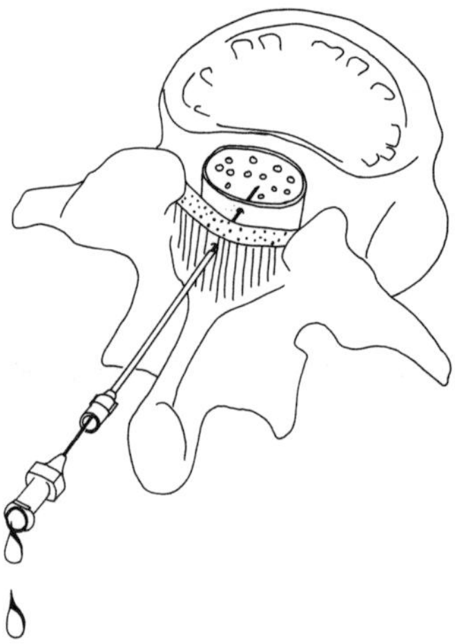

Abb. 2.17 Erfolgreiche Spinalpunktion: richtig plazierte Spinalkanüle.

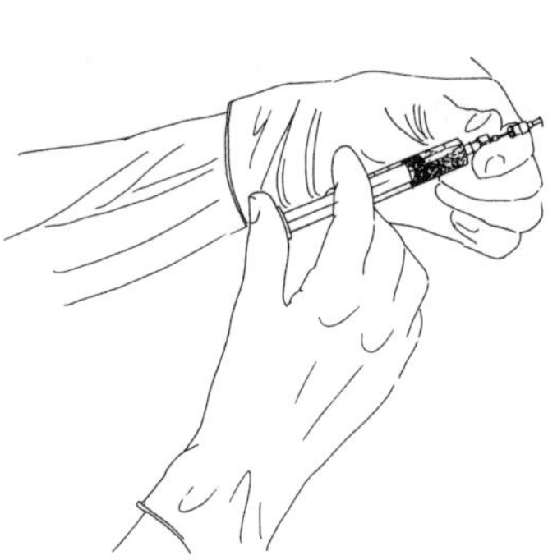

Abb. 2.18 Injektion von Lokalanästhetikum über die Spinalkanüle.

▶ Medikamente

- 2–4 ml Bupivacain 0,5% isobar oder hyperbar (s.u.)
- 1–2 ml Lidocain 5% hyperbar (s.u.)
- 1–2 ml Mepivacain 4% hyperbar (s.u.)

Die **hyperbaren Medikamente** sind schwerer als Liquor, das heißt, sie sinken im Liquorraum nach unten ab. Bei Punktion in Seitenlage und langsamer Injektion sinkt also ein hyperbares Lokalanästhetikum nach unten und betäubt das untenliegende Bein stärker und schneller.

Wird der Patient also auf die kranke Seite gelagert und wird ein hyperbares Lokalanästhetikum verwendet, so kann gezielt nur das kranke Bein betäubt werden. Bei langsamer Injektion eines hyperbaren Lokalanästhetikums am sitzenden Patienten sinkt das Lokalanästhetikum nach unten ab und betäubt nur die unteren, also die sakral gelegenen Nerven. Dadurch werden nur der Anal-, der Damm- und der Genitalbereich sowie die Oberschenkelinnenseite betäubt, also die Bereiche, mit denen ein Reiter im Sattel sitzt. Diese Form der Spinalanästhesie wird deshalb als **Sattelblock** bezeichnet und eignet sich z.B. bei Eingriffen am Anus oder am Genitale. Hierzu werden ca. 0,5–1 ml Lokalanästhetikum benötigt. Nach der Injektion muß der Patient ca. 5 Minuten sitzen bleiben.
Zumeist werden **isobare Lokalanästhetika** verwendet, sie sind gleich schwer wie Liquor. Die oben beschriebenen Manipulationen können daher mit ihnen nicht durchgeführt werden.

▶ Ausbreitung

Die Höhe der Ausbreitung einer Spinalanästhesie läßt sich nicht genau vorhersagen. Sie ist von vielen Faktoren abhängig, z.B. von folgenden:

- Volumen des injizierten Lokalanästhetikums
- spezifisches Gewicht des Lokalanästhetikums (hyper- oder isobar)

- Lagerung des Patienten bei und nach der Injektion
- Höhe des Punktionsortes
- Injektionsgeschwindigkeit (je schneller die Injektion, desto stärkere Turbulenzen treten auf und desto weiter wird das Lokalanästhetikum nach oben gewirbelt)
- Liquormenge des Patienten

Angestrebt wird meist eine Ausbreitung der Analgesie bis ungefähr Nabelhöhe (= Th10, Abb. 2.19).

Die Wirkung der Spinalanästhesie beginnt fast unmittelbar. Die **dünnen Sympathikusfasern** (s. S. 145) werden als erste blockiert. Da sie unter anderem für den Gefäßtonus verantwortlich sind, kommt es durch ihre Ausschaltung zu einer Vasodilatation, zu einer Rötung und einem Wärmegefühl in der betreffenden Region. Oft geben die Patienten noch während der Injektion ein beginnendes Wärmegefühl in den Beinen an.

Folge dieser Vasodilatation ist meist ein Blutdruckabfall, der sehr schnell auftreten und unter Umständen bedrohlich sein kann. Je höher die Spinalanästhesie aufsteigt, desto stärker ist der Blutdruckabfall. Es sollten deshalb bereits vor (!) Anlage einer Spinalanästhesie ungefähr 500 ml Flüssigkeit infundiert werden.

▶ Therapie eines übermäßigen Blutdruckabfalls nach Anlegen einer Spinalanästhesie

- Infusion beschleunigen bzw. Austausch gegen einen Plasmaexpander (z.B. HÄS, s. S. 123)
- Vasopressorgabe (z.B. Akrinor, s. S. 105)
- Beine hochlagern (= Autotransfusion)
- Sauerstoffgabe

Nach spätestens 10 Minuten sind normalerweise alle Empfindungsqualitäten einschließlich der Motorik vollständig ausgeschaltet, und die Spinalanästhesie breitet sich nicht mehr weiter aus. Steigt die Sympathikusblockade über das Brustwarzenniveau (= Th4, Abb. 2.19), so kann es zu einer Blockierung der aus diesen Segmenten kommenden sympathischen Fasern des Herzens kommen; das heißt, die parasympathische (Vagus-)Wirkung auf das Herz überwiegt und es tritt eine Bradykardie auf. Der eintretende Frequenzabfall kann z.B. mit Atropin (0,25–0,5 mg intravenös) oder Alupent (wiederholt 0,1 mg intravenös) therapiert werden.

▶ Austesten der Ausbreitung

Hierzu eignet sich am besten ein Eiswürfel oder ein alkoholgetränkter Tupfer bzw. das Aufsprühen eines Desinfektionssprays. Die Patienten empfinden im betäubten Gebiet kein Kältegefühl mehr. Bei Ausbreitung der Spinalanästhesie z.B. bis zum Nabel (= Th10, Abb. 2.19) empfinden die Patienten oberhalb des Nabels einen normalen Kältereiz, im betäubten Gebiet unterhalb des Nabels geben sie eher ein Wärmegefühl bei Berührung mit dem Kältereiz an. Das Austesten der Spinalanästhesie durch Schmerzreize wie z.B.

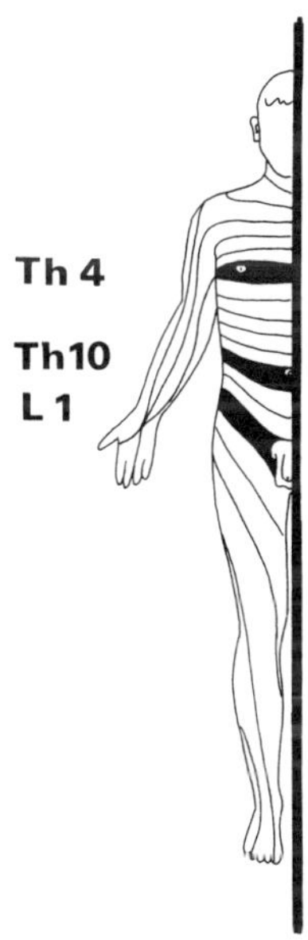

Abb. 2.19 Dermatome (Brustwarze: Th4, Nabel: Th10, Leiste: L1).

Kneifen, Nadelstiche und ähnliches sollte möglichst vermieden werden.

▶ Indikationen für eine Spinalanästhesie

- Operationen an der unteren Körperhälfte

▶ Komplikationen

- „Postspinaler Kopfschmerz“:
  Durch das in die Dura gestochene Loch kann Liquor aus dem Spinalraum in den Periduralraum abfließen. Durch diesen **Liquorverlust** kann es evtl. zu geringfügigen **Verlagerungen des Gehirns und des Rückenmarks mit Zug an den Hirnhäuten** kommen. Dadurch können starke, meist Analgetika-unempfindliche Kopfschmerzen auftreten. Je höher der Liquordruck, desto mehr Liquor wird abfließen und desto stärker wird der Kopfschmerz sein. Beim stehenden Patienten ist der Liquordruck im Bereich der Punktionsstelle besonders hoch. Hierdurch ist ein manchmal starker Kopfschmerz zu erklären, der auftritt, sobald sich der Patient erhebt. Durch prophylaktisches Flachliegen während der ersten 24 Stunden nach einer Spinalanästhesie können postspinale Kopfschmerzen allerdings nicht verhindert, sondern deren Auftreten kann höchstens hinausgezögert werden. Die Häufigkeit eines postspinalen Kopfschmerzes soll bei jungen Patienten höher sein als bei älteren. Durch Verwendung einer möglichst dünnen Spinalkanüle (z.B. 24, 25, 26 oder 27 G) oder einer sogenannte Whitacre- oder Sprotte-Kanüle (spitz zulaufende Kanüle mit seitlichem Loch; bleistiftspitzenartige Kanülenspitze; Pencil-Point-Kanüle) kann die Häufigkeit postspinaler Kopfschmerzen vermindert werden. Im Falle eines therapieresistenten, mehr als 4–5 Tage anhaltenden, schweren postspinalen Kopfschmerzes sollte als Therapie ein sogenannter **periduraler Blut-Patch (Blutplombe)** durchgeführt werden. Hierzu werden dem Patienten unter sterilen Bedingungen 5–10 ml Eigenblut abgenommen. Im Wirbelzwischenraum der ursprünglichen Spinalpunktion bzw. ein Segment darüber oder darunter wird mit der Periduraltechnik (vgl. S. 157) der Periduralraum aufgesucht und das Eigenblut injiziert. Das Blut gerinnt und verschließt damit das Loch in der Dura. Zumeist stellt sich innerhalb einer Stunde eine sehr schnelle Besserung der Symptomatik ein.
- Blutdruckabfall
  durch die **schnell einsetzende Sympathikusblockade.** Insbesondere bei Patienten mit Koronar- oder Zerebralsklerose, bei denen nur eine geringe Toleranz gegenüber Blutdruckabfällen besteht, muß ein drastischer Blutdruckabfall unbedingt vermieden werden (Volumengabe, evtl. Akrinor).
- Hirnnervenstörungen:
  Durch den Liquorverlust kann es zu geringfügigen Verlagerungen des ZNS und damit zu Zug an Hirnnerven, insbesondere am VI. Hirnnerv (Nervus abducens), mit vorübergehenden Sehstörungen (Doppelbildern) kommen.
- Rückenmarkverletzungen
  bei zu hoher Punktion
- „Hohe Spinalanästhesie“:
  Bei zu hohem Aufsteigen der Spinalanästhesie kann es zur Hemmung der interkostalen Atemmuskulatur, zur Hemmung des Herzsympathikus mit Bradykardie und zu einem ausgeprägten Blutdruckabfall kommen.
- bakterielle Infektion mit Meningitis bei unsterilem Arbeiten
- Peridurales Hämatom:
  Nach einem oft unvermeidbaren Durchstechen eines der zahlreichen venösen Gefäße des Periduralraums kann es bei bestehenden Gerinnungsstörungen zur Ausbildung eines Hämatoms im Periduralraum kommen. Im Extremfall kann es hierdurch zur Kompression des Rückenmarks bis hin zur **Querschnittssymptomatik** kommen. Deshalb ist eine vorherige Kontrolle der Blutgerinnung (Quick, PTT, Thrombozyten) sinnvoll. Eine genaue Anamnese bezüglich

eventueller Gerinnungsstörungen ist zwingend notwendig.
- Sonstiges:
  - z.B. eine **vasovagale Synkope** beim Anlegen der Spinalanästhesie
  - vorübergehender Harnverhalt

▶ Kontraindikationen
- Ablehnung durch den Patienten
- Allergie gegen Lokalanästhetika
- lokale Infektionen in Nähe der Punktionsstelle
- systemische bakterielle Infektionen (Sepsis)
- ZNS-Erkrankungen
- Volumenmangel (z.B. Schock)
- Gerinnungsstörungen (Quick?, PTT?, Thrombozyten?)
- Verdacht auf einen erhöhten intrakraniellen Druck
- evtl. bei anatomischen Veränderungen der Lendenwirbelsäule
- nicht kooperativer Patient
- Kopfschmerzanamnese (z.B. Migräne)
- evtl. Jugendliche aufgrund der häufigeren postspinalen Kopfschmerzen

Katheterspinalanästhesie
Seit einigen Jahren stehen sehr dünne (28–32 G) und gewebefreundliche Spinalkatheter zur Verfügung. Diese werden durch die liegende Spinalkanüle ca. 3–4 cm in den Liquorraum eingeführt. Hiermit ist aufgrund der **Möglichkeit zur Nachinjektion** eine kontinuierliche Spinalanästhesie möglich. Da das Lokalanästhetikum hierbei in mehreren kleinen Portionen (fraktioniert) verabreicht werden kann, können Blutdruckabfälle weitgehend verhindert werden und es kann dadurch das gewünschte sensible Niveau sehr genau eingestellt werden. Bei längerer Liegedauer ist jedoch die Gefahr einer Liquorinfektion zu bedenken. Nach neueren Studien sollte im Rahmen einer kontinuierlichen Spinalanästhesie auf hyperbares Lidocain verzichtet werden, da hierdurch mehrfach eine Irritation der Cauda equina beschrieben wurde (Cauda-equina-Syndrom).

Periduralanästhesie (= PDA)

Definition:
Unter einer **P**eri**d**ural**a**nästhesie (PDA) wird das Einbringen eines Lokalanästhetikums in den Periduralraum zur Schmerzausschaltung verstanden.

▶ Anatomie
Nach Durchstechen der Haut, des subkutanen Fettgewebes, des Ligamentum supraspinale und des Ligamentum interspinale trifft die Kanüle auf das Ligamentum flavum (= gelbes Band, Abb. 2.9). Direkt nach diesem derben, festen Band kommt der lockere Periduralraum. Der Periduralraum enthält zartes Fett- und Bindegewebe sowie Venengeflechte. Im Bereich von L3/L4 ist der Periduralraum ca. 4–5 mm breit. Danach kommt die Dura und dann der Spinalraum (vgl. Abb. 2.9). Dieser schmale Periduralraum muß mit der Kanülenspitze blind aufgefunden werden!

Bei einer korrekt durchgeführten Periduralanästhesie wird die Kanülenspitze nur bis in den Periduralraum vorgeschoben, die Dura wird also nicht verletzt. Deshalb kann eine PDA theoretisch auf jeder Höhe der Wirbelsäule durchgeführt werden. Im Normalfall wird jedoch wie bei einer Spinalanästhesie bei L3/L4 punktiert.

Falls bei Punktion im Bereich von L3/L4 dennoch eine versehentliche Durapunktion auftreten sollte, ist nun keine Rückenmarkverletzung zu befürchten, da das Rückenmark oberhalb davon (bei L1/L2) endet (s. S. 151). Wird dagegen eine **thorakale PDA** vorgenommen, so verlangt dies größte Vorsicht und Erfahrung. Wird der Periduralraum nicht erfaßt und die Periduralkanüle weiter vorgeschoben, so droht eine Rückenmarkverletzung (!).
Die PDA ist im Vergleich zur Spinalanästhesie technisch wesentlich schwieriger. Korrekt

durchgeführt hat sie jedoch zahlreiche Vorteile.

▶ **Material**

- sterile Handschuhe, Mundschutz und Kopfhaube
- Desinfektionslösung
- Ampulle mit 10 ml NaCl 0,9%
- Periduralkatheter, Bakterienfilter und Adapter (s. S. 159)
- Lokalanästhetikum für die lokale Betäubung der Punktionsstelle, z.B. 1 Ampulle mit 5 ml Lidocain 1%
- Lokalanästhetikum für die Periduralanästhesie, z.B. 1 Ampulle mit 20 ml Bupivacain 0,5%
- Peridural-Set, das meist alle weiteren Utensilien enthält:
  - Gefäß für die Desinfektionslösung
  - sterile Tupfer und Kompressen
  - Stieltupfer
  - steriles Lochtuch
  - 2-ml-Spritze für die Lokalanästhesie
  - leichtgängige 10-ml-(Glas-)Spritze zum „Aufsuchen" des Periduralraumes mittels Widerstandsverlustmethode (s.u.)
  - Stahlkanülen zum Aufziehen der Medikamente und zur lokalen Betäubung
  - spezielle Periduralkanüle (Tuohy-Kanüle, Abb. 2.20; sprich: Tuhi-Kanüle)
- steriles Verbandmaterial für die Punktionsstelle und Pflaster zur Fixierung des PDA-Katheters

▶ **Technik**

Am sitzenden oder liegenden Patienten. Der Patient muß einen „Katzenbuckel" machen (vgl. Abb. 2.10 und 2.11).

▶ **Vorgehen**

- Aufsuchen und Markieren der üblichen Punktionsstelle bei L3/L4 (vgl. Abb. 2.12)
- Desinfektion der Punktionsstelle
- Aufkleben des sterilen Lochtuches
- lokale Betäubung der Haut und der tieferen Bandstrukturen (vgl. Abb. 2.13)

Nun wird die Periduralkanüle (= **Tuohy-Kanüle,** Abb. 2.20) bis ins Ligamentum interspinale (vgl. Abb. 2.21) vorgeschoben. Der Anschliff der Tuohy-Kanüle sollte nach lateral zeigen. So werden, falls es versehentlich zu einer Duraperforation kommen sollte, die von kranial nach kaudal verlaufenden Bindegewebsfasern der Dura nicht durchtrennt, sondern auseinandergedrängt. Nach Entfernen

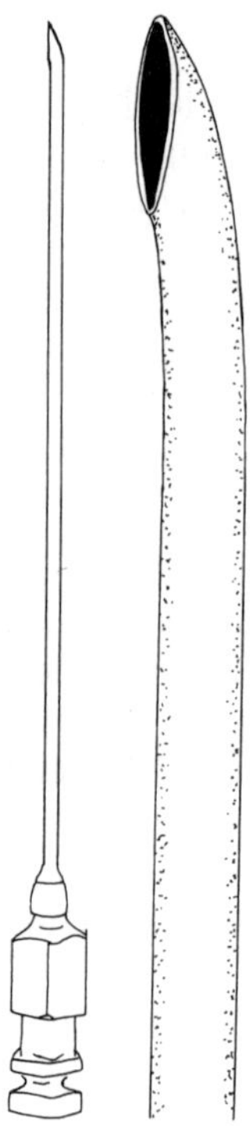

Abb. 2.20 Periduralkanüle (Tuohy-Kanüle).

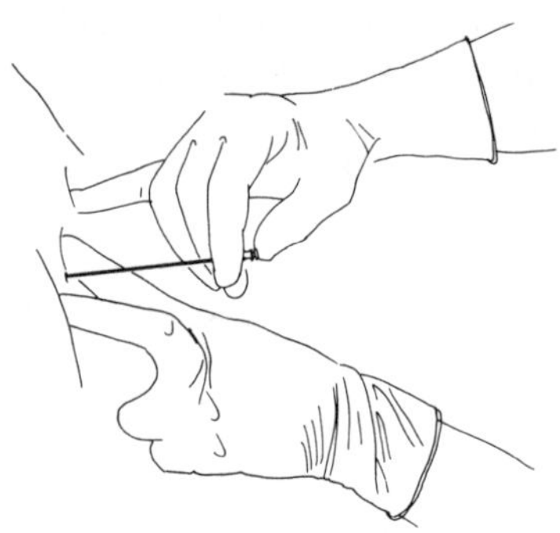

Abb. 2.21 Einführung der Periduralkanüle.

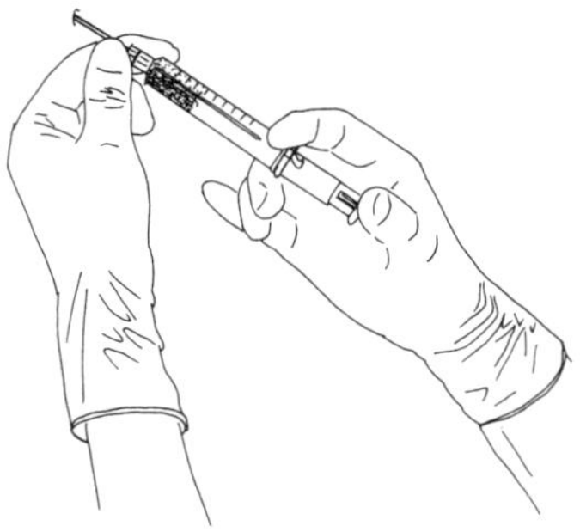

Abb. 2.22 Aufsuchen des Widerstandsverlustes. Vorschieben der Kanüle unter Stempeldruck.

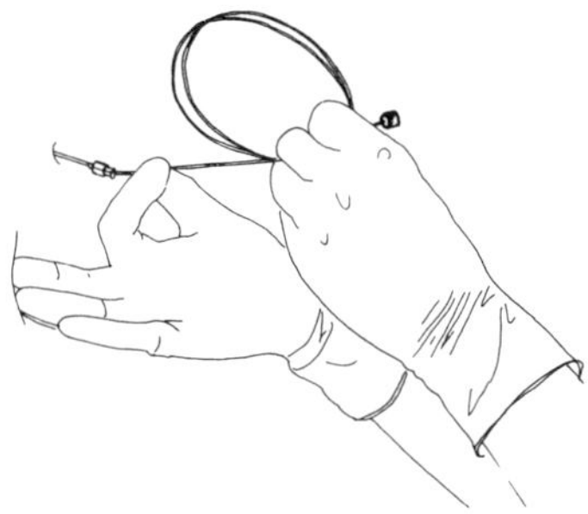

Abb. 2.23 Einführen des Periduralkatheters in die Periduralkanüle.

des Mandrins wird auf die Tuohy-Kanüle eine spezielle, besonders leichtgängige Spritze aufgesetzt, die mit NaCl 0,9% gefüllt ist. Mit der rechten Hand wird die NaCl-gefüllte Spritze unter Stempeldruck langsam Millimeter um Millimeter vorgeschoben. Die linke Hand wird am Rücken abgestützt und hält die Tuohy-Kanüle fest, damit bei plötzlichen Bewegungen des Patienten die Kanüle nicht unkontrolliert vordringen kann (vgl. Abb. 2.22).

Das Wesentliche beim Vorschieben der Tuohy-Kanüle ist es, den Moment zu erfassen, in dem die Kanülenspitze den Periduralraum erreicht. Es wird hierzu normalerweise die sogenannte **„Widerstandsverlust-Methode“** verwendet, bei der die Spritze unter Stempeldruck langsam Millimeter um Millimeter vorgeschoben wird.

Solange sich die Kanülenspitze in dem derben, festen Ligamentum flavum befindet, besteht ein hoher Injektionswiderstand. Es läßt sich keine Kochsalzlösung injizieren. In dem Moment, in dem die Kanülenspitze beim langsamen Vorschieben aus dem Ligamentum flavum in den lockeren Periduralraum eintritt, ist plötzlich dieser hohe Injektionswiderstand verschwunden. Das Kochsalz läßt sich leicht injizieren und dehnt den Periduralraum auf. Die Kanüle darf nicht weiter vorgeschoben werden. Die Tuohy-Kanüle wird um 90 Grad gedreht, so daß der Schliff nach oben kommt.

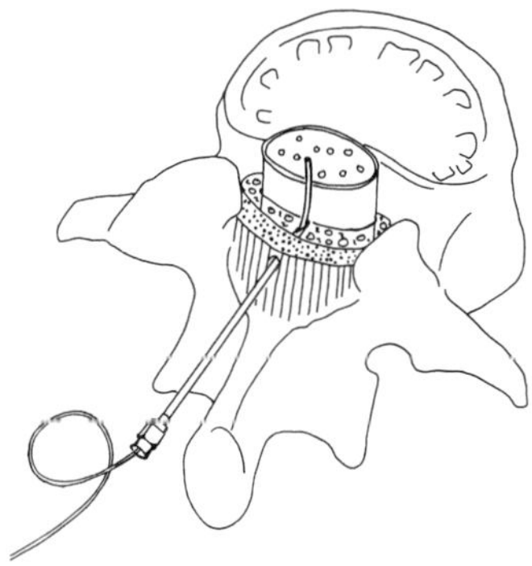

Abb. 2.24 Richtig plazierter Periduralkatheter.

Nun kann durch die Tuohy-Kanüle der Periduralkatheter vorsichtig eingeführt werden (vgl. Abb. 2.23, 2.24, 2.25), so sind später wiederholt Nachinjektionen möglich. Die Katheterspitze sollte ca. 3–5 cm tief im Periduralraum liegen. Nach Plazieren des Katheters wird die Tuohy-Kanüle über den Katheter herausgezogen und auf das Katheterende wird ein Adapter sowie ein Bakterienfilter geschraubt.

Treten irgendwelche Probleme auf (z.B. Blut oder Liquor im Katheter), so darf niemals der Katheter durch die liegende Kanüle wieder herausgezogen werden, da hierbei ein Abscheren des Katheters mit Verbleib im Periduralraum droht (!!). Es muß also immer zuerst die Kanüle und danach evtl. der Katheter entfernt werden.

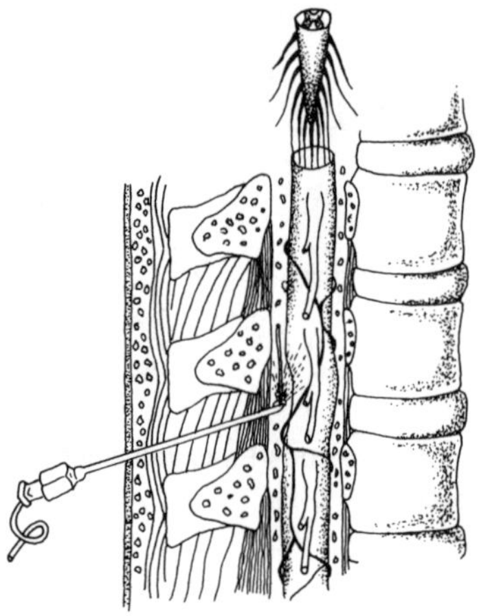

Abb. 2.25 Einführen des Periduralkatheters über die Tuohy-Nadel in den Periduralraum. Der Periduralraum ist durch das zuvor injizierte Lokalanästhetikum aufgedehnt.

Zum Ausschluß einer intraspinalen oder intravasalen Lage der Katheterspitze wird aspiriert. Kann kein Liquor oder Blut aspiriert werden, so wird eine „Testdosis" von ca. 3 ml Lokalanästhetikum gespritzt. Liegt der Katheter dennoch im Spinalraum, so treten sehr schnell die Zeichen einer Spinalanästhesie auf (s. S. 155). Liegt der Katheter korrekt, so wird sich das Empfinden an den unteren Extremitäten innerhalb von 5 Minuten kaum verändern. Erst jetzt darf die Hauptdosis von z.B. 12 ml (s.u.) gespritzt werden. Es empfiehlt sich stets, das Lokalanästhetikum über den Periduralkatheter in mehreren Teilportionen (fraktioniert) zu injizieren. Bis zur vollständigen Ausbreitung der PDA vergehen meist ca. 20 Minuten.

▶ Ausbreitung

Die Ausbreitung der PDA hängt vor allem vom Volumen des injizierten Lokalanästhetikums ab. Je mehr Lokalanästhetikum injiziert wurde, desto höher wird die Betäubung nach kranial steigen.

Meistens wird ein Aufsteigen der PDA bis ungefähr Nabelhöhe, also bis zu Th10 (vgl. Abb. 2.19) angestrebt. Es müssen also die Segmente Th10–Th12, L1–L5 sowie meistens S1 und S2 (also 10 Segmente), betäubt werden. Bei 20jährigen werden ca. 1,5 ml Lokalanästhetikum benötigt, um ein Segment auszuschalten, insgesamt also ca. 15 ml. Mit zunehmendem Alter genügt ein immer geringeres Volumen, um die gleiche Ausbreitung der PDA nach kranial zu erreichen; bei 40jährigen werden ca. 1,2 ml, bei 60jährigen ca. 1 ml und bei 80jährigen ca. 0,7 ml pro auszuschaltendem Segment benötigt.

Bei Verwendung von niederprozentigen Lösungen, z.B. Bupivacain 0,25% oder Ropivacain 0,2%, werden nur die dünnen Nervenfasern, also die sympathischen Fasern sowie die für das Wärme-Kälte-Empfinden und die für die Schmerzleitung zuständigen Fasern, ausgeschaltet (s. S. 145).

Bei Schmerzzuständen (z.B. Karzinomschmerzen oder während der Geburt) kann mit einem **niederprozentigen Lokalanästhetikum** gezielt eine Schmerzausschaltung erreicht werden, während die Motorik (= dicke Nervenfasern) noch erhalten ist.

Der Karzinompatient kann also mit seinem „Schmerzkatheter" noch die Beine bewegen, die Gebärende kann die Geburt trotz des „Schmerzkatheters" noch auf Aufforderung durch eine aktive Bauchpresse unterstützen. Auch bei arteriosklerotischen Durchblutungsstörungen oder z.B. nach einer Gefäßoperation kann durch peridural verabreichte niederprozentige Lokalanästhetika eine Sympathikusblockade mit einer Verbesserung der Durchblutung und eine Analgesie erzielt werden, während die Motorik erhalten bleibt.

Durch eine Sympathikusblockade kommt es auch zur Stimulierung der Darmtätigkeit.

Der Darm wird sowohl vom Sympathikus als auch vom Parasympathikus beeinflußt. Der Parasympathikus stimuliert, der Sympathikus hemmt die Darmtätigkeit. Wird der Sympathikus durch eine PDA blockiert, so überwiegt nun der stimulierende Effekt des Parasympathikus. Dies kann bei Patienten mit einem chronischen Ileus (z.B. nach großen Bauchoperationen) ausgenützt werden. Wird hier zur Stimulierung der Darmtätigkeit eine PDA angelegt, so reicht ebenfalls das 0,25%ige Bupivacain oder das 0,2%ige Ropivacain aus. Bei einem Patienten mit einem akuten Ileus stellt jedoch der in der Regel bestehende Volumenmangel eine relative Kontraindikation dar.

Durch **höherprozentige Lokalanästhetikalösungen,** z.B. Bupivacain 0,5% oder Ropivacain 0,75% bzw. 1,0%, werden auch die dickeren Fasern, also das Druck-Berührungs-Empfinden sowie die motorischen Nerven blockiert.

Für Operationen müssen daher hochprozentige Lösungen verwendet werden, um auch eine Muskelerschlaffung zu erzielen.

▶ **Häufig benützte Medikamente**

- ca. 15 ml Bupivacain 0,5% für Operationen bei 20jährigen
- ca. 15 ml Ropivacain 0,75% bzw. 1% für Operationen bei 20jährigen
- ca. 15 ml Prilocain 2% für Operationen bei 20jährigen
- ca. 15 ml Bupivacain 0,25% bzw. ca. 15 ml Ropivacain 0,2% ausschließlich zur Schmerztherapie oder zur Verbesserung der Durchblutung
- Lidocain 1–2%
- Mepivacain 1,5–2%
- Etidocain 1%

Beim Bupivacain gibt es auch **CO_2-haltige Präparate,** die eine schnellere Penetration in die Nerven aufweisen, wodurch der Wirkungsbeginn beschleunigt wird. CO_2-haltige Präparate dürfen aber nicht über einen Bakterienfilter injiziert werden, da hierdurch das CO_2 verlorengeht. In den letzten Jahren wurde zum Teil auch empfohlen, bei bestimmten Lokalanästhetika etwas Natriumbikarbonat zuzumischen, wodurch die Diffusionsgeschwindigkeit des Lokalanästhetikums erhöht werden kann.

Bei **chronischen Schmerzzuständen** wird häufiger der PDA-Katheter 2–3mal pro Tag mit 2–4 mg Morphin (Verdünnung mit NaCl 0,9% auf 10 ml) angespritzt. Die Blockierung der Schmerzen erfolgt hierbei durch die Bindung des Morphins an Opioidrezeptoren im Bereich des Rückenmarks (s. S. 53). Im Rahmen der perioperativen Schmerztherapie kann auch ein Lokalanästhetikum in Kombination mit einem Opioid (z.B. 0,1 mg Fentanyl; 10–30 µg Sufentanil; 0,15 mg Buprenorphin) über den PDA-Katheter verabreicht werden.

Bei der periduralen Gabe von Opioiden kann es jedoch sehr selten zu einer Atemdepression kommen, die tückischerweise erst 6–16 Stunden nach Opioidinjektion auftreten kann (!).

Dies ist dann der Fall, wenn das in den Liquorraum diffundierte Opioid über die Liquorzirkulation bis in den Hirnstamm zum Atemzentrum mittransportiert wurde. Diese Gefahr ist bei gut wasserlöslichen Opioiden wie Morphin größer (da sie längere Zeit im wäßrigen Liquor verbleiben) als bei fettlöslichen Opioiden wie z.B. Buprenorphin, Fentanyl oder Sufentanil. Neben dieser **„verzögerten“ Atemdepression** kann es evtl. innerhalb der ersten 60 Minuten nach Applikation zu einer **„frühen“ Atemdepression** kommen. Diese ist durch eine schnelle systemische Resorption bedingt und bei gut fettlöslichen Opioiden wie Fentanyl, Sufentanil oder Buprenorphin eher gegeben.

▶ Die thorakale PDA (= PDA im Bereich der Brustwirbelsäule)

Eine thorakale PDA kann z.B. bei thorakalen Operationen oder nach Rippenserienfrakturen angelegt werden, damit diese pneumoniegefährdeten Patienten postoperativ gut durchatmen und schmerzarm abhusten können.

Hierbei sollte die Katheterspitze ungefähr in der Mitte der auszuschaltenden Segmente liegen. Bei einer thorakalen PDA muß wegen des Verlaufs der Wirbelkörperdornfortsätze relativ steil nach kranial gestochen werden.

Eine thorakale PDA ist nur dem erfahrenen Anästhesisten vorbehalten. Bei einer versehentlichen Duraperforation droht eine Rückenmarkverletzung (!).

Als Medikament für eine thorakale PDA zur Schmerztherapie eignet sich z.B. Bupivacain 0,25% oder Ropivacain 0,2%. Empfohlen werden ca. 0,5 ml pro auszuschaltendem Segment. Der thorakale PDA-Katheter kann auch 2–3mal pro Tag z.B. mit 2–3 mg Morphin oder 0,1 mg Buprenorphin (s. S. 293, Verdünnung mit NaCl 0,9% auf 10 ml) angespritzt werden. Es ist wiederum auf eine „frühe" oder eine unter Umständen erst nach Stunden eintretende „verzögerte" Atemdepression zu achten (s. S. 161). Der Vorteil von Morphin oder Buprenorphin ist, daß es zu keinem Blutdruckabfall und zu keiner Bradykardie wie nach Verwendung eines Lokalanästhetikums kommt, da weder der Gefäß- noch der Herzsympathikus ausgeschaltet werden. Es wird eine reine Analgesie erzielt.

▶ Sonstiges

Der den Außenknöchel versorgende Nerv (L5/S1, Abb. 2.19) ist der dickste Nerv des Plexus lumbosacralis, und häufig vermag bei der PDA das Lokalanästhetikum diesen Nerv nicht vollständig zu durchdringen. Deshalb kann bei der PDA im Bereich des Außenknöchels eine fleckförmige Schmerzempfindlichkeit erhalten bleiben. Dies kann insbesondere bei einer Außenbandnaht am oberen Sprunggelenk manchmal Probleme bereiten.

▶ Austesten der Ausbreitung

- mit einem alkoholgetränkten Tupfer oder einem Eiswürfel (s. S. 155)

▶ Indikationen

- Operationen vor allem an der unteren Körperhälfte
- zur ausschließlichen Schmerzbekämpfung (Schmerzkatheter, z.B. zur schmerzlosen vaginalen Entbindung)
- zur Verbesserung der Durchblutung (Durchblutungsstörungen der Beine oder nach Gefäßoperationen an den Beinen)
- Stimulierung der Darmtätigkeit bei Patienten mit einem chronischen Ileus (z.B. nach großen bauchchirurgischen Operationen)

▶ Komplikationen

- Blutdruckabfall
  durch die Sympathikusblockade bei Injektion eines Lokalanästhetikums. Wird über den PDA-Katheter ein Opioid wie Fentanyl, Buprenorphin oder Morphin gespritzt, so tritt keine Sympathikusblockade und damit auch kein Blutdruckabfall auf.
- bakterielle Infektion
  bei nicht aseptischem Vorgehen
- versehentliche Duraperforation,
  meist von starken postspinalen Kopfschmerzen gefolgt (s. S. 156)
- Katheterabscherung
  bei dem streng verbotenen Zurückziehen des Katheters durch die liegende Kanüle
- Versehentliche intravenöse Katheterlage
  mit toxischen Nebenwirkungen bei intravenöser Injektion. Um eine intravasale Katheterlage weitgehend ausschließen zu können, wird von manchen Anästhesisten eine adrenalinhaltige Testdosis verwendet. Bei intravasaler Injektion dieser Testdosis kommt es zumeist zu erkennbarer Tachykardie und Blutdrucksteigerung.

- „massive PDA“
  durch zu hohes Aufsteigen des Lokalanästhetikums aufgrund einer Überdosierung oder aufgrund einer sehr schnellen Injektion
- Epidurales Hämatom
  bei Gerinnungsstörungen und Verletzung einer Vene im Periduralraum (s. S. 150). Im Extremfall kann dies zur Kompression des Rückenmarks und zur Querschnittssymptomatik führen. Gerinnungskontrolle! Stets postoperative Überwachung, ob sich Sensibilität und Motorik wieder einstellen!
- Rückenmarkverletzungen
  bei versehentlicher Duraperforation und Punktion oberhalb von L2 (vgl. Abb. 2.8)
- Sonstiges:
  z.B. Kollabieren des Patienten beim Legen der PDA

▶ Therapie eines übermäßigen Blutdruckabfalls

- Infusion beschleunigen bzw. Austausch gegen einen Plasmaexpander (z.B. HÄS, s. S. 123)
- Vasopressorgabe (z.B. Akrinor)
- Beine hochlagern (= Autotransfusion)
- Sauerstoffgabe

Da die Wirkung der PDA wesentlich langsamer einsetzt als bei der Spinalanästhesie, tritt auch der Blutdruckabfall hierbei sehr langsam ein und kann normalerweise problemlos abgefangen werden. Trotzdem sollten bereits vor Beginn der PDA ca. 500 ml Flüssigkeit infundiert werden.

▶ Kontraindikationen

Die für eine PDA geltenden Kontraindikationen entsprechen weitgehend denen für die Spinalanästhesie (s. S. 157). Jugendliche Patienten sowie eine Kopfschmerzanamnese sind jedoch keine Kontraindikationen der PDA, da es bei korrekter Durchführung zu keinem „postspinalen Kopfschmerz“ kommen kann.

Kombinierte Spinal-/ Periduralanästhesie (CSE)

In den letzten Jahren wird häufiger eine kombinierte Spinal-/Periduralanästhesie (**c**ombined **s**pinal and **e**pidural analgesie = CSE) empfohlen. Hierbei wird mit einer Periduralkanüle der Periduralraum aufgesucht (s.o.). Nun wird über die liegende PDA-Kanüle mit einer sehr dünnen Spinalkanüle vollends bis in den Spinalraum vorgestochen und eine Spinalanästhesie durchgeführt. Da nur noch die zarte Dura mater perforiert werden braucht, kann eine extrem dünne Spinalkanüle verwendet werden, wodurch das Risiko von postspinalen Kopfschmerzen deutlich vermindert ist. Anschließend wird ein Periduralkatheter in den Periduralraum eingeführt.

Die CSE verbindet die Vorteile der Spinalanästhesie (schneller Wirkungsbeginn, gute motorische Blockade) mit den Vorteilen der Katheterperiduralanästhesie (Möglichkeit der Nachinjektion). Entscheidender Nachteil der CSE ist, daß der Periduralkatheter (nach Anlage der Spinalanästhesie) nicht mehr ausgetestet werden kann. Es ist daher eine besonders vorsichtige Dosistitration über den PDA-Katheter wichtig, um eine eventuelle intraspinale Lage dennoch erfassen zu können.

Wird eine spezielle (doppellumige) CSE-Kanüle verwendet, dann kann zuerst der PDA-Katheter gelegt und ausgetestet werden. Anschließend wird über das zweite Kanülenlumen die Spinalpunktion vorgenommen. Hierbei muß aber die CSE-Kanüle solange belassen werden, bis die Periduralanästhesie ausgetestet ist. Während dieser Zeit muß der Patient sehr ruhig in seiner Position verharren. Insgesamt ist die CSE noch nicht sehr weit verbreitet.

Intravenöse Regionalanästhesie (IVRA)

Die **i**ntra**v**enöse **R**egional**a**nästhesie (IVRA) wurde bereits 1908 von dem Kieler Chirurgen August Bier beschrieben (englisch: Bier's block).

▶ Vorgehen

Am Oberarm, Oberschenkel oder evtl. am Unterschenkel wird eine spezielle, zweikammerige Blutdruckmanschette um die mit Watteband abgepolsterte Extremität gelegt. Es ist auf die richtige Plazierung der Manschette zu achten. Die als proximal (körpernah) und distal (körperfern) bezeichneten Manschettenkammern müssen korrekt zum Liegen kommen.

Nach Anlage einer peripher-venösen Verweilkanüle an der Hand bzw. am Fuß (sowie Plazierung einer zweiten Kanüle an dem nicht zu operierenden Arm für die Infusionstherapie) wird die Extremität von peripher nach zentral mit einer elastischen Gummibinde (Esmarch-Binde) ausgewickelt, um das Gefäßsystem blutleer zu machen. Ist verletzungs- bzw. schmerzbedingt ein Auswickeln der Extremität nicht möglich, so ist die Extremität für ca. 5 Minuten lediglich nach oben zu halten und vorsichtig auszustreichen, um eine Blutarmut zu erzielen. Nun wird die proximal gelegene Manschette auf ca. 100–150 mm Hg über den systolischen arteriellen Blutdruck aufgepumpt. Anschließend wird die elastische Binde wieder entfernt und das blutleere Gefäßsystem über den venösen Zugang mit Lokalanästhetikum gefüllt. Die Wirkung ist wohl dadurch zu erklären, daß das Lokalanästhetikum aus dem Gefäßsystem ins umgebende Gewebe diffundiert und die dort gelegenen peripheren Nervenendigungen blockiert. Die Wirkung wäre also einer Infiltrationsanästhesie ähnlich. Es verbleiben lediglich 25–30% des Lokalanästhetikums im entleerten Gefäßbett. Der Rest diffundiert ins Gewebe.

> Mit diesem Verfahren kann eine erfolgssichere und schnell (innerhalb von 5–10 Minuten) einsetzende Anästhesie erzielt werden. Die Operationszeit sollte ca. 90 Minuten möglichst nicht überschreiten.

Falls nach einiger Zeit ein Druckgefühl im Manschettenbereich auftritt, kann nun die distale Manschette ebenfalls geblockt werden. Da sich diese im nun bereits anästhesierten Bereich befindet, wird sie besser toleriert. Von der proximalen Manschette kann dann der Druck abgelassen werden.

Nachteile des Verfahrens sind, daß kurz nach Öffnen der Blutleere und wiedereinsetzender Durchblutung Motorik und Sensibilität innerhalb von 5–10 Minuten zurückkehren und damit sehr schnell postoperative Schmerzen auftreten. Eine Blutstillung und ein Wundverschluß nach Öffnen der Blutleere sind nicht möglich. Die Operation muß also in Blutleere abgeschlossen werden. Da beispielsweise bei einer Dupuytren-Operation erst nach Öffnen der Blutsperre die relativ langwierige Blutstillung möglich ist, kann diese häufig durchgeführte Operation nicht in intravenöser Regionalanästhesie durchgeführt werden.

> Das entscheidende Risiko einer intravenösen Regionalanästhesie besteht darin, daß bei einem verfrühten Öffnen der Manschette das sich noch intravasal befindliche Lokalanästhetikum plötzlich in die systemische Zirkulation eingeschwemmt wird und es möglicherweise zu toxischen Nebenwirkungen der Lokalanästhetika kommt. Daher darf die Manschette frühestens nach 20–30 Minuten abgelassen werden, wenn bereits der Großteil des Lokalanästhetikums ins Gewebe abdiffundiert ist.

Bei Verwendung moderner Geräte wird die Gefahr eines ungewollten Druckverlustes in der Manschette mit Einschwemmung des Lokalanästhetikums weitgehend ausgeschlossen.

Moderne Geräte werden an die zentrale Druckluftleitung angeschlossen und pumpen bei einer eventuellen Undichtigkeit automatisch nach und halten den eingestellten Manschettendruck konstant. Es empfiehlt sich am Ende der Operation stets ein intermittierendes Öffnen der Blutsperre durch kurzfristiges Ablassen des Drucks und ein anschließend erneutes Blocken auf den suprasystolischen Ausgangswert (ca. 10-Sekunden-Intervall). Moderne Geräte verfügen hierfür über einen speziellen Ablaßknopf. Wird dieser gedrückt, entleert sich die Manschette, wird er losgelassen, wird automatisch wieder der Ausgangsdruck hergestellt. Wird der Druck dagegen langsam abgelassen, so droht bei Druckabfall unter den systolischen Druck ein arterieller Bluteinstrom bei noch gedrosseltem venösem Ausfluß. Dadurch können Nachblutungen im Operationsgebiet begünstigt werden.

▶ Intravenöse Regionalanästhesie am Arm

Die IVRA ist z.B. bei einer Ganglienoperation, Metallentfernung oder geschlossenen Reposition einer Radiusfraktur gut geeignet. Bei Anlegen einer Oberarmmanschette werden ca. 0,5–0,6 ml/kg KG Prilocain 0,5% benötigt.

▶ Intravenöse Regionalanästhesie am Bein

Die IVRA wird nur relativ selten an der unteren Extremität angewandt. Indikationen sind hier vor allem bei Eingriffen am distalen Unterschenkel und am Fuß gegeben. Bei Anlage einer Unterschenkelmanschette werden ca. 40–60 ml, bei einer Oberschenkelmanschette ca. 1 ml/kg KG an Lokalanästhetikum (normalerweise Prilocain 0,5%) benötigt.

Bei Anwendung am Unterschenkel ist darauf zu achten, daß die Manschette mindestens 6 cm unterhalb des Fibulaköpfchens oder in der Mitte des Unterschenkels plaziert wird, um eine Druckschädigung des Nervus peronaeus zu verhindern. Die Manschette kann auch am Oberschenkel plaziert werden, was von den Patienten allerdings öfters als unangenehmer empfunden wird als eine Plazierung am Unterschenkel.

Je distaler die Manschette angelegt wird, desto geringer ist das benötigte Volumen an Lokalanästhetikum.

> Bei ca. 25–30% der Patienten sind bei einer intravenösen Regionalanästhesie Schmerzen durch die Manschette, sogenannte **Tourniquet-Schmerzen,** zu erwarten. Sie treten bei zunehmender Dauer der Blutsperre häufiger auf und können evtl. zu einem Blutdruckanstieg führen. Die Ursache des Tourniquet-Schmerzes ist unklar. Es handelt sich jedoch vermutlich um keinen Ischämieschmerz. Möglicherweise liegt ein nicht sicher blockiertes Druckempfinden vor. Dieser Tourniquet-Schmerz limitiert die Anwendungsdauer der IVRA.

Um das blutleere Gefäßsystem ausreichend mit Lokalanästhetikum zu füllen, werden relativ große Volumina benötigt. Aufgrund seiner großen therapeutischen Breite stellt Prilocain (0,25–)0,5(–1,0)% das Lokalanästhetikum der Wahl dar. Adrenalinhaltige Lokalanästhetika dürfen nicht verwendet werden. Mittel der zweiten Wahl sind Lidocain und Meaverin. Deren empfohlene Konzentrationen liegen ebenfalls zwischen 0,25 und 1%.

Insbesondere bei ambulanten Eingriffen wird dieses Verfahren relativ häufig eingesetzt.

▶ Kontraindikationen

- Herzrhythmusstörungen (vor allem bradykarder Art oder höhergradige Blockbilder)
- Gefäßerkrankungen (arterielle Durchblutungsstörung, Thrombophlebitis)
- Neuropathien
- Sichelzellanämie
- Epilepsie (keine absolute Kontraindikation)

Teil 3 Spezielle Narkosevorbereitungen

Legen eines zentralen Venenkatheters

Allgemeine Bemerkungen

Ein zentraler Venenkatheter (ZVK = **Kavakatheter**) ist ein über eine große Vene eingeführter Katheter, dessen Spitze bis in die klappenfreie Vena cava kurz vor deren Einmündung in den rechten Vorhof vorgeschoben wird.

Prinzipiell kann ein Kavakatheter über die Vena cava inferior (Punktionsstelle: Vena femoralis) oder über die Vena cava superior (Punktionsstellen: Vena jugularis interna, Vena jugularis externa, Vena subclavia oder Armvene in der Ellenbeuge) eingeführt werden. Da der Zugang über die Vena cava inferior mit einer wesentlich höheren Komplikationsrate (aufgrund von Thrombosen, Thrombophlebitiden und septischen Problemen) behaftet ist, wird nur noch der Zugang über die Vena cava superior gewählt. Inzwischen werden (vor allem bei Patienten, die auf der Intensivstation betreut werden) zunehmend häufiger mehrlumige zentrale Venenkatheter (meist zwei- oder dreilumig) verwendet. Bei diesen Kathetern kann z.B. der ZVD gemessen werden, während über einen anderen Schenkel weiterhin Katecholamine verabreicht werden können.

Indikationen für einen zentralen Venenkatheter

- Messung des zentralvenösen Drucks (= ZVD),
  z.B. bei voraussichtlich blutreichen Operationen oder bei grenzwertiger Herzleistung (Beurteilung des ZVD s. S. 181)
- parenterale Ernährung
  mit Zufuhr hochosmolarer und hochkalorischer Lösungen
- Zufuhr stark venenreizender Medikamente, z.B. Zytostatika, Katecholamine (s. S. 269)
- falls das Legen eines peripher-venösen Zugangs nicht gelingt,
  was z.B. in Schocksituationen möglich ist

Material

- Desinfektionsspray
- mehrere sterile Kompressen
- steriles Lochtuch
- Kavakatheter, z.B. Cavafix Certodyn-Katheter (Fa. Braun Melsungen)
- sterile Handschuhe, Mundschutz, Kopfhaube (steriler Kittel bei sogenannter Seldinger-Technik; s. S. 178)
- Lokalanästhetikum, z.B. Lidocain 1%ig
- physiologische Kochsalzlösung
- sterile 5-ml- und 10-ml-Spritze (zum Aufziehen des Lokalanästhetikums und der physiologischen Kochsalzlösung)
- sterile Stahlkanülen (zum Aufziehen des Lokalanästhetikums, der physiologischen

Kochsalzlösung, zum Anlegen einer Lokalanästhesie sowie zur eventuellen Vorpunktion einer zentral gelegenen Vene)

Vorbereitung

- EKG anschließen,
  da beim Vorschieben des Katheters Herzrhythmusstörungen auftreten können
- peripher-venösen Zugang legen,
  da während der Punktion therapiebedürftige Komplikationen auftreten können
- sterile Handschuhe, Mundschutz und Haube (steriler Kittel bei Seldinger-Technik; s. S. 178)
- mehrmalige Desinfektion der Punktionsstelle
- steriles Lochtuch aufkleben
- Anlegen einer Lokalanästhesie beim wachen Patienten
- richtige Lagerung des Patienten (s.u.)

Punktionsorte (vgl. Abb.3.1)

Es wird zwischen **peripher-venösen** (in der Ellenbeuge = 1) und **zentralvenösen Punktionsorten** (Vena jugularis interna = 2, Vena jugularis externa = 3 und Vena subclavia = 4) unterschieden. Bei allen Zugangswegen sollte möglichst rechtsseitig punktiert werden, um einen kurzen intravasalen Katheterverlauf zu erhalten.

Periphervenöse Punktion in der Ellenbeuge (vgl. Abb. 3.2)

▶ Lagerung

Rückenlagerung, leicht ausgelagerter Arm. Venenstauung mit einer Blutdruckmanschette bzw. einem Stauschlauch.

▶ Vorteil

Die Punktion in der Ellenbeuge gelingt meist leicht.

▶ Gefahren

Das Vorschieben des Venenkatheters ist aufgrund von **Venenklappen** oft erschwert. Durch Außenrotation oder Abspreizen des Armes sowie Drehen des Kopfes lassen sich Hindernisse beim Verschieben oft überwinden. Die Vena basilica, die an der Ellenbeugeinnenseite verläuft (1 in Abb. 3.1), sollte stets der Vena cephalica (5 in Abb. 3.1), die an der Ellenbeugeaußenseite verläuft, vorgezo-

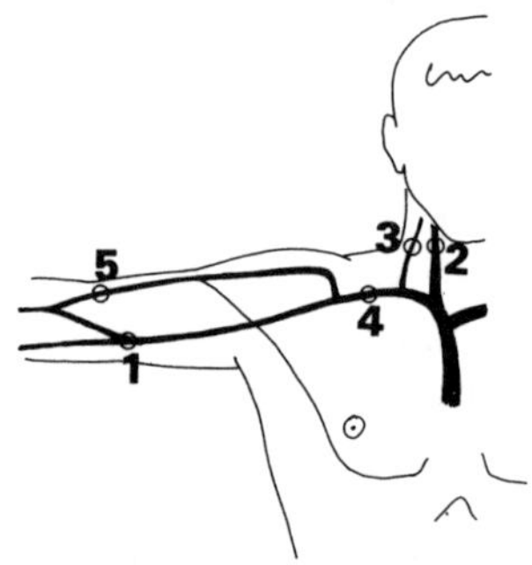

Abb. 3.1 Punktionsorte für die Anlage eines zentralen Venenkatheters. 1 = Vena basilica, 2 = Vena jugularis interna, 3 = Vena jugularis externa, 4 = Vena subclavia, 5 = Vena cephalica.

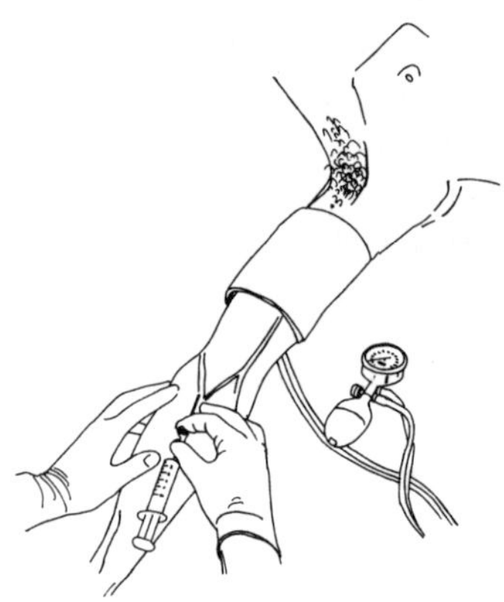

Abb. 3.2 Punktion der Vena basilica in der Ellenbeuge zur Anlage eines zentralen Venenkatheters (zur besseren Detaildarstellung ist keine sterile Abdeckung dargestellt).

gen werden. Die Vena cephalica sollte nur ausnahmsweise punktiert werden, da sie im Bereich der Schulter fast rechtwinklig in die Vena axillaris einmündet (vgl. Abb. 3.1). Dadurch treten oft unüberwindbare Probleme beim Vorschieben des Katheters auf. Katheterfehllagen sind bei der peripher-venösen Punktion häufig. Bei Armbewegungen können **Lageveränderungen** der Katheterspitze um bis zu 15 cm (!) auftreten. Liegt der Katheter mehrere Tage, so drohen aufgrund des engen Venenlumens relativ schnell **Thrombosen** und **Thrombophlebitiden** der Armvenen.

▶ **Kontraindikationen**

- entzündliche Hautveränderungen im Punktionsbereich
- voraussichtlich langfristige parenterale Ernährung

Zentralvenöse Punktionsorte

Punktion der Vena jugularis interna
(vgl. Abb. 3.3)

▶ **Lagerung**

Durch Oberkörpertieflage sowie durch Einstellen eines PEEP (s. S. 22) bei beatmeten Patienten kann eine bessere Venenfüllung erzielt und damit die Punktion erleichtert werden. Außerdem kann hierdurch der Gefahr einer Luftembolie während der Punktion vorgebeugt werden. Der Kopf des Patienten sollte etwas zur Gegenseite gedreht werden. Der Katheter muß beim Erwachsenen durchschnittlich 15–18 cm tief eingeführt werden.

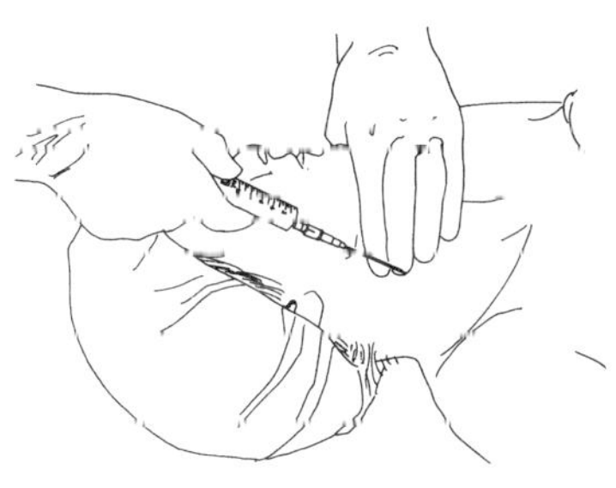

Abb. 3.3 Punktion der Vena jugularis interna (zur besseren Detaildarstellung ist keine sterile Abdeckung dargestellt).

▶ **Punktion**

Normalerweise wird die rechte V. jugularis interna punktiert. Hierzu wird mit der linken Hand der Verlauf der linken A. carotis palpiert. Knapp lateral davon wird in Höhe des Kehlkopfes punktiert. Die Stichrichtung ist ungefähr in Richtung der rechten Brustwarze.

▶ **Vorteile**

Die Gefahr eines Pneumo- oder Hämatothorax ist relativ gering. Thrombosen und Thrombophlebitiden sind eindeutig seltener als bei den anderen Punktionsorten. Die Punktion kann jedoch unter Umständen schwierig sein.

▶ **Gefahren**

- versehentliche Punktion der unmittelbar medial verlaufenden Arteria carotis in ca. 1% (3–5 Minuten komprimieren!)
- Luftembolie
- Pneumo- oder Hämatothorax
- Verletzung des Plexus brachialis
- Verletzung des Halssympathikus (mit sogenanntem Horner-Syndrom)
- Bei Patienten mit erhöhtem intrakraniellem Druck (z.B. SHT) ist eine Oberkörpertieflage sowie ein PEEP zu vermeiden (s. S. 242). Außerdem besteht die Gefahr, daß es bei einer versehentlichen arteriellen Punktion zu einem Hämatom mit Kompression der Vena jugularis interna und Drosselung des venösen Abflusses aus dem Gehirn kommt. Es empfiehlt sich z.B. die Punktion der Vena jugularis externa oder der Vena subclavia (s.u.).

▶ **Kontraindikationen**

- Gerinnungsstörungen (Quick? PTT? Thrombozyten? s. S. 147)
- entzündliche Hautveränderungen im Punktionsbereich
- starke Schilddrüsenvergrößerung (große Struma)

- Voroperationen im Halsbereich (z.B. neck dissection; s. S. 255)

Punktion der Vena subclavia
(vgl. Abb. 3.4)

▶ Vorteile
Durch eine bindegewebige Verspannung wird das Lumen der Vena subclavia immer, auch im hypovolämischen Schock, offen gehalten. Insbesondere bei schwerverletzten Patienten mit Volumenmangelschock wird daher häufig die V. subclavia punktiert. Zur Punktion ist also eine Oberkörpertieflagerung nicht prinzipiell notwendig. Daher wird die Vena-subclavia-Punktion bei Patienten mit Schädel-Hirn-Verletzungen, bei denen eine Kopftieflagerung vermieden werden muß (s. S. 241), oft vorgezogen. Zur Verhinderung einer eventuellen Luftembolie bei der Punktion empfiehlt sich dennoch, sofern erlaubt, eine Oberkörpertieflage.

▶ Gefahren
- Pneumothorax (!):
  Wegen der relativ großen Gefahr eines Pneumothorax darf bei erfolgloser Punktion nicht auf der anderen Seite ebenfalls punktiert werden!
- Hämatothorax
- Punktion der lateral verlaufenden Arteria subclavia (3–5 Minuten komprimieren!)
- Verletzung des Plexus brachialis
- Luftembolie
- Verletzung des Ductus thoracicus bei linksseitiger Punktion

▶ Kontraindikationen
- Gerinnungsstörungen
- entzündliche Hautveränderungen im Punktionsbereich
- Frakturen des Schultergürtels (veränderte Anatomie!)
- schweres Lungenemphysem (erhöhte Gefahr eines Pneumothorax)

Punktion der Vena jugularis externa
(vgl. Abb. 3.5)

▶ Vorteile
Die Punktion ist meist einfach und komplikationslos (bei leichter Kopftieflage) möglich. Inzwischen wird die Punktion der Vena jugularis externa oft als zentraler Punktionsort der ersten Wahl bezeichnet.

▶ Gefahren
Das Vorschieben des Katheters ist oft schwierig, da die Vena jugularis externa fast rechtwinklig in die Vena subclavia einmündet (vgl. Abb. 3.1). Bei Verwendung von inzwischen verfügbaren Kathetern mit J-förmiger Spitze läßt sich der Katheter auch über die Vena jugularis externa meist richtig plazieren.

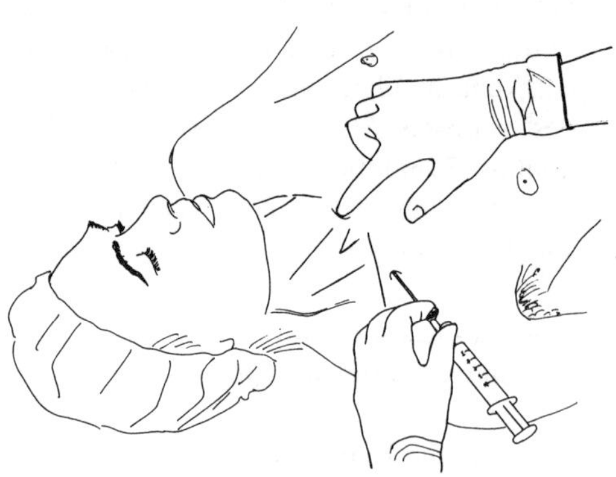

Abb. 3.4 Punktion der Vena subclavia (zur besseren Detaildarstellung ist keine sterile Abdeckung dargestellt).

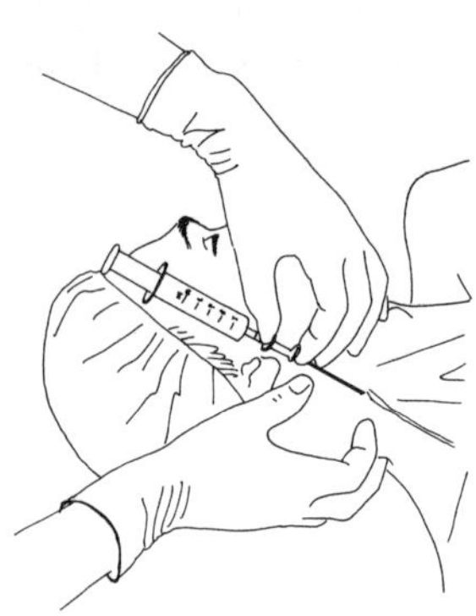

Abb. 3.5 Punktion der Vena jugularis externa (zur besseren Detaildarstellung ist keine sterile Abdeckung dargestellt).

Lagekontrolle des zentralen Venenkatheters

Die Spitze des Kavakatheters sollte in der Vena cava superior ca. 2 cm vor deren Einmündung in den rechten Vorhof liegen (= ca. 4 cm unterhalb des Sternoklavikulargelenks). Durch Auflegen des herausgezogenen Mandrins entlang des ungefähren Katheterverlaufs kann die Lage der Katheterspitze grob abgeschätzt werden. Wird der Kavakatheter oder ein Seldinger-Draht (s. S. 178) zu tief eingeführt, so können leicht Herzrhythmusstörungen auftreten.

▶ Infusionsprobe

Wird eine angeschlossene Infusion unter Herzniveau gehalten, so muß Blut in den Katheter zurücklaufen (= **intravasale Lage.** Bei Infusionssystemen mit Rückschlagventil ist diese Kontrolle nicht durchführbar. Zur Kontrolle ist hier eine Aspiration notwendig). Fängt die Infusion wieder an zu tropfen, wenn die Infusionsflasche 10–20 cm über Herzniveau gehalten wird, so spricht dies für eine korrekte **intravenöse Lage** des Katheters. Bei versehentlich **intraarterieller Lage** würde das Blut weiter in die Infusion hochsteigen. Die Tropfgeschwindigkeit der Infusion muß außerdem atemabhängig sein. Stets muß sich aus dem Katheter leicht Blut aspirieren lassen.

▶ Thoraxröntgenaufnahme

Nach jeder, das heißt auch nach einer erfolglosen zentralvenösen Punktion ist eine Röntgenaufnahme des Thorax sinnvoll. Es sind folgende Fragen zu klären:

- Verlauf des Kavakatheters (z.B. Schlingenbildung)?
- Lage der Katheterspitze?
- Pneumo-/Hämatothorax?

▶ Intrakardiale Elektrokontrolle

Inzwischen stehen auch zentrale **Venenkatheter mit integriertem EKG-Lagekontroll-System** zur Verfügung. Diese Katheter enthalten einen stromleitenden Führungsdraht, über den ein intrakardiales EKG abgeleitet werden kann (z.B. Cavafix Certodyn-Katheter). Hierzu wird ein steriles Verbindungskabel einerseits mit einer Kontaktbuchse am distalen Ende des Führungsdrahts und andererseits mit einem speziellen Patienten-EKG-Kabel verbunden. Dieses spezielle Patienten-EKG-Kabel muß dann vom externen auf den intrakardialen Ableitungsmodus umgeschaltet werden. Wird das EKG-Kabel unter intrakardialer Ableitung vorgeschoben, so kommt es zu einer starken P-Wellen-Vergrößerung, sobald sich die Katheterspitze dem Sinusknoten nähert. Anschließend muß der Katheter wieder zurückgezogen werden, bis die P-Zacke wieder ihre normale Größe erreicht (vgl. Abb. 3.6). Nun muß der Katheter weitere 1–2 cm zurückgezogen werden, um die richtige Position zu erreichen. Danach kann das Patienten-EKG-Kabel wieder auf externe Ableitung umgeschaltet werden. Bei Verwendung solcher Kavakatheter kann evtl. (problemlose Punktion, P-Zackenüberhöhung nach üblicher Einführtiefe nachweisbar) auf eine anschließende röntgenologische Lagekontrolle verzichtet werden.

Liegt ein Vorhofflimmern bei dem Patienten vor, dann ist die intrakardiale Elektrokontrolle zumeist nicht möglich.

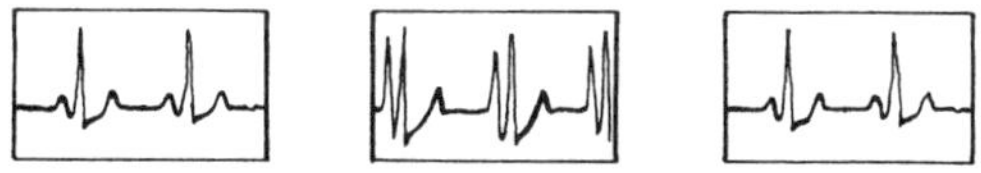

Abb. 3.6 Intrakardiale EKG-Abteilung über einen (stromleitenden) zentralen Venenkatheter. **Links:** Normales EKG. **Mitte:** Überhöhte P-Zacke, die Spitze des zentralen Venenkatheters liegt im Bereich des Sinusknotens. **Rechts:** Der zentrale Venenkatheter wurde zurückgezogen, bis sich die EKG-Kurve wieder normalisierte.

Die blutige arterielle Druckmessung

Indikationen für eine blutige arterielle Druckmessung

Eine blutige arterielle Druckmessung sollte durchgeführt werden, falls eine engmaschige Kontrolle von

- **arteriellem Blutdruck** notwendig ist, z.B. bei Patienten im Schock; bei Durchführung einer kontrollierten Hypotension (s. S. 247); bei großen Herz-Thorax- oder Gefäßoperationen; bei Operationen mit voraussichtlich großen Blutverlusten; bei Patienten, die durch intraoperative Blutdruckschwankungen besonders gefährdet sind, z.B. bei der Operation eines zerebralen Aneurysmas; oder bei Patienten mit schwerer Koronarsklerose, einem frischen Herzinfarkt usw.
- **arteriellen Blutgasen** notwendig ist, z.B. bei der kontrollierten Hyperventilation (s. S. 245) usw.

a

b

Abb. 3.7 a, b Durchführung des Allen-Tests. Unter kontinuierlichem Komprimieren der Arteria radialis und der Arteria ulnaris wird der Patient gebeten, rhythmisch die Hand **a:** zu schließen und **b:** zu öffnen.

Ort der blutigen arteriellen Druckmessung

Eine blutige arterielle Druckmessung sollte vorzugsweise in der Arteria radialis vorgenommen werden. Nur ausnahmsweise sollte die Messung in der Arteria femoralis, der Arteria dorsalis pedis, der Arteria brachialis oder der Arteria temporalis erfolgen, da hierbei mögliche Komplikationen wesentlich häufiger sind.

Allen-Test

Vor der Punktion der Arteria radialis wird häufig der sogenannte Allen-Test empfohlen (die Aussagekraft des Allen-Tests wird allerdings zum Teil auch angezweifelt). Der Allen-Test beruht auf der Tatsache, daß die Hohlhand sowohl von der Arteria radialis als auch von der Arteria ulnaris versorgt wird.

> Geprüft werden soll, ob die Arteria ulnaris notfalls alleine ausreicht, um die Hohlhand genügend mit Blut zu versorgen.

Hierzu werden am Handgelenk die Arteriae radialis und ulnaris des Patienten abgedrückt. Der Patient wird aufgefordert, die Faust rhythmisch zu öffnen und zu schließen (vgl. Abb. 3.7 a und b). Innerhalb kurzer Zeit wird die Hohlhand aufgrund der Mangeldurchblutung

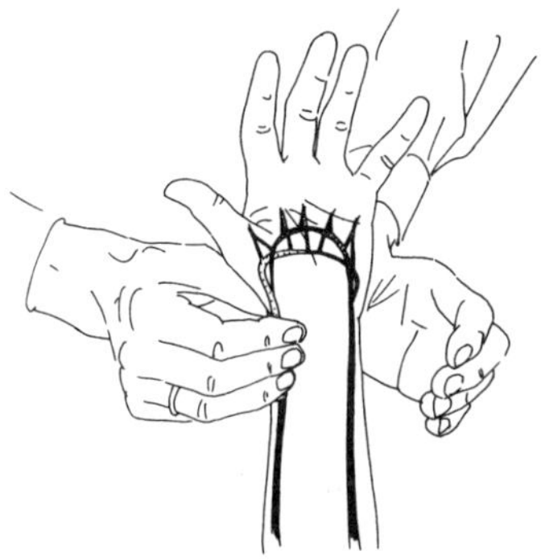

Abb. 3.8 Durchführung des Allen-Tests. Bei weiterhin komprimierter Arteria radialis wird die Arteria ulnaris freigegeben und die wiedereinsetzende Durchblutung der Hand beobachtet.

blaß und fahl. Wird nun plötzlich die Arteria ulnaris wieder freigegeben, während die Arteria radialis weiterhin komprimiert bleibt (vgl. Abb. 3.8), so kommt es nur dann relativ rasch zur normalen Rötung der Hohlhand, wenn die Blutversorgung der Hohlhand durch die Arteria ulnaris ausreicht. Kommt es zur Rötung der Hohlhand innerhalb von 10 Sekunden, so kann die Arteria radialis kanüliert werden. Auch im Falle einer vorübergehenden Thrombosierung der Arteria radialis braucht nun nicht mit einer Mangeldurchblutung der Hohlhand gerechnet werden.

Material

- Desinfektionsspray und sterile Tupfer
- 2-ml-Spritze mit z.B. Lidocain 1% und 26-G-Stahlkanüle für die lokale Betäubung
- 20-G-Teflonkanüle für Erwachsene, 22-G-Teflonkanüle für Kinder (z.B. Abbocath-Kanülen) bzw. idealerweise ein spezieller arterieller Katheter, der mittels Seldinger-Technik (s. S. 178) gelegt wird (z.B. Leader cath; Fa. Vygon)
- 2 schmale und 2 breite Pflasterstreifen zum Fixieren des arteriellen Zugangs bzw. einen sterilen Faden mit Nadel, um die Kanüle festzunähen

Abb. 3.9 Elektromechanischer Druckwandler.

- (rotes) Klebeschild mit der Aufschrift: „**ARTERIE** – keine Injektion“
- drei (rote) Dreiwegehähne
- „Arterienverlängerung“ (= ca. 10 cm langer Druckschlauch, s. 1 in Abb. 3.13)
- 2-ml-Spritze (mit NaCl 0,9% gefüllt) zum Durchspülen des Zugangs nach erfolgreicher Punktion
- starrer Druckschlauch
- Druckwandler (= Transducer) mit Dom (vgl. Abb. 3.9)
- Monitor mit „Druckeinschub“
- Sog. Mikrospülsystem für eine kontinuierliche Spülvorrichtung des arteriellen Zugangs; 500 ml NaCl 0,9% (Spülflüssigkeit), die meist mit 500–1000 IE Heparin versetzt wird. Da diese Spülflüssigkeit unter Druck gesetzt werden muß, wird noch ein Druckbeutel benötigt.
- ggf. mit 0,9%igem NaCl gefüllte 10-ml-Spritze für eine intermittierende manuelle Durchspülung des arteriellen Zugangs

Vorbereitung

Für die kontinuierliche Druckmessung werden inzwischen zumeist fertig zusammengebaute Einwegdruckwandler verwendet. Bei diesen **Einwegdruckwandlern** ist bereits ein Mikrospülsystem (s.u.) eingebaut. Deren Vorbereitung ist relativ einfach und wenig zeitaufwendig. Dieses Einwegdruckelement sowie die bereits konnektierten Verbindungsschläuche brauchen lediglich mit NaCl 0,9% durchgespült und einerseits an die arterielle

Kanüle und andererseits an den Druckmonitor angeschlossen und noch kalibriert werden (Kalibration s. S. 175). Nun ist eine Druckmessung möglich. Die zunehmend seltener verwendeten Mehrwegdruckaufnehmer müssen vor Gebrauch zusammengebaut werden (vgl. Abb. 3.9). Bei der Vorbereitung eines **Mehrwegdruckaufnehmers** wird folgendermaßen vorgegangen:

- Benetzen der Membran des Druckaufnehmers mit Aqua ad injectabilia und Aufschrauben eines sterilen Doms (vgl. Abb. 3.9)
- Aufschrauben eines Dreiwegehahns auf jeden der zwei Zugänge des Doms (1 und 2 in Abb. 3.10), Anschluß einer starren Druckleitung (3 in Abb. 3.10) an einen der zwei Dreiwegehähne
- absolut luftblasenfreies Füllen des Doms und der angeschlossenen starren Druckleitung
- Für eine **kontinuierliche Spülung der Arterie** mit einem Mikrospülsystem muß an die zumeist mit 500–1000 IE Heparin versetzte 0,9%ige NaCl-Lösung das Mikrospülsystem angeschlossen werden. Das Spülelement (4 in Abb. 3.10) wird zwischen Dreiwegehahn und arterieller Druckleitung eingebaut. Die Spülflüssigkeit wird mit einem Druckbeutel unter einen Druck von 250–300 mmHg gesetzt (5 in Abb. 3.10). Das Mikrospülsystem garantiert eine kontinuierliche Spülung mit 4 ml/Stunde. Bei Bedarf kann auch eine Schnellspülung betätigt werden (z.B. nach einer Blutentnahme aus dem arteriellen Zugang).
- Für eine eventuelle **manuelle Durchspülung des arteriellen Zugangs** muß eine mit 0,9%iger NaCl gefüllte Spritze auf den zwischen arterieller Druckleitung und „Arterienverlängerung“ eingebauten Dreiwegehahn aufgesteckt werden.
- Anschluß der mit NaCl 0,9% gefüllten 2-ml-Spritze über einen (roten) Dreiwegehahn an die „Arterienverlängerung“ (= ca. 10 cm langer Druckschlauch) und luftblasenfreies Füllen dieser „Arterienverlängerung“

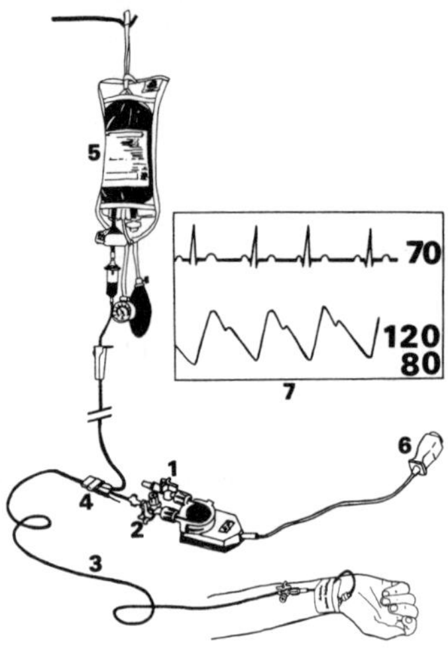

Abb. 3.10 Vorrichtung zur blutig-arteriellen Druckmessung mit angeschlossenem Mikrospülsystem.

Punktion der Arteria radialis und Anschluß der Druckmessung

> Wenn immer möglich, sollte die arterielle Druckmessung bereits vor Narkoseeinleitung beim noch wachen Patienten vorgenommen werden. Denn hiermit ist die fortlaufende Blutdruckkontrolle während der Narkoseeinleitung, einem der gefahrenträchtigsten Momente jeder Narkose, möglich. Außerdem kann noch eine Blutprobe für die Bestimmung einer arteriellen **B**lut**g**as**a**nalyse (= BGA) vor Narkoseeinleitung, also unter Spontanatmung, abgenommen werden.

Für die Punktion sollte die Hand im Handgelenk über eine Tuchrolle nach dorsal überstreckt und in dieser Lagerung sollten die Finger mittels Pflasterstreifen fixiert werden. Nach mehrmaliger Desinfektion, dem Anlegen einer Lokalanästhesie beim wachen Pati-

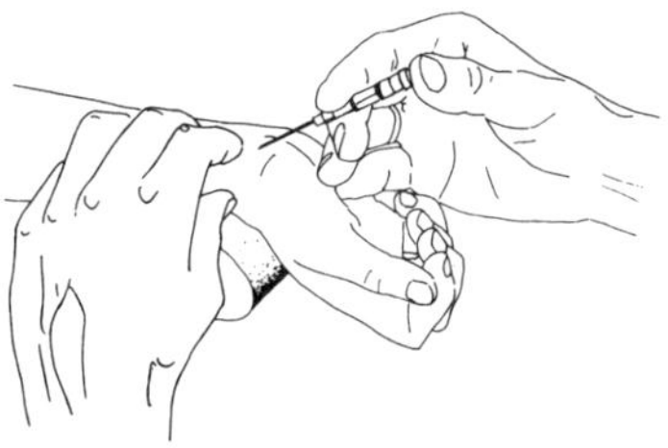

Abb. 3.11 Punktion der Arteria radialis (zur besseren Detaildarstellung sind keine sterile Abdeckung und keine sterilen Handschuhe dargestellt).

enten und eventueller Vorpunktion der Haut mit einer Stahlkanüle wird bei Erwachsenen vorzugsweise mit einer 20-G-Teflonkanüle in einem Winkel von ca. 30 Grad die Arterie im Bereich des Handgelenks punktiert. Hierbei wird mit dem Zeige- und dem Ringfinger der anderen Hand der Arterienverlauf ertastet (vgl. Abb. 3.11). Nach erfolgreicher Punktion der Arterie wird der Teflonkatheter über den festzuhaltenden Stahlmandrin vorgeschoben. Nach Komprimierung der Arterie an der Kanülenspitze wird der Mandrin entfernt und die Arterienverlängerung mit dem Dreiwegehahn und der 2-ml-NaCl-Spritze bzw. der Verbindungsschlauch zum Einwegdruckwandler wird aufgeschraubt. Nachdem die Arterie mit der 2-ml-NaCl-Spritze bzw. über das bereits konnektierte Einwegdruckwandlersystem durchgespült ist, wird sie penibel, z.B. wie in Abb. 3.12 und 3.13 gezeigt, fixiert. Durch diese zwischen der intraarteriellen Kanüle und einem Dreiwegehahn eingebaute **„Arterienverlängerung"** braucht z.B. beim Blutabnehmen aus dem arteriellen Zugang am Dreiwegehahn kein Wackeln, Abknicken oder Verrutschen der intraarteriellen Verweilkanüle befürchtet werden.

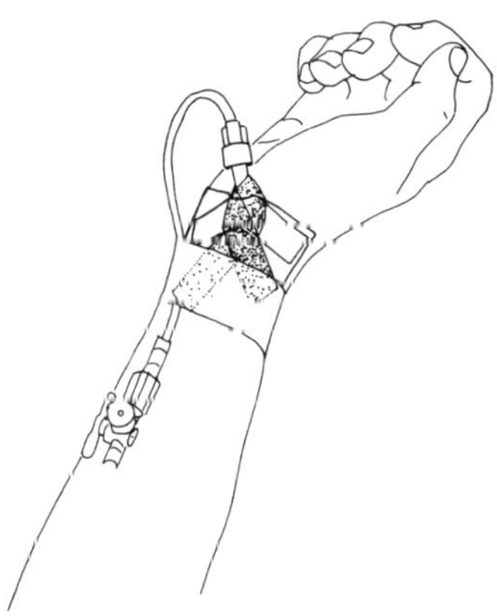

Abb. 3.12 Fixierte intraarterielle Kanüle.

Absolut zwingend ist das Kenntlichmachen des Zugangs als **Arterie,** z.B. durch Aufkleben von vorgedruckten Klebeschildern oder deutliche Beschriftung eines aufgeklebten Pflasterstreifens. Bei Verwechslung mit einem venösen Zugang und Injektion von z.B. Thiopental droht der Verlust der Hand (!).

Über die starre Druckleitung werden „Arterienverlängerung" und Dreiwegehahn nun an den elektromechanischen Druckwandler, der den mechanischen Druck in ein elektrisches Signal umwandelt, angeschlossen. Das Kabel des Druckwandlers (6 in Abb. 3.10) ist in den Druckeinschub eines geeigneten Gerätes einzustecken, der das Signal des Druckwandlers verstärkt und auf einem Monitor digital als Zahlenwert und analog als Druckkurve anzeigt (7 in Abb. 3.10).

Druckmessung

Nullpunktabgleich

Der Dreiwegehahn zwischen Druckleitung und Druckwandler (2 in Abb. 3.10) wird so gestellt, daß die Verbindung Druckleitung/ Druckwandler unterbrochen und der Druck-

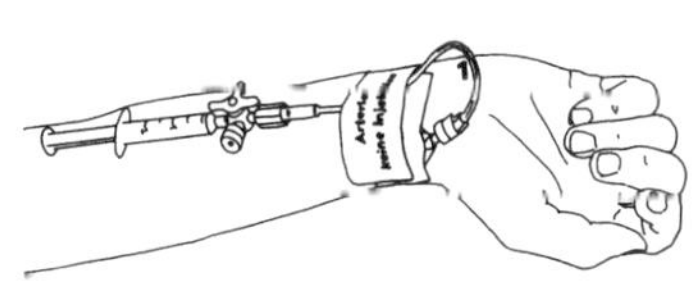

Abb. 3.13 Markierung der intraarteriellen Kanüle durch entsprechenden Aufkleber.

wandler zur Atmosphäre hin geöffnet ist. Der andere Dreiwegehahn (1 in Abb. 3.10) bleibt zum Druckwandler hin stets geschlossen. Auf das Druckelement wirkt nun der atmosphärische Luftdruck. Dieser wird als Bezugspunkt gleich Null gesetzt. Nach Drücken der entsprechenden Nulltaste am Monitor muß die angezeigte Linie mit der Null-Linie des Monitors übereinstimmen.

Kalibrierung

Mit der Kalibrierung (englisch: calibration = Eichung) wird kontrolliert, ob ein definierter Druck immer einen bestimmten Kurvenausschlag ergibt, z.B. muß ein Druck von 100 mmHg immer einen 5 cm hohen Ausschlag ergeben. Nach Drücken der entsprechenden Kalibrierungstaste muß eine Eichzacke definierter Höhe erscheinen. Während der Kalibrierung muß der Druckwandler zur Atmosphäre hin offen sein. Bei modernen Monitorgeräten genügt es, nach Öffnen des Druckwandlers zur Atmosphäre lediglich den Kalibrationsknopf zu drücken. Es werden dann die Nullpunktabgleichung und die Kalibration automatisch durchgeführt.

Nach dem Nullpunktabgleich und der Kalibrierung des Gerätes wird die Verbindung Druckleitung/Druckwandler wieder freigegeben. Der Druckwandler muß noch auf Höhe des rechten Vorhofs (ca. Mitte des Thoraxdurchmessers beim liegenden Patienten) angebracht werden. Nun kann der aktuelle Druck am Monitor abgelesen werden.

Anschließend sollte nochmals sorgfältig überprüft werden, ob alle Schraubverbindungen der Druckleitung fest angezogen sind, damit eine versehentliche Lösung mit einer drohenden Entblutung nicht möglich ist.

Probleme

- Abgerundeter, sogenannter gedämpfter Kurvenverlauf:
  Ursache sind meist Luftblasen oder ein Blutkoagel im System oder eine ungünstige Lagerung des kanülierten Arms bzw. ein zu langer Druckschlauch.
- Falsch hohe oder falsch niedrige Druckanzeige,
  wenn der Druckwandler anstatt auf Herzniveau unterhalb oder oberhalb davon angebracht ist. Dies ist vor allem zu beachten, wenn der Druckwandler ausnahmsweise nicht am Operationstisch oder am Patienten sondern z.B. am Infusionsständer befestigt ist. Wird zu einem späteren Zeitpunkt von den Operateuren eine Verstellung der Operationstischhöhe gewünscht, so muß unbedingt die Höhe des Druckwandlers nachjustiert werden!
- Thrombosierung der arteriellen Kanüle:
  Falls das kontinuierliche Mikrospülsystem (s. S. 174, Abb. 3.10) nicht funktioniert (z.B. Spülflüssigkeit steht nicht unter Druck), dann droht eine Thrombosierung der intraarteriellen Kanüle.

Komplikationen

- Hämatombildung im Punktionsbereich,
  vor allem bei Fehlpunktionen oder nach Entfernen der arteriellen Kanüle; mindestens 3 Minuten komprimieren!
- Infektionen
- arteriovenöse Fistel
- Durchblutungsstörungen mit z.B. nekrotischen Fingern
- versehentliche intraarterielle Medikamenteninjektion
- arterielle Entblutung
  bei unbemerkter Diskonnektion in der arteriellen Druckleitung

Pulmonalarterienkatheter

Ein Pulmonalarterienkatheter (= Pulmonaliskatheter, Swan-Ganz-Katheter, Einschwemmkatheter) ist ein meist 4lumiger Katheter, dessen Spitze über das venöse System und durch das rechte Herz bis in einen Ast der Arteria pulmonalis eingeführt wird.

Mit Hilfe eines Pulmonaliskatheters können das **H**erz**m**inuten**v**olumen (= HMV; englisch: cardiac output), der Druck in der Pulmonalarterie sowie der sogenannte pulmonal-kapilläre Verschlußdruck (**p**ulmo-**c**apillary **w**edge-**p**ressure = PCWP, kurz **Wedge-Druck** genannt) sowie der ZVD gemessen werden. Werden diese Daten sowie die Körpergröße, das Körpergewicht, die aktuelle Herzfrequenz und der arterielle Blutdruck in ein entsprechendes Computerprogramm eingegeben, so können der Gefäßwiderstand im Lungenkreislauf, der Gefäßwiderstand im großen Kreislauf, der Herzindex (= HMV/Körperoberfläche) und die Schlagarbeit des linken und des rechten Ventrikels errechnet werden. Dieses errechnete „hämodynamische Profil" ist bei Risikopatienten Voraussetzung für eine differenzierte Katecholamin-, Vasodilatanzien- und Volumentherapie.

Indikationen

- septischer Schock
- kardiovaskuläre Risikopatienten (z.B. bei kürzlich durchgemachtem Herzinfarkt oder in der Herzchirurgie; s. S. 266)
- multiples Organversagen
- Lungenversagen
- massive Volumenumsätze (z.B. Schwerstverbrannte)
- längerfristige Therapie mit Katecholaminen (z.B. Noradrenalin und Adrenalin, s. S. 271)

Aufbau eines Pulmonaliskatheters (vgl. Abb. 3.14)

Ballonzuleitung (1)

Sie dient zum Aufblasen (= blocken, wedgen) des kurz vor der Katheterspitze befindlichen Ballons (1 b). Der Ballon wird mit 1–1,5 ml Luft aufgeblasen.

Distaler Schenkel (2)

Der distale Schenkel (häufig gelber Anschluß) endet an der Katheterspitze (2 b) und dient zur Messung des Drucks in der Pulmonalarterie sowie des pulmonal-kapillären Verschlußdrucks (**p**ulmo-**c**apillary **w**edge-**p**ressure = PCWP, Wedge-Druck, s.u.) und zur Entnahme von gemischt-venösem Blut (s.u.).

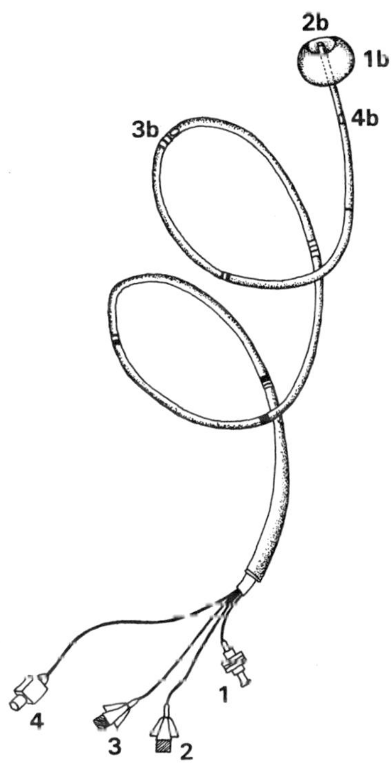

Abb. 3.14 Pulmonalarterienkatheter. 1 = Ballonzuleitung, 2 = distaler Schenkel, 3 = proximaler Schenkel, 4 = Thermistorzuleitung (nähere Beschreibung siehe Text).

Proximaler Schenkel (3)

Der proximale Schenkel (häufig blauer Anschluß) endet 30 cm vor der Katheterspitze (3 b) und sollte kurz vor dem rechten Herzen liegen; über ihn kann der ZVD gemessen werden. Außerdem wird über diesen proximalen Schenkel die meist eisgekühlte 0,9%ige NaCl-Lösung zur Messung des HMV injiziert.

Thermistorzuleitung (4)

Sie dient zur Verbindung des kurz vor der Katheterspitze befindlichen Temperaturfühlers (= Thermistor; 4 b) mit einem HMV-Gerät (=„Cardiac-output"-Monitor).
Daneben verfügen manche Pulmonaliskatheter über einen weiteren Schenkel (häufig weißer Anschluß), der unmittelbar neben dem proximalen Schenkel endet. Er wird meist zur herznahen Applikation von Medikamenten, vor allem von Katecholaminen, verwendet.

Material und Vorbereitung

▶ Material

- Kopfhaube, Mundschutz, sterile Handschuhe, steriler Kittel
- Hautdesinfektionsspray
- steriles Lochtuch
- 4 sterile Abdecktücher (ca. 100 x 100 cm) zum großflächigen Abdecken
- Lokalanästhetikum (z.B. Lidocain 1%)
- physiologische Kochsalzlösung
- sterile 5-ml- und 10-ml-Spritze (zum Aufziehen des Lokalanästhetikums und der physiologischen Kochsalzlösung)
- sterile Stahlkanülen (zum Aufziehen des Lokalanästhetikums, der physiologischen Kochsalzlösung, zum Anlegen der Lokalanästhesie sowie evtl. zum Vorpunktieren einer zentralvenösen Vene)
- mehrere sterile Kompressen
- 1 steriles, spitzes Skalpell
- 3 Dreiwegehähne (für einen 4lumigen Pulmonaliskatheter)
- 1 Pulmonaliskatheter (Größe beim Erwachsenen: 7,5 Charr.)
- Einführungsschleuse (sogenanntes Introducer-Set, s.u., Größe beim Erwachsenen: 9 oder evtl. 8,5 Charr.)
- Nahtmaterial, Nadelhalter und sterile Schere zum Festnähen des plazierten Katheters

▶ Vorbereitung der Druckmessung

Falls keine fertigen Einwegdruckaufnehmer verwendet werden, muß ein Mehrwegdruckaufnehmer vorbereitet und zusammengebaut werden:

- Benetzen der Membran des Druckaufnehmers und Aufschrauben eines sterilen Doms (s. S. 173, Abb. 3.9)
- Aufschrauben eines Dreiwegehahns auf jeden der zwei Zugänge des Doms und Anschluß einer starren Druckleitung an jeden der zwei Dreiwegehähne; absolut luftfreies Füllen dieses Systems
- Einbau eines Mikrospülelements jeweils zwischen dem Dreiwegehahn und der Druckleitung (für eine kontinuierliche Spülung der Druckleitung mit einem Mikrospülsystem)
- Nullpunktabgleich (s. S. 175)
- Kalibrierung (s. S. 176)

Einführen eines Pulmonaliskatheters

Ein Pulmonaliskatheter wird vorzugsweise über die rechte Vena jugularis interna eingeführt. Prinzipiell kommen jedoch alle für einen Kavakatheter möglichen Punktionsorte (s. S. 169) in Frage. Ein Pulmonaliskatheter wird nach der **Seldinger-Technik** ins venöse Gefäßsystem eingeführt. Hierzu wird die ausgewählte Vene mit einer Stahlkanüle punktiert. Nach der erfolgreichen Punktion wird durch die Stahlkanüle ein flexibler Stahldraht (= **Seldinger-Draht**) eingeführt. Nun wird bei liegenbleibendem Seldinger-Draht die ursprüngliche Punktionskanüle entfernt und neben dem Seldinger-Draht mit einem spitzen Skalpell eine Stichinzision vorgenommen, damit eine großlumige Einführungsschleuse (= **Introducer**) über den Seldinger-Draht in die Vene vorgeschoben werden kann. Zuvor wird durch den großlumigen Introducer ein sogenannter **Dilatator** gesteckt. Dieser Dilatator ragt etliche Zentimeter aus dem großlumigen Introducer heraus und weist eine sich verjüngende Spitze auf. Dilatator und Introducer werden gemeinsam über den Seldinger-Draht vorgeschoben. Die sich verjüngende Spitze des Dilatators dehnt beim Vorschieben den Punktionskanal auf und ermöglicht dadurch das Einführen des großlumigen Introducers. Danach werden der Seldinger-Draht und der Dilatator entfernt, und der Pulmonaliskatheter kann über den Introducer eingeführt werden.

Vorher muß der Pulmonaliskatheter jedoch noch auf Funktionstüchtigkeit überprüft werden: Nachdem der Ballon des Pulmonaliskatheters versuchsweise mit Luft aufgeblasen und auf Dichtigkeit geprüft wurde, müssen alle Schenkel des Pulmonaliskatheters mit 0,9%iger NaCl-Lösung durchgespült und mit einem Dreiwegehahn verschlossen werden. Der distale sowie der proximale Schenkel des Pulmonaliskatheters werden jeweils über eine der vorbereiteten Druckleitungen (s.o.) an den Dom eines Druckwandlers angeschlossen. Die beiden Dreiwegehähne am Dom werden so eingestellt, daß die Verbindung Dom/distaler Schenkel freigegeben, die Verbindung Dom/proximaler Schenkel verschlossen ist. Dann wird der an der Katheterspitze herrschende Druck registriert.

Nun wird der Katheter unter kontinuierlicher Kontrolle der Druckkurve über den Introducer in die Vena jugularis interna vorgeschoben. Nachdem die Katheterspitze ca. 15 cm eingeführt ist, wird der unmittelbar hinter der Katheterspitze befindliche Ballon mit 1–1,5 ml Luft aufgeblasen und der Katheter langsam vorgeschoben. Der aufgeblasene Ballon, und damit die Katheterspitze, wird mit dem Blutstrom über die Vena cava nach 20–30 cm in den rechten Vorhof, nach 30–45 cm in den rechten Ventrikel und nach 45–50 cm in die Arteria pulmonalis „eingeschwemmt". Der Pulmonaliskatheter wird deshalb zum Teil auch als **„Einschwemmkatheter"** bezeichnet. Da sich die Arteria pulmonalis in immer kleiner werdende Äste aufzweigt, bleibt der aufgeblasene Ballon meist nach 50–60 cm in einem kleineren Ast der A.pulmonalis stecken.

Während der Pulmonaliskatheter bis in die Arteria pulmonalis „eingeschwemmt" wird, muß über den distalen Schenkel kontinuierlich der an der Katheterspitze herrschende Druck registriert werden.

Dabei ergibt sich eine charakteristische Kurve (vgl. Abb. 3.15):

- 1 in Abb. 3.15: Befindet sich die Katheterspitze in der Vena cava, so kann eine typische **atemverschiebliche ZVD-Kurve** abgelesen werden. Der normale Druckbereich in der Vena cava beträgt 1–5 mmHg.
- 2 in Abb. 3.15: Wenn die Katheterspitze in den rechten Ventrikel eingeschwemmt wird, verändert sich die Druckkurve eindrucksvoll. Während der Systole des rechten Herzens läßt sich ein Druck von ca. 25 (± 8) mmHg, während der Diastole des rechten Herzens ein Druck von ca. 4 (± 3) mmHg ableiten.
- 3 in Abb. 3.15: Wird die Katheterspitze weiter durch die Pulmonalklappe bis in die Arteria pulmonalis geschwemmt, ändert

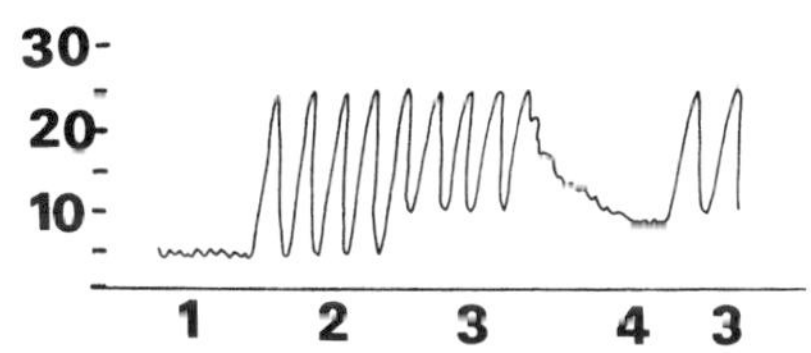

Abb. 3.15 Über den Pulmonalarterienkatheter abgeleitete Druckkurve beim Einschwemmen des Katheters. 1 = zentraler Venendruck, 2 = Druck im rechten Ventrikel, 3 = Druck in der Arteria pulmonalis, 4 = pulmonalkapillärer Verschlußdruck.

sich die Druckkurve erneut. Der systolische Druck bleibt mit 25 (± 8) mmHg gleich. In der Arteria pulmonalis herrscht jedoch ein diastolischer Druck von ca. 9 (± 4) mmHg, so daß der Druck jetzt nicht mehr so weit wie bei der Ventrikelkurve abfällt.

- 4 in Abb. 3.15: Wird die Spitze des Pulmonaliskatheters soweit vorgeschoben, bis der aufgeblasene Ballon an der Katheterspitze einen Ast der Arteria pulmonalis total verschließt, verschwinden plötzlich diese Druckschwankungen zwischen 25 und 9 mmHg. Der Druck fällt auf durchschnittlich 9 (± 4) mmHg ab. Die Kurve zeigt nur noch minimale Druckschwankungen. Hinter der verschlossenen Pulmonalarterie findet jetzt keine Durchblutung mehr statt. Der nun an der Katheterspitze gemessene Druck entspricht dem im Lungenkapillarsystem herrschenden Druck. Dieser wird als pulmonal-kapillärer Verschlußdruck (= **p**ulmo-**c**apillary **w**edge-**p**ressure = PCWP oder kurz: Wedge-Druck) bezeichnet (s.u.).
- 3 in Abb. 3.15: Wird nun der an der Katheterspitze befindliche Ballon wieder entleert (= entblockt), so wird der hinter der Katheterspitze befindliche Pulmonalarterienast wieder durchblutet. Es läßt sich jetzt wieder die für die Arteria pulmonalis typische Druckkurve ableiten. Durch Aufblasen (= blocken, wedgen) des Ballons kann wiederholt der Wedge-Druck gemessen werden.

> Der Pulmonaliskatheter darf immer nur für kurze Zeit in Wedge-Position sein; ist er versehentlich längere Zeit in dieser Position, so droht ein Infarkt der hinter der Katheterspitze gelegenen Lungengebiete, die jetzt nicht durchblutet sind (!). Um dies zu vermeiden, muß die Druckkurve der Pulmonalarterie stets auf dem Monitor dargestellt sein, damit eine versehentliche Wedge-Position des Katheters sofort erkennbar ist.

Außer diesem distalen Schenkel zur Messung des Wedge-Drucks und des Drucks der Arteria pulmonalis verfügt ein Pulmonaliskatheter noch über einen proximalen Schenkel (häufig blauer Anschluß), der 30 cm vor der Katheterspitze mündet. Diese Öffnung sollte normalerweise kurz vor dem rechten Herzen liegen und erlaubt die **Messung des ZVD.** Hierzu wird die Verbindung Dom/distaler Schenkel verschlossen und die Verbindung Dom/proximaler Schenkel freigegeben. Nach dem Messen des ZVD müssen die beiden Dreiwegehähne wieder so eingestellt werden, daß nur die Verbindung Dom/distaler Schenkel freigegeben ist. Auf dem Monitor muß normalerweise immer der pulmonalarterielle Druck (3 in Abb. 3.15) angezeigt werden. Der ZVD wird nur kurzfristig gemessen.

Zur **Bestimmung des Herzminutenvolumens** (HMV) wird über den proximalen Schenkel ein definiertes Volumen (z.B. 10 ml) einer meist eisgekühlten NaCl-Lösung möglichst schnell (weniger als 5 Sekunden) injiziert. Diese meist eiskalte 0,9%ige NaCl-Lösung wird mit dem Blutstrom durch den rechten Vorhof und durch den rechten Ventrikel in die Arteria pulmonalis transportiert. Auf diesem Weg wird die Injektionslösung erwärmt und verdünnt. Kurz vor der Spitze des Pulmonaliskatheters befindet sich ein Temperaturfühler (= Thermistor, 4 b in Abb. 3.14), mit dem Temperaturschwankungen in der Arteria pulmonalis registriert werden können. Die Thermistorzuleitung (4 in Abb. 3.14) wird an einen Computer angeschlossen, der anhand des Injektionszeitpunktes und der Temperaturänderungen am Thermistor das Herzminutenvolumen errechnen kann; das Gerät wird deshalb als HMV-Gerät oder meist als **„Cardiac-output"-Monitor** bezeichnet. Dieses Verfahren zur Bestimmung des HMV beruht auf der **Kälteverdünnungsmethode (= Thermodilutionsmethode).** Es sollte der Mittelwert mehrerer Messungen verwendet werden. Inzwischen sind auch Pulmonaliskathetermodelle verfügbar, die eine kontinuierliche Messung des Herzminutenvolumens erlauben

(continuous cardiac output; CCO). In deren distalem Ende ist zusätzlich eine Heizspirale eingebaut. Die von dieser Heizspirale abgegebenen Wärmeimpulse führen zu lokalen Änderungen der Bluttemperatur. Diese werden registriert und ermöglichen die Errechnung des HMV. Bei CCO-Kathetern braucht keine NaCl-Lösung injiziert werden. Es entsteht dadurch keine Flüssigkeitsbelastung, was bei Intensivpatienten unter Umständen wichtig sein kann. Auf dem zugehörigen CCO-Monitor wird kontinuierlich das aktuelle HMV angezeigt. CCO-Katheter sind auch in der Lage, kontinuierlich die aktuelle gemischt-venöse Sauerstoffsättigung (s.u.) zu messen. Diese wird neben dem HMV fortlaufend angezeigt.

Interpretation der über einen Pulmonaliskatheter gemessenen Werte

Gemischt-venöse Sättigung

Über den distalen Schenkel des Pulmonaliskatheters kann gemischt-venöses Blut aus der Arteria pulmonalis entnommen werden. Dieses Blut wird als gemischt-venös bezeichnet, da in der Arteria pulmonalis Blut aus der Vena cava inferior (= Blut aus der unteren Körperhälfte) und Blut aus der Vena cava superior (= Blut aus der oberen Körperhälfte) gemischt ist. Aus einem Kavakatheter, dessen Spitze in der Vena cava superior liegt, wird zentralvenöses Blut entnommen. Es repräsentiert nur das Blut aus der oberen Körperhälfte. Gemischt-venöses Blut wird vor allem abgenommen, um die gemischt-venöse Sättigung zu messen. Der Normalwert beträgt ca. 75%. Fällt die gemischt-venöse Sättigung ab, so hat dies (bei konstantem Hb-Wert, konstanter arterieller Sättigung und gleichbleibendem Sauerstoffverbrauch) seine Ursache in einer vermehrten Ausschöpfung des Blutes aufgrund eines niedrigen HMV. Bei der Abnahme einer gemischt-venösen Blutprobe muß das Blut langsam aspiriert werden. Wird zu schnell aspiriert, so kann unter Umständen bereits oxygeniertes Blut aus dem Lungenkapillargebiet angesaugt werden, was eine falsch hohe Sauerstoffsättigung ergibt.

Inzwischen gibt es bereits Pulmonaliskathetermodelle (CCO-Katheter; s.o.), die eine kontinuierliche Messung der gemischt-venösen Sättigung an der Katheterspitze ermöglichen, ohne daß hierzu eine Blutprobe entnommen werden muß **(Reflektionsspektrophotometrie).**

Herzminutenvolumen (HMV = cardiac output)

Das HMV des Erwachsenen beträgt normalerweise 4–8 l/min; erniedrigt ist es bei einer Herzinsuffizienz und im Volumenmangelschock; im septischen Schock ist es meist erhöht.

Herzindex

Er wird errechnet, indem das HMV durch die Größe der Körperoberfläche des Patienten geteilt wird (HMV/Körperoberfläche). Der Normalwert liegt bei 2,5–4 l/min x m^2.

Wedge-Druck

Der Wedge-Druck entspricht weitgehend dem Druck im linken Vorhof. Unter der Voraussetzung, daß das Blut während der Diastole ungehindert vom linken Vorhof in den linken Ventrikel fließen kann, daß also keine Stenose der Mitralklappe besteht (s. S. 280), entspricht der Druck vor dem linken Herzen annähernd dem linksventrikulären enddiastolischen Füllungsdruck (s. S. 267). Dieser ist ein Maß für die Leistungsfähigkeit des linken Ventrikels. Mit Hilfe des Wedge-Drucks kann also die Leistungsfähigkeit des linken Ventrikels beurteilt werden.

ZVD

Der ZVD entspricht weitgehend dem Druck im rechten Vorhof. Er wird jedoch auch durch die Atmung/Beatmung, durch einen PEEP (s. S. 22), durch die Körperlage sowie durch den

Kontraktionszustand und den Füllungszustand des venösen Gefäßsystems beeinflußt. Deshalb kann der ZVD nur mit Vorbehalt dem rechtsventrikulären enddiastolischen Druck und damit der rechtsventrikulären Leistungsfähigkeit gleichgesetzt werden.

Gefäßwiderstand im großen Kreislauf (systemic vascular resistance = SVR)

Er wird mit Hilfe eines Computers (aus dem arteriellen Mitteldruck, dem ZVD und dem HMV) errechnet. Er fällt ab bei einer Sepsis und bei Gabe von gefäßerweiternden Medikamenten (= Vasodilatanzien, z.B. Natrium Nitroprussid oder Nitroglycerin, s. S. 272) und wird erhöht z.B. durch die Gabe von gefäßverengenden Medikamenten, z.B. Noradrenalin (s. S. 271). Der Normalwert beträgt 900–1500 dyn x sec x cm^{-5}.

Gefäßwiderstand im Lungenkreislauf (pulmonal vascular resistance = PVR)

Er wird mit Hilfe eines Computerprogrammes (aus dem arteriellen Mitteldruck, dem Wedge-Druck und dem HMV) errechnet. Er ist erhöht z.B. bei einer Lungenembolie. Der Normalwert beträgt 90–150 dyn x sec x cm^{-5}.

Druck in der Pulmonalarterie (pulmonary artery pressure = PAP)

Der pulmonalarterielle Druck wird über den distalen Schenkel des Pulmonaliskatheters gemessen. Er ist erhöht z.B. bei einer Lungenembolie. Der Normalwert für den Mitteldruck in der Pulmonalarterie beträgt 9–19 mmHg.

Veränderung der Kreislaufparameter bei Herzinsuffizienz, Volumenmangel und Sepsis

Rechtsherzinsuffizienz

Der rechte Ventrikel ist nicht mehr in der Lage, das ihm angebotene Blutvolumen adäquat wegzupumpen. Das Blut staut sich vor dem rechten Herzen. Klinische Zeichen sind z.B. gestaute Halsvenen und prätibiale Ödeme. Der ZVD ist erhöht, das HMV erniedrigt, die Herzfrequenz kompensatorisch erhöht.

Linksherzinsuffizienz

Der linke Ventrikel ist nicht mehr in der Lage, das ihm angebotene Blutvolumen adäquat wegzupumpen. Das Blut staut sich vor dem linken Herzen. Unter Umständen kann sich das Blut bis in die Lungen zurückstauen und zum Lungenödem führen. Der über den Pulmonaliskatheter meßbare Wedge-Druck entspricht weitgehend dem Druck im linken Vorhof und ist damit erhöht. Das HMV ist erniedrigt, die Herzfrequenz ist kompensatorisch erhöht.

Insuffizienz des rechten und des linken Herzens (= biventrikuläre Herzinsuffizienz)

ZVD und Wedge-Druck sind erhöht. Das HMV ist erniedrigt, die Herzfrequenz ist kompensatorisch erhöht.

Volumenmangel

Der ZVD, der Wedge-Druck, das HMV und der Blutdruck sind erniedrigt. Die Herzfrequenz ist kompensatorisch erhöht.

Sepsis

Während einer Sepsis ist das Gefäßsystem durch Bakterientoxine weitgestellt. Der Gefäßwiderstand im großen Kreislauf ist deutlich erniedrigt. Folge der Gefäßweitstellung ist ein relativer Volumenmangel mit niedrigem ZVD und niedrigem Wedge-Druck. Das HMV und die Herzfrequenz sind kompensatorisch erhöht.

Gefahren

- Herzrhythmusstörungen beim Einführen des Pulmonaliskatheters
- Ruptur eines Pulmonalarterienasts bei zu starkem Blocken des Ballons
- Lungeninfarkt bei versehentlicher längerdauernder Wedge-Position des Katheters
- Verletzungen der Herzklappen des rechten Herzens und der Papillarmuskeln
- erhöhte Thrombosegefahr aufgrund des dicken Katheterlumens
- Infektionsgefahr
- Knotenbildung des Katheters im Herzen, vor allem bei zu schnellem Vorschieben
- Komplikationen der Gefäßpunktion (Pneumo-/Hämatothorax, arterielle Punktion, s. S. 169). Aus diesem Grunde muß nach dem Legen eines Pulmonaliskatheters (auch nach einem vergeblichen Versuch) stets eine Röntgenaufnahme des Thorax durchgeführt werden!
- Sonstiges:
  Mittels Pulmonaliskatheter können zahlreiche hämodynamische Parameter genau überwacht werden. Es konnte jedoch bisher nicht bewiesen werden, daß durch Einführung des Pulmonalarterienkatheters die Überlebensrate schwerstkranker Patienten erhöht werden konnte. In den letzten Jahren wurden heftige Diskussionen über Zweck, Nutzen und Risiken des Pulmonaliskatheters geführt. Eine unkritische Anwendung kann von Nachteil für den Patienten sein. Bei korrekter Indikationsstellung und Beherrschung der Methode wird dieses Überwachungsverfahren jedoch weiterhin positiv eingeschätzt.

Teil 4 Häufige Narkoseprobleme

Der nicht nüchterne Patient

Allgemeine Bemerkungen

Für eine geplante Operation wird beim Erwachsenen normalerweise eine Nahrungskarenz von mindestens sechs Stunden gefordert (s. S. 6, 131, 214). In den letzten Jahren erschienen jedoch einige Publikationen, die die Gabe von klarer (!) Flüssigkeit bis zu ca. 3 Stunden vor Narkosebeginn befürworten (s. S. 6). Liegt der Zeitpunkt der letzten Nahrungsaufnahme weniger als sechs Stunden zurück oder ist der Zeitpunkt der letzten Nahrungsaufnahme nicht bekannt, so ist der Patient als nicht nüchtern zu betrachten. Auch jeder Notfallpatient ist als nicht nüchtern zu betrachten, da hier eine gestörte Magen-Darm-Tätigkeit anzunehmen ist. Außerdem gelten prinzipiell als nicht nüchtern:

- Patienten mit einem Ileus (daher der Name „Ileuseinleitung", s.u.)
- Patientinnen ab dem zweiten Drittel der Schwangerschaft
- Patienten nach einem Unfall (verzögerte Magenentleerung durch starke Schmerzen und Schock)
- Patienten mit einer Peritonitis
- Patienten mit Blutungen im Nasen-, Rachen- oder Ösophagusbereich (Verschlukken von Blut) und Patienten mit Magenblutungen
- Patienten mit einer Magenausgangsstenose, einem Ösophagusdivertikel oder einer Hiatushernie

Bei einem nicht nüchternen Patienten besteht während einer Allgemeinnarkose die große Gefahr einer Regurgitation (passives Zurücklaufen von Mageninhalt entlang eines Druckgradienten zwischen Magen und Pharynx) oder eines Erbrechens (aktiver reflektorischer Vorgang). Ist der narkotisierte Patient hierbei nicht intubiert, so droht, da die Schutzreflexe bei einer Allgemeinnarkose ausgeschaltet sind, ein Eindringen von Mageninhalt in das Tracheobronchialsystem (= Aspiration, s. S. 187).

Narkoseführung bei nicht nüchternen Patienten

Wenn irgend möglich, ist eine Lokal- oder Regionalanästhesie vorzuziehen, da hierbei die Schutzreflexe stets erhalten sind. Falls eine Vollnarkose nicht vermeidbar ist, muß (!) eine Intubationsnarkose durchgeführt werden (= Sicherung der Luftwege gegen eine Aspiration, s. S. 74). Eine Maskennarkose (s. S. 97) sowie eine Narkose unter Verwendung einer Larynxmaske verbieten sich (!).
Um die Gefahr einer schweren Lungenschädigung im Falle einer Aspiration zu vermindern, kann eine medikamentöse Prophylaxe bei notwendiger Intubationsnarkose durchge-

führt werden. Hierdurch kann der pH-Wert des Magensekrets angehoben und/oder das Magensaftvolumen vermindert werden.
Mittels Antazida kann die Magensäure neutralisiert und der pH-Wert des Magens angehoben werden. Zumeist werden hierfür bei Erwachsenen 30 ml Natriumcitrat (ca. 5–10 Minuten vor Narkoseeinleitung) verwendet.
Mittels H_2-Rezeptorenentblocker kann die Bildung von Magensäure blockiert und der pH-Wert des Magensekrets angehoben werden. Hierfür wird oft eine orale Gabe von z.B. Cimetidin (Tagamet) oder Ranitidin (Sostril) ca. 1–2 Stunden vor Narkoseeinleitung empfohlen.
Durch Gabe von Metoclopramid (Paspertin) kann die Magenentleerung beschleunigt und der Tonus des Mageneinganges (des unteren Ösophagussphinkters) erhöht werden. Es werden hierfür beim Erwachsenen 10 mg Metoclopramid i.v. empfohlen.
Auch durch Gabe eines sogenannten Protonenpumpenhemmers kann die Bildung von Magensäure und eine Anhebung des pH-Wertes des Magensekretes erzielt werden. Hierfür wird Omeprazol (Antra) oder Pantoprazol (Pantozol) ca. 2 Stunden präoperativ oral oder 1 Stunde präoperativ intravenös empfohlen.

Narkoseeinleitung bei nicht nüchternen Patienten (= sogenannte „Ileus-einleitung“)

Die Aspirationsgefahr ist bei der Narkoseeinleitung am größten. Mit Beginn der Narkose fallen die Schutzreflexe aus, die Luftwege müssen aber erst noch durch die Intubation gesichert werden. Um in diesem Zeitraum die Gefahr eines Erbrechens oder einer Regurgitation zu vermindern, wird eine spezielle Einleitungsform, eine sogenannte „Ileuseinleitung“ gewählt.
Es hat sich folgendes Vorgehen bewährt:

- Legen einer großlumigen Magensonde und Absaugen des Mageninhaltes:
  Eine komplette Magenentleerung ist damit jedoch nicht garantiert. Meist wird empfohlen, unmittelbar vor der Narkoseeinleitung die Magensonde wieder zu entfernen, da sie als Leitschiene für eine mögliche Regurgitation während der Narkoseeinleitung dienen könnte. (Manchmal wird auch empfohlen, die abgeleitete Magensonde zur Intubation zu belassen.)
- Lagerung:
  Der Oberkörper wird ca. 30 Grad hochgelagert, um eine Regurgitation zu vermeiden. Selten (vor allem bei akuten Blutungen im Nasen-/Rachenraum) kann es auch sinnvoll sein, eine starke Oberkörper-tief-Lage durchzuführen.
- eingeschaltete, funktionsgeprüfte Absaugvorrichtung griffbereit legen
- Präoxygenierung (s. S. 101)
- Präcurarisierung (s. S. 103)
- Einleitungshypnotikum (s. S. 101)
- Keine Maskenbeatmung (!):
  Bei Maskenbeatmung kann Luft in den Magen eingeblasen und eine Regurgitation provoziert werden.
- Succinylcholin
  sofort nach dem Einleitungshypnotikum spritzen. Obwohl die routinemäßige Gabe von Succinylcholin in den letzten Jahren wegen möglicher Nebenwirkungen (maligne Hyperthermie; Rhabdomyolyse; s. S. 68) zunehmend abgelehnt wird, stellt die Ileuseinleitung noch eine klare Indikation für Succinylcholin dar. Der sehr schnelle Wirkungseintritt überwiegt hier die möglichen Nebenwirkungen.
- Sellik-Handgriff:
  Ein Helfer drückt vom Bewußtseinsverlust bis kurz nach der Intubation auf den Ringknorpel. Durch dieses „Nach-hinten-Drücken“ des Ringknorpels wird der Ösophagus zwischen Ringknorpel und Halswirbelsäule komprimiert, dadurch kann eine passive Regurgitation verhindert werden. Der Sellik-Handgriff muß jedoch

während eines aktiven Erbrechens unterlassen werden, da hierbei unter Umständen eine Ösophagusruptur drohen kann.

- Blitzintubation (= crash intubation)
- Sofortiges Blocken des Tubus:
  Unmittelbar nach der gelungenen Intubation muß der Tubus schnell und sicher geblockt werden. Diese erste Blockung erfolgt bei einer Ileuseinleitung nicht wie normalerweise nach Gehör (s. S. 86), sondern so schnell wie möglich, da der Patient eventuell kurz nach der Intubation regurgitieren oder erbrechen könnte. Zu einem späteren Zeitpunkt kann dann die Blockung des Tubus nochmals nach Gehör neu vorgenommen werden.
- Lagekontrolle des Tubus (s. S. 87):
  Nach der Intubation kann die Narkose als (T)IVA (s. S. 111), als Inhalationsanästhesie (s. S. 103), als balancierte Anästhesie (s. S. 110) oder als Neuroleptanästhesie (s. S. 115) weitergeführt werden. Falls die Magensonde zur Intubation wieder entfernt wurde, muß erneut eine Magensonde gelegt und abgeleitet werden. Da während der Narkoseausleitung ebenfalls ein Erbrechen oder eine Regurgitation droht, darf die Extubation erst durchgeführt werden, wenn die Schutzreflexe wieder voll zurückgekehrt sind und der Patient den Tubus fast „aushustet".

Die Aspiration

> Unter einer Aspiration wird das Eindringen von Fremdkörpern in das Tracheobronchialsystem verstanden.

Häufig handelt es sich um die Aspiration von erbrochenem oder regurgitiertem Magen-Darm-Inhalt. Bei einer Aspiration von Magen-Darm-Inhalt drohen eine Epithelschädigung des Bronchialsystems mit Schleimhautödem und spastischer Bronchitis, eine Schädigung des Alveolarepithels bzw. ein Lungenödem. Folgen sind Tachypnoe, Zyanose, Hypoxämie, Tachykardie und Hypotonie. Weitere mögliche Probleme sind Lungenatelektasen, Lungenentzündung sowie Lungenabszesse.

▶ Therapie

- sofortige Intubation
- 100% Sauerstoff
- PEEP (s. S. 22)
- Bronchialtoilette:
  Aspirierte Flüssigkeiten müssen umgehend abgesaugt werden, evtl. unter mehrmaliger Spülung mit kleinen Mengen physiologischer Kochsalzlösung (5–10 ml), falls es sich um halbfestes Material handelt. Wurde reine Magensäure aspiriert, dann sollte auf eine Spülung verzichtet werden, damit hierdurch nicht eine weitere Ausbreitung in die Lungenperipherie provoziert wird. Es empfiehlt sich stets eine gezielte Absaugung mit dem flexiblen Fiberbronchoskop. Größere feste Partikel müssen auf jeden Fall bronchoskopisch entfernt werden, um die Ausbildung von Atelektasen distal des Fremdkörpers zu verhindern.
- Steroidtherapie
  wird normalerweise abgelehnt.
- Antibiotikatherapie:
  Eine prophylaktische Antibiotikatherapie wird heute abgelehnt. Erst beim Auftreten von Sekundärinfektionen werden Antibiotika entsprechend dem Bronchialabstrich und dessen Austestung verordnet. Nur bei Aspiration von infiziertem Material (z.B. fäkulentem Material oder Eiter aus einem Peritonsillarabszeß) muß eine sofortige Antibiotikatherapie begonnen werden.
- Beta 2 Mimetikum
  bei spastischer Bronchitis. Beta-2-Mimetika werden per inhalationem verabreicht. Sie stimulieren die Beta-2-Rezeptoren des Bronchialsystems und verursachen eine starke Bronchodilatation (s. S. 196). Eventuell kann auch Theophyllin (Bronchoparat) verabreicht werden, das ebenfalls bronchodilatierend wirkt.
- Verlegung auf eine Intensivstation,

auch wenn es dem Patienten relativ gut geht. Pulmonale Probleme können unter Umständen erst nach einigen Stunden auftreten.
- Arterielle Blutgasanalysen
  sind engmaschig durchzuführen. Eine entsprechende Korrektur der inspiratorischen Sauerstoffkonzentration und des PEEP-Niveaus (s. S. 22) können notwendig werden.
- Röntgenaufnahmen des Thorax
  sind wiederholt durchzuführen.

Die maligne Hyperthermie (= MH)

Allgemeine Bemerkungen

Bei der malignen Hyperthermie handelt es sich um eine sehr seltene, aber gefürchtete Narkosekomplikation. Die Häufigkeit bei Jugendlichen und Kindern beträgt 1/15 000, bei Erwachsenen 1/50 000. Bei Kindern unter 2 Jahren und bei alten Patienten ist die MH sehr selten. Die Neigung zur malignen Hyperthermie ist erblich (Familienanamnese?!).

Die Ursache liegt in einer noch nicht ganz geklärten Störung der Skelettmuskulatur. Durch eine plötzlich ausgelöste Störung im Kalziumhaushalt der Muskulatur (mit erhöhter intrazellulärer Kalziumkonzentration) kommt es zu einer Muskelrigidität und zu einer exzessiven Stoffwechselsteigerung in der Muskulatur mit enormer Wärmeproduktion.

Während die Mortalität vor 20 Jahren noch bei ca. 75% lag, konnte sie durch neue Therapiemöglichkeiten drastisch reduziert werden. Bei frühzeitiger Diagnosestellung und Therapie sollte die Mortalität inzwischen nahezu Null sein.

Hinweise auf eine MH

- Tachykardie und tachykarde Rhythmusstörungen
- Muskelrigidität:
  Diese fällt meist bei der Intubation als eine ungenügende Muskelerschlaffung nach Gaben von Succinylcholin auf (Frühzeichen). Häufig wird eine ungenügende Erschlaffung der Unterkiefermuskulatur beobachtet (Kieferklemme). Wird wegen anscheinend ungenügender Wirkung Succinylcholin nachinjiziert, dann kommt es meist zu einer weiteren Verstärkung der Muskelsteifheit.
- Hypoxämie/Zyanose
- Metabolische und respiratorische Azidose (pH-Abfall):
  Durch die massive Stoffwechselsteigerung in der Muskulatur kommt es zu einer exzessiven CO_2-Produktion. Bei relaxierten und volumenkonstant beatmeten Patienten entwickelt sich ein enormer Anstieg des arteriellen CO_2-Wertes. Bei spontan atmenden Patienten ergibt sich eine auffällige Steigerung von Atemzugvolumen und Atemfrequenz. Die CO_2-Absorber sind bald erschöpft und verfärben sich schnell. Außerdem kommt es zur Ausbildung einer metabolischen Azidose. Ursache ist eine Gewebshypoxie mit beginnender anaerober Glykolyse und Laktatbildung.
- Fieber bis über 42 °C:
  Fieber ist nicht die Ursache der MH, sondern die Folge des erhöhten Muskelstoffwechsels. Daher ist der Fieberanstieg kein Früh- sondern ein **Spätsymptom** der MH. Je höher der Fieberanstieg, desto schlechter ist die Prognose.
- Hyperkaliämie:
  Durch eine Störung der Muskelzellmembranen wird Kalium aus den Muskelzellen freigesetzt.
- labiler Blutdruck
- Myoglobinämie, Myoglobinurie
- Anstieg der Kreatinkinase (CK)
- Oligurie

Mögliche auslösende Faktoren

- verdampfbare Inhalationsanästhetika (Halothan, Enfluran, Isofluran, Sevofluran, Desfluran, Äther)
- Succinylcholin
- Streß

Therapie

- entscheidend ist die frühe Diagnosestellung (!)
- sofort Zufuhr möglicher auslösender Faktoren unterbrechen
- 100% Sauerstoff
- Sofort Erhöhung des Atemminutenvolumens auf ca. den 3–4fachen Ausgangswert (Frischgasfluß fur Sauerstoff auf den Maximalwert (ca. 15 l/min) erhöhen, um den Anteil der Rückatmung zu minimieren; s. S. 13 f.). Es sind ein normaler arterieller CO_2-Wert und eine normale arterielle Sauerstoffsättigung anzustreben.
- Dantrolen mit einer Dosierung von 2,5 mg/kg KG intravenös als Schnellinfusion. Innerhalb von 30 Minuten nach Infusionsbeginn ist ein Wirkungsbeginn zu erwarten. Falls innerhalb dieser Zeit keine eindeutige Wirkung erkennbar wird, ist unverzüglich die Dosis von 2,5 mg/kg KG (gegebenenfalls mehrfach) zu wiederholen, bis zu einer Gesamtdosis von 10 mg/kg KG intravenös; Dantrolen greift in den Kalziumhaushalt ein.

Die bisher genannten Maßnahmen sind mit Abstand die wichtigsten. Sie sind sofort durchzuführen. Von nachgeordneter Wichtigkeit sind:

- pH-Korrektur
  durch Gabe von Natriumbikarbonat (initial 1,5 mmol/kg KG)
- Austausch aller Gummiteile
  durch ganz neue Gummiteile, die noch nicht mit Inhalationsanästhetika in Berührung gekommen sind
- massive Kühlung des Patienten
  bis ca. 38 °C (Eispackung, kalte Infusionen, Eiswasserspülung des Magens, der Blase und des Rektums)
- Legen eines Blasenkatheters
- Einleitung einer forcierten Diurese:
  falls durch das im Dantrolen enthaltene Mannit (osmotisches Diuretikum) keine Ausscheidung von 1,5 ml/kg KG/h erreicht wird; gleichzeitig gesteigertes Volumenangebot sowie Lasix-Gabe
- mehrere intravenöse Zugänge sowie eine intraarterielle Kanüle plazieren
- engmaschige Laborbestimmungen:
  Plasma: K, CK, GOT, GPT, LDH, Blutzucker, Gerinnungsstatus, Laktat, BGA; im Serum und Urin: Myoglobin
- intensivmedizinische Überwachung
- „MH-Hotline“: 07131 – 482 050 (Städt. Krankenhaus Heilbronn)

Patienten mit Verdacht auf eine Neigung (Prädisposition) zur MH – sowie auch seinen Verwandten – sollte eine definitive Abklärung mittels Muskelbiopsie empfohlen werden.

Anästhesie bei bekannter Neigung zur MH

Es ist auf eine tiefe präoperative Anxiolyse und Sedierung des Patienten zu achten, um den möglichen Auslösemechanismus „Streß“ zu vermeiden! Hierzu eignet sich z.B. eine Prämedikation mit Midazolam. Es scheint ausreichend, Dantrolen in Bereitschaft zu haben (zum Teil wird allerdings noch eine präoperative intravenöse Dantrolen-Therapie empfohlen: 2,5 mg/kg KG Dantrolen 45 Minuten vor Narkosebeginn als Infusion über 20 Minuten). Der Patient muß noch nie benützte Beatmungsschläuche und ein frisches Narkosegerät ohne Verdampfer für ein Inhalationsanästhetikum erhalten. Er sollte vorsorglich auf einer Kühlmatte gelagert werden. An zusätzlichen Überwachungsmaßnahmen sind mindestens notwendig: kontinuierliche endexspiratorische CO_2-Messung, Pulsoxymetrie, kontinuierliche Temperaturmessung, wiederholte arterielle BGA, Bestimmung der CK-Aktivität prä-, intra- und postoperativ. Postoperativ sollte der Patient für 24 Stunden auf einer anästhesiologisch betreuten Intensivstation überwacht werden.

Erlaubte Medikamente:

- Barbiturate
- Opioide
- nichtdepolarisierende Relaxanzien wie Atracurium, Cis-Atracurium, Pancuronium, Vecuronium, Rocuronium, Mivacurium
- Lachgas
- Droperidol
- Tranquilizer (z.B. Diazepam, s. S. 7)
- Lokalanästhetika vom Amid- und Ester-Typ (vgl. Tab. 2.1)
- Ketamin
- Propofol
- Katecholamine, Digitalis und Vasodilatanzien können, falls notwendig, eingesetzt werden
- Eine Antagonisierung von Opioiden oder nichtdepolarisierenden Muskelrelaxanzien ist möglich.

Der Laryngospasmus

> Unter einem echten Laryngospasmus wird ein Krampfzustand der gesamten Kehlkopfmuskulatur verstanden. Neben den Stimmbändern verschließen sich auch die sogenannten Taschenfalten (= falsche Stimmbänder) und die sogenannten aryepiglottischen Falten.

Der Kehlkopfeingang ist zumeist ganz verschlossen und jegliche Atmung unmöglich. Ein Laryngospasmus ist oft nur schwer zu durchbrechen, und es kann schnell eine akute Hypoxie entstehen.

Bei einem **Glottiskrampf** (Stimmritzenkrampf) sind dagegen nur die echten Stimmbänder mehr oder weniger verschlossen. Die Einatmung ist deutlich behindert. Der Glottiskrampf ist meist nur inkomplett und läßt sich leichter überwinden. Im klinischen Sprachgebrauch werden allerdings unkorrekterweise die Begriffe Laryngospasmus und Glottiskrampf oft gleichgesetzt.

Unter einem Stridor wird ein pfeifendes Atemgeräusch verstanden. Ein exspiratorischer Stridor ist meist durch eine teilweise Verengung der distalen Atemwege, ein inspiratorischer Stridor meist durch eine teilweise Verlegung der oberen Luftwege bedingt.

Zeichen eines Laryngospasmus

Bei dem meist kompletten Verschluß des Kehlkopfeingangs ist keine Luftströmung möglich. Der Patient versucht normalerweise verzweifelt, das Atemhindernis zu überwinden, was an den krampfhaften Thorax- und Bauchbewegungen erkennbar wird. Bei der vergeblichen Inspiration kommt es zur Senkung des Brustkorbs und zur Vorwölbung des Bauches, also zu einer paradoxen Atembewegung (= **Schaukelatmung**). Ein Laryngospasmus führt schnell zu Atemnot, Sauerstoffmangel und Zyanose. Löst er sich nicht innerhalb weniger Minuten oder kann er nicht durchbrochen werden, so droht der Tod durch Sauerstoffmangel. Insbesondere bei Kleinkindern entsteht sehr schnell eine kritische Situation (s. S. 208).

Mögliche Ursachen

- Ein Laryngospasmus kann vor allem nach der Extubation auftreten, wenn der Kehlkopfeingang durch Sekret, Blut oder sonstige Fremdkörper gereizt wird.

- Auch ein Intubationsversuch oder das Einführen eines Guedel-Tubus bei zu oberflächlicher Narkose oder eine Extubation während des Exzitationsstadiums (s. S. 94) können einen Laryngospasmus hervorrufen.
- Des weiteren tritt manchmal während einer Maskennarkose ein Laryngospasmus auf, wenn sehr schmerzhafte Manipulationen in zu oberflächlicher Narkose vorgenommen werden.
- Auch eine zu schnelle Erhöhung der Konzentration des Inhalationsanästhetikums bei einer Maskennarkose kann zum Auslösen eines Laryngospasmus führen.

Therapie

Der Versuch, durch eine Maskenbeatmung mit hohem Beatmungsdruck zu beatmen, mag bei einem Glottiskrampf meist gelingen. Bei einem echten Laryngospasmus ist dies nicht (!) möglich. Hier besteht lediglich die große Gefahr, das Beatmungsgemisch in den Magen zu blasen. Dem Patienten sollte die Maske mit einem hohen Sauerstofffluß nur dicht vors Gesicht gehalten werden. Auch der zumeist unkluge und vergebliche Versuch, sofort einen Tubus durch den spastischen Kehlkopf zu zwängen, sollte vermieden werden. Hierdurch können schwere Verletzungen des Kehlkopfes gesetzt werden. Der manchmal empfohlene Versuch, den Laryngospasmus mit Atropin intravenös zu durchbrechen, ist ebenfalls nicht erfolgreich.

Die einfachste Maßnahme, um einen Laryngospasmus zu durchbrechen, ist, den auslösenden Stimulus, also den irritierenden Fremdkörper (z.B. Guedel-Tubus), am Kehlkopfeingang zu entfernen oder die schmerzhafte Manipulation in zu flacher Maskennarkose zu unterbrechen.

Durch die energische Anwendung des **Esmarch-Handgriffs** (Überstreckung des Kopfes und Subluxation des Unterkiefers nach vorne; s. S. 287) kann es gelingen, den Laryngospasmus zu durchbrechen.

Kommt es bei der Narkoseeinleitung zu einem Laryngospasmus, so kann durch eine Vertiefung des Narkosestadiums mit einem intravenösen Hypnotikum der Reflex zentral im Gehirn durchbrochen werden. Alternativ kann auch (frühzeitig!) Succinylcholin verabreicht werden. Beim Auftreten eines Laryngospasmus bei der Narkoseausleitung kann der Reflex peripher durch frühzeitige Gabe einer geringen Dosis von Succinylcholin (z.B. 20 mg beim Erwachsenen) oder zentral (durch Gabe von Hypnotikum) blockiert werden. Der Patient muß dann kurzfristig mit der Maske beatmet werden. Nach einer Relaxation mit Succinylcholin kann der Patient gegebenenfalls auch intubiert werden.

Zumeist läßt sich der Laryngospasmus durch die beschriebenen Maßnahmen beheben. Durch einen Laryngospasmus entsteht manchmal eine hochdramatische Situation, die z.B. das Einstechen mehrerer großlumiger Stahlkanülen durch das Ligamentum cricothyreoideum (s. S. 205) oder eine Notkoniotomie (s. S. 204) notwendig macht.

Prophylaxe

Durch korrektes Vorgehen kann ein Laryngospasmus meistens vermieden werden. Vor der Extubation ist der Mund-Rachen-Raum von Blut und Sekreten sorgfältig zu reinigen. Bei Operationen im Mund-Rachen-Bereich oder sonstigem Verdacht auf Fremdkörper im Rachenraum sollte immer eine Absaugung unter laryngoskopischer Sicht durchgeführt werden. Eine Extubation im sogenannten Exzitationsstadium muß vermieden werden. Ebenso ist das Einlegen eines Guedel-Tubus oder die Intubation in zu flacher Narkose zu unterlassen.

Singultus

Intraoperativ kann es manchmal zu einem hartnäckigen Singultus (= Schluckauf) kommen.

▶ **Therapie**

- Vertiefung der Narkose
- mäßige Hyperventilation
- Legen einer Magensonde
- 10 mg Psyquil (= Triflupromazin, gehört zu den Neuroleptika, s. S. 8) oder 25 mg Promethazin (s. S. 8) intravenös
- gegebenenfalls Relaxation

Arrhythmien

Manchmal treten während einer Narkose Herzrhythmusstörungen auf. Zumeist handelt es sich hierbei um ventrikuläre Extrasystolen.

> **Ventrikuläre Extrasystolen** zeichnen sich dadurch aus, daß der QRS-Komplex im Vergleich zum normalen Rhythmus verfrüht einfällt, stark deformiert (also völlig anders aussieht als die anderen QRS-Komplexe) und von einer kompensatorischen Pause gefolgt ist (vgl. Abb. 7.7).

▶ **Ursachen für ventrikuläre Extrasystolen**

- Zu flache Narkose:
  Ventrikuläre Extrasystolen treten häufig bei der Intubation in zu flacher Narkose auf. Die Narkose muß rasch vertieft werden. Auch bei der Narkoseausleitung treten manchmal ventrikuläre Extrasystolen auf, wenn der noch intubierte Patient den Tubus als sehr schmerzvoll empfindet.
- Elektrolytstörungen:
  Es muß vor allem an einen Kaliummangel gedacht werden, der bei Patienten, die mit Diuretika behandelt sind, häufig anzutreffen ist. Digitalisierte Patienten reagieren auf einen Kaliummangel besonders empfindlich. Außerdem ist zu beachten, daß durch eine Hyperventilation (= respiratorische Alkalose) der Kaliumwert abfällt. Kalium muß in Form von Kaliumchlorid intravenös substituiert werden. Nur im Ausnahmefall darf Kaliumchlorid über einen peripher-venösen Zugang verabreicht werden (venenreizend und schmerzhaft!). Es sollten nicht mehr als 20 mmol/Stunde verabreicht werden. Es können gegebenenfalls auch 1–3 Ampullen Tromcardin intravenös verabreicht werden (enthält Kalium und Magnesium).
- Katecholamingabe oder Katecholaminausschüttung:
  Von den verdampfbaren Inhalationsanästhetika sensibilisiert vor allem Halothan das Herz gegen Katecholamine (s. S. 33). Werden während einer Halothannarkose Katecholamine verabreicht (z.B. adrenalinhaltige Lokalanästhetika in der HNO/Kieferchirurgie, s. S. 252) oder werden bei zu flacher Narkose durch den Streß Katecholamine von der Nebennierenrinde ausgeschüttet, so treten leicht Rhythmusstörungen auf. Prophylaktisch sollte eine zu flache Narkose ebenso vermieden werden wie Halothan in Kombination mit Katecholaminen.
- Herzmuskelschädigung
- Hypoxie
- Hyperkapnie
- Digitalisüberdosierung

Wenn ventrikuläre Extrasystolen häufiger als 5mal pro Minute auftreten und nicht kausal therapierbar sind (z.B. durch Vertiefung der Narkose) oder hämodynamische Probleme bereiten, so ist meist Lidocain intravenös (1 mg/kg KG initial; gegebenenfalls anschließend eine kontinuierliche intravenöse Infusion) das Mittel der Wahl. Treten ventrikuläre Extrasystolen als Folge einer Digitalisüberdosierung auf, so sollte zunächst versucht werden, die Kaliumkonzentration in den oberen Normbereich (4,5–5,0 mmol/l) anzuheben. Sollen diese ventrikulären Extrasystolen schnell therapiert werden, dann ist Phenytoin das Mittel der Wahl (bis zu 5 mg/kg KG langsam intravenös). Es kann auch Ajmalin (Gilurytmal; 50 mg) langsam intravenös verabreicht werden.

Hypotonie

Ursachen einer Hypotonie sind fast immer in einer Überdosierung von Medikamenten (z.B. von verdampfbaren Inhalationsanästhetika, Thiopental, Droperidol usw.) oder in einem nicht adäquat therapierten Volumenmangel zu sehen. Auch beim Anlegen einer rückenmarknahen Leitungsanästhesie kommt es häufig zu einem Blutdruckabfall.

Selten tritt während der Narkose eine kardiale Dekompensation auf, die eine Unterstützung der Herz-Kreislauf-Funktion mit Katecholaminen (s. S. 269) notwendig macht. Ursache ist zumeist eine übermäßige Infusionstherapie bei Patienten mit vorbestehender Herzinsuffizienz. Manchmal kann auch eine allergische Reaktion die Ursache eines plötzlichen Blutdruckabfalls sein.

Hypertonie

Ursache einer Hypertonie in der perioperativen Phase ist meist ein schmerzbedingter Blutdruckanstieg bei zu flacher Narkoseführung oder eine unzureichende postoperative Schmerzmedikation (s. S. 292).

Die Therapie besteht in einer Vertiefung der Narkose oder einer adäquaten postoperativen Analgesie. Auch bei einer Überdosierung von Medikamenten wie Katecholaminen (s. S. 269), Akrinor (s. S. 105) oder Theophyllin (s. S. 197) kann ein übermäßiger Blutdruckanstieg auftreten. Des weiteren kann es bei der Antagonisierung eines postoperativen Opioidüberhangs zu einem plötzlichen Blutdruckanstieg kommen (s. S. 53). Diese Medikamente müssen entsprechend vorsichtig dosiert werden. Manchmal kann es sich aber auch um einen Patienten mit einem schlecht eingestellten Bluthochdruck handeln. Die Therapie wird auf S. 289 beschrieben.

Anaphylaktoide Reaktionen

Allgemeine Bemerkungen

Unter einer **Allergie** werden immunologische Reaktionen verstanden, die durch Kontakt mit solchen körperfremden Substanzen ausgelöst werden, gegen die eine vorausgegangene Sensibilisierung besteht. Unter einer **Anaphylaxie** wird die Maximalvariante einer allergischen Reaktion verstanden. Unter dem Begriff **Pseudoallergie** werden dagegen Unverträglichkeitsreaktionen verstanden, die klinisch einer allergischen Reaktion gleichen, denen jedoch keine immunologische Reaktion zugrunde liegt. Eine pseudoallergische Reaktion kann bereits beim Erstkontakt mit einer bestimmten Substanz auftreten, während bei einer echten allergischen Reaktion immer eine Sensibilisierung vorausgehen muß. Klinisch sind allergische und pseudoallergische Reaktionen nicht zu unterscheiden. Allergische und pseudoallergische Reaktionen werden unter dem Oberbegriff **anaphylaktoide Reaktionen** zusammengefaßt. Sowohl bei den allergischen als auch bei den pseudoallergischen Reaktionen kommt es zur Freisetzung einer großen Anzahl von Mediatoren (chemischen Überträgerstoffen). Einer der bedeutendsten Mediatoren ist das **Histamin.** Histamin wird insbesondere aus Mastzellen sowie basophilen Leukozyten freigesetzt. Histamin übt seine Wirkungen über spezifische H_1- und H_2-Rezeptoren aus. H_1-Rezeptoren vermitteln eine Gefäßweitstellung (Vasodilatation) mit Zunahme der Gefäßdurchlässigkeit (Permeabilität) sowie eine Bronchokonstriktion und eine Konstriktion im Bereich des Magen-Darm-Traktes. H_2-Rezeptoren vermitteln Tachykardie, Herzrhythmusstörungen, Steigerung der Magensaftproduktion sowie eine verzögert auftretende und länger andauernde Vasodilatation mit Steigerung der Gefäßpermeabilität. Für die H_2-vermittelte Vasodilatation und Zunahme der Gefäßpermeabilität (kapilläres Leck) sind allerdings relativ hohe Histaminkonzentrationen notwendig.

Einteilung der Schweregrade

Anaphylaktoide Reaktionen können in verschiedene Schweregrade unterteilt werden (vgl. Tab. 4.1). Die Stadieneinteilung gibt aber keineswegs die Reihenfolge des Auftretens der einzelnen Symptome wieder. Es kann auch initial ein Kreislaufstillstand auftreten und erst nach erfolgreicher Therapie können dann z.B. Hautquaddeln (eine Urtikaria) erkennbar werden.

Häufigkeit

In ca. 1–5% aller Narkosen kommt es zu einer klinisch nachweisbaren anaphylaktoiden Reaktion unterschiedlichster Ausprägung. Bei ca. 1:5000 bis 1:25000 Narkosen kommt es zu einer schweren anaphylaktoiden Reaktion. Lediglich bei ca. 30% der Fälle liegt eine immunologisch vermittelte Allergie zugrunde. Die häufigste Ursache für eine anaphylaktoide Reaktion bei Erwachsenen sind Muskelrelaxanzien. Weitere wichtige Auslöser sind Knochenzement, Latex, Röntgenkontrastmittel, Antibiotika und Protamin.

> Muskelrelaxanzien sind in 60–80% der Fälle die Ursache für eine anaphylaktoide Reaktion während der Narkose.

In ca. 85% der Fälle handelt es sich um Frauen. Eine Sensibilisierung gegen Muskelrelaxanzien tritt deshalb vor allem bei Frauen auf, da Muskelrelaxanzien quaternäre Ammoniumverbindungen darstellen. Quaternäre Ammoniumverbindungen sind auch in Kosmetika, industriellen Lösungsmitteln und Chemikalien weit verbreitet, wodurch es bei Frauen relativ oft zu einer Sensibilisierung kommt.

Vermeidung anaphylaktoider Reaktionen

Um anaphylaktoide Reaktionen zu vermeiden, ist eine angstfreie Atmosphäre sowie die langsame Injektion möglichst verdünnter Medikamentenlösungen zu empfehlen. Medikamente, die selten zu einer anaphylaktoiden Reaktion führen, sind z.B.:

- Inhalationsanästhetika
- Etomidat
- Propofol
- Ketamin
- Midazolam
- Fentanyl/Alfentanil/Sufentanil
- Bupivacain ohne Adrenalin

Therapie

Bei Auftreten einer anaphylaktoiden Reaktion muß – falls noch möglich – die weitere Zufuhr des auslösenden Präparates sofort gestoppt werden. Zur Therapie einer anaphylaktoiden Reaktion haben sich nur wenige Medikamente bzw. Maßnahmen bewährt.

> **Stadium 0/I:**
> Therapie normalerweise nicht notwendig.

Tab. 4.1 Stadieneinteilung und Symptomatik anaphylaktoider Reaktionen.

	Stadium	Symptomatik
0	Lokal (am Ort des Kontakts mit dem Auslöser)	Lokal begrenzte kutane Reaktion
1	Leichte Allgemeinreaktion	Disseminierte kutane Reaktion (z.B. Flush, generalisierte Urtikaria, Pruritus) Schleimhautreaktion (z.B. Nase, Konjunktiven) Allgemeinreaktionen (z.B. Unruhe, Kopfschmerz)
2	Ausgeprägte Allgemeinreaktion	Kreislaufregulation (Blutdruck, Pulsveränderung) Luftnot (leichte Dyspnoe, beginnender Bronchospasmus)
3	Lebensbedrohliche Allgemeinreaktion	Schock (schwere Hypotension, Blässe) Bronchospasmus mit bedrohlicher Dyspnoe Bewußtseinseintrübung/-verlust gegebenenfalls mit Stuhl- bzw. Urinabgang
4	Vitales Organversagen	Atem-/Kreislaufstillstand

Lediglich bei subjektiven Beschwerden kann eine H_1-/H_2-Blockade durchgeführt werden.

Stadium II:
Sauerstoffgabe, Volumengabe, H_1-/H_2-Blockade, pulmonale Probleme können meist mit Beta-2-Mimetika gebessert werden. Wird ein fortschreitendes Geschehen vermutet, kann ein Glukokortikoid verabreicht werden.

Stadium III:
Volumengabe, Katecholamingabe, bei pulmonaler Symptomatik sollten Beta-2-Mimetika und Kortikosteroide verwendet werden. Wird ein fortschreitendes Geschehen vermutet, zusätzlich H_1-/H_2-Blockade.

Stadium IV:
Vorgehen nach den Richtlinien für die kardiopulmonale Reanimation.

▶ Volumengabe
Da Elektrolytlösungen zum großen Teil innerhalb kurzer Zeit aus dem Intravasalraum ins Gewebe diffundieren, haben sie einen relativ geringen Volumeneffekt und sind bei anaphylaktoid bedingter Kreislaufdepression schlecht zur Volumensubstitution geeignet. In dieser Situation ist außerdem die Gefäßpermeabilität deutlich gesteigert. Volumenersatzmittel der Wahl ist HÄS. Die Volumenzufuhr hat bei deutlicher Kreislaufreaktion großzügig zu erfolgen, oft sind 2000–3000 ml innerhalb kurzer Zeit notwendig. Gelingt bereits initial eine großzügige Volumenzufuhr, so ist eine

medikamentöse Therapie oft nicht notwendig.

▶ Katecholamine

Katecholamine sind indiziert, wenn eine stärkere Kreislaufproblematik und/oder Bronchokonstriktion vorliegen. Das Katecholamin der ersten Wahl ist Adrenalin. Adrenalin bewirkt eine Stimulation der Alpha-Rezeptoren mit Vasokonstriktion. Über eine Stimulation der Beta-2-Rezeptoren führt es zu Tachykardie und Bronchodilatation. Ein großer Vorteil des Adrenalins ist darin zu sehen, daß es meist sofort verfügbar ist. Außerdem kann es sowohl intravenös als auch z.B. endotracheal verabreicht werden, falls kein intravenöser Zugang verfügbar ist.

Für die intravenöse Therapie empfiehlt es sich, 1 mg Adrenalin auf 10 ml mit NaCl 0,9% zu verdünnen und beim Erwachsenen 0,1 mg (= 1 ml dieser Verdünnung) im Abstand von ca. einer Minute, gegebenenfalls bis zum Erfolg, zu repetieren. Einzeldosen von 0,1 mg Adrenalin beim Erwachsenen entsprechen einer Dosierung von ca. 1–2 µg/kg KG. Liegt ein Kreislaufzusammenbruch vor, so empfehlen sich höhere Einzeldosen von 2–5 µg/kg KG. Als Maximaldosis wird meist 1 mg empfohlen.

Für die endotracheale/endobronchiale Gabe sollten zwei- bis dreifach höhere Boli verabreicht werden. Ist eine kontinuierliche Adrenalinzufuhr notwendig, dann empfiehlt sich eine Infusion von 0,1–0,3 µg/kg KG/min.

Falls sich innerhalb von ca. 10 Minuten keine ausreichende Kreislaufstabilisierung mit Adrenalin erzielen läßt, bietet sich vor allem das Alpha-stimulierend wirkende **Noradrenalin** an. Es empfiehlt sich gegebenenfalls die wiederholte Gabe von 0,05–0,1 mg (= 0,5–1 ml) einer verdünnten Lösung (1 mg auf 10 ml NaCl 0,9%) im 1-Minuten-Abstand.

▶ Beta-2-Mimetika

Zur Therapie pulmonaler Reaktionen bieten sich auch Beta-2-Mimetika wie Terbutalin, Fenoterol und Salbutamol als Dosieraerosol an.

▶ Antihistaminika

Antihistaminika werden vor allem zur Prophylaxe allergischer Reaktionen (s.u.) sowie zur Therapie kutaner Reaktionen verabreicht. Es liegen inzwischen auch erste Berichte vor, daß eine schwere akute anaphylaktoide Reaktion durch die Gabe eines H_1- und H_2-Antagonisten positiv beeinflußt werden kann. Diese Therapie scheint insbesondere dann gerechtfertigt, wenn die Gabe von Katecholaminen und Volumen nicht innerhalb kurzer Zeit zur Kreislaufstabilisierung führt. In diesem Fall kann evtl. eine anhaltende Histaminfreisetzung vorliegen.

▶ Glukokortikoide

Die Wirkungen der Glukokortikoide können in **spezifische** und **unspezifische Wirkungen** unterteilt werden. Unter den spezifischen Wirkungen wird der Einfluß der Glukokortikoide auf die Produktion verschiedener Zellproteine verstanden. Diese spezifischen Zellantworten, die an eine veränderte Neusynthese von Proteinen gebunden sind, können frühestens nach 1–2 Stunden wirksam werden. Unter unspezifischen Wirkungen der Glukokortikoide werden deren allgemein membranstabilisierende Wirkungen verstanden. Diese können bereits nach 10–30 Minuten wirksam werden. Indikationen für Glukokortikoide werden im Rahmen anaphylaktoider Reaktionen vor allem bei kutanen und pulmonalen Problemen gesehen. Im Rahmen langsam zunehmender Haut- und Schleimhautsymptome im Stadium I hat sich die Gabe von 50–125 mg Prednisolonäquivalent als sinnvoll erwiesen. Bei pulmonalen Reaktionen kann durch eine Kortikoidgabe die Wirkung der zusätzlich verabreichten Beta-2-Mimetika verstärkt werden. Im Stadium II reichen meist 50–150 mg Prednisolonäquivalent aus.

Kortikosteroide bieten sich auch für die Rezidivprophylaxe an. Beispielsweise kann es nach Kontrastmittelunverträglichkeiten oder nach anaphylaktoiden Reaktionen nach einem Insektenstich zu einer zweiten, verspätet auftretenden Symptomverschlimmerung kommen. Hier erscheint eine Rezidivprophylaxe mit z.B. dreimal 40–125 mg Prednisolonäquivalent (über 24 Stunden) sinnvoll.

▶ Theophyllin

Theophyllin hat bei der Therapie anaphylaktoider Reaktionen mit bronchopulmonaler Konstriktion nur einen engen Indikationsbereich. Theophyllin wirkt deutlich schwächer bronchodilatatorisch als Beta-2-Mimetika und sollte nur dann zum Einsatz kommen, wenn eine Resistenz gegen Beta-2-Mimetika und Glukokortikoide vorliegt.

Die Dosierung für Theophyllin (Bronchoparat) beträgt initial 5 mg/kg KG. Gegebenenfalls ist eine anschließende Dosierung von 0,5–1,0 mg/kg KG/h möglich (optimaler Plasmaspiegel: 8 µg/ml; toxische Grenze: 20 µg/ml).

▶ Kalzium

Kalzium hat keinen nachweisbar positiven Effekt bei anaphylaktoiden Reaktionen.

Prophylaxe (H_1-/H_2-Blockade)

Bei der Anamnese ist der Patient nach eventuell bekannten Unverträglichkeiten zu fragen. Sind anaphylaktoide Zwischenfälle anamnestisch bekannt, das auslösende Agens aber unbekannt, dann sollte diskutiert werden, ob ein Lokal- oder ein Regionalanästhesieverfahren mit einem Amidlokalanästhetikum möglich ist. Hierbei sind allergische Reaktionen extrem selten.

Wird eine Allgemeinnarkose durchgeführt, dann sollten Medikamente mit geringem anaphylaktoidem Risiko verwendet werden. Wichtig ist auch die langsame Injektion möglichst verdünnter Medikamentenlösungen. Da Angst und Streß anaphylaktoide Reaktionen begünstigen, ist auf eine entsprechende Prämedikation zu achten.

Es konnte gezeigt werden, daß eine Vorbehandlung mit H_1- und H_2-Rezeptorantagonisten die Histaminwirkungen vermindern oder verhindern kann. Die Prophylaxe mit H_1- plus H_2-Rezeptorenantagonisten ist sowohl bei erwarteten allergischen als auch pseudoallergischen Reaktionen sinnvoll.

Als Prophylaxe wird der H_1-Blocker Dimetinden (Fenistil) in einer Dosierung von 0,1 mg/kg KG sowie der H_2 Blocker Cimetidin (Tagamet) in einer Dosierung von 5 mg/kg KG ca. 15 Minuten vor Narkoseeinleitung über mindestens 5 Minuten empfohlen (1 Ampulle = 200 mg Tagamet, 1 Ampulle = 4 mg Fenistil).

Auch zur Kombination von Dimetinden (Fenistil) plus Ranitidin (Sostril; 1 mg/kg KG) oder Tavegil (Clemastin: 0,05 mg/kg KG) plus Cimetidin (Tagamet) liegen positive Ergebnisse vor.

Für folgende Risikogruppen wird z.B. meist eine Vorbehandlung mit H_1- und H_2-Blockern empfohlen:

- Patienten, die eine Überempfindlichkeit gegen intravenös applizierte Medikamente oder Röntgenkontrastmittel aufweisen
- Patienten, die eine Neigung zu anaphylaktoiden Reaktionen in der Anamnese haben, wie z.B. Heuschnupfen, Asthma, Nahrungsmittelallergie
- Patienten, bei denen eine Implantation von Knochenzement (Palacos) vorgenommen wird

- Patienten, bei denen eine Lungen- bzw. eine große Darm- oder Gefäßoperation (z.B. Bauchaortenaneurysma) durchgeführt wird

Vorgehen bei (un-)erwarteten Intubationsproblemen

Allgemeine Bemerkungen

Zirka 30% der anästhesiebedingten Todesfälle sind darauf zurückzuführen, daß ein Offenhalten der Atemwege und eine suffiziente Ventilation nicht gelingen. Bei ca. 1–18% der Patienten sind mehrfache Intubationsversuche notwendig, und bei 0,05–0,35% der Patienten gelingt die laryngoskopische endotracheale Intubation nicht. Bei 0,0001–0,02% der Patienten ist weder die endotracheale Intubation noch die Maskennarkose möglich („can't ventilate, can't intubate").

Von einer schwierigen Intubation wird meist dann gesprochen, wenn zur Intubation

- Hilfsmittel eingesetzt werden müssen.
- mehr als drei Intubationsversuche notwendig sind.
- ein erfahrener Arzt unterstützend hinzugezogen werden muß.
- die Intubation von einem erfahrenen Anästhesisten als schwierig eingeschätzt wird.

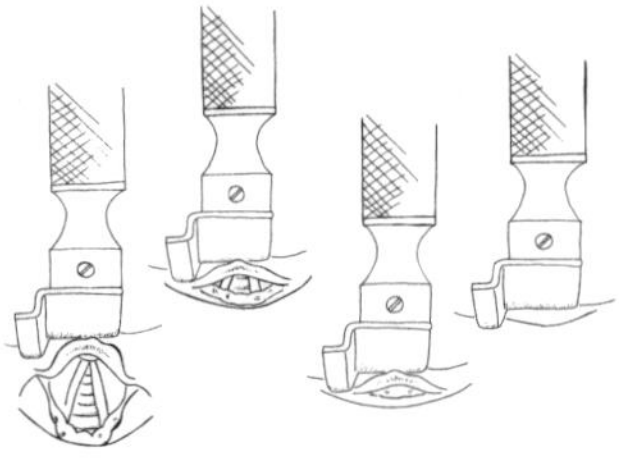

Abb. 4.1 Sicht auf die Glottis bei laryngoskopischer Einstellung. Von links nach rechts: Grad I bis IV.

Bei Intubationsproblemen läßt sich zumeist die Glottis nicht oder nur unzureichend mit dem Laryngoskop einstellen. Die Einstellbarkeit der Glottis mit Hilfe des Laryngoskops kann (nach Cormack) in Grad I bis IV unterteilt werden (vgl. Abb. 4.1).

Grad I:
Die gesamte Larynxöffnung ist einsehbar.
Grad II:
Lediglich der hintere Anteil der Larynxöffnung ist erkennbar.
Grad III:
Lediglich die Epiglottis ist erkennbar.
Grad IV:
Weder Larynxeingang noch Epiglottis sind sichtbar. Es ist lediglich der Zungengrund erkennbar.

Bei Intubationsschwierigkeiten muß unterschieden werden zwischen **erwarteten** und **unerwarteten Intubationsproblemen.**

Sind Intubationsschwierigkeiten zu erwarten?

Um beurteilen zu können, ob möglicherweise Schwierigkeiten bei der endotrachealen Intubation zu erwarten sind, bieten sich folgende Beurteilungskriterien an:

- Beurteilung der Zungengröße in Relation zum Pharynx
- Überstreckbarkeit im Atlantookzipitalgelenk
- Größe des Mandibularraumes
- (Beurteilung des Zahnstatus)

▶ Beurteilung der Zungengröße in Relation zum Pharynx

Von Mallampati wurde vorgeschlagen, die Zungengröße im Verhältnis zur Mundhöhle zu beurteilen. Hierbei wird der aufrecht sitzende Patient, dessen Kopf in neutraler Position ist,

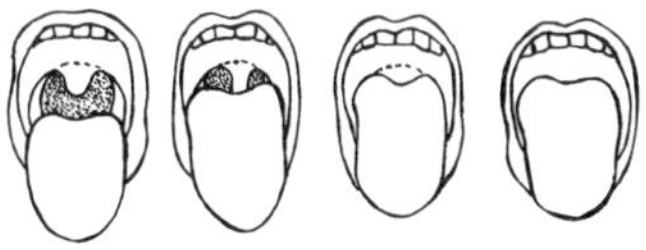

Abb. 4.2 Mallampati I bis IV.

gebeten, seinen Mund soweit wie möglich zu öffnen und die Zunge möglichst weit herauszustrecken. Die Patienten sollten beim Beurteilen des **„Mallampati-Zeichens“** nicht zum „A“-Sagen aufgefordert werden. Es wird beurteilt, welche Pharynxstrukturen sichtbar sind.

Bei Patienten mit Mallampati Grad I (vgl. Abb. 4.2) läßt sich laryngoskopisch in 99–100% der Fälle die Glottis voll einstellen (Grad I nach Cormack). Bei Patienten mit Mallampati-Zeichen Grad IV (vgl. Abb. 4.2) ist in nahezu 100% der Fälle lediglich die Epiglottis (Grad III nach Cormack) oder lediglich der Zungengrund (Grad IV nach Cormack) laryngoskopisch einstellbar. Bei Patienten mit einem Mallampati-Zeichen Grad II oder III (vgl. Abb. 4.2) kann die Einstellbarkeit der Glottis sehr unterschiedlich sein.

▶ Überstreckbarkeit im Atlantookzipitalgelenk

Der aufrecht sitzende Patient mit geradeaus gerichtetem Kopf (horizontaler Biß der oberen Zahnreihe) wird gebeten, den Kopf im Atlantookzipitalgelenk zu überstrecken (Schnüffelposition). Normalerweise ist eine Überstreckung um ungefähr 35° möglich. Ist eine Überstreckung im Atlantookzipitalgelenk gut möglich, so können Mund, Pharynx und Larynx leicht in eine gemeinsame Achse (Schnüffelposition) gebracht werden.

▶ Größe des Mandibularraumes

Der Mandibularraum (der Raum vor dem Larynx) kann in Form des Abstandes zwischen Kinn und Zungenbein oder des Abstandes zwischen Kinn und Kieferwinkel abgeschätzt werden. Je größer dieser Mandibularraum ist, desto besser kann der Pharynx mit Hilfe des Laryngoskops eingestellt werden. Ist beim Erwachsenen der Abstand zwischen Kinn und Zungenbein größer als 6 cm oder der Abstand zwischen Kinn und Unterkieferwinkel größer als 9 cm, dann läßt sich der Rachen mit Hilfe des Mallampati-Zeichens (s.o.) normalerweise gut einsehen, und die laryngoskopische Einstellbarkeit des Kehlkopfeingangs ist meist relativ einfach.

Mallampati-Zeichen, Überstreckbarkeit im Atlantookzipitalgelenk und Beurteilung der Größe des Mandibularraumes sind schnell und leicht durchführbar. Sie können zur präoperativen Beurteilung des Schwierigkeitsgrades der endotrachealen Intubation empfohlen werden. Werden alle drei Kriterien berücksichtigt, so kann relativ sicher der zu erwartende Schwierigkeitsgrad einer endotrachealen Intubation abgeschätzt werden.

▶ Zahnstatus

Zusätzlich ist es wichtig, den Zahnstatus des Patienten zu beurteilen. Vor allem instabile Frontzähne können die Intubation deutlich erschweren.

Vorgehen bei erwarteten Intubationsproblemen

Falls abzusehen ist, daß die endotracheale Intubation (oder die Maskenbeatmung) schwierig sein wird, dann sollte die endotracheale Intubation beim wachen, noch spontan (!) atmenden Patienten durchgeführt werden. Es kommen vor allem folgende Möglichkeiten am spontan atmenden Patienten in Frage:

- fiberoptische Intubation
- laryngoskopischer Intubationsversuch unter Schleimhautanästhesie, Sedierung und Analgesie
- laryngoskopischer Intubationsversuch in tiefer Inhalationsanästhesie

Die fiberbronchoskopische Intubation stellt das Vorgehen der Wahl dar.

▶ Fiberoptische Intubation

Die wichtigsten Indikationen für eine fiberbronchoskopische Intubation sind:

- erwartete Intubationsschwierigkeiten
- Die Halswirbelsäule darf nicht überstreckt werden.
- (Üben der Technik)

Die fiberoptische Intubation kann vorzugsweise nasotracheal, ausnahmsweise aber auch orotracheal durchgeführt werden. Der Erfolg der fiberoptischen Intubation hängt vor allem davon ab, daß deren Notwendigkeit frühzeitig erkannt wird und daß entsprechende Vorbereitungen getroffen werden. Wird die fiberoptische Intubation allerdings erst dann erwogen, nachdem mehrfache frustrane konventionelle Intubationsversuche durchgeführt wurden (und die Schleimhaut des Rachens bereits blutet), dann ist die Erfolgsrate gering. Inzwischen stehen auch sehr dünne flexible Fiberbronchoskope zur Verfügung, die selbst durch 2,5–3,0er Endotrachealtuben eingeführt werden können. Es empfiehlt sich die Verwendung der in Tab. 4.2 dargestellten Tuben bzw. Fiberbronchoskope.

Entscheidende Maßnahme bei der Vorbereitung eines Patienten zur Wachintubation ist die Lokalanästhesie. Wird diese sorgfältig durchgeführt, so toleriert der Patient oft alleine dadurch die folgenden Maßnahmen. Zur Betäubung der Nasenschleimhaut eignet sich Lidocain 2%. Alternativ wird in letzter Zeit häufiger die Betäubung mit Kokainlösung (5–10%; 0,5 ml je Nasenöffnung) empfohlen. Kokain ist das einzige gefäßverengende Lokalanästhetikum. Außerdem sollte eine schleimhautabschwellende Lösung (z.B. Nasivin) in die Nase gegeben werden. Zusätzlich zur Schleimhautanästhesie sind eine entsprechende psychologische Patientenführung, die Aufrechterhaltung einer suffizienten Spontanatmung und Oxygenierung sowie gegebenenfalls eine bedarfsadaptierte Sedierung und Analgesie wichtig.

Nasale fiberoptische Intubation

Nach entsprechender Vorbereitung des wachen Patienten wird ein mit Gleitmittel versehener nasotrachealer Tubus ca. 15–17 cm durch die Nase bis in den oberen Rachenbereich (Hyperpharynx) vorgeschoben. Nun wird (nach Entfernung des Tubusadapters) das Fiberbronchoskop über den bis in den Hyperpharynx vorgeschobenen nasalen Tubus eingeführt. Alternativ wird häufig so vorgegangen, daß nach Entfernen des Adapters der Tubus zuerst maximal weit auf das Bronchoskop aufgefädelt, und in dieser Stellung am Fiberbronchoskop mit einem Pflasterstreifen fixiert wird. Nun wird das aus der Tubusspitze herausragende Ende des Fiberbronchoskops über die Nase bis in den Rachenraum eingeführt. Es ist nun der Kehlkopfeingang einzustellen. Über den Biopsiekanal des flexiblen Fiberbronchoskops sollte nun der

Tab. 4.2 Die maximalen Fiberbronchoskopdurchmesser, die gerade noch durch die entsprechenden Endotrachealtuben einführbar sind.

Patient	Tubusgröße Innendurchmesser (mm)	Fiberbronchoskop Außendurchmesser (mm)
Erwachsene	6,0–7,5	5,0; 4,0
Kinder	4,5–5,5 4,0	4,0 3,7
Säuglinge	3,0–3,5	2,7
Neugeborene	2,5–3,0	2,2 (kein Arbeitskanal)

Kehlkopfeingang mit Lidocain betäubt werden. Es hat sich bewährt, hierzu z.B. drei 10-ml-Spritzen mit jeweils 2 ml Lokalanästhetikum und ca. 8 ml Luft aufzuziehen. Unter fiberoptischer Sicht wird nun das Lokalanästhetikum auf den Kehlkopfeingang gespritzt. Mit den ca. 8 ml Luft wird der Arbeitskanal anschließend durchgespült, so daß das Lokalanästhetikum mit Druck versprüht werden kann.

Das Fiberbronchoskop sollte stets so gehalten werden, daß ausgelöste Bewegungen der flexiblen Fiberbronchoskopspitze nach ventral bzw. dorsal gerichtet sind. Manchmal wird empfohlen, während der fiberoptischen Intubation nicht über den Biopsiekanal abzusaugen, da hierdurch die Objektivlinse leicht verlegt wird. Es sollte gegebenenfalls über einen zusätzlichen, oral eingeführten Katheter abgesaugt werden.

Um während der fiberbronchoskopischen Intubation zusätzlich Sauerstoff verabreichen zu können, bietet sich die Sauerstoffinsufflation über den Absaugkanal des Fiberbronchoskops an. Um das anschließende Einführen des Fiberbronchoskops in die Trachea zu erleichtern (vgl. Abb. 4.3), sollte der Patient mehrfach zum tiefen Durchatmen aufgefordert werden. Dadurch öffnet sich die Glottis weit. Nachdem das Fiberbronchoskop erfolgreich durch die Glottis vorgeschoben und die Trachealspangen und die Karina sicher identifiziert wurden, wird der nasotracheale Tubus über das (nun als Führungsschiene dienende) Fiberbronchoskop in die Trachea vorgeschoben. Wenn sichergestellt ist, daß der Tubus richtig liegt (Luftströmungen am Ende des Tubus bzw. Bewegungen des Volumeters nach Anschluß des Narkosegerätes), wird die Allgemeinnarkose mittels intravenöser Gabe eines Induktionshypnotikums eingeleitet.

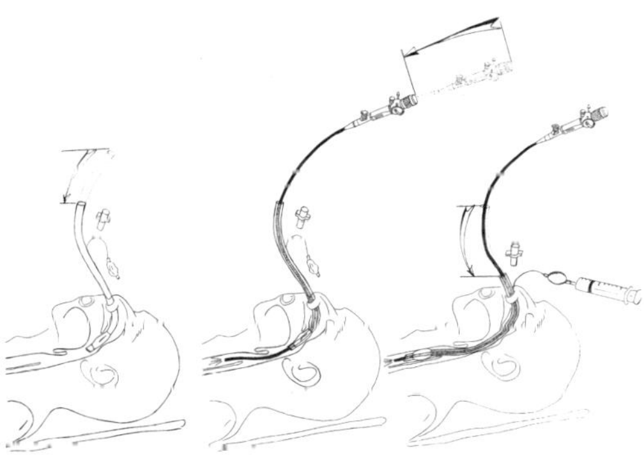

Abb. 4.3 Schematische Darstellung der nasotrachealen fiberbronchoskopischen Intubation.

Orale fiberoptische Intubation

Relativ selten wird eine primäre orotracheale fiberoptische Intubation vorgenommen. Nach entsprechender Lokalanästhesie des Rachens wird ein Beißschutz mittig zwischen die Zahnreihe eingeführt, um eine Beschädigung des Fiberbronchoskops durch Zusammenbeißen der Zähne zu verhindern. Nach Entfernung des Adapters wird der Endotrachealtubus ganz auf das Fiberbronchoskop aufgefädelt und mit einem kurzen Pflasterstreifen am proximalen Ende des Fiberbronchoskops fixiert.

Die orale fiberbronchoskopische Intubation erfordert mehr Geschicklichkeit als die nasale fiberoptische Intubation, da beim Vorschieben vom Oro- in den Hypopharynx ein fast rechter Winkel überwunden werden muß.

Wenn das Fiberbronchoskop erfolgreich in die Trachea eingeführt wurde (s.o.), wird der Endotrachealtubus über das nun als Führungshilfe dienende Fiberbronchoskop in die Trachea vorgeschoben.

Die orale fiberoptische Intubation wird vor allem dann durchgeführt, wenn beim bereits narkotisierten Patienten eine unerwartet schwierige Intubation auftritt und sich der Patient gut über eine Gesichtsmaske beatmen läßt. Bei der Durchführung der Maskennarkose kann nun zwischen Winkelstück und Gesichtsmaske ein Spezialadapter (Mainzer Uni-

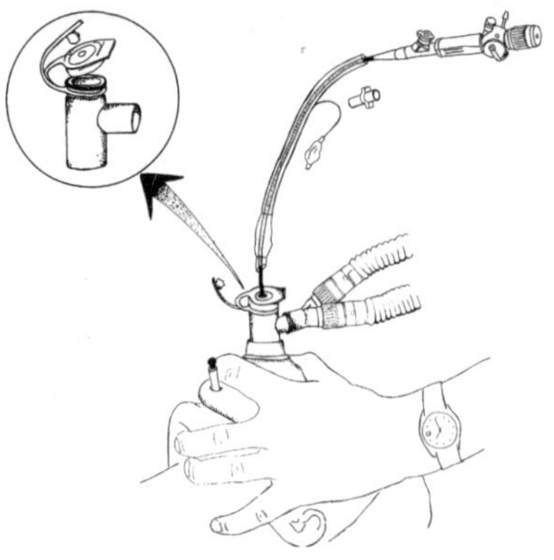

Abb. 4.4 Adapter (Mainzer Universaladapter).

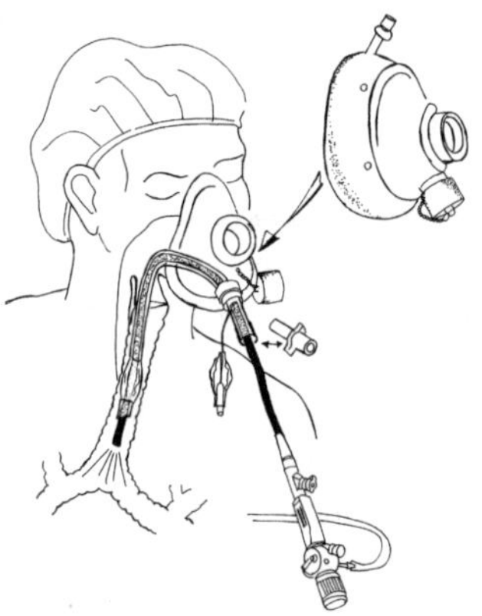

Abb. 4.5 Schematische Darstellung der orotrachealen fiberbronchoskopischen Intubation über eine spezielle Gesichtsmaske.

versaladapter) eingesetzt werden, der ein Einführen des Fiberbronchoskops unter Maskenbeatmung durch die Gesichtsmaske in den Mund und Rachen ermöglicht (vgl. Abb. 4.4). Zum Teil stehen auch spezielle Gesichtsmasken mit integriertem Adapter zur Verfügung (vgl. Abb. 4.5).

▶ Laryngoskopischer Intubationsversuch unter Schleimhautanästhesie, Sedierung und Analgesie

Bei einem Intubationsversuch am wachen Patienten ist vor allem eine gute Schleimhautanästhesie vorzunehmen. Zusätzlich haben sich zur Sedierung und Analgesie z.B. wiederholte geringe Fentanyldosen (à 0,05 mg) intravenös und wiederholte geringe Dosen eines Hypnotikums, z.B. 1,0 mg Midazolam intravenös, bewährt. Diese kleinen Dosen müssen meist mehrmals nachinjiziert werden, bis der gewünschte Zustand des Patienten (sediert, aber ansprechbar und die Intubation tolerierend) erreicht ist. Der Patient muß dabei aufgrund der atemdämpfenden Wirkung des Fentanyls immer wieder zum tiefen Durchatmen aufgefordert werden. Nun wird mit dem Laryngoskop versucht, die Glottis einzustellen. Falls dies gelingt, kann unter diesen Bedingungen auch endotracheal intubiert werden. Erst nach sicherer endotrachealer Plazierung des Tubus sollte der Patient anästhesiert werden. Seit die Möglichkeit zur fiberbronchoskopischen Intubation besteht, wird dieses Vorgehen jedoch nur noch sehr selten durchgeführt.

▶ Laryngoskopischer Intubationsversuch in tiefer Inhalationsanästhesie

Bei einem Intubationsversuch in tiefer Inhalationsanästhesie unter erhaltener Spontanatmung wird eine Narkoseeinleitung per inhalationem (s. S. 110) vorgenommen oder dem Patienten eine geringe Dosis eines Einleitungshypnotikums verabreicht, so daß er einschläft, aber die Spontanatmung erhalten bleibt. Nun wird ebenfalls ein Inhalationsanästhetikum zugesetzt, bis die gewünschte Narkosetiefe erreicht ist. Jetzt kann eine laryngoskopische Inspektion oder ein Intubationsversuch unter Sicht beim noch spontan atmenden Patienten durchgeführt werden. Seit die Möglichkeit zur fiberbronchoskopischen Intubation besteht, wird auch dieses Vorgehen nur noch sehr selten durchgeführt.

Bei absehbaren großen Intubationshindernissen ist es ratsam, daß die HNO-Ärzte zuerst in Lokalanästhesie eine Tracheostomie durchführen. Während der nachfolgenden Narkose wird der Patient über das Tracheostoma beatmet.

Unerwartete Intubationsprobleme beim bereits anästhesierten Patienten

Ein entscheidendes Problem bei Intubationsschwierigkeiten besteht häufig darin, daß frustrane Intubationsbemühungen so lange fortgeführt werden, bis es aufgrund von Schwellungen und Blutungen im Rachenraum letztlich nicht mehr möglich ist, den Patienten mittels Maske zu beatmen. Werden mehrere vergebliche Intubationsversuche durchgeführt, so ist es wichtig, zwischen den einzelnen Versuchen eine suffiziente Maskenbeatmung sicherzustellen. Wenn sich der Patient trotz Verbesserung der Kopflagerung und trotz Verwendung der richtigen Spatelgröße nicht intubieren läßt, sollte bereits nach wenigen frustranen Intubationsversuchen ein besonders erfahrener Anästhesist zur Unterstützung hinzugezogen werden. Falls der operative Eingriff nicht dringend ist, bietet es sich an, den Patienten gegebenenfalls unter Maskenbeatmung fiberbronchoskopisch oral zu intubieren (s.o.) oder ihn wach werden zu lassen und ihn später nach entsprechender Vorbereitung mit einer anderen Technik (z.B. primär fiberbronchoskopisch; s.o.) zu intubieren bzw. ihm eine Larynxmaske einzulegen, über die dann mit Hilfe eines Fiberbronchoskops ein Tubus eingeführt wird.

> Über eine erfolgreich plazierte Kehlkopfmaske kann (möglichst nicht blind, sondern unter fiberoptischer Kontrolle) ein dünnerer Endotrachealtubus (der auf ein Fiberbronchoskop aufgefädelt wurde) in die Trachea eingeführt werden. Durch eine 1er-, 2er- bzw. 2,5er-Larynxmaske kann maximal ein 3,5er-, 4,5er- oder 5,0er-Tubus (ohne Blockermanschette) eingeführt werden. Durch eine 3er-, 4er- bzw. 5er-Larynxmaske kann maximal ein 6,0er-, 6,5er- bzw. ein 6,5er-Tubus (mit Blockermanschette) eingeführt werden.

Nach erfolgreicher endotrachealer Intubation kann der Cuff der Larynxmaske entblockt werden. Für dieses Vorgehen stehen inzwischen auch spezielle Larynxmasken (sogenannte Intubationslarynxmasken; LM-Fastrach) zur Verfügung. Nachteilig bei diesem Verfahren ist, daß ein relativ kleiner Endotrachealtubus verwendet werden muß. Falls die Operation dringend ist und sich der Patient gut mit Maske ventilieren läßt, kann die Operation evtl. auch in Maskennarkose oder unter Beatmung über eine Larynxmaske durchgeführt werden.

> Bei unerwarteten Intubationsschwierigkeiten bei Patienten, die sich auch mittels Gesichtsmaske nicht richtig beatmen lassen, sollte sofort ein erfahrener Anästhesist zu Hilfe gerufen werden. Häufig läßt sich bei diesen Patienten eine Larynxmaske erfolgreich plazieren, über die dann beatmet und gegebenenfalls fiberoptisch endotracheal intubiert werden kann (s.o.).

Falls die Larynxmaske nicht erfolgreich eingeführt werden kann, bieten sich vor allem eine transtracheale Jet-Ventilation oder Koniotomie an.

▶ Transtracheale Jet-Ventilation

Falls ein narkotisierter Patient weder intubiert noch mittels Maske beatmet werden kann (und das Plazieren einer Larynxmaske nicht gelingt), bietet sich die transtracheale Jet-Ventilation an. Hierzu wird eine großkalibrige Verweilkanüle durch das Ligamentum cricothyreoideum eingeführt. Der Plastikteil der intravenösen Verweilkanüle wird soweit als möglich vorgeschoben und der Stahlmandrin entfernt. Die Punktion erfolgt in ca. 30° nach kaudal. Zur Bestätigung der erfolgreichen Punktion der Trachea muß es möglich sein, 20 ml Luft über die intravenöse Verweilkanüle zu aspirieren. Es stehen hierfür auch spezielle Transtrachealkatheter (nach Ravussin) zur Verfügung, die ähnlich einer Trachealkanüle beim tracheostomierten Patienten mit einem

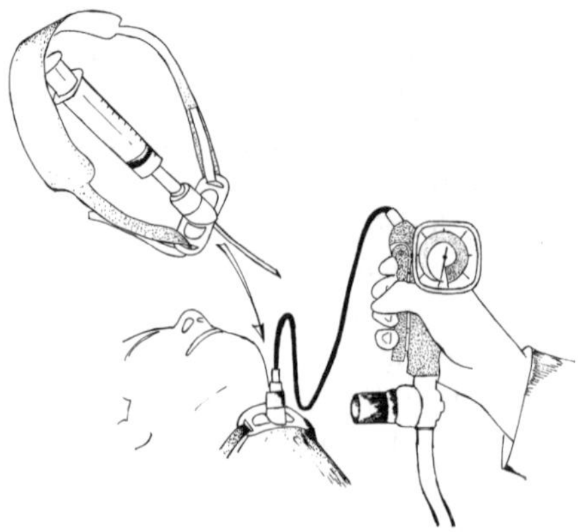

Abb. 4.6 Manujet-III.

um den Hals geschlungenen Band fixiert werden.

> Für Erwachsene werden 13-G-Transtrachealkatheter, für Kinder 14-G-Transtrachealkatheter und für Säuglinge 18-G-Transtrachealkatheter empfohlen.

An eine solche transtracheal plazierte Kanüle muß nun ein Jet-System angeschossen werden. Es sind hierfür Jet-Pistolen verfügbar, die an die zentrale Sauerstoff- oder Druckluftversorgung konnektiert und von Hand bedient werden (Manujet-III-Gerät, Abb. 4.6). Die manuelle Beatmung, z.B. mit einem Ambu-Beutel oder einem Beatmungsbeutel des Kreissystems, ist über eine solche Kanüle nicht möglich. An dem Manujet-III muß durch Betätigen eines Druckreglerknopfes noch der gewünschte Druck eingestellt werden.

> Für Säuglinge ist ein Druck von < 1,0 bar, für Kinder ein Druck von 1–2,5 bar und für Erwachsene ein Druck von 2,5–4,0 bar einzustellen.

Empfehlenswert ist es, mit einem niedrigen Druck zu beginnen und diesen dann gegebenenfalls zu steigern. Da bei dieser Beatmung ein Teil des insufflierten Volumens über die oberen Atemwege entweicht, sind höhere Volumina pro Minute zur Beatmung notwendig. Die empfohlenen Parameter sind in Tab. 4.3 angegeben. Bei Durchführung dieser transtrachealen Jet-Ventilation muß sichergestellt werden, daß das eingeführte Gas über die Glottis und den Mund-Rachen-Raum nach oben sicher entweichen kann, da ansonsten ein Barotrauma der Lunge droht!! Sehr wichtig ist es, daß die Thoraxbewegungen während der transtrachealen Jet-Beatmung beobachtet werden.

▶ Koniotomie

> Unter einer Koniotomie wird die notfallmäßige Durchtrennung des Bandes zwischen Schild- und Ringknorpel (Ligamentum cricothyreoideum; Abb. 4.7) verstanden.

Tab. 4.3 Wichtige Parameter zur Durchführung der transtrachealen Jet-Ventilation mit dem Manujet-III-Gerät.

Patient	Katheter (nach Ravussin)	Beatmungs frequenz	Ausgangsdruck (bar)	Beatmungs-volumen (l/min)
Frühgeborene	18 G	40	0,5	3–3,5
Säuglinge	18 G	40	1	4–6
Kinder	14 G	20–30	2	16–21
Erwachsene	13 G	12–13	3	24–30

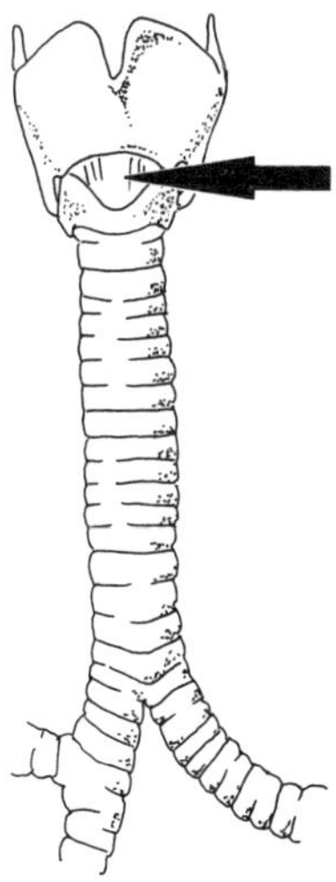

Abb. 4.7 Kehlkopf, Trachea und Hauptbronchien: (Pfeil = Ort der Koniotomie = Lig. cricothyreoideum).

Sie ist indiziert bei Erstickungsgefahr infolge einer Atemwegsverlegung oberhalb oder im Bereich der Stimmbänder, und falls die oben beschriebenen Maßnahmen nicht gelingen. Die Haut wird hierbei längs, das Ligamentum cricothyreoideum wird quer eingeschnitten. Durch die Koniotomieöffnung kann nun eine Trachealkanüle oder ein Tubus eingeführt und der Patient beatmet werden.

Extubation nach schwieriger Intubation

Bei der Extubation von Patienten, die schwierig zu intubieren waren, sollte so vorgegangen werden, daß gegebenenfalls eine sichere Reintubation möglich ist. Hierfür bietet sich die Extubation unter Verwendung eines speziellen Katheters an (Tubenwechselkatheter mit Luftzufuhransatz; Firma Cook). Ein solcher Tubenwechselkatheter ist ein langer, relativ rigider, hohler, zigarettendicker Stab, der vor der Extubation über den Endotrachealtubus bis in die Trachea vorgeschoben wird. Nun kann der Endotrachealtubus über diesen Tubenwechselkatheter zurückgezogen oder ganz entfernt werden. Auf das orale Ende dieses Katheters kann ein spezieller Konnektor aufgesteckt werden, so daß eine Steckverbindung mit dem Y- bzw. Winkelstück des Beatmungsgerätes (bzw. mit einem Beatmungsbeutel) möglich ist. Dem spontan atmenden Patienten kann Sauerstoff über diesen endotracheal liegenden Katheter zugeführt werden. Falls Probleme auftreten, kann gegebenenfalls erneut ein Endotrachealtubus über diesen relativ rigiden Tubenwechselkatheter vorgeschoben werden.

Anstatt eines solchen Tubenwechselkatheters kann auch ein Fiberbronchoskop verwendet werden.

Nach Einführen des Fiberbronchoskopes bis in die Trachea wird der Tubus über das Fiberbronchoskop zurückgezogen. Über den Absaugkanal des Fiberbronchoskops kann gegebenenfalls Sauerstoff direkt in die Trachea insuffliert werden. Gegebenenfalls kann bei auftretenden Problemen der Tubus über das Fiberbronchoskop wieder endotracheal vorgeschoben werden. Atmet der Patient ausreichende Zeit suffizient spontan, dann wird dieser Tubenwechselkatheter bzw. das Fiberbronchoskop entfernt.

Perioperative Unterkühlung

Perioperativ drohen beim Patienten erhebliche Wärmeverluste. Bis zu 60% der Patienten sind am Ende der Operation unterkühlt. Mangelnde Bekleidung, kalte Desinfektions- oder Infusionslösungen, Gefäßweitstellung durch Anästhetika, fehlendes Kältezittern in Narkose sowie die Beatmung mit kalten Atemgasen begünstigen die Auskühlung des Patienten. Eine Unterkühlung wiederum begünstigt Wundheilungsstörungen, beeinträchtigt die Blutgerinnung, vermindert den Metabolismus von Medikamenten (Wirkungsverlängerung) und führt in der frühen postoperativen Phase zu Kältezittern, erhöhtem Sauerstoffverbrauch, zu Tachykardie und Blutdruckanstieg, wodurch vor allem kardiovaskuläre Risikopatienten gefährdet werden. Um eine Unterkühlung zu vermeiden, sind folgende Maßnahmen wichtig:

- Warmluftsysteme (fönartige Gebläse, die Warmluft in eine spezielle Körperdecke blasen, z.B. Warm Touch; Fa. Mallinckrodt). Diese Systeme sind besonders effektiv.
- Warmwasserzirkulationsmatte
- Heizstrahler (bei Säuglingen, Neugeborenen)
- Aufheizen des Operationssaales (bei Neugeborenen)
- Abdecken des Patienten
- Anwärmen der Infusions- und Transfusionslösungen

Teil 5 Anästhesie – Spezieller Teil

Kinderanästhesie

Allgemeine Bemerkungen

Zwischen Kindern und Erwachsenen bestehen nicht nur hinsichtlich Größe und Gewicht (vgl. Tab. 5.1) erhebliche Unterschiede. Auch bezüglich der Anatomie, Physiologie und Pathophysiologie und der Psychologie sind zum Teil große Unterschiede zu beachten.
Daraus ergibt sich:

Ein Kind ist keine Miniaturausgabe eines Erwachsenen!

In der Kinderanästhesie müssen folgende Altersgruppen unterschieden werden:

- Frühgeborene: vor der 38. Schwangerschaftswoche geborene Kinder, oft wird auch bei einem Geburtsgewicht unter 2500 g von einem Frühgeborenen gesprochen
- Neugeborene: bis zum 28. Lebenstag
- Säuglinge: bis zum Ende des ersten Lebensjahrs
- Kleinkinder: 2.–5. Lebensjahr
- Schulkinder: 6.–14. Lebensjahr

Anästhesiologisch wichtige Besonderheiten im Kindesalter

Besonderheiten des respiratorischen Systems

Kinder haben einen relativ großen Kopf und einen kurzen Hals. Bei der Intubation fällt eine große Zunge sowie eine überdimensionierte, sehr weiche Epiglottis auf, was die Kehlkopfeinstellung mit dem Laryngoskop erschweren kann. Häufig imponieren Wucherungen der Rachenmandeln oder der Gaumen-

Tab. 5.1 Richtwerte für Gewicht und Größe im Kindesalter.

Alter	Gewicht	Größe
Neugeborenes	3 kg KG	50 cm
6 Monate	8 kg KG	67 cm
1 Jahr	10 kg KG	77 cm
6 Jahre	20 kg KG	117 cm
10 Jahre	30 kg KG	140 cm

Im Alter von 1–7 Jahren beträgt die jährliche Gewichtszunahme ca. 2 kg.

mandeln. Der **Kehlkopf** steht beim Kind höher und weiter vorn, seine engste Stelle ist nicht wie beim Erwachsenen die Stimmritze, sondern liegt bis zum Alter von 8–10 Jahren kurz unterhalb der Stimmritze im Bereich des Ringknorpels (Cartilago cricoidea, s. S. 74). Das zarte Gewebe des Kehlkopfes und der Trachea neigt bei Traumatisierung besonders leicht zur Ödembildung.

Die **Luftröhre** ist sehr kurz und beim Neugeborenen nur ca. 4 cm, beim 5jährigen nur ca. 5 cm lang. Bei zu tiefem Einführen des Tubus droht deshalb sehr schnell eine einseitige Intubation in einen Hauptbronchus. Zumeist gleitet der Tubus – wie auch beim Erwachsenen – in den rechten Hauptbronchus.

Bedingt durch einen nahezu horizontalen Rippenverlauf und eine nur schwach ausgebildete Interkostalmuskulatur kann das Kind fast nur mit dem Zwerchfell atmen. Jegliche Einschränkung der **Zwerchfellatmung,** z.B. durch eine Erhöhung des intraabdominellen Drucks, kann daher schnell zu einer unzureichenden Ventilation führen. Die **alveoläre Ventilation** pro kg KG ist im Verhältnis zum Erwachsenen 2- bis 3mal höher. Die Ursache liegt in einer entsprechend höheren Stoffwechselrate und einem 2- bis 3fach höheren Sauerstoffverbrauch. Da beim Kind die funktionelle Residualkapazität (s. S. 326) pro kg KG vergleichbar groß ist wie beim Erwachsenen, die alveoläre Ventilation und der Sauerstoffverbrauch pro kg KG und Minute aber deutlich höher sind, wird verständlich, daß es bei Ventilationsstörungen des Kindes viel schneller zu einem Sauerstoffmangel und zu einer Zyanose kommt als beim Erwachsenen.

Die **Atemfrequenz** des Neugeborenen liegt bei 40–60/min, beim Säugling bei 30–60/min, beim 3jährigen bei 30–40/min und beim 8jährigen bei ca. 20/min. Das **spontane Atemzugvolumen** von Kindern beträgt ca. 7 ml/kg KG, beim Neugeborenen also nur ca. 20 ml; davon sind $^1/_3$ (= 7 ml) Totraumventilation. Jegliche **Vergrößerung des Totraums** geht auf Kosten der alveolären Ventilation.

> Bereits eine Vergrößerung des Totraums um 3 ml bedeutet beim Neugeborenen, daß der Totraum jetzt 10 ml, also schon 50% des Atemzugvolumens beträgt.

Bei Verwendung von Anästhesiezubehör, wie einer Gesichtsmaske, eines Winkel- oder Y-Stückes oder einer Meßküvette für die endexspiratorische CO_2-Messung zwischen Tubus und Winkel- bzw. Y-Stück, kommt es zwangsläufig zu einer Vergrößerung des Totraumvolumens. Es darf daher nur spezielles Kinderzubehör mit minimalem Totraum verwendet werden (s.u.). Wegen dieses unvermeidbaren Apparatetotraums empfiehlt es sich, bei der kontrollierten Beatmung intubierte Kinder mit einem Atemhubvolumen von ca. 12 ml/kg KG und einer etwas erniedrigten Atemfrequenz (s.o.) zu beatmen.

Besonderheiten des Herz-Kreislauf-Systems

Kurz nach der Geburt kommt es zum funktionellen Verschluß der für den fetalen Kreislauf notwendigen **Kreislaufkurzschlüsse.** Das Foramen ovale (Verbindung zwischen rechtem und linkem Vorhof) und der Ductus Botalli (Verbindung zwischen Aorta und Arteria pulmonalis) verschließen sich.

> Bei Auftreten eines Sauerstoffmangels oder einer Azidose in der Neugeborenenzeit droht eine Widerstandserhöhung im Lungenkreislauf mit Wiedereröffnen dieser fetalen Kurzschlüsse!

Hierdurch kommt es zu einer weiteren Verschlechterung der Kreislaufsituation, wodurch Hypoxie und Azidose verstärkt werden. Ein Teufelskreislauf beginnt.

Eine Hypoxie sowie eine Azidose müssen vermieden werden!

Tab. 5.2 Richtwerte für Herzfrequenz und Blutdruck im Kindesalter.

Alter	Herzfrequenz	Blutdruck systolisch	Blutdruck diastolisch
Neugeborenes	130	75	50
3 Monate	130	80	50
1 Jahr	125	90	65
5 Jahre	100	95	50
10 Jahre	90	100	60

Die Herzfrequenz des Kindes ist relativ hoch, der Blutdruck relativ niedrig (vgl. Tab. 5.2). Eine Steigerung des Herzminutenvolumens ist nur über eine Steigerung der Herzfrequenz möglich, jedoch kaum durch eine Vergrößerung des Schlagvolumens des Herzens. Bei Auftreten eines Sauerstoffmangels reagiert das kindliche Herz, im Gegensatz zu dem des Erwachsenen, typischerweise mit einer sofortigen Frequenzverlangsamung.

Bei Auftreten einer Bradykardie ist immer zuerst an einen Sauerstoffmangel zu denken! Bei unklarer Bradykardie ist Sauerstoff die Therapie der Wahl!

Führt dies nicht sofort zum Erfolg, sollte zusätzlich Atropin intravenös (0,01–0,02 mg/kg KG) verabreicht werden.

Durch die intravenöse Gabe von Atropin können oft Frequenzsteigerungen von 160–190/min auftreten.

Bei Neugeborenen sind der **Hb-Wert** mit 18–20 g% und der **HK-Wert** mit 45–55% relativ hoch. Bis zum dritten Monat fallen diese Werte auf ein Minimum ab (= **Trimenonanämie**). Der Hb beträgt hier ca. 10 g%, der HK ca. 35%. In den folgenden Jahren werden die Erwachsenenwerte erreicht. Das **Blutvolumen** beträgt beim Neugeborenen ca. 8,5% des Körpergewichts und ist damit etwas höher als das Blutvolumen des Erwachsenen (ca. 7,5% des Körpergewichts).

Ein Neugeborenes mit 3 kg KG hat also nur ca. 250 ml Blut! Bereits „geringe“ Blutverluste können zu einem bedrohlichen Volumenmangel und Blutdruckabfall führen!

Besonderheiten der Temperaturregulation

Je kleiner das Kind, desto größer ist dessen Körperoberfläche bezogen auf das Körpergewicht. Hierdurch werden ein großer Wärmeverlust und eine schnelle Unterkühlung begünstigt.

Des weiteren sind Neugeborene und Kleinkinder noch nicht in der Lage, durch **Muskelzittern** Wärme zu produzieren. Eine Wärmeproduktion ist nur über eine Steigerung des Stoffwechsels möglich. Da hierbei Glykogen, Fett und Sauerstoff verstoffwechselt werden, drohen eine metabolische Azidose durch die bei der Fettverstoffwechselung entstehenden Ketonkörper sowie eine Hypoglykämie und Hypoxie. Perioperativ ist eine Unterkühlung der Kinder unbedingt zu vermeiden! Neugeborene dürfen erst unmittelbar vor Narkoseeinleitung aus dem Inkubator genommen werden. Der Operationssaal sollte auf 26–28 °C geheizt sein. Der Operationstisch sollte über eine beheizbare Wärmematte verfügen, idealerweise sollte ein Warmluftsystem (z.B. Warm Touch; Fa. Mallinckrodt) verwendet

werden (s. S. 206). Zur Ein- und Ausleitung sollte das Früh- bzw. Neugeborene in warme Tücher eingewickelt werden. Solange es aufgedeckt sein muß, sollte es unter eine Wärmelampe (Infrarotlampe) gelegt werden. Des weiteren dürfen keine kalten Infusions- oder Transfusionslösungen verwendet werden.
Bei Eingriffen, die länger als 30 Minuten dauern, sollte stets die Körpertemperatur gemessen werden, am besten mittels einer rektalen Temperatursonde. Da bei jungen Säuglingen eine Hypothermie zu einer Hypoventilation führt, sollten unterkühlte Kinder am Ende der Operation bis zur Wiedererwärmung nachbeatmet werden.

Besonderheiten des Wasser- und Elektrolythaushalts

Während beim Erwachsenen der Flüssigkeitsanteil ca. 60% des Gesamtkörpergewichts ausmacht, beträgt er beim Neugeborenen und beim Kleinkind ca. 75%. Insbesondere der extrazelluläre Flüssigkeitsanteil ist relativ hoch.

Da sich wasserlösliche intravenös applizierte Medikamente vor allem im Extrazellulärraum verteilen, benötigen Kleinkinder meist eine relativ hohe Dosierung dieser Medikamente. Eine auf das Körpergewicht bezogene Dosierung von Medikamenten ist bei Kindern nicht sehr zuverlässig. Wesentlich genauer wäre es, die Dosierung der Medikamente an der Größe des Extrazellulärraums zu orientieren, dessen Größe eng mit der Körperoberfläche korreliert. Auf diesem Prinzip **(Dosierung nach der Körperoberfläche),** beruhen die meisten pädiatrischen Dosierungsempfehlungen.
Kinder haben einen relativ hohen Basisbedarf an Flüssigkeit. Flüssigkeitsverluste werden sehr schlecht toleriert. Die **Niere des Neugeborenen** ist noch unreif. Bei Störungen des Wasserhaushalts ist sie kaum in der Lage, den Urin stärker zu konzentrieren bzw. vermehrt Wasser auszuscheiden. Des weiteren verliert sie verhältnismäßig viel Natrium, selbst bei einem bestehenden Natriummangel. Es ist also auf eine sehr genaue Bilanzierung des Wasser-Elektrolyt-Haushalts zu achten. Als Richtlinien für die intraoperative Infusionstherapie gelten die auf S. 131 angegebenen Richtwerte.

Spezielles Narkosezubehör für die Kinderanästhesie

Gesichtsmasken

In der Kinderanästhesie haben sich die sogenannten **Rendell-Baker-Masken** bewährt (vgl. Abb. 5.1). Sie passen sich optimal der

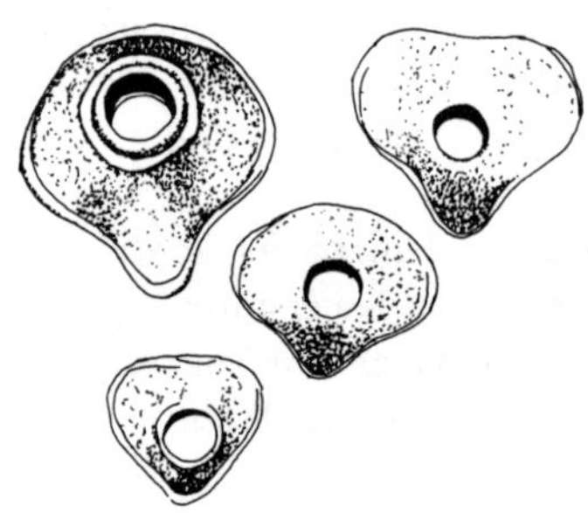

Abb. 5.1 Rendell-Baker-Masken der Größen 0, 1, 2, 3.

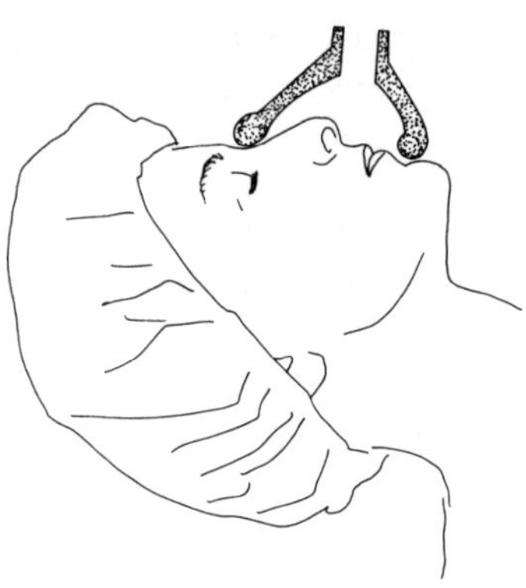

Abb. 5.2 Gesichtsmaske für Erwachsene. Beachte: großer Totraum.

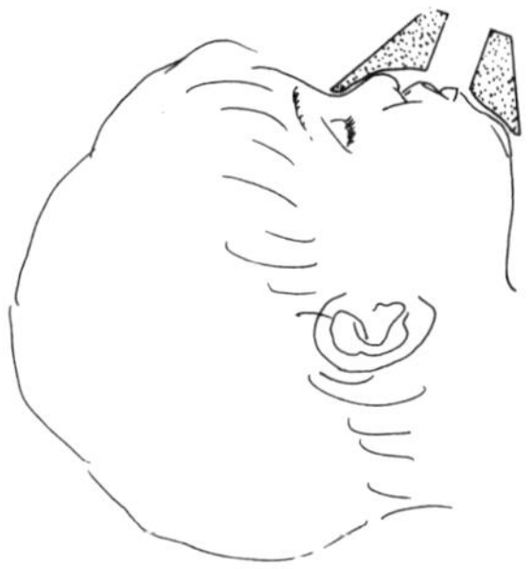

Abb. 5.3 Rendell-Baker-Maske. Beachte: minimaler Totraum. Die Maske paßt sich optimal der kindlichen Gesichtsform an.

kindlichen Gesichtsform an und zeichnen sich im Gegensatz zu den Masken für Erwachsene (vgl. Abb. 5.2) durch einen minimalen Totraum aus (vgl. Abb. 5.3). Der Innenraum dieser Masken wird fast vollständig vom kindlichen Gesicht ausgefüllt.

Die Rendell-Baker-Masken liegen in vier Größen vor:
0 für Frühgeborene = ca. 2 ml Totraum
1 für Neugeborene = ca. 4 ml Totraum
2 für das 1.–3. Lebensjahr = ca. 8 ml Totraum
3 für das 4.–8. Lebensjahr = ca. 15 ml Totraum

Guedel-Tuben

In der Kinderanästhesie kommen vor allem die Größen 00, 0, 1, 2 und 3 zur Anwendung.

Endotrachealtuben

Die Größe des benötigten Endotrachealtubus kann der Tabelle 5.3 entnommen werden.
Als Anhalt für die Tubusgröße kann auch dienen, daß der Tubus ungefähr die Dicke des kleinen Fingers des Kindes haben sollte. Für die Intubation muß jeweils der nächst kleinere und der nächst größere Tubus bereitgelegt werden!

Laryngoskope (s. S. 79)

Neben dem gebogenen Laryngoskop nach MacIntosh kommt in der Kinderanästhesie noch der gerade Laryngoskopspatel (z.B. nach Miller) zur Anwendung. Für ein MacIntosh-Laryngoskop sollten in der Kinderanästhesie die Spatelgrößen 0, 1 und 2, für ein gerades Miller-Laryngoskop ebenfalls die Spatelgrößen 0, 1 und 2 vorhanden sein.

Tab. 5.3 Richtwerte für die Tubuswahl im Kindesalter.

Alter	Gewicht	Innendurchmesser	Einführtiefe ab Zahnleiste
Frühgeborene	unter 2,5 kg KG	2,5 mm	7 cm
Neugeborene	3,3 kg KG	3,0 mm	9 cm
6 Monate	8 kg KG	3,5 mm	10 cm
1 Jahr	10 kg KG	4,0 mm	12 cm
2–3 Jahre	13 kg KG	5,0 mm	13 cm
4–5 Jahre	17–19 kg KG	5,5 mm	15 cm
6 Jahre	22 kg KG	6,0 mm	15 cm
8 Jahre	28 kg KG	6,5 mm	16 cm

Unter 8–10 Jahren sollte immer ein ungeblockter Tubus verwendet werden.

Magill-Zange (s. S. 80)

Für die Kinderanästhesie steht eine kleine Magill-Zange zur Verfügung.

Narkosesysteme in der Kinderanästhesie

Ein Narkosesystem für Kinder unter 15 kg KG muß folgenden Anforderungen gerecht werden:
- minimaler Totraum
- minimaler Atemwiderstand

Während früher für Kinder unter 15 kg KG normalerweise das sogenannte Kuhn-System verwendet wurde, wird inzwischen zumeist ein modifiziertes Narkosekreissystem verwendet (s.u.).

Kuhn-System

Beim Kuhn-System handelt es sich um ein halboffenes System (s. S. 12), das heißt, es findet keinerlei Rückatmung statt. Die gesamte Exspirationsluft gelangt in die Absaugung bzw. in den umgebenden Raum. Das Kuhn-System ist durch seine unkomplizierte Konstruktion bestechend. Durch den Verzicht auf jegliche In- und Exspirationsventile wird ein minimaler Atemwiderstand erreicht. Sein Funktionsprinzip basiert auf dem sogenannten Ayre-T-Stück (vgl. Abb. 5.4, 5.5 und 5.6).

Funktionsprinzip des Ayre-T-Stücks

Einatmung (vgl. Abb. 5.4): Bei der spontanen Einatmung über das Ayre-T-Stück wird Frischgas aus der Frischgaszufuhr (1) sowie Frischgas, das sich im Exspirationsschenkel (2) befindet, angesaugt.

Ausatmung (vgl. Abb. 5.5): Bei der Ausatmung wird das in den Exspirationsschenkel (2) ausgeatmete Gas schnell durch den Frischgasfluß (1) ausgespült. Damit es bei der nächsten Einatmung zu keiner Rückatmung des abgeatmeten Gases aus dem Exspirationsschenkel (2) kommen kann (CO_2-Rückatmung), muß der Frischgasfluß mindestens das 2- bis 3fache des Atemminutenvolumens betragen.

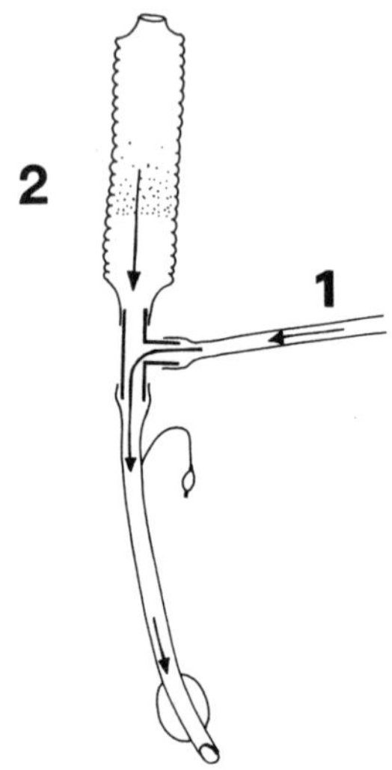

Abb. 5.4 Das Ayre-T-Stück; Einatmung.
1 = Frischgaszufuhr, 2 = Exspirationsschenkel.

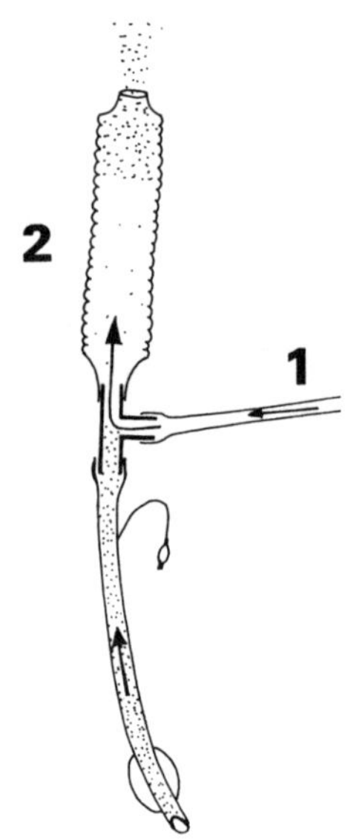

Abb. 5.5 Das Ayre-T-Stück; Ausatmung.
1 = Frischgaszufuhr, 2 = Exspirationsschenkel.

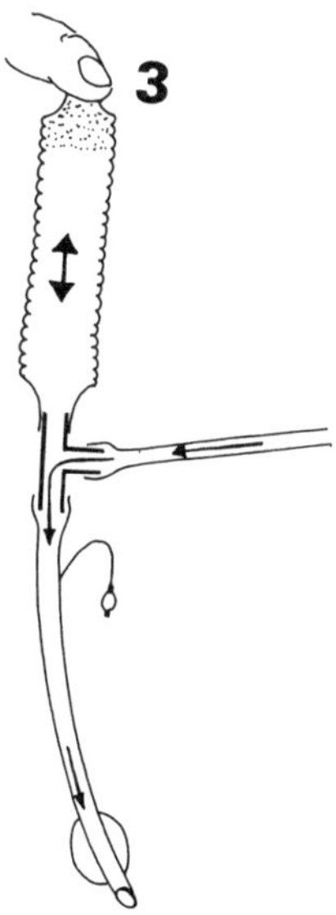

Abb. 5.6 Manuelle Beatmung mit dem Ayre-T-Stück durch intermittierenden Verschluß des Exspirationsschenkels mit dem Finger.

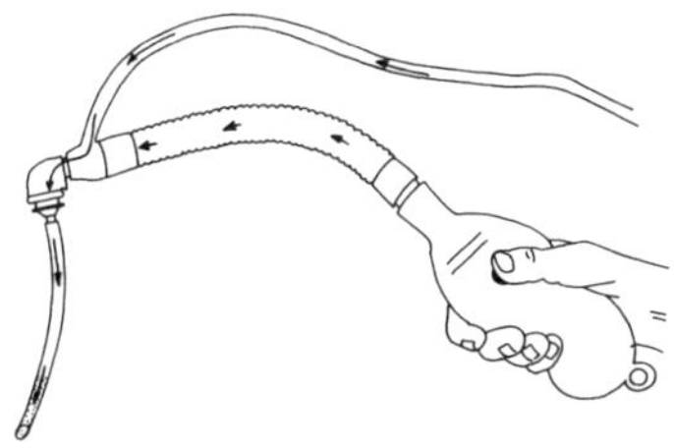

Abb. 5.7 Kuhn-System. Blähung der Lunge durch Kompression des Beatmungsbeutels.

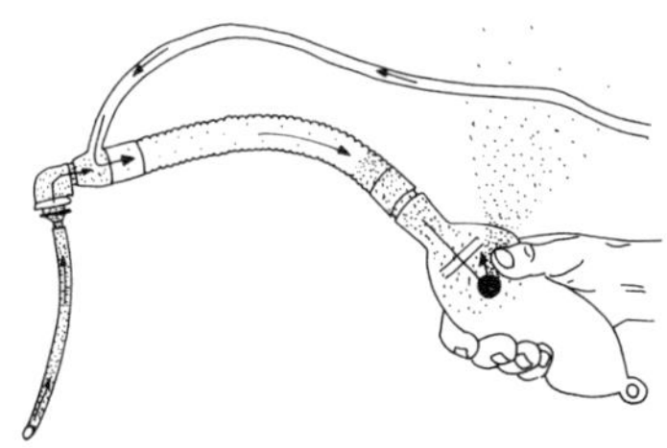

Abb. 5.8 Kuhn-System. Ausatmung durch Freigabe des Ausflußloches.

Manuelle Beatmung (vgl. Abb. 5.6): Durch intermittierenden Verschluß (3) des Exspirationsschenkels mit dem Finger kann der Patient über das Ayre-T-Stück beatmet werden. Die spontane Ausatmung erfolgt wiederum wie oben beschrieben. Mit dem Ayre-T-Stück ist also sowohl eine Spontanatmung als auch eine Beatmung möglich.

Das Kuhn-System

Das Kuhn-System ist eine Weiterentwicklung des Ayre-T-Stücks. Bei der Beatmung wird das Ausflußloch am Beutel verschlossen und der Beutel etwas komprimiert (vgl. Abb. 5.7). Während der passiven Exspiration wird das Ausflußloch wieder freigegeben (vgl. Abb. 5.8).

Nachteile des Kuhn-Systems sind, daß ein Messen der Atemvolumina (= Volumetrie) sowie ein kontinuierliches Messen des endexspiratorischen CO_2 nicht möglich sind. Außerdem bedingt der notwendige hohe Frischgasbedarf (ca. das 2- bis 3fache des Atemminutenvolumens) sowie eine fehlende Anfeuchtungsmöglichkeit große Wärme- und Feuchtigkeitsverluste über die Atmung (s. S. 12). Die Messung der Atemwegsdrücke (= Manometrie) sowie eine Absaugung der Narkosegase sind nur bei speziellen Modifikationen möglich. Das Kuhn-System wird zunehmend durch ein modifiziertes Kreissystem ersetzt.

Modifiziertes Narkosekreissystem für Kinder unter 15 kg KG

Neuere Untersuchungen haben gezeigt, daß das konventionelle Narkosekreissystem (s. S. 13) auch bei Kindern unter 15 kg KG eingesetzt werden kann, wenn bestimmte Bedingungen erfüllt werden:

- Es müssen dünnere, glattwandige Latexspiralschlauche verwendet werden.
- Es darf nur ein (!) Kalkabsorber verwendet werden.
- Es müssen spezielle Winkel- bzw. Y-Stücke mit besonders kleinem Totraum verwendet werden.

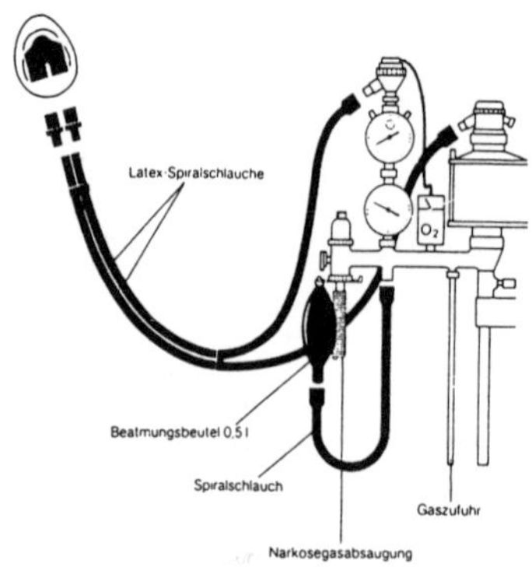

Abb. 5.9 Kinderkreissystem.

- Es müssen ein kleiner Beatmungsbeutel und ein kleiner Beatmungsbalg verwendet werden (vgl. Abb. 5.9).

Vorteile des modifizierten Kreissystems sind die Möglichkeiten zur Messung der Atemvolumina (= Volumetrie), der Atemwegswiderstände (= Manometrie) sowie der endexspiratorischen CO_2-Konzentration. Bei der CO_2-Messung im Hauptstrom, das heißt zwischen Tubus und Winkel- bzw. Y-Stück, muß eine spezielle Kinderküvette mit minimalem Totraum verwendet werden. Da bei diesem modifizierten Kinderkreissystem ein relativ geringer Frischgasfluß ausreicht sowie die Möglichkeit zur Anwärmung und Befeuchtung der Atemgase besteht, sind die Wärme- und Feuchtigkeitsverluste über die Lunge im Vergleich zum Kuhn-System wesentlich geringer. Die Beatmung über dieses Kinderkreissystem ist inzwischen zur Routinemethode geworden!

Für Kinder, die schwerer als 15 kg sind, kann bedenkenlos ein übliches Erwachsenenkreissystem verwendet werden (s. S. 13).

Praktische Durchführung von Kindernarkosen

Präoperative Visite

Wenn irgend möglich, sollte die Anamnese des Kindes nicht nur aus den Akten, sondern auch durch ein Gespräch mit den Eltern erhoben werden. Bei der körperlichen Untersuchung ist besonders auf akute Infekte der Luftwege zu achten. Bei bestehendem Infekt muß ein Wahleingriff verschoben werden. Bei kürzlich durchgemachten Kinderkrankheiten sollte bei einem Wahleingriff ein Mindestabstand von 4–6 Wochen eingehalten werden. Nach einer Tot- bzw. Lebendimpfung sollte ein Abstand von mindestens 3 bzw. 14 Tagen bestehen. Besonders geachtet werden muß bei Kindern auch auf evtl. lockere Zähne.
Kinder unter 2 Jahren dürfen bis zu 4 Stunden, ältere Kinder bis 6 Stunden vor Narkosebeginn noch klare Flüssigkeiten zu sich nehmen (anhand neuerer Studien scheinen auch kürzere Nüchternheitsperioden von ca. 3 Stunden vertretbar, falls dann nur noch klare (!) Flüssigkeit verabreicht wird). Diese Karenzzeiten sollten nicht wesentlich überschritten werden, damit die Kinder nicht mit einem ausgeprägten Flüssigkeitsmangel zur Operation kommen (s. S. 131). Neugeborene und Säuglinge sollten stets am Anfang des Operationsprogramms operiert werden.

Prämedikation

Intramuskuläre Prämedikation

Bei Säuglingen wurde früher zumeist Atropin intramuskulär verabreicht. Sinnvoller scheint es, auf die intramuskuläre Gabe zugunsten einer intravenösen Atropingabe vor der Intubation zu verzichten. Ab 1(–2) Jahr(en) wurde früher zumeist eine Prämedikation (s. S. 6) mit Dolantin (1 mg/kg KG), Atosil (1 mg/kg KG) und Atropin (0,02 mg/kg KG) verabreicht.

Nachteil der intramuskulären Prämedikation ist, daß sie schmerzhaft ist und die meisten Kinder große Angst davor haben; sie sollte deshalb möglichst vermieden werden.

Orale Prämedikation

Bei der oralen Prämedikation werden Tropfen, eine Medikamentenflüssigkeit oder es wird eine Tablette mit einem Schluck Wasser verabreicht. Durch die geringe Menge der hierbei nötigen Flüssigkeit wird das Nüchternheitsgebot (s. S. 6, 185) nicht gebrochen. Zur oralen Prämedikation kann vorzugsweise Midazolam (0,4–0,5 mg/kg KG) verabreicht werden. Die Kinder schlafen hierbei meist nicht ein, sondern werden lediglich schläfrig und heiter-gelassen. Nach ca. 10 Minuten setzt die Wirkung ein, die ungefähr 30 Minuten anhält. Aufgrund des bitteren Geschmacks von Midazolam sollten geschmackskorrigierte Lösungen verwendet werden. So ist z.B. der Zusatz von Fanta oder Orangenaroma zu der handelsüblichen Midazolamlösung möglich. In der Regel können solche speziellen Midazolam-Säfte von der Krankenhausapotheke hergestellt werden. Sinnvoll erscheint eine Konzentration von 2 mg/ml.

Großer Vorteil der oralen Prämedikation ist ihre Schmerzfreiheit bei der Applikation.

Rektale Prämedikation

Zur rektalen Prämedikation von Kindern hat sich insbesondere Midazolam (s. S. 46) bewährt. Die rektale Prämedikation wird zugunsten der oralen Prämedikation jedoch zunehmend seltener durchgeführt. Die Medikamente für die rektale Prämedikation werden in einer Spritze aufgezogen, auf deren Konus das abgeschnittene und mit Xylocaingel bestrichene Ende eines Absaugkatheters aufgesetzt wird. Es stehen aber auch spezielle, auf den Spritzenkonus aufsteckbare Applikatoren zur Verfügung. Hiermit wird das Medikament rektal (kurz hinter den Analsphinkter) injiziert.

Der große Vorteil der rektalen Prämedikation liegt in der Schmerzfreiheit. Außerdem wird sie von Kindern meist gut toleriert, da ihnen diese rektalen Maßnahmen vom Fiebermessen oder von „Fieber-“ und „Schmerzzäpfchen“ her bekannt sind.

Für die rektale Prämedikation mit Midazolam wird eine Dosierung von 0,5–1,0 mg/kg KG empfohlen. Es wird die für die intravenöse Injektion übliche Lösung (1 ml = 1 mg) rektal verabreicht. Die Kinder schlafen meist nicht tief ein. Nach 5–7 Minuten tritt aber ein Stimmungswandel von „ängstlich-traurig“ zu „heiter-gelöst“ auf, in der die Kinder die intravenöse Einleitung oder die Maskeneinleitung gut tolerieren.
Auf die Prämedikation kann auch (selten) zugunsten einer rektalen Narkoseeinleitung (s.u.) im Operationssaal verzichtet werden.

Narkoseeinleitung

Die Narkoseeinleitung beim Kind verlangt Zeit und Einfühlungsvermögen. Kleinere Kinder weinen oft, da sie Trennungsängste empfinden, wenn sie die Eltern verlassen müssen. Ältere Kinder haben daneben noch direkte Angst vor der Operation und der Narkose. Durch gutes Zureden, Spielenlassen, z.B. mit einem aufgeblasenen Latexhandschuh oder mit einer Spritze, können die Kinder meistens abgelenkt werden. Wichtig ist es, die Kinder niemals bezüglich der durchzuführenden Maßnahmen zu belügen, da sie sonst sehr schnell jegliches Vertrauen verlieren.

Intravenöse Narkoseeinleitung

Sie ist die sicherste Einleitungsmethode und sollte bei allen Risikokindern zur Anwendung kommen. Bei den anderen Kindern ist sie wünschenswert, scheitert jedoch in der Praxis oft an der Venenpunktion beim wachen Kind. Um die Venenpunktion beim wachen Kind schmerzlos zu ermöglichen, hat sich bestens die sogenannte EMLA-Salbe (**e**utectic **m**ixture of **l**okal **a**nesthetics; eine spezielle Mischung aus Lidocain und Prilocain) bewährt. Diese Salbe ist in der Lage, auch die intakte Haut zu anästhesieren, während normale Lokalanästhetika lediglich die Schleimhaut betäuben können. Die EMLA-Salbe muß jedoch ca. 30–60 Minuten zuvor auf die voraussichtliche Venenpunktionsstelle aufgetragen und mit einem Okklusionsverband versehen werden.

Rektale Narkoseeinleitung

Die rektale Narkoseeinleitung mit Methohexital (s. S. 44) war vor Einführung der rektalen oder oralen Prämedikation mit Midazolam relativ beliebt. Auf eine übliche Prämedikation kann hierbei verzichtet werden (500 mg Methohexital werden in 20 ml Aqua ad injectionem aufgelöst, 1 ml = 25 mg; Dosierung: 1 ml pro kg KG). Empfehlenswert ist es, Methohexital kombiniert mit 0,02 mg/kg KG Atropin rektal zu verabreichen. Sobald das Kind nach ca. 6–8 Minuten eingeschlafen ist, muß es in die Seitenlage gebracht werden, um eine Verlegung der Atemwege durch die in Rückenlage evtl. zurückfallende Zunge zu vermeiden (!). Die rektale Narkoseeinleitung verlangt eine intensive Überwachung, da die Kinder tief „einschlafen" (bewußtlos sind). In diesem Zustand wird eine Maskennarkose problemlos toleriert. Bei manchen Kindern kommt es nach der rektalen Applikation zum Absetzen von Stuhl.
Prinzipielle **Kontraindikationen** für die rektale Narkoseeinleitung sind:

- nicht nüchterne Kinder
- schmerzhafte Analleiden
- Schockzustand

Zurückhaltend sollte die rektale Narkoseeinleitung auch unter folgenden Bedingungen durchgeführt werden:

- HNO-Eingriffen wie Adenotomien oder Tonsillektomien (s.u.)
- Kinder unter 6 Monaten (es liegen hier zu wenige Erfahrungen vor)

Für die rektale Narkoseeinleitung werden 25 mg/kg KG Methohexital verwendet. Da die Kinder postoperativ oft verzögert aufwachen, ist die rektale Einleitung mit Methohexital bei Adenotomien und Tonsillektomien zu vermeiden. Hier müssen die Kinder schnell wach werden, um Blutreste und Speichel aushusten zu können. Inzwischen wird anstatt der rektalen Narkoseeinleitung mit Methohexital zumeist eine rektale oder orale Prämedikation mit Midazolam (s. S. 46) vorgezogen.

Einleitung per inhalationem (=„Maskeneinleitung")

Voraussetzung für eine Einleitung per inhalationem ist zumeist eine sedierende Prämedikation. Nach Einstellen eines hohen Frischgasflusses (z.B.: 2 Liter Sauerstoff/4 Liter Lachgas) wird dem Kind die Maske leicht vor das Gesicht gehalten. Sobald das Kind durch das Lachgas benommen wird, kann die Maske fest aufs Gesicht gesetzt und vorzugsweise Sevofluran oder Halothan in steigender Dosierung zugesetzt werden. Bei ängstlichen Kindern kann durch Ablenken meist dennoch per Maske eingeleitet werden. Wehrt sich ein Kind energisch gegen diese „Maskeneinleitung", so sollte zugunsten einer anderen Narkoseeinleitungsform darauf verzichtet werden. Die Einleitung per inhalationem erfolgt bei Kindern schneller als bei Erwachsenen. Grund ist vor allem die höhere alveoläre Ventilation (s. S. 30, 208) sowie das ungünstige Verhältnis von alveolärer Ventilation zu funktioneller Residualkapazität (5:1; beim Erwachsenen 1,5:1) (s. S. 326).

Zu beachten ist, daß bei älteren Säuglingen und Kleinkindern höhere Konzentrationen der verdampfbaren Inhalationsanästhetika benötigt werden; Grund hierfür ist der bei Kindern etwas erhöhte MAC-Wert (s. S. 30).

Beim Kind sollte die Maskenbeatmung folgendermaßen durchgeführt werden: Ring- und Kleinfinger liegen wie beim Erwachsenen hinter dem Unterkieferwinkel. Gleichzeitig sollte jedoch der Mund mit dem unteren Pol der Gesichtsmaske und mit dem Zeigefinger offen (!) gehalten werden (vgl. Abb. 5.10 und 5.11).
Wenn das Kind in tiefer Inhalationsnarkose ist, wird es normalerweise das Legen eines peripher-venösen Zugangs widerstandslos tolerieren. Während der Maskenbeatmung sollte das Kind stets mit einem präkordialen Stethoskop überwacht werden.

Intramuskuläre Narkoseeinleitung

Hierzu kann z.B. Ketamin in einer Dosierung von ca. 5–6 mg/kg KG verwendet werden. Intramuskuläre Injektionen sollten jedoch bei Kindern eine seltene Ausnahme darstellen.

Abb. 5.10 Maskenhaltung beim Säugling.

Abb. 5.11 Fingerhaltung bei der Maskenbeatmung eines Säuglings (möglichst bei geöffnetem Mund).

Venöser Zugang

Bei jeder Narkose – selbst wenn sie nur wenige Minuten dauert – muß ein venöser Zugang gelegt werden!

Der venöse Zugang muß spätestens vor Intubations- bzw. Operationsbeginn gelegt sein. Hierzu werden die Handrückenvenen bevorzugt (vgl. Abb. 1.24). Auch an der Handgelenkinnenseite (vgl. Abb. 5.12) sowie an den Füßen, insbesondere im Bereich des Innenknöchels, finden sich oft gut zu punktierende Venen. Bei Säuglingen muß manchmal auf die Schädelvenen zurückgegriffen werden, für deren Punktion evtl. auch sogenannte Butterfly-Stahlkanülen benutzt werden können. Ist die Venenpunktion gelungen, so ist auf eine besonders gute Fixierung des venösen Zugangs zu achten. Soll der Zugang auch noch postoperativ liegenbleiben, so empfiehlt sich die Ruhigstellung der entsprechenden Extremität auf einer Schiene oder das Eingipsen eines Zugangs am Schädel.

Die Intubation (s. S. 74)

Die Indikation zur Intubation sollte bei Neugeborenen und Säuglingen aufgrund

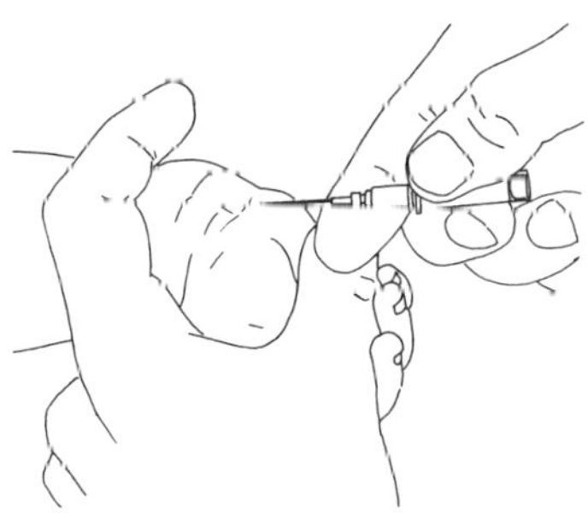

Abb. 5.12 Venenpunktion beim Kind.

der physiologischen Schwäche des respiratorischen Systems (s. S. 207) eher großzügig gestellt werden. Alle Risikokinder sollten stets intubiert werden. Teilweise wird auch empfohlen, Neugeborene und Säuglinge unter 6 Monaten prinzipiell zu intubieren.

Bei Kindern unter 8–10 Jahren sollte ein **Tubus ohne Blockung** verwendet werden. Durch die Wahl der richtigen Tubusgröße ist eine gute Abdichtung im Bereich des Ringknorpels zu erzielen; dazu muß der größte Tubus, der gerade noch problemlos einzuführen ist, gewählt werden. Bei der Beatmung darf noch etwas Luft am Tubus vorbei entweichen. Es sollte nicht gezögert werden, einen Tubus, der nicht dicht sitzt, sofort gegen den nächstgrößeren auszutauschen. Bei der Intubation muß auf ein steriles Tubusmaterial und besonders behutsames Vorgehen geachtet werden. Gegen die routinemäßige Intubation von Kindern unter Relaxation mit Succinylcholin spricht insbesondere die Gefahr, daß es zu einer Rhabdomyolyse kommen kann, falls bei Kindern evtl. eine hierzu prädestinierende Muskelerkrankung vorliegt, die aber klinisch noch nicht (sondern meist erst im späteren Lebensalter) erkannt werden kann (s. S. 65). Falls Succinylcholin verwendet wird, ist eine Dosierung von ca. 1,5–2,0 mg/kg KG zu empfehlen. Die Vorgabe eines nichtdepolarisierenden Muskelrelaxans ist bei Kindern unter ca. 6 Jahren nicht notwendig, da bei diesen Kindern keine Muskelfaszikulationen nach Succinylcholingabe auftreten. Bei Gabe von Succinylcholin treten jedoch bei Kindern häufiger reflektorische Bradykardien auf (s. S. 67). Deshalb sollte vorweg immer Atropin intravenös gegeben werden. Succinylcholin ist langsam und unter Kontrolle der Herzfrequenz zu injizieren.

Es hat sich bewährt, das 2%ige Succinylcholin (1 ml = 20 mg) zu verdünnen: z.B. 1 ml = 20 mg + 4 ml NaCl 0,9% = 5 ml; 1 ml dieser Lösung = 4 mg Succinylcholin.

Als Alternative zur Relaxierung mit Succinylcholin für die Intubation kommt bei voraussichtlich unkomplizierter Intubation eine Vollrelaxierung mit einem nichtdepolarisierenden Muskelrelaxans (z.B. Rocuronium, Mivacurium, Atracurium, Vecuronium) oder eventuell die Intubation des Kindes in tiefer Inhalationsnarkose in Frage.
Der Kopf des Kindes braucht zur Intubation wegen des großen Hinterhauptes nicht hochgelagert werden. Zur Fixierung des Kopfes haben sich in der Kinderanästhesie vor allem Ringe oder eine mit einem Loch versehene Schaumstoffplatte bewährt, die unter das Hinterhaupt gelegt werden. Der Kopf wird aber kaum überstreckt, es sollte möglichst in neutraler Kopfposition intubiert werden. Das Laryngoskop wird vorsichtig zwischen Daumen, Zeige- und Ringfinger der linken Hand gehalten. Mit dem kleinen Finger der linken Hand wird gegebenenfalls auf den Kehlkopf gedrückt, um die Glottis besser einzustellen (vgl. Abb. 5.13). Auch bei Kleinkindern sollte im Regelfall eine orotracheale Intubation vorgezogen werden. Bei der nasalen Intubation droht durch den Tubus eine Keimverschleppung aus der Nase in die Trachea sowie eine Verletzung von Nasenschleimhaut und evtl. vergrößerten Rachenmandeln (Adenoide).

Abb. 5.13 Einstellung des Kehlkopfes beim Kind.

(Bei Frühgeborenen und schwachen Neugeborenen wird bei befürchteter Intubationsschwierigkeit oder bei Aspirationsgefahr manchmal auch im Wachzustand intubiert! Erleichtert wird dies durch den erst schwach ausgebildeten Hustenreflex in dieser Altersgruppe.)

Narkoseführung

Lediglich bei kurzen, unproblematischen Narkosen ist eine Maskennarkose zu empfehlen. Zunehmend häufiger wird auch in der Kinderanästhesie die Larynxmaske eingesetzt. Dies erfordert jedoch entsprechende Erfahrung mit dieser Methode und der Kinderanästhesie. Bei Risikokindern oder Unsicherheit des Anästhesisten sollte eine Intubationsnarkose durchgeführt werden.

Im Zweifelsfalle immer Intubation!

Die Narkoseform der Wahl ist im Kindesalter die Inhalationsnarkose, vorzugsweise mit Sevofluran oder Halothan. Zunehmend häufiger wird bei Kindern auch eine IVA bzw. TIVA (s. S. 111) durchgeführt. Es ist jedoch zu beachten, daß Propofol erst bei Kindern nach dem 3. Lebensjahr zugelassen ist. Als Einleitungsdosis werden bei Kindern 2–3 mg/kg KG, als Erhaltungsdosis für eine IVA/TIVA werden ca. 6 mg/kg KG/h Propofol empfohlen.

Intraoperatives Monitoring

- Klinische Überwachung:
  Mindestens eine Hand oder ein Fuß des Kindes sollte stets sichtbar (!) sein. Eine eventuelle Zyanose ist am Finger- bzw. Zehennagelbett relativ gut zu erkennen.
- Präkordial aufgeklebtes Stethoskop:
  Der Anästhesist sollte über ein Ohrstück ständige Verbindung zu einem linksthorakal aufgeklebten, sogenannten präkordialen Stethoskop haben. Mit dem Stethoskop kann sowohl die Herzfrequenz als auch die Lautstärke der Herztöne beurteilt werden. Die Lautstärke der Herztöne verändert sich bei Kleinkindern parallel zum Blutdruck. Außerdem kann natürlich das Atemgeräusch beurteilt und damit eine Kontrolle des Atemhubvolumens vorgenommen werden. Ist ein präkordiales Stethoskop aus operationstechnischen Gründen nicht zu plazieren, sollte ein Ösophagusstethoskop eingeführt werden.

Das präkordiale Stethoskop ist bei Kindern die mit Abstand wichtigste Überwachungsmaßnahme!

- Messung der Körpertemperatur
  rektal oder tief ösophageal
- Blutdruckmessung:
  Es ist auf eine korrekte Manschettenbreite zu achten. Die Breite der Blutdruckmanschette sollte ca. 2/3 der Oberarmlänge betragen. Zu breite Manschetten ergeben zu niedrige, zu schmale Manschetten zu hohe Blutdruckwerte. Die Blutdruckmessung ist der zuverlässigste Parameter für die Kreislaufüberwachung beim Kind. Der systolische Blutdruck ist ein guter Gradmesser für einen Volumenmangel. Die Blutdruckmessung nach Riva-Rocci ist jedoch insbesondere bei Säuglingen und Kleinkindern schwierig und oft unzuverlässig. Bewährt hat sich die Blutdruckmessung mit der oszillometrischen Methode (z.B. mit dem Dinamap-Gerät). Nur bei sehr kritischen Operationen mit hohen Volumenumsätzen und bei Kindern mit kardiorespiratorischem Versagen wird eine blutige arterielle Druckmessung notwendig werden.
- Messung der arteriellen Sauerstoffsättigung mittels Pulsoxymetrie (s. S. 371)
- EKG-Ableitung
  ist obligat.
- Endexspiratorische CO_2-Messung:
  Da in der Kinderanästhesie häufig eine manuelle Ventilation durchgeführt wird und manche Volumeter bei sehr kleinen Atem-

hubvolumina nicht ausreichend genau arbeiten, empfiehlt sich bei jeder Intubationsnarkose eine kontinuierliche endexspiratorische CO_2-Messung (s. S. 370). Bei der Messung im Hauptstrom, das heißt zwischen Tubus und Y- bzw. Winkelstück, müssen spezielle Kinderküvetten mit besonders kleinem Totraumvolumen verwendet werden.

- Blutgasanalyse:
  Hierzu eignet sich arterialisiertes Kapillarblut, z.B. aus der hyperämisierten Fingerbeere, der Ferse oder dem Ohrläppchen. Zur exakten Beurteilung des Sauerstoffpartialdrucks ist jedoch arterielles Blut notwendig.
- Blutzuckerkontrolle
  ist vor allem bei Frühgeborenen wegen der Gefahr einer Hypoglykämie notwendig.

Perioperative Infusionstherapie

Bezüglich der perioperativen Infusions- und Transfusionstherapie sei auf die ausführlichen Beschreibungen auf S. 131 verwiesen.

Als Infusionslösung hat sich bei Kindern eine 2,5–5%ige Glukoselösung mit 50–100 mmol Natriumchlorid/l bewährt. Damit können der Basis- und Nachholbedarf sowie die Sequestration in das traumatisierte Gewebe ersetzt werden. An handelsüblichen Lösungen werden oft Ionosteril Päd II oder III eingesetzt (3,7% Glukose, ca. 50 mmol/l Na^+ oder 2,75% Glukose, ca. 74 mmol/l Na^+). Bei großen Operationen (z.B. Omphalozele u.ä.) muß eine großzügige Eiweißzufuhr durchgeführt werden.

Blutverluste sind sehr genau zu registrieren. Blutverluste bis zu (10–)15% sollten durch 5%iges Humanalbumin ersetzt werden. Bei noch größeren Blutverlusten wird eine Bluttransfusion notwendig. Die Substitution von Blut oder Humanalbumin erfolgt am besten über 10-ml-Spritzen, um eine möglichst genaue Dosierung zu garantieren.

Als Parameter für eine ausreichende intraoperative Volumensubstitution können der systolische Blutdruck, die Urinausscheidung sowie der ZVD (falls ein Kavakatheter liegt) gelten.

Extubation

Da Kinder zu einer stärkeren Speichelbildung neigen, ist der Mund vor der Extubation stets sorgfältig von Speichel freizusaugen. Bei Operationen im Nasen-Rachen-Bereich muß das Blut vor der Extubation gezielt unter laryngoskopischer Sicht abgesaugt werden. Ein endobronchiales Absaugen sollte bei der Extubation normalerweise nicht vorgenommen werden. Falls dies unbedingt notwendig erscheint, muß danach die Lunge mehrmals gebläht werden.

Auf keinen Fall darf beim Herausziehen des Tubus endotracheal abgesaugt werden. Die Gefahr der Ausbildung von Atelektasen ist hierbei sehr groß.

Säuglinge unter 3 Monaten sollten immer erst extubiert werden, wenn sie wieder richtig wach sind. Auch bei älteren Kindern empfiehlt sich die Extubation erst dann, wenn die Kehlkopfreflexe zurückgekehrt sind. Eine Extubation in tiefer Narkose sollte nur in Ausnahmefällen, z.B. bei bekanntem Asthma bronchiale oder bei Neigung zu Laryngospasmen, durchgeführt werden. Eine Extubation während des Exzitationsstadiums ist zu vermeiden, da hier die große Gefahr eines Laryngospasmus besteht. Zur Extubation hat es sich bewährt, die Lunge nochmals zu blähen und den Tubus unter Blähen herauszuziehen. Hiermit wird eine Sauerstoffreserve in der Lunge geschaffen und die Kinder werden nach der Extubation zur Ausatmung gezwungen.

Postoperativ sollte das Kind in stabiler Seitenlage in ein vorgewärmtes Bett gelegt werden. Die Seitengitter der Betten müssen unbedingt hochgezogen werden, damit die Kinder nicht herausfallen können, falls sie sich unruhig hin und her wälzen.

Tab. 5.4 Dosierungsempfehlungen für die in der Kinderanästhesie gebräuchlichen Medikamente.

Medikament	Dosierung
Adrenalin zur Reanimation (s. auch S. 419)	Neugeborene: 0,01–0,03 mg/kg KG 1 ml = 1 mg mit 9 ml NaCl 0,9% verdünnen; davon : 0,1–0,3 ml/kg KG i.v. bzw. endotracheal Säuglinge und Kinder bis 8 J.: 0,01 ml/kg KG i.v. oder intraossär 1 ml = 1 mg mit 9 ml NaCl 0,9% verdünnen; davon: 0,1 ml/kg KG Für endotracheale Gabe 0,1 mg/kg KG = 0,1 ml/kg KG der unverdünnten Lösung. Wiederholungsdosen gegebenenfalls alle 3 Minuten
Atracurium	Vollrelaxierung: 0,3–0,5 mg/kg KG i.v. Wiederholungsdosis: 0,3–0,15 mg/kg KG i.v.
Atropin	0,01–0,02 mg/kg KG i.v. Folgende Verdünnung hat sich bewährt: 1 ml = 0,5 mg + 4 ml NaCl 0,9% = 5 ml 1 ml = 0,1 mg
Diazepam	0,1–0,3 mg/kg KG i.v.
Fentanyl	Initialdosierung: 0,005–0,01 mg/kg KG i.v. Wiederholungsdosis: 0,001–0,002 mg/kg KG i.v.
Ketamin	Initialdosierung: 1–3 mg/kg KG i.v. Wiederholungsdosis: 0,5 mg/kg KG i.v. oder 5–6 mg/kg KG i.m.
Lidocain	1 mg/kg KG i.v.
Methohexital	1–2 mg/kg KG i.v.
Mivacurium	Vollrelaxierung: 0,2 mg/kg KG (erst ab dem 2. Lebensmonat zugelassen)
Naloxon	0,001–0,003 mg/kg KG Bei unzureichender Wirkung: als Wiederholungsdosis ca. die Hälfte der Initialdosis Narcanti: 1 ml = 0,4 mg Narcanti Neonatal: 1 ml = 0,02 mg
Natriumbikarbonat zur Reanimation (s. auch S. 419)	BE x 1/3 x kg KG = mmol Natriumbikarbonat 8,4%, 1 ml = 1 mmol Natriumbikarbonat ist bei Neugeborenen 1:1 mit Glukose 5% zu verdünnen. Bei längerem Kreislaufstillstand trotz guter Beatmung und Herzdruckmassage 1–2 mmol/kg KG Blindpufferung
Neostigmin	0,07 mg/kg KG i.v.
Pancuronium	Vollrelaxierung: 0,08–0,1 mg/kg KG Wiederholungsdosis: 0,02 mg/kg KG i.v.
Pethidin	(1 mg/kg KG i.m.) 0,5 mg/kg KG i.v.
Phenobarbital	5–10 mg/kg KG i.v.
Prednisolon	Im anaphylaktischen Schock: 10 mg/kg KG i.v.

Tab. 5.4 (Fortsetzung)

Medikament	Dosierung
Promethazin	0,5 mg/kg KG i.v. 1,0 mg/kg KG i.m.
Propofol	2–3 mg/kg KG zur Narkoseeinleitung Aufrechterhaltung einer (T)IVA: ca. 6 mg/kg KG/h (erst nach dem 3. Lebensjahr zugelassen)
Pyridostigmin	0,1–0,2 mg/kg KG i.v.
Rocuronium	Vollrelaxierung: 0,6 mg/kg KG
Succinyldicholin	1,5–2 mg/kg KG i.v. Wiederholungsdosis: 0,25 mg/kg KG i.v. Folgende Verdünnung hat sich bewährt: 1 ml 2%ige Lösung = 20 mg + 4 ml NaCl 0,9% = 5 ml in einer 5-ml-Spritze 1 ml = 4 mg (2 mg/kg KG i.m.)
Thiopental	5(–8) mg/kg KG i.v.
Vecuronium	0,08 mg/kg KG i.v.
Volumenzufuhr	Bei Hypovolämie und Schock 5–10–20 mg/kg KG Humanalbumin 5%, bei Bedarf wiederholen

Dosierungsempfehlungen für die in der Kinderanästhesie häufig benützten Medikamente sind der Tabelle 5.4 zu entnehmen.

Anästhesie im hohen Lebensalter

Allgemeine Bemerkungen

Herz-Kreislauf-System

Bei alten Patienten liegt häufig eine arteriosklerotische Veränderung der Zerebral- und Koronararterien vor. Das Herz weist oft eine latente oder manifeste Schwäche (Insuffizienz) auf. Das Herzminutenvolumen ist vermindert, die Kreislaufzeit kann dadurch deutlich verlängert sein. Alte Patienten leiden außerdem häufig an Bluthochdruck. Das Gefäßsystem zeigt einen chronischen Volumenmangel. Da diese Patienten oft Digitalispräparate, blutdrucksenkende Medikamente sowie Diuretika einnehmen, ist auf Elektrolytverschiebungen (vor allem Kaliummangel) zu achten. Die Herzfrequenz ist meist langsam und nicht selten durch Rhythmusstörungen beeinträchtigt. Das Gesamteiweiß kann vermindert sein, was bei stark an Eiweiß gebundenen intravenösen Medikamenten zu beachten ist (s. S. 41).

Atmung

Eine zunehmende Thoraxstarre im hohen Alter bedingt eine bevorzugte Bauchatmung. Häufig ist ein Altersemphysem anzutreffen. Die funktionelle Residualkapazität ist vergrößert, was ein verzögertes An- und Abfluten der Inhalationsanästhetika zur Folge hat (s. S. 30).

Präoperative Visite (s. S. 3)

Einer der wichtigsten Punkte in der Altersanästhesie ist die gründliche Vorbereitung des alten Patienten auf Operation und Narkose. Besonderes Augenmerk ist auf die Atmung zu richten.

Die Abnahme einer präoperativen arteriellen Blutgasanalyse sollte bei jedem Verdacht auf eine ernste Lungenerkrankung oder bei der Möglichkeit einer postoperativen Nachbeatmung auf einer Intensivstation vorgenommen werden (Ausgangswert!). Besonders wichtig ist es auch, darauf zu achten, daß die Patienten bereits präoperativ Atemgymnastik erlernen.

Präoperativ bestehende Entgleisungen eines Diabetes mellitus, eines Hypertonus oder einer Herzinsuffizienz müssen bei einem Wahleingriff erst medikamentös gebessert werden.

Prämedikation

Es ist auf eine niedrige Dosierung der Medikamente für die Prämedikation zu achten. Oft muß weniger verordnet werden, als z.B. anhand des Körpergewichts theoretisch errechnet wird. Bei Patienten über ca. 80 Jahren sollten keine Benzodiazepine verabreicht werden, da eine stärkere Atemdepression und eine paradoxe Reaktion (Erregungszustand) auftreten können. Eventuell kann die sedierende Nebenwirkung eines Antihistaminikums (z.B. Dimenhydrinat; Vomex; s. S. 295) ausgenutzt werden.

Narkoseführung

Wahl des Narkoseverfahrens

Prinzipiell kommen die gleichen Narkoseverfahren wie in anderen Altersgruppen zur Anwendung. Operationen an der unteren Körperhälfte, wie z.B. urologische oder traumatologische Eingriffe, werden häufig in Spinalanästhesie durchgeführt. Bei alten Patienten mit pulmonalen Problemen scheint es vorteilhaft zu sein, auf die Intubation zugunsten einer rückenmarknahen Leitungsanästhesie zu verzichten. Gute Ergebnisse lassen sich oft auch durch die Kombination einer Regionalanästhesie mit einer oberflächlichen Vollnarkose erzielen. Der endgültige Beweis, daß die Methoden der rückenmarknahen Regionalanästhesie einer Vollnarkose überlegen sind, steht allerdings noch aus. Bei bestehender Herzinsuffizienz oder einem Volumenmangel sollte eine Allgemeinanästhesie einer rückenmarknahen Regionalanästhesie vorgezogen werden.

Medikamente

Prinzipiell kommen die gleichen Medikamente wie in anderen Altersgruppen zur Anwendung. Wichtig erscheint nur eine sehr vorsichtige, bedarfsorientierte Dosierung.

Kreislauf

Aufgrund der verlängerten Kreislaufzeit tritt die Wirkung von intravenösen Medikamenten oft wesentlich verzögert ein. Vor einem voreiligen Nachinjizieren wegen vermeintlich zu niedriger Dosierung ist zu warnen.

Besonderes Augenmerk gilt dem **Blutdruckverhalten.** Insbesondere müssen stärkere Blutdruckabfälle vermieden werden, um bei einem arteriosklerotischen Patienten keine Mangeldurchblutung vor allem des Herzens oder des Gehirns zu riskieren. Ebenso sind übermäßige Blutdrucksteigerungen zu ver-

meiden. Zur besseren Blutdrucküberwachung sollte großzügig von der blutigen arteriellen Druckmessung Gebrauch gemacht werden. Sie sollte bereits vor (!) Narkoseeinleitung angeschlossen werden, da die Einleitungsphase einen besonders kritischen Moment jeder Narkose darstellt. Falls noch nicht geschehen, sollte hierbei auch eine arterielle Blutgasanalyse vor (!) der Narkoseeinleitung bestimmt werden. Die spätere Extubation sollte nicht an einer bereits vorbestehenden, aber unerkannt gebliebenen Gasaustauschstörung scheitern!
Bei Verdacht auf eine vorbestehende oder sich intraoperativ manifestierende **Herzinsuffizienz** ist auf negativ inotrope Medikamente, wie z.B. Thiopental oder Halothan, zugunsten kreislaufneutraler Medikamente, wie z.B. Etomidat und Fentanyl, zu verzichten. Zur Stärkung der Herzkraft sollte intraoperativ vorzugsweise Dobutamin (Dosierung: bis zu 15 µg/kg KG/min, s. S. 271) verabreicht werden.

Ventilation

Bei der Respiratoreinstellung sollte eine Normoventilation angestrebt werden. Eine stärkere Hyperventilation ist zu vermeiden, da hierdurch auch eine zerebrale und koronare Gefäßengstellung (s. S. 245) eintritt. Bei bereits grenzwertiger Durchblutung aufgrund einer Arteriosklerose könnte dies zu einer Mangeldurchblutung führen.
Bei gewissenhafter Narkoseführung ist die intraoperative Mortalität beim alten Patienten nicht wesentlich höher als in anderen Altersgruppen.

Postoperative Nachbehandlung

Das größte Problem in der Alterschirurgie ist die postoperative Phase. Insbesondere sind hier pulmonale Probleme, wie die Ausbildung einer Pneumonie, oft nicht zu vermeiden. Ganz entscheidend ist daher die Fortsetzung der bereits präoperativ geübten Atemgymnastik sowie die möglichst frühzeitige Mobilisation des Patienten.

Anästhesie in der Geburtshilfe

Allgemeine Bemerkungen

Im Verlauf einer Schwangerschaft kommt es zu zahlreichen physiologischen Veränderungen des mütterlichen Organismus. Für den Anästhesisten sind besonders wichtig:

Veränderungen des Herz-Kreislauf-Systems

Der systolische Blutdruck bleibt weitgehend unverändert, und der diastolische Blutdruck fällt während der Schwangerschaft leicht ab. Ursache ist eine Ausweitung des Kapillarbettes und eine Abnahme des peripheren Gefäßwiderstandes. Erst unter der Geburt steigt der Blutdruck wieder an. Der Venendruck bleibt in der oberen Körperhälfte weitgehend normal. In der unteren Körperhälfte ist er deutlich erhöht, da der venöse Rückfluß durch den vergrößerten Uterus behindert wird. Das Herzminutenvolumen nimmt durch eine Steigerung der Herzfrequenz (um 10–12 Schläge pro Minute) sowie durch eine Zunahme des Schlagvolumens um bis zu 50% zu. Das Blutvolumen ist um 30–50% erhöht. Da jedoch das Plasmavolumen stärker zunimmt als die Erythrozytenzahl, resultiert eine Blutverdünnung mit leichter Abnahme des Hb- und HK-Wertes.

Kavakompressionssyndrom

Bereits ab der 20. Schwangerschaftswoche, vor allem aber im letzten Drittel der Schwangerschaft, kann das sogenannte Kavakompres-

sionssyndrom auftreten. Ursache ist ein Zurückfallen des schwangeren Uterus in Rückenlage mit Kompression der Vena cava inferior. Die dadurch bedingte Verminderung des venösen Rückflusses verursacht einen plötzlichen Abfall des Herzminutenvolumens mit den Zeichen eines **Volumenmangelschocks.**
Die Symptome sind:

- Schwindel, Benommenheit, Bewußtlosigkeit
- Blässe, Schwitzen, kalte Haut
- Blutdruckabfall
- Tachykardie

Die Symptome treten nur bei ca. 10% der hochschwangeren Frauen auf, da normalerweise ein ausreichender venöser Kollateralkreislauf (über paravertebrale und peridurale Venengeflechte und die Vena azygos) vorhanden ist.
Durch den zurückfallenden Uterus kann es auch zu einer Kompression der Aorta kommen, wodurch die Uterusdurchblutung gedrosselt werden kann (aortokavales Kompressionssyndrom).

▶ Therapie
Sofortige Linksseitenlagerung der Patientin. Damit wird der venöse Rückfluß wieder garantiert, und die Kreislaufverhältnisse normalisieren sich meist rasch.

Veränderungen der Atmung

Während der Schwangerschaft kommt es zu einer Steigerung der alveolären Ventilation um ca. 40–50%. Ursache dieser **physiologischen Hyperventilation** ist vor allem eine Zunahme des Atemzugvolumens bei kaum erhöhter Atemfrequenz (Normalwerte bei Hochschwangeren: p_aCO_2 = 33–32 mmHg; p_aO_2 = 106 mmHg). Der schwangere Uterus verdrängt das Zwerchfell nach kranial und schränkt dessen Beweglichkeit ein. Daraus resultiert ein vor allem thorakaler Atmungstyp sowie eine Abnahme der funktionellen Residualkapazität (s. S. 326).

> Die Steigerung der alveolären Ventilation sowie die Abnahme der funktionellen Residualkapazität bedingen ein schnelleres An- und Abfluten der Inhalationsanästhetika (s. S. 31) und damit eine schnellere Ein- und Ausleitung einer Inhalationsnarkose bei der Schwangeren.

Veränderungen des Magen-Darm-Traktes

Der sich ausdehnende Uterus verdrängt Därme und Magen nach kranial. Hierdurch kommt es zur Kompression des Magens mit Zunahme des Mageninnendrucks. Außerdem wird der Verschlußmechanismus am Übergang vom Ösophagus in den Magen gestört. Des weiteren wird durch eine Verminderung der Magen-Darm-Aktivität die Magenentleerung verzögert. Auch Angst und Schmerz sowie eine analgetische Medikation während der Geburt verzögern die Magenentleerung zusätzlich. Hieraus ergibt sich:

> Jede Schwangere ab der 14. Schwangerschaftswoche muß prinzipiell als nicht nüchtern betrachtet werden!

Physiologie der Geburt

Der **Geburtsbeginn** wird durch verschiedene hormonelle Vorgänge eingeleitet. Besonders wichtig erscheint hierbei das aus dem Hypophysenhinterlappen vermehrt freigesetzte Hormon **Oxytozin.** Es bewirkt eine Muskelkontraktion der Uterusmuskulatur und damit eine Austreibung des Kindes. Bei unzureichender Wehentätigkeit kann mit künstlichen Oxytozin-Präparaten (z.B. Syntocinon, Orasthin) die Geburt eingeleitet oder unterstützt werden (sogenannter **Wehentropf**).

Der Geburtsablauf wird normalerweise in drei Perioden eingeteilt.

1. Eröffnungsperiode

> Sie ist definiert von den ersten regelmäßigen Wehen bis zur vollständigen Eröffnung des Muttermundes auf 10 cm.

In dieser Phase der Geburt entsteht der Schmerz vor allem durch die Dehnung des Muttermundes aufgrund des tiefertretenden kindlichen Kopfes. Da der Muttermund von sensiblen Fasern aus den Thorakalsegmenten 10, 11 und 12 sowie dem Lumbalsegment 1 (Th10–L1) versorgt wird (1 in Abb. 5.14), kann durch Blockade dieser Bahnen mittels einer Periduralanästhesie (s. S. 157) der Eröffnungsschmerz gezielt ausgeschaltet werden.

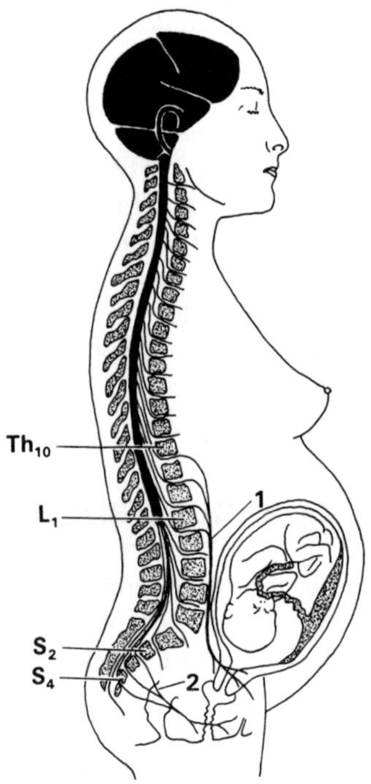

Abb. 5.14 Die schmerzleitenden Fasern aus Muttermund und Uterus (1) ziehen zu den Rückenmarksegmenten Th10 bis L1. Die schmerzleitenden Fasern des Damms (2) ziehen über die Nervi pudendi zu den Segmenten S2 bis S4.

2. Austreibungsperiode:

> Sie ist definiert von der vollständigen Eröffnung des Muttermundes bis zur Geburt des Kindes.

Die Aktivität des Uterus erreicht dabei ihr Maximum. Charakteristisch für die Austreibungsperiode ist, daß die Gebärende neben den schmerzhaften Wehen einen starken Zwang zum aktiven Mitpressen verspürt. Während dieser Austreibungsperiode entsteht der Schmerz außer durch Dehnung des Muttermundes (Th10–L1) auch durch Dehnung der Scheide und des Dammes. Die Scheide und der Damm werden durch die Sakralsegmente 2–4 (= S2–S4) innerviert (2 in Abb. 5.14). Durch die Blockade der Segmente Th10–S4 (vgl. Abb. 2.19) mittels einer PDA (s. S. 157) kann also der Austreibungsschmerz ausgeschaltet werden.

3. Nachgeburtsperiode:

> Sie ist definiert von der Geburt des Kindes bis zur Ausstoßung der Plazenta.

Während dieser Phase sowie noch einige Zeit danach besteht wegen einer **Nachblutungsgefahr aus dem Uterus** ein besonders hohes mütterliches Risiko. Um in dieser Phase atonische Uterusblutungen zu therapieren oder um ihnen vorzubeugen, wird vom Anästhesisten – auf Verlangen des Operateurs – nach einem Kaiserschnitt häufig ein Oxytozin-Präparat (Syntocinon oder Orasthin = synthetische Oxytozin-Präparate) oder gar Methylergotamin (Methergin = ein Mutterkornpräparat) injiziert. Diese Medikamente bewirken eine starke Uteruskontraktion und vermindern damit eine Blutung aus dem Uterus.

Narkoseführung in der Geburtshilfe

PDA zur vaginalen Entbindung

Bezüglich Anatomie, Technik, Vorgehen sowie Komplikationen und Kontraindikationen für die Periduralanästhesie (= PDA) sei auf S. 157 verwiesen. Hier sollen nur die Besonderheiten hervorgehoben werden, die bei der PDA im Kreißsaal zu beachten sind.

▶ **Vorgehen**

- Peripher-venösen Zugang legen:
  ca. 500(–1000) ml kristalloide Lösung vor Anlage der PDA infundieren, da Schwangere oft mit einem stärkeren Blutdruckabfall nach Einsetzen der sympathischen Blockade reagieren.
- Lagerung
  sitzend oder in Linksseitenlage
- Punktion:
  Bedingt durch die hormonellen Veränderungen während der Schwangerschaft kommt es zu einer Wassereinlagerung ins Gewebe und auch zu einer Auflockerung der Gewebs- und Bandstrukturen im Bereich der Wirbelsäule. Damit kann das Auffinden des Periduralraums mit der Widerstandsverlustmethode erschwert werden. Das Anlegen einer PDA bei einer Schwangeren sollte daher dem erfahrenen Anästhesisten vorbehalten sein.
- Lokalanästhetikum:
  Bupivacain bzw. Ropivacain sind die Lokalanästhetika der Wahl, da nur ein relativ geringer Anteil von der Mutter auf das Kind übertritt. Durch Verwendung des niederprozentigen (0,25%igen !) Bupivacain bzw. des 0,2%igen Ropivacain kann eine selektive Blockade nur der dünnen Nervenfasern, also der sympathischen Fasern, der Temperaturfasern und der Schmerzfasern erzielt werden (s. S. 155). Die dicken motorischen Fasern werden hierbei nicht blockiert, das heißt, die Patientin kann die Geburt durch die Bauchpresse unterstützen. Da jedoch der Wehenschmerz ausgeschaltet ist, verspürt die Patientin bei einer Wehe keinen unwillkürlichen Drang zum Pressen mehr, sondern muß von der Hebamme zum Mitpressen aufgefordert werden.
- Injektion und Dosierung:
  Das Lokalanästhetikum sollte immer in einer Wehenpause injiziert werden, da es bei der Injektion während einer Wehe (durch einen Druckanstieg im Periduralraum) zu einem unkontrollierbar hohen Aufsteigen der Blockade kommen kann.
  Bei 20jährigen Patienten müssen normalerweise ca. 1,5 ml Lokalanästhetikum pro auszuschaltendem Segment verabreicht werden (s. S. 160). Bei Schwangeren wird aufgrund des erhöhten Drucks im Periduralraum empfohlen, ca. ein Drittel weniger Volumen an Lokalanästhetikum zu geben, bei einer 20jährigen Frau also ca. 1,0 ml/Segment.
- Evtl. Zusatz von Sufentanil:
  In den letzten Jahren wird im Rahmen einer geburtshilflichen PDA zunehmend häufiger zum Lokalanästhetikum noch Sufentanil (meist 10 µg; 1 Ampulle Sufentanil epidural = 2 ml = 10 µg) zugemischt. Dadurch kann eine deutliche Verbesserung der Analgesie erzielt werden.

Zur **Ausschaltung der Eröffnungswehen** würde die Blockade der Segmente Th10–L1, also die Blockade von 4 Segmenten ausreichen. Im Idealfall könnten hierfür 4 ml Lokalanästhetikum genügen. Zumeist werden zur Ausschaltung der Eröffnungswehen jedoch 6–8(–10) ml Bupivacain 0,25% (!) bzw. Ropivacain 0,2% (!) benötigt. Der Grund, warum in der Praxis ein höheres als das theoretisch errechnete Volumen benötigt wird, liegt darin, daß die Katheterspitze meist bei L2/L3 zu liegen kommt, also nicht in der Mitte, sondern unterhalb der zu blockierenden Segmente. Das Medikament wird sich von der Katheterspitze jedoch nicht nur nach oben zu den auszuschaltenden Segmenten hin ausbreiten, sondern auch teilweise nach unten abfließen. Daher muß das Volumen höher als die berechnete Dosis liegen.

Zur **Ausschaltung der Austreibungsschmerzen** müssen die Segmente Th10–S4 blockiert, also insgesamt 12 Segmente (Th10–Th12, L1–L5, S1–S4) ausgeschaltet werden. Hierzu werden ca. 12 ml Bupivacain 0,25% (!!) bzw. Ropivacain 0,2%ig (!!) benötigt. Da hierbei insbesondere die tiefen Sakralsegmente S2–S4 betäubt werden müssen, empfiehlt es sich, die Hauptdosis an der sitzenden Patientin zu injizieren und sie danach ca. 5–10 Minuten sitzen zu lassen. Hierdurch kann ein Absinken des Lokalanästhetikums begünstigt werden und die tiefen Sakralsegmente werden sicherer ausgeschaltet.

Die mit Bupivacain bzw. Ropivacain erzielte Analgesie hält bei einer Schwangeren ca. 2 Stunden an und verlangt dann gegebenenfalls eine meist gleichvolumige Nachinjektion.

▶ **Indikationen für eine PDA**

- Wunsch einer schmerzfreien Geburt
- Mehrlingsschwangerschaft
- Diabetes mellitus (großes Kind!)
- Präeklampsie (s. S. 231)
- Beckenendlage (ist häufig jedoch eine Indikation für einen primären Kaiserschnitt)
- Frühgeburt
- Einleitung der Geburt mit einem Wehentropf
- Herz- und/oder Lungenerkrankung der Mutter
- Zustände, bei denen ein starkes Pressen der Mutter vermieden werden muß (z.B. Hernie, Ablatio retinae, erhöhter intrakranieller Druck, Hirnödem usw.)

▶ Kontraindikationen für eine PDA

- prinzipielle Kontraindikationen für eine PDA (s. S. 157)
- Zustand nach Kaiserschnitt:
  Bei Patientinnen, die bei einer früheren Geburt durch einen Kaiserschnitt entbunden haben, besteht die erhöhte Gefahr einer Uterusruptur an der alten Uterusnaht. Da dies unter einer PDA nur schwer zu erkennen ist, besteht eine relative Kontraindikation für eine PDA. Falls dennoch eine PDA angelegt wird, sollte zusätzlich eine **intrauterine Druckmessung (IUD)** durchgeführt werden.
- Notfallmäßiger Kaiserschnitt (=„Notsectio“):
  Hierbei geht es um Minuten, deshalb muß immer die schneller durchführbare Intubationsnarkose gewählt werden.

▶ **Nachteile einer PDA**

- Öfters wird die Geburtsdauer verlängert.
- Zangen- und Saugglockenentbindungen werden häufiger.
- Die Anlage einer PDA ist bei Schwangeren schwieriger und sollte nur von einem erfahrenen Anästhesisten vorgenommen werden **(Duraperforation!).**
- Ein eventueller übermäßiger Blutdruckabfall kann zu einer Verminderung der Uterusdurchblutung und damit zu einer Gefährdung des Kindes führen. Die Therapie eines übermäßigen Blutdruckabfalls besteht in:
  - Volumengabe
  - Hochlagerung der Beine (= Autotransfusion)
- Gefäßkontrahierende Medikamente
  sollten möglichst vermieden werden, da sie auch am Uterus zu einer Gefäßengstellung mit Mangeldurchblutung führen können. Wenn ein gefäßkontrahierendes Medikament unvermeidbar ist, so stellt Ephedrin (10–20 mg intravenös) das Mittel der Wahl dar, da es die Uterusdurchblutung am geringsten beeinträchtigt. Ephedrin ist momentan in Deutschland nicht im Handel. Alternativ kann auch Akrinor (s. S. 105) verabreicht werden.

Geplanter Kaiserschnitt in PDA (s. S. 157)

▶ **Lokalanästhetikum und Dosierung**

Es ist eine Blockade von Th4 (knapp unterhalb der Brustwarze) bis S4, also von 18 Segmenten (Th4–Th12, L1–L5, S1–S4) anzustreben (vgl. Abb. 2.19). Bei ca. 20jährigen Schwangeren wird ca. 1 ml pro auszuschaltendem Segment empfohlen (s. S. 228), insgesamt ist also ein Volumen von ca. 18 ml Bupivacain bzw. Ropivacain notwendig. Um neben einer Analgesie auch eine Muskelerschlaffung der Bauchdecke, also eine Blockade der dicken motorischen Nervenfasern zu erreichen, wird 0,5%iges (!) Bupivacain bzw. 0,75%iges Ropivacain benötigt (s. S. 161).

▶ **Injektion**

Damit auch die tiefen Sakralsegmente betäubt werden, empfiehlt es sich, ca. die Hälfte der Dosis an der sitzenden Patientin zu injizieren. Die Patientin sollte danach ca. 5–10 Minuten sitzen bleiben. Hierdurch soll ein Absinken des Lokalanästhetikums und eine Betäubung der Sakralsegmente begünstigt werden.

Geplanter Kaiserschnitt in Vollnarkose

Da eine Schwangere ab dem zweiten Drittel der Schwangerschaft stets als nicht nüchtern zu betrachten ist (s. S. 225), darf ein in Vollnarkose durchgeführter Kaiserschnitt nicht in Maskennarkose bzw. unter Verwendung einer Larynxmaske erfolgen, sondern muß immer als Intubationsnarkose durchgeführt werden. Dabei muß stets eine sogenannte Ileuseinleitung (s. S. 186) vorgenommen werden.

Der Schwangeren ist zu erklären, daß die Narkose aus Rücksicht auf ihr Kind erst begonnen wird, wenn die Operateure den Bauch desinfiziert und steril abgedeckt haben und schnittbereit sind. Die Zeit zwischen Narkosebeginn und Abnabelung ihres Kindes muß so kurz wie möglich gehalten werden.

Bei einem Kaiserschnitt (einer Sectio caesarea) hat sich folgendes **anästhesiologisches Vorgehen** bewährt:

- Lagerung:
  Oberkörperhochlagerung zur Verminderung der Regurgitationsgefahr und damit der Aspirationsmöglichkeit und Linksseitenlagerung (ca. 15–20 Grad), zur Vermeidung eines Kavakompressionssyndroms
- Absaugung:
  Funktionsgeprüfte, eingeschaltete Absaugvorrichtung muß griffbereit sein.
- Präoxygenieren (s. S. 101)
- Präcurarisierung (s. S. 103),
  z.B. 1 mg Vecuronium
- Einleitungshypnotikum:
  vorzugsweise Methohexital (1–1,5 mg/kg KG intravenös) oder Thiopental (3–5 mg/kg KG intravenös) und sofort hinterher
- Succinylcholin:
  1 mg/kg KG intravenös
- keine Maskenbeatmung (!!!)
- Sellik-Handgriff (= Krikoid-Druck, s. S. 186)
- Blitzintubation
- sofortiges Blocken des Tubus und Lagekontrolle
- Sofortiger Beginn der operativen Entbindung:
  Zur Verbesserung der Operationsbedingungen wird der Operationstisch meist noch in Kopftieflage gebracht und die Linksseitenlage aufgehoben.
- $N_2O:O_2$ = 1:1,
  z.B. 2 Liter N_2O und 2 Liter O_2 pro Minute
- volantiles Inhalationsanästhetikum,
  z.B. bis 1 Vol.% Enfluran bzw. ca. 0,8 Vol.% Isofluran
- gegebenenfalls Nachinjektion von Methohexital oder Succinylcholin
- Gegebenenfalls auf Wunsch des Operateurs z.B. 0,025 mg Partusisten intravenös zur Verminderung von Uteruskontraktionen. 1 Ampulle Partusisten intrapartal = 1 ml =

0,025 mg. 1 ml wird normalerweise mit 4 ml Glukose 5% (oder NaCl 0,9%) aufgezogen.
- 2–3 Minuten vor Abnabelung: 100% Sauerstoff
- Nach der Abnabelung:
  - Nachrelaxierung, z.B. mit 4 mg Vecuronium. Oft kann aber auch auf eine Nachrelaxation verzichtet werden.
  - Volatiles Inhalationsanästhetikum, z.B. Enfluran oder Isofluran wieder einschalten:
    Die Konzentration sollte jedoch möglichst niedrig gehalten werden, um nicht die Gefahr einer atonischen Nachblutung aus dem Uterus zu erhöhen. Aus diesem Grunde können nach (!!) der Abnabelung z.B. 0,1 mg Fentanyl verabreicht werden. Dadurch kann die Konzentration des Inhalationsanästhetikums niedrig gehalten werden.
- Volumensubstitution:
  Die Blutverluste betragen normalerweise 500(–1000) ml und müssen durch ein Plasmaersatzmittel, z.B. HÄS steril 6%, ersetzt werden; eine Bluttransfusion ist nur sehr selten notwendig.
- Tonisierung des Uterus:
  Auf Wunsch des Operateurs müssen meist 3 IE Syntocinon (oder Orasthin) als Bolus intravenös und anschließend 10 IE Syntocinon (oder Orasthin) in einer Infusion verabreicht werden. Oft wird auch die Gabe von Methergin (z.B. 1 Ampulle = 0,2 mg = 1 ml) notwendig, um eine anhaltende, intensive Uteruskontraktion zu erzielen und damit eine atonische Nachblutung aus dem Uterus zu vermeiden.
- Extubation:
  erst wenn die Schutzreflexe wieder sicher zurückgekehrt sind, der Magen abgesaugt wurde und die Patientin den Tubus fast aushustet (s. S. 187)

Notfallmäßiger Kaiserschnitt (=„Notsectio“)

Eine Notsectio ist immer eine Indikation für eine Intubationsnarkose und verläuft prinzipiell genauso wie ein geplanter Kaiserschnitt in Intubationsnarkose (s.o.). Jedoch ist dabei ein zielgerichtetes, schnelles Arbeiten nötig. Es geht um Minuten (!!).

Eine Notsectio wird notwendig, wenn es während der Geburt plötzlich zu einer Gefährdung von Kind und/oder Mutter kommt.

Mögliche Ursachen für eine Notsectio sind:
- Nabelschnurvorfall (Minderperfusion des Kindes!)
- schwere Eklampsie (s. S. 231)
- Tetanus uteri (Rupturgefahr des Uterus)
- vorzeitige Plazentaablösung
- blutende Placenta praevia:
  Bei einer Placenta praevia reicht die Plazenta untypischerweise bis in den Gebärmutterhals. Bei der Dehnung des Gebärmutterhalses kann es zu massiven Blutungen aus der Placenta praevia kommen.
- Geburtsstillstand

Unerwünschte Medikamentenwirkungen auf Uterus, Wehentätigkeit und das Kind

Substanzen mit einem niedrigen Molekulargewicht, einer guten Fettlöslichkeit und einer geringeren Ionisierung passieren gut die Plazentaschranke, treten damit leicht in den kindlichen Kreislauf über und können zu einer Beeinträchtigung des neugeborenen Kindes führen.

Nahezu alle zentralwirkenden Medikamente, die in der Anästhesie verwendet werden, weisen diese Merkmale auf (z.B. Thiopental, Methohexital, Inhalationsanästhetika u.a.). Auch Opioide passieren leicht die Plazentarschranke. Fentanyl darf deshalb bei einer Sectio nicht vor (!) der Abnabelung des Kindes gegeben werden, da sonst mit einer Atemdepression des Neugeborenen zu rechnen ist. Muß aus irgend einem Grunde ein Opioidüberhang beim Neugeborenen antagonisiert werden, so wird Naloxon (Narcanti neonatal, s. S. 53) in einer Initialdosierung von 0,01 mg/kg KG intravenös empfohlen, gegebenenfalls sind Wiederholungsdosen notwendig.
Lokalanästhetika können in unterschiedlichem Maße die Plazenta überschreiten.

Bupivacain und Ropivacain zeichnen sich durch sehr niedrige Plasmakonzentrationen beim ungeborenen Kind aus und eignen sich daher besonders zur Anwendung in der Geburtshilfe.

Kommt es dennoch zu toxisch hohen Blutkonzentrationen beim ungeborenen Kind, so drohen Nebenwirkungen von seiten des Herzens (bradykarde Rhythmusstörungen, s. S. 143) und des zentralen Nervensystems (s. S. 143).

Die gebräuchlichen Muskelrelaxanzien sind wasserlöslich, von höherem Molekulargewicht und ionisiert. Sie passieren daher die Plazentaschranke nicht.

In üblichen Dosierungen können daher depolarisierende sowie nichtdepolarisierende Muskelrelaxanzien zu keiner kindlichen Muskelerschlaffung führen; sie haben auch keinen Effekt auf die Uterusmuskulatur (glatte Muskulatur!).
Verdampfbare Inhalationsanästhetika führen dosisabhängig zu einer Uteruserschlaffung bis hin zur Uterusatonie. Dies kann nach der Entbindung eine verstärkte Blutung aus dem Uterus begünstigen.

Präeklampsie und Eklampsie

Allgemeine Bemerkungen

Präeklampsie und Eklampsie sind Krankheitsbilder, die nur bei Schwangeren ab der 20. Schwangerschaftswoche auftreten können und meist innerhalb von 48 Stunden nach der Entbindung wieder verschwinden.

Hauptsymptome einer **Präeklampsie** sind:

- ▶ Hypertonie (> 140/90 mmHg bei vorher normotensiven Schwangeren)
- ▶ Proteinurie (> 0,3 g Protein pro Liter im 24-Stunden-Urin)

Ödeme sind für die Diagnosestellung Präeklampsie kein zwingendes Zeichen mehr. Lediglich bei massiver Ödembildung (> 2 kg Gewichtszunahme pro Woche) sind sie auf eine Präeklampsie hinweisend. Von einer schweren Präeklampsie wird gesprochen, wenn mindestens eines der folgenden Symptome vorliegt:

- Blutdruck > 160/110 mmHg
- Proteinurie > 5 g/Tag
- zerebrale Symptome wie Kopfschmerzen, Schwindel, Sehstörungen u.ä.
- Oligurie (< 400 ml Urin pro Tag)
- Schmerzen im Oberbauch
- Lungenödem/Zyanose
- Thrombozytopenie
- HELLP-Syndrom (s.u.)

Beim Auftreten zerebraler Symptome wie Kopfschmerz, Schwindel, Ohrensausen, Sehstörungen, motorische Unruhe und Hyperreflexie wird auch von einer drohenden Eklampsie gesprochen. Beim Vollbild der Eklampsie kommt es durch das Auftreten von tonisch-klonischen Krämpfen zu einem dramatischen Verlauf.
Nach einem eklamptischen Anfall sinkt die Patientin in einen vorübergehenden komatö-

sen Zustand. Folgt ein eklamptischer Anfall auf den anderen, ohne daß die Patientin dazwischen wieder zu Bewußtsein kommt, so wird von einem **Status eclampticus** gesprochen. Ca. 50% der eklamptischen Anfälle ereignen sich unter der Geburt, jeweils ca. 25% ereignen sich während der Schwangerschaft bzw. kurz nach der Geburt.

Die **Ursache einer Präeklampsie und Eklampsie** ist noch umstritten. Eine wichtige Rolle scheint eine uteroplazentare Entwicklungsstörung mit nachfolgender Minderdurchblutung der Plazenta zu spielen. Neuerdings wird auch eine Antigen-Antikörper-Reaktion für möglich gehalten, die durch eine Einschwemmung von fetalen Elementen in den mütterlichen Kreislauf ausgelöst werden soll. Viele Symptome können auch durch eine Störung in der Synthese von Thromboxan und Prostazyklin erklärt werden. Die Konzentration des gefäßverengenden Thromboxans ist bei präeklamptischen Schwangeren 5–7mal höher als die Konzentration des gefäßerweiternden Prostazyklins. Bei gesunden Schwangeren ist dagegen die Konzentration des gefäßerweiternden Prostazyklins ca. doppelt so hoch wie die Konzentration des gefäßverengenden Thromboxans, wodurch es zu der für die normale Schwangerschaft typischen Gefäßweitstellung mit leichtem Blutdruckabfall kommt.

Selbst bei den leichten Formen einer Präeklampsie ist die kindliche Mortalität erhöht. Die Ursache ist vor allem eine plazentare Mangeldurchblutung. Bei schweren Formen der Präeklampsie kann die kindliche Mortalität bis 30% betragen. Beim Auftreten von eklamptischen Anfällen besteht daneben auch eine Gefahr für das Leben der Mutter (10–15% Letalität).

Wichtigste Organstörungen

Im Mittelpunkt der Präeklampsie steht ein generalisierter Gefäßspasmus, der sowohl die Hypertonie als auch lokale Gefäßspasmen in den verschiedensten Organen mit entsprechenden funktionellen Veränderungen verursachen kann.

Das zentrale Nervensystem (ZNS)
kann durch intravasale Fibrin- und Thrombozytenablagerungen, durch petechiale Hirnblutungen und Nekrosen geschädigt werden. Hierdurch kann ein eklamptischer Anfall ausgelöst werden. Während eines eklamptischen Anfalls kann es zu Hypoxie, Aspiration und Azidose kommen. Vor allem bei der Intubation kann evtl. ein massiver Blutdruckanstieg auftreten, der unter Umständen sogar zu einer Hirnblutung führen kann.

Das Herz-Kreislauf-System
ist durch einen meist erhöhten peripheren Gefäßwiderstand und ein erhöhtes Herzminutenvolumen gekennzeichnet. Unter Umständen kann ein Herzversagen mit Lungenödem auftreten. Die Patientinnen reagieren sehr empfindlich auf Katecholamine. Das intravasale Volumen ist reduziert (relative Hypovolämie), was sich oft an erhöhten Hb- (> 14 g%) und HK-Werten (> 40%) zeigt.

Die uteroplazentare Durchblutung
ist deutlich reduziert, was eine Mangeldurchblutung des Kindes bedeutet.

Die Lunge
neigt zum interstitiellen Lungenödem. Ursache ist der erniedrigte Eiweißgehalt mit einem Abfall des kolloidosmotischen Drucks sowie eine erhöhte Kapillarpermeabilität. Bei einem eklamptischen Anfall besteht außerdem die Gefahr einer Aspiration mit nachfolgenden Lungenkomplikationen.

Die Blutgerinnung
kann gestört sein, häufiger besteht ein Thrombozytenmangel.

Die Niere
wird schlechter durchblutet, was sich in einer Abnahme der Urinproduktion bis hin zum anurischen Nierenversagen äußern kann. Bei abnehmender Harnausscheidung sollte nicht versucht werden, mittels Furosemid (Lasix) und Mannit (einem Osmodiuretikum) eine Diuresesteigerung zu erzwingen, da das intravasale Volumen bereits vermindert ist. Es ist eine vorsichtige Volumengabe notwendig. Zur Kontrolle der Urinausscheidung muß ein Dauerkatheter gelegt werden.

Die Leber
wird vermindert durchblutet, was sich in einem Anstieg der Leberenzyme bis hin zum Leberversagen äußern kann. Stehen die Lebersymptomatik und die Gerinnungsproblematik ganz im Vordergrund, liegt ein **HELLP-Syndrom** vor. HELLP ist die Abkürzung für **h**emolysis (Hämolyse: LDH > 600 IE, freies Hämoglobin erhöht, Haptoglobin erniedrigt, Bilirubin erhöht), **e**levated **l**iver enzymes (erhöhte Leberwerte: SGOT und SGPT erhöht) und **l**ow **p**latelet count (niedrige Thrombozytenzahl).

Allgemeine Therapieprinzipien

Die einzige kausale Therapie der Präeklampsie ist die Entbindung. Es wird deshalb meist eine vorzeitige Entbindung zwischen der 36. und 38. Schwangerschaftswoche angestrebt.

Beim Vollbild der Eklampsie wird teilweise eine sofortige Entbindung durch einen Kaiserschnitt notwendig. In letzter Zeit geht die Tendenz dazu, einen Status eclampticus medikamentös zu durchbrechen und 24–48 Stunden nach dem letzten eklamptischen Anfall die Geburt durch einen Wehentropf (s. S. 225) einzuleiten. Ist der Status eclampticus nicht zu durchbrechen oder ist die Patientin länger als 24 Stunden komatös oder tritt eine Anurie ein, so muß umgehend ein Kaiserschnitt durchgeführt werden.

Als allgemeine Therapieprinzipien gelten blutdrucksenkende Medikamente, vorsichtige Volumengabe, strenge Bettruhe und eine Abschirmung gegenüber Umweltreizen.

Zur Blutdrucksenkung wird vor allem Dihydralazin (Nepresol ca. 5 mg/h; 50 mg/50 ml in Spritzenpumpe) eingesetzt. Neuerdings ist hierfür auch Urapidil (Ebrantil) zugelassen. Der Blutdruck sollte langsam auf einen diastolischen Wert von ca. 90–100 mmHg gesenkt werden. Ein abruptes Absenken kann zu einer weiteren Gefährdung der uteroplazentaren Durchblutung führen. Die Patientin sollte möglichst in Seitenlage liegen. In Rückenlage behindert der vergrößerte Uterus die Blutströmung in der Aorta, in der Vena cava inferior sowie in den Nierengefäßen (s. S. 224).

Bei einer drohenden Eklampsie wird versucht, die Erregbarkeit des ZNS durch Magnesiumsulfat-Gabe zu erniedrigen.

Als Initialdosis werden 4 g intravenös über ca. 10–15 Minuten empfohlen. Anschließend wird ca. 1 g Magnesiumsulfat/Stunde per Spritzenpumpe verabreicht. Unter dieser Therapie muß der Patellarsehnenreflex noch auslösbar bleiben. Als Antidot muß Kalzium griffbereit sein. Da Magnesium über die Nieren ausgeschieden wird, muß es bei eingeschränkter Nierenfunktion vorsichtig dosiert werden. Bei einer Überdosierung droht eine periphere Atemlähmung und evtl. ein Herzstillstand. Bei der Gabe höherer Magnesiumdosen muß eine Wirkungsverstärkung und Wirkungsverlängerung der Muskelrelaxanzien beachtet werden.

Ein eklamptischer Anfall muß umgehend mit einem kurz wirksamen Barbiturat (z.B. Thiopental) oder z.B. mit Diazepam durchbrochen werden. Wichtig ist stets die Verabreichung von Sauerstoff.

Läßt sich ein Status eclampticus nicht durchbrechen, so muß die Patientin sofort intubiert, relaxiert, kontrolliert beatmet und auf eine Intensivstation verlegt werden.

Anästhesiologische Probleme bei der Präeklampsie und Eklampsie

An präoperativer Diagnostik sind Blutdruck, Eiweißausscheidung im Urin, Blutbild, Elektrolyte, Kreatinin und Harnstoff, Gesamteiweiß, Transaminasen, LDH und Bilirubin, der Gerinnungsstatus einschließlich den Thrombozyten sowie eine arterielle Blutgasanalyse erforderlich.

Durch die generalisierte **Vasokonstriktion und Ödembildung** ist bei diesen Patientinnen meist mit einem intravasalen Volumenmangel und einer Verschiebung des Elektrolythaushaltes zu rechnen. Die meist vorbehandelte **Hypertonie** schränkt die hämodynamische Kompensation ein. Bei der Narkoseeinleitung droht meist ein starker Blutdruckanstieg oder evtl. ein stärkerer Blutdruckabfall. Auf eine ausreichende Volumensubstitution mit Normalisierung des zentralen Venendrucks (ZVD) ist sowohl vor einer Vollnarkose als auch vor Anlage einer PDA zu achten. Folge der **Proteinurie** ist meist ein erniedrigter Albuminspiegel. Bei den zumeist stark an Albumin gebundenen intravenös verabreichten Narkosemedikamenten führt dies allerdings noch zu keinen klinisch relevanten Veränderungen.

Die **kontinuierliche PDA** wird seit vielen Jahren **als Therapie** bei der Präeklampsie durchgeführt. Hierdurch kann der Blutdruck graduell gesenkt und die uteroplazentare Durchblutung gesteigert werden. Zur Schmerztherapie während der vaginalen Geburt ist bei diesen Patientinnen eine PDA die Methode der Wahl. Vor der Durchführung einer PDA muß stets eine bei diesem Krankheitsbild häufigere Blutgerinnungsstörung ausgeschlossen werden! Außerdem ist auf eine ausreichende Volumengabe zu achten. Eine akute Senkung des Blutdrucks muß auf alle Fälle vermieden werden. Eine Spinalanästhesie zur Durchführung einer Sectio caesarea ist aufgrund eines evtl. schnell auftretenden stärkeren Blutdruckabfalles nicht geeignet. Bei Vorliegen eines HELLP-Syndroms (s. S. 233) verbietet sich eine Spinal- oder Periduralanästhesie.

Muß bei eklamptischen Patienten ein **Kaiserschnitt** in Vollnarkose durchgeführt werden, dann müssen sowohl weitere Blutdruckanstiege als auch starke Blutdruckabfälle vermieden werden. Eine engmaschige, möglichst blutig-arterielle Druckmessung (s. S. 172) ist angezeigt. Zur Therapie eines evtl. massiven Blutdruckanstiegs unter der Intubation sollte ein gut steuerbares Antihypertensivum (z.B. Nitroglycerin 1:100 verdünnt) bereitliegen. Da auch die oberen Luftwege oft ödematös geschwollen sind, ist meist ein kleinerer Tubus notwendig. Muskelrelaxanzien sind vorsichtig zu dosieren, da sowohl verabreichtes Magnesiumsulfat als auch Diazepam die Wirkung von nichtdepolarisierenden Muskelrelaxanzien verstärken; gegebenenfalls ist die Gabe von Kalzium oder eine Nachbeatmung nötig.

Anästhesie in der Gynäkologie

Allgemeine Bemerkungen

▶ **Lagerung**
Die meisten gynäkologischen Operationen werden in der Steinschnittlagerung (vgl. Abb. 5.15) durchgeführt.

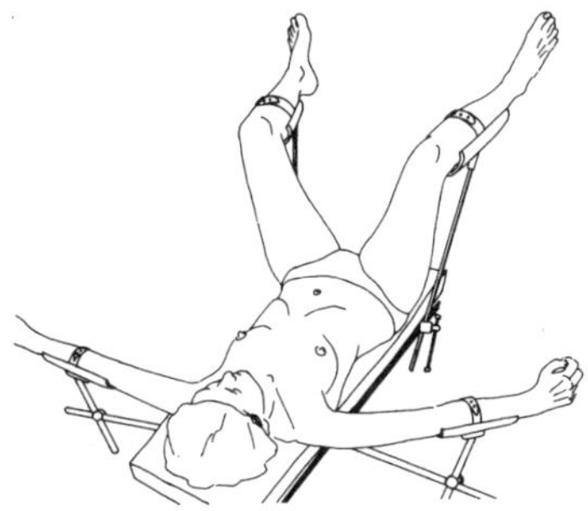

Abb. 5.15 Steinschnittlagerung.

Gynäkologische Operationen

Ausschabung (= Curettage)

Die zumeist nur ca. 10 Minuten dauernde Operation wird normalerweise in **Maskennarkose** (s. S. 97) durchgeführt. Durch die starke sensible Versorgung der Dammregion und des Gebärmutterhalses kann es bei einer zu flachen Narkoseführung leicht zum Auslösen von vegetativen Reflexen wie Laryngospasmus (s. S. 190) oder Singultus (s. S. 192) kommen.

Singultus und Husten der Patientin müssen unbedingt vermieden werden, um nicht eine versehentliche Uterusperforation bei der Ausschabung zu riskieren. Inzwischen wird in vielen Kliniken eine Kombination aus fraktionierten Propofoldosen (initial 1,5–2,5 mg/kg KG, Nachinjektionen à ca. 20–30 mg), Alfentanil (z.B. 0,5–1,0 mg), Sauerstoff und Lachgas für diese Kurznarkosen verwendet und auf die Gabe eines volatilen Anästhetikums wird meist ganz verzichtet (vgl. IVA, s. S. 111).

Bei einer Ausschabung nach einem Spätabort müssen großlumige periphervenöse Zugänge gelegt werden, da es unter Umständen zu erheblichen Blutungen kommen kann. Blutkonserven müssen bereitgestellt sein und die Patientin muß intubiert werden (mit Ileuseinleitung).

Abdominale Uterusexstirpation (= Hysterektomie)

Ein solcher Eingriff wird stets in **Intubationsnarkose** durchgeführt.

Laparoskopie (= Bauchspiegelung)

Eine **Intubation** und eine kontrollierte Beatmung sind zwingend. Um die Bauchspiegelung besser durchführen zu können, wird die Bauchhöhle nach Einstechen eines Trokars zuerst mit CO_2 aufgeblasen. Außerdem muß die Patientin in eine starke Kopftieflage gebracht werden. Dadurch rutschen die Därme aus dem kleinen Becken nach kopfwärts. Da ein Teil des eingeblasenen CO_2 resorbiert wird und zum anderen die starke Kopftieflage die Beatmung behindert, droht ein Anstieg des CO_2-Gehalts im Blut. Zur genauen Ventilationskontrolle ist eine endexspiratorische CO_2-Messung (s. auch minimal invasive Chirurgie S. 259) empfehlenswert.

Hysteroskopie

Unter einer Hysteroskopie wird die endoskopische Inspektion der Gebärmutterhöhle verstanden. Hierbei wird gegebenenfalls mit Hilfe einer Elektroschlinge und unter kontinuierlicher Spülung mit einer elektrolytischen Spüllösung die Uterushöhle freigespült. Dabei können Probleme auftreten, wie sie auch bei der transurethralen Resektion der Prostata auftreten können (vgl. TUR-Prostatasyndrom; s. S. 238).

Extrauteringravidität (= EU)

Da es hierbei unter Umständen zu starken Blutungen kommen kann, müssen mehrere großlumige peripher-venöse Zugänge gelegt werden, außerdem muß Blut bereitgestellt sein. Die Operation wird in **Intubationsnarkose** durchgeführt.

Anästhesie in der Urologie

Allgemeine Bemerkungen

Häufig sind in der Urologie alte Patienten mit entsprechenden Nebenerkrankungen zu operieren (s. S. 222). Die Eingriffe werden oft in einer **rückenmarknahen Leitungsanästhesie,** insbesondere einer Spinalanästhesie durchgeführt (s. S. 150).

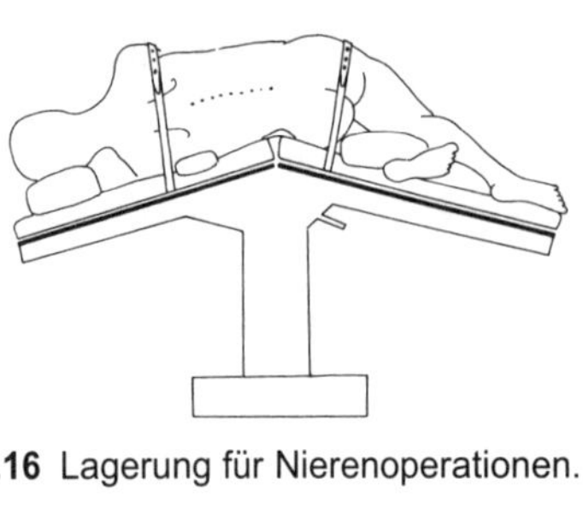

Abb. 5.16 Lagerung für Nierenoperationen.

Urologische Operationen

Nierenoperationen

▶ Lagerung

Seitliche Lagerung mit extremer Abknickung des Operationstisches (= **Nierenlagerung,** Abb. 5.16).

> Durch diese Nierenlagerung kommt es zur Beeinträchtigung der Lungendurchblutung (= Perfusion) und der Lungenbelüftung (= Ventilation).

Die untere Lunge ist zwar gut durchblutet (perfundiert), aber schlecht belüftet (ventiliert). Die obere Lunge dagegen ist schlecht perfundiert, aber gut ventiliert. Es wird von **Störungen des Ventilations-Perfusions-Verhältnisses gesprochen.** In Lungenbezirken, die gut durchblutet, aber schlecht belüftet werden, fließt das Blut durch das Lungenkapillargebiet, ohne daß es ausreichend mit Sauerstoff aufgesättigt wird. Folge dieser Ventilations-Perfusions-Störungen ist also, daß ein Teil des Blutes vom rechten Herzen durch die Lunge zum linken Herzen fließt, ohne daß es ausreichend mit Sauerstoff gesättigt wird. Dieses Phänomen wird als **Rechts-Links-Shunt** bezeichnet und bedingt eine entsprechende Verminderung des Sauerstoffgehaltes im arteriellen Blut.

Außerdem neigt die untere Lunge durch die schlechte Belüftung zum Kollabieren der Alveolen, das heißt zur Ausbildung von Atelektasen, wodurch ein Rechts-Links-Shunt noch verstärkt wird. Durch diese Lagerung werden auch die Bewegungen des Zwerchfells deutlich eingeschränkt. Des weiteren kann bei dieser „Nierenlagerung" unter Umständen die Vena cava inferior komprimiert werden, wodurch der venöse Rückstrom zum Herzen behindert ist. Folge davon kann ein deutlicher Blutdruckabfall sein.

▶ **Narkoseführung**
Die beschriebenen Ventilationsprobleme machen immer eine **Intubationsnarkose** notwendig, um eine möglichst gute Ventilation zu garantieren. Aus den erwähnten Gründen sollen in dieser Lagerung ca. 50% Sauerstoff eingeschaltet werden. Ein PEEP kann bei dieser Lagerung zu einer Verbesserung, unter Umständen aber auch zu einer Verschlechterung der Oxygenierung führen. Der Grund für eine eventuelle PEEP-bedingte Verschlechterung der Oxygenierung wäre darin zu sehen, daß sich der PEEP vor allem auf die leichter dehnbare oben liegende Lunge auswirkt, weniger aber auf die schlechter dehnbare und minder ventilierte unten liegende Lunge. Dadurch können die vorbestehenden Ventilations-Perfusions-Störungen unter Umständen sogar verstärkt werden. Der **Erfolg eines PEEP** ist daher anhand einer arteriellen Blutgasanalyse zu **überprüfen.** Vor der Extubation muß der Patient erst in Rückenlage gebracht und die Lunge muß mehrmals manuell gebläht werden, um eventuelle Atelektasen wieder aufzudehnen.

▶ **Mögliche operative Komplikationen**
Neben einer Verletzung von großen venösen Gefäßen mit der Gefahr einer akuten Blutung oder einer Luftembolie kann auch eine Verletzung von großen arteriellen Gefäßen auftreten. Des weiteren kommt es manchmal zu einer Verletzung der Pleurahöhle. Wird hierbei keine Pleuradrainage eingelegt, sondern nach manuellem Blähen der Lungen die Pleurahöhle wieder verschlossen, so muß die Narkose ohne (!) Lachgas zu Ende geführt werden (s. S. 32). Postoperativ ist eine Thoraxröntgenaufnahme durchzuführen.

Transurethrale Resektion eines Blasentumors (= TUR-Blase)

▶ **Lagerung**
Steinschnittlagerung (vgl. Abb. 5.15).

▶ **Narkoseführung**
Es bieten sich eine rückenmarknahe Leitungsanästhesie, vor allem eine Spinalanästhesie an (s. S. 150). Liegt der Tumor an der lateralen Blasenwand, dann sollte zusätzlich zu einer rückenmarknahen Regionalanästhesie noch ein 3-in-1-Block angelegt werden. Hierbei werden in der Leiste von einer Punktionsstelle aus drei Nerven (Nervus femoralis, Nervus obturatorius, Nervus cutaneus femoralis lateralis) blockiert. Hierdurch kann der sogenannte **Obturatoriusreflex** unterdrückt werden, der bei der Elektroresektion eines Blasentumors an der lateralen Blasenwand ausgelöst werden kann und zu störenden Zuckungen des Beines (Adduktion des Beines) führen kann. Hierfür werden meist ca. 30 ml Prilocain 1% verwendet.

▶ **Mögliche operative Komplikationen**
Eine eventuelle **Blasenperforation** äußert sich bei einer rückenmarknahen Leitungsanästhesie meist in plötzlichen Bauchschmerzen, in gespanntem Abdomen, in Übelkeit, Blässe und Hypotonie. Bei beatmeten Patienten äußert sich eine Perforation meist nur in einem Anstieg des Beatmungsdruckes.

Transurethrale Resektion der Prostata (= TUR-Prostata)

▶ **Lagerung**
Steinschnittlagerung (vgl. Abb. 5.15).

▶ **Narkoseführung**
Es bietet sich eine rückenmarknahe Leitungsanästhesie, insbesondere eine Spinalanästhesie an (s. S. 150). Falls eine Vollnarkose durchgeführt wird, sollten bei der Extubation sowie postoperativ kräftigeres Husten und Pressen des Patienten vermieden werden, da hierdurch eine verstärkte Nachblutung begünstigt werden kann.

▶ Mögliche operative Komplikationen

- Sog. TUR-Prostatasyndrom:
  Während der transurethralen Resektion der Prostata mit der Elektroschlinge muß das Operationsfeld laufend mit einer nicht stromleitenden, daher elektrolytfreien Spülflüssigkeit klargespült werden. Da elektrolytfreies, destilliertes Wasser hypoton ist und bei einer Einschwemmung ins Gefäßsystem großteils nach intrazellulär (auch in die Erythrozyten) abdiffundieren würde, käme es zu einem Platzen der Erythrozyten, zu einer Hämolyse. Daher wird der elektrolytfreien Spülflüssigkeit ein hochmolekularer Zucker (z.B. 27 g/l Mannit, 5,4 g/l Sorbit; Osmolarität: 178 mOsmol) zugesetzt. Dadurch ist die Spülflüssigkeit weniger hypoton, eine Hämolyse kann somit vermieden werden. Da bei der Elektroresektion der Prostata zahlreiche Venen der Prostatakapsel unvermeidbar eröffnet werden, droht ein Einschwemmen der Spülflüssigkeit durch diese eröffneten Venen in den Kreislauf. Kommt es zur Einschwemmung großer Mengen von Spülflüssigkeit, so kann es zur Kreislaufüberladung mit einem Lungenödem kommen. Da die Spülflüssigkeit elektrolytfrei ist, kommt es bei größeren Einschwemmungen durch den Verdünnungseffekt zu einer Erniedrigung des Natriumgehalts im Blut. Folge dieser **Verdünnungshyponatriämie** kann ein Hirnödem mit Unruhe, Verwirrtheit und Brechreiz sein. Außerdem kann es auch zu einer metabolischen Azidose kommen. Von einer schweren Verdünnungshyponatriämie wird gesprochen, wenn der Natriumwert auf bis 120 mmol oder weniger abgesunken ist. Es empfiehlt sich eine wiederholte Elektrolytbestimmung.
  Prophylaxe: Zurückhaltende Infusionstherapie. Es sollten jedoch ausschließlich Vollelektrolytlösungen eingesetzt werden. Hypotone Lösungen wie Glukose 5% sind kontraindiziert!
  Therapie: Lasix 20–40 mg intravenös. Bei schwerer Hyponatriämie: 5%ige NaCl-Lösung intravenös. Es ist hierbei jedoch auf eine langsame (!) Natriumgabe zu achten (ansonsten Gefahr einer pontinen Myelinose).

  (Natrium $_{\text{soll}}$ – Natrium $_{\text{ist}}$) x kg KG x 0,2 = mmol des Natriumdefizits

- Perforation der Prostatakapsel:
  Eine versehentliche Perforation der Prostatakapsel äußert sich bei einer rückenmarknahen Leitungsanästhesie zumeist in plötzlichen Bauchschmerzen, in gespannten Bauchdecken, in Übelkeit und Blutdruckabfall. Bei beatmeten Patienten äußert sich eine Perforation meist nur in einer Erhöhung des Beatmungsdrucks.
- Sepsis:
  Bei Operationen an einem infizierten harnableitenden System kann es durch die operative Manipulation zum Einschwemmen von gramnegativen Bakterien mit einem meist in der frühen postoperativen Phase beginnenden septischen (Endotoxin-)-Schock kommen. Bei einem postoperativen Zittern und einem Fieberanstieg nach urologischen Operationen muß unbedingt an eine beginnende Sepsis gedacht werden!
- Größere Blutverluste:
  Wegen der permanenten Spülung des Operationsfeldes mit Spülflüssigkeit ist die verlorene Blutmenge oft sehr schwer abzuschätzen.
- Nachblutung:
  evtl. mit einer Blasentamponade (= Ausfüllung der Blase mit Blutgerinnseln)
- Blutgerinnungsstörungen:
  Das Prostatagewebe enthält reichlich Substanzen, die die Fibrinolyse steigern. Bei Einschwemmung dieser Substanzen in den Kreislauf kann es über eine gesteigerte Fibrinolyse zu einer verstärkten Blutungsneigung kommen. Die Therapie besteht in der Gabe von Fibrinolysehemmern (z.B. Ugurol intravenös).

- Stärkere Auskühlung der Patienten, da die Spüllösung normalerweise nur Raumtemperatur hat.

Nierenentnahme beim hirntoten Patienten (= Spendernephrektomie)

Absolute Voraussetzung für eine Organentnahme ist ein nachgewiesener und schriftlich bestätigter Hirntod des Patienten, also ein irreversibler Ausfall aller (!) Hirnfunktionen. Daneben muß ein Organspenderpaß des Hirntoten oder die Einwilligung der Angehörigen vorliegen. Sind keine Angehörigen bekannt, so ist die Einwilligung der Staatsanwaltschaft notwendig.

Da mit dem Ausfall aller zerebraler Funktionen auch die zentrale Kreislaufregulation versagt, müssen diese Toten unter Volumen- und Katecholamingabe (z.B. Dopamin, Dobutamin, s. S. 271) kreislaufstabil gehalten werden. Die Diurese sollte nicht unter 100 ml/Stunde abfallen. Die Beatmung erfolgt während der Explantation immer mit 100% Sauerstoff. Es ist eine Normoventilation anzustreben. Die Gabe von Narkosemedikamenten ist bei einem Toten (!) nicht notwendig.
In Absprache mit den Operateuren werden Heparin (ca. 100 IE/kg KG) sowie 100 mg Phenoxybenzamin (Dibenzyran) verabreicht. Phenoxybenzamin ist ein starker Alpha-Blocker (s. S. 54) und erzeugt eine Vasodilatation mit entsprechendem Blutdruckabfall, der mit Volumengabe (jedoch kein HÄS) aufzufangen ist.
Nach der Organentnahme wird der Tote extubiert. Bis auf zentralvenöse Katheter sollten alle Zugänge entfernt werden.
Als Todeszeitpunkt gilt der Zeitpunkt der Hirntodfeststellung.

Nierentransplantation

Da Patienten, bei denen eine Transplantation vorgenommen werden soll, meist seit vielen Jahren nierenkrank und dialysepflichtig sind, liegen oft folgende Befunde vor:

- Hypertonus
- schwere, chronische Anämie
- Störungen des Wasser-, Elektrolyt- und Säure-Basen-Haushaltes
- Gerinnungsstörungen
- Diabetes mellitus, der eine perioperative Blutzuckerkontrolle notwendig macht
- deutlich reduzierter Allgemeinzustand
- häufig eine koronare Herzerkrankung oder eine latente Herzinsuffizienz
- Eiweißmangel

Innerhalb der letzten 24 Stunden vor der Operation werden die Patienten dialysiert. Die Elektrolytwerte sowie die Blutgerinnungswerte und der Säure-Basen-Haushalt müssen nach der Dialyse nochmals kontrolliert werden.

▶ Narkoseführung
Peripher-venöse Zugänge sowie die Blutdruckmanschette dürfen nicht am Shunt-Arm angelegt werden! Der Shunt-Arm muß gut gepolstert und geschützt werden!

Da die Patienten bei einer Organtransplantation immunsuppressiv behandelt werden (mit Prednisolon und Ciclosporin A), sind sie besonders infektionsgefährdet. Aus diesem Grunde ist bei allen Injektionen, Infusionen, Zugängen usw. auf eine absolut sterile Vorgehensweise zu achten!

Als Anästhesieverfahren wird meist eine Inhalationsanästhesie bzw. eine balancierte Anästhesie durchgeführt. Zumeist wird hierbei dem Isofluran bzw. Desfluran der Vorzug gegeben, da bei der Metabolisierung von Enfluran bzw. Sevofluran geringe Mengen an nierentoxischen Fluoridionen entstehen. Die

Intubation sollte unter einer Vollrelaxierung mit einem nichtdepolarisierenden Muskelrelaxans durchgeführt werden. Dafür bietet sich vor allem Atracurium oder Cis-Atracurium an, da deren Metabolisierung unabhängig von der Nierenfunktion ist. Auch Mivacurium kann gut eingesetzt werden. (s. S. 63). Die anderen nichtdepolarisierenden Muskelrelaxanzien müssen vorsichtig dosiert werden. Zur Intubation kann bei normalen Kaliumwerten unter Umständen auch Succinylcholin verwendet werden.

Vor Perfusionsfreigabe der angeschlossenen Niere wird die Gabe von 125 ml Mannit 15% empfohlen. Der ZVD sollte bis dahin auf ca. 10 cmH_2O angehoben sein. Die Patienten kommen oft mit einem Volumenmangel zur Operation. Zur Steigerung der Diurese wird zumeist auch Dopamin in Nierendosis (1–3 µg/kg KG/min) sowie manchmal zusätzlich Furosemid verabreicht.

Da die Patienten an ihre chronische Anämie gut adaptiert sind, sollte eine Transfusion nur zurückhaltend durchgeführt werden. Gegebenenfalls ist die Gabe von Erythrozytenkonzentraten notwendig. (Die immunsuppressive Wirkung einer Bluttransfusion ist bei Patienten mit Nierentransplantation ausnahmsweise erwünscht.) Als kristalloide Lösung empfiehlt sich z.B. das kaliumfreie Normofundin (s. S. 123). Als zusätzliche Überwachungsmaßnahmen sind ein zentralvenöser Katheter (s. S. 167) sowie ein Dauerkatheter unverzichtbar. Eine arterielle Druckmessung sollte nur im Ausnahmefall vorgenommen werden (zukünftiger Shunt an diesem Arm?).

Anästhesie in der Neurochirurgie

Allgemeine Bemerkungen

Die Hirndurchblutung

Durch eine **Autoregulation des zerebralen Gefäßsystems** kann die Hirndurchblutung im Bereich eines arteriellen Mitteldrucks von 60–150 mmHg nahezu konstant gehalten werden. Damit ist die Hirndurchblutung beim Gesunden fast unabhängig vom arteriellen Blutdruck. Verändert wird die Hirndurchblutung vor allem durch den arteriellen CO_2-Partialdruck (p_aCO_2).

Eine Hypoventilation mit Anstieg des $PaCO_2$ führt zu einer zerebralen Gefäßweitstellung (= Vasodilatation) mit Zunahme der Hirndurchblutung. Eine Hyperventilation mit einem Abfall des p_aCO_2 führt zu einer zerebralen Gefäßengstellung (= Vasokonstriktion) mit Abnahme der Hirndurchblutung.

Der intrakranielle Druck (= „Hirndruck")

Er entspricht dem intrakraniellen Liquordruck und kann mit einem in einen Hirnventrikel gelegten Katheter (= Ventrikelkatheter), einer vorzugsweise im Hirngewebe liegenden (und optisch arbeitenden) Drucksonde (Camino-Sonde) oder mittels einer epiduralen Drucksonde gemessen werden.

Der intrakranielle Druck beträgt normalerweise im Liegen 10–15 mmHg. Da das Gehirn von dem unnachgiebigen, knöchernen Schädel umgeben ist, hat es fast keine Möglichkeit, sich bei krankhaften Prozessen (Ödem,

Tumor, Hämatom) auszudehnen. Bereits eine geringe Zunahme des Hirnvolumens oder des intrakraniellen Blut- bzw. Liquorvolumens kann bei einem erhöhten intrakraniellen Druck zu einem weiteren exponentiellen Anstieg des „Hirndrucks“ führen (vgl. Abb. 5.17).

Erhöhung des intrakraniellen Drucks

Eine Erhöhung des intrakraniellen Drucks ist möglich, wenn der Schädelinhalt, also das Hirnvolumen, das zerebrale Blutvolumen oder das zerebrale Liquorvolumen zunimmt.

- Eine Zunahme des **Hirnvolumens** ist möglich bei einem Hirnödem oder einem Hirntumor.
- Eine Zunahme des zerebralen **Blutvolumens** ist möglich bei
  - zerebraler Vasodilatation aufgrund einer Hypoventilation (s. S. 240), der Anwendung von Inhalationsanästhetika wie Halothan, Enfluran, Isofluran, Sevofluran, Desfluran, Lachgas (s. S. 32) oder der Anwendung von Vasodilatanzien wie z.B. Nitroglycerin (s.u.) und ähnlichem.
  - Behinderung des venösen Rückflusses aus dem Gehirn bei einer Kopftieflagerung, bei Husten oder Pressen infolge zu flacher Narkose, bei einem PEEP (s. S. 22) oder seitlich gedrehtem Kopf und bei Faszikulationen nach Succinylcholingabe.

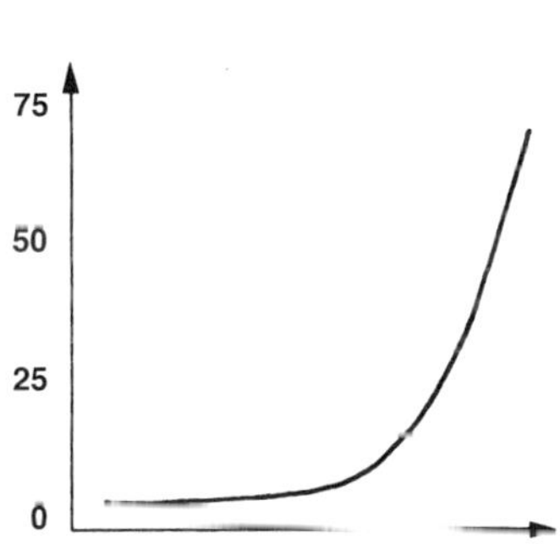

Abb. 5.17 Druckvolumenkurve des Gehirns.

  - intrakranieller Blutung, z.B. einer epiduralen, subduralen oder intraparenchymatösen Blutung.
- Eine Zunahme des intrakraniellen **Liquorvolumens** ist möglich bei einem Hydrozephalus aufgrund einer gesteigerten Liquorproduktion, einer gestörten Liquorresorption oder einer Liquorzirkulationsstörung.
- Sonstiges:
  Ketanest sowie eine Hypoxie führen ebenfalls zu einer Steigerung des intrakraniellen Drucks.

Senkung des intrakraniellen Drucks

Eine Senkung des intrakraniellen Drucks ist dagegen möglich, wenn das zerebrale Blutvolumen, das Hirnvolumen oder das zerebrale Liquorvolumen abnimmt.

- Eine Verminderung des intrakraniellen Blutvolumens ist möglich durch
  - zerebrale Vasokonstriktion aufgrund einer kontrollierten Hyperventilation (s. S. 245), Barbituratgabe oder Hypothermie.
  - Verbesserung des venösen Rückflusses aus dem Gehirn aufgrund einer Oberkörperhochlagerung von ca. 30 Grad und einem geradeausblickend gelagerten Kopf, einer tiefen Narkoseführung und dem Vermeiden von Husten und Pressen.
  - operative Ausräumung einer intrakraniellen Blutung.
- Eine Reduktion des Hirnvolumens ist möglich durch
  - Osmodiuretika wie Mannit oder Sorbit, die dem Gehirn Wasser entziehen.
  - Steroide, die ein Hirnödem vermindern sollen. Erfolgversprechend sind Steroide beim peritumorösen Ödem. Beim Hirnödem nach SHT sind sie dagegen wirkungslos.
- Eine Verminderung des intrakraniellen Liquorvolumens ist möglich durch
  - Liquordrainage mittels Ventrikelkatheter.

Gefahren eines erhöhten intrakraniellen Drucks

Bei einer Verletzung des Gehirns (z.B. einem Hirnödem) ist die Autoregulation des zerebralen Gefäßsystems (s. S. 240) gestört. Damit wird die Hirndurchblutung direkt abhängig vom sogenannten zerebralen Perfusionsdruck.

Der **zerebrale Perfusionsdruck** (**c**erebral **p**erfusion **p**ressure = CPP) ist abhängig vom arteriellen Mitteldruck (**m**ean **a**rterial **p**ressure = MAP) und vom intrakraniellen Druck (**i**ntra**c**ranial **p**ressure = ICP). Es gilt die Beziehung CPP = MAP–ICP.

Eine Erhöhung des intrakraniellen Drucks bewirkt eine Verminderung des zerebralen Perfusionsdrucks (CPP) und damit eine Verminderung der Hirndurchblutung, unter Umständen bis zur Mangeldurchblutung. Ist der intrakranielle Druck (ICP) im Extremfall gleich dem arteriellen Mitteldruck (MAP), so findet keine Hirndurchblutung mehr statt (CPP = MAP–ICP).

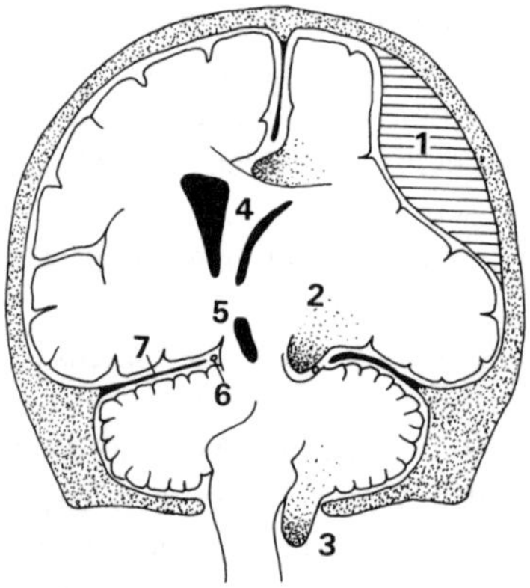

Abb. 5.18 Querschnitt durch den Schädel eines Patienten mit epiduralem Hämatom. Aufgrund des Hämatoms droht die Verlagerung von Hirnanteilen mit eventueller Hirnschädigung. 1 = epidurales Hämatom, 2 = Einklemmung am Tentoriumschlitz, 3 = Einklemmung ins Foramen occipitale magnum, 4 = verlagerte Seitenventrikel, 5 = 4. Hirnventrikel, 6 = Nervus oculomotorius, 7 = Tentorium.

Durch einen hohen intrakraniellen Druck kann es außerdem zu einer Druckschädigung des Gehirns, unter Umständen auch zur **druckbedingten Verlagerung von Hirnteilen** kommen. Möglich ist z.B. eine Herniation (Hineinpressen) von Teilen des Temporallappens in den Tentoriumschlitz (vgl. Abb. 5.18). Hierdurch kommt es zu einer Kompression („Einklemmung“) des Mittelhirns mit Ausbildung einer einseitig weiten Pupille auf der Seite der Einklemmung, da hierbei auch der Nervus oculomotorius (mit seinen pupillenverengenden parasympathischen Fasern) gequetscht wird. Wird diese Situation nicht erkannt oder unzureichend therapiert und steigt der „Hirndruck“ weiter an, so können auch Teile der Kleinhirntonsillen ins Foramen magnum occipitale hineingepreßt werden und eine Kompression des unteren Hirnstamms verursachen. Dadurch kann es zu beidseits weiten Pupillen und durch Kompression des Kreislaufzentrums zum sogenannten **Cushing-Reflex** kommen. Der Cushing-Reflex ist gekennzeichnet durch einen plötzlichen Blutdruckanstieg und einen Abfall der Herzfrequenz.

Die Entwicklung einer weiten und lichtstarren Pupille stellt eine lebensgefährliche Situation dar und zwingt zum sofortigen Handeln. Der „Hirndruck“ muß sofort gesenkt werden. Es geht um Minuten (!!!).

▶ **Therapie**

- Oberkörperhochlagerung (ca. 30 Grad)
- Intubation und sofortiger Beginn einer Hyperventilation evtl. bis zu einem p_aCO_2 von 28–30 mmHg (3,7–4,0 kPa) (= forcierte Hyperventilation, s. S. 241)
- sofort Barbiturat intravenös (z.B. wiederholt 250 mg Thiopental)
- Evtl. Osmodiuretikum (Mannit, Sorbit), das dem Gehirn Wasser entzieht. Nach Gabe eines Osmodiuretikums kommt es zu einem initialen Abfall des „Hirndrucks“. Danach kann es jedoch unter Umständen

zu einem überschießenden ICP-Anstieg kommen **(Rebound-Effekt).** Die Ursache für einen möglichen Rebound-Effekt ist darin zu sehen, daß die Osmodiuretika bei einer Schädigung der Blut-Hirn-Schranke evtl. auch ins Gehirngewebe gelangen. Sie können nun Wasser aus dem Gefäßsystem ins Gehirn nachziehen und daher zu einem sekundären Anstieg des intrakraniellen Drucks führen.

- weitere Maßnahmen zur Senkung eines erhöhten intrakraniellen Drucks s. S. 241
- sofortige Abklärung der Ursache, evtl. mittels zerebralem Computertomogramm (Frage: Hirnödem oder operativ angehbare intrakranielle Blutung?)
- Na, K, Hb, p_aO_2 und Blutzucker normalisieren

Spezielle neurochirurgische Lagerungen (s. S. 27)

Knie-Ellenbogen-Lage (= Mekka-Lage)

Diese Lagerung (vgl. Abb. 5.19) wird oft bei Operationen an der Wirbelsäule gewählt (z.B. bei Bandscheibenoperationen). Nach Narkoseeinleitung wird der Patient auf einen anderen Operationstisch in die Knie-Ellenbogen-Lage umgelagert. Hierbei kann es zu erheblichen Blutdruckabfällen kommen, da die Kreislaufregulationsmechanismen narkosebedingt zum Teil ausgeschaltet sind. Es muß auf eine druckfreie Lagerung der zugeklebten Augen sowie des Bauches geachtet werden. Eine sichere Tubusfixierung ist notwendig, da bei versehentlicher Extubation eine Reintubation in dieser Lagerung nicht möglich ist. Für die Extubation wird der Patient zuerst wieder in die Rückenlage gebracht.

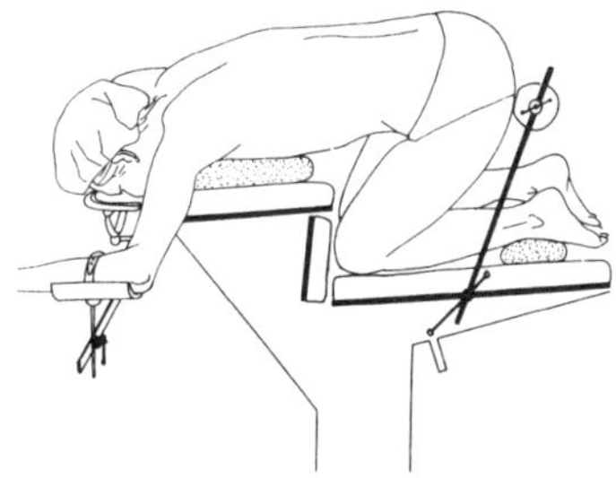

Abb. 5.19 Lagerung für Bandscheibenoperationen.

Bauchlagerung

Die Bauchlagerung wird manchmal bei Eingriffen in der hinteren Schädelgrube vorgenommen. Nach Narkoseeinleitung wird der Patient vorsichtig umgelagert. Zu achten ist auf eine gute Tubusfixierung, mögliche Blutdruckabfälle bei der Umlagerung sowie eine druckfreie Lagerung der Augen und des Bauches. Für die Extubation wird der Patient zuerst wieder in die Rückenlage gebracht.

Sitzende Lagerung

Die sitzende Lagerung (vgl. Abb. 5.20) wird vor allem bei Operationen in der hinteren Schädelgrube gewählt. Nach Narkoseeinleitung darf der Patient nur vorsichtig unter Blutdruckkontrolle schrittweise aufgesetzt werden. Dem hierbei drohenden Blutdruckabfall kann durch Wickeln der Beine vorgebeugt werden. Die sitzende Position ist eine der gefahrenträchtigsten Operationslagerungen, da

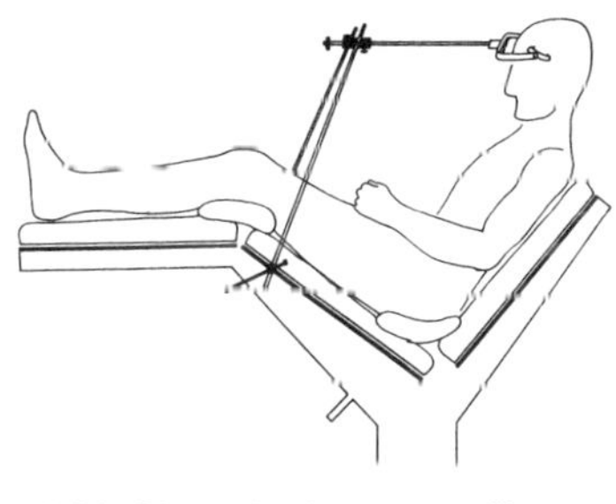

Abb. 5.20 Sitzende Lagerung für neurochirurgische Operationen in der hinteren Schädelgrube.

sie das Entstehen einer Luftembolie begünstigt (s.u.).

Luftembolie bei der sitzenden Lagerung

In der sitzenden Position ist der Venendruck im Kopfbereich negativ. Beim Eröffnen von Venen kann es daher zu einem Lufteintritt in die venösen Gefäße mit der Folge einer Luftembolie kommen.

Eingetretene Luft kann sich im rechten Herzen ansammeln, wodurch die Pumpfunktion des rechten Herzens versagen kann. Gelangen größere Luftmengen durch das rechte Herz bis in die Lungenstrombahn, dann kann es zu einer **Verlegung der Lungenstrombahn** durch Luftblasen kommen, wodurch der Widerstand im Lungenkreislauf so stark zunehmen kann, daß das rechte Herz nicht mehr in der Lage ist, dagegen anzupumpen. Unter Umständen tritt ein akutes Rechtsherzversagen ein. Hat der Patient zufällig noch ein funktionell offenes Foramen ovale (was bei ca. 20–30% der Erwachsenen der Fall ist), dann könnte Luft aus dem rechten in den linken Vorhof übertreten und zu einer Luftembolie (paradoxe Luftembolie) im arteriellen Systemkreislauf führen. Bei einer Embolisation in den Bereich der Koronararterien bzw. des Zerebralkreislaufes kann es zu einem Herz- bzw. Hirninfarkt kommen. Um ein evtl. noch vorhandenes Foramen ovale zu erfassen, wird inzwischen eine präoperative transthorakale Echokardiographie empfohlen.

▶ Hinweise auf eine Luftembolie

- Präkordiale Dopplersonographie:
  Die präkordiale Dopplersonographie ist ein empfindliches Verfahren, um selbst kleine Luftblasen festzustellen. Eine Dopplersonde wird rechts parasternal im 3.–5. Interkostalraum festgeklebt. Zur Überprüfung der korrekten Lage werden einige Milliliter physiologische Kochsalzlösung schnell über einen (ausnahmsweise mit der Spitze im rechten Vorhof liegenden) Kavakatheter (s. S. 171) gespritzt. Bei korrekter Lage der Dopplersonde ist das für eine Luftembolie typische fauchende Geräusch zu hören.
- Plötzlicher Abfall des endexspiratorischen CO_2-Wertes:
  Die durch eine Luftembolie verlegten Anteile der Lungenstrombahn werden plötzlich nicht mehr durchblutet. In diesen Lungenbereichen kann daher auch kein CO_2 mehr ausgeschieden werden. Der CO_2-Partialdruck im Blut steigt an. Der CO_2-Gehalt der Ausatemluft nimmt plötzlich ab. Durch eine kontinuierliche Messung der CO_2-Konzentration im endexspiratorischen Gasgemisch (z.B. mittels Kapnometer) kann also eine Luftembolie sofort erkannt werden. Die Alarmgrenzen der CO_2-Messung müssen stets sehr eng eingestellt sein!
- Transösophageale Echokardiographie:
  Neuerdings wird auch die intraoperative transösophageale Echokardiographie (TEE) als ein sehr empfindliches Verfahren zum Nachweis eventueller Luftembolien empfohlen. Bei dieser Ultraschalldiagnostik des Herzens erfolgt die Schalleinstrahlung über einen in den Ösophagus eingeführten schlauchförmigen Schallkopf.
- Blutdruckabfall, Tachykardie, Herzrhythmusstörungen
- Zyanose
- Pulmonaliskatheter (falls vorhanden):
  Durch die Verlegung der Lungenstrombahn kommt es zu einem plötzlichen Anstieg des Drucks in der Pulmonalarterie (s. S. 182).

▶ Therapie einer Luftembolie

- Sofort den Operateur informieren,
  der das Gefäß zuhält, unterbindet oder, wenn es nicht auffindbar ist, das Operationsgebiet unter Wasser setzt , um einen weiteren Lufteintritt zu verhindern.
- Absaugen der Luft aus dem rechten Vorhof/Herzen:
  Über einen Kavakatheter, dessen Spitze bei solchen Operationen ausnahmsweise im

rechten Vorhof plaziert wird, kann versucht werden, die Luft abzusaugen. Um eine schnelle Absaugmöglichkeit zu garantieren, muß eine 20-ml-Spritze oder besser eine Vakuumflasche über einen geschlossenen Dreiwegehahn bereits vor Operationsbeginn an den Kavakatheter angeschlossen werden. Am Ende der Operation ist beim liegenden Patienten der Kavakatheter wieder einige Zentimeter zurückzuziehen, so daß die Spitze kurz vor Einmündung der Vena cava superior in den rechten Vorhof zu liegen kommt (s. S. 171).

- Lachgas sofort abstellen
  und 100% Sauerstoff einschalten. Lachgas diffundiert in die embolisierten Luftblasen (s. S. 32) und führt zu deren Größenzunahme und damit zur Verschlimmerung der Symptomatik.
- PEEP einschalten:
  Hierdurch wird der venöse Rückfluß aus dem Gehirn reduziert; weiteren Luftembolien soll dadurch vorgebeugt werden. Die prophylaktische Anwendung eines PEEP ist dagegen sehr umstritten.
- (evtl. Senken des Kopfteils des Operationstisches)
- (evtl. manuelle Kompression der Venae jugularis internae)
- evtl. medikamentöse Unterstützung des rechten Herzens, z.B. mit einer Dobutamin-Infusion (s. S. 271)

Anästhesiologische Besonderheiten in der Neurochirurgie

Volumenzufuhr

Bei Gehirnoperationen ist eine übermäßige Volumenzufuhr zu vermeiden. Blutverluste sollten durch Plasmaersatzmittel oder Blut ersetzt werden. Auf reine Glukoselösungen (z.B. Glukose 5%) muß verzichtet werden, da nach Metabolisierung der Glukose freies Wasser, also eine hypotone Lösung, übrigbleibt. Dieses diffundiert großteils ins Gewebe und kann zu einer Verstärkung eines Hirnödems führen.

Kontrollierte Hyperventilation

Bei vielen neurochirurgischen Patienten besteht bereits präoperativ ein erhöhter intrakranieller Druck. Durch die Hirnoperation kommt es meist zu einem Ödem des Gehirns mit Gefahr der weiteren postoperativen Steigerung des intrakraniellen Drucks (s. S. 242).

> Durch eine kontrollierte mäßige Hyperventilation mit einem angestrebten arteriellen p_aCO_2-Wert von ca. 4,0–4,7 kPa (= 30–35 mmHg) kann eine zerebrale Vasokonstriktion (s. S. 240) mit Abnahme der Hirndurchblutung und damit des intrakraniellen Drucks (s. S. 241) erzielt werden. In Ausnahmefällen kann auch eine forcierte Hyperventilation durchgeführt werden, wobei ein p_aCO_2 von 3,7–4,0 kPa (= 28–30 mmHg) notwendig ist.

Die normale Hirndurchblutung beträgt ca. 50 ml/100 g Hirngewebe pro Minute. Durch eine Änderung des p_aCO_2 um 1 mmHg ändert sich die Hirndurchblutung um 1 ml/100 g Hirngewebe pro Minute. Wird beispielsweise der p_aCO_2 von normalerweise 40 auf 30 mmHg gesenkt, dann nimmt die Hirndurchblutung von ca. 50 auf 40 ml/100 g Hirngewebe pro Minute ab. In den letzten Jahren wird eine starke Hyperventilation zunehmend kritisch beurteilt.

Die kontrollierte Hyperventilation wird anhand einer kontinuierlichen endexspiratorischen CO_2-Messung überwacht. Zur exakten Beurteilung der endexspiratorischen CO_2-Messung muß mehrmals eine arterielle Blutgasanalyse vorgenommen werden. Beim Vergleich des kontinuierlich angezeigten endexspiratorischen CO_2-Wertes mit dem CO_2-Wert der arteriellen Blutgasanalyse läßt sich feststellen, daß der arterielle Wert etwas höher ist. Diese alveoloarterielle CO_2-Partialdruckdifferenz (A-a-DCO_2) ist bei gleichbleibender Lungenfunktion konstant. Je schlechter die Lungenfunktion, desto größer ist dieser Differenzbetrag. Der genaue arterielle CO_2-Wert ist also um diesen Differenzbetrag höher als der aktuell angezeigte endexspiratorische CO_2-Wert.

Kontrollierte Hypotension

Durch eine vorübergehende, medikamentös erzielte Blutdrucksenkung (= kontrollierte Hypotension) bis auf einen minimalen arteriellen Mitteldruck von ca. 50 mmHg kann folgendes erreicht werden:

- Bei voraussichtlich sehr blutreichen Operationen kann der Blutverlust (um ca. 50%) reduziert werden (z.B. gefäßreiche Hirntumoren).
- Durch Verminderung der Blutungen im Operationsgebiet können bessere Operationsbedingungen geschaffen werden. Dies ist vor allem wichtig bei mikrochirurgischen Operationen (z.B. mikrochirurgische Eingriffe am Gehirn oder Mittelohr).
- Die Rupturgefahr eines Aneurysmas einer Hirnarterie kann während der operativen Freilegung vermindert werden.

Medikamente für die kontrollierte Hypotension

Nitroglycerin (Trinitrosan)

Nitroglycerin wirkt vor allem auf die venösen Kapazitätsgefäße dilatierend.

▶ Vorteile

Keine Toxizität, gute Steuerbarkeit, kurze Plasmahalbwertszeit.

▶ Nachteile

Auch die intrakraniellen venösen Gefäße werden weitgestellt mit der Gefahr, daß ein bereits erhöhter intrakranieller Druck weiter ansteigt (s. S. 241). Bei neurochirurgischen Patienten mit Verdacht auf einen erhöhten intrakraniellen Druck darf Nitroglycerin deshalb erst nach Eröffnung der Dura eingesetzt werden.

In ca. 20% ist die blutdrucksenkende Wirkung des Nitroglycerins jedoch nicht ausreichend.

▶ Lösung

Zum Beispiel 1 Ampulle Trinitrosan = 50 mg/10 ml in einer Perfusorspritze auf 50 ml aufziehen (1 mg/ml).

▶ Dosierung

Nach Wirkung, bis zu 10(–15) ml/Stunde über einen Perfusor.

Nitroprussid-Natrium (nipruss)

Nitro**p**russid-**N**atrium (NPN) wird nur relativ selten eingesetzt. Es sollte jedoch für kritische Situationen (z.B. Aneurysmaruptur) stets aufgezogen griffbereit sein. NPN wirkt vor allem auf die arteriellen, zum Teil auch auf die venösen Gefäße dilatierend.

▶ Vorteile

Die Wirkung setzt sofort ein und ist nach Infusionsstop sofort wieder beendet. Es kann jede beliebige Blutdrucksenkung erzielt werden. Die Dosierung muß streng nach Wirkung erfolgen!

▶ Nachteile

- reflektorische Tachykardie,
  die unter Umständen die Gabe eines Beta-Blockers notwendig macht
- Weitstellung auch der intrakraniellen Gefäße:
  Bei neurochirurgischen Patienten mit einem erhöhten intrakraniellen Druck darf NPN erst nach Eröffnen der Dura eingesetzt werden, um einen weiteren Anstieg

des intrakraniellen Drucks zu vermeiden (s. S. 241).

- Tachyphylaxie:
  Unter Umständen tritt dann eine sehr schnelle „Gewöhnung" an das Medikament (= Tachyphylaxie) auf. Für die gleiche Wirkung werden immer höhere Dosen benötigt.
- Toxizität:
  Beim Abbau von NPN wird Zyanid freigesetzt. Bei hoher Zyanidkonzentration wird die Sauerstoffverwertung im Gewebe blockiert. Es kommt daher zur anaeroben Glykolyse mit Ausbildung einer metabolischen Azidose (Abfall von pH-Wert und Standardbikarbonat). Durch Zusatz von Thiosulfat kann die Zyanidtoxizität des NPN vermindert werden.
- Rebound-Effekt:
  Das heißt, bei plötzlichem Abbrechen der NPN-Infusion kann ein überschießender Blutdruckanstieg auftreten. Deshalb muß NPN immer langsam reduziert werden.

▶ Lösung

Nitroprussid-Natrium (nipruss) liegt als Trockensubstanz vor und muß aufgelöst werden. Die Lösung darf erst kurz vor Anwendung hergestellt werden, da sie nur ca. 4 Stunden haltbar ist. Aufgrund der Lichtempfindlichkeit müssen eine schwarze (oder mit Aluminiumfolie umwickelte) Perfusorspritze und Perfusorleitung benützt werden. Es hat sich folgende Lösung bewährt:

Stammlösung
= 50 mg Nipride in 5 ml Lösungsmittel
+ 5 ml 10%ige Thiosulfatlösung
+ 40 ml Glukose 5%

= 50 ml in Perfusorspritze (1 ml = 1 mg)

▶ Dosierung

Streng nach Wirkung: 0,5–10(–15) µg/kg KG/min. Maximale Gesamtdosis: 1,5 mg/kg KG innerhalb von 2–3 Stunden.

Inhalationsanästhetika

Im Prinzip kann mit einem Inhalationsanästhetikum jede gewünschte Blutdrucksenkung eingestellt werden. Hierzu wären jedoch zum Teil sehr hohe Konzentrationen mit entsprechenden Nebenwirkungen notwendig. Inhalationsanästhetika werden heute nur noch in Kombination mit Nitroglycerin (oder Nitroprussid-Natrium) eingesetzt. Bei neurochirurgischen Patienten mit Verdacht auf einen erhöhten „Hirndruck" dürfen Inhalationsanästhetika nur nach Eröffnen der Dura eingesetzt werden, da sie eine zerebrale Vasodilatation mit der Gefahr einer Steigerung des intrakraniellen Drucks verursachen (s. S. 241). Vorzugsweise wird hierzu Isofluran verwendet, da es von den verdampfbaren Inhalationsanästhetika den intrakraniellen Druck am wenigsten steigert. Außerdem führt Isofluran zu einer deutlichen Verminderung des Hirnstoffwechsels.

Propofol (Disoprivan)

Zunehmend häufiger wird bei der kontrollierten Hypotension auf die Gabe eines volatilen Anästhetikums verzichtet und eine totale intravenöse Anästhesie (s. S. 111) unter Verabreichung von Propofol und Sufentanil über eine Spritzenpumpe durchgeführt. Bei relativ hoher Propofoldosierung kann zumeist ebenfalls eine mäßige Hypotension erzielt werden.

Durchführung der kontrollierten Hypotension

Es hat sich folgendes Vorgehen bewährt: Mittel der ersten Wahl ist Trinitrosan (s.o.). Falls die Hypotension unzureichend sein sollte, kann zusätzlich bis 1 Vol.% Isofluran zugegeben oder notfalls auf NPN übergewechselt werden. Bei Durchführung einer totalen intravenösen Anästhesie (s. S. 111) unter Gabe von Propofol mittels Spritzenpumpe gelingt mittels zusätzlicher Trinitrosan-Gabe meist eine ausreichende Blutdrucksenkung.

Überwachungsmaßnahmen

- kontinuierliche blutig-arterielle Druckmessung (s. S. 172)
- regelmäßige Messung des ZVD
- EKG
- Kontrolle der Körpertemperatur
- Kontrolle der Urinausscheidung:
  Empfehlenswert ist die Verabreichung von Dopamin in „Nierendosis" zur Verbesserung der Nierendurchblutung (bis 3 µg/kg KG/min, s. S. 271).
- Laborkontrollen:
  regelmäßig arterielle Blutgasanalysen, Säure-Basen-Haushalt, Hb, HK
- Während der Hypotension müssen mindestens 50% Sauerstoff verabreicht werden.
- langsames Ausschleichen der blutdrucksenkenden Medikamente

Kontraindikationen

- koronare oder zerebrale Durchblutungsstörungen
- Anämie
- Niereninsuffizienz
- Hypertonus

Überwachungsmaßnahmen bei intrakraniellen Eingriffen

- arterielle Blutdruckmessung (s. S. 172)
- Kavakatheter (s. S. 167):
  Bei Gefahr einer Luftembolie muß die Spitze des Kavakatheters ausnahmsweise im rechten Vorhof plaziert werden. Über einen Dreiwegehahn muß eine 20-ml-Spritze oder besser eine Vakuumflasche für ein eventuelles schnelles Absaugen von Luft aus dem rechten Herzen angebracht werden (s. S. 244).
- Kontinuierliche Temperaturmessung
  über eine rektale oder ösophageale Temperatursonde. Der Auskühlungsgefahr sollte durch eine Wolldecke/Aluminiumfolie/Wärmematte vorgebeugt werden (s. S. 206).
- Dauerkatheter
- Ultraschall-Dopplersonographie oder transösophageale Echokardiographie bei Luftemboliegefahr (s. S. 244)
- EKG mit akustischem Signal:
  Bei Operationen am Hirnstamm können plötzliche Rhythmusstörungen, insbesondere Bradykardien, auftreten. Diese müssen sofort dem Operateur mitgeteilt werden.
- kontinuierliche endexspiratorische CO_2-Messung (s. S. 244)
- Relaxometrie:
  Während intrakranieller Eingriffe ist es wichtig, daß sich der Patient sicher nicht bewegt. Aus diesem Grunde ist eine tiefe Relaxation sowie eine Überwachung des Relaxationsgrades mittels Relaxometrie (s. S. 69) angezeigt.
- Laborbestimmungen:
  Arterielle Blutgasanalysen, Na, K, Blutzucker, bei Bedarf Hb, Gerinnung. Bei unklarer Polyurie: BZ, Urinzucker und spezifisches Gewicht des Urins zur Unterscheidung zwischen „Zuckerdiurese" und Diabetes insipidus.
  Eine **Zuckerdiurese** entsteht normalerweise, wenn die Blutzuckerkonzentration über 180 mg% ansteigt. Dann wird Zucker über den Urin ausgeschieden (Glukosurie). Da Zucker Wasser an sich bindet, kommt es zusätzlich zur vermehrten Urinausscheidung (osmotische Diurese). Es läßt sich Zucker im Urin nachweisen. Therapie: Insulingabe zur Senkung des Blutzuckers. Um die Blutzuckerkonzentration um 100 mg% zu senken, werden ca. 4 IE Alt-Insulin benötigt.
  Ein **Diabetes insipidus** kann z.B. entstehen, wenn es aufgrund einer Schädigung des Gehirns zu einer verminderten Ausschüttung des **anti****d**iuretischen **H**ormons (ADH) aus dem Hypophysenhinterlappen kommt. Folge ist eine massive Diurese (fast wasserklarer Urin). Ein spezifisches Gewicht von 1004 g/l oder weniger spricht für einen Diabetes insipidus. Therapie: Desmopressin (Minirin).

- Sonstiges:
  Befeuchtung der Einatmungsgase bei langen Operationen. Bei Operationen von Hirntumoren muß die bereits präoperativ begonnene Steroidtherapie weitergeführt werden (z.B. 8 mg Fortecortin alle 4 Stunden).

Allgemeine Bemerkungen zur Narkoseführung bei neurochirurgischen Operationen

▶ Prämedikation
Bewußtseinsgetrübte Patienten dürfen zur Prämedikation kein sedierendes oder atemdepressives Medikament erhalten. Bei Krampfneigung muß auf Neuroleptika verzichtet werden (s. S. 8).

▶ Narkoseeinleitung
Bei Patienten mit Verdacht auf einen erhöhten intrakraniellen Druck muß eine besonders schonende Narkoseeinleitung vorgenommen werden. Jegliche Maßnahme, die zu einer weiteren Steigerung des intrakraniellen Drucks führen kann, ist zu vermeiden (s. S. 241). Als Einleitungshypnotikum eignet sich insbesondere Thiopental (s. S. 42), da es den intrakraniellen Druck senkt. Barbiturate führen zu einer Verminderung des zerebralen Stoffwechsels. Da die Hirndurchblutung eng an den Hirnstoffwechsel gekoppelt ist, führt eine deutliche Senkung des zerebralen Stoffwechsels auch zu einer Erniedrigung der zerebralen Durchblutung. Diese Abnahme des zerebralen Blutvolumens führt zu einem Abfall des intrakraniellen Drucks.

▶ Narkoseführung
Bei erhöhtem intrakraniellem Druck müssen Maßnahmen zur Senkung des intrakraniellen Drucks unternommen werden (z.B. mäßige kontrollierte Hyperventilation, s. S. 245) und Maßnahmen unterlassen werden, die zu einer Steigerung des intrakraniellen Drucks führen können (z.B. Halothan-/Enfluran-/Isofluran-/Sevofluran-/Desfluran-Gabe). Es ist eine totale intravenöse Anästhesie (TIVA; s. S. 111) oder eine Neuroleptanästhesie (s. S. 115) ohne Lachgas durchzuführen.

▶ Narkoseausleitung
Eine schonende Narkoseausleitung ohne Husten und Pressen ist anzustreben, um einen Anstieg des intrakraniellen Drucks und um das erhöhte Risiko von Nachblutungen zu vermeiden. Falls die Gefahr eines Hirnödems besteht, der Patient nicht ansprechbar ist, Schluckstörungen oder keine gesicherte Spontanatmung zu erwarten sind, muß der Patient intubiert auf die Intensivstation verlegt werden. In den letzten Jahren wird nach unkomplizierten Hirnoperationen häufig eine primäre Extubation noch auf dem Operationstisch angestrebt.

Neurochirurgische Operationen

Bandscheibenvorfall (= BSV)

▶ Prämedikation
Bei stärkeren präoperativen Schmerzen sollte gegebenenfalls ein Opioid im Rahmen der Prämedikation verabreicht werden (z.B. Dolantin, Atropin; Atosil i.m.; s. S. 8, 10).

▶ Lagerung
Knie-Ellenbogen-Lage (vgl. Abb. 5.19).

▶ Extubation
In Rückenlage schonende Extubation ohne Husten und Pressen, um Nachblutungen zu vermeiden.

▶ Mögliche operative Komplikationen
Ein unklarer Blutdruckabfall kann Hinweis auf eine operationsbedingte Verletzung der Aorta oder der Arteria iliaca sein (sehr selten).

Hämatomausräumung bei chronischer Steigerung des ICP aufgrund eines chronischen sub-/epiduralen Hämatoms oder eines chronischen Hydrozephalus

▶ Narkoseführung
TIVA (s. S. 111) oder NLA ohne Lachgas (s. S. 115). Bei diesen Patienten ist ein erhöhter intrakranieller Druck (ICP = **i**ntra**c**ranial **p**ressure) anzunehmen. Jegliche Maßnahme, die eine weitere Steigerung des intrakraniellen Drucks provozieren könnte, ist zu unterlassen (s. S. 241). Mindestens bis zur Eröffnung der Dura sollte der Patient kontrolliert hyperventiliert werden (s. S. 245).

▶ Extubation
Nach Rücksprache mit dem Operateur ist postoperativ die Extubation oder die Verlegung des intubierten Patienten auf die Intensivstation anzustreben.

Hämatomausräumung bei akuter Steigerung des ICP aufgrund eines akuten epi-/subduralen Hämatoms, einer intrakraniellen Blutung oder eines akuten Hydrozephalus

▶ Allgemeine Bemerkungen
Es handelt sich um eine absolut dringliche Operationsindikation (!!), da ein stark erhöhter intrakranieller Druck (ICP) mit all seinen Gefahren anzunehmen ist (s. S. 241). Es darf keine Zeit mit dem Legen eines Dauerkatheters, eines Kavakatheters usw. verlorengehen. Diese Maßnahmen dürfen erst nach der operativen Entlastung vorgenommen werden. **Es geht um Minuten (!!).**

▶ Narkoseführung
TIVA (s. S. 111) oder NLA ohne Lachgas (s. S. 115). Jegliche Maßnahme, die eine Steigerung des intrakraniellen Drucks provozieren könnte, ist streng zu vermeiden (s. S. 241). Es muß auch auf Lachgas verzichtet werden (s. S. 32). Maßnahmen zur Senkung des intrakraniellen Drucks sind durchzuführen (s. S. 241). Postoperativ wird der Patient intubiert auf die Intensivstation verlegt.

Operationen an der Halswirbelsäule

▶ Lagerung
Rückenlagerung oder sitzende Lagerung (s. S. 243). Bei Operationen in sitzender Lagerung muß die Gefahr einer Luftembolie beachtet werden (s. S. 244).

▶ Extubation
Die Extubation ist nur nach Rücksprache mit dem Operateur erlaubt, da evtl. postoperativ eine ödembedingte, vorübergehende Querschnittssymptomatik mit einer Atemlähmung droht. Ist dies zu befürchten, so muß der intubierte Patient auf die Intensivstation verlegt werden.

Aneurysma-Clipping

▶ Allgemeines
Bei zerebralen Aneurysmaoperationen droht die Gefahr, daß das Aneurysma rupturiert (platzt), vor allem beim Freipräparieren des Aneurysmas oder während eines Blutdruckanstiegs.

▶ Einleitung
Es muß unbedingt ein Blutdruckanstieg vermieden werden. Als Einleitungshypnotikum eignet sich Thiopental wegen seiner blutdrucksenkenden Nebenwirkung. Zur Intubation empfehlen sich Fentanyl oder Sufentanil

in hoher Dosierung und ein Verzicht auf Succinylcholin zugunsten einer Vollrelaxation mit einem nichtdepolarisierenden Muskelrelaxans (z.B. Rocuronium).

▶ **Narkoseführung**
Tiefe Narkose, um Blutdruckanstiege zu vermeiden. Erweiterte Überwachungsmaßnahmen (s. S. 248). Bei schwierigen Operationsbedingungen ist eine kontrollierte Hypotension (s. S. 246) durchzuführen, um die Rupturgefahr zu vermindern. Da bei Patienten mit einem zerebralen Aneurysma eine Neigung zu zerebralen Gefäßspasmen besteht, sollte höchstens eine mäßige Hyperventilation (s. S. 245) durchgeführt werden. Bei einer forcierten Hyperventilation besteht die Gefahr, daß ein Gefäßspasmus mit Mangeldurchblutung und Infarkt provoziert wird. Kommt es zur Aneurysmaruptur, so muß sofort eine extreme kontrollierte Hypotension durchgeführt werden, bis die Blutung im Griff ist. Postoperativ wird der nasal umintubierte Patient auf die Intensivstation verlegt.

Kraniotomien bei Hirntumoren

▶ **Narkoseführung**
Erweiterte Überwachungsmaßnahmen (s. S. 248). Kontrollierte mäßige Hyperventilation (s. S. 245). Bei gefäßreichen Tumoren evtl. kontrollierte Hypotension (s. S. 246). Postoperativ wird der intubierte Patient auf die Intensivstation verlegt (vgl. Aneurysma-Clipping S. 250).

▶ **Besonderheiten**
8 mg Fortecortin alle 4 Stunden (s. S. 241) zur Therapie des perifokalen Hirnödems.

Tumoren der hinteren Schädelgrube

▶ **Lagerung**
Meist sitzende Lagerung (s. S. 243) oder Bauchlagerung.

▶ **Narkoseführung**
Gefahr einer Luftembolie (s. S. 244). Bei gefäßreichen Tumoren evtl. Durchführung einer kontrollierten Hypotension (s. S. 246). Postoperativ wird der intubierte Patient auf die Intensivstation verlegt.

▶ **Besonderheiten**
8 mg Fortecortin alle 4 Stunden (s. S. 241) zur Therapie des perifokalen Hirnödems.

Hypophysentumoren

▶ **Lagerung**
Rückenlagerung, halbsitzende Lagerung oder Seitenlagerung.

▶ **Tubus**
Bei transnasaler Operation muß mit einem Woodbridge-Tubus (s. S. 77) oral intubiert werden.

▶ **Narkoseführung**
Kontrollierte mäßige Hyperventilation (s. S. 245). Bei halbsitzender Lagerung: Gefahr einer Luftembolie (s. S. 244).

▶ **Besonderheiten**
Am Operationstag: 3 x 100 mg Hydrocortison in 500 ml Glukose 5% über jeweils 8 Stunden.

Anästhesie in der HNO-/Kieferchirurgie

Allgemeine Bemerkungen

Ungünstigerweise liegt in der HNO-/Kieferchirurgie das Operationsgebiet zumeist im Bereich der Luftwege. In diesen Fällen ist zur Sicherung der Luftwege normalerweise eine Intubationsnarkose durchzuführen.

▶ Tubus

Zum Teil werden flexible, nicht knickbare Woodbridge-Tuben, zunehmend häufiger aber speziell vorgeformte Plastik-Tuben (vgl. Abb. 5.21) verwendet. Wird bei Kindern, bei denen ein Tubus ohne Blockung verwendet werden muß (s. S. 211), im Nasen-Mund-Rachen-Raum operiert, so sollte der Rachen austamponiert werden, damit es nicht neben dem liegenden Tubus zu einer Aspiration kommen kann. Bei HNO-/kieferchirurgischen Narkosen kommt es überdurchschnittlich häufig zum versehentlichen **Lösen der Steckverbindungen:** Tubus – Konnektor – Y-Stück – Atemschläuche. Da während der Operation diese Steckverbindungen zumeist unter den Abdecktüchern liegen und nicht einsehbar sind, sollten diese Steckverbindungen mit Pflasterstreifen gesichert werden. Die Pflasterstreifen sollten am Ende leicht umgeschlagen sein, damit notfalls sofort das Pflaster gefaßt und abgezogen werden kann (vgl. Abb. 5.22). Außerdem empfiehlt es sich, mittels eines linksthorakal über der Herzspitze aufgeklebten sogenannten präkordialen Stethoskops ständig Kontakt zum Patienten zu halten. Es sollte auch stets eine Kapnographie (endexspiratorische CO_2 Messung) durchgeführt werden. An der Kapnographiekurve kann eine Diskonnektion oder eine versehentliche Extubation sofort erkannt werden. Bei Laserchirurgischen Eingriffen müssen spezielle Laser-Tuben verwendet werden.

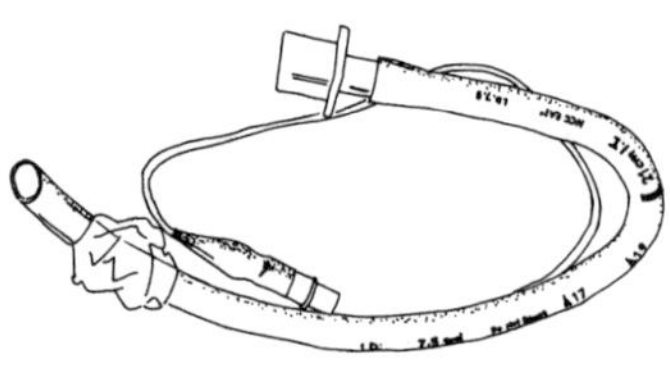

Abb. 5.21 Vorgeformter Tubus für HNO- oder kieferchirurgische Eingriffe (sogenannter RAE-Tubus).

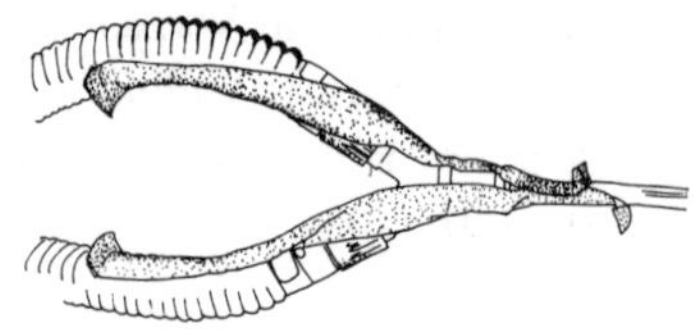

Abb. 5.22 Sicherung der Steckverbindungen zwischen Beatmungsschläuchen, Y-Stück und Tubus durch Pflasterstreifen.

▶ Intubation

Sehr häufig ist in der HNO-/Kieferchirurgie mit Intubationsproblemen zu rechnen, z.B. bei Patienten mit einem Zungengrundkarzinom oder einem Kehlkopfkarzinom oder bei Patienten, bei denen ein Halstumor bereits operiert wurde (und nun atypische pathologisch-anatomische Verhältnisse vorliegen) oder bei Patienten mit einer Kieferklemme usw. Bei diesen Patienten ist vor der Intubation eine sehr genaue Inspektion der oberen Luftwege, notfalls unter leichter Sedierung und mit Hilfe des Laryngoskops, durchzuführen. Außerdem ist Rücksprache mit dem HNO-Arzt zu halten, ob er aufgrund seiner präoperativen Kehlkopfspiegelung Intubationsprobleme vermutet. Sind Intubationsprobleme zu vermuten, so sollte ein **Intubationsversuch nur am spontan atmenden Patienten** vorgenommen werden. Es sollte möglichst eine fiberbronchoskopische Intubation am spontanatmenden Patienten angestrebt werden.

▶ Narkoseführung

Häufig werden in der HNO-/Kieferchirurgie adrenalinhaltige Lösungen in das Operationsgebiet eingespritzt, um eine Verminderung der

Blutung anzustreben. Da es durch Katecholamingabe (z.B. adrenalinhaltige Lokalanästhetika) während einer Halothannarkose gehäuft zu Herzrhythmusstörungen (s. S. 33) kommen kann, wird deshalb in der HNO-/Kieferchirurgie Halothan zugunsten von Enfluran/Isofluran/Sevofluran/Desfluran oder einer IVA/TIVA (bzw. einer Neuroleptanästhesie) vermieden.

▶ **Extubation**

Bei Operationen im Bereich der oberen Luftwege sollte vor der Extubation der Mund-Rachen-Raum möglichst immer unter laryngoskopischer (!) Sicht abgesaugt werden, um zu vermeiden, daß verbliebene Blut- oder Sekretreste oder eine zurückgelassene Rachentamponade nach der Extubation aspiriert werden oder zu einer Reizung des Kehlkopfes mit Auslösung eines Laryngospasmus (s. S. 190) führen könnten.

Die Extubation sollte immer erst vorgenommen werden, wenn die Schutzreflexe sicher zurückgekehrt sind (!).

Nach der Extubation sollte der Patient, falls möglich, in Seitenlage und leichte Kopftieflage gebracht werden, damit Blut aus dem Mund-Rachen-Raum abfließen kann.

HNO- und kieferchirurgische Operationen

Entfernung der Rachenmandeln (= Adenotomie = AT) und der Gaumenmandeln (= Tonsillektomie = TE)

AT und TE sind sehr häufige Operationen im Kindesalter. Bei den meist sonst gesunden Kindern muß gezielt nach aktuellen Infekten der oberen Luftwege und nach gelockerten Zähnen gefragt werden. Für die Intubation werden oft speziell vorgeformte Plastiktuben verwendet (RAE-Tuben; Abb. 5.21). Der Tubus sollte ausnahmsweise mittelständig an der Unterlippe fixiert werden.

Bei einer AT oder TE besteht während der Operation die große Gefahr, daß der Tubus versehentlich aus der Trachea herausrutscht oder zu tief in die Trachea gleitet (= einseitige Intubation, s. S. 87).

Der Grund sind notwendige Manipulationen des Operateurs am Tubus und am Kopf des Patienten, z.B. das Einsetzen und Herausnehmen eines Mundspreizers. Außerdem wird für diese Operationen der Kopf des Kindes massiv überstreckt und abgesenkt (=„hängender Kopf"). Auch bei Änderung dieser Kopflagerung kann der Tubus verrutschen. Des weiteren kann der Tubus durch den Mundsperrer abgedrückt werden. Es empfiehlt sich daher ein präkordial festgeklebtes Stethoskop. Außerdem sollte möglichst eine endexspiratorische CO_2-Messung durchgeführt werden. Hierdurch können eine versehentliche Extubation oder Diskonnektion sofort erkannt werden. Die Extubation sollte nach den auf der Seite 255 geschilderten Kriterien erfolgen. Öfters ist bei diesen Patienten nach der Extubation mit dem Auftreten eines Glottiskrampfes oder eines Laryngospasmus zu rechnen (s. S. 190). In der postoperativen Phase muß auf mögliche Nachblutungen geachtet werden. Die Patienten sollten postoperativ aufgefordert werden, das Blut nicht zu verschlucken, sondern auszuspucken. Hierdurch ist eine bessere Kontrolle einer eventuellen Nachblutung möglich.

Muß ein Patient wegen einer Nachblutung nach einer AT oder einer TE nochmals operiert werden, so ist davon auszugehen, daß er bereits größere Mengen Blut verschluckt hat und nicht mehr nüchtern ist (!).

Es muß also eine Ileuseinleitung (!) vorgenommen werden (s. S. 186). Bei stärkeren Blutungen empfiehlt es sich, während der Intubation über einen nasal eingeführten Absaugkatheter das Blut laufend abzusaugen. Da die Patienten infolge der oft erheblichen Blutungen meist hypovolämisch sind, muß vor Narkoseeinleitung ein Plasmaersatzmittel oder gegebenenfalls Blut verabreicht werden. Auf jeden Fall müssen Blutkonserven gekreuzt werden.

Gesichts- und Kieferverletzungen

Bei schweren derartigen Verletzungen ist mit Intubationsschwierigkeiten zu rechnen. Daher sollte ein Intubationsversuch nur am spontan (!) atmenden Patienten vorgenommen werden (s. S. 200). Bei Verdacht auf einen Schädelbasisbruch darf der Patient nicht nasal intubiert werden!

Kehlkopfuntersuchung (= Laryngoskopie) und Mikrochirurgie im Kehlkopfbereich

Damit die Operateure neben dem Tubus im Bereich des Kehlkopfes noch inspizieren und operieren können, muß ein dünner Woodbridge-Tubus (beim Erwachsenen ein 5,0er bis 6,5er Tubus) verwendet werden. Auch die Anwendung der Hochfrequenz-Jet-Ventilation (= high frequency jet ventilation) ist möglich.

> Bei der **Hochfrequenz-Jet-Ventilation** wird das Atemgas über einen sehr dünnen Katheter in die Trachea geleitet. Dieser Katheter wird wie ein nasaler Tubus in die Trachea eingeführt. Die Atemgase können aber auch über eine dünne Kanüle (z.B. 14 G), die durch das Ligamentum cricothyreoideum (s. S. 205) gestochen wird, in die Trachea geleitet werden.

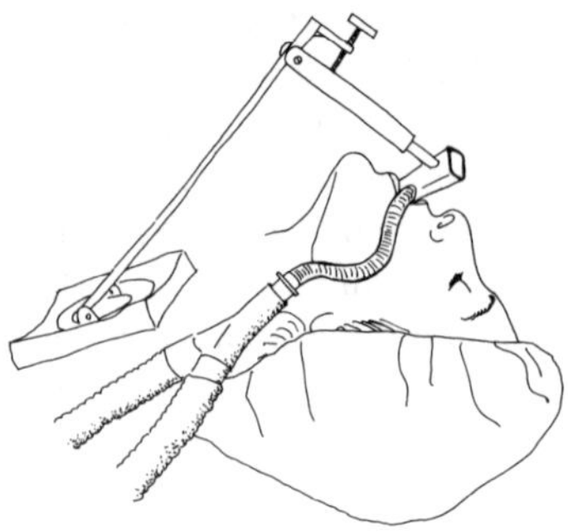

Abb. 5.23 Stützautoskopie.

Mit Hilfe eines speziellen Hochfrequenz-Jet-Ventilators werden nun kleine Gasstöße mit hoher Geschwindigkeit und sehr hoher Frequenz (bis mehrere Hundert pro Minute) in das Tracheobronchialsystem geblasen. Hiermit ist bei minimalem Platzbedarf im eng begrenzten Operationsgebiet eine ausreichende Beatmung möglich. Die Hochfrequenz-Jet-Ventilation hat sich inzwischen für Laryngoskopien, Bronchoskopien und mikrochirurgische Eingriffe im Kehlkopf bewährt. Gegebenenfalls kann – wie im Falle einer nicht möglichen Intubation und nicht möglichen Beatmung empfohlen – eine transtracheale (manuelle) Jet-Ventilation durchgeführt werden (s. S. 203).
Zur guten Einsicht des Kehlkopfes wird dieser vom Operateur oft mit einem sogenannten Stützautoskop eingestellt (vgl. Abb. 5.23). Es gibt auch spezielle Stützautoskope, die eine eingebaute Düse für die Hochfrequenz-Jet-Ventilation besitzen.

Tympanoplastik

Bei einer Tympanoplastik wird der Schalleitungsapparat im Mittelohr operativ wiederhergestellt. Da hierbei mit dem Operationsmikroskop gearbeitet wird, darf der Operationstisch nicht versehentlich erschüttert werden! Vor dem operativen Verschluß des Trommelfells muß das Lachgas abgestellt werden. Bei Verwendung von Lachgas muß mit einer Lachgasdiffusion in die luftgefüllte Paukenhöhle gerechnet werden. Falls die Ohrtrompete (Verbindung: Mittelohr – Rachenraum) nicht durchgängig sein sollte, würde es hierdurch zur Drucksteigerung im Mittelohr kommen, wodurch unter Umständen das wieder vernähte Trommelfell bzw. ein Trommelfelltransplantat abgehoben werden könnte.

Parazentese

Da die Operation (Parazentese = Durchstechen des Trommelfells bei Mittelohrentzündungen) nur einige Minuten dauert, wird meist eine Maskennarkose durchgeführt (s. S. 97).

Halsdissektion (neck dissection)

Bei Halsdissektionen (= subtotale operative Ausräumung der Halsweichteile bei einem Karzinom im Halsbereich) handelt es sich meist um sehr lange Operationen. Die Patienten benötigen einen Kavakatheter (s. S. 167), der jedoch nicht an der Halsseite, an der operiert wird, gelegt werden darf. Oft wird auch eine arterielle Blutdruckmessung vorgenommen (s. S. 172).

Bei der Präparation am Hals im Bereich des Nervus vagus oder des Sinus caroticus kann es zum Auslösen von **bradykarden Herzrhythmusstörungen** kommen. Die Operation muß dann kurzfristig unterbrochen werden. Wird hierdurch keine sofortige Unterbrechung des Reflexes erzielt, sollten 0,5 mg Atropin intravenös verabreicht werden.

Häufig können im Verlaufe dieser vielstündigen Operationen erhebliche Blutverluste auftreten. Bei der Eröffnung größerer Venen besteht die Gefahr einer Luftembolie (s. S. 244). Zur Verringerung der Gefahr einer Luftembolie wird oft ein PEEP (s. S. 336) von ca. 5–8 cm Wassersäule eingestellt. Oft werden die Patienten während dieser Operation tracheostomiert. Falls nicht, so werden sie meist auf der Intensivstation nachbeatmet bis die Schwellung wieder weitgehend abgeklungen ist. Eine unmittelbar postoperative Extubation sollte nur dann vorgenommen werden, wenn der Operateur keine Schwellungsgefahr befürchtet. Die unmittelbar postoperative **Extubation** dieser Patienten ist oft problematisch, da postoperativ die gesamten Halsweichteile stark angeschwollen sind. Da eine eventuelle Reintubation erfahrungsgemäß sehr schwierig oder unmöglich sein kann, sollte eine eventuelle Extubation möglichst im Beisein eines HNO-Arztes (in Koniotomie-Bereitschaft, s. S. 204) vorgenommen werden. Eventuell bietet sich auch die Verwendung eines sogenannten Tubuswechselstabes an, über den gegebenenfalls erneut intubiert werden kann (s. S. 205).

Entzündliche Prozesse im Mund- und Halsbereich

Bei Patienten mit einem Peritonsillarabszeß muß immer überprüft werden, ob der Patient den Mund noch genügend weit öffnen kann oder ob evtl. eine Kieferklemme vorliegt. Bei der Intubation ist darauf zu achten, daß der Abszeß nicht aufplatzt und der Patient Eiter aspiriert. Ein großer, reifer Abszeß sollte deshalb vorher abpunktiert werden. Besteht bei einem Patienten eine Kieferklemme, so kann nicht davon ausgegangen werden, daß diese durch eine Relaxierung sicher aufgehoben wird. Es muß dann eine Intubation am spontan atmenden Patienten vorgenommen werden (s. S. 200).

Anästhesie in der Augenheilkunde

Allgemeine Bemerkungen

Augeninnendruck

Im Auge herrscht normalerweise ein Augeninnendruck von 15 (± 5) mmHg. Eine chronische Erhöhung oder Herabsetzung des Augeninnendrucks führt zu einer Schädigung des Auges. Für den Anästhesisten besonders wichtig sind akute Änderungen des Augeninnendrucks während der Narkose.

Ist der Augapfel operativ oder traumatisch eröffnet, so kann eine plötzliche Erhöhung des Augeninnendrucks zum Herauspressen von Augeninhalt und damit zum Verlust der Sehkraft führen (!).

Eine **Erhöhung des Augeninnendrucks** ist möglich durch: Ketamin, Succinylcholin, Hypoventilation, Hypoxie, Erhöhung des Venendrucks beim Husten, Pressen, Würgen, eine zu flache Narkose, durch Druck auf das Auge bei unvorsichtiger Maskenbeatmung während der Narkoseeinleitung oder bei lokaler Anwendung von Atropin.
Eine **Senkung des Augeninnendrucks** ist möglich durch: Hypnotika, Neuroleptika, Opioide, Tranquilizer, Inhalationsanästhetika, nichtdepolarisierende Muskelrelaxanzien, Hyperventilation und eine tiefe Narkoseführung. Außerdem kann durch verschiedene Medikamente, wie z.B. Acetazolamid (Diamox) die Produktion des Augenkammerwassers vermindert und damit der Augeninnendruck gesenkt werden. Auch durch die Gabe von Osmotherapeutika wie Mannit kann der Augeninnendruck gesenkt werden.

Okulokardialer Reflex

Bei Druck auf den Augapfel oder bei Zug an den äußeren Augenmuskeln (vor allem bei Schieloperationen) kann der sogenannte okulokardiale Reflex ausgelöst werden. Hierbei kommt es über eine indirekte Stimulierung des Nervus vagus zu einer Bradykardie, einer AV-Blockierung oder gar einem Herzstillstand.

Der Operateur muß sofort die Manipulationen am Auge unterbrechen. Verschwinden hierdurch die Reflexsymptome nicht umgehend, so muß Atropin (beim Erwachsenen 0,5 mg; bei Kindern 0,01–0,02 mg/kg KG) intravenös injiziert werden. Bei allen augenchirurgischen Operationen muß deshalb eine kontinuierliche EKG-Ableitung mit relativ lautem akustischem Signal angebracht werden, so daß eine Bradykardie gehört werden kann. Außerdem muß Atropin stets griffbereit sein.

▶ Prämedikation

Durch eine intramuskuläre Injektion von Atropin im Rahmen der Prämedikation kann der okulokardiale Reflex nicht sicher unterdrückt werden. Inzwischen wird auch vor augenchirurgischen Operationen meist eine orale Prämedikation mit vorzugsweise Midazolam bevorzugt.

▶ Tubus

Es empfiehlt sich die Verwendung der flexiblen Woodbridge-Tuben oder speziell vorgeformter Plastik-Tuben (vgl. Abb. 5.21).

▶ Narkoseführung

Falls eine Vollnarkose nötig ist, muß diese fast ausnahmslos in Intubationsnarkose durchgeführt werden. Hierbei ist auf eine schonende Narkoseeinleitung, -führung und -ausleitung zu achten, um einen akuten Anstieg des Augeninnendrucks zu vermeiden. Bei augenchirurgischen Eingriffen wird oft eine Dosis von 1,25–2,5 mg Dehydrobenzperidol zur Narkoseeinleitung empfohlen, um der nach diesen Operationen häufig auftretenden Übelkeit vorzubeugen. Auch falls Propofol zur Aufrechterhaltung einer Narkose verwendet wird (IVA/TIVA; s. S. 111), ist die Häufigkeit von postoperativer Übelkeit deutlich erniedrigt. Da während der Narkose die Steckverbindungen Tubus – Konnektor – Y-Stück – Beatmungsschläuche unter den Abdecktüchern nicht einsehbar sind, sollten diese Steckverbindungen durch Pflasterstreifen gesichert werden, um einer Diskonnektion vorzubeugen (vgl. Abb. 5.22). Die Pflasterstreifen sollten jedoch am Ende umgeschlagen sein, so daß sie notfalls sofort gefaßt und abgezogen werden können. Zusätzlich empfiehlt sich noch die Überwachung der Atmung mit Hilfe eines linkspräkordialen Stethoskops. Während der Operation ist eine **Ruhigstellung des Auges** Voraussetzung für den Operationserfolg. Dies kann durch eine tiefe Inhalationsnarkose oder durch eine (T)IVA oder NLA mit tiefer Relaxation erzielt werden. Da insbesondere bei augeneröffnenden Operationen Augenbewegungen sowie andere Bewegungen des Patienten unbedingt zu vermeiden sind, wird meist eine tiefe Relaxation vorgenommen. Es empfiehlt sich die Überwachung des Relaxationsgrades mit Hilfe eines Relaxometers (s. S. 69). Auch postoperativ ist auf eine ausreichende Ruhigstellung sowie eine Analgesie des Patienten zu achten, um übermäßige Augenbewegungen, Husten und Pressen zu vermeiden. Die Patienten sollten mit leicht erhöhtem Oberkörper auf die Seite des nicht operierten Auges gelagert werden. Insbesondere bei Kindern ist darauf zu achten, daß sie nicht nach dem operierten Auge fassen und den Verband abreißen.

Augenchirurgische Operationen

Strabismus-(= Schiel-)Operation

Es handelt sich zumeist um ansonsten gesunde Kinder. Bei einer Schieloperation besteht durch Zug an den äußeren Augenmuskeln die erhöhte Gefahr, einen okulokardialen Reflex auszulösen (s. S. 256). Atropin muß griffbereit sein.

Perforierende Augenverletzung

> Bei jeder augeneröffnenden Verletzung (und Operation) kann eine akute Steigerung des Augeninnendrucks zum Herauspressen von Augeninhalt mit Verlust der Sehkraft führen (!). Jegliche akute Erhöhung des Augeninnendrucks ist absolut zu vermeiden (!).

Patienten mit einer perforierenden Augenverletzung müssen notfallmäßig operiert werden, sie sind daher als nicht nüchtern zu betrachten. Es muß deshalb eine sogenannte Ileuseinleitung durchgeführt werden (s. S. 186). Allerdings darf nicht, wie sonst üblich, vorher eine Magensonde gelegt werden, da die Patienten hierbei meist würgen und pressen, wodurch ein akuter Anstieg des Augeninnendrucks mit Gefahr für die Sehkraft droht (!). Die **Intubation** muß in tiefer Narkose durchgeführt werden. Bei der Relaxation zur Intubation muß auf Succinylcholin zugunsten eines nichtdepolarisierenden Muskelrelaxans verzichtet werden, da es nach Succinylcholin zu einem Anstieg des Augeninnendrucks kommen kann (s. S. 256). Es empfiehlt sich die Gabe des schnell wirkenden, nichtdepolarisierenden Relaxans Rocuronium (ca. 0,9 mg/kg KG). Während der **Narkose** muß bei augeneröffnenden Operationen eine tiefe Relaxation sichergestellt werden, so daß auch das auf Muskelrelaxanzien relativ unempfindliche Zwerchfell gelähmt ist und keine Zwerchfellkontraktionen (z.B. Schluckauf) möglich sind. Eine relaxometrische Überwachung ist empfehlenswert (s. S. 69). Bei der **Extubation** sollten Husten, Pressen und Würgen am Tubus vermieden werden. Falls z.B. bei Glaskörperentfernung (Vitrektomie) das Auge mit Gas gefüllt wird, sollte vorher das Lachgas ausgestellt werden. Inzwischen wird zunehmend häufiger bei augeneröffnenden Operationen prinzipiell auf Lachgas verzichtet und eine TIVA durchgeführt.

Glaukomoperation

Unter einem Glaukom (= grüner Star) wird eine chronische Erhöhung des Augeninnendrucks verstanden, die zur Erblindung des Patienten führen kann.

Ein Anstieg des Augeninnendrucks muß während der Narkose unbedingt vermieden werden. Bei einem sogenannten Engwinkelglaukom ist eine Atropingabe zu vermeiden, da durch die Pupillenerweiterung der Abfluß des Augenkammerwassers behindert wird und der Augeninnendruck ansteigt.

Kataraktoperation

Unter einem Katarakt wird eine Linsentrübung (= grauer Star) verstanden.

Bei Kataraktoperationen muß ein Anstieg des Augeninnendrucks intra- und postoperativ unbedingt vermieden werden.

Anästhesie in der Abdominalchirurgie

Allgemeine Bemerkungen

▶ Narkoseverfahren

Eingriffe in der Abdominalchirurgie werden in der überwiegenden Zahl in Vollnarkose durchgeführt. Oberbaucheingriffe müssen (!) in Intubationsnarkose mit kontrollierter Beatmung durchgeführt werden. Eingriffe im Unterbauch (z.B. Leistenbruchoperationen) können auch in Spinal- oder Periduralanästhesie bzw. unter Verwendung einer Larynxmaske durchgeführt werden.

▶ Prämedikation

Prinzipiell gilt das auf den Seiten 6f. Gesagte. Je älter der Patient und je schlechter sein Allgemeinzustand, desto niedriger müssen die Prämedikationsmedikamente dosiert werden. Sowohl bei alten Patienten als auch bei Patienten mit einem Oberbaucheingriff sollte auf eine bereits präoperativ begonnene Atemgymnastik geachtet werden. Dies erleichtert dem Patienten die postoperativ notwendig werdenden Maßnahmen wesentlich. Wird mit postoperativen Lungenproblemen gerechnet, so sollte auf jeden Fall eine präoperative Blutgasanalyse abgenommen werden, um einen „Ausgangswert“ zu haben.

▶ Narkoseeinleitung

Bei sämtlichen **als nicht nüchtern zu betrachtenden Patienten,** also Patienten, die z.B. einen Ileus, eine Magenausgangsstenose, eine Magenblutung oder Peritonitis haben, sowie bei Patienten, die über Brechreiz klagen, ist die große **Gefahr einer Aspiration** vor allem bei der Narkoseeinleitung zu beachten. Deshalb muß vor Einleitung, falls noch nicht vorhanden, eine Magensonde gelegt und eine sogenannte Ileuseinleitung durchgeführt werden (s. S. 186).

Bei Operationen, die voraussichtlich länger als ca. 2 Stunden dauern, sollte überlegt werden, ob ein Dauerkatheter benötigt wird. Häufig ist es auch notwendig, eine Kavakatheter (meist nach Narkoseeinleitung) zu plazieren (Indikationen für einen Kavakatheter s. S. 167).

▶ Narkoseführung

Eine Vollnarkose kann in der Abdominalchirurgie fast immer sowohl als Inhalationsanästhesie, balancierte Anästhesie, (T)IVA oder NLA durchgeführt werden. Zumeist wird eine balancierte Anästhesie gewählt. Auch bei Patienten mit einer leichten Erhöhung der Leberwerte, wie z.B. bei einer Gallenoperation (= Cholezystektomie), muß nicht unbedingt auf Inhalationsanästhetika verzichtet werden.

Eine besondere Anforderung an eine Narkose bei intraabdominellen Operationen ist eine gute Muskelerschlaffung, um dem Operateur möglichst optimale Operationsbedingungen zu schaffen. Der Verbrauch an Muskelrelaxanzien ist in der Abdominalchirurgie hoch.

Aufgrund der großen intraoperativen Wundfläche nach Eröffnen des Abdomens ist von einem **hohen Infusionsbedarf** auszugehen. Bezüglich der perioperativen Infusionstherapie sei auf die Ausführungen auf den Seiten 130 ff. verwiesen. Der Blutverlust in der Abdominalchirurgie ist oft sehr schwer abzuschätzen, da große Blutmengen in die Operationstücher und Operationstupfer verlorengehen. Auch Verluste über Sonden, Drainagen oder das Absaugen von größeren Aszitesmengen müssen berücksichtigt werden.

Intraoperativ ist zu beachten, daß der Zug am Peritoneum oder an inneren Organen, insbesondere an der Mesenterialwurzel, sehr schmerzhaft ist und zur Auslösung von vegetativen Reflexen führen kann; vor allem kann hierdurch eine Vagusreizung mit Bradyarrhythmie ausgelöst werden.

Ein weiteres alltägliches Problem in der Abdominalchirurgie ist der **Wiederverschluß der Bauchdecken,** vor allem des Peritoneums. Hierzu ist meist eine gute Muskelerschlaffung notwendig. Da beim Verschluß der Bauchdecken das baldige Ende der Operation abzusehen ist, muß bei Nachinjektion eines zumeist verwendeten mittellang wirkenden nichtdepolarisierenden Muskelrelaxanzes mit der Gefahr eines postoperativen Relaxansüberhangs gerechnet werden. Daher wird dieses Vorgehen meist abgelehnt. Empfehlenswert ist der Versuch einer kurzfristigen Narkosevertiefung durch Erhöhung oder Zugabe eines Inhalationsanästhetikums sowie eine manuelle Beatmung, um die Ventilation der momentanen Operationssituation besser anpassen zu können.

Die Kunst einer guten abdominalchirurgischen Narkoseführung besteht unter anderem darin, beim Verschluß des Abdomens, insbesondere bei der Naht des Peritoneums, eine ausreichende Narkosetiefe und eine ausreichende Relaxation zu garantieren und kurz danach bei Operationsende einen spontanatmenden, extubationsbereiten Patienten zu haben.

▶ **Extubation**

Bei nicht nüchternen Patienten darf die Extubation erst nach völliger Rückkehr der Schutzreflexe durchgeführt werden. Bei Operationen, nach denen der Patient nicht husten sollte (z.B. einer Leistenbruchoperation) ist dagegen eine frühzeitige Extubation zu empfehlen (s. S. 109).

▶ **Postoperative Nachbetreuung**

Vor allem nach Oberbaucheingriffen ist postoperativ eine schmerzbedingte **Atemschonhaltung** zu beobachten. Die Patienten atmen unzureichend durch und husten kaum ab. Eine ausreichende postoperative Analgesie sowie eine intensive, bereits präoperativ erlernte Atemgymnastik sind von besonderer Wichtigkeit. Zur postoperativen Schmerztherapie hat sich die Anlage eines Periduralkatheters (s. S. 157) bewährt.

Anästhesie bei minimal invasiver Chirurgie (MIC)

Zunehmend häufiger werden in den letzten Jahren laparoskopische Eingriffe (minimal invasive Chirurgie; „Knopflochchirurgie”) durchgeführt. Neben der laparoskopischen **Cholezystektomie** wird inzwischen auch häufiger die laparoskopische **Herniotomie** oder **Appendektomie** durchgeführt. Bei laparoskopischen Eingriffen wird der Peritonealraum mit CO_2 aufgefüllt (Pneumoperitoneum). Die dadurch bedingte Steigerung des intraabdominellen Drucks führt zur Behinderung der Zwerchfellbeweglichkeit. Der Beatmungsdruck steigt an. Eine CO_2-Resorption bewirkt einen Anstieg des arteriellen CO_2-Partialdrucks. Es ist stets eine Intubationsnarkose mit kontrollierter Beatmung und kapnometrischer CO_2-Überwachung notwendig. Beim Einführen des Trokars in die Bauchhöhle kommt es in ca. 5% der Fälle zu vasovagalen Reaktionen mit vor allem einer Sinusbradykardie. Bei Operationen im Oberbauch (z.B. Cholezystektomie) wird eine Kopf-hoch-Bein-tief-Lagerung, bei Operationen im Unterbauch (z.B. Herniotomie oder gynäkologische Eingriffe im kleinen Becken) wird eine Kopf-tief-Bein-hoch-Lagerung vorgenommen, damit die Gedärme nicht auf das Operationsgebiet drücken. Die Erhöhung des intraabdominellen Drucks führt zu einer Behinderung des venösen Rückstroms zum Herzen (Vorlasterniedrigung). Außerdem kommt es durch eine Kompression der intraabdominellen Gefäße zu einer Steigerung des peripheren Gefäßwiderstandes (Nachlasterhöhung). Auch die vermehrte Freisetzung des gefäßverengenden Hormons Vasopressin führt zu einer Steigerung des peripheren Gefäßwiderstandes. Folge ist eine Steigerung des arteriellen Blutdruckes. Aufgrund der Vorlasterniedrigung und der Nachlasterhöhung kommt es zum Abfall des Herzminutenvolumens. Die hämodynamischen Veränderungen während eines Pneumoperitoneums können durch die Anwendung eines PEEP noch verstärkt werden, so daß eine Beatmung mit PEEP vermieden werden sollte. Postoperativ treten nach laparoskopischen Eingriffen häufiger Übelkeit und Erbrechen auf.

> Vorteile minimalinvasiver Operationstechniken sind die geringere postoperative Schmerzintensität, die schnellere Mobilisierbarkeit der Patienten, ein kürzerer Krankenhausaufenthalt, weniger intraabdominelle Verwachsungen sowie ein schöneres kosmetisches Ergebnis (kleinere Narben).

Abdominalchirurgische Operationen

Cholezystektomie

Trotz meist leicht erhöhter Leberwerte kann für eine Cholezystektomie auch eine Inhalationsnarkose bzw. eine balancierte Anästhesie, vorzugsweise mit Isofluran, Sevofluran oder Desfluran durchgeführt werden. Wird intraoperativ eine **Cholangiometrie** (Messung der Durchflußwiderstände im Gallengangsystem) durchgeführt, so ist zu beachten, daß Opioide wie Fentanyl eine Druckerhöhung im Gallengangsystem erzeugen. Mindestens 20 Minuten vor dieser Druckmessung sollte kein Fentanyl mehr gegeben werden, damit verläßliche Werte zu erhalten sind. Cholezystektomien werden inzwischen zunehmend laparoskopisch durchgeführt (s. laparoskopische Operationen S. 259)

Operationen bei Ileus

Die Gesamtmenge der täglich sezernierten Magen-Darm-Sekrete beträgt ca. 8 Liter (!). Bei Patienten mit einem Ileus (= Darmverschluß) können diese aufgrund einer Resorptionsstörung der Darmschleimhaut ins Darmlumen sezernierten Sekretmengen nicht mehr resorbiert werden. Wenn diese Sekretmengen nicht über eine Sonde abgeleitet werden, dann droht das Erbrechen dieser oft riesigen Sekretmengen.

> Bei einem Patienten mit Ileus ist deshalb vor allem während der Narkoseeinleitung die Gefahr der Regurgitation mit Aspira-

tion zu beachten (!). Außerdem ist bei einem solchen Patienten erfahrungsgemäß mit einem entsprechend ausgeprägten intravasalen Volumenmangel zu rechnen.

Vor Narkoseeinleitung muß deshalb bereits eine Volumentherapie mit möglichst isotonen Lösungen begonnen werden. Ansonsten kann es durch die Narkoseeinleitung zu einem ausgeprägten Blutdruckabfall kommen. Daneben kommt es bei einem Darmverschluß meist auch zu einer Entgleisung des Elektrolythaushaltes (Kaliummangel!) sowie des Säure-Basen-Haushaltes.

Leberchirurgie

Für die Bereitstellung einer großen Zahl von Blutkonserven sowie auf eine ausreichende Zahl von großlumigen peripher-venösen Zugängen ist zu achten. Bei operativ-technischen Problemen muß stets mit einem plötzlichen **großen Blutverlust** gerechnet werden. Besondere Überwachungsmaßnahmen:

- Kavakatheter (s. S. 167)
- blutig arterielle Blutdruckmessung (s. S. 171)

Operationen bei Leberzirrhose

Aufgrund der Leberschädigung ist von einer Störung der Syntheseleistung der Leber auszugehen, die vor allem die Gerinnungsfaktoren, das Albumin sowie die Cholinesterase betrifft. Folge ist eine Gerinnungsstörung mit typischerweise niedrigem Quick-Wert.

Bei intraoperativen Blutungen ist an die großzügige Gabe von frisch gefrorenem Plasma (enthält Gerinnungsfaktoren, s. S. 127) zu denken. Durch den niedrigen Albumingehalt kann unter Umständen bei stark an Eiweiß gebundenen, intravenös verabreichten Medikamenten die Bindungskapazität des Albumins überschritten werden (s. S. 42). Dadurch ist der nicht an Albumin gebundene Anteil, der für die Wirkung entscheidend ist, erhöht. Eine entsprechend vorsichtige Dosierung und langsame Injektion von stark an Albumin gebundenen Medikamenten (z.B. Thiopental) ist zu beachten.

Eine erniedrigte Cholinesterase kann unter Umständen einen verlangsamten Abbau von Succinylcholin und Mivacurium verursachen, was durch eine entsprechend niedrigere Dosierung zu berücksichtigen ist.

Bei Transfusion mehrerer Konserven sollte beim lebergeschädigten Patienten ausnahmsweise zusätzlich Kalzium verabreicht werden, denn die geschädigte Leber ist nicht mehr in der Lage, das im Stabilisator des konservierten Blutes enthaltene Citrat schnell genug abzubauen.

Die dadurch evtl. auftretenden hohen Citratkonzentrationen binden das körpereigene Kalzium, wodurch es für Gerinnungsvorgänge, für die es unabdingbar ist, nicht mehr in ausreichender Menge zur Verfügung steht. Die Folge wäre eine Verstärkung der bereits vorbestehenden Gerinnungsstörung (s.o.).

Operationen bei gastrointestinalen Blutungen

Eine akute gastrointestinale Blutung, die z.B. gastroskopisch nicht zu stillen ist, stellt eine absolut dringliche Operationsindikation dar. Der Blutverlust wird oft unterschätzt.

Zu beachten ist, daß bei einer akuten Blutung der Hb- und der HK-Wert keine zuverlässigen Parameter für den Blutverlust sind. Sie sind bei akuten Blutungen falsch hoch (!). Aussagekräftiger ist zumeist ein Blick in die anämische Bindehaut (Konjunktiva) des Patienten (!).

Die Bereitstellung einer ausreichenden Zahl von evtl. vorerst noch ungekreuzten Blutkonserven ist notwendig. Unter laufender Transfusion ist eine Ileuseinleitung (s. S. 186) vorzunehmen.

Kolon- und Rektumoperationen

Bei der anterioren **Rektumresektion nach Dixon** werden das Colon sigmoideum und das Rektum (der Mastdarm) bis kurz vor den Analkanal entfernt. Es wird eine den Schließmuskel (die Kontinenz) erhaltende End-zu-End-Anastomose angelegt. Bei einer abdominoperinealen **Rektumexstirpation** wird das gesamte Rektum und das distale Sigma entfernt. Es wird ein Anus praeter naturalis sigmoideus angelegt.
Bei einer **Operation nach Hartmann,** die z.B. bei einer Perforation des Sigmas durchgeführt wird, werden das Colon sigmoideum und das proximale Rektum entfernt. Das verbleibende Rektum wird blind verschlossen. Das Colon descendens wird endständig ausgeleitet. Später kann die Darmkontinuität wiederhergestellt werden.
Bei der gleichzeitig von abdominal und perineal durchgeführten Rektumresektion bzw. Rektumexstirpation ist auf einen meist **großen Blutverlust** zu achten, der allerdings schwer zu kalkulieren ist und deshalb oft unterschätzt wird. Große Mengen von Blut können in die Abdecktücher verlorengehen.
Besondere Überwachungsmaßnahmen:

- Kavakatheter (s. S. 167)
- evtl. blutig arterielle Druckmessung (s. S. 171)

Operationen in der Analregion

Als Narkoseform bei Operationen in der Analregion (z.B. Analfissuren, -fisteln, Hämorrhoiden) bietet sich die Spinalanästhesie, ein Sattelblock, eine Masken- oder Larynxmaskennarkose oder eine Intubationsnarkose an. Bei zu flacher Narkoseführung kann es durch die starke sensible Versorgung dieser Region zum Auslösen von starken Schmerzreaktionen kommen. Außerdem kann es (z.B. bei der Analspreizung) zum Auslösen einer Bradykardie oder eines Laryngospasmus kommen.

Anästhesie in der Traumatologie

Notfallmäßige Eingriffe in der Traumatologie

Leicht verletzte Patienten werden häufig über die Notfallaufnahme eingeliefert. Bei der Versorgung von Schnittwunden kommen vor allem die verschiedenen Formen der **Lokalanästhesie,** z.B. die Infiltrationsanästhesie (s. S. 145), zur Anwendung. Diese Lokalanästhesien werden vom versorgenden Operateur selbst vorgenommen. Bei größeren Operationen, wie z.B. der sofortigen Versorgung einer Fraktur am Bein oder am Arm, einer Sehnennaht an der Hand oder der Replantation eines abgetrennten Fingers, bieten sich vor allem die Methoden der **Regionalanästhesie** wie z.B. eine axillare Blockade des Plexus brachialis an. Großer Vorteil der Regionalanästhesien ist, daß die Schutzreflexe dieser als nicht nüchtern zu betrachtenden Notfallpatienten erhalten bleiben. Die große Gefahr einer Aspiration bei der Ein- und Ausleitung einer Vollnarkose dieser nicht nüchternen Patienten kann damit umgangen werden. Muß jedoch eine Intubationsnarkose durchgeführt werden, so sind die Ausführungen des Kapitels „Der nicht nüchterne Patient“ (s. S. 185) zu berücksichtigen. Bei Patienten mit Mehrfachverletzungen sei auf das Kapitel „Der polytraumatisierte Patient“ (s. S. 280) verwiesen. Bei Patienten mit Schädel-Hirn-Verletzungen und Verdacht auf einen erhöhten intrakraniellen Druck ist außerdem das Kapitel „Anästhesie in der Neurochirurgie“ (s. S. 240) zu beachten.

Geplante traumatologische Operationen

Bei den geplanten (= elektiven) Eingriffen in der Traumatologie handelt es sich vor allem um Operationen an den Extremitäten. An den Extremitäten werden oft Osteosynthesen, Metallentfernungen, Bänder- und Sehnennähte usw. durchgeführt. Hierzu eignen sich bei Operationen an den unteren Extremitäten eine Spinal- oder Periduralanästhesie (s. S. 150). Bei Operationen an den oberen Extremitäten bietet sich z.B. eine axillare Blockade des Plexus brachialis an.

Traumatologische Operationen

Operationen im Bereich der Hüfte

Eine häufige Operation ist die Versorgung einer Oberschenkelhalsfraktur, die meist bei alten Patienten vorkommt. Es sei deshalb auch auf das Kapitel „Anästhesie im hohen Lebensalter“ (s. S. 222) verwiesen. **Oberschenkelhalsfrakturen** können z.B. durch Verschraubung oder durch Resektion des Oberschenkelkopfes und Ersatz durch eine künstliche Oberschenkelkopfprothese (= Kopfendoprothese) operativ behandelt werden.
Bei degenerativen Veränderungen der Hüfte muß oft eine künstliche Oberschenkelkopfprothese sowie eine künstliche Hüftgelenkpfanne (= Totalendoprothese = TEP) eingesetzt werden.
Für die operative Versorgung einer Schenkelhalsfraktur hat sich vielerorts eine **Spinalanästhesie** gut bewährt. Wird zum Anlegen der Spinalanästhesie der Patient auf die kranke Seite gelegt und außerdem ein hyperbares Lokalanästhetikum verwendet (s. S. 154), so kann gezielt nur das kranke Bein anästhesiert werden. Hierdurch kann auch der nach einer Spinalanästhesie oft auftretende Blutdruckabfall vermindert werden. Wird für diese Operation eine **Periduralanästhesie** mit Katheter gewählt, dann kann durch wiederholte Nachinjektion auch eine postoperative Analgesie ermöglicht werden. Vor Anlage einer Spinal- oder Periduralanästhesie sollten diesen Patienten z.B. 0,05–0,15 mg Fentanyl verabreicht werden, damit sie die notwendigen Lagerungsmanöver tolerieren können. Alternativ kann auch in Rückenlage zuerst in der Leiste ein sogenannter 3-in1-Block (s. S. 237) angelegt werden, wodurch eine Schmerzlinderung möglich ist und Lagerungsmanöver relativ gut toleriert werden. Häufig werden diese Operationen aber auch in einer Allgemeinanästhesie durchgeführt.
Ist mit einem größeren Blutumsatz zu rechnen, wie z.B. beim Auswechseln einer lockeren Totalendoprothese (= **TEP-Wechsel**), so sind die alleinigen rückenmarknahen Leitungsanästhesien nicht zu empfehlen. Häufig kann hier mittels einer Periduralanästhesie in Kombination mit einer Intubationsnarkose eine schonende Anästhesie und gute postoperative Schmerztherapie durchgeführt werden. Die Periduralanästhesie sollte jedoch möglichst erst nach Beendigung (Stillung) von stärkeren Blutungen mittels Lokalanästhetikum durchgeführt werden. Ansonsten droht aufgrund der Nervenblockaden (mit Gefäßweitstellung) unter Umständen ein stärkerer Blutdruckabfall, falls keine ausreichende Volumensubstitution durchgeführt wurde (Blokkade der körpereigenen kompensatorischen Vasokonstriktion). Bei einer TEP Operation ist zu beachten, daß oft große Blutmengen in die Abdecktücher verlorengehen können.
Um die Zahl der transfundierten Konserven zu reduzieren, empfiehlt es sich, bei blutreichen traumatologischen Operationen eine so-

genannte maschinelle **Autotransfusion** durchzuführen. Hierbei wird das abgesaugte Wundblut nach entsprechender vollautomatischer Aufbereitung in einem Autotransfusionsgerät retransfundiert. Die Zahl der Fremdblutkonserven kann hiermit oft deutlich reduziert werden. Eine Autotransfusion darf jedoch niemals durchgeführt werden, wenn im Wundbereich eine Infektion besteht oder wenn im Bereich eines Karzinoms operiert wird (!). Bei voraussichtlich blutreichen Operationen wird inzwischen bei vielen Patienten eine **präoperative Eigenblutspende** durchgeführt. Die Patienten müssen inzwischen über diese Möglichkeit aufgeklärt werden, falls das Transfusionsrisiko größer als 10% beträgt. Falls intraoperativ Blutkonserven benötigt werden, müssen stets zuerst die Eigenblutkonserven transfundiert werden, bevor evtl. zusätzlich Fremdblut verabreicht wird.
Wird bei Hüftoperationen ein **Knochenzement** verwendet, so muß bei dessen Einbringung besonders auf hierbei mögliche, unter Umständen drastische Blutdruckabfälle geachtet werden. Die Indikation zur arteriellen Blutdruckmessung sollte hierbei großzügig gestellt werden. Zumeist wird vor Narkoseeinleitung ein H_1- und H_2-Rezeptorenblocker empfohlen (s. S. 197), da als mögliche Ursachen des Blutdruckabfalles unter anderem anaphylaktoide Reaktionen auf den Knochenzement angenommen werden.

Anästhesie in der Thoraxchirurgie

Allgemeine Bemerkungen

Die meisten Eingriffe in der Thoraxchirurgie werden in Seitenlage durchgeführt. Oft wird zusätzlich noch der Operationstisch abgeknickt, ähnlich wie bei der Nierenlagerung (s. S. 236). Hierdurch sind deutliche Störungen der Lungendurchblutung und Lungenbelüftung, sogenannte Ventilations-Perfusions-Störungen (s. S. 236, 328), zu erwarten. Folge ist ein **Rechts-Links-Shunt** mit einer entsprechenden Verminderung des Sauerstoffgehalts im arteriellen Blut. Außerdem kommt es in der unteren Lunge durch die schlechte Belüftung zu einem Kollabieren der Alveolen, das heißt zur Ausbildung von Atelektasen; hierdurch wird der Rechts-Links-Shunt noch verstärkt.

▶ Präoperative Visite

Vor Thoraxoperationen ist auf eine ausführliche Beurteilung der Lungenfunktion anhand einer Lungenfunktionsprüfung und einer arteriellen Blutgasanalyse zu achten. Außerdem muß bedacht werden, daß die Patienten bereits präoperativ die Atemgymnastik erlernen, die postoperativ wichtig für sie ist.

▶ Intubation

Bei bestimmten Operationen muß nach Rücksprache mit dem Operateur ein **Doppellumentubus** (z.B. ein Broncho-Cath; s. S. 78), verwendet werden, mit dem eine seitengetrennte Beatmung der beiden Lungen erreicht werden kann. Auf Wunsch des Operateurs kann nun z.B. nur eine Lunge belüftet werden, während die andere kollabiert ist. Außerdem kann hierdurch wirkungsvoll verhindert werden, daß Material wie Eiter, Sekret, Blut oder Tumormassen während der Operation von der kranken in die gesunde Lungenseite verschleppt wird. Die korrekte Lage des Tubus muß auch nach Lagerung des Patienten auskultatorisch mehrmals überprüft werden (!). Gegebenenfalls kann eine fiberbronchoskopische Lagekontrolle des Doppellumentubus notwendig sein.

▶ Narkoseführung

Wird intraoperativ durch den Operateur eine Lunge komprimiert oder eine Lunge auf Wunsch des Operateurs gar vollständig von der Belüftung abgeschaltet (Doppellumentubus), so ist mit einer massiven Zunahme des bereits durch die Lagerung bedingten Rechts-Links-Shunts zu rechnen. Es muß deshalb auf eine entsprechend **hohe inspiratorische Sauerstoffkonzentration** sowie auf regelmäßige arterielle Blutgaskontrollen geachtet werden. Notwendig ist eine kontinuierliche Überwachung der arteriellen Sauerstoffsättigung mittels Pulsoxymetrie. Es sollten stets mindestens 50% Sauerstoff im Inspirationsgemisch eingestellt werden. Oft ist vorübergehend eine manuelle Ventilation der maschinellen Beatmung vorzuziehen. Hierdurch kann die Beatmung meist besser der aktuellen Operationssituation angepaßt werden.

Bei thorakalen Eingriffen werden zumeist eine oder mehrere **Thoraxsaugdrainagen** eingelegt, über die evtl. aus der operierten Lunge noch entweichende Luft abgesaugt werden kann. Vor dem definitiven Verschluß des Thorax ist auf eine manuelle Blähung der Lunge zu achten. Hierdurch entfaltet sich die Lunge wieder und legt sich der Thoraxwand an. An die Thoraxdrainagen muß ein Absaugsystem angeschlossen werden; bewährt hat sich z.B. das Einmalgerät Pleur-evac (s.u.; s. S. 317; Abb. 7.2). Meist muß mit einem Sog von –15 bis –20 cm Wassersäule gesaugt werden. Wurde jedoch eine Lungenhälfte total entfernt, so darf nicht gesaugt werden, da hierdurch eine massive **Verlagerung des Mediastinums** zur resezierten Seite hin drohen würde. Folge einer starken Mediastinalverlagerung kann eine Abklemmung der herznahen Gefäße mit schweren Kreislaufproblemen sein. In diesem Falle sollen die Drainagen zwar über ein Pleur-evac-System abgeleitet werden (s.u.), es darf aber nicht abgesaugt werden.

Spezielle Überwachungsmaßnahmen:

- Blutige arterielle Druckmessung (s. S. 172):
  Bei Punktion der Arteria radialis sollte der bei der Seitenlagerung oben liegende Arm vorgezogen werden. Die arterielle Kanüle ist außer für die kontinuierliche Druckmessung auch für engmaschige Blutgasanalysen notwendig.
- Kavakatheter (s. S. 167)

Transport des Patienten auf die Intensivstation

Falls möglich, sollte der Patient am Ende der Operation extubiert werden. Manchmal ist das jedoch nicht möglich. Nach Austausch eines Doppellumentubus gegen einen normalen nasotrachealen Tubus wird der Patient dann auf die Intensivstation gebracht. Während des Transports kann an der Thoraxdrainage nicht gesaugt werden.

> Es ist jedoch unbedingt zu beachten, daß beim beatmeten Patienten eine Thoraxdrainage niemals (!) abgeklemmt werden darf.

Öfters besteht nach einer Lungenoperation eine kleine Fistel zwischen Lunge und Pleuraspalt, durch die bei maschineller Beatmung Luft in den Pleuraspalt entweicht (sogenannte **Fistelung**). Kann diese Luft nicht über die Thoraxdrainage aus dem Pleuraspalt nach außen entweichen, so droht über kurz oder lang ein **Spannungspneumothorax.** Deshalb muß also die Thoraxdrainage entweder steril abgedeckt werden und offen (!) bleiben oder besser, das Pleur-evac-System wird auch während des Transports angebracht, obwohl nicht gesaugt werden kann. Hiermit ist die Thoraxdrainage steril abgeschlossen. Außerdem verfügt dieses Pleur-evac-System über ein sogenanntes **Wasserschloß;** das heißt, im Pleuraspalt befindliche Luft kann bei Überdruck über dieses Wasserschloß entweichen. Bei Unterdruck im Pleuraspalt kann jedoch keine Luft in den Pleuraspalt eintreten. Sobald als möglich sollte auf der Intensivstation wieder die Saugung angeschlossen werden.

Postoperative Nachbehandlung

Die postoperative Analgesie ist bei Thoraxeingriffen sehr wichtig, um einer schmerzbedingten Atemschonhaltung mit mangelhafter Sekretabhustung und damit einer Pneumoniegefahr vorzubeugen.

Anästhesie in der Herzchirurgie

Allgemeine Bemerkungen

Die Herzkranzgefäße (= Koronararterien)

Die Herzmuskulatur wird von zwei Koronararterien (vgl. Abb. 5.24) mit Blut versorgt. Beide, sowohl der Hauptstamm der linken (1) als auch die rechte Koronararterie (2), entspringen aus der Aortenwurzel (3), also unmittelbar oberhalb der Aortenklappe. Der Hauptstamm der linken Koronararterie teilt sich in zwei Äste (Ramus circumflexa und Ramus interventricularis anterior) auf und versorgt vor allem die Muskulatur des linken Ventrikels und der Herzscheidewand. Patienten mit einer Hauptstammstenose sind besonders gefährdet. Die rechte Koronararterie verläuft um das rechte Herz zur Herzhinterwand, wo sie zur Herzspitze absteigt. Die rechte Koronararterie versorgt den größten Teil der Muskulatur des rechten Herzens.

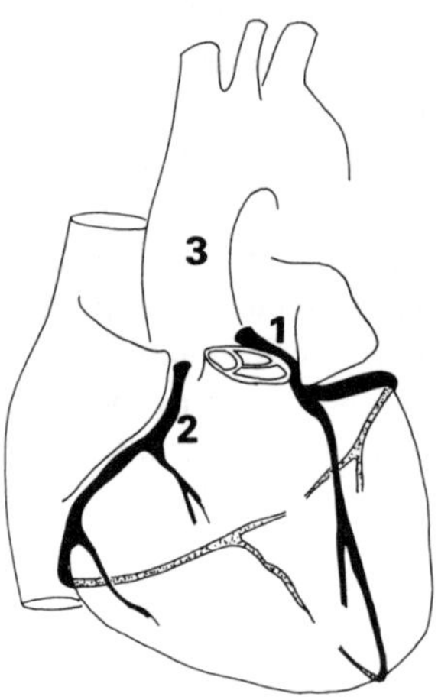

Abb. 5.24 Herzkranzgefäße. 1 = Hauptstamm der linken Koronararterie, 2 = rechte Koronararterie, 3 = Aortenwurzel.

Sauerstoffbedarf des Herzmuskels (= myokardialer Sauerstoffbedarf)

Die Sauerstoffausschöpfung des Koronararterienbluts beträgt ca. 70% und ist damit höher als in allen anderen Organen. Steigt der Sauerstoffbedarf der Herzmuskulatur unter Belastung an, so ist eine stärkere Sauerstoffausschöpfung des Blutes kaum noch möglich.

> Ein vermehrter Antransport von Sauerstoff ist nur durch eine Zunahme der Koronardurchblutung möglich. Ein gesundes Koronarsystem kann die Durchblutung auf das 5- bis 7fache (!) der Ruhedurchblutung steigern (= **Koronarreserve**).

Der Sauerstoffbedarf des Herzmuskels wird vor allem von drei Faktoren beeinflußt, die als Hauptdeterminanten des myokardialen Sauerstoffbedarfs bezeichnet werden.

Herzfrequenz

Eine Beschleunigung der Herzfrequenz erhöht die Arbeit des Herzmuskels und damit den Sauerstoffverbrauch des Herzmuskels.

Kontraktilität des Herzmuskels (= Inotropie)

Unter Kontraktilität wird die Verkürzungsgeschwindigkeit der Herzmuskulatur verstanden. Je schneller sich der Herzmuskel kontrahiert (= zusammenzieht) und je schneller damit während der Systole der Druck im Herzen ansteigt, desto höher ist der Sauerstoffbedarf des Herzmuskels.

Wandspannung des Herzmuskels

Während der Systole wird Blut in den großen Kreislauf gepumpt. In der Diastole (Füllungsphase) strömt wieder Blut aus dem kleinen Kreislauf der Lungengefäße in den linken Ventrikel. Dadurch nimmt am Ende der Diastole die Wandspannung im Ventrikel zu.

> Diese Vordehnung der Ventrikelmuskulatur wird als **Vorlast (= preload)** bezeichnet.

Eine Steigerung der Vorlast führt also über eine Zunahme der Wandspannung des Herzmuskels zu einem vermehrten Sauerstoffbedarf. Die Vorlast des linken Ventrikels kann unter bestimmten Voraussetzungen vereinfachend mit dem enddiastolischen Druck im linken Ventrikel gleichgesetzt werden. Dieser kann jedoch nicht direkt gemessen werden. Der **linksventrikuläre enddiastolische Druck** entspricht weitgehend dem über einen Pulmonaliskatheter meßbaren pulmonal-kapillären Verschlußdruck (= **Wedge-Druck,** s. S. 177). Während der systolischen Kontraktion des Herzmuskels steigt der Druck im Ventrikel und gleichzeitig die Wandspannung des Herzmuskels. Die Kraft, die sich der Kontraktion des Herzmuskels entgegensetzt, wird als **Nachlast (= afterload)** bezeichnet.

> Die **Nachlast** ist ein Maß für die Wandspannung, die aufgebracht werden muß, damit sich die Aortenklappe öffnet und Blut aus dem Herzen ausgeworfen werden kann.

Je höher die Nachlast, desto höher die Wandspannung und damit der Sauerstoffbedarf. Die Nachlast des linken Ventrikels hängt entscheidend vom diastolischen Aortendruck und vom linksventrikulären enddiastolischen Volumen ab.

Koronardurchblutung

Die Koronardurchblutung weist beim Gesunden eine Autoregulation auf. Sie ist daher weitgehend unabhängig vom Blutdruck und wird vor allem durch den myokardialen Sauerstoffbedarf gesteuert. Liegt eine Koronarstenose vor, dann ist diese Autoregulation beeinträchtigt und die Koronardurchblutung hängt vor allem von den folgenden Faktoren ab.

Koronarer Perfusionsdruck

Die Koronardurchblutung erfolgt fast ausschließlich während der Diastole. Die Kraft, die das Koronarblut durch die Herzkranzgefäße treibt, ist der diastolische arterielle Druck. Dem wirkt der im Ventrikel herrschende enddiastolische Druck entgegen.

> Der koronare Perfusionsdruck des linken Ventrikels ergibt sich also aus der Differenz des diastolischen arteriellen Drucks bzw. des Drucks distal einer Koronarstenose minus dem linksventrikulären enddiastolischen Druck.

Dem linksventrikulären enddiastolischen Druck kann normalerweise der über einen Pulmonaliskatheter meßbare Wedge-Druck (s. S. 177) gleichgesetzt werden.

Koronarwiderstand

Eine Erhöhung des Koronararterienwiderstands, z.B. aufgrund einer arteriosklerotischen Verengung der Koronararterien, behindert die Koronardurchblutung.

Herzfrequenz

Die Durchblutung der Koronararterien erfolgt fast ausschließlich in der Diastole. Bei einer Steigerung der Herzfrequenz wird vor allem die Dauer der Diastole und damit die Dauer der Koronardurchblutung verkürzt.

Herz-Lungen-Maschine (vgl. Abb. 5.25)

Bei den meisten Herzoperationen muß das Herz aus operationstechnischen Gründen völlig ruhiggestellt werden. Das Herz kann also seiner Pumpfunktion vorübergehend nicht mehr nachkommen. Deshalb muß hierbei eine sogenannte **H**erz-**L**ungen-**M**aschine (**HLM**) verwendet werden, also eine Apparatur, welche die Pumpfunktion des Herzens und die Gasaustauschfunktion der Lunge übernehmen kann. Beim Anschluß an eine Herz-Lungen-Maschine wird zunächst die Aorta (oder selten die Arteria femoralis) und dann in der Regel der rechte Vorhof kanüliert (bei manchen Operationen werden auch aus technischen Gründen die Vena cava inferior und die Vena cava superior kanüliert). Das venöse Blut wird über ein Schlauchsystem in diese Herz-Lungen-Maschine geleitet. In einem sogenannten **Oxygenator** werden die Gasaustauschfunktion der Lunge, also die Oxygenierung des Blutes mit Sauerstoff, sowie die Elimination des Kohlendioxids übernommen. Eine sogenannte **Rollerpumpe** übernimmt die Funktion des Herzens und pumpt das Blut über eine Filtereinrichtung zurück in die kanülierte Aorta (oder die Arteria femoralis). Dieser beschriebene, außerhalb des Körpers (= extrakorporal) stattfindende Kreislauf (= Zirkulation) wird auch als **e**xtra**k**orporale **Z**irkulation (= **EKZ**) bezeichnet.

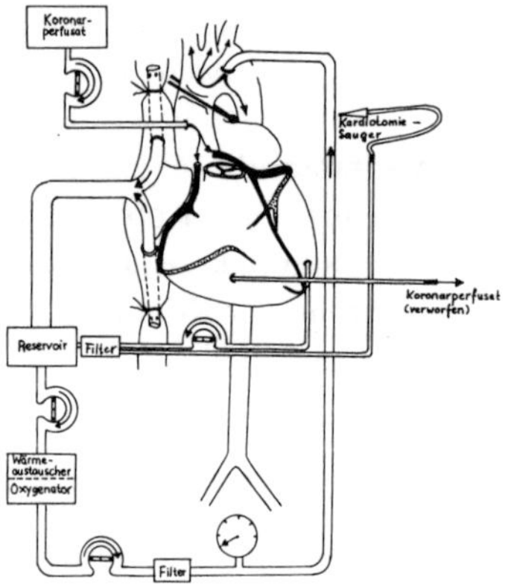

Abb. 5.25 Funktionsprinzip der Herz-Lungen-Maschine.

> Wird das gesamte venöse Blut über die Herz-Lungen-Maschine geleitet, wird von einem **„totalen" Bypass** gesprochen.

Das Herz sowie die Lunge werden nicht mehr durchblutet. Der Patient braucht hierbei nicht beatmet zu werden. Die Beatmung würde den Operateur nur stören. Vor Beginn und nach Beendigung des „totalen" Bypasses wird für einige Minuten ein sogenannter „partieller" (= teilweiser) Bypass vorgenommen.

> Bei einem **„partiellen" Bypass** wird nur ein Teil des venösen Blutes durch die Herz-Lungen-Maschine geleitet, der andere Teil wird noch vom rechten Herzen durch die Lungen zum linken Herzen gepumpt.

Während des partiellen Bypasses wird der Patient mit 100% Sauerstoff beatmet.
Da während dieser Herzoperationen die Koronararterien nicht durchblutet sein dürfen, wird die Aortenwurzel mit einer sogenannten **Aortenklemme** abgeklemmt (vgl. Abb. 5.25). Das von der HLM in die Aorta zurückgepumpte Blut kann also nicht in die Aortenwurzel und in die dort entspringenden Koronararterien fließen. Aufgrund dieser „Nichtdurchblutung" der Koronararterien droht eine ischämische Schädigung der Herzmuskulatur. Um die **Ischämietoleranz des Herzens** zu erhöhen, wird das Herz mit eisgekühlter Ringer-Laktat-Lösung oder mit eisgekühlter 0,9%iger NaCl-Lösung übergossen. Außerdem wird noch eine spezielle, ebenfalls eisgekühlte, sogenannte kardioplegische Lösung über die Aortenwurzel ins Koronarsystem gepreßt (= Koronarperfusat). Diese kardioplegische Lösung erzeugt einen schlaffen, asystolischen Zustand des Herzens (= Kardioplegie) und senkt den Stoffwechsel der Herzmuskulatur weiter. Ein Herz-

stillstand ist Voraussetzung dafür, daß der Operateur die mikrochirurgischen Koronaranastomosen durchführen kann.
Während der EKZ wird außerdem eine Abkühlung des Blutes auf 26–30 °C vorgenommen, um den Sauerstoffbedarf des Körpers zu senken. Inzwischen wird in zunehmend mehr Zentren nur noch in einer milden Hypothermie oder gar in Normothermie operiert.

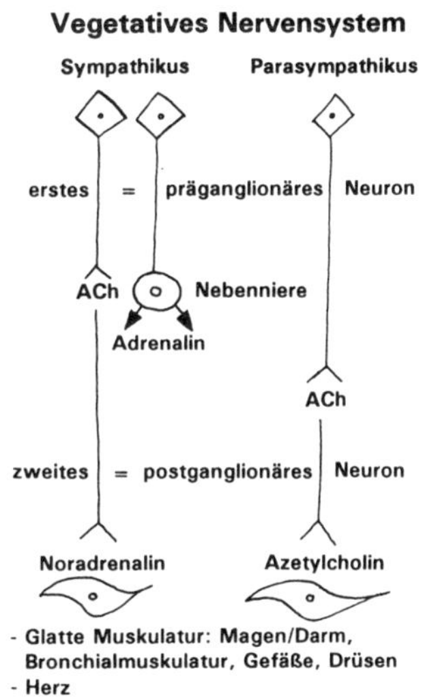

Abb. 5.27 Schematische Darstellung des sympathischen und parasympathischen Nervensystems.

Anästhesiologische Besonderheiten in der Herzchirurgie

Katecholamine (vgl. Tab. 5.5)

In der herzchirurgischen Anästhesie werden zur Herz-Kreislauf-Unterstützung sehr häufig Katecholamine eingesetzt. Zumeist werden sie per Spritzenpumpe intravenös verabreicht.

Katecholamine kommen normalerweise als Überträgersubstanzen (= Transmitter) im sympathischen Nervensystem vor.

Tab. 5.5 Wichtige Katecholamine und deren Wirkung auf die Alpha-, Beta- und Dopaminrezeptoren.

Katecholamin	Alpha-Rezeptoren	Beta-1-Rezeptoren	Beta-2-Rezeptoren	Dopamin-Rezeptoren
Noradrenalin	+++	+	0	0
Adrenalin in niedriger Dosierung	+	+++	++	0
Adrenalin in hoher Dosierung	+++	+++	+	0
Dopamin in niedriger Dosierung	+	++	0	++
Dopamin in hoher Dosierung	++	++	0	++
Dobutamin Dobutrex	0	+++	I	0
Dopexamin (Dopacard)	0	(+)	+++	++

Zum besseren Verständnis der Katecholamine soll ihre Wirkung im sympathischen Nervensystem sowie der Aufbau des sympathischen Nervensystems kurz wiederholt werden (vgl. Abb. 5.27, s. auch S. 59). Alle sympathischen Nerven bestehen aus jeweils zwei hintereinander geschalteten Nervenzellen (= Neuronen). Das erste Neuron wird als präganglionäres Neuron, das zweite Neuron als postganglionäres Neuron bezeichnet. Die Impulsübertragung vom ersten auf das zweite Neuron erfolgt durch die Überträgersubstanz **Acetylcholin** (ACh). Die Übertragung vom zweiten Neuron auf das Erfolgsorgan, z.B. auf die Gefäßmuskulatur oder das Herz, erfolgt durch den Transmitter Noradrenalin.

Noradrenalin wird von diesen postganglionären Neuronen freigesetzt und wirkt nur lokal (!), also nur an dem von diesen sympathischen Nerven versorgten Erfolgsorgan.

Zum sympathischen Nervensystem wird auch das **Nebennierenmark** gezählt. Es wird als eine Anhäufung von sympathischen, postganglionären Neuronen aufgefaßt. Bei einer Stimulierung des Sympathikus setzt daher das Nebennierenmark seine Überträgersubstanz frei. Die Überträgersubstanz des Nebennierenmarks ist jedoch nicht Noradrenalin, sondern Adrenalin. Das Nebennierenmark gibt bei Stimulation das Adrenalin ins Blut ab.

Da **Adrenalin** über das Blut zu den verschiedensten Organen transportiert wird, entfaltet es keine lokale, sondern generalisierte systemische (!) Wirkungen im gesamten Körper.

In den Nervenzellen und im Nebennierenmark wird aus der Aminosäure L-Tyrosin über mehrere Zwischenstufen **Dopamin** hergestellt. In verschiedenen Gehirnarealen, vor allem im extrapyramidalen System, wird Dopamin als Transmitter freigesetzt. In den postganglionären Nervenzellen des sympathischen Nervensystems wird Dopamin weiter zu Noradrenalin umgewandelt, welches als Transmitter freigesetzt wird. Nur im Nebennierenmark wird Noradrenalin noch weiter umgewandelt, nämlich bis zum Adrenalin, welches dann als Transmitter ins Blut freigesetzt wird.

Dopamin, Noradrenalin und Adrenalin werden als **körpereigene** (= physiologische) **Katecholamine** bezeichnet. Diese Katecholamine wirken an den Erfolgsorganen über spezifische Rezeptoren.

Es kann zwischen Alpha-Rezeptoren, Beta-1- und Beta-2-Rezeptoren unterschieden werden.

Alpha-Rezeptoren

Eine Stimulation der Alpha-Rezeptoren führt vor allem zu einer Gefäßkonstriktion und damit zu einem Anstieg des systolischen und diastolischen Blutdrucks. Inzwischen werden die Alpha-Rezeptoren in Alpha-1- und Alpha-2-Rezeptoren unterteilt (subklassifiziert).

Beta-1-Rezeptoren

Eine Stimulierung der Beta-1-Rezeptoren führt vor allem zu einer Steigerung der Herzkraft (= positiv inotrope Wirkung) mit Zunahme des Schlagvolumens und des Herzminutenvolumens sowie zu einer Zunahme der Herzfrequenz.

Beta-2-Rezeptoren

Eine Stimulierung der Beta-2-Rezeptoren bewirkt vor allem eine Weitstellung der Bronchien sowie eine Weitstellung der Gefäße mit Blutdruckabfall. Außerdem bewirkt eine Erregung der Beta-2-Rezeptoren eine positiv inotrope Wirkung sowie eine Stimulierung des Stoffwechsels.

Dopamin-Rezeptoren

Eine Stimulation der Dopamin-Rezeptoren führt zu einer Gefäßweitstellung vor allem im Bereich der Nieren und des Darmbereichs (aber auch im Bereich der Koronar- und Hirngefäße). Inzwischen werden die Dopamin-Rezeptoren in Dopamin-1- und Dopamin-2-Rezeptoren subklassifiziert.

Noradrenalin (Arterenol)

Noradrenalin wirkt vor allem auf die Alpha-Rezeptoren, das heißt, je nach Dosierung kommt es über eine starke Vasokonstriktion zu einer ausgeprägten Blutdrucksteigerung. Seine Wirkung auf die Beta-1-Rezeptoren ist deutlich schwächer als bei den anderen Katecholaminen. Eine Steigerung der Herzfrequenz bleibt zudem aus, da es aufgrund der Blutdrucksteigerung oft zu einer Reizung der Barorezeptoren mit einer reflektorischen Bradykardie kommt. Als Dosierungsempfehlung für Noradrenalin werden 0,015–0,25 µg/kg KG/min angegeben, es kann jedoch im Extremfall (Sepsis) auch deutlich höher dosiert werden. Die Dosierung muß streng nach Wirkung erfolgen.

Adrenalin (Suprarenin)

Adrenalin wirkt sowohl auf die Alpha- als auch auf die Beta-1- und Beta-2-Rezeptoren. Welche Wirkung überwiegt, hängt von der Dosierung ab. In niedrigen Konzentrationen (0,015–0,03 µg/kg KG/min) überwiegt die Beta-1- und Beta-2-Wirkung. Die Beta-1-Stimulation bewirkt eine Steigerung der Herzfrequenz und des Herzminutenvolumens mit Anstieg des systolischen Drucks, die Beta-2-Wirkung eine Gefäßdilatation vor allem in der Muskulatur mit Abnahme des diastolischen Drucks. Der arterielle Mitteldruck bleibt oft konstant. Bei mittlerer Dosierung (0,03–0,15 µg/kg KG/min) kommt es sowohl zu einer Stimulierung der Alpha- als auch der Beta-Rezeptoren. In hoher Konzentration (0,15–0,3 µg/kg KG/min) überwiegt die vasokonstriktorische Wirkung der Alpha-Rezeptoren mit einer Blutdrucksteigerung. Durch Stimulation der Beta-2-Rezeptoren wirkt Adrenalin auf das Bronchialsystem erweiternd. Auf den Stoffwechsel wirkt Adrenalin über die Beta-2-Erregung stimulierend und steigert den Fett- und Glykogenabbau.

Dopamin (Dopamin)

Dopamin ist die Vorstufe von Noradrenalin. Dopamin bewirkt eine Stimulierung der Alpha- und Beta-1-Rezeptoren. Daneben wirkt es an spezifischen dopaminergen Rezeptoren, die sich vor allem im Bereich der Nierengefäße und der Darmgefäße (aber auch im Bereich der Koronar- und Hirngefäße) befinden. Vor allem in niedrigen (1–3 µg/kg KG/min), aber auch in mittleren (3–8 µg/kg KG/min) Dosierungen führt Dopamin über eine Stimulierung dieser dopaminergen Rezeptoren zu einer Steigerung der Darm- und Nierendurchblutung mit einer vermehrten Urinproduktion. Bei mittlerer Dosierung kommt es über eine zusätzliche Stimulierung der Beta-1-Rezeptoren zu einer Steigerung der Herzkraft und zu einer Zunahme des Herzminutenvolumens mit leichtem Blutdruckanstieg. Bei hoher Dosierung (> 10 µg/kg KG/min bis maximal 30 µg/kg KG/min) kommt es über eine zunehmende Stimulierung der Alpha-Rezeptoren zu einer Vasokonstriktion (auch im Nieren- und Darmbereich) mit einer deutlichen Blutdrucksteigerung.

Dobutamin (Dobutrex)

Dobutrex ist ein synthetisches Katecholamin. Es verfügt über eine ausgeprägte Beta-1-Wirkung. Die positiv inotrope Wirkung mit Steigerung des Herzminutenvolumens steht also deutlich im Vordergrund. Die Wirkung auf die Beta-2-Rezeptoren ist nur gering. Vor allem in hohen Dosierungen kann es zu einer Vasodilatation durch Stimulierung der Beta-2-Rezeptoren kommen. Mit einer Steigerung der Herzfrequenz ist vor allem bei hohen Dosierungen zu rechnen. Als Dosierung wird die Gabe von 2 bis maximal 15 µg/kg KG/min empfohlen.

Dopexamin (Dopacard)

Dopexamin ist ein neuer Dopaminabkömmling. Er führt vor allem zu einer Stimulation der Beta-2-Rezeptoren (mit Gefäßweitstellung) und der Dopamin-Rezeptoren (mit verbesserter Durchblutung vor allem im Nieren- und Darmbereich). Außerdem hemmt Dopexamin die Wiederaufnahme von freigesetztem Noradrenalin in die Nervenendigungen und verstärkt damit dessen Wirkung. Dopexamin führt zu einer Steigerung des Herzminutenvolumens aufgrund einer Verminderung des peripheren Widerstandes (Stimulation der Beta-2- und Dopamin-Rezeptoren) und einer positiv inotropen Wirkung (Beta-2-Stimulation und Hemmung der Wiederaufnahme von Noradrenalin). Die Dosierung wird von 0,5 bis auf maximal ca. 6 µg/kg KG/min gesteigert. Dopexamin wird bei der schweren Herzinsuffizienz dann empfohlen, wenn andere Therapiemaßnahmen nicht ausreichend sind.

> Katecholamine führen also am Herzen zu einer Steigerung der Inotropie, der Herzfrequenz und des Blutdrucks. Hierdurch wird jedoch auch der Sauerstoffbedarf des Herzmuskels erhöht (s. S. 266), und zwar unter Umständen mehr, als es der gesteigerten Herzleistung entspricht. Deshalb können bei vorgeschädigtem Koronarkreislauf durch die Anwendung von Katecholaminen unter Umständen pektanginöse Beschwerden ausgelöst werden (!).

Phosphodiesterasehemmer

Katecholamine wirken über die an den Zellmembranen sitzenden Katecholaminrezeptoren. Durch deren Stimulation wird in der Zelle zyklisches Adenosinmonophosphat (cAMP) gebildet, das über eine Erhöhung der intrazellulären Kalziumkonzentration seine Wirkungen entfaltet. Zyklisches Adenosinmonophosphat wird durch das Enzym Phosphodiesterase inaktiviert. Phosphodiesterasehemmer blockieren die Phosphodiesterase, hemmen den Abbau von cAMP und führen daher (wie Katecholamine) zu einer Konzentrationssteigerung von cAMP in den Zellen. Phosphodiesterasehemmer wirken also über die gleiche Endstrecke wie die Katecholamine.

Zu den Phosphodiesterasehemmern gehören z.B. **Amrinon** (Wincoram) und **Enoximon** (Perfan). Phosphodiesterasehemmer werden vor allem bei einer schweren Herzinsuffizienz mit niedrigem Herzminutenvolumen (low cardiac output syndrome) als zusätzliche Medikation empfohlen.

Amrinon (Wincoram): Initialdosis: 0,5–1,5 mg/kg KG langsam als Bolus; Erhaltungsdosis: 5–10 µg/kg KG/min. Enoximon (Perfan): Initialdosis: 0,5 mg/kg KG langsam als Bolus; Erhaltungsdosis: 2,5–10 µg/kg KG/min.

Vasodilatatoren

> Vasodilatatoren sind gefäßerweiternde und damit blutdrucksenkende Medikamente. Sie spielen in der Herzchirurgie eine wichtige Rolle und werden zur Senkung eines erhöhten Blutdrucks sowie (in Kombination mit Katecholaminen) zur Therapie einer Herzinsuffizienz angewandt.

In der Herzchirurgie werden als Vasodilatatoren vor allem Nitroglycerin, Nifedipin, Urapidil und Nitroprussid-Natrium verwendet, da sie sich durch einen schnellen Wirkungseintritt und eine gute Steuerbarkeit auszeichnen. Zumeist werden diese Medikamente per Spritzenpumpe intravenös verabreicht.

Nitroglycerin (Trinitrosan) (s. S. 246)

Nitroglycerin wirkt vor allem auf die venösen Kapazitätsgefäße dilatierend. Das Blut „versackt“ in den venösen Kapazitätsgefäßen **(venöses Pooling).** Dadurch nimmt der venöse Rückstrom zum Herzen ab. Folge ist eine verminderte Füllung des Herzens in der Diastole, also eine Abnahme des enddiastolischen Füllungsdrucks und der enddiastolischen Wandspannung (Vorlast = preload, s. S. 267). Die rechts- und linksventrikulären Füllungsdrücke, also der ZVD (s. S. 181) und der Wedge-Druck (s. S. 181, 267), sinken ab. Eine Abnahme der Vorlast bedeutet eine Entlastung und damit eine Abnahme des Sauerstoffbedarfs des Herzens (s. S. 266).

Nitroglycerin wirkt auch in geringem Maße auf die arteriellen Gefäße dilatierend, wodurch der arterielle Blutdruck und damit die Nachlast (afterload, s. S. 267) abfällt. Ein Abfall der Nachlast bedeutet ebenfalls einen Abfall des myokardialen Sauerstoffbedarfes. Nach Nitroglyceringabe kommt es manchmal zu einer reflektorischen Tachykardie.
Wirkungen und Indikationen für Nitroglycerin in der Herzchirurgie:

Wirkungen	Indikationen
Abfall des systolischen und diastolischen Blutdrucks	Senkung eines erhöhten Blutdrucks (vgl. kontrollierte Hypotension)
Abfall des ZVD	Senkung eines erhöhten ZVD, z.B. bei Rechtsherzinsuffizienz
Abfall des Wedge-Drucks	Senkung eines erhöhten Wedge-Drucks, z.B. bei Linksherzinsuffizienz
Abnahme des Sauerstoffbedarfs des Herzens	Senkung des Sauerstoffbedarfs bei ischämischer Herzerkrankung, z.B. Koronarsklerose, Herzinfarkt

Nifedipin (Adalat)

Nifedipin hemmt die Kalziumkanäle und vermindert dadurch den Gefäßtonus. Nach intravenöser Gabe kommt es innerhalb weniger Minuten zu einem Abfall des Blutdruckes und zu einer Dilatation der Koronararterien. Es wird zur kontrollierten Blutdrucksenkung und zur Therapie der Angina pectoris eingesetzt. Zur intravenösen Infusion kommt das Adalat pro infusione (5 mg/50 ml) zur Anwendung. Die Dosierung beträgt 0,4–1,7 mg/Stunde beim erwachsenen Patienten (= 0,1–0,4 µg/kg KG/min). Es muß über eine lichtgeschützte (schwarze oder umwickelte) Perfusorspritze und -leitung verabreicht werden.

Urapidil (Ebrantil)

Urapidil bewirkt durch eine Blockade der Alpha-Rezeptoren vor allem eine Dilatation der arteriellen Gefäße und dadurch einen Blutdruckabfall. Initial werden zumeist 5–25 mg intravenös langsam als Bolus injiziert. Gegebenenfalls können Wiederholungsdosen verabreicht und evtl. eine kontinuierliche Gabe von initial 2 mg/min und danach im Mittel von 9 mg/h durchgeführt werden. Eine reflektorische Tachykardie oder ein stärkerer Blutdruckanstieg beim Absetzen des Medikamentes (sog. Rebound-Hypertonie) tritt nicht auf.

Nitroprussid-Natrium (NPN) (s. S. 246)

NPN bewirkt eine Dilatation der Arteriolen. Der arterielle Blutdruck und damit die Nachlast des linken Ventrikels sinkt. Die Herzarbeit und der myokardiale Sauerstoffbedarf werden gesenkt. NPN führt außerdem zu einer Dilatation der venösen Kapazitätsgefäße mit einem venösen Pooling (s.o.). Der Rückstrom zum Herzen ist vermindert, der enddiastolische Füllungsdruck und damit die enddiastolische Wandspannung und die Vorlast fallen ab. Folge ist eine weitere Verminderung des myokardialen Sauerstoffbedarfs. Die Verbesserung der Pumpfunktion bei Herzinsuffizienz beruht also auf einer mechanischen Entlastung des Herzens. Nach NPN-Gabe tritt oft eine ausgeprägte reflektorische Tachykardie auf.

▶ **Indikationen für Nitroprussid-Natrium in der Herzchirurgie**
- Senkung eines erhöhten Blutdrucks
- Senkung der linksventrikulären Nachlast und damit des linksventrikulären Sauerstoffbedarfs

▶ **Nachteile von NPN**
Ausführliche Beschreibung s. S. 246.

▶ **Herstellung der Lösung**
Ausführliche Beschreibung s. S. 247.

▶ **Dosierung in der Herzchirurgie**
0,3–2 µg/kg KG/min.

Allgemeine Bemerkungen zur Narkoseführung bei herzchirurgischen Operationen

▶ Präoperative Visite

Bei der präoperativen Visite (s. S. 3) muß besondere Aufmerksamkeit der zugrundeliegenden Herzerkrankung gelten. Die vorliegenden Ergebnisse der Herzkatheteruntersuchungen, die EKG-Befunde, die Thoraxröntgenbilder und der Lungenfunktionstest müssen eingehend bewertet werden.

Bei Erhebung der Anamnese ist detailliert nach den aktuellen Herzbeschwerden, der kardialen Belastbarkeit sowie nach der medikamentösen Dauertherapie zu fragen.

Da die Patienten häufig mit Digitalispräparaten, mit Diuretika und einer Hochdruckmedikation eingestellt sind, ist insbesondere auch auf die möglicherweise durch Diuretika bedingten Störungen des Kaliumhaushalts (Hypokaliämie) zu achten. Digitalisierte Patienten neigen bei einer Hypokaliämie leicht zu Herzrhythmusstörungen. Nimmt der Patient Beta-Blocker (Hemmung vor allem der Beta-1-Rezeptoren zur Senkung der Herzfrequenz, der Inotropie und des Blutdrucks und damit des myokardialen Sauerstoffbedarfs, s. S. 266) oder Hochdruckmedikamente ein, so dürfen diese Medikamente nicht vor der Operation abgesetzt werden. Bei plötzlichem Absetzen z.B. einer Hochdruckmedikation kann es zu unerwünschten, überschießenden Blutdruckanstiegen kommen. Auch Nitroglycerinpräparate (z.B. Nitrolingual), die die Patienten wegen ihrer pektanginösen Beschwerden einnehmen, müssen bis zum Operationstermin verabreicht werden. Dagegen muß eine eventuelle Marcumartherapie ausreichend lange vor der Operation abgesetzt werden. Ist eine Therapie mit Antikoagulanzien jedoch unbedingt notwendig, so muß auf Heparin umgestellt werden. Falls vertretbar, sollten Diuretika und Digitalis 1–2 Tage vor der Operation abgesetzt werden. Eine Digitalisierung bis zum Operationstermin sollte z.B. nur bei manifester Herzinsuffizienz und bei Vorhofflimmern durchgeführt werden.

Bei der Verordnung der **Prämedikation** ist auf eine ausreichende anxiolytische und sedierende Wirkung zu achten.

Bei unzureichender Dosierung droht eine streßbedingte Herzfrequenz- und Blutdrucksteigerung in der unmittelbar präoperativen Phase, wodurch die engen kardialen Reserven unter Umständen überschritten werden könnten (!). Insbesondere bei Patienten mit schwerer Koronarsklerose oder schwerer Mitralstenose kann dies evtl. fatale Folgen haben.
Als Schlafmedikation für die präoperative Nacht haben sich Benzodiazepine wie z.B. Flunitrazepam (Rohypnol, 1–2 mg oral, s. S. 7) bewährt. Auch zur Prämedikation hat sich der anxiolytische Effekt der Benzodiazepine bewährt. Bei Erwachsenen empfehlen sich z.B. 1–2 mg Flunitrazepam oral. Auf eine Atropingabe zur Prämedikation sollte wegen der dadurch drohenden Tachykardie verzichtet werden. Nur im Ausnahmefall, z.B. bei einer Bradykardie bei der Narkoseeinleitung, wird bei kardiochirurgischen Patienten Atropin verabreicht.

▶ Narkoseeinleitung

Sind die Patienten, wenn sie in den Narkosevorbereitungsraum kommen, noch ängstlich-aufgeregt und haben sie eine Tachykardie sowie einen hohen Blutdruck, dann empfiehlt sich zuerst eine intravenöse Gabe z.B. von Midazolam, Flunitrazepam oder Diazepam zur stärkeren Anxiolyse und Sedierung. Die Dosierung muß streng nach Wirkung erfolgen. Klagt ein Patient gar über **pektanginöse Beschwerden,** muß ein Nitrospray oder eine Nitrolingual-Kapsel verabreicht werden. Zusätzlich empfiehlt sich ebenfalls eine Sedierung und Anxiolyse. **Nitroglycerin** bewirkt eine Weitstellung der venösen Kapazitätsgefäße (= venöses Pooling). Dadurch wird der venöse Rückstrom zum Herzen vermindert. Das Herz muß weniger Blut pumpen und wird entlastet. Der Sauerstoffbedarf des Herzens ist damit geringer. Nitroglycerin ist daher das Mittel der Wahl bei pektanginösen Beschwerden (s. S. 279).

Da die Narkoseeinleitung eine besonders kritische Situation darstellt, muß bereits vorher eine blutige arterielle Druckmessung angelegt werden (s. S. 172). Die Plazierung eines (unter Umständen mehrlumigen) zentralen Venenkatheters kann nach der Narkoseeinleitung vorgenommen werden. Er dient der herznahen Applikation von Medikamenten und der Kontrolle des zentralen Venendrucks.

Bei besonderen Indikationen muß evtl. ein Pulmonaliskatheter eingeführt werden (s. S. 177), mit dem das Herzminutenvolumen, der Druck in der Arteria pulmonalis sowie der pulmonal-kapilläre Verschlußdruck (= Wedge-Druck) gemessen werden können. Das Einführen eines Pulmonaliskatheters ist z.B. bei schweren Formen einer Mitralstenose angezeigt. In manchen Kliniken wird grundsätzlich ein Pulmonalarterienkatheter für alle Herzoperationen gelegt. In den letzten Jahren wird in der Kardioanästhesie allerdings zunehmend häufiger auf das Einschwemmen eines Pulmonaliskatheters verzichtet.

Wird ein Pulmonaliskatheter bereits vor Narkoseeinleitung gelegt, so sind bei der Narkoseeinleitung optimale Überwachungsmöglichkeiten gegeben. Außerdem können dann bereits vor Narkoseeinleitung der ZVD, das HMV sowie der Wedge-Druck gemessen werden. Diese Ausgangswerte bieten wichtige Vergleichsmöglichkeiten für intraoperativ gemessene Werte.

Als Narkoseform wird normalerweise eine (T)IVA oder modifizierte NLA (s. S. 115, 111) gewählt. Auf Droperidol wird bei einer NLA (wegen seiner negativen Eigenschaften auf das Herz-Kreislauf-System) meistens verzichtet. Statt dessen wird meist ein Benzodiazepin, wie z.B. Flunitrazepam, Midazolam oder Diazepam, verabreicht.

> Alle Medikamente müssen stets sehr langsam und nach Bedarf unter Kontrolle der hämodynamischen Parameter injiziert werden (!!).

Die Narkoseeinleitung kann z.B. folgendermaßen durchgeführt werden:

- Präoxygenierung (s. S. 101)
- 0,5–2 mg Flunitrazepam intravenös, in mehreren kleinen Einzeldosen à ca. 0,3 mg, bis der Patient schläft
- 0,5–1,0 mg Fentanyl, in mehreren kleinen Einzeldosen à ca. 0,1 mg oder eine entsprechende Dosis an Sufentanil (70–140 µg; Einzeldosen à 15 µg)
- den Patienten zum Einatmen auffordern (Kommandoatmung), später seine Eigenatmung mittels Maskenbeatmung unterstützen
- Vollrelaxierung mit z.B. Vecuronium oder Pancuronium (6–8 mg intravenös) bzw. Rocuronium (ca. 50 mg)
- kontrollierte Maskenbeatmung mit 100% Sauerstoff
- evtl. Lokalanästhesie der Kehlkopfschleimhaut durch Besprühen z.B. mit einem Lidocainspray
- Schonende Intubation:
  Die Narkoseeinleitung ist besonders schonend mit möglichst konstantem Verhalten von Blutdruck und Herzfrequenz durchzuführen. Nach der Intubation müssen neben einem Dauerkatheter und einer Magensonde noch eine rektale und eine ösophageale Temperatursonde gelegt werden. Es ist auf eine ausreichende Anzahl venöser Zugänge zur Volumensubstitution zu achten.

▶ Narkoseführung bis zum Anschluß an die Herz-Lungen-Maschine

Während dieser Narkosephase ist auf eine ausreichende Opioidgabe zu achten. 5–10 Minuten vor dem Hautschnitt sollte nochmals eine entsprechende Fentanyl- bzw. Sufentanildosis (z.B. 0,5 mg bzw. 70 µg) nachinjiziert werden. Bis zum Hautschnitt werden meist ungefähr 1,5 mg Fentanyl oder ca. 200 µg Sufentanil verabreicht. Vor allem zum Hautschnitt, zur Sternotomie und bei der Freipräparierung der herznahen großen Gefäße ist eine tiefe Narkose erforderlich. Treten trotz ausreichender Analgesie und Narkosetiefe nicht beherrschbare Blutdrucksteigerungen auf, so muß gegebenenfalls eine kontrollierte Blutdrucksenkung (s. S. 247) durchgeführt werden, z.B. mittels Vasodilatanzien wie Nitroglycerin oder einem Inhalationsanästhetikum. Bei der Beatmung wird eine Normoventilation angestrebt. Der Patient wird meist mit 50% Sauerstoff beatmet.

▶ Narkoseführung während der extrakorporalen Zirkulation

Die Aufrechterhaltung der Narkose wird zumeist mit Fentanyl oder Sufentanil, mit Vecuronium, Rocuronium oder Pancuronium und mit Etomidat oder Flunitrazepam durchgeführt. Eventuell kann auch ein verdampfbares Inhalationsanästhetikum, vor allem Isofluran oder zunehmend Sevofluran, über den Oxygenator der Herz-Lungen-Maschine verabreicht werden. Der Bedarf an Narkosemitteln ist individuell recht unterschiedlich und hängt auch von dem Ausmaß der Hypothermie ab.

> Während der extrakorporalen Zirkulation sollten Medikamente möglichst über den venösen Schenkel der Herz-Lungen-Maschine (und nicht über die zentralen Venenkatheter) appliziert werden, weil dadurch der Applikationsweg sicherer ist.

Während der extrakorporalen Zirkulation müssen vor allem die folgenden Größen kontinuierlich überwacht werden.

Gerinnung

Um während der EKZ eine Blutgerinnung in der Herz-Lungen-Maschine zu verhindern, wird der Patient kurz vor der operativen Kanülierung der großen Gefäße (s. S. 268) initial mit ca. 300–400 IE Heparin/kg KG heparinisiert. Die ausreichende Heparinisierung kann z.B. mit Hilfe der sogenannten **a**ctivated **c**lotting **t**ime (= **ACT**) kontrolliert werden. Wird hierzu das automatische Hemochron-Gerät verwendet, dann müssen 2 ml Blut luftblasenfrei in ein Spezialröhrchen injiziert werden. Danach wird die Zeitmessung des Hemochron-Gerätes gestartet, das Röhrchen ca. 5 Sekunden lang geschüttelt und anschließend in die Meßkammer des Hemochron-Gerätes gesteckt. Bei Beendigung der Messung zeigt das Gerät den entsprechenden ACT-Wert an.

> Der Normalwert der ACT liegt bei ca. 105–165 Sekunden. Während der EKZ sollte ein Wert von ca. 400–600 Sekunden angestrebt werden.

Der ACT-Wert sollte ungefähr alle 30 Minuten kontrolliert und bei Abfall unter 400 Sekunden muß Heparin (ca. 1/3 der Initialdosis) nachinjiziert werden. Nach Beendigung der EKZ wird das Heparin durch die Gabe von Protaminsulfat antagonisiert und ein dem Ausgangswert entsprechender ACT-Wert angestrebt. Mit ca. 100–130 IE Protaminsulfat können 100 IE Heparin antagonisiert werden. Wegen der erhöhten Gefahr einer anaphylaktoiden Reaktion und eines Blutdruckabfalls muß Protamin sehr langsam verabreicht werden.

Arterieller Druck

> Während der extrakorporalen Zirkulation sollte der arterielle Perfusionsdruck zwischen 60–100 mmHg liegen.

Bei einem konstanten Perfusionszeitvolumen der Herz-Lungen-Maschine hängt der arterielle Perfusionsdruck nur vom peripheren Widerstand ab. Der periphere Gefäßwiderstand wird vor allem durch den Sympathikotonus, die Anästhesie, die Temperatur, den pH-Wert und durch vasoaktive Medikamente beeinflußt.

Ein systolischer, arterieller Blutdruck von mehr als 100 mmHg spricht bei einem normalen Perfusionszeitvolumen der Herz-Lungen-Maschine für einen hohen peripheren Gefäßwiderstand. Durch eine Vertiefung der Narkose sowie durch Vasodilatanzien, wie z.B. Nitroprussid-Natrium (s. S. 273), kann der periphere Widerstand und damit der arterielle Druck gesenkt werden. Falls der arterielle Perfusionsdruck trotz eines normalen oder erhöhten Perfusionszeitvolumens mit der Herz-Lungen-Maschine unter 60 mmHg abfällt, so scheint eine Drucksteigerung durch Vasopressoren wie Noradrenalin und/oder eine Senkung der Körpertemperatur notwendig.

EKG

Während der Kardioplegie ist das Herz asystolisch.

Neurologie

Nach Herzoperationen mit der Herz-Lungen-Maschine kann es vor allem aufgrund einer intraoperativen zerebralen Mangeldurchblutung oder durch Luftembolisationen in den Hirnkreislauf zu zerebralen Komplikationen kommen. Sinnvoll ist daher die wiederholte Kontrolle und Dokumentation der Pupillenweite, die unter Fentanyl- oder Sufentanilgabe beidseits eng sein muß.

ZVD

Der **z**entrale **V**enen**d**ruck (= **ZVD**) sollte während der extrakorporalen Zirkulation bei oder unter 0 mmHg liegen.

Urinausscheidung

Die Urinproduktion sollte nicht unter 1 ml/kg KG/Stunde abfallen. Kommt es zu einer starken Hämolyse (zumeist aufgrund einer mechanischen Schädigung der Erythrozyten vor allem durch das Absaugen des Blutes) mit einer Verfärbung des Urins, so sollte die Diurese mit Lasix oder einem Osmodiuretikum wie Mannit gesteigert werden.

Beatmung

Direkt nach Beginn der EKZ müssen die O_2- und CO_2-Partialdrücke, der pH-Wert sowie die Sauerstoffsättigung sowohl im arteriellen als auch im zentral- oder gemischt-venösen Blut kontrolliert werden. Der arterielle pO_2 liegt meist bei 150 bis 300 mmHg (= 20–40 kPa), der gemischt-venöse pO_2 (s. S. 181) sollte mindestens 40 mmHg (= 5,3 kPa) betragen. Eine Hyperventilation ist zu vermeiden. Der arterielle pCO_2 sollte bei ca. 40 ± 4 mmHg (= 5,3 kPa) liegen (Normoventilation). Die arterielle Sättigung muß mindestens 95% betragen, der pH-Wert sollte im Normbereich von 7,4 ± 0,04 liegen. Eine metabolische Azidose (pH-Wert kleiner als 7,36 und Standardbikarbonat unter 22 mmol/l) ist meist Folge einer ungenügenden Perfusion!

Relaxierung

Um den für die Operation notwendigen Stillstand des Zwerchfells zu garantieren, ist auf eine ausreichende Relaxierung zu achten. Durch spontane Inspirationsversuche könnte im Operationsgebiet auch eine Luftembolie begünstigt werden.

Labor

Die Elektrolyte Natrium, Kalium und Kalzium sowie die Blutzuckerkonzentration müssen mehrfach kontrolliert werden. Außerdem ist der Hb-Wert regelmäßig zu überprüfen. Während der extrakorporalen Zirkulation liegt er meist zwischen 20–30%, er sollte jedoch nicht unter 15% abfallen. Bei einem Abfall unter diesen Wert ist eine Bluttransfusion notwendig.

Temperatur

Die Temperatur wird mittels einer ösophagealen und einer rektalen Temperatursonde überwacht. Daneben wird mit der HLM die Bluttemperatur kontrolliert.

▶ Beendigung der extrakorporalen Zirkulation

Gegen Ende der Herzoperation wird mit der **Wiedererwärmung** des Patienten begonnen. Bei einer zu schnellen Erwärmung kann es zu

einer starken Gefäßdilatation mit einem Abfall des arteriellen Drucks kommen, was den Einsatz von vasokonstringierenden Medikamenten erforderlich machen kann.
Nachdem der Operateur das Herz sorgfältig entlüftet hat, wird die Aortenklemme (vgl. Abb. 5.25) entfernt. Das aus der HLM in die Aorta gepumpte Blut strömt nun auch in die Aortenwurzel, und es kommt wieder zur Durchblutung der Koronararterien. Die sogenannte **Reperfusionsphase** beginnt. Meist stellt sich innerhalb weniger Minuten wieder ein normaler Herzrhythmus ein. Bleibt jedoch ein Kammerflimmern bestehen, muß das Herz durch direktes Auflegen von Defibrillatorelektroden mit ca. 10 Wattsekunden defibrilliert werden. Tritt wiederholt Kammerflimmern auf, so empfiehlt sich vor einer erneuten Defibrillation die Gabe von 1–2 mg/kg KG Lidocain intravenös.

Vor dem Abgehen von der HLM sollte die Bluttemperatur auf über 34 °C angehoben werden, die Blutgase, der pH-Wert sowie die Elektrolyte sollten im Normbereich liegen. Wurde während der extrakorporalen Zirkulation ein verdampfbares Inhalationsanästhetikum verwendet, so sollte es mindestens 20 Minuten vor Abgang von der HLM abgestellt werden.

Nach einer Reperfusionszeit von ca. einem Drittel der Ischämiezeit wird mit der Entwöhnung von der HLM, dem „Abgang von der Maschine", begonnen. Die Entwöhnung beginnt mit dem schrittweisen Übergang zum **partiellen Bypass.** Im partiellen Bypass muß der Patient mit 100% Sauerstoff beatmet werden. Ist der vollständige Abgang von der HLM gelungen und sind die venöse sowie die arterielle Kanüle entfernt, wird nach Rücksprache mit dem Operateur das Heparin mittels langsamer Protamininfusion antagonisiert (s. S. 276).
Der Abgang von der HLM kann je nach Myokardfunktion wenige Minuten bis einige Stunden dauern. Während der Entwöhnung können unter Umständen erhebliche **hämodynamische Probleme** auftauchen. Wichtig ist der direkte Blick auf das schlagende Herz. Eine gezielte Unterstützung des Kreislaufs in dieser Situation ist möglich, wenn der arterielle Druck, das Herzminutenvolumen sowie der ZVD und der Wedge-Druck bekannt sind. Mit Hilfe dieser Größen können außerdem die Gefäßwiderstände im Lungenkreislauf sowie im großen Kreislauf errechnet werden. Je nach Situation müssen die folgenden Maßnahmen getroffen werden:

- HMV niedrig,
  Blutdruck niedrig,
  ZVD niedrig,
  Wedge-Druck niedrig:
  → Dem Patienten muß Volumen zugeführt werden.
- HMV niedrig,
  Blutdruck niedrig,
  ZVD normal oder leicht erhöht,
  Wedge-Druck normal oder leicht erhöht:
  → Die Gabe von Katecholaminen (z.B. Dopamin) zur Unterstützung der Herzleistung ist notwendig.
- HMV niedrig,
  Gefäßwiderstand hoch,
  ZVD hoch,
  Wedge-Druck hoch:
  → Die Gabe von Vasodilatatoren (z.B. Nitroprussid-Natrium, s. S. 273) in Kombination mit Katecholaminen (z.B. Dopamin) ist zu empfehlen.
- HMV weitgehend normal,
  arterieller Druck weitgehend normal,
  ZVD hoch,
  Wedge-Druck hoch:
  → Die Gabe von Nitroglycerin (s. S. 272) ist zu empfehlen.
- HMV hoch,
  Blutdruck niedrig,
  Gefäßwiderstand im großen Kreislauf niedrig:
  → Die Infusion von Noradrenalin ist indiziert.

Bei bradykarden Rhythmusstörungen kann auch die Gabe von Atropin, Alupent oder eine Herzschrittmacherstimulation notwendig werden. (Bei den Patienten werden meist intraoperativ passagere Schrittmacherelektroden am Vorhof und am linken Ventrikel plaziert. Die elektrische Stimulation ist dann der medikamentösen Stimulation vorzuziehen.)

Bleibt trotz einer differenzierten medikamentösen Therapie die Herzleistung zu niedrig (= **low cardiac output syndrome**), kann zur Unterstützung des insuffizienten Herzens über die Arteria femoralis ein aufblasbarer Ballon in die thorakale Aorta eingeführt werden. Abhängig vom EKG wird dieser Ballon während der frühen Diastole aufgepumpt und während der Systole entleert. Dieser Ballon pulsiert entgegengesetzt zum Herzen; das Prinzip wird deshalb als **intraaortale Ballongegenpulsation** bezeichnet. Der in der frühen Diastole aufgepumpte Ballon verhindert den schnellen Abfluß des in die Aorta ausgeworfenen Blutes und verbessert damit die koronare und zerebrale Durchblutung. Kurz vor der Systole entleert sich der Ballon schlagartig, wodurch der Druck in der Aorta plötzlich abfällt und die Nachlast (s. S. 267) und damit auch der Sauerstoffbedarf für das sich jetzt kontrahierende linke Herz reduziert wird.

Häufige Herzoperationen

Die häufigsten Operationen in der Herzchirurgie sind Operationen an arteriosklerotisch verengten (= stenosierten) Koronararterien. Im Bereich einer **Gefäßstenose** ist die Durchblutung gedrosselt. Die maximal noch durch die Stenose fließende Blutmenge reicht bei Belastung nicht mehr aus, um die Herzmuskulatur hinter der Stenose mit genügend Sauerstoff zu versorgen. Folge dieser Mangeldurchblutung des Herzmuskels sind pektanginöse Beschwerden oder schlimmstenfalls ein Herzinfarkt. Da der Sauerstoffbedarf der Herzmus-

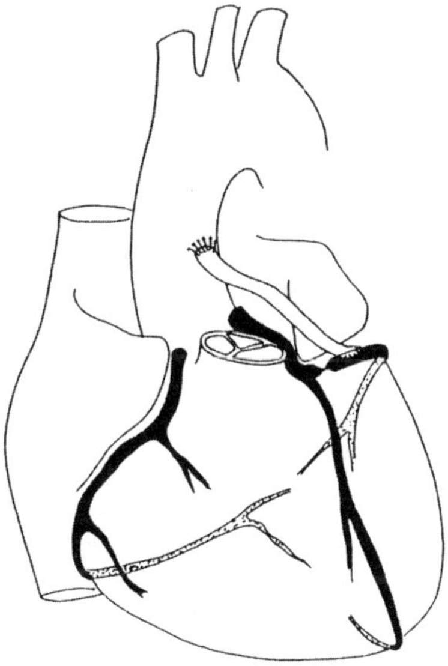

Abb. 5.26 Aortokoronarer Bypass bei Stenosierung der Arteria circumflexa.

kulatur bei einer Blutdrucksteigerung und vor allem bei einer Beschleunigung der Herzfrequenz erhöht ist (s.o.), wird verständlich, daß bei diesen Patienten stärkere Blutdruckanstiege und insbesondere Herzfrequenzsteigerungen zu vermeiden sind. Diese Stenosen der Koronararterien können operativ dadurch behandelt werden, daß mit einem autologen (= körpereigenen) Venentransplantat (meist aus der Vena saphena magna) ein künstlicher Umgehungskreislauf (= Bypass) von der Aorta zur poststenotischen Koronararterie hergestellt wird (vgl. Abb. 5.26). Diese Operation wird als **aortokoronarer Venenbypass** (= **a**orto **c**oronary **v**ein **b**ypass = **ACVB**) bezeichnet. Es kann auch eine direkte Anastomosierung zwischen der Arteria mammaria interna und der betroffenen Koronararterie durchgeführt werden.
Andere häufige Operationen in der Herzchirurgie sind z.B. Operationen an **veränderten Herzklappen,** insbesondere an der Aortenklappe und der Mitralklappe. Meistens müssen diese veränderten Klappen entfernt und durch Klappenprothesen ersetzt werden.

Die **Mitralklappe** ist die Herzklappe zwischen linkem Vorhof und linkem Ventrikel. Während der Diastole fließt das Blut durch die Mitralklappe aus dem linken Vorhof in den linken Ventrikel.

Bei Patienten mit einer hochgradigen Verengung der Mitralklappe (= **Mitralstenose**) kann das Blut während der Diastole nur noch ungenügend vom linken Vorhof in den linken Ventrikel einströmen. In schweren Fällen wird sich das Blut vor der Mitralklappe, also im linken Vorhof, oder bis zurück in die Lungenstrombahn stauen. Folge einer Rückstauung bis in die Lungenstrombahn ist ein Lungenödem. Kommt es bei Patienten mit einer Mitralstenose zu einer Beschleunigung der Herzfrequenz, so wird sich die Symptomatik akut verschlechtern, denn bei einer Herzfrequenzsteigerung wird vor allem die Dauer der Diastole verkürzt (s.o.). Hierdurch hat das Blut weniger Zeit, durch die enge Mitralklappe zu fließen und wird sich deshalb stärker vor dem linken Herzen anstauen. Durch eine Tachykardie können diese Patienten akut in ein Lungenödem kommen. Bei einer **Mitralinsuffizienz** ist dagegen eine Bradykardie zu vermeiden, da ansonsten während der relativ langsamen Ventrikelsystole viel Blut in den Vorhof zurückfließen kann.

Verlegung auf die Intensivstation

Postoperativ werden die Patienten manchmal auf einen nasalen Tubus umintubiert. Diese **nasale Umintubation** sollte nie bereits vor der Operation durchgeführt werden, da es leicht zu Schleimhautverletzungen in der Nase kommt, aus denen es unter der intraoperativ notwendigen Gerinnungshemmung mit Heparin stark bluten könnte. Unter kontinuierlichem Monitoring wird der Patient anschließend auf die Intensivstation transportiert. Der Patient wird weiterhin analgesiert und sediert, bis Körpertemperatur und Oxygenierung eine Entwöhnung vom Respirator zulassen. Es ist auch darauf zu achten, daß eine gute periphere Durchblutung vorliegt. Hämodynamisch instabile Patienten werden erst dann von der Beatmung entwöhnt, wenn die Katecholamin- und Vasodilatanziendosis auf ein vertretbares Maß reduziert werden konnten. In der Aufwachphase können durch Streßsituationen erhebliche Kreislaufbelastungen auftreten.

Der polytraumatisierte Patient

Allgemeine Bemerkungen

Unter einem Polytrauma (= einer Mehrfachverletzung) werden gleichzeitig entstandene Verletzungen mehrerer Körperteile verstanden, wobei wenigstens eine oder die Kombination mehrerer Verletzungen lebensbedrohlich ist.

Ein polytraumatisierter Patient kann die unterschiedlichsten Verletzungsmuster aufweisen. Trotzdem enden die auftretenden pathophysiologischen Veränderungen immer in einem Volumenmangelschock mit all seinen Folgen. Bei Aufnahme eines Mehrfachverletzten in den Notfallbehandlungsraum bietet sich daher meist folgendes Bild:

- Hypovolämie (Volumenmangel)
- Hypotonie
- Tachykardie
- Azidose:
  Einerseits kommt es im Volumenmangelschock zu einer Störung der Mikrozirkulation mit Beginn einer anaeroben Glykolyse und einem Anfall von Milchsäure (Laktat). Hierdurch entsteht eine **metabolische Azidose.** Andererseits kommt es durch eine fast obligatorische Ventilationsstörung

(z.B. durch eine schmerzbedingte Atemschonhaltung) zu einem CO_2-Anstieg, wodurch eine zusätzliche **respiratorische Azidose** entsteht. Außerdem besteht bei einem Mehrfachverletzten zusätzlich fast immer auch eine Hypoxie.

- Oligurie oder Anurie
- evtl. Gerinnungsstörungen
- Hyperkaliämie (durch Azidose und Zerstörung von Zellen)

Ganz entscheidend für den Behandlungserfolg eines polytraumatisierten Patienten ist die **optimale Organisation und Koordination** der bei der Diagnostik und Behandlung mitwirkenden Helfer.

Diagnostik

Nach einer kurzen Anamneseerhebung durch Befragen des begleitenden Notarztes oder einer eventuellen Begleitperson muß sofort mit Diagnostik und Therapie begonnen werden.

Anästhesiologische Untersuchung

Es sind die Vitalfunktionen Atmung und Herz/Kreislauf zu beurteilen.

▶ **Atmung**

- normale Atmung?
- unzureichende Atmung (= Ateminsuffizienz)?
- Atemstillstand (= Apnoe)?

▶ **Kreislauf**

- normale Kreislaufverhältnisse?
- Kreislaufverhältnisse wie im Volumenmangelschock (das heißt niedriger Blutdruck und hohe Herzfrequenz)?
- Kreislaufstillstand?

Während der Anästhesist sich sofort um die Sicherung und Stabilisierung der Atmung und des Herz-Kreislauf-Systems bemüht, wird der Patient von einem Neurochirurgen und einem Traumatologen kurz untersucht.

Neurologische Untersuchung

▶ **Bewußtsein**

- klar orientiert (= adäquat)?
- somnolent (= schlaftrunkener Zustand, leicht weckbar)?
- soporös (= durch starke Reize nur kurzfristig erweckbar)?
- komatös (= Bewußtlosigkeit)?

Die genaue Beurteilung und Überwachung der Hirnfunktion (z.B. mittels Glasgow-Koma-Skala) sowie die Einteilung des Schädel-Hirn-Traumas in unterschiedliche Schweregrade (SHT I°, II°, III°) wird im Kapitel über Intensivmedizin (Überwachung der Hirnfunktion, S. 272) beschrieben. Besteht der Verdacht auf ein **S**chädel-**H**irn-**T**rauma (= SHT), auf ein Hirnödem oder eine Hirnblutung? Sind die Pupillenreflexe normal? Daneben gehört zur orientierenden neurologischen Untersuchung noch die Frage nach einer möglichen (Hals-)Wirbelsäulenverletzung oder gar **Querschnittslähmung** sowie nach peripheren Nervenverletzungen. Kann der Patient die Beine bewegen? Hat er eine intakte Sensibilität in den Beinen? Bei einer Querschnittslähmung sind Motorik und Sensibilität in den Beinen ausgefallen. Die Beine sind warm, die Gefäße unterhalb der Querschnittshöhe weitgestellt (querschnittsbedingte Gefäßweitstellung).

Traumatologische Untersuchung

Die Frage nach Knochenbrüchen, nach einem Pneumo- oder Hämatothorax, einer intraabdominellen Blutung oder einer retroperitonealen Blutung ist zu klären. Verletzungen der Wirbelsäule sind auszuschließen. Besteht auch nur der Verdacht auf eine intraabdominelle Blutung (z.B. stumpfes Bauchtrauma, zunehmender Bauchumfang, zunehmende Bauchdeckenspannung), so muß umgehend eine Sonographie des Bauchraumes durchgeführt werden. Bei positivem Befund sind eine sofortige Laparotomie und operative Blutstillung angezeigt.

Versorgungsphasen

Phase 1: Sicherung der Vitalfunktionen Atmung und Kreislauf

Sicherung der Atmung

- Freimachen der Atemwege:
  Beim bewußtlosen Patienten müssen gegebenenfalls Fremdkörper aus Mund und Rachen entfernt und durch Überstrecken des Kopfes ein Zurückfallen der Zunge und eine Verlegung der oberen Luftwege verhindert werden (s. S. 287).
- Sicherstellung einer ausreichenden Ventilation:
  Hierbei gilt:

> Jeder polytraumatisierte Patient sollte intubiert werden!

Die Gründe für die Intubation sind vielfältig. Oft besteht eine Verletzung des knöchernen Thorax (z.B. Rippenserienfraktur), eine Lungenkontusion oder die Gefahr einer Aspiration (s. S. 187), da der Patient (z.B. aufgrund eines Schädel-Hirn-Traumas) bewußtlos ist. Oft haben die Patienten bereits am Unfallort erbrochenen Mageninhalt aspiriert. Außerdem haben diese Patienten meist schmerzbedingt eine deutliche Atemschonhaltung. Daneben ist aus der Erfahrung bekannt, daß aufgrund des Schockzustandes bei Mehrfachverletzten sich bald pulmonale Probleme einstellen **(Schocklunge).** Dies alles sind Gründe, den Patienten zu intubieren. Bestehen keine Kontraindikationen, z.B. ein SHT mit Verdacht auf einen erhöhten intakraniellen Druck (s. S. 240), so sollte der Patient mit PEEP beatmet werden.

Bei der Intubation ist stets davon auszugehen, daß der Patient nicht nüchtern ist, deshalb muß eine sogenannte Ileuseinleitung (s. S. 186) durchgeführt werden. Wegen der meist besonderen Dringlichkeit zur Intubation oder dem häufigen Verdacht auf einen erhöhten intrakraniellen Druck (SHT?) muß auf das Legen einer Magensonde vor (!) Intubation zumeist verzichtet werden. Vor Narkoseeinleitung sollte aber eine adäquate Volumentherapie bereits begonnen werden, um drastische Blutdruckabfälle durch die Narkosemedikamente zu vermeiden.

Prinzipiell müssen bei Patienten im Schock die Medikamente vorsichtig dosiert werden. Außerdem muß auf blutdrucksenkende Medikamente (z.B. Droperidol, Inhalationsanästhetika u.ä.) verzichtet werden. Die Narkose wird meist mit einem Hypnotikum wie Etomidat oder Thiopental eingeleitet und mit Sauerstoff/Lachgas, einem Opioid (z.B. Fentanyl oder Sufentanil), einem nicht depolarisierenden Relaxans (z.B. Rocuronium, Vecuronium) und einem Hypnotikum (z.B. Midazolam) aufrechterhalten. Bei Patienten mit starker Hypotonie kann die Intubation auch nach intravenöser Gabe von Ketanest durchgeführt werden. Hierbei bleibt ein weiterer Blutdruckabfall normalerweise aus.

Sicherung des Kreislaufs

Die einzige kausale Therapie des vorliegenden Volumenmangelschocks ist die Volumengabe! Nur damit ist eine Normalisierung des Kreislaufs, eine kausale Therapie der metabolischen Azidose sowie ein Wiedereinsetzen der Urinausscheidung zu erwarten. Ebenso können einer drohenden Fettembolie sowie möglichen Gerinnungsstörungen am besten dadurch vorgebeugt werden, daß der Volumenmangelschock schnell unterbrochen wird. Daher gilt:

> Sofortige großzügige Volumengabe!

Bei jedem Mehrfachverletzten müssen folgende Maßnahmen erfolgen:

- sofort (!) EKG und Pulsoxymeter anschließen

- sofort (!) Blutdruck messen
- Sofort (!) mehrere, möglichst großlumige peripher-venöse Zugänge legen:
  Bei schlechten peripheren Venenverhältnissen sollte frühzeitig ein großlumiger Katheter (z.B. ein Shaldon-Katheter) in der Vena subclavia oder Vena femoralis plaziert werden.
- Sofort (!) Beginn der Volumensubstitution!, auch dann, wenn der Blutdruck noch scheinbar ausreichend ist und keine großen äußeren Blutungen erkennbar sind (innere Blutungen?!, Weichteilblutungen?!). Es handelt sich dann meist um einen durch maximale Kreislaufzentralisation gerade noch kompensierten Schockzustand, der jederzeit dekompensieren kann!
- Sofort (!) Abnahme von Kreuzblut
  zur Bestimmung der Blutgruppe und Anforderung von mindestens 6–8 vorerst noch ungekreuzten Blutkonserven. Nur in absolut lebensbedrohlichen Ausnahmefällen sollten als „Universalspenderblut" Erythrozytenkonzentrate der Blutgruppe Null Rhesus-negativ transfundiert werden (s. S. 126). In der Regel können jedoch einige Minuten abgewartet werden, bis die Blutgruppe festgestellt und ungekreuztes, blutgruppengleiches Blut bereitgestellt ist. Dies ist bei guter Organisation auch innerhalb von wenigen Minuten möglich! Bis dahin sollten vor allem Plasmaersatzmittel wie **H**ydroxy**ä**thyl**s**tärke (HÄS), Gelifundol, Serumeiweißkonzentrat, Humanalbumin und andere zur Anwendung kommen (s. S. 122). Transfusionen und Infusionen müssen mit Hilfe eines Druckbeutels vorgenommen werden.

> Bei einer evtl. notwendigen Massivtransfusion ist daran zu denken, daß sowohl Vollblutkonserven als auch Erythrozytenkonzentrate keinerlei funktionsfähige Thrombozyten mehr haben und eine verminderte Aktivität der Gerinnungsfaktoren V und VIII aufweisen.

Es muß deshalb frühzeitig zusätzlich „**f**resh **f**rozen **p**lasma" (= FFP; enthält Gerinnungsfaktoren, s. S. 127) und manchmal gegen Ende der operativen Blutstillung Thrombozytenkonzentrat transfundiert werden, um einer Entgleisung der Blutgerinnung vorzubeugen.

- Sofort (!) Abnahme von Laborwerten
  wie Na, K, Hb, HK, Quick, PTT, Thrombozyten, BZ
- Möglichst bald sollte eine arterielle Blutdruckmessung (s. S. 172) angelegt und eine arterielle Blutgasanalyse abgenommen werden.
- Möglichst bald sollte ein Dauerkatheter gelegt werden, um die Urinausscheidung und damit die Suffizienz der Volumentherapie beurteilen zu können.
- Das Plazieren eines Kavakatheters ist wünschenswert, aber zweitrangig (s. S. 167). Bei schlechten Kreislaufverhältnissen bietet hierbei die Punktion der Vena subclavia die besten Erfolgsaussichten (s. S. 170). Treten trotz ausreichender Volumenzufuhr unklare Kreislaufprobleme auf, muß stets auch an die Möglichkeit eines Spannungspneumothorax gedacht werden.

Phase 2: Lebensrettende Notoperationen

Liegen Verletzungen vor, die eine endgültige Stabilisierung der Vitalfunktionen Atmung und Kreislauf nicht erlauben, z.B. ein Pneumothorax oder eine Milzruptur, so müssen entsprechende lebensrettende Eingriffe (Thoraxdrainage bzw. Milzexstirpation) ohne jegliche Verzögerungen durchgeführt werden.

> Liegen mehrere lebensbedrohliche Verletzungen vor, z.B. eine Milzruptur und ein epidurales Hämatom, so haben die kreislaufstabilisierenden Maßnahmen – falls ein gleichzeitiges Operieren von zwei Operationsteams nicht möglich ist – den Vorrang.

Die Ausräumung eines epiduralen Hämatoms wäre sinnlos, wenn der Patient inzwischen an seiner Milzruptur verblutet. Sofort anschließend muß dann das epidurale Hämatom entlastet werden.
Im Anschluß an diese lebensrettenden Notoperationen wird eine **ausführliche röntgenologische Diagnostik** durchgeführt. Besteht der Verdacht auf ein Schädel-Hirn-Trauma, so muß, sobald die Vitalfunktionen einigermaßen stabilisiert sind, ein kranielles Computertomogramm (= **c**ranial **c**omputerized **t**omography = **CCT**) durchgeführt werden. Die Frage nach einem therapiebedürftigen Hirnödem oder nach einer operativ angehbaren intrakraniellen Blutung muß beantwortet werden. Bereits im Zweifelsfalle müssen Manipulationen unterlassen werden, die den intrakraniellen Druck steigern könnten und Maßnahmen durchgeführt werden, die zu einem Abfall des intrakraniellen Drucks führen (vgl. dazu die ausführliche Darstellung im Kapitel „Der intrakranielle Druck“ auf S. 241). Das knöcherne Skelett sowie die Lunge müssen geröntgt werden. Ergeben sich hieraus keine neuen operativen Konsequenzen, so wird der Patient auf eine operative Intensivstation zur Stabilisierung seines Zustandes verlegt.

Phase 3: Stabilisierungsphase

Alle anderen nicht unmittelbar lebensbedrohlichen Verletzungen sollten erst operiert werden, wenn sich der Zustand des Patienten durch eine entsprechende intensivmedizinische Therapie stabilisiert hat (= Stabilisierungsphase).

Phase 4: Zweite Operationsphase

Siehe Kapitel „Intensivmedizin“, S. 403.

Phase 5: Erholungsphase

Siehe Kapitel „Intensivmedizin“, S. 403.

Teil 6
Der Aufwachraum

Allgemeine Bemerkungen

Nach Beendigung der Narkose wird der Patient vom Operationstisch in ein frisches, möglichst vorgewärmtes Bett gelegt und darin in den Aufwachraum gefahren. Der Aufwachraum sollte sich in enger räumlicher Verbindung zum Operationstrakt befinden und untersteht der Anästhesie. Im Aufwachraum werden die Patienten so lange überwacht, bis sie wach und wieder im Vollbesitz ihrer Schutzreflexe sind und eine Gefährdung durch eine narkose- oder operationsbedingte Atmungs- oder Kreislaufproblematik ausgeschlossen werden kann. Im Normalfall beläuft sich der Aufenthalt im Aufwachraum auf mindestens 30 Minuten bis höchstens ca. 3 Stunden. Anschließend werden die Patienten wieder auf ihre jeweilige Station gebracht. In problematischen Fällen sollte der Patient auf eine Intensivstation verlegt werden.

Übernahme des Patienten

Bei der Übernahme eines Patienten in den Aufwachraum muß eine „Übergabe“ des Patienten stattfinden; das heißt, der für die Narkose verantwortliche Anästhesist berichtet der für den Aufwachraum zuständigen Pflegekraft bzw. dem zuständigen Arzt, welche Operation und welches Narkoseverfahren durchgeführt wurden und welche Probleme während der Narkose aufgetreten sind. Wichtig ist auch zu berichten, an welchen Nebenerkrankungen der Patient leidet. Besonderer Erwähnung bedarf es, ob bei dem Patienten z.B. Fentanyl oder ein nichtdepolarisierendes Muskelrelaxans antagonisiert werden mußte, ob der Verdacht auf einen Medikamentenüberhang besteht, welche Infusionen der Patient im Aufwachraum erhalten soll, welche Schmerzmedikation er bei Bedarf erhalten kann und was die Aufwachraumschwester bei diesem Patienten besonders zu beachten hat.
Nach der Übernahme des Patienten muß sich die Pflegekraft im Aufwachraum selbst einen Eindruck vom Patienten verschaffen. Insbesondere muß sie den Wachheitsgrad (= die Vigilanz) des Patienten, die Effektivität seiner Spontanatmung sowie seine Kreislaufsituation und seine Hautbeschaffenheit (Zyanose, zentralisiert und kalt?) kontrollieren.

Überprüfung des Wachheitsgrades

Der Wachheitsgrad kann folgendermaßen unterteilt werden:

- Wach und adäquat:
  Der Patient ist wach und kommt Aufforderungen korrekt nach.
- Somnolent:
  Schlaftrunkener Zustand. Der Patient kann leicht erweckt werden. Wird er in Ruhe gelassen, so schläft er wieder ein.

- Soporös:
  Nur auf lautes Zurufen versucht sich der Patient kurz zu orientieren. Auf Schmerzreize reagiert er mit gezielten Abwehrbewegungen. Er ist aber unfähig zu jeglicher spontanen Aktivität.
- Komatös:
  Der Patient ist bewußtlos.

Überprüfung der Atmung

Die Überwachung der Atmung erfolgt klinisch und wünschenswerterweise auch apparativ-technisch mit Hilfe von Pulsoxymetrie und bei drohender Apnoe (z.B. Frühgeborene) auch mittels Apnoematratze oder mittels Bioimpedanzverfahren. Beim Bioimpedanzverfahren können über die EKG-Elektroden atemabhängige Widerstandsänderungen des Thorax und damit die Atemfrequenz erfaßt werden (s. S. 370; Überwachung der Atmung). Ein Opioidüberhang (z.B. Fentanyl) sowie ein Überhang an Muskelrelaxanzien sind häufigere Ursachen einer unzureichenden postoperativen Spontanatmung des Patienten.

Opioidüberhang?

Die Aufwachraumschwester muß sich stets darüber informieren, wann der Patient das letzte Mal ein Opioid (z.B. Fentanyl) erhalten hat. Mit einer Atemdepression nach Fentanyl oder Sufentanil muß gerechnet werden, wenn die letzte Opioidgabe weniger als 30 Minuten zurückliegt, die letzte Fentanyl- bzw. Sufentanildosis mehr als 0,1 mg bzw. 15 µg betrug oder während der Operation eine relativ hohe Gesamtdosis an Opioid verabreicht wurde. Auf direkte Aufforderung atmen diese Patienten kurzfristig tief durch.

> Wird ein Patient mit Opioidüberhang ganz in Ruhe gelassen, so hat er eine sehr langsame Atemfrequenz mit relativ großem Atemzugvolumen oder er „vergißt“ gar ganz zu atmen und „schläft“ wieder ein.

Die Pupillen sind typischerweise eng (= stecknadelkopfgroße Pupillen, s. S. 373). Der Patient gibt an, keine Schmerzen zu haben. Bei Verdacht auf einen Opioidüberhang muß der verantwortliche Anästhesist informiert werden, der über eine evtl. notwendige Antagonisierung des Opioids (s. S. 53) entscheiden muß. Patienten, bei denen ein Fentanyl- oder Sufentanilüberhang antagonisiert wurde, sollten mindestens noch 2 Stunden im Aufwachraum verbleiben, denn in seltenen Fällen kann nach Wirkungsende des Antidots (= Gegenmittels) der Opioidüberhang erneut auftreten.

Relaxansüberhang?

Bei einem noch anrelaxierten Patienten ist die Kraft der Atemmuskulatur unzureichend, außerdem droht in Rückenlage die Zunge aufgrund des schlaffen Muskeltonus nach hinten zu fallen und die oberen Luftwege zu verlegen. Bei der Aufforderung, die Augen ganz zu öffnen, wird ein noch anrelaxierter Patient die Stirn runzeln, versucht also unter Mithilfe der Stirnmuskulatur die Augen zu öffnen. Der Aufforderung, die Hand zu drücken, den Kopf hochzuheben oder die Zunge herauszustrecken, kann der Patient nur andeutungsweise nachkommen.

> Der Atemtypus ist eher tachypnoisch mit kleinem Atemzugvolumen.
> Zumeist sind die Patienten sehr unruhig und machen ungezielte, unkoordinierte Bewegungen.

Bei Verdacht auf einen Relaxansüberhang muß der verantwortliche Anästhesist informiert werden, der über eine evtl. notwendige Antagonisierung (s. S. 65) entscheiden muß.

Überhang an Narkosegas?

Bei Patienten mit einem Halothan-, Enfluran-, Isofluran, Sevofluran- oder Desfluran-Überhang kann die Bewußtseinslage von somnolent bis bewußtlos (s.o.) reichen.

Der Atemtypus ist eher tachypnoisch mit kleinem Atemzugvolumen.
Die Ausatemluft weist den für das jeweilige Narkosegas typischen Geruch auf.

Bei bewußtlosen Patienten kann es in Rückenlage zu einer Verlegung der oberen Luftwege durch die zurückfallende Zunge kommen.

Verlegung der oberen Luftwege?
Bei Patienten mit Operationen im Halsbereich, wie z.B. einer Strumektomie, kann es postoperativ zu einer Einengung der oberen Luftwege und vor allem einem inspiratorischen Stridor aufgrund einer Schwellung, eines Hämatoms oder einer intraoperativen Nervenverletzung kommen. Bei einer erschwerten Atmung sind der Operateur und der Anästhesist zu informieren, gegebenenfalls muß z.B. ein Hämatom operativ ausgeräumt werden. Bei einem starken Ödem ist unter Umständen die Gabe eines abschwellenden Medikamentes notwendig (z.B. 250 mg Solu-Decortin-H intravenös). Bei bewußtlosen Patienten oder bei Patienten mit einem Medikamentenüberhang (z.B. Relaxansüberhang) kann es in Rückenlage zu einem Zurückfallen der Zunge und damit zu einer teilweisen oder totalen Verlegung der oberen Luftwege kommen (vgl. Abb. 6.1). Durch Anwendung des sogenannten Esmarch-Handgriffs wird die

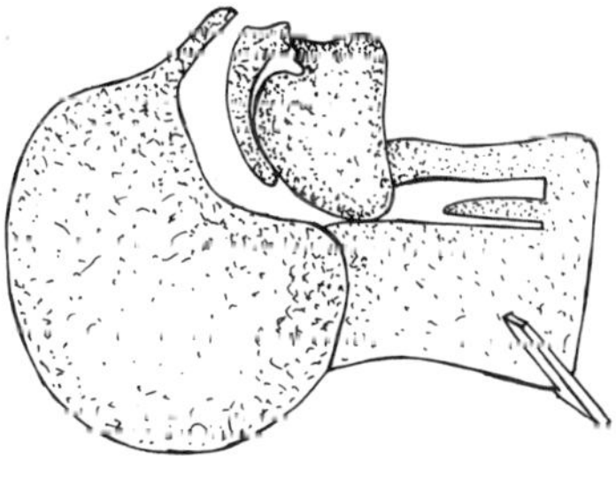

Abb. 6.1 Verlegung der oberen Luftwege durch zurückgefallene Zunge.

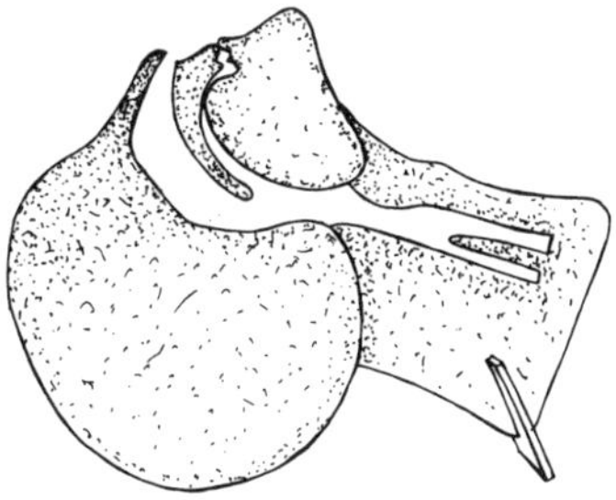

Abb. 6.2 Freie obere Luftwege bei überstrecktem Kopf.

Zunge von der Rachenhinterwand abgehoben (vgl. Abb. 6.2), und der Patient kann wieder frei durchatmen.

Beim **Esmarch-Handgriff** wird mit den am Unterkieferwinkel angreifenden Zeige- und Mittelfingern der Unterkiefer hochgezogen und hierdurch gleichzeitig der Kopf überstreckt. Zusätzlich wird mit beiden Daumen gegen das Kinn gedrückt und so der Mund geöffnet (vgl. Abb. 6.3).

Häufig ist der Esmarch-Handgriff auch wirksam, wenn die ungenügende Atmung nicht durch eine Verlegung der oberen Luftwege, sondern z.B. durch eine opioidbedingte Atemdepression verursacht ist. Da der Esmarch-Handgriff bei kräftiger Anwendung sehr unangenehm ist, führt er in diesem Falle zu einer schmerzbedingten Ventilationssteigerung. Anschließend muß dann gegebenenfalls der Opioidüberhang antagonisiert werden.

Abb. 6.3 Durchführung des Esmarch-Handgriffs.

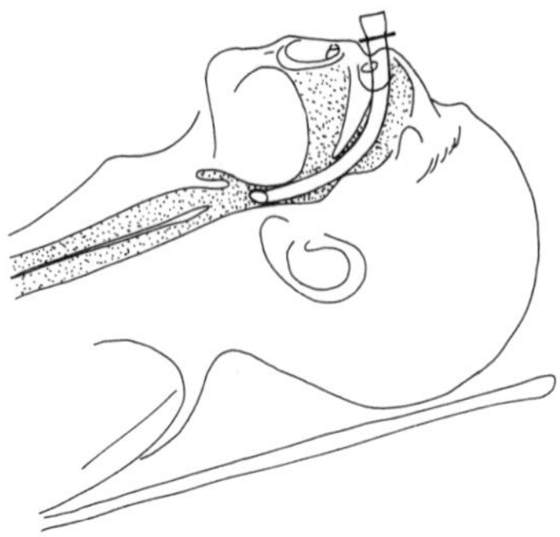

Abb. 6.4 Eingeführter Wendl-Tubus. Verstellbare Ringplatte zur Fixierung des Wendl-Tubus.

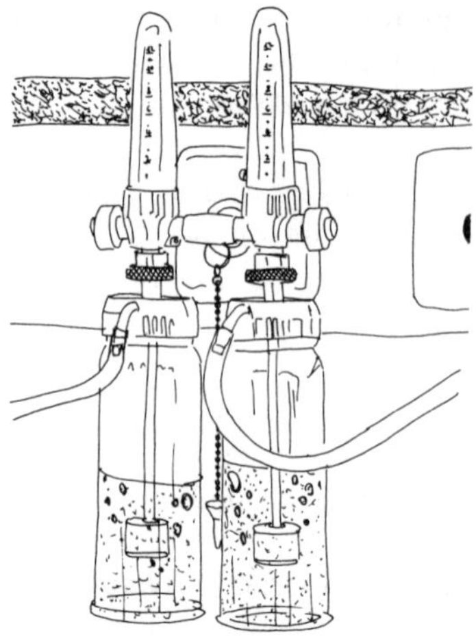

Abb. 6.5 Sauerstoffsprudler.

Auch durch das Einführen eines **Wendl-Tubus** (= Nasopharyngealtubus, Abb. 6.4) kann ein Offenhalten der oberen Luftwege erzielt werden. Der Wendl-Tubus muß über den unteren Nasengang, also nach dorsal (und nicht nach kranial-dorsal!) so weit vorgeschoben werden, wie es dem Abstand Ohr-Nasolabialfalte (Nasen-Mund-Falte) des Patienten entspricht. Bei korrekter Lage des Wendl-Tubus ist eine deutliche Luftströmung am Ende des Tubus zu hören. Durch eine verstellbare Ringplatte, die nach korrekter Positionierung bis an den Naseneingang vorgeschoben wird, kann der Wendl-Tubus in dieser Position fixiert werden.

Das Einführen eines **Guedel-Tubus** (s. S. 80) sollte vermieden werden, da dieser zu einer wesentlich stärkeren Reizung des Zungengrundes und der Rachenwand führt und evtl. einen Würge- und Brechreiz auslösen kann.

Sind die Schutzreflexe eines Patienten noch nicht zurückgekehrt, so sollte er, falls es die Operation erlaubt, in eine flache Seitenlage gebracht werden. Hierdurch kann einer Verlegung der oberen Luftwege durch die zurückfallende Zunge sowie einer Aspiration im Falle eines Erbrechens vorgebeugt werden.

Nach Überprüfung der Spontanatmung erhält normalerweise jeder Patient im Aufwachraum über eine **Nasensonde** 2 Liter O_2/min. Der Sauerstoff sollte über einen Sprudler angefeuchtet werden (vgl. Abb. 6.5). Ein zu hoher Sauerstofffluß ist für den Patienten unangenehm und führt sehr schnell zum Austrocknen der Luftwege. Mehr als ca. 6 Liter O_2/min über eine Nasensonde sind sinnlos (entweicht über Mund und Nase)! Die Nasensonde wird korrekterweise so weit in die Nase eingeführt, wie der Abstand Ohr – Nasolabialfalte des Patienten beträgt. Zu tiefes Einführen kann zum Aufblasen des Magens führen. Bei ungenügend tiefer Einführung wird ein großer Teil des Sauerstoffs wieder über die Nasenlöcher entweichen.

Bei **Patienten mit schweren chronischen Lungenleiden** ist bei der Sauerstoffgabe Vorsicht geboten. Diese Patienten haben sich oft an ihre pathologisch hohe CO_2-Konzentration gewöhnt, und der Atemantrieb erfolgt bei ihnen nicht mehr über einen erhöhten CO_2-Wert, sondern über ihren gleichzeitig erniedrigten O_2-Wert.

Wird Patienten mit schweren chronischen Lungenleiden Sauerstoff verabreicht, so kann ihnen der Atemantrieb genommen werden. Sauerstoff wirkt bei diesen Patienten also unter Umständen atemdepressiv! Bei Sauerstoffgabe ist also eine engmaschige Überwachung dieser Patienten notwendig.

Kreislaufüberwachung

Die Kontrolle des Kreislaufes erfolgt idealerweise mittels oszillometrischer Blutdruckmessung (z.B. Dinamap-Gerät) oder ersatzweise anhand der auskultatorischen Blutdruckmessung. Bei kritischen Patienten sollte auch im Aufwachraum eine bereits intraoperativ vorgenommene arterielle Blutdruckmessung oder ZVD-Kontrolle vorübergehend weitergeführt werden. Im folgenden sollen kurz die häufigsten Komplikationen von seiten des Kreislaufes besprochen werden.

Frequenz- und Blutdruckanstieg

Frequenz- und Blutdruckanstieg in der unmittelbaren postoperativen Phase haben ihre Ursache meist im Auftreten von Wundschmerzen und machen eine Schmerztherapie nötig (s.u.). Daneben können aber auch eine überfüllte Blase sowie eine Ventilationsstörung mit Hypoxie und Hyperkapnie einen Blutdruck- und einen Frequenzanstieg verursachen. Insbesondere nach Narkosen, bei denen das sehr kurzwirksame Opioid Remifentanil verwendet wurde, treten im Aufwachraum meist frühzeitig starke Schmerzen auf.

Frequenzanstieg und Blutdruckabfall

Frequenzanstieg und Blutdruckabfall sind meist Ausdruck eines intravasalen Volumenmangels. Ursachen können eine ungenügende intraoperative Volumenzufuhr oder eine postoperative Nachblutung sein. Hinweise hieraut können neben der Frequenzsteigerung und dem Blutdruckabfall ein niedriger ZVD, eine geringe Urinproduktion von weniger als 1 ml/kg KG/Stunde, ein schnelles Vollaufen der Redonflaschen, eine Zunahme des Bauchumfangs nach Bauchoperationen, anämische Bindehäute sowie ein niedriger Hb- und HK-Wert sein. Der zuständige Anästhesist und gegebenenfalls der Operateur müssen benachrichtigt werden. Eine Blutung in die Bauchhöhle kann mittels Ultraschalluntersuchung bestätigt oder ausgeschlossen werden! Eine Volumengabe bzw. eine Reoperation sind gegebenenfalls notwendig.

Blutdruckanstieg

Manchmal treten postoperative Blutdruckanstiege auf, bei denen keine Schmerzreaktion, keine Ventilationsstörung, keine überfüllte Blase und keine Übertransfusion oder ähnliches als Ursache in Frage kommt. Oft handelt es sich um Patienten mit bekanntem Hochdruckleiden, bei denen manchmal eine medikamentöse Blutdrucksenkung notwendig wird. Dazu eignen sich folgende Medikamente:

Nitrendipin (Bayotensin)

Nitrendipin ist ein Kalziumantagonist und eignet sich vor allem bei älteren Patienten zur Hochdruckbehandlung.

▶ Darreichungsform

Phiole à 5 mg.

▶ Dosierung

Zum sofortigen Wirkungsbeginn sollte der Inhalt der Phiole unter der Zunge ausgedrückt werden. Die Wirksubstanz wird sublingual resorbiert. Die sublingual auszudrückenden Nifedipin Kapseln (Adalat) stellen inzwischen kein Medikament der ersten Wahl mehr dar.

Nitroglycerin (s. S. 272)

Nitroglycerin eignet sich vor allem bei Patienten mit zusätzlicher Koronarsklerose zur Blutdrucksenkung.

▶ Darreichungsform

Zum Beispiel Nitrolingual Kapseln à 0,8 mg;

1–2 Kapseln sublingual oder Nitrolingual Spray: 1 Sprayhub à 0,4 mg; 1–3 Sprayhübe in die Mundhöhle bei angehaltenem Atem.
Evtl. Nitroglycerin (Trinitrosan) Injektionslösung:
1 Ampulle mit 1 ml = 5 mg. Es hat sich eine Verdünnung 1:100 bewährt. 1 ml = 5 mg wird mit 9 ml NaCl 0,9% verdünnt. 9 ml dieser Mischung werden verworfen. Der verbleibende 1 ml = 0,5 mg wird wiederum mit 9 ml NaCl 0,9% verdünnt. 1 ml enthält nun 0,05 mg Nitroglycerin.

▶ Dosierung
0,05–0,1 mg intravenös (= 1–2 ml dieser Verdünnung); gegebenenfalls mehrere Wiederholungsdosen.

Dihydralazin (Nepresol)

Dihydralazin bewirkt eine Tonusverminderung vor allem der Arteriolen und damit eine Blutdrucksenkung.

▶ Nebenwirkungen
Tachykardie.

▶ Darreichungsform
1 Ampulle mit 25 mg.

▶ Dosierung
$^1/_4$–$^1/_2$ Ampulle intravenös; gegebenenfalls eine Wiederholungsdosis.

Urapidil (Ebrantil)

Urapidil wirkt über eine Blockade der Alpha-Rezeptoren vor allem auf das arterielle Gefäßsystem dilatierend und bewirkt dadurch einen Blutdruckabfall.

▶ Darreichungsform
1 Ampulle à 5/10 ml zu 25/50 mg; 1 ml = 5 mg.

▶ Dosierung
Initial werden meist 10 oder 25 mg intravenös verabreicht. Gegebenenfalls kann nach ca. 5 Minuten eine Wiederholungsdosis erfolgen.

▶ Nebenwirkungen
Urapidil führt zu keiner reflektorischen Tachykardie.

Diazoxid (Hypertonalum)

Diazoxid bewirkt eine Tonusveränderung vor allem der Arteriolen und damit eine Blutdrucksenkung.

▶ Nebenwirkungen
Tachykardie.

▶ Darreichungsform
1 Ampulle = 20 ml = 300 mg.

▶ Dosierung
$^1/_2$ Ampulle = 10 ml = 150 mg relativ zügig intravenös; gegebenenfalls eine Wiederholungsdosis.

Beta-Blocker

Beta-Blocker (z.B. Acebutolol [Prent]; Esmolol [Brevibloc]) eignen sich vor allem bei jüngeren Patienten zur Hochdruckbehandlung. Esmolol ist ein kardioselektiver Beta-Blocker (der nur über Beta-1-Rezeptoren wirkt) und die Beta-2-Rezeptoren des Bronchialsystems nicht relevant beeinflußt. Er ist durch einen schnellen Wirkungsbeginn und eine ultrakurze Wirkdauer gekennzeichnet. Die Wirkdauer beträgt nur wenige Minuten, da die Substanz schnell (durch Esterasen) gespalten wird. Esmolol stellt inzwischen den Beta-Blocker der ersten Wahl in der Anästhesie dar.

▶ Nebenwirkungen
Kontraindiziert bei Herzinsuffizienz, bei AV-Block 2. oder 3. Grades, bei obstruktiven Lungenerkrankungen (z.B. Asthma bronchiale) und bei Bradykardie, da diese Symptome durch Beta-Blocker verstärkt werden können.

▶ Darreichungsform von Prent
1 Ampulle = 5 ml = 25 mg; 1 ml = 5 mg.

▶ Dosierung
1 ml = 5 mg; gegebenenfalls eine Wiederholungsdosis.

Tab. 6.1 Postanästhetische Checkliste.

Kriterium	Punktzahl
Bewußtseinslage	
Adäquate Reaktion auf Ansprache	2 Punkte
Erweckbar durch Ansprache	1 Punkt
Keine Reaktion auf Ansprache	0 Punkte
Atmung	
Auf Aufforderung tiefes Durchatmen, Husten und/oder S_aO_2 > 95% bei 21% O_2	2 Punkte
Offene Atemwege, auf Aufforderung kein tiefes Durchatmen und/oder S_aO_2 90–95% bei 21% O_2	1 Punkt
Atemwegsverlegungen, Dyspnoe und/oder S_aO_2 < 90% bei 21% O_2	0 Punkte
Kreislauf	
Systolischer Blutdruck < 20% Abweichung vom Ausgangswert	2 Punkte
Systolischer Blutdruck 20–50% Abweichung vom Ausgangswert	1 Punkt
Systolischer Blutdruck > 50% Abweichung vom Ausgangswert	0 Punkte
Motorik	
4 Extremitäten zielgerichtet bewegbar	2 Punkte
2 Extremitäten zielgerichtet bewegbar	1 Punkt
0 Extremitäten zielgerichtet bewegbar	0 Punkte
Hautfarbe/Hauttemperatur	
Rosig und warm	2 Punkte
Blaß, marmoriert, ikterisch und/oder kalt	1 Punkt
Zyanotisch	0 Punkte
	Gesamtpunktzahl

▶ Darreichungsform von Esmolol
Durchstechflasche à 10 ml = 100 mg (10 mg/ml) zur Bolusinjektion;
Ampulle à 10 ml = 2,5 g (250 mg/ml) zur kontinuierlichen Infusion; stets verdünnen auf 10 mg/ml.

▶ Dosierung
Initial: 0,5 mg/kg KG/min über 2–3 min.
Erhaltungsdosis: 0,1–0,2 mg/kg KG/min.

Sind der Wachheitszustand, die Atmung sowie die Kreislaufsituation des Patienten überprüft und als zufriedenstellend befunden, wird dem Patienten ein frisches Flügelhemd angezogen und er wird warm zugedeckt.

Der Arm, an dem der Zugang liegt, muß jedoch sichtbar auf (!) der Bettdecke liegen, damit eine eventuelle Diskonnektion mit Blutung aus der Kanüle sofort erkennbar ist (dies gilt insbesondere auch bei liegender arterieller Kanüle). Außerdem ist eine Zyanose zuerst an den Fingernägeln des Patienten zu erkennen.

Die Kreislaufparameter Herzfrequenz und Blutdruck müssen nun mindestens in 10- bis 15minütigem Abstand kontrolliert und im Narkoseprotokoll dokumentiert werden (s. S. 135). Gleichzeitig müssen immer auch die Atmung und der Wachheitszustand des Patienten überprüft und der Patient zum tiefen Durchatmen aufgefordert werden.
Zu den weiteren Aufgaben der Pflegekraft im Aufwachraum gehört es, die angeordnete Infusionstherapie durchzuführen, regelmäßig den Verband des Patienten zu kontrollieren, um zu prüfen, ob der Verband aufgrund einer stärkeren Nachblutung durchnäßt ist. Außerdem müssen Sonden, Drainagen und Redonflaschen korrekt abgeleitet und regelmäßig kontrolliert bzw. gewechselt werden; gegebenenfalls ist der verantwortliche Anästhesist oder Operateur auf Auffälligkeiten hinzuweisen.

Postanästhetische Checkliste

Zur postoperativen Beurteilung des Patienten können auch bestimmte Checklisten verwendet werden. In Tab. 6.1 ist der modifizierte PARS (**p**ost**a**nesthetic **r**ecovery **s**core) beschrieben (s. S. 291). Auf dieser Checkliste kann der Patient maximal 10 Punkte (Score von 10) erreichen. Hat der Patient 7 oder weniger Punkte, dann ist eine engmaschige Kontrolle notwendig. Eine Punktzahl von 8–10 wird als sichere Punktzahl bezeichnet. Normalerweise sollten Patienten vor ihrer Verlegung eine Punktzahl von 10 erreicht haben.

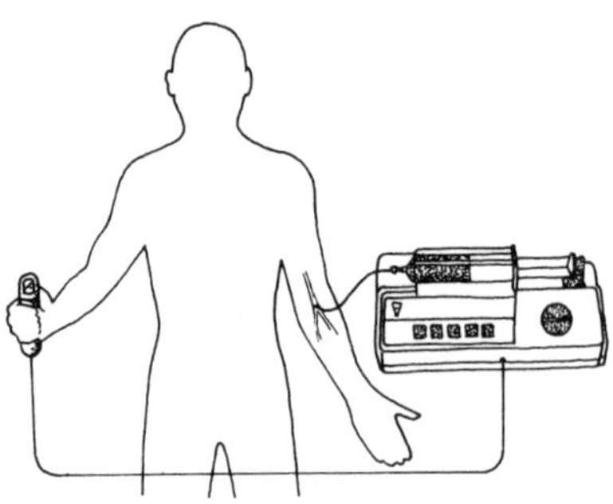

Abb. 6.6 Patientenkontrollierte Analgesie.

Schmerzbekämpfung

Eine der wichtigsten Aufgaben im Aufwachraum ist die Schmerzbekämpfung. Nach einer Halothan-, Enfluran-, Isofluran, Sevofluran- oder Desfluran-Narkose treten nach Erwachen des Patienten meist relativ bald Schmerzen auf, so daß frühzeitig ein Analgetikum notwendig wird. Nach einer Narkose unter Verwendung des ultrakurz wirkenden Opioids Remifentanil treten typischerweise sehr schnell nach dem Erwachen aus der Narkose meist starke Schmerzen auf. Es wird daher schon eine intraoperative Gabe von z.B. Piritramid oder eine unmittelbar postoperative Piritramidtitration (s.u.) empfohlen. Nach einer NLA (s. S. 115) bewirkt das hierbei zumeist relativ hoch dosierte Fentanyl oder Sufentanil meist noch über einige Zeit eine gewisse Analgesie.

Bedarfsadaptierte Opioiddosierung

Das Schmerzempfinden und damit auch der Opioidbedarf kann von Patient zu Patient zum Teil enorm schwanken. Die Verabreichung einer mittleren Erfolgsdosis kann daher beim einen Patienten unzureichend sein, beim nächsten Patienten aber eine Atemdepression verursachen. Das sicherste Vorgehen ist eine bedarfsadaptierte intravenöse Opioidtitration.
Für eine **bedarfsadaptierte intravenöse Opioidtitration** haben sich bestens Geräte zur patientenkontrollierten Analgesie (**p**atient **c**ontrolled **a**nalgesie = **PCA**) bewährt. Per Knopfdruck kann sich hierbei der Patient von einer mikroprozessorgesteuerten Infusions-

pumpe, die an einen intravenösen Zugang angeschlossen ist, so oft kleine intravenöse Opioidboli abverlangen, bis er sich an seinen individuellen Opioidbedarf herantitriert hat und weitgehend schmerzfrei ist (vgl. Abb. 6.6). Aus Sicherheitsgründen kann an diesen PCA-Geräten programmiert werden, wie viele Milligramm Opioid sich der Patient pro Bolus abverlangen kann und wie lange das sogenannte Sperrintervall ist, also die Zeitspanne, bis die PCA-Maschine auf einen erneuten Knopfdruck wieder mit der Abgabe eines Opioidbolus reagiert, und wie hoch zum Beispiel die Stunden- oder Vier-Stunden-Maximaldosis sein darf. Zumeist wird eine PCA-Maschine mit einer verdünnten Piritramid-Lösung (s.u.) gefüllt (z.B. 1 ml = 2 mg). Als Bolus werden zumeist 2 mg und als Sperrintervall meist 10 Minuten programmiert. Die Vier-Stunden-Maximaldosis wird z.B. mit 25 mg eingestellt. Es sollte keine Hintergrundinfusion (Basalinfusion) eingestellt werden. Mit einem solchen PCA-Gerät kann eine sehr gute und sehr sichere postoperative Schmerzlinderung erzielt werden.

Ein Problem ist jedoch, daß diese mikroprozessorgesteuerten PCA-Geräte relativ teuer sind (ca. 3000 DM). Inzwischen stehen auch Einmal-PCA-Geräte (ca. 30,00 DM) zur Verfügung (vgl. Abb. 6.7; Vygon PCA-System). Diese **Einweg-PCA-Geräte** arbeiten rein mechanisch. Aus dem opioidhaltigen Spritzenreservoir wird über eine Präzisionskapillare mit definiertem Durchfluß Opioid angesaugt, bis das Bolusvolumen gefüllt ist. Je nach Modell sind unterschiedliche Füllzeiten möglich (z.B. 5 Minuten). Durch Drücken des Arzneimittelknopfes kann das Bolusvolumen ausgedrückt und intravenös injiziert werden (vgl. Abb. 6.7)
Zur postoperativen Schmerztherapie eignen sich besonders die Analgetika vom Opioidtyp. Die Wirkungen und Nebenwirkungen dieser Analgetika werden auf S. 8 ausführlich beschrieben. Für den Aufwachraum eignen sich vor allem die folgenden Opioide.

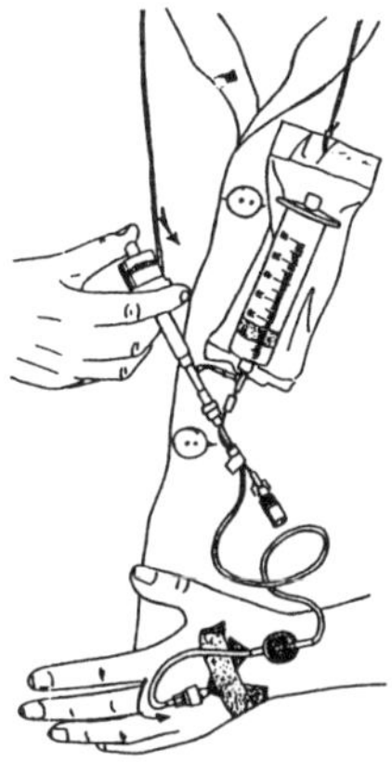

Abb. 6.7 Einweg-PCA-Gerät (Fa. Vygon).

Piritramid (Dipidolor)

► **Wirkungsdauer**
Ca. 6 Stunden.

► **Nebenwirkungen**
Bei Überdosierung Atemdepression, relativ selten Übelkeit.

► **Darreichungsform**
1 Ampulle = 2 ml = 15 mg.

► **Mittlere Erfolgsdosis**
Mittlere Erfolgsdosis: $^1/_3$ bis $^1/_2$ bis $^1/_1$ Ampulle (intramuskulär oder) intravenös bei Erwachsenen (s.u.). Dosierung bei PCA s.o.

Buprenorphin (Temgesic)

► **Wirkungsdauer**
6–8 Stunden.

► **Nebenwirkungen**
Müdigkeit/Schlaf, bei Überdosierung Atemdepression, manchmal Übelkeit. Relativ langsamer Wirkungsbeginn.

► **Darreichungsform**
1 Ampulle = 1 ml = 0,3 mg.

► **Mittlere Erfolgsdosis**
$^1/_2$–$^1/_1$ Ampulle (intramuskulär oder) intravenös bei Erwachsenen.

▶ **Sonstiges**
Eine Überdosierung ist durch die üblichen Opioidantagonisten nicht sicher aufhebbar! Buprenorphin hat eine höhere Rezeptoraffinität als Naloxon oder andere Opioide.

Pentazocin (Fortral)

▶ **Wirkungsdauer**
Ca. 3 Stunden.

▶ **Nebenwirkungen**
Bei Überdosierung Atemdepression, selten Übelkeit. Es kann zu Tachykardie und Blutdruckanstieg führen und ist daher bei kardialen Risikopatienten weniger geeignet.

▶ **Darreichungsform**
1 Ampulle = 1 ml = 30 mg.

▶ **Mittlere Erfolgsdosis**
$^1/_2$–$^1/_1$ Ampulle (intramuskulär oder) intravenös bei Erwachsenen (s.u.).

▶ **Praktisches Vorgehen im Aufwachraum**
Für die postoperative Schmerztherapie im Aufwachraum hat sich, falls keine PCA-Geräte (s.o.) zur Verfügung stehen, folgendes Vorgehen bestens bewährt: 1 Ampulle Dipidolor (2 ml = 15 mg) wird mit NaCl 0,9% auf 10 ml verdünnt. 1 ml entspricht 1,5 mg Dipidolor. Der Anästhesist protokolliert auf dem Narkosebogen: „Dipidolor bitte nach Bedarf titrieren. Initial beim Erwachsenen (z.B.) 3,0 oder 4,5 oder 6 mg." Die Pflegekraft im Aufwachraum verabreicht bei Bedarf eine relativ niedrige Initialdosis. Sollte diese nicht ausreichen, so kann alle 10 Minuten ca. $^1/_3$ bis $^1/_2$ der Initialdosis nachinjiziert werden, bis der Patient weitgehend schmerzfrei ist. Sollte eine zweite Ampulle Dipidolor benötigt werden, muß die Pflegekraft vorher den zuständigen Anästhesisten informieren.
Dieses Vorgehen scheint die beste Annäherung an die Prinzipien der PCA darzustellen und erlaubt ebenfalls eine bedarfsadaptierte intravenöse Opioidtitration.

Zur postoperativen Schmerztherapie eignet sich oft auch ein Medikament aus der Gruppe der antipyretischen Analgetika, die vor allem die Bildung der Entzündungssubstanzen (z.B. Prostaglandine) im Wundgebiet hemmen. Ihr großer Vorteil besteht darin, daß sie im Gegensatz zu den Opioiden nicht (!) atemdepressiv wirken. Für den Aufwachraum haben sich vor allem die folgenden **antipyretischen Analgetika** bewährt.

Acetylsalicylsäure (Aspisol)

▶ **Nebenwirkungen**
Kontraindiziert bei Asthma bronchiale (unter Umständen Auslösung eines asthmatischen Anfalls).

▶ **Darreichungsform**
1 Stechampulle mit 500 mg Wirksubstanz sowie 5 ml Lösungsmittel.

▶ **Dosierung**
0,5–1–2,0 Ampullen intravenös bei Erwachsenen.

Metamizol (Novalgin)

▶ **Nebenwirkungen**
Blutdruckabfall vor allem bei schnellerer intravenöser Injektion, selten Blutbildungsstörungen und allergische Reaktionen. Es empfiehlt sich die Gabe über eine Kurzinfusion. Metamizol ist das Analgetikum der Wahl bei ehemaligen opioidabhängigen Patienten. Eine Allergie auf Metamizol muß stets ausgeschlossen werden.

▶ **Darreichungsform**
1 Ampulle zu 2 oder 5 ml, 1 ml = 500 mg.

▶ **Dosierung**
1–2 ml = 500–1000 mg intravenös bei Erwachsenen.

Paracetamol (ben-u-ron)

▶ **Nebenwirkungen**
Leberschädigung bei Überdosierung.

▶ **Darreichungsform**
Suppositorien zu 125/250/500/1000 mg.

▶ **Dosierung**
10–15–20 mg/kg KG 4–6 mal pro Tag; die Maximaldosierung wird mit ca. 90 mg/kg KG pro Tag angegeben; ab ca. 150 mg/kg KG pro Tag muß mit einer Leberschädigung gerechnet werden.
1. Lebensjahr: ca. 62,5–125 mg rektal
1.–6. Lebensjahr: ca. 250 mg rektal
Schulkinder: ca. 500 mg rektal
Erwachsene: ca. 1000 mg rektal

Diclofenac (Voltaren)
Es weist gute entzündungshemmende (antiphlogistische) Wirkungen auf, ist daher vor allem bei orthopädischen oder traumatologischen Operationen gut geeignet.

▶ **Darreichungsform**
Suppositorien à 12,5, 25, 50, 100 mg.

▶ **Dosierung**
Kleinkinder ab dem 1. Lebensjahr: 0,5–2 mg/kg KG/Tag
Ältere Kinder: 2–3 mg/kg KG/Tag
Erwachsene: 50–70–100 mg/Tag

Übelkeit und Brechreiz

Ein weiteres, häufig auftretendes Problem im Aufwachraum ist eine postoperative Übelkeit mit Brechreiz. Dies kann sowohl nach einer Inhalationsnarkose als auch nach einer NLA, seltener auch nach einer IVA/TIVA auftreten. Bei Patienten, bei denen die Schutzreflexe noch nicht sicher zurückgekehrt sind, kann Erbrechen zu einer Aspiration führen (s. S. 187). Sind die Schutzreflexe eines Patienten noch nicht zurückgekehrt, so sollte er, falls es die Operation erlaubt, in eine Seitenlage gebracht werden. Hierdurch kann einer Verlegung der oberen Luftwege durch die zurückfallende Zunge sowie einer Aspiration im Falle eines Erbrechens vorgebeugt werden. Zur **Therapie von Übelkeit und Brechreiz** eignen sich im Aufwachraum vor allem die folgenden Medikamente.

Droperidol (Dehydrobenzperidol) (s. S. 54)
▶ **Darreichungsform**
1 Ampulle = 2 ml = 5 mg, 1 ml = 2,5 mg.

▶ **Dosierung**
0,5–1(–2) ml = 0,625–1,25(–2,5) mg intravenös.

Metoclopramid (Paspertin)
▶ **Nebenwirkungen**
Bewegungsstörungen (nicht bei Kindern unter 14 Jahren anwenden).

▶ **Darreichungsform**
1 Ampulle = 2 ml = 10 mg.

▶ **Dosierung**
10 mg intravenös bei Erwachsenen.

Dimenhydrinat (Vomex-A)
▶ **Darreichungsform**
Suppositorien mit 40/70/150 mg.

▶ **Dosierung**
Säuglinge und Kleinkinder: 40 mg
Schulkinder: 70 mg
Erwachsene: 150 mg

Triflupromazin (Psyquil)
▶ **Nebenwirkungen**
Siehe Neuroleptika, S. 8.

▶ **Darreichungsform**
1 Ampulle mit 1 ml, entsprechend 10 oder 20 mg.

▶ **Dosierung**
5–10 mg intravenös bei Erwachsenen.

Kältegefühl

Häufig klagen Patienten im Aufwachraum über ein ausgeprägtes Kältegefühl.

Die Ursache liegt in der intraoperativen Auskühlung der Patienten vor allem aufgrund der ungenügenden Bekleidung und Bedeckung in den kalten Operationsräumen, einem Wärmeverlust über die Lungen aufgrund der kalten Atemgase (s. S. 12) sowie in einer oft medikamentös bedingten Gefäßweitstellung, was die Wärmeabgabe über die Haut noch verstärkt. Perioperativ sind daher wärmekonservierende Maßnahmen (s. S. 205) wichtig.

Postoperativ klagen daher viele Patienten nicht nur über ein starkes Kältegefühl, sondern es tritt oft ein **nicht kontrollierbares Kältezittern** auf. Durch dieses Kältezittern kann es zu einem stark erhöhten Sauerstoffbedarf kommen, was insbesondere bei koronarsklerotischen Patienten vermieden werden muß (s. S. 266). Die Therapie besteht neben der Vorbeugung, das heißt z.B. einem intraoperativen Abdecken der Patienten oder dem Einsatz von Warmluftdecken (z.B. Warm touch; Fa. Mallinckrodt) und der Verwendung angewärmter Infusions- und Transfusionslösungen, vor allem auch in einem Vorwärmen der Betten und evtl. im Gebrauch von heizbaren Wärmedecken im Aufwachraum. Außerdem muß über eine Nasensonde Sauerstoff zugeführt werden. In besonderen Fällen kann versucht werden, z.B. mit Pethidin (oder Clonidin) dieses postoperative Zittern (shivering) zu blockieren.

Pethidin (Dolantin) (s. S. 9)

► **Hauptwirkung**
Analgetikum vom Opioidtyp.

► **Nebenwirkungen**
Evtl. Atemdepression, häufiger Übelkeit!

► **Darreichungsform**
1 Ampulle = 1 ml, 1 ml = 50 mg.

► **Mittlere Erfolgsdosis**
12,5–25 mg intravenös bei Kältezittern; gegebenenfalls eine Wiederholungsdosis.

Clonidin (Catapresan)

In neueren Studien konnte auch gezeigt werden, daß sich das (sympathikolytisch wirkende) Antihypertensivum Clonidin (Catapresan) ebenfalls zur Therapie des Kältezitterns (shivering) eignet.

► **Hauptwirkung**
Clonidin blockiert die Alpha-Rezeptoren und führt daher zu einem Blutdruckabfall. Es wird daher primär zur Blutdrucksenkung eingesetzt.

► **Darreichungsform**
1 Amp = 1 ml = 0,15 mg.

► **Dosierung**
1(–2) µg/kg KG; ca. 75(–150) µg = 0,075 (–0,15) mg beim Erwachsenen intravenös bei Kältezittern.

► **Nachbeatmung**
Intraoperativ stark unterkühlte Patienten werden meist intubiert in den Aufwachraum gebracht, wo sie so lange nachbeatmet und gewärmt werden sollten, bis die Temperatur wieder ausreichend (bis ca. 36 °C) angestiegen ist. Zur Sedierung und Analgesie bieten sich hierfür z.B. Midazolam und Sufentanil bzw. Fentanyl an.

Unruhe

Fällt ein Patient im Aufwachraum durch besondere Unruhe auf, so muß unbedingt nach der Ursache gesucht werden. Als Gründe kommen vor allem in Frage:

- Schmerzen (s. S. 292)

- Durchlaufen eines Exzitationsstadiums nach einer Inhalationsnarkose
- Eine überfüllte Blase aufgrund einer postoperativ häufig auftretenden Blasenentleerungsstörung. Der Patient muß katheterisiert werden, falls eine spontane Blasenentleerung nicht möglich ist.
- Pulmonale Probleme:
  - Hypoxie und Hyperkapnie, z.B. aufgrund eines Relaxansüberhangs oder einer Verlegung der oberen Luftwege
  - beginnendes Lungenödem aufgrund einer Überinfusion oder Übertransfusion oder durch eine kardiale Dekompensation
  - Pneumothorax, z.B. aufgrund einer Pleuraverletzung bei einer Fehlpunktion für einen zentralvenösen Katheter (s. S. 167) oder aufgrund eines Barotraumas mit Pneumothorax unter maschineller Beatmung

Kinder sind postoperativ meist sehr unruhig. Damit ein Sturz aus dem Bett verhindert werden kann, müssen Kleinkinder in ein Gitterbett gelegt werden. Es ist darauf zu achten, daß die Gitter stets hochgezogen sind! Bei größeren Kindern hat es sich bewährt, die Bettdecke quer zu legen und rechts und links unter die Matratze zu stecken. Dies verhindert das Wegstrampeln der Decke und bietet einen gewissen Schutz vor einem Sturz aus dem Bett; gegebenenfalls sind Gitter an das Bett anzubringen.
In seltenen Fällen kann eine postoperative Unruhe oder Verwirrung auch durch ein sogenanntes **z**entrales **a**nticholinerges **S**yndrom (**ZAS**) bedingt sein (s. S. 55). Dieses kann durch zahlreiche Medikamente ausgelöst werden. Die Therapie besteht in der langsamen intravenösen Gabe von 1–2 mg Physostigmin (Anticholium).

Rückenmarknahe Leitungsanästhesien

Bei Patienten, die eine rückenmarknahe Leitungsanästhesie, also eine Spinalanästhesie oder eine PDA hatten, muß im Aufwachraum mehrmals die Höhe der Blockade kontrolliert werden. Dies kann am besten mit einem Kältespray oder Eiswürfel erfolgen (s. S. 155). Im noch betäubten Gebiet hat der Patient kein Kälteempfinden. Vor der Verlegung muß die Höhe der Blockade eindeutig rückläufig sein und mindestens unterhalb von Th10 (= Nabelhöhe, Abb. 2.19) liegen.

Verlegung auf die Allgemeinstation

Damit ein Patient aus der Überwachung des Aufwachraumes entlassen werden kann, müssen folgende Punkte erfüllt sein:

- Der Patient muß wach sein.
- Die Schutzreflexe müssen sicher vorhanden sein.
- Die Spontanatmung muß zufriedenstellend sein.
- Der Kreislauf muß stabil sein.

Zur Überprüfung der Verlegungsfähigkeit bieten sich gegebenenfalls spezielle Check-Listen (siehe PARS-Score; s. S. 292) an. Die beabsichtigte Verlegung eines Patienten auf die Normalstation muß vom verantwortlichen Anästhesisten bestätigt werden. Der Zeitpunkt der Verlegung auf die Normalstation sollte im Narkoseprotokoll vermerkt werden. Anschließend muß eine Pflegekraft derjenigen Station, auf der der Patient normalerweise liegt, informiert werden, daß der Patient im Aufwachraum abgeholt werden kann. Bei der Übergabe an die Pflegekraft der Station müssen intraoperativ und postoperativ aufgetretene Probleme des Patienten mitgeteilt werden. Außerdem müssen Anordnungen für die folgende Zeit weitergegeben werden, z.B. daß der Patient ab jetzt alle 8 Stunden ein Antibiotikum erhalten muß, daß noch Laborkontrollen notwendig sind oder daß eine Infusionstherapie bzw. eine Schmerztherapie angeordnet sind.

Teil 7 Intensivmedizin

Allgemeine Bemerkungen zur Intensivmedizin

Unter einer **Intensivstation** wird eine spezielle Betteneinheit für die intensive Diagnostik und **Therapie** lebensbedrohlich oder kritisch erkrankter Patienten verstanden. Hierzu gehören z.B. Patienten mit akutem Herzinfarkt, Polytrauma, schwerer akuter Blutung, Vergiftung, Verbrennungen, Schädel-Hirn-Trauma, bedrohlichen Atmungsstörungen oder Schock. Eine **Hauptaufgabe der Intensivmedizin** ist neben der Wiederherstellung bzw. Erhaltung der bedrohten Vitalfunktionen das exakte **Überwachen** (Monitoring) des Patienten. Auf Intensivstationen wird außerdem ein weit über das normale Maß hinausgehender **pflegerischer Aufwand** betrieben. Intensivmedizinische Maßnahmen können daher unterteilt werden in:
- Intensivtherapie,
- Intensivüberwachung und
- Intensivpflege.

Die empfohlene Anzahl an Intensivbetten wird mit ungefähr 5% der Gesamtbettenzahl eines Krankenhauses angegeben. Eine Intensivstation sollte etwa fünf bis zwölf Betten umfassen.

Eine Intensivstation sollte nicht nur durch einen hohen apparativen Standard, sondern auch durch besonders qualifiziertes ärztliches und pflegerisches Personal ausgezeichnet sein.

Der Tätigkeits- und auch der Verantwortungsbereich von Ärzten und Pflegepersonal einer Intensivstation überschneiden sich deutlich und machen daher eine gute Zusammenarbeit notwendig.

Zu den wichtigsten **ärztlichen Aufgaben** gehören:
- klinische und apparative Überwachung des Patienten
- Verordnung von Medikamenten
- Erstellung eines Ernährungsplanes
- Durchführung bzw. Organisation von diagnostischen und therapeutischen Maßnahmen
- Überwachung der fachgerechten Ausführung ärztlicher Anordnungen
- Dokumentation
- Teilnahme an Stationsvisiten

Zu den wichtigsten **Aufgaben des Pflegepersonals** gehören:
- Überwachung des Patienten
- Kontrolle der Überwachungsgeräte
- allgemeine und spezielle pflegerische Maßnahmen am Intensivpatienten
- fachgerechte Lagerung des Patienten
- Inhalationstherapie
- Durchführung von enteraler und parenteraler Ernährung
- Bereitstellung und Funktionsprüfung von Geräten
- Erkennung und sachgerechte Beseitigung von Gerätestörungen
- Vorbereitungen von und Assistenz bei ärztlichen Tätigkeiten

- Pflegedokumentation
- Teilnahme an Stationsvisiten

Obwohl bei schwerkranken Intensivpatienten eine Vielzahl von Organfunktionen apparativ überwacht wird, darf sich das Interesse von Ärzten und Pflegepersonal nicht nur auf die Kontrolle von Überwachungsgeräten und Laborwerten beschränken. Unverzichtbar ist eine engmaschige klinische Überwachung der Patienten.
Die Arbeit auf einer Intensivpflegestation bedeutet sowohl für Ärzte als auch für das Pflegepersonal eine große körperliche und seelische Belastung. Da das Pflegepersonal zumeist einen engeren Kontakt zum Patienten hat als der Arzt, scheint dessen seelische Belastung besonders hoch zu sein.

Pflege des Intensivpatienten

Allgemeine Bemerkungen

Die Körperpflege stellt ein menschliches Grundbedürfnis dar, dem der Intensivpatient jedoch nicht selbst nachkommen kann. Die Durchführung einer angemessene Körperpflege ist eine wichtige Aufgabe des Pflegepersonals. Ziel hierbei ist es nicht nur, die Haut zu reinigen, sondern auch ihre Schutzfunktion aufrechtzuerhalten und damit das Risiko von Infektionskrankheiten zu minimieren. Darüber hinaus wird über die Körperpflege (Berührung) das Wohlbefinden des Patienten gefördert.

Der pflegerische Aufwand eines Patienten muß an seinen individuellen Bedürfnissen orientiert werden. Hierzu ist ein Pflegeplan zu erstellen, der wiederholt an den aktuellen Zustand des Patienten anzupassen ist. Ziel muß es sein, den Patienten in seiner Ganzheitlichkeit zu verstehen und zu betreuen.
Stets ist darauf zu achten, daß der Patient während der pflegerischen Maßnahmen nicht gefährdet wird und daß weder liegende Katheter noch Drainagen versehentlich dislozieren. Mögliche Lagerungseinschränkungen (z.B. wegen eventueller Frakturen) sind zu beachten. Bei einer Seitenlagerung des Patienten muß verhindert werden, daß der Patient aus dem Bett fällt. Werden während der Körperpflege irgendwelche Besonderheiten erkannt, so müssen diese dem betreuenden Arzt mitgeteilt und dokumentiert werden. Entsprechende hygienische Maßnahmen sind zu beachten (s. S. 306).
Vor der Durchführung pflegerischer Maßnahmen muß der Patient in leicht verständlichen Worten über die geplanten Maßnahmen informiert werden. Wichtig ist, daß der Patient während pflegerischer Maßnahmen keine Schmerzen erleidet. Gegebenenfalls muß – z.B. vor der Durchführung einer notwendigen Lagerungsmaßnahme – ein „Schmerzmittel“ verabreicht werden.

Hautpflege

Ziel der Hautpflege muß neben der allgemeinen Reinigung vor allem auch die Infektionsprophylaxe, die Anregung der Hautdurchblutung und damit eine Dekubitusprophylaxe (s.u.) und eine Kreislaufaktivierung sein.
Normalerweise sollte einmal pro Tag eine Ganzkörperwäsche durchgeführt werden, die gleichzeitig reinigt und die Hautdurchblutung fördert. Starke Verunreinigungen durch Kot, Urin, Blut oder Sekret müssen stets umgehend entfernt werden, um eine Schädigung der Haut oder z.B. eine Pilzbesiedelung zu vermeiden. Auch durchgenäßte Verbände und Wäsche sind sofort zu wechseln. Anstatt Seife sollte hierzu eine hautfreundliche Waschlotion eingesetzt werden, die den natürlichen Säureschutzmantel und die Normalflora der Haut

(natürliche Keime wirken als Platzhalter) erhält. Bei fieberhaften Patienten kann für die Hautwaschung nur gering erwärmtes Wasser verwendet werden. Anschließend muß die Haut, im Rahmen der Intertrigoprophylaxe (s.u.) vor allem in den Hautfalten, gut getrocknet werden. Trockene Haut sollte mit einer Creme (Wasser in Öl) gepflegt werden. Vor operativen abdominalchirurgischen Eingriffen ist eine gründliche Nabelpflege besonders zu beachten. Bei der täglichen Hautpflege ist gleichzeitig eine detaillierte Hautinspektion durchzuführen.
Eine Waschung sollte auch immer einen Beziehungsaufbau zwischen Patient und Personal zulassen und kann an das individuelle Befinden des Patienten angepaßt werden. So kann ein unruhiger oder ängstlicher Patient eine **„beruhigende"** Waschung erhalten, bei der mit 37–40 °C warmem Wasser ohne weitere (ablenkende) Waschzusätze im Haarstrich vom Rumpf ausgehend bis zu den Extremitäten hin gewaschen und getrocknet wird. Dabei sollten eine ruhige Atmosphäre und großflächige, sichere Berührungen durch das Personal die Wirkung unterstützen. Umgekehrt kann ein passiver oder somnolenter Patient dadurch aktiviert werden, daß er eine **„anregende"** Waschung mit Wasser, das 10°C kühler als die Körpertemperatur ist, erhält und daß er entgegen dem Haarstrich vom Rumpf zu den Extremitäten gewaschen und getrocknet wird. Durch Verwendung patienteneigener und damit vertrauter Waschzusätze und Materialien können diese Wirkungen verstärkt werden.
In allen Fällen kann das deutliche Nachfahren von Körperkonturen mit dem Waschlappen dem Patienten helfen, seinen Körper bewußt wahrzunehmen. Das Körpergefühl geht vor allem bei Langzeitpatienten, die stärker sediert werden, häufig verloren.

Haarpflege

Ziel der Haarpflege muß neben der Entfernung von Fetten und eventuellen Körpersekreten vor allem auch die Infektions- und Dekubitusprophylaxe sein.
Etwa einmal pro Woche sollten dem Patienten die Haare gewaschen werden (individuelle Handhabung, je nach Beschaffenheit der Kopfhaut und möglichen Verletzungen). Vor allem in langen Haaren sammeln sich Verunreinigungen und Keime. Für liegende Patienten können spezielle Haarwaschbehälter benutzt werden, um ein Naßwerden des Bettes zu vermeiden.
Bei jeder Ganzkörperpflege sollten die Haare gekämmt werden, um ein Verfilzen zu verhindern, die Durchblutung der Kopfhaut anzuregen und um die Kopfhaut auf Druckstellen oder andere Veränderungen hin zu untersuchen. Lange Haare sollten zusammengebunden werden. Um Druckschäden zu vermeiden, sollten solche Haarbündel aber so plaziert werden, daß sie bei der Lagerung nicht unter, sondern neben dem Kopf zu liegen kommen.

Augenpflege

Ziel der Augenpflege muß es sein, Sekrete und Salbenreste zu entfernen und vor allem eine Austrocknung und Ulzeration der Hornhaut (eventuell mit Sehverlust) zu verhindern. Ein weiteres Ziel der Augenpflege ist die Infektionsprophylaxe.
Vor allem bei sedierten Patienten kommt es aufgrund des fehlenden Lidschlags und aufgrund einer mangelnden Anfeuchtung der Hornhaut (die durch Osmose ernährt wird) zu einer geringeren Reinigungswirkung in Richtung der Augeninnenwinkel, zu einer verminderten antibakteriellen Wirkung der Tränenflüssigkeit und zu einer Aufhebung des schützenden, reflexartigen Lidschlags beim Berühren der Wimpern.

Zur Reinigung der Augen sind die Augenlider von außen zur Nasenwurzel hin mit einem feuchten (mit NaCl 0,9% getränkten) sterilen Tupfer vorsichtig abzuwischen. Bereits ein regelmäßiges stärkeres Aufdrücken auf das geschlossene Augenlid beim Entfernen von Verunreinigungen führt zu Hornhautschäden! Unter Umständen kann auch eine Augenspülung vorgenommen werden. Hierbei kann das Auge mit steriler NaCl 0,9% von außen zur Nasenwurzel hin ausgespült werden. Eventuelle Rückstände alter Augensalbe sind zu entfernen. Nach Durchführung der Augenpflege sollte in den unteren Bindehautsack neue Augensalbe (z.B. Bepanthensalbe nachts, Coliquifilm tagsüber) eingebracht werden. Hierzu ist das untere Augenlid mit dem Zeigefinger etwas nach unten zu ziehen. Bei nicht vollständig geschlossenen Augen müssen die Augenlider gegebenenfalls mit einem (hautfreundlichen, schwach klebenden) Pflasterstreifen verschlossen werden. Die Augenpflege sollte einmal pro Schicht unter sterilen Bedingungen erfolgen.

Es sollte geklärt werden, ob der Patient z.B. Kontaktlinsen oder eine Augenprothese trägt. Insbesondere bei verunfallten Patienten kann dies übersehen werden. Ein evtl. vorhandenes Glasauge sollte einmal pro Tag entfernt und (genauso wie die Augenhöhle) mit physiologischer Kochsalzlösung gereinigt werden.

Mundpflege

Ziele der Mundpflege sind neben der Entfernung von Zahnbelägen und Sekreten im Mund- und Rachenraum vor allem die Infektions- und Aspirationsprophylaxe. Beim oral intubierten Patienten ist auch die Dekubitusprophylaxe ein wichtiges Ziel der Mundpflege.

Beim Intensivpatienten ist mindestens einmal pro Schicht eine sorgfältige Mundpflege durchzuführen. Je nach Quick-Wert sollte eine härtere oder besonders weiche Zahnbürste verwendet werden. Nach Verletzungen oder Operationen im Mund-Rachen-Bereich ist individuell zu klären, inwieweit mundpflegerische Maßnahmen ergriffen werden dürfen. Eventuelle Sekrete müssen aus dem Mund-Rachen-Bereich mit einem sterilen Katheter abgesaugt werden, um eine Aspiration im Falle eines nicht ausreichend geblockten Cuffs und um eine Schleimhautreizung und Kariesbildung durch aggressive Speichelbestandteile zu vermeiden. Danach kann bei intubierten Patienten die Mundhöhle durch gleichzeitiges Spülen und Absaugen oder durch Auswischen von Zungenober- und -unterfläche, Gaumen sowie Wangentaschen (mit einer um den Finger gewickelten feuchten Kompresse) gereinigt werden.

Die Mundhöhle muß täglich mit Hilfe eines Spatels und einer Lampe inspiziert werden. Sie muß auf eventuelle Veränderungen, wie z.B. eine Pilzinfektion durch den Pilz Candida albicans (Soor) mit den typischen grauweißen fleckigen Schleimhautbelägen, auf schmerzhafte bis linsengroße Schleimhautdefekte mit festhaftenden Belägen und zentralem Defekt **(Aphten)** und eine generalisierte Entzündung und Schwellung der Mundschleimhaut **(Stomatitis)** kontrolliert werden. Daneben ist auf Ulzerationen oder eine manchmal auftretende Entzündung der Ohrspeicheldrüse **(Parotitis)** zu achten. Eine Ohrspeicheldrüsenentzündung führt zu einer Schwellung vor dem Ohr, zu einer Einschränkung der Kieferbeweglichkeit und zu Schmerzen. Da tief sedierte oder komatöse Patienten nicht kauen und damit keine regelmäßige Speichelproduktion und -abgabe haben, ist die Gefahr einer Parotitis erhöht. Durch Einmassieren von z.B. Vitamin-C-haltiger Paste im Bereich der Speicheldrüsenausführungsgänge (zwischen Lippen und oberer seitlicher Zahnreihe) oder durch Massage der Ohrspeicheldrüsen vor den Ohren kann der Speichelfluß angeregt werden.

Zusätze zu Mundspüllösungen sind nur bei gereizter Schleimhaut anzuwenden. Es können desinfizierende, anästhesierende oder anfeuchtende Zusätze verwendet werden. Bei intakter Schleimhaut genügt das Reinigen mit

Wasser oder Tee. Zur Steigerung des Wohlbefindens und zur Aktivierung kann der Mundraum des Patienten zwischendurch auch mit Zusätzen ausgewischt werden, die der Patient gerne mag (z.B. Orangensaft, Bier).
Bei oral intubierten Patienten ist einmal pro Tag die Tubusfixierung zu lösen, Pflasterrückstände sind mit Wundbenzin zu entfernen, und der Tubus ist im anderen Mundwinkel erneut sorgfältig zu fixieren, um Druckstellen zu verhindern (Cave: Dislokation des Tubus). Trockene Lippen sind einzufetten.

Nasenpflege

Ziele der Nasenpflege sind neben der Entfernung von Borken und Sekreten vor allem die Infektions- und Aspirationsprophylaxe. Bei nasal intubierten Patienten ist auch eine Dekubitusprophylaxe wichtig.
Die Nasenpflege sollte mindestens dreimal pro Tag durchgeführt werden. Durch vorsichtiges Absaugen von Sekreten durch den unteren Nasengang mittels eines sterilen Katheters (je Nasenloch einen neuen Katheter, wegen der Gefahr der Keimverschleppung) wird einer Entzündung der Nebenhöhlen **(Sinusitis)** und einer Aspiration von Sekreten (bei unzureichend geblocktem Tubus) vorgebeugt. Der Absaugkatheter ist hierbei bis in den Rachen vorzuschieben. Danach sind die Naseneingänge mit Panthenol getränkten Tupfern zu reinigen. Falls der Patient nasal intubiert ist oder über eine Magensonde verfügt, müssen die entsprechenden Pflaster bei Verunreinigung oder mangelnder Klebekraft vorsichtig entfernt werden. Zur Beseitigung eventueller Klebstoffrückstände kann Wundbenzin verwendet werden. Anschließend ist wieder eine sorgfältige Fixierung vorzunehmen. Dabei ist darauf zu achten, daß der Endotrachealtubus und eine eventuell vorhandene Magensonde nicht dislozieren und daß die Schlauche keinen Druck oder Zug auf die umliegende Haut und den Knorpel ausüben, um Ulzerationen zu verhindern. Gegebenenfalls sind Tubus oder Magensonde vor dem Fixieren mit einem Stück Schaumstoff abzupolstern. Es ist zu kontrollieren und dokumentieren, wie tief der Endotrachealtubus und die Magensonde eingeführt sind.

Ohrenpflege

Ziel der Ohrenpflege ist es, Ohrmuscheln und äußeren Gehörgangs zu reinigen und damit eine Verstopfung des Gehörgangs durch Ansammlung von Ohrenschmalz zu verhindern.
Werden zur Reinigung feuchte Watteträger verwendet, dann ist ein zu tiefes Eindringen in den äußeren Gehörgang unbedingt zu vermeiden, um eine Verletzung des Trommelfells auszuschließen. Bei Patienten mit einem Schädel-Hirn-Trauma ist nach eventuellen Blut- oder Liquorspuren im Ohr zu suchen.

Nagelpflege

Ziele der Nagelpflege sind die Reinigung, die Infektions- und Verletzungsprophylaxe.
Da sich besonders unter langen Finger- und Zehennägeln Verunreinigungen und Keime ansammeln, sollte unter den Nägeln eine regelmäßige Reinigung stattfinden. Aus ästhetischen Gründen und um eine Selbstverletzung des Patienten oder eine Verletzung des Personals zu vermeiden, sollten Nägel auch nach Bedarf geschnitten werden. Dabei ist das Entfernen überschüssiger Hornhaut zu unterlassen. Dadurch können Verletzungen und Eintrittspforten für Keime entstehen. Bei Patienten mit Diabetes mellitus oder arterieller Verschlußkrankheit ist vor allem bei der Fußpflege besondere Vorsicht geboten und gegebenenfalls ist eine fußpflegerische Behandlung hinzuzuziehen. Bereits bei kleinsten Verletzungen können schlecht heilende Wunden entstehen.

Wechsel der Bettwäsche

Zumindest einmal pro Tag sollte die Bettwäsche aus Gründen der Reinigung, der Dekubitusprophylaxe (Kontakt mit Sekreten) und Infektionsprophylaxe vollständig gewechselt werden. Es bietet sich an, dies im Zusammenhang mit der Ganzkörperpflege vorzunehmen. Zusätzlich ist bei jeder Verunreinigung mit Körpersekreten (also auch nach starkem Schwitzen, z.B. bei Fieber) ein Wechsel der Bettwäsche durchzuführen. Beim Wäschewechsel ist sorgfältig darauf zu achten, daß weder der Endotrachealtubus noch intravenöse oder arterielle Katheter, Thoraxdrainagen, der Blasenkatheter oder sonstige Schläuche dislozieren. Für den Wechsel der Bettwäsche und die dafür notwendigen Lagerungsmanöver sind meist zwei Personen notwendig.

Prophylaktische Maßnahmen

Der Intensivpatient ist durch eine Reihe von Komplikationsmöglichkeiten gefährdet. Daher sind vorbeugende (prophylaktische) Maßnahmen wichtig, wie zum Beispiel:

- Dekubitusprophylaxe
- Intertrigoprophylaxe
- Infektionsprophylaxe
- Thromboseprophylaxe
- Streßulkusprophylaxe
- Kontraktur- und Spitzfußprophylaxe
- Pneumonieprophylaxe und Prophylaxe lagebedingter pulmonaler Probleme

Dekubitusprophylaxe

Bei längerfristigem stärkeren Druck auf bestimmte Hautpartien droht (evtl. schon innerhalb weniger Stunden) aufgrund einer Komprimierung der ernährenden Haut- und Unterhautgefäße eine Minderdurchblutung **(Ischämie)** mit Gewebsschädigung (Dekubitus oder „Wundliegen").

Ein Dekubitus droht insbesondere bei immobilisierten, stark sedierten oder komatösen Intensivpatienten. Auch Patienten mit schlechter Kreislaufsituation (v. a. Zentralisation) und/oder Katecholamintherapie (v.a. Noradrenalin) neigen aufgrund der geringen Hautdurchblutung bzw. der Vasokonstriktion (mit Mikrozirkulationsstörungen) zu Dekubitalulzera. Weitere **Risikofaktoren** für die Entstehung lagebedingter Ulzerationen sind Immobilisation, Sensibilitätsstörungen, reduzierter Allgemeinzustand, Durchblutungsstörungen, Fieber und Inkontinenz.

Besonders **gefährdete Körperregionen** sind

- Körperbereiche, bei denen der Knochen bzw. Knorpel direkt unter der Haut liegt:
  - Trochanter major
  - Innenseiten der Knie
  - Fersen
  - Fußknöchel
  - Kreuzbein
  - Ellenbogen
  - Schulterblätter
  - Wirbelsäule
  - Hinterkopf
  - Ohrmuscheln
- Körperbereiche, die mit Drainagen bzw. Schläuchen in Kontakt kommen:
  - Nasenflügel (nasal eingeführte Magensonde oder nasotrachealer Tubus)
  - Mundwinkel (orotrachealer Tubus)
  - Hautpartien, die z.B. auf Plastik aufliegen und bei der Lagerung nicht ausreichend unterpolstert wurden

Wie stark ein Patient gefährdet ist, einen Dekubitus zu erleiden, kann anhand des Punktesystems der Norton-Skala abgeleitet werden. In der Norton-Skala werden Motivation/Kooperation, Alter, Hautzustand, Zusatzerkrankungen, körperlicher Zustand, geistiger Zustand, Aktivität, Beweglichkeit und Inkon-

tinenz punktemäßig (1, 2, 3 oder 4 Punkte) eingestuft. Besonders gefährdet sind dabei Patienten mit mangelnder Kooperationsbereitschaft, fortgeschrittenem Alter, geschädigtem Hautzustand, Zusatzerkrankungen, schlechtem körperlichen Zustand, reduziertem geistigen Zustand, Inaktivität, eingeschränkter Beweglichkeit und Inkontinenz.
Zeichen eines Dekubitus sind:

- Hautrötung bei intakter Haut, die nach Druckentlastung nicht sofort verschwindet (Grad I)
- Hautdefekt und Blasenbildung (Grad II)
- tiefreichender Defekt unter Beteiligung von Haut, Weichteilen, Muskeln, Sehnen, Bändern und Faszien (Grad III)
- Nekrose evtl. mit Knochenbeteiligung und Bildung einer Osteomyelitis (Grad IV)

Zu den **vorbeugenden Maßnahmen** gehören neben der eventuellen Ausschaltung der Risikofaktoren vor allem die Druckentlastung, die Durchblutungssteigerung sowie die Pflege und der Schutz der Haut.
Um stärkeren Druck auf bestimmte Körperteile und damit Druckschäden zu verhindern, müssen zur **Druckentlastung** neben dem konsequenten Lagewechsel eventuelle Hilfsmittel zur Weichlagerung wie Felle, Kissen, Schaumstoffe, Wasser- oder Gelkissen, Luftringe, Antidekubitusmatratzen und ganze Spezialbetten eingesetzt werden. Liegt bereits ein Dekubitus vor, müssen die entsprechenden Hautpartien frei (!) gelagert werden.
Zur **Steigerung der Hautdurchblutung** eignen sich neben regelmäßigem Waschen und stärkerem Abfrottieren Maßnahmen wie regelmäßige Einreibungen, Abklopfen und Massieren gefährdeter Regionen oder gelegentliches Unterlegen eines faltenfreien Frotteehandtuchs.
Für **Pflege und Schutz der Haut** sind vor allem die Maßnahmen der Körperpflege und das Trockenhalten von Haut bzw. Wäsche sehr wichtig. Bleibt ein Patient trotz aller Maßnahmen inkontinent, so ist neben der Anlage eines Blasenkatheters eventuell der Einsatz eines sogenannten Fäkalkollektors indiziert, der um den Anus herum aufgeklebt wird, den Stuhlgang in einem Beutel auffängt und den Kontakt von Haut mit Sekret verhindert.

Grundsätze der Druckentlastung:
Mobilisation
Weichlagern
Hohllagern
Umlagern
Superweichlagern

Auf die **Dekubitusbehandlung** wird im Abschnitt über die Wundversorgung eingegangen (s. S. 318).

Intertrigoprophylaxe

Der Begriff „Intertrigo" bezeichnet das Wundwerden in Körperfalten. Die Ursache ist das Haut-auf-Haut-Liegen, was zu Reibung und Feuchtigkeitsansammlung führt. Als Folge kann es zur Aufquellung bzw. Erweichung (Mazeration) der Haut und zu sekundären Infektionen, bevorzugt mit Candida albicans, kommen.

Bevorzugte Stellen sind die Körperfalten unter den Brüsten, in der Leistenregion, die Bauchfalten und die Analfalte. Besonders adipöse Patienten sind betroffen.
Zur **Prophylaxe** zählt in erster Linie das peinliche Trockenhalten der gefährdeten Hautbezirke. Das bedeutet gründliches Abtrocknen nach dem Waschen sowie Einlegen und regelmäßiges Auswechseln von Kompressen, die den Körperschweiß aufsaugen.
Zur **Behandlung** bereits entzündeter Hautfalten bzw. Hautdefekte gehören (je nach Wundabstrich) desinfizierende Maßnahmen, evtl. die Pflege mit speziellen Heilsalben und das konsequente Trockenhalten. Alternativ können Hydrokolloidverbände zum Einsatz kommen, soweit keine Sekundärinfektion vorliegt.

Infektionsprophylaxe

Allgemeine Bemerkungen

Intensivpatienten sind normalerweise aufgrund ihrer schweren Erkrankungen geschwächt, weisen eine verminderte Immunabwehr sowie zahlreiche Wunden und künstlich geschaffene Eintrittspforten (z.B. Katheter) auf. Dadurch sind sie gefährdet, im Krankenhaus zusätzlich eine Infektion (nosokomiale Infektion) zu erwerben (Häufigkeit: ca. 27%). **Nosokomiale Infektionen** äußern sich vor allem in Harnwegs-, Atemwegs- und Wundinfektionen oder einer Sepsis (s. S. 404).
Nosokomiale Infektionen werden begünstigt durch Diabetes mellitus, Therapie mit Steroiden oder Zytostatika, Karzinomerkrankung, Mangelernährung, Verbrennung, eine ausgedehnte Operation oder schwere Verletzung, sehr junges oder sehr hohes Alter (Frühgeborene, Greise). Erleidet ein Patient aufgrund einer bestehenden Grunderkrankung oder einer das Immunsystem schwächenden Therapie eine Infektion, so wird auch von einer **Sekundärinfektion** gesprochen.
Um die Gefahr nosokomialer Infektionen zu minimieren, müssen von allen patientenbetreuenden Personen entsprechende hygienische Regeln beachtet werden.
Nosokomiale Infektionen sind in den letzten Jahren vor allem durch **gramnegative Bakterien** (z.B. Escherichia coli, Klebsiella, Pseudomonas) bedingt. Ein besonderes Problem von nosokomialen Infektionen besteht darin, daß es sich hierbei häufig um Bakterienstämme handelt, die gegen mehrere Antibiotika resistent sind. Ursache einer solchen **(Multi-) Resistenz** ist die häufige Anwendung von Antibiotika, wodurch es zur Selektion von antibiotikaresistenten Keimen kommt. Patienten, die mit einem multiresistenten Keim (z.B. **m**ulti**r**esistenter **S**taphylococcus **a**ureus = MRSA) infiziert sind, müssen isoliert werden und sind unter strengsten hygienischen Maßnahmen zu pflegen, um eine Keimübertragung auf andere Patienten zu verhindern.

Die eine nosokomiale Infektion verursachenden Bakterien stammen meist (zu 40–50%) aus dem Gastrointestinaltrakt des Patienten. Eine weitere wichtige **Infektionsquelle** für nosokomiale Infektionen ist die mit unphysiologischen Bakterien besiedelte Haut. Führen Bakterien, die vom Patienten selbst stammen, zu einer Infektion, dann wird von einer **Autoinfektion** gesprochen. Häufig kommt es zur Übertragung von Infektionskeimen von einem Patienten auf einen anderen. Ursache für eine solche **Kreuzinfektion** sind vor allem unsaubere Hände von Pflegepersonen und Ärzten, Stethoskope und z.B. Ultraschallgeräte. Die Besiedlung mit Keimen aufgrund eines Kontakts mit unsterilen Gegenständen (unsterilem Instrumentarium oder nicht desinfizierten Händen) wird als **Kontamination** bezeichnet. Eine Übertragung von nosokomialen Infektionen über die Luft **(aerogene Infektion)** ist dagegen selten. Nosokomiale Krankheitserreger treten vor allem entlang von Blasenkathetern, Endotrachealtuben, zentral-venösen und arteriellen Kathetern in den Körper ein.

Hygienische Maßnahmen

Um Kreuzinfektionen und Kontaminationen zu verhindern, ist es von entscheidender Wichtigkeit, daß Pflegepersonal und Ärzte eine wiederholte hygienische **Händedesinfektion** durchführen. Sie sollte vor und nach jeder Maßnahme vorgenommen werden, bei der die Gefahr einer Kontamination der Hände besteht. Eine wichtige Maßnahme zur Prävention von Kontaminationen besteht darin, Einmalhandschuhe zu tragen. Um eine Kontamination der Arbeitskleidung zu vermeiden, ist insbesondere bei pflegerischen Maßnahmen (z.B. Ganzkörperwäsche oder Säubern des Patienten nach Einkoten und ähnlichem) eine Plastikeinmalschürze zu tragen.

Um das Risiko einer Kreuzinfektion zu minimieren, sollten auf Intensivstationen möglichst Artikel für den Einmalgebrauch verwendet werden. Jeder Patient benötigt eine eigene apparative Ausstattung (Absaugvorrichtung, Stethoskop, Blutdruckmanschette usw.).

Thromboseprophylaxe

Die wichtigsten **Ursachen** für ein erhöhtes Thromboserisiko werden als sogenannte **„Virchow Trias“** zusammengefaßt. Hierzu zählen neben verlangsamtem venösem Rückfluß durch Immobilisation auch Veränderungen der Gefäßwände durch Entzündung oder Verletzung und eine beschleunigte Blutgerinnung.

Als **Risikofaktoren** für die Entstehung einer Thrombose gelten daher Herzinsuffizienz, venöse Insuffizienz, Übergewicht, kürzlich durchgemachte Operation oder Geburt, Schwangerschaft und Wochenbett. Routinemäßig wird bei Vorliegen solcher Risikofaktoren eine Low-dose-Heparinisierung (z.B. 3 x 5.000 IE Heparin/Tag subkutan) durchgeführt. Soweit keine Kontraindikationen vorliegen, wie z.B. eine arterielle Verschlußkrankheit und starkes Schwitzen bei Fieber, sollten **A**nti**t**hrombose**s**trümpfe (ATS) angelegt werden. Bei sedierten und beatmeten Patienten soll auf die Anlage von ATS verzichtet werden, weil sie keine Beschwerden bei Mangeldurchblutung (z.B. wegen Einschnürung) äußern können. Die Beine sollten leicht hochgelagert werden, um den venösen Rückstrom zu verbessern und ein dauerhaftes starkes Abknicken oder Einschnüren der Beine sollte verhindert werden. Sobald als möglich ist eine Mobilisierung der Patienten anzustreben.

Die **Symptome** einer bestehenden tiefen Beinvenenthrombose sind Schweregefühl, Schwellung, Rötung und Überwärmung. Eine Dorsalflexion des Fußes ist sehr schmerzhaft. Bei einer vorliegenden tiefen Beinvenenthrombose besteht die größte Gefahr darin, daß sich Thromben lösen und eine Lungenembolie verursachen. Um dies zu verhindern, muß ein Patient mit tiefer Beinvenenthrombose unbedingt Bettruhe einzuhalten. Daneben werden die Beine bis zu den Leisten hin kompressiv gewickelt, um zum einen den venösen Rückstrom zu fördern und die Entstehung weiterer Thromben zu verhindern und um zum anderen den Thrombus am Fortbewegen im Gefäßsystem zu hindern. Dabei sind Einschnürungen unbedingt zu vermeiden, um weitere Begünstigungen der Thromboseentstehung auszuschließen. Die Beine sollten hochgelagert und entzündete Bereiche sollten gekühlt werden. In der Regel wird eine Lysetherapie durchgeführt.

Streßulkusprophylaxe

Da Intensivpatienten einer oft langfristigen Streßsituation ausgesetzt sind, besteht die erhöhte Gefahr von gastrointestinalen Streßulzera. Ursache ist eine streßbedingte Minderdurchblutung der oberflächlichen Schleimhaut. Bei ca. 20% der Intensivpatienten kommt es zu oberflächlichen Schleimhautschäden mit okkulten Blutungen. Bei ca. 5% der Intensivpatienten treten hierdurch starke Blutungen auf. Der Streßulkusprophylaxe kommt daher große Bedeutung zu.

Um Streßulzera vorzubeugen, stehen folgende Möglichkeiten zur Verfügung:

- enterale Ernährung
- Anhebung des pH-Wertes des Magensaftes
- Aufrechterhaltung der schleimhautschützenden Barriere
- Aufrechterhaltung der Schleimhautdurchblutung

Sinnvoll ist die intermittierend (z.B. dreistundlich mit Lackmuspapier) durchgeführte oder die kontinuierliche Messung des Magen-pH-Wertes. Es sollte normalerweise ein pH-Wert von > 3,0 angestrebt werden. Es ist allerdings zu beachten, daß eine Anhebung des pH-Wertes auf > 4,0 zu einer unzureichenden

Abtötung von Bakterien im Magen mit bakteriellem Wachstum führen kann. Hierdurch werden nach neueren Erkenntnissen Lungenentzündungen (aufgrund einer manchmal unbemerkt stattfindender Regurgitation und Aspiration von Magensaft) und eine Sepsis begünstigt.

Enterale Ernährung

Die enterale Nahrungszufuhr neutralisiert die Magensäure und verbessert die schützende Schleimschicht. Durch einen möglichst frühzeitigen enteralen Nahrungsaufbau (evtl. nur 8 x 30 ml Tee) läßt sich eine meist bessere Streßulkusprophylaxe als mit Medikamenten erzielen (s. S. 360).

Anhebung des pH-Wertes des Magensaftes

Durch die Gabe eines H_2-Blockers wie Cimetidin (Tagamet; z.B. 1–2 x 400 mg/Tag), Ranitidin (Sostril, Zantic; z.B. 1 x 150 mg/Tag) oder Famotidin (Pepdul), der die Salzsäureproduktion hemmt, oder die Gabe eines Antazidums (z.B. Maaloxan = Magnesiumaluminiumhydroxid), das die vorhandene Magensäure neutralisiert, kann die Häufigkeit von Magen-Darm-Blutungen deutlich gesenkt werden. Die Dosisfindung ist bei den Antazida relativ schwierig und ist an wiederholten Messungen des pH-Wertes zu orientieren.
Häufig wird auch Pirenzepin (Gastrozepin) eingesetzt (Muskarinrezeptorenblocker, Anticholinergikum). In den letzten Jahren werden zunehmend häufiger sogenannte Protonenpumpenhemmer eingesetzt. Mit diesen Substanzen ist die stärkste Hemmung der Magensäureproduktion möglich. Zu den Protonenpumpenhemmern gehören Omeprazol (Antra; Gastroloc) und Pantoprazol (Pantozol) (z.B. 2 mal 20 mg pro Tag). Entscheidend für eine Ulkusprophylaxe sind auch die Aufrechterhaltung einer ausreichenden Schleimhautdurchblutung (indem eine Hypotension und vasokonstringierende Medikamente, z.B. Katecholamine, möglichst vermieden werden) sowie eine gute Analgesie und Sedierung der Patienten.

Aufrechterhaltung der schleimhautschützenden Barriere

Die wichtigste Substanz hierfür ist Sucralfat (Ulcogant). Sucralfat (3–4 x 1,0 g/Tag) ist billig und nebenwirkungsarm. Einzige relevante Nebenwirkungen sind eine Phosphatverarmung und selten eine Obstipation. Während einer Therapie mit Sucralfat braucht der pH-Wert des Magensaftes nicht kontrolliert werden.

Kontraktur- und Spitzfußprophylaxe

Bei einer Kontraktur handelt es sich um eine Funktions- und Bewegungseinschränkung, die durch Verkürzung der Muskeln und Sehnen und Schrumpfung der Gelenkkapseln verursacht ist.
Um immobilisationsbedingten Gelenkkontrakturen, Muskelatrophien und einer Spitzfußbildung vorzubeugen, sollten die Gelenke mindestens zweimal pro Tag funktionsgerecht durchbewegt werden (Physiotherapie). Regelmäßige passive Bewegungen vor allem der Fußgelenke sollten bei jeder Lagerung routinemäßig durchgeführt werden. Die Mobilisation kann je nach Mitarbeit des Patienten aktiv oder passiv erfolgen.
Ursachen der Kontrakturentstehung sind Lähmungen, Nervenschädigungen, Gelenkerkrankungen, Fehl- und Schonhaltungen, lange unphysiologische Ruhigstellung (z.B. im Gips) und Lagerungsfehler!
Bei der Lagerung von Patienten sollte daher auf eine sogenannte Funktionsstellung der Gelenke geachtet werden. Dabei werden die Gelenke in eine Mittelstellung zwischen gebeugter und gestreckter Haltung gebracht, in der für den Patienten im Falle einer Versteifung bzw. Kontrakturbildung noch die meisten Handlungsmöglichkeiten gegeben sind:

- Schultergelenk: Abduktion des Oberarms um 30 Grad
- Ellenbogengelenk: Abwinkeln des Unter-

arms zum Oberarm um 100 Grad, Unterarm leicht erhöht lagern

- Handgelenk: Pronation, Handgelenk leicht aufgestellt, zur Streckseite gebeugt, Fingergelenke leicht gebeugt, Oppositionsstellung zwischen Daumen und Zeigefinger
- Hüftgelenk: gestreckt, leichte Abduktion der Oberschenkel ohne Außenrotation der Beine
- Kniegelenk: gestreckt
- Fußgelenk: rechter Winkel zwischen Fuß und Unterschenkel, keine Außen- oder Innenrotation, die Fußspitzen müssen vor dem Aufliegen der Bettdecke geschützt sein

Bereits bestehende Kontrakturen sind für den Patienten bei der Mobilisation immer mit Schmerzen verbunden. Außerdem schränken Kontrakturen den Patienten in seiner Selbständigkeit massiv ein.

Pneumonieprophylaxe und Prophylaxe lagebedingter pulmonaler Probleme

Zu den wichtigsten **Ursachen** für die Entstehung einer Pneumonie zählen: Aspiration, mangelnde Belüftung einzelner Lungenareale mit Atelektasenbildung, Austrocknen der Schleimhäute und damit reduzierter Reinigungsmechanismus der Atemwege, Sekretstau durch mangelndes Abhusten bzw. Absaugen, Kontamination oder absteigende Infektion aus dem Mund-Nasen-Rachen-Raum.

Die Pneumonieprophylaxe beginnt bereits bei der gründlichen Mundpflege. Dadurch können absteigende Infektionen verhindert werden. Eine **Aspiration** kann z.B. durch regelmäßige Kontrolle und optimale Einstellung des Cuffdrucks (v.a. vor der Mundpflege) und durch leichte Oberkörperhochlagerung (v.a. bei der Verabreichung von Nahrung) verhindert werden. Außerdem sollte kein Extubationsversuch unternommen werden, bevor nicht die Schutzreflexe wieder gut ausgebildet sind. Bedingt durch Schmerzen, geschwächten Allgemeinzustand und/oder verminderten Glottisverschluß nach einer Langzeitintubation sind die Patienten häufig nicht in der Lage, anfallendes **Bronchialsekret** sicher abzuhusten. Die Ansammlung von Schleim führt in vielen Fällen zur Atelektasenbildung und bei geschwächtem Immunsystem zu einer Superinfektion (Auto- oder Kreuzinfektion) mit anschließender Pneumonie.

Um der Entstehung einer Pneumonie vorzubeugen, sind verschiedene Maßnahmen erforderlich. In erster Linie ist ein aseptischer Umgang mit allen Gegenständen erforderlich, die mit dem Respirationstrakt des Patienten in Berührung kommen. Das gilt sowohl für die Einhaltung steriler Bedingungen bei der künstlichen Beatmung als auch für die hygienische Handhabung von Geräten, die zur Atemtherapie bei aktiv mitarbeitenden Patienten eingesetzt werden. Dem Austrocknen der Schleimhäute wird bei beatmeten Patienten durch die Anfeuchtung der Atemluft vorgebeugt. Mit kooperativen Patienten können vorbeugende atemtherapeutische Maßnahmen durchgeführt werden.

Die Atemtherapie

Mit Hilfe der Atemtherapie kann der kooperative Patient aktiv helfen, die Entstehung pulmonaler Probleme mit all ihren Folgen zu verhindern. Dem Patienten sollte grundsätzlich ein schmerzfreies Atmen ermöglicht werden. Ansonsten droht eine oberflächige Atmung mit mangelnder Belüftung und Sekretstau. Vor aktiven Übungen sollte der Patient je nach Bedarf zusätzlich ein „Schmerzmittel" erhalten.

Die wohl wichtigste Maßnahme ist die druckgesteuerte **Inhalation.** Durch fein vernebeltes NaCl 0,9% (mit oder ohne Medikamentenzusätze) kommt es zur Anfeuchtung des selbstreinigenden Flimmerepithels im Bronchialsystem und zur Verflüssigung des zähen Bronchialsekretes, zur Sprengung von

Schleimbrücken und zur besseren Dehnung der Lunge und damit zur Aufdehnung eventueller Atelektasen. Dünnflüssige Bronchialsekrete können besser abgehustet werden und durch Aufdehnung von Atelektasen kommt es zu einer Verbesserung der Oxygenierung. Bronchialsekrete können dadurch gelockert werden, daß bei dem in Seitenlage befindlichen Patienten die jeweils oben liegende Lungenhälfte am Rücken von lateral nach medial abgeklopft wird. Beim anschließenden Aufsitzen kann der Patient das Sekret oft abhusten. Daneben gibt es eine Reihe weiterer Pneumonieprophylaxen, wie z.B. das Atemtraining (Richtungsatmen, Atmen gegen Widerstand u.ä.) unter physiotherapeutischer Anleitung oder das tiefe Einatemtraining mit einem sogenannten Incentive-Spirometer (sogenanntes Coach-Gerät).

Auch eine längerfristige gleichbleibende Körperhaltung begünstigt die Entstehung von Lungenproblemen wie Atelektasen und Pneumonie. Bei fehlendem Lagerungswechsel werden die unten liegenden Lungenpartien gut perfundiert, aber schlecht ventiliert; in den oben liegenden Lungenpartien ist dieses sogenannte **Ventilations-Perfusions-Verhältnis** umgekehrt (s. S. 236). In den abhängigen Lungenpartien kann es zur Ansammlung von Bronchialsekret kommen. Durch wiederholte Lagerungswechsel wird aufgrund der Schwerkraftwirkung die Drainage von Bronchialsekret begünstigt. Wundliegen und Lungenprobleme können durch entsprechende Lagerungsmanöver (Wechsel von Rückenlage, Linksseitenlage, Rückenlage, Rechtsseitenlage; evtl. Bauchlage) verhindert werden. Ideal wäre ein ein- bis zweistündlicher Lagerungswechsel. Daneben dienen bei wachen und schlecht oxygenierten Patienten sogenannte atemerleichternde Lagerungen der Dehnung des Brustkorbes und damit einer großflächigen Lungenbelüftung. Zum Einsatz kommt die T-Lagerung mit einem schmalen Kissen längs unter der Wirbelsäule und einem weiteren Kissen quer unter dem Kopf. Dabei entsteht die Dehnung durch die beidseits des Kissens unter dem Rücken abfallenden Schultern und Brustkorbanteile. Bei der V-Lagerung liegt das Kreuzbein auf zwei schmalen Kissen auf, die sich zu den Schultern hin V-förmig öffnen und somit eine Dehnung im Flankenbereich verursachen. Die umgekehrte V-Lagerung mit der Spitze unter dem Oberkörper und der offenen Seite im Flankenbereich führt zur Dehnung des Schultergürtels. Sobald als möglich sollte der (evtl. sogar noch intubierte) Patient häufig an den Bettrand bzw. in einen Sessel gesetzt werden.

Lagerung des Intensivpatienten

Auf Intensivstationen werden spezielle Betten verwendet. Ein **Intensivpflegebett** sollte nicht nur komfortabel für den Patienten sein, sondern auch pflegerische sowie diagnostische und therapeutische Maßnahmen am Patienten erleichtern. Wichtig sind vor allem vielfältige Verstellungsmöglichkeiten wie Kopf-tief-Bein-hoch-Lagerung (Schocklagerung, Trendelenburg-Lagerung) oder getrennte Beweglichkeit des Kopf- und Beinteils (Möglichkeit der sogenannten Herzbettlagerung; ca. 45° erhöhter Oberkörper und erniedrigte Beine, z.B. bei Patienten mit einem frischen Herzinfarkt wichtig). Wichtig ist auch eine Höhenverstellbarkeit des Bettes. Bei bestimmten Indikationen, z.B. wie im Falle eines querschnittsgelähmten Patienten oder eines Verbrennungspatienten, werden Spezialbetten zur adäquaten Lagerung benötigt.
Ziele einer fachgerechten und konsequenten zweistündlichen Lagerung sind die Dekubitus-, Kontraktur- und Intertrigoprophylaxe sowie die Prophylaxe lagebedingter pulmonaler Schäden.
Generell ist bei der Lagerung eines Patienten darauf zu achten, daß alle Gelenke in der **Funktionsstellung** zu lagern sind. Knochen-

vorsprünge bzw. Gelenke sollten weich oder sogar frei gelagert werden. Dabei gilt der Grundsatz, daß so viele Lagerungsmittel wie nötig und so wenige wie möglich einzusetzen sind. Zu viele Lagerungsmittel können bei Patienten mit vorhandener Eigenbewegung zur völligen Immobilisation führen. Unbedingt ist auch auf die Fixierung und die Abpolsterung sämtlicher Drainagen zu achten, um Druckschäden, Abknicken oder eine Dislokation zu verhindern.

Auch der intensivpflichtige Patient sollte so früh wie möglich mobilisiert werden. Bei den allgemeinen Lagerungsmaßnahmen sollte der Patient aktiv mitwirken. Auch ein sedierter Patient sollte einige Male am Tag im Bett aufgesetzt werden. Dies stellt neben einem Kreislauftraining auch eine Form der Lagerungsdrainage für die Lunge dar. Die Mobilisation in den Lehnstuhl sollte je nach Zustand des Patienten ebenfalls bald angestrebt werden.

Rückenlagerung

Bei einem auf dem Rücken gelagerten Patienten sollte unter den Kopf ein Kopfkissen gelegt werden. Die Arme sind leicht abzuspreizen, eine direkte Anlagerung an den Körper ist zu vermeiden. Die Unterarme sollten auf ein Kissen gebettet werden. Der Arm ist im Ellenbogengelenk leicht zu beugen. Die Hände sollten nicht unter Herzniveau liegen, da sie sonst bald anschwellen. Die gering gespreizten Beine sind ähnlich zu lagern. Die Unterschenkel sollten auf einer zusammengefalteten Decke oder auf zwei Kopfkissen gebettet werden, und es ist darauf zu achten, daß die Knie leicht gebeugt sind. Knie und Fersen müssen druckfrei gelagert sein (vgl. Abb. 7.1). Hat der Patient z.B. eine Pilzinfektion in der Leiste, dann können die Beine auch in einer sogenannten „Froschposition" gelagert werden. Zwischen Fußbrett und Fußsohle des Patienten sollte (mit Ausnahme bei neurochirurgischen Patienten) ein Kissen gelegt werden,

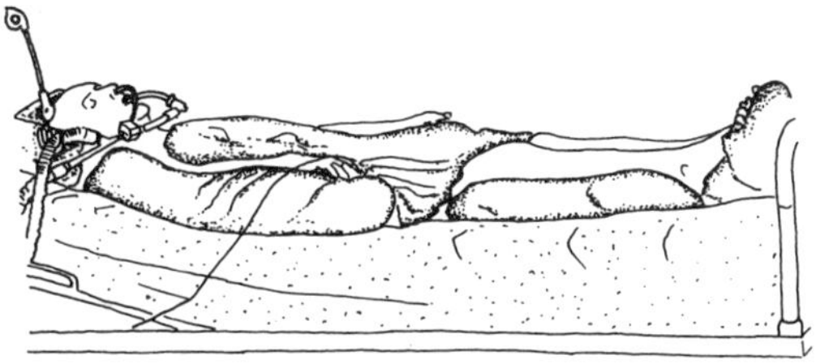

Abb. 7.1 Rückenlagerung eines bewußtlosen Intensivpatienten.

so daß der Fuß etwa rechtwinkelig zum Unterschenkel steht, um die Ausbildung eines sogenannten Spitzfußes (Spitzfußprophylaxe) zu verhindern. Die angestrebte Mittelstellung der Gelenke ist dem Abschnitt über die Kontraktur- und Spitzfußprophylaxe zu entnehmen (s. S. 308).

Seitenlagerung

Soll beispielsweise eine Rechtsseitenlagerung durchgeführt werden, so muß der noch auf dem Rücken liegende Patient zuerst etwas zur linken Bettseite verlagert werden. Bei der anschließenden Durchführung der Seitenlagerung muß der Patient dann in der Mitte des Bettes zu Liegen kommen. Nachdem das später oben liegende linke Bein über das rechte Bein nach vorne gelagert wurde, wird der Oberkörper in Rechtsseitenlagerung gebracht. Um ein Zurückrollen des Patienten zu verhindern, ist der Rücken mit einem Kissen abzustützen, das von den Schultern bis oberhalb (!) des Steißbeines reicht. Damit der Patient nicht auf dem unten liegenden rechten Arm ruht, ist die unten liegende Schulter nach vorne zu ziehen, und der rechte Oberarm ist etwas vom Körper abzuspreizen. Das Ellenbogengelenk sollte gebeugt und der Unterarm auf einem Kissen gelagert werden. Der oben liegende Arm ist im Ellenbogengelenk ebenfalls leicht zu beugen. Um einen Haut-auf-Haut-Kontakt zu vermeiden, muß zwischen Körper und oben liegendem Arm ein Kissen eingelegt werden.

Das unten liegende, nur leicht gebeugte Bein sollte etwas nach hinten verlagert werden. Dadurch kann ein Zurückrollen des Patienten verhindert werden. Das oben liegende Bein wird bei deutlich gebeugtem Kniegelenk etwas nach vorne gelagert. Dadurch kann der Patient nicht nach vorne rollen. Um einen Haut-auf-Haut-Kontakt zu vermeiden, muß zwischen Knie und Unterschenkel ein Kissen eingebracht werden. Die Füße sollten möglichst wiederum in eine etwa 90°-Stellung gebracht werden (Spitzfußprophylaxe). Der Außenknöchel des unten liegenden Beines sollte frei gelagert sein. Hierzu kann ein kleines Lagerungskissen unter den distalen Unterschenkel geschoben werden.

Bauchlagerung

Die Bauchlagerung wird zum Teil im Rahmen der Dekubitusprophylaxe, vor allem aber in Verbindung mit pulmonalen Problemen angewandt. Der auf dem Rücken liegende Patient wird hierbei nicht um 180 Grad flach auf den Bauch gedreht sondern er wird nur um 135 Grad gedreht, so daß er in seitlicher Bauchlage liegt. Die Bauchlage ist aufwendig in der Durchführung und kann bei unsachgemäßer Ausführung zu schweren Folgeschäden (Nerven-, Haut-, Gelenk- und andere Organschäden) führen, zumal sie nicht selten über mehrere Stunden beibehalten wird und dann nur noch stündlich sogenannte Mikrolagerungen zuläßt. Dabei werden die Extremitäten bzw. der Kopf nur minimal verlagert bzw. gedreht, um die Gelenke leicht zu bewegen und die Auflagefläche (und damit die Durchblutung) zu verändern. Außerdem kann die seitliche (135 Grad) Bauchlage (zweistündlich) von rechts nach links gewechselt werden.
Zur Vorbereitung der Bauchlagerung gehört das gründliche Abpolstern zwischen Haut und sämtlichen Kunststoffdrainagen mit zugeschnittenem Schaumstoff und/oder Kompressen. Dann muß der Patient von der Rücken- in die Bauchlage gedreht werden. Er muß dazu an eine Seite des Bettes verlagert werden. Besondere Beachtung gilt der Sicherung sämtlicher Drainagen und Schläuche. Eine Person sollte sich ausschließlich um den Kopf, die Beatmungs- und Infusionsschläuche sowie die Kabel zum Monitor kümmern. Der Patient wird zuerst in Seitenlage gebracht. Der unten liegende Arm wird eng an den Rumpf geschoben, so daß der Patient nun über den Arm auf den Bauch gerollt werden kann. Unter den Brustkorb des Patienten wird auf der erhöht zu lagernden Seite ein Kissen geschoben. Eventuell wird auch unter Hüfte und Oberschenkel ein zweites Kissen geschoben. Der Bauch soll frei liegen, um die Zwerchfellbewegung beim Atmen nicht einzuschränken. Auf der erhöht gelagerten Körperseite wird der Arm nach oben neben den Kopf gelagert, auf der anderen Seite wird der Arm dem Körper angelagert. Der oben liegende Arm wird neben dem Kopf im Schulter- und im Ellebogengelenk um jeweils etwa 100 Grad gebeugt gelagert, wobei auf eine frei (!) gelagerte Ellenbogenspitze zu achten ist, um eine Läsion des N. ulnaris zu verhindern. Das oben liegende Bein wird leicht in Hüfte und Knie angewinkelt und auf einem Kissen leicht erhöht gelagert. Der unten liegende Arm wird mit der Schulter vorsichtig nach unten außen gezogen und bleibt leicht angewinkelt neben dem Rumpf liegen. Das unten liegende Bein wird leicht angewinkelt und im Fußbereich unterpolstert, damit der Fuß nicht in Form eines Spitzfußes aufliegt. Der Kopf wird in Richtung der oberen Körperhälfte gedreht und mit einem individuell zugeschnittenen Schaumstoff zwischen Auge und Ohr so abgepolstert, daß beide frei liegen. Anschließend sind alle Drainagen, Schläuche und Kabel auf ausreichende Polsterung und knickfreie Fixierung zu kontrollieren.

Lagerung in Spezialbetten

Von verschiedenen Herstellern werden Spezialbetten angeboten, die gemietet werden können. Spezialbetten sind sehr teuer in der Anwendung und bedürfen einer gezielten Geräteeinweisung für das damit arbeitende Personal. Sie müssen vom behandelnden Arzt nach Indikationsstellung verordnet werden.
Es wird zwischen verschiedenen Prinzipien der Betten unterschieden.

- Druckentlastung:
  Bei stark dekubitusgefährdeten Patienten oder bei Patienten, die bereits Ulzerationen entwickelt haben und vor weiteren Schäden bewahrt werden sollen, werden diese Betten eingesetzt. Es handelt sich dabei entweder um spezielle Betten oder nur um Matratzen, die aus Luftkammersystemen bestehen, in denen – je nach Statur des Patienten – ein individueller Druck eingestellt werden kann oder in denen sich nach bestimmten Zeitabständen der Druck selbständig ändert (z.B. Kinair®-Bett, Pegasus®-Matratze). Daneben gibt es Betten, bei denen ein Gebläse Quarzsand aufwirbelt, so daß die Patienten darauf „schweben" und ihr Auflagedruck im Bereich des Kapillardrucks gehalten wird (z.B. Clinitron®-Bett). Im sogenannten Packbett werden Patienten mit Hilfe von Schaumstoffquadern so gelagert, daß auch Knochenvorsprünge frei gelagert werden können.
- Kreislauftraining:
  In Drehbetten können schwerkranke Patienten mit orthostatischen Regulationsstörungen durch schrittweise Drehung der Ebene an die Bewegung im Raum gewöhnt werden.
- Lungenventilation:
  Bei Patienten mit schweren Thoraxtraumen oder anderen Lungenschäden können im Roto-Rest®-Bett Lagerungsdrainagen durchgeführt werden (s. S. 312).
- Wirbelsäulenstabilisierung:
  In Sandwich-Betten können Patienten mit instabilen Wirbelsäulenverletzungen sicher von der Rücken- in die Bauchlage und umgekehrt gebracht werden.

Katheter, Sonden und Drainagen

Magensonde

Um bei Magen-Darm-Atonie, Ileus, Peritonitis, Pankreatitis oder einer Blutung im Gastrointestinalbereich Mageninhalt abzuleiten, um eine enterale Ernährung durchführen zu können oder um Magensaft zu diagnostischen Zwecken gewinnen zu können, wird bei Intensivpatienten zumeist eine Sonde durch die Nase in den Magen eingeführt.

Hierzu empfiehlt es sich, den Oberkörper des Patienten hoch zu lagern sowie den Kopf leicht nach vorne zu beugen. Vor dem Einführen der Magensonde wird die notwendige Einführtiefe durch Auflegen der Sonde auf den Patienten ungefähr abgemessen (Nase – Ohr – Spitze Sternum). Nachdem das Ende der Magensonde mit einem (ein Lokalanästhetikum enthaltenden) Gleitmittel versehen wurde, wird die Magensonde durch den unteren Nasengang (also nicht nach kranial, sondern nach dorsal) vorgeschoben. Der wache Patient sollte zum Schlucken aufgefordert werden. Beim sedierten oder komatösen Patienten muß die Magensonde blind vorgeschoben werden. Gegebenenfalls kann mit Zeige- und Mittelfinger der linken Hand über den Zungengrund tief in den Rachen gefaßt werden und die Magensonde mit diesen beiden Fingern stabilisiert bzw. dirigiert werden. In schwierigen Fällen kann eine direkte Laryngoskopie (s. S. 82) unter Zuhilfenahme einer Magill-Zange (s. S. 80) notwendig werden.

Bei einer richtig plazierten Magensonde kann nun mittels Magenspritze Luft (z.B. 30–50 ml) in den Magen geblasen und anschließend wieder abgesaugt werden. Ist die insufflierte Luft nicht mehr abzusaugen, so liegt die Spitze der Magensonde vermutlich noch im Ösophagus. Läßt sich (unendlich) viel Luft absaugen, so spricht dies für eine endotracheale Lage der Magensonde.

Stets ist eine endotracheale Lage der Magensonde auszuschließen.

Zusätzlich sollte die richtige Lage der Magensonde auskultatorisch überprüft werden, indem über dem Magen abgehört wird, während mittels Magenspritze Luft insuffliert und wieder abgesaugt wird. Weist das abgeleitete Sekret einen pH-Wert von ca. 2 auf, so spricht dies für eine intragastrale Lage (bei einer Lage im Duodenum beträgt der pH-Wert des Sekretes ca. 8). Vor der Gabe enteraler Ernährungslösungen sollte die korrekte Lage der Magensonde auf einer Thoraxröntgenaufnahme (die bei intubierten Patienten häufiger angefertigt wird) dargestellt werden.
Die richtig plazierte Magensonde wird mittels Pflasterstreifen am Nasenrücken fixiert (vgl. Abb. 7.3). Die Pflasterfixierung sollte täglich erneuert werden (s. S. 324). PVC-Magensonden dürfen wegen der Verflüchtigung der enthaltenen Weichmacher nur drei Tage, Silikonmagensonden dürfen dagegen unbegrenzt lange liegen bleiben.

Blasenkatheter

Um bei Intensivpatienten eine genaue Flüssigkeitsbilanzierung durchführen zu können, muß die Urinausscheidung gemessen werden. Hierzu wird normalerweise ein Blasenkatheter durch die Harnröhre (transurethral) eingeführt. Zunehmend häufiger wird (insbesondere bei Männern) auch eine suprapubische Punktion der (vollen) Harnblase vorgenommen.

Transurethrale Blasenkatheterisierung

Für die transurethrale Katheterisierung werden normalerweise steril verpackte, komplette Katheterisierungssets verwendet. Es wird benötigt:

- entsprechende Katheter (Männer: 16–18 Charrière, Frauen: 14–16 Charrière)
- Desinfektionsmittel für Schleimhäute (z.B. Polyvidon-Jod, Braunol)
- mit Aqua dest. gefüllte 10-ml-Spritze
- Gleitmittel (Instillagel), das ein Lokalanästhetikum enthält
- geschlossenes Urinableitungssystem
- Urinauffangschale
- sterile Tupfer
- sterile Handschuhe
- steriles Schlitztuch
- sterile Pinzette

Bei dem auf dem Rücken liegenden Patienten wird unter das Gesäß ein Tuch (z.B. Moltex) gelegt. Der Genitalbereich wird mit einem sterilen Schlitztuch abgedeckt.
Bei **Männern** wird nach Zurückstreifen der Vorhaut mit der linken Hand die Eichel (Glans penis) mindestens dreimal mit vorher in Desinfektionslösung getauchten Tupfern sorgfältig gereinigt. Während mit der linken Hand der Penis festzuhalten und während des gesamten Vorgangs nicht mehr loszulassen ist, wird dann mit der rechten Hand ein lokalanästhetikumhaltiges Gleitmittel in die Harnröhre instilliert. Nun wird mit der rechten Hand mittels Pinzette der angereichte sterile Katheter in die Harnröhre eingeführt. Hierbei ist der Penisschaft anzuheben. Der Katheter muß sich stets problemlos einführen lassen. Unzartes Vorschieben ist unbedingt zu vermeiden. Bei erfolgreicher Blasenkatheterisierung fließt normalerweise Urin ab. Der Katheterballon wird mit Aqua dest. geblockt (bei Verwendung von NaCl 0,9% kann es bei lang liegendem Katheter zum Auskristallisieren des NaCl kommen, wodurch u.U. ein Ent-

blocken des Katheters verhindert werden kann). Der Katheter wird nach dem Blocken vorsichtig soweit zurückgezogen, bis Widerstand auftritt, das heißt der aufgeblasene Katheterballon vor dem Blasenausgang liegt. Stets ist darauf zu achten, daß die Vorhaut wieder zurückgestreift wird, um das Auftreten einer Paraphimose im Falle einer Vorhautverengung zu vermeiden.
Bei **Frauen** ist eine entsprechende mehrmalige Desinfektion von großen und kleinen Schamlippen sowie des Urethraeinganges vorzunehmen. Mit der linken Hand wird die ganze Zeit der Genitalbereich gespreizt, während mit der rechten Hand steril gearbeitet wird.
An den Blasenkatheter ist ein geschlossenes Urinableitungssystem anzuschließen. Es ist stets darauf zu achten, daß der Blasenkatheter zugfrei ist.
Entscheidendes Risiko bei der transurethralen Katheterisierung ist die **Infektionsgefahr.** Sie erfordert ein streng aseptisches Vorgehen. Auf Intensivstationen wird die transurethrale Blasenkatheterisierung daher häufig mit Mundschutz und Haube durchgeführt.
Um der großen Gefahr einer späteren, aufsteigenden Infektion vorzubeugen, sind Diskonnektionen des Blasenkatheters vom Urinableitungssystem zu vermeiden.

Vor eventuellen Lagerungsmanövern des Patienten ist das Urinableitungssystem abzuklemmen, falls es über kein Rückschlagventil verfügt; ein Zurückfließen von Urin aus dem Sammelbeutel in die Blase ist unbedingt zu vermeiden.

Nach den Umlagerungsmanövern muß der Urinableitungsschlauch wieder geöffnet werden! Falls es zu einer unbeabsichtigten Diskonnektion des **D**auer**k**atheters (DK) von dem ableitenden System kommt, muß das Katheterende desinfiziert und ein neues Urinableitungssystem angeschlossen werden. Die Kathetereintrittsstelle ist mindestens zweimal pro Tag zu reinigen. Bei eventuellen Verunreinigungen der Kathetereintrittsstelle durch Kot oder sonstige Sekrete ist neben einer sorgfältigen Reinigung auch eine Desinfektion der Kathetereintrittsstelle vorzunehmen. Je nach Material dürfen Latexkatheter 7–10 Tage und Silikonkatheter 30 Tage liegen bleiben. Danach ist im Rahmen der Infektionsprophylaxe ein Wechsel indiziert.

Suprapubische Blasenkatheterisierung

Für die suprapubische Blasenkatheterisierung stehen sterile Einmalsets (Cystofix, Fa. Braun Melsungen) zur Verfügung. Nach entsprechender Desinfektion und Lokalanästhesie der voraussichtlichen Punktionsstelle erfolgt unter sterilen Voraussetzungen (mit Haube, Mundschutz und sterilem Kittel) die transkutane Punktion der Blase (2 cm oberhalb der Symphysenmitte, 10–20° zur Senkrechten nach kaudal). Die Punktion darf nur bei voller Blase durchgeführt werden. Gegebenenfalls muß die Blase über einen zuvor transurethral eingeführten Blasenkatheter mit steriler Kochsalzlösung gefüllt werden.
Nach erfolgreicher Punktion und Entfernung der Punktionskanüle muß der Katheter sicher an der Haut festgenäht und die Punktionsstelle muß steril verklebt werden. Da suprapubische Katheter ein relativ dünnes Lumen (Durchmesser) aufweisen, können sie leicht verlegt werden.

Die **Vorteile** der suprapubischen Punktion gegenüber der transurethralen Katheterisierung sind darin zu sehen, daß die Gefahr einer im Krankenhaus erworbenen (nosokomialen) Infektion sowie das Risiko einer Harnröhren-, Hoden-, Nebenhoden- oder Prostataentzündung oder die Gefahr einer Harnröhrenstriktur geringer ist. Außerdem kann nach Abklemmen des Katheters die Spontanmiktion trainiert und die Restharnbildung überwacht werden.

Da bei einer suprapubischen Fehlpunktion Bauchorgane verletzt werden können, ist eine suprapubische Punktion stets vom erfahrenen Arzt durchzuführen.

Eine der häufigsten Ursachen für eine plötzliche Anurie ist ein verstopfter Urinkatheter! Der Katheter muß in diesem Falle unter sterilen Bedingungen mit physiologischer Kochsalzlösung durchgespült werden.

Zentraler Venenkatheter (s. S. 167)

Bei Intensivpatienten wird häufig ein zentraler Venenkatheter plaziert, um den zentralen Venendruck zu bestimmen, eine parenterale Ernährung durchzuführen und/oder um Medikamente (z.B. Katecholamine) langfristig zu verabreichen. Eine parenterale Ernährung über eine peripher-venöse Verweilkanüle ist nicht sinnvoll, falls höher osmolare Lösungen (> 900 mOsmol/l) verabreicht werden sollen. Sie würden zu einer Schädigung der dünnen peripheren Venen führen. Bei der Infusion über einen zentral liegenden Kavakatheter können Venenreizungen vermieden werden, da es in großen Venen zu einer guten Vermischung der Infusionslösung mit dem Blut kommt.
Um eine Infektion der Kathetereintrittsstelle eines Kavakatheters, Pulmonalarterienkatheters oder einer arteriellen Kanüle zu verhindern, ist diese täglich mit einer antiseptischen Lösung zu reinigen. Anschließend ist ein steriler und trockener Verband anzulegen. Um Katheterinfektionen vorzubeugen, müssen die angeschlossenen Infusionssysteme bzw. die zu den Meßfühlern führenden Schläuche einmal pro Tag gewechselt werden, soweit kein Bakterienfilter mit längerer Anwendungszulassung zwischengeschaltet ist. Ein unnötiges Manipulieren an diesen Kathetern ist zu vermeiden. Nicht venenreizende Medikamente sollten nicht über zentrale Venenkatheter, sondern möglichst über einen peripher-venösen Zugang verabreicht werden. Infusionslösungen für die künstliche intravenöse Ernährung sollten über einen Bakterienfilter verabreicht werden. Fettemulsionen, hochosmolare Infusionslösungen und Vitamine dürfen jedoch nicht über Bakterienfilter laufen, da sie zum Verschluß der Filter führen. Katecholamine dürfen wegen der Gefahr einer ungenauen Dosierung ebenfalls nicht über einen Filter geleitet werden.

Blutige arterielle Druckmessung (s. S. 172)

Pulmonalarterienkatheter (s. S. 177)

Thoraxdrainage

Befindet sich im Pleuraspalt
- Luft (Pneumothorax)
- Blut (Hämatothorax)
- Transsudat (zell- und eiweißarmes Sekret, spezifisches Gewicht < 1016; Eiweißgehalt < 30 g/l, z.B. Pleuraerguß)
- Exsudat (entzündlich bedingtes, trübes Sekret, spezifisches Gewicht > 1016; Eiweißgehalt > 30 g/l, z.B. Pleuraempyem)
- versehentlich über einen fehlplazierten zentralen Venenkatheter infundierte Flüssigkeiten (Infusionsthorax)

so muß normalerweise eine Thoraxdrainage plaziert werden.

Ursachen für einen Pneumothorax sind z.B. Fehlpunktionen mit Pleuraverletzung bei Anlage eines zentralen Venenkatheters (s. S. 170) oder spontane bzw. traumatische Lungenverletzungen.

Bildet sich im Bereich der Verletzungsstelle ein **Ventilmechanismus** aus, das heißt, Luft tritt zwar aus der Lunge in den Pleuraspalt über, kann aber nicht mehr aus dem Pleuraspalt in die Lunge zurückströmen, so entwickelt sich ein ständig größer werdender Pneumothorax **(Spannungspneumothorax).**

Die Gefahr eines Spannungspneumothorax ist insbesondere bei künstlich beatmeten Patienten mit einer Lungenverletzung sehr groß. Ein Spannungspneumothorax führt zur Kompression der verletzten Lunge und letztlich zur Verdrängung des Mediastinums zur Gegenseite mit Kompression großer venöser Gefäße und damit zur Drosselung des venösen Rückflusses mit Kreislaufproblemen. Ein **Spannungspneumothorax** kann klinisch festgestellt werden anhand von:

- hypersonorem Klopfschall
- einseitig fehlenden Atemgeräuschen
- einseitigen Thoraxexkursionen
- Oxygenierungsproblemen
- Kreislaufproblemen

Es ist eine sofortige Entlastung angezeigt. Hierzu wird unter sterilen Bedingungen eine großlumige Thoraxdrainage mit Trokar in den Pleuraspalt eingeführt (normalerweise bei Männern 32 Charrière, bei Frauen 28 Charrière). In Notsituationen kann auch eine großlumige peripher-venöse Verweilkanüle eingeführt werden.

Beim **Einführen einer Thoraxdrainage** ist zu beachten, daß am Unterrand jeder Rippe eine Arterie und eine Vene verlaufen. Punktionstechnisch wird so vorgegangen, daß der entsprechende Interkostalraum palpatorisch aufgesucht und ungefähr rechtwinklig auf die darunter liegende Rippe punktiert wird. Nach Knochenkontakt wird das Ende der Thoraxdrainage nach kaudal gesenkt und in leicht kranialer Richtung weiter vorgeschoben, so daß die Thoraxdrainage am oberen Rand der Rippe vorbeigleitet (zur Minimierung der Verletzungsgefahr der Lunge sollte der Zugangsweg möglichst stumpf mit Klemme und Finger vorpräpariert werden; sogenannte Minithorakotomie). Anschließend wird der Schlauch mit einer Tabaksbeutelnaht, die später beim Ziehen der Drainage durch schnelles Zusammenziehen den Eintritt von Luft in den Pleuraspalt verhindern soll, im Hautniveau angenäht.

Im Falle eines Pneumothorax wird die Thoraxdrainage normalerweise im 2. Interkostalraum in der Medioklavikularlinie eingeführt. Es wird in Richtung Schulter punktiert. Soll Flüssigkeit aus dem Interpleuralraum abgelassen werden, so wird normalerweise in der mittleren Axillarlinie im 4. Interkostalraum punktiert.

Luft oben, Wasser unten ablassen.

Muß Flüssigkeit drainiert werden, so sollte der Oberkörper des Patienten zur Punktion angehoben werden, so daß sich die Flüssigkeit unten (im Punktionsbereich) ansammelt und die Gefahr einer punktionsbedingten Lungenverletzung minimiert wird. Die Spitze der Thoraxdrainage sollte nach dorsal (wo sich die Flüssigkeit beim liegenden Patienten ansammelt) vorgeschoben werden. Nach erfolg-

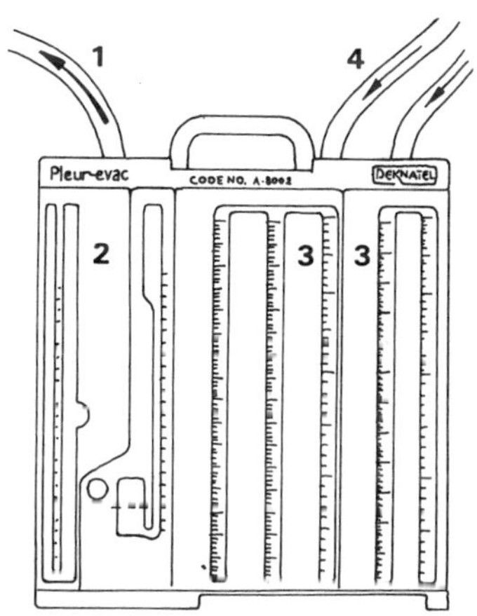

Abb. 7.2 Thoraxdrainagesystem (Pleur-evac-System). 1 = Saugschlauch, 2 = Saugkammer, 3 = Auffangkammer, 4 = Thoraxdrainage.

reicher Punktion wird ein entsprechendes steriles Drainagesystem angeschlossen (vgl. Abb. 7.2).
Als Thoraxdrainagesystem wird häufig ein sogenanntes Pleur-evac-System verwendet (s. auch S. 265).

> Bei dem **Pleur-evac-System** handelt es sich um ein Einwegdrainagesystem mit einer oder zwei Sammelkammern für abgesaugte Flüssigkeiten.

Der an diese Auffangkammern (weiß) angeschlossene Schlauch wird mit der Thoraxdrainage verbunden. Der zweite Schlauch dieses Ableitesystems wird mit dem Vakuum verbunden. Zuvor muß bei dem Pleur-evac-System das sogenannte **Wasserschloß** (rot) bis zur entsprechenden Markierung aufgefüllt werden. Vorteil des Wasserschlosses ist, daß beispielsweise Luft über die Thoraxdrainage entweichen, aber nicht mehr in den Patienten zurückströmen kann, selbst wenn an der Thoraxdrainage nicht gesaugt wird. An das Thoraxdrainagesystem wird normalerweise ein Dauersog von ca. –20 cmH_2O angeschlossen. Hierzu muß die Saugkontrollkammer (blau) bis zur 20-cm-Marke mit Aqua dest. aufgefüllt werden (vgl. Abb. 7.2).
Aber auch die herkömmliche wiederverwendbare Wasserschloßsaugung ist noch in Gebrauch. Die Sogstärke wird hierbei über einen röhrenförmigen Stab reguliert, der je nach erwünschtem Sog mehr oder weniger tief in einen mit Aqua destillata gefüllten Zylinder getaucht wird. Diese Thoraxdrainagesysteme mit Wasserschloß dürfen nicht gekippt werden, da sonst die Funktion des Wasserschlosses versagt.
Um ein **Verstopfen der Thoraxdrainage** durch Koagel zu verhindern, muß der ableitende Schlauch intermittierend „ausgemolken" werden. Die Punktionsstelle muß täglich gereinigt, inspiziert, desinfiziert und neu verbunden werden. Besteht eine Verbindung (Fistel) zwischen der Lunge und dem Unterhautzellgewebe, so kann sich die Luft bei ungenügender Drainagefunktion in diesem Gewebe ansammeln und es kommt zu einem knisternden Hautemphysem.
Die abgesaugte Flüssigkeitsmenge wird überprüft und dokumentiert. Falls der Patient Fieber mit unklarer Ursache hat, sollte zweimal pro Woche eine Probe zur bakteriologischen Kontrolle aus der abgesaugten Flüssigkeit entnommen werden.
Soll ein beatmeter Patient mit Thoraxdrainage transportiert werden, so darf die Thoraxdrainage nicht abgeklemmt werden. Bei Abklemmung besteht die Gefahr eines Spannungspneumothorax (s. S. 265).
Beim Patiententransport können Thoraxdrainagesysteme mit Wasserschloß problemlos mitgenommen werden. Aufgrund des Wasserschlosses kann gegebenenfalls Luft über das Wasserschloß aus dem Pleuraspalt entweichen, aber es kann keine Luft über die Thoraxdrainage in den Pleuraspalt gelangen. Für den Patiententransport kann die Thoraxdrainage aber auch mit einem sogenannten Heimlich-Ventil versehen werden, das an das Schlauchende angesteckt wird. Es läßt Luft aus dem Pleuraspalt entweichen, aber umgekehrt keine Luft von außen in den Pleuraspalt hinein. Ein Sog ist während dieser Zeit allerdings nicht gewährleistet.

Wundversorgung

Mechanische, thermische, chemische und strahlenbedingte Einwirkungen können zu Gewebeschäden mit Ausbildung einer Wunde führen. **Ziel** einer geeigneten Wundversorgung ist es, eine Keimbesiedelung und Infektion der Wunde zu verhindern und eine möglichst komplikationslose Wundheilung zu ermöglichen. Der anzulegende Wundverband hat dabei die **Aufgabe,** die Wunde vor mechanischer Belastung und dem Eindringen von Keimen zu schützen. Außerdem sollen überschüssige Sekrete aufgesaugt und ein die Heilung begünstigendes Wundmilieu geschaffen werden.

Die Wundheilung

Eine Wunde kann primär oder sekundär heilen.
Handelt es sich um eine aseptische (Operations-)Wunde oder um eine traumatische Wunde, die sauber und jünger als 6–8 Stunden ist, so kann die Wunde in der Regel spontan oder aber nach Naht (und damit Adaption der Wundränder) innerhalb weniger Tage abheilen. Es wird von einer **primären** Wundheilung gesprochen.
Der Heilungsverlauf kann in drei Stadien unterteilt werden.
In der **Latenz- oder Exsudationsphase** füllen kleine, eröffnete Blut- und Lymphgefäße den entstandenen Defekt solange mit Wundsekret, bis die Gerinnung und die Vasokonstriktion den Vorgang stoppen und die Wunde verklebt (Schorfbildung). Daraufhin werden eventuell vorhandene Keime von den aus den Kapillaren einwandernde Granulozyten, Histiozyten und Fibroblasten phagozytiert. Dieses Stadium dauert etwa 4 Tage.
In der **Proliferationsphase** sprießen, von den Wundrändern ausgehend, Kapillaren in das Wundbett ein, Fibroblasten bilden Kollagenvorstufen, und innerhalb von 4–7 Tage beginnt die Wunde zu schrumpfen und deren Festigkeit nimmt zu.
In der **Regenerations- oder Reparationsphase** vernetzen und stabilisieren sich die Kollagenfasern weiter und es kommt etwa ab dem 8. Tag zur Narbenbildung.
Langwieriger ist eine **sekundäre** Wundheilung. Wunden, die stark verschmutzt, infiziert oder älter als 8 Stunden sind (und damit als potentiell infiziert gelten), dürfen nicht durch Adaption der Wundränder versorgt werden. Sie müssen „offen" abheilen, weil bei einem operativen Verschluß der infizierten Wunde eine Heilungsverzögerung verursacht und eine Abszeßbildung begünstigt würde. Der Heilungsverlauf ist durch das meist klaffende Wundbett erschwert, das keine Vernetzung der an den Wundrändern einsprießenden Kapillaren zuläßt. Die Wunde granuliert langsam unter starker Blutungsneigung (selbst bei leichter Berührung) zu, bis sie letztlich unter dem Wundschorf epithelialisiert. Es entsteht eine breite Narbe mit möglicher Funktionseinschränkung.
Typische **Entzündungszeichen** einer infizierten Wunde sind Rötung (Rubor), Überwärmung (Calor), Schwellung (Tumor), der Schmerz (Dolor) und die eingeschränkte Funktion (functio laesa).
Heilungsstörungen können verursacht sein durch Primärerkrankungen wie Diabetes mellitus, periphere arterielle Verschlußkrankheit, chronisch venöse Insuffizienz, Polyneuropathie, immunsuppressive Behandlung oder Druckbelastung. Ursache der verzögerten oder unzureichenden Heilung ist dabei die mangelnde Durchblutung des geschädigten Gewebes. Auch Komplikationen wie Hämatombildung, Infektion und Wunddehiszenz stören den Heilungsverlauf.

Materialien zur Wundversorgung

In erster Linie wird zwischen Materialien zur Wundauflage und Materialien zur Verbandsfixierung unterschieden.
Als Wundauflagen kommen sowohl trockene als auch feuchte Wundverbände zur Anwendung. Daneben können Salben zur enzymatischen Wundreinigung und Hautschutzfilme (zum Schutz der die Wunde umgebenden intakten Haut) zur Wundbehandlung mitverwendet werden.
Die Fixierung von Wundauflagen erfolgt, soweit sie nicht selbstklebend sind, mit (un)elastischem Pflaster, (un)elastischen Binden oder (un)elastischem Klebemull.

Die trockene Wundbehandlung

Indikationen für die trockene Wundbehandlung sind:

- trockene, aseptische, primär heilende Wunden
- stark sezernierende, aseptische oder septische Wunden
- oberflächliche Erosionen
- Einstichstellen

Als **Auflagen** dienen bei der trockenen Wundversorgung:

- Kompressen
- Schlitzkompressen
- nichthaftende Kompressen
- Saugkompressen
- Salbenverbände
- Pflaster

Bei einem trockenen Wundverband handelt es sich um trockene Wundauflagen, z.T. mit medikamentösen Zusätzen. Je nach den Eigenschaften der Wunde (trocken oder sezernierend) muß der Verband einmal oder mehrmals täglich gewechselt werden. Unauffällige reizlose Wunden können bereits nach wenigen Tagen ohne Verband belassen werden.

- Die herkömmlichen **Kompressen** können im Prinzip auf alle Wunden aufgebracht werden, die mit trockenem Wundverband zu versorgen sind. Praktisch werden sie jedoch – je nach Beschaffenheit der Wunde – häufig durch andere trockene Auflagen mit spezifischen Eigenschaften ersetzt und werden nur zu deren Abdeckung verwendet.
- **Schlitzkompressen** kommen bei der Versorgung von Drainageneinstichstellen zum Einsatz. Sie werden mit Kompressen abgedeckt, wobei ein Abknicken oder eine Lumeneinengung der Drainage zu vermeiden ist.
- **Nichthaftende Kompressen** sind von einer Vliesumhüllung umgeben und werden auf leicht sezernierende Wunden aufgelegt. Die herkömmlichen Kompressen würden mit solchen Wunden leicht verkleben und bei der Entfernung könnte leicht eine erneute Verletzung verursacht werden.
- Sogenannte **Saugkompressen** gibt es mit oder ohne nichthaftende Eigenschaften. Saugkompressen sind im Inneren mit einem Saugkörper ausgestattet, der größere Sekretmengen aufnehmen kann als eine übliche Kompresse. Die Saugkompresse wird auf stark sezernierende Wunden aufgelegt oder zur Abdeckung bei der feuchten Wundbehandlung (s.u.) herangezogen.
- **Salbenverbände** sind mit Zusätzen wie z.B. Polyvidon-Jod oder mit paraffinhaltiger Salbe (ohne Wirkstoff) im Handel. Daneben können spezielle Salben zur Wundreinigung auf eine Wunde aufgebracht und mit einem trockenen Verband abgedeckt werden. Die Anwendungsgebiete entsprechen denen der nichthaftenden Kompressen (s.o.).
- **Pflaster** eignen sich zur Abdeckung trockener Einstichstellen oder Operationswunden.

Die feuchte Wundbehandlung

Indikationen für die feuchte Wundbehandlung sind:

- septische, sekundär heilende Wunden
- offene Weichteilverletzungen
- offene chronische Wunden
- Verbrennungswunden
- oberflächliche Erosionen
- Einstichstellen

Als **Auflagen** dienen bei der feuchten Wundversorgung:

- angefeuchtete Kompressen
- transparente Wundverbände
- Hydrokolloidverbände
- Alginate

Zur feuchten Wundbehandlung stehen zwei grundsätzlich verschiedene Methoden zur

Auswahl. Je nach Eigenschaften und Beschaffenheit der Wunde wird die Versorgung mit herkömmlichen Kompressen oder mit speziellen Wundverbänden bevorzugt.

- Die herkömmliche Methode besteht darin, daß **angefeuchtete Kompressen** auf die Wunde aufgebracht werden, die dann trocken abgedeckt werden. Zur Anfeuchtung wird Ringer-Lösung empfohlen, die ein breiteres Angebot an Elektrolyten bietet als die physiologische Kochsalzlösung. Dies scheint für die Wundheilung von Vorteil zu sein. Die feuchte Wundbehandlung hat zum Ziel, nicht epithelialisiertes Gewebe vor dem Austrocknen zu bewahren und ein feuchtes, körperwarmes Milieu zur Unterstützung der Wundheilung zu schaffen. Daneben kann die entstehende Verdunstungskälte bei entzündlich veränderten Wunden als angenehm empfunden werden. Bei Verwendung hyper- oder hypotoner Lösungen kann zudem eine osmotische Wirkung erzielt werden. Außerdem können dem Verband medikamentös wirksame Zusätze, meist zur Desinfektion, beigefügt werden. Wichtig ist, daß ein feuchter Kompressenverband stets feucht gehalten wird, damit seine Wirkung aufrechterhalten wird. Dazu sind häufige Verbandswechsel nötig, die allerdings eine mögliche Kontamination der Wunde begünstigen. Es ist daher auf ein sorgfältiges Arbeiten zu achten. Anwendungsgebiete für angefeuchtete Kompressen können septische, sekundär heilende, chronische offene Wunden und Weichteilverletzungen sein. In der Praxis wird allerdings die Arbeit mit den speziellen Wundverbänden bevorzugt, soweit keine Kontraindikationen vorliegen (s.u.). Diese führen zudem zu einem beschleunigten Heilungsverlauf.
- **Transparente Wundverbände** bestehen aus selbstklebenden semipermeablen Folien. Damit können reizlose trockene Einstichstellen, wie z.B. Einstichstellen von intravasalen Kathetern oder suprapubischem Blasenkatheter, versorgt werden. Gegenüber der Versorgung mit Pflasterverbänden haben sie den Vorteil, daß sie wegen ihrer Transparenz eine kontinuierliche Wundinspektion zulassen und mehrere Tage belassen werden können.
- Der **Hydrokolloidverband** (HKV) schafft ein feuchtes, körperwarmes Wundmilieu. Seine semipermeable Folie läßt den Gasaustausch zu, ermöglicht die Abgabe überschüssiger Feuchtigkeit nach außen, ist aber von außen her wasserundurchlässig. Der Verband enthält hydrophile Partikel. Die hydrophilen Partikel nehmen unter Aufquellen Wundsekret auf, binden es und bilden eine Gelmasse, die sich beim Verbandswechsel leicht von der Wunde entfernen läßt. Flexible HKV können viel Wundsekret aufnehmen. Anwendungsgebiete sind offene chronische Wunden und Weichteilverletzungen, Verbrennungswunden vom Grad I und II sowie oberflächliche Erosionen. Bei Verbrennungswunden vom Grad I oder II bzw. oberflächlichen Erosionen mit geringer Sekretion kommen transparente HKV zur Anwendung. Die Verbände sollten je nach Sekretion der Wunde mehrere Tage belassen werden. Nicht angewendet werden sollte der HKV bei infizierten Wunden, bei Nekrosen oder auf Wunden, in denen Muskeln, Sehnen oder Knochen frei liegen.
- **Alginate** sind Wundauflagen mit einem besonders hohen Quellvermögen. Sie eignen sich daher für sehr stark sezernierende Wunden. Meist handelt es sich um Kalziumalginate, die Kalzium an die Wunde abgeben und Natrium aus der Wunde aufnehmen. Dabei entsteht eine Gelmasse, die Wundsekrete, Gewebereste und Mikroorganismen einschließt und sich beim Verbandswechsel leicht entfernen läßt. Weil Alginate nicht selbstklebend sind, bietet sich die Abdeckung mit einem Hydrokolloidverband an.

Zur Wundversorgung stehen also eine Reihe von **Verbandsarten** zur Verfügung, die individuell an die Beschaffenheit und Besonderheiten einer Wunde angepaßt werden müssen. Weil der Verbandswechsel primär eine ärztliche Tätigkeit darstellt, muß das Pflegepersonal das Vorgehen bei der Wundversorgung mit dem behandelnden Arzt absprechen bzw. die Art der Wundversorgung ist von ihm anzuordnen.

Spezielle Wundbehandlung

Im folgenden werden einige Wundarten, die bei intensivpflichtigen Patienten häufiger vorkommen und die aufwendig versorgt werden müssen, näher beschrieben.

Die septische oder infizierte Wunde

Infizierte Wunden sind, obwohl sie bereits kontaminiert sind, immer unter sterilen Bedingungen zu versorgen, um eine weitere Kontamination zu vermeiden! Sie sollten mit Ringer-Lösung gereinigt werden. Anschließend sind die Wunden – je nach Sekretion – mit feuchten oder trockenen Kompressen (mit oder ohne Medikamentenzusatz) steril zu bedecken und zu verkleben (s. S. 319). Dadurch soll eine von der Wunde ausgehende Verunreinigung der Umgebung ausgeschlossen werden.
Eine Besonderheit stellt dabei die Versorgung eines **septischen (offenen) Bauchs** dar. In der Regel wird ein Vicrylnetz mit Reißverschluß eingenäht (s. S. 320). Auf dieses Netz werden Kompressen, die mit Ringer-Lösung angefeuchtet sind, gelegt. Dabei soll der nicht epithelisierte Wundrand völlig bedeckt sein, um eine Austrocknung zu verhindern. Die umliegende intakte Haut muß aber unbedingt trocken gehalten werden, um sie vor Mazeration zu schützen. Es empfiehlt sich, diese mit einem Hautschutzfilm zu versehen. Die feuchten Kompressen sind mit trockenen Kompressen abzudecken und werden mit einer Bauchbinde fixiert, die eine Wunddehiszenz verhindern soll. Je nachdem, wie stark die Wunde sezerniert, ist ein 2- bis 6stündlicher Verbandswechsel indiziert.

Der Dekubitus

Bei der Dekubitusbehandlung wird bei tiefen, nicht infizierten Dekubitalulzera unter sterilen Bedingungen eine Wundreinigung mit Pinzette und Schere (durch den Arzt) vorgenommen, um abgestorbenes Gewebe zu entfernen, falls eine enzymatische Wundreinigung nicht ausreichend ist. Die Dekubituswunde wird mit Ringer-Lösung gespült. Obwohl Dekubitalulzera keine aseptischen Wunden darstellen, werden sie bevorzugt mit Hydrokolloidverbänden versorgt. Unter dieser Therapie findet nachweislich eine Keimreduktion statt. Bei tiefen Wunden sollte vorher eine Alginatkompresse eingelegt werden.
Bei Verdacht auf eine Infektion des Dekubitalulkus ist vor der Spülung ein Wundabstrich zu entnehmen. Entsprechend dem Erregernachweis kann eine lokale oder systemische Behandlung mit Antibiotikum oder Antimykotikum indiziert sein. Aufgebrachte Salben sind dann mit nichthaftenden Kompressen abzudecken. Nach Abklingen der Lokalinfektion kann wie bei nicht infizierten Dekubitalulzera vorgegangen werden. Sorgfältig ist darauf zu achten, daß Dekubitalulzera vor der Einwirkung von Stuhl, Urin oder anderen Sekreten geschützt werden.

Chronische Wunden, große Weichteilverletzungen, Knochen- und Weichteilinfekte

Bei den oben genannten, schwer zu versorgenden Wunden hat sich als eine neue Methode der Wundbehandlung die sogenannte **Vakuumversiegelung** bewährt. Auf das Wundgewebe werden speziell gefertigte sterile Schaumstoffe aufgelegt, aus denen dünne

Schläuche abgeleitet werden. Über das gesamte Wundgebiet und die eingebrachten Schaumstoffe wird eine transparente, selbstklebende und semipermeable Folie geklebt. Wichtig ist dabei, daß die Folie absolut dicht hält. An die austretenden Schläuche wird bei kleinen Wunden eine Redon-Flasche mit Sog, bei größeren eine Vakuumsaugung mit einem Sog von 60–80 kPa angeschlossen. Damit wird die Luft unter der Folie entfernt und die Wundränder werden dadurch leicht adaptiert. Die Folie wirkt als Schutzbarriere gegen den Eintritt von Mikroorganismen. Durch kontinuierliche Drainage der Wundsekrete wird möglichen Keimen der Nährboden entzogen. Gleichzeitig führt die Sogwirkung zu einer Stimulation der Gewebeneubildung. Ein Verbandswechsel ist immer dann notwendig, wenn wegen Undichtigkeit kein ausreichender Sog mehr gewährleistet ist und der Verband von Sekret unterwandert ist, spätestens aber nach vier Tagen. Eine Kontraindikation für die Anlage des Vakuumverbandes sind offen liegende Darmschlingen.

Antibiotikatherapie

Antibiotika sind neben herz- und kreislaufwirksamen Medikamenten die am häufigsten auf der Intensivstation eingesetzten Medikamente. Die wichtigsten Antibiotikagruppen sind:

- **Aminoglykoside** (z.B. Gentamycin [Tobramycin]). Wirkspektrum: gramnegative aerobe Bakterien (auch Pseudomonas aeruginosa), Enterokokken. Nebenwirkungen: Schädigung der Nierentubuli, Schädigung des VIII. Hirnnerven (Plasmakonzentrationbestimmungen sind sinnvoll).
- **Cephalosporine** (z.B. Ceftazidim [Fortum]). Cephalosporine werden in Präparate der 1., 2. und 3. Generation unterteilt; sie weisen eine relativ geringe Toxizität auf.
- **Imipenem** (Zienam). Imipenem weist von allen Antibiotika das breiteste Wirkspektrum auf. Es erfaßt anaerobe sowie die meisten grampositiven und gramnegativen aeroben Bakterien.
- **Vancomycin** (Vancomycin): Wirkt gut gegen grampositive Kokken, auch gegen **m**ulti**r**esistente **S**taphylococcus **a**ureus (MRSA). Nebenwirkungen: Schädigung des Gehöres, Allergie, Abfall der neutrophilen Granulozyten (Neutropenie).
- **Clindamycin** (Sobelin): Wird vor allem gegen anaerobe Bakterien eingesetzt. Bei Auftreten von Durchfall sollte die Therapie abgesetzt werden.
- **Trimethoprim-Sulfamethoxazol** (z. B. Cotrim): Wird vor allem bei AIDS-Patienten oder anderen immungeschwächten Patienten eingesetzt, falls eine Pneumonie durch Pneumocystis-carinii-Erreger auftritt.

> Antibiotika sollten nur in indizierten Fällen verabreicht werden. Der unkritische Einsatz von Antibiotika fördert die Entwicklung multiresistenter Keime.

Sinnvoll ist stets der Versuch, den Krankheitserreger mikrobiologisch vor (!) Gabe der ersten Antibiotikadosis nachzuweisen (Erreger?) sowie dessen Empfindlichkeit auf bestimmte Antibiotika (Resistenz?) auszutesten. Bei vielen Antibiotika ist es sinnvoll, die Therapie durch wiederholte Bestimmung der Plasmakonzentration zu überwachen, um Unter- oder Überdosierungen zu vermeiden. Bei schweren Infektionen werden meist zwei oder drei Antibiotika kombiniert.
Bei einer Niereninsuffizienz ist die Dosierung der meisten Antibiotika zu reduzieren.

Bakteriologische Untersuchungen

Um eine eventuelle bakterielle Besiedlung des Patienten nachzuweisen oder auszuschließen, werden wiederholt folgende Proben entnom-

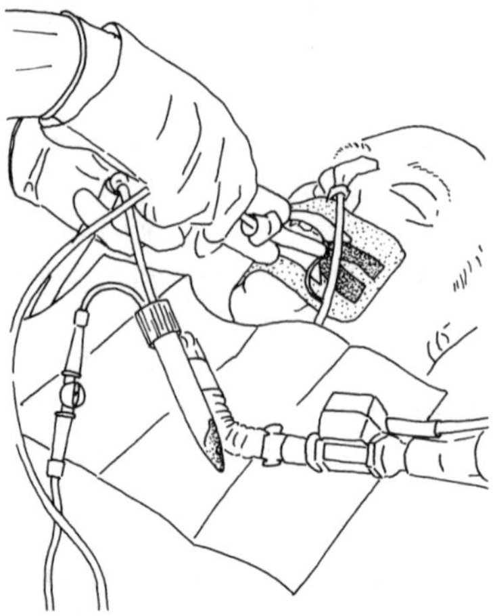

Abb. 7.3 Entnahme von Trachealsekret zur bakteriologischen Untersuchung.

men und zur Untersuchung in ein Hygieneinstitut geschickt:

- Urin
- Stuhl (bei Durchfällen)
- Blut (bei Fieber)
- Sekret
- Liquor
- Trachealsekret
- Wundabstriche

Bei der Entnahme von Trachealsekret wird zwischen Absaugschlauch und Absaugvorrichtung ein steriles Auffangröhrchen geschaltet (vgl. Abb. 7.3).

Nach Entfernung eines zentralen Katheters ist dessen Spitze zur bakteriologischen Untersuchung einzuschicken.

Wird bei einem Patienten eine Antibiotikatherapie begonnen, so sollten entsprechende Proben noch vor Therapiebeginn entnommen werden. Es ist darauf zu achten, daß die Proben sowie der sorgfältig ausgefüllte Begleitschein möglichst schnell ins Labor gebracht werden.

Bei der **Entnahme von Blutproben** zur bakteriologischen Untersuchung (Blutkulturen) müssen eine sorgfältige Hautdesinfektion und eine Einmalpunktion vorgenommen werden. Das Blut muß zu Beginn eines Fieberschubes abgenommen werden. Die Abnahme von Blutproben zur Anlage von Blutkulturen über bereits liegende Katheter ist nicht erlaubt. Aus Sterilitätsgründen muß neu punktiert werden. Es sind jeweils 10 ml Blut sowohl in eine aerobe als auch in eine anaerobe Blutkulturflasche mit Nährlösung einzubringen. Das Blut darf nicht abkühlen, daher müssen die Blutkulturflaschen entweder sofort ins Labor transportiert oder vorübergehend im Brutschrank bei Körpertemperatur aufbewahrt werden.

Normalerweise werden Proben zur bakteriologischen Kontrolle zweimal pro Woche entnommen. Bei entsprechender Indikation muß dies gegebenenfalls häufiger durchgeführt werden.

Beatmungstherapie

Physiologie/Pathophysiologie der Atmung

Die Luft-Blut-Schranke

Aufgabe der Atmung ist der Gasaustausch des Organismus mit der Umgebung. Sauerstoff wird als lebensnotwendiges Substrat über die Lungen in den Organismus aufgenommen, und Kohlendioxid wird als Abfallprodukt des Stoffwechsels abgeatmet.

Die **Arteria pulmonalis** (welche aus dem rechten Herzen kommt und sauerstoffarmes Blut enthält) teilt sich entsprechend dem Bronchialbaum in immer kleinere Gefäße auf. Die Kapillaren liegen geflechtartig unmittelbar den Alveolen auf.

Die aneinandergrenzenden Kapillar- und Alveolarmembranen bilden die sogenannte Luft-Blut-Schranke.

Der in die Alveolen eingeatmete Sauerstoff diffundiert durch die Luft-Blut-Schranke in die (in den Kapillaren fließenden) Erythrozyten. In den Erythrozyten bindet sich der Sauerstoff an das Hämoglobin. Das sauerstoffbeladene Blut fließt dann über die Venae pulmonales zum linken Herzen.
Zwischen den Alveolarendothelzellen gibt es vereinzelt sogenannte große Alveolarzellen. Diese sind die Produzenten eines **Antiatelektasefaktors** (des sogenannten **Surfactants**).

> Der Surfactant kleidet die Alveolen als eine dünne Schicht aus, erniedrigt deren Oberflächenspannung und vermindert deren Tendenz, zu kollabieren.

Ein Mangel an Surfactant spielt z.B. beim Atemnotsyndrom des Frühgeborenen eine große Rolle.

Atemmechanik

Der knöcherne Thorax funktioniert nach dem Prinzip einer Saug-Druck-Pumpe. Bei der aktiven **Einatmung** (= Inspiration) werden die schräg nach ventrokaudal verlaufenden Rippen durch die äußeren Interkostalmuskeln angehoben. Der dorsoventrale Durchmesser des Thorax nimmt zu **(thorakale Atmung).** Gleichzeitig kontrahiert sich das Zwerchfell und bewegt sich nach kaudal. Die kraniokaudale Ausdehnung der Lunge nimmt zu **(Bauchatmung).** Die Lunge folgt dieser Volumenzunahme des Thoraxraumes. Hierdurch entsteht ein Unterdruck in der Lunge und Luft strömt in die Lungen. Bei körperlicher Anstrengung können vor allem die Halsmuskeln, die Brustmuskeln und die Schultermuskeln als zusätzliche Atemhilfsmuskeln zur Einatmung benutzt werden.
Die **Ausatmung** (= Exspiration) erfolgt normalerweise passiv aufgrund der elastischen Rückstellkräfte von Lunge und Thorax sowie der Erschlaffung des Zwerchfelles. Bei erschwerter Ausatmung können die inneren Interkostalmuskeln sowie die Bauchmuskeln die Rippen kraftvoll nach unten ziehen. Gleichzeitig wird meist der Oberkörper gebeugt, wodurch die Baucheingeweide und damit auch das Zwerchfell nach kranial gedrückt und eine forcierte Ausatmung unterstützt wird.
Aufgrund der elastischen Eigenschaft des Lungengewebes und der Oberflächenspannung der Alveolen tendiert die Lunge zum Kollabieren. Im Pleuraspalt herrscht daher ein Negativdruck von ca. minus 4 cmH_2O.

Compliance der Lunge

> Die Compliance der Lunge ist ein Maß für die elastische Dehnbarkeit der Lunge. Sie ist definiert als Volumenänderung pro Druckänderung.

Bei einem Atemzug von ca. 600 ml sinkt der Druck im Pleuraspalt um ca. 3 cmH_2O. Die Volumenänderung pro Druckänderung beträgt damit 0,6 Liter pro 3 cmH_2O, also normalerweise ca. 0,2 l/cmH_2O. Bei vielen Lungenerkrankungen, z.B. einer Pneumonie, einem Lungenödem oder einer Fibrose, ist das Lungengewebe nicht mehr so elastisch, die Lunge folgt nur schwer der Vergrößerung des knöchernen Thorax. Bei der Inspiration entsteht ein größerer Negativdruck im Pleuraspalt. Die elastische Dehnbarkeit, die Compliance, ist vermindert.

> Die leicht meßbare Vitalkapazität, das heißt die Summe aus Atemzugvolumen und in- und exspiratorischem Reservevolumen (s. S. 326), ist ein Parameter für die Compliance.

Resistance

> Die Resistance ist ein Maß für die nicht-elastischen (= viskösen) Widerstände, die sowohl bei der Inspiration als auch bei der Exspiration zu überwinden sind.

Sie setzen sich zum größeren Teil (ca. 80–90%) aus den Strömungswiderständen in den Luftwegen (bedingt durch Turbulenzen, die vor allem bei schnellem Gasfluß an den Aufzweigungen des Trachealbaumes entstehen) und zum kleineren Teil (10–20%) aus nichtelastischen Gewebswiderständen, zusammen. Die Resistance ist insbesondere bei asthmatischen Erkrankungen, bei Trachealstenosen oder bei Sekretansammlung in den Luftwegen erhöht.

Die Resistance kann mit dem Atemstoßtest nach Tiffeneau (= 1-Sekunden-Kapazität oder FEV_1 = **f**orciertes **e**xspiratorisches **V**olumen in **1** Sekunde) gemessen werden. Der Normalwert beträgt ca. 75% der Vitalkapazität (VK) (FEV_1/VK). Der Absolutwert beträgt ca. 3–3,5 l/s. Normalerweise wird der Quotient FEV_1/VK angegeben.

Atemarbeit

Bei der aktiven Einatmung müssen die elastischen und die viskösen Widerstände überwunden werden. Die Ausatmung erfolgt passiv, da die elastischen Rückstellkräfte die viskösen Widerstände übertreffen. Bei Lungenerkrankungen mit einer Erniedrigung der Compliance oder Erhöhung der Resistance kann die Atemarbeit enorm zunehmen. Im Extremfall droht die körperliche Erschöpfung.

Eine drohende Erschöpfung durch erhöhte Atemarbeit kann, trotz normaler Blutgase, eine Intubationsindikation darstellen.

Lungenvolumina

Die meisten Lungenvolumina können mit Hilfe eines Blasebalgs (= Spirometers) oder eines modernen Pneumotachographen gemessen werden. Sie hängen von Alter, Geschlecht, Körpergröße, Körperlage, Körperbau und anderen Faktoren ab.

Atemzugvolumen

Dies ist das Luftvolumen, das bei einem normalen Atemzug spontan ventiliert wird. Das **spontane A**tem**z**ug**v**olumen (AZV) beträgt in allen Lebensaltern ca. 7 bis 8 ml/kg KG. Beim Erwachsenen sind dies ca. 500 ml. Etwa ein Drittel des Atemzugvolumens ist Totraumvolumen, lediglich zwei Drittel des Atemzugvolumens nehmen an der alveolären Ventilation (also am Gasaustausch) teil (s. S. 334).

Während bei Spontanatmung definitionsgemäß von Atem**zug**volumen gesprochen wird, wird bei der Beatmung eines Patienten von Atem**hub**volumen gesprochen.

Inspiratorisches Reservevolumen

Dies ist das Luftvolumen, das nach einer normalen Einatmung zusätzlich noch maximal eingeatmet werden kann. Beim Erwachsenen sind dies ca. 3,0 Liter.

Exspiratorisches Reservevolumen

Dies ist das Luftvolumen, das nach einer normalen Ausatmung noch maximal ausgeatmet werden kann. Beim Erwachsenen sind dies ca. 1,3 Liter.

Residualvolumen

Dies ist das Luftvolumen, das nach einer maximalen Ausatmung noch in der Lunge verbleibt. Beim Erwachsenen sind dies ca. 1,2 Liter.

Funktionelle Residualkapazität

Sie stellt die Summe aus exspiratorischem Reservevolumen und Residualvolumen dar. Beim Erwachsenen sind dies ca. 2,5 Liter. Die funktionelle Residualkapazität (FRC) ist eine für den Anästhesisten und Intensivmediziner besonders wichtige Größe.
Die FRC übernimmt eine Art Pufferfunktion. Das Volumen eines Atemzuges/-hubes verteilt sich zuerst in der FRC.

Vitalkapazität
Dies ist die Summe aus exspiratorischem Reservevolumen, inspiratorischem Reservevolumen und Atemzugvolumen. Beim Erwachsenen sind dies ca. 4,5 Liter. Bei einer Erniedrigung der Compliance ist die Vitalkapazität vermindert.

Totalkapazität
Dies entspricht der Summe aus Vitalkapazität und Residualvolumen. Beim Erwachsenen sind dies ca. 6,0 Liter.

Atemfrequenz
Sie ist altersabhängig. Sie beträgt beim Frühgeborenen ca. 60/min, beim reifen Neugeborenen in Ruhe ca. 40–50/min, beim sechs Monate alten Säugling ca. 30/min, beim Einjährigen ca. 25/min, beim Sechsjährigen ca. 20/min und beim Erwachsenen ca. 12–16/min.

Atemminutenvolumen
Es ergibt sich durch Multiplikation des Atemzug/-hubvolumens mit der Atemfrequenz. Der 70 kg schwere Patient hat ein spontanes Atemminutenvolumen von 0,5 l/Atemzug x 15 Atemzüge/min = 7,5 l/min. Ein Neugeborenes mit 3 kg Körpergewicht hat ein spontanes Atemminutenvolumen von 21 ml x 50 Atemzüge/min = 1050 ml/min.

Sauerstoffkaskade

Der Luftdruck beträgt auf Meereshöhe ungefähr 760 mmHg (101,3 kPa). Luft besteht zu 79% aus Stickstoff und zu 20,9% aus Sauerstoff. Die Konzentrationen der anderen noch vorhandenen Gase sind mit insgesamt 0,1% vernachlässigbar niedrig. Der Sauerstoffdruck macht damit ca. 21% von 760 mmHg = 159 mmHg (21,2 kPa) aus. Dies wird als Teil- oder als **Partialdruck des Sauerstoffes** bezeichnet. Da die eingeatmete Luft in den Luftwegen maximal angefeuchtet wird, entsteht dadurch ein zusätzlicher **Wasserdampfdruck** von 47 mmHg (6,3 kPa). Der Gesamtdruck der Gase in den Atemwegen bleibt konstant. Der Sauerstoffpartialdruck in den zuleitenden Strukturen macht daher nur noch 21% von (760 mmHg – 47 mmHg) = 149 mmHg (19,8 kPa) aus. Im Bereich der Alveolen befindet sich auch das aus den Lungenkapillaren in die Lunge abdiffundierte Kohlendioxid. Zur Errechnung des Sauerstoffpartialdrucks in den Alveolen muß der dort vorhandene Kohlendioxidpartialdruck noch subtrahiert werden. Der **Kohlendioxidpartialdruck** in den Alveolen ist normalerweise nahezu identisch mit dem Kohlendioxidpartialdruck im arteriellen Blut, also ca. 40 mmHg (5,3 kPa).

Der Sauerstoffpartialdruck in den Alveolen beträgt damit näherungsweise
(760 – 47) x 21% – p_aCO_2
= 109 mmHg (14,5 kPa).

Aus dieser Formel wird auch ersichtlich, warum z.B. ein hypoxischer Patient mit einer Lungenentzündung hyperventiliert. Durch eine Hyperventilation fällt der p_aCO_2-Wert von 40 mmHg (5,3 kPa) auf z.B. 30 mmHg (4,0 kPa) ab. Der alveoläre Sauerstoffpartialdruck (760 – 47) x 21% – p_aCO_2 = 149 – 30 beträgt jetzt 119 mmHg (15,9 kPa) anstatt nur 109 mmHg (14,5 kPa).

Je höher der Sauerstoffpartialdruck in der Alveole (p_AO_2), desto höher ist der arterielle Sauerstoffpartialdruck (p_aO_2).

Beim lungengesunden Patienten ist der arterielle Sauerstoffpartialdruck (p_aO_2) bei Atmung von Raumluft nur wenige mmHg niedriger als der alveoläre Sauerstoffpartialdruck (p_AO_2) und liegt damit bei ca. 100 mmHg. Bei Atmung von 100% Sauerstoff beträgt die Differenz zwischen Alveolen-pO_2 und arteriellem pO_2 (= $AaDO_2$) ca. 25 bis 60 mmHg (3,3–8,0 kPa). Bei einer pulmonalen Insuffizienz ist diese $AaDO_2$ wesentlich höher und ein guter Gradmesser für deren Ausmaß (s. S. 330).

Sauerstoffdiffusionskapazität

Die Sauerstoffdiffusionskapazität besagt, wieviel Sauerstoff pro Zeiteinheit durch die Luft-Blut-Schranke diffundiert.

Normalerweise beträgt die Sauerstoffdiffusionskapazität ca. 4 ml/kg KG/min, also ca. 250–300 ml/min beim Erwachsenen. Der Erwachsene verbraucht also ca. 250–300 ml O_2/min. Daher muß auch z.B. beim geschlossenen Narkosesystem (s. S. 12) ein Frischgasfluß von mindestens 250–300 ml O_2/min sichergestellt sein.
Die Diffusionskapazität für Sauerstoff nimmt bei einer Verringerung der Diffusionsfläche (z.B. Resektion eines Lungenflügels), einer Verlängerung der Diffusionsstrecke (Ödem der alveolokapillären Membran bei einem Lungenödem) und einer Verringerung des Partialdruckgefälles (erniedrigte F_iO_2) ab.

Ventilations-Perfusions-Verhältnis

Wie effektiv der Gasaustausch in der Lunge ist, hängt nicht nur von der alveolären Ventilation und der Diffusionskapazität, sondern auch noch von der Durchblutung (Perfusion) der Alveolen ab.

Normalerweise sind Ventilation und Perfusion gut aufeinander abgestimmt. Es wird von einem normalen Ventilations-Perfusions-Verhältnis gesprochen. In Lungengebieten, die gut durchblutet, aber schlecht belüftet sind, fließt das Blut durch die Lungenkapillaren, ohne daß es ausreichend mit Sauerstoff aufgesättigt wurde. Folge eines solchen Ventilations-Perfusions-Mißverhältnisses ist, daß ein Teil des Blutes vom rechten Herzen durch die Lunge zum linken Herzen fließt, ohne daß es ausreichend mit Sauerstoff aufgesättigt wurde. Dieses Phänomen wird als **Rechts-Links-Shunt** bezeichnet und bedingt eine entsprechende Verminderung des Sauerstoffgehaltes im arteriellen Blut. Die Therapie besteht hierbei nicht in der (fast erfolglosen) Erhöhung der inspiratorischen Sauerstoffkonzentration, sondern in der Beseitigung des Rechts-Links-Shunts, z.B. durch Einschalten eines PEEP (s. S. 22, 237, 336).

Die inspiratorische Sauerstoffkonzentration wird oft als F_iO_2 (= **f**raction of **i**nspired **o**xygen) bezeichnet. 70% inspiratorische Sauerstoffkonzentration entsprechen einer F_iO_2 von 0,7.

Sauerstofftransport im Blut

Der über die Lungen aufgenommene Sauerstoff wird durch das Blut zu den verschiedenen Organen transportiert. Im Blut wird der Sauerstoff zum größten Teil an das Hämoglobin gebunden. 1 g Hämoglobin kann bei Vollsättigung 1,34 ml Sauerstoff transportieren (= **Hüfner-Zahl**). Normalerweise ist das Hämoglobin des arteriellen Blutes zu ca. 97–99% mit Sauerstoff gesättigt.

Der Gehalt des chemisch an das Hämoglobin gebundenen Sauerstoffes in 100 ml arteriellem Blut bei einem Hb von 15 g% beträgt damit: 15 x 1,34 x 0,97 = 19,5 ml O_2/100 ml Blut.

Daß die Sauerstoffsättigung des Hämoglobins nicht 100% beträgt, hat seinen Grund darin, daß immer ca. 2–4% des **H**erz**m**inuten**v**olumens (HMV) über physiologische Rechts-Links-Shunts die Oxygenierung umgehen.
Der Sauerstoff ist zu einem verschwindend kleinen Teil auch physikalisch im Blut gelöst (genauso wie Sauerstoff in Quellwasser gelöst ist). Der **physikalisch gelöste Sauerstoff** ist abhängig vom Sauerstoffpartialdruck im Blut. Pro 1 mmHg (0,13 kPa) p_aO_2 werden 0,003 ml O_2 gelöst. Im arteriellen Blut beträgt der p_aO_2 bei Atmung von Raumluft normalerweise ca.

100 mmHg (13,3 kPa). Damit beträgt der physikalisch gelöste Sauerstoff 100 x 0,003 = 0,3 ml O_2/100 ml Blut. Der gesamte Sauerstoffgehalt des Blutes errechnet sich also aus dem physikalisch gelösten und dem ca. 60- bis 65mal größeren Anteil des chemisch an das Hämoglobin gebundenen Sauerstoffanteils.

Insgesamt ergibt sich: physikalisch gelöster Sauerstoff (0,3 ml O_2/100 ml) plus chemisch gebundener Sauerstoff (19,5 ml/100 ml O_2) = ca. 19,8 ml O_2/100 ml Blut, also ca. 20 Vol%.

Wird ein lungengesunder Patient anstatt mit einer F_iO_2 von 0,21 mit einer F_iO_2 von 1,0 beatmet, so beträgt der p_aO_2 anstatt ungefähr 100 mmHg ca. 650 mmHg (86,6 kPa). Während der chemisch an das Hämoglobin gebundene Sauerstoff nicht mehr gesteigert werden kann, da bereits bei einer F_iO_2 von 0,21 beim lungengesunden Patienten eine maximale Sättigung von 97–99% vorliegt, nimmt hierbei nur der physikalisch gelöste Sauerstoffanteil zu. Er beträgt nun 0,003 x 650 = 1,95 ml/100 ml Blut.

Der gesamte Sauerstoffgehalt bei einer F_iO_2 von 1,0 beträgt also beim lungengesunden Patienten 19,5 + 1,95 = 21,45 Vol% anstatt 19,8 Vol% bei Atmung von Raumluft (s.o.).

Damit wird deutlich, daß bei einer Vollsättigung des Hämoglobins bei 97–99% der Sauerstoffgehalt im Blut nur noch über den physikalisch gelösten Sauerstoffanteil gesteigert werden kann. Dieser Effekt ist jedoch verschwindend klein und hat normalerweise keine Vorteile.

Respiratorische Insuffizienz

Hypoxämie/Hypoxie

Hypoxämie ist definiert als **Sauerstoffmangel** im Blut, Hypoxie als Sauerstoffmangel im Gewebe. Eine Hypoxämie führt sehr schnell zu einer Hypoxie.

Eine Hypoxie versucht der Körper über eine Stimulierung des Sympathikus zu kompensieren. Es kommt dabei anfänglich zu Tachykardie, Steigerung des Herzminutenvolumens und Blutdruckanstieg mit dem Ziel, die Organdurchblutung zu verbessern. Außerdem tritt eine Hyperventilation auf. Zeichen der ungenügenden zerebralen und peripheren Oxygenierung sind Unruhe, Verwirrtheit, Zyanose. Bei längerbestehender, schwerer Hypoxie kommt es zu den Zeichen der Organinsuffizienz wie Bradykardie, Blutdruckabfall, Rhythmusstörungen und Schläfrigkeit.

Hyperkapnie/Hypokapnie

Eine zu hohe alveoläre Ventilation (Hyperventilation) führt zum vermehrten Abatmen von CO_2 und damit zu einem Abfall des arteriellen Kohlendioxidpartialdrucks (p_aCO_2) (Hypokapnie). Eine zu geringe alveoläre Ventilation (Hypoventilation) führt zu einem Anstieg des p_aCO_2 (Hyperkapnie).

Zeichen der Hypoventilation:

- Schwitzen
- Tachykardie
- Herzrhythmusstörungen
- Blutdruckanstieg
- in extremen Fällen „CO_2-Narkose" mit Somnolenz und Bewußtlosigkeit

Indikationen zur Beatmung

Eine Indikation zur Beatmung besteht, wenn bei Spontanatmung eine ausreichende Sauerstoffaufnahme über die Lungen und/oder eine ausreichende Kohlendioxidabatmung nicht mehr gewährleistet sind (vgl. Tab. 7.1).

> Ist nur der p_aO_2 zu niedrig, so wird von einer **Partialinsuffizienz** gesprochen. Ist der p_aO_2 zu niedrig und gleichzeitig der p_aCO_2 zu hoch, so wird von einer **Globalinsuffizienz** gesprochen.

Die Entscheidung zur Beatmung muß individuell gestellt werden. Sie läßt sich nur schwer schematisieren, auch wenn es klinische und laborchemische Grenzwerte gibt, bei deren Überschreitung die **Intubation indiziert** erscheint (vgl. Tab. 7.1). Im allgemeinen ist die Trendentwicklung für die Entscheidung wichtiger als das Abweichen einzelner Werte von der Norm.

Deren Ursachen können sein:

- zentrale Atemlähmung,
  z.B. aufgrund einer Depression des Atemzentrums durch Medikamente (Barbiturate, Opioide, Gifte), einer Schädigung des Atemzentrums im Rahmen eines Schädel-Hirn-Traumas (SHT) oder eines Hirntumors
- periphere Atemlähmung,
  z.B. aufgrund einer hohen Querschnittslähmung oder der Wirkung von Muskelrelaxanzien
- pulmonale Insuffizienz,
  z.B. wegen Lungenödem, Pneumonie, Atelektasen, Lungenkontusion, Lungenembolie o.ä.
- gestörte Atemmechanik,
  z.B. durch Rippenserienfraktur, Sternumfraktur
- enorme Zunahme der Atemarbeit,
  z.B. bei stark erhöhter Resistance oder stark erniedrigter Compliance mit drohender Erschöpfung

Therapeutische Beatmung

> Der Grund für eine therapeutische Beatmung ist meist eine respiratorische Insuffizienz (Partial- oder Globalinsuffizienz).

Prophylaktische Beatmung

> Wird eine Beatmung durchgeführt, obwohl im Moment (noch) keine respiratorische Insuffizienz vorliegt, so handelt es sich um eine prophylaktische Beatmung.

Tab. 7.1 Richtwerte für die Intubation.

	Normalwerte	Indikation zur Intubation
Atemfrequenz/min	12–16	> 35
p_aO_2	75–100 mmHg (10–13,3 kPa)	< 60 mmHg (<8 kPa) trotz Sauerstoffgabe
p_aCO_2	35–45 mmHg (4,6–6 kPa)	> 60 mmHg (>8 kPa)
Totraum/Atemzug	25–40%	> 60%
Vitalkapazität	65–75 ml/kgKG	< 10–15 ml/kg
A_aDO_2 bei 100%	25–60 mmHg (3,3–7,9 kPa)	> 400 mmHg (>53,3 kPa)
Atemminutenvolumen in Ruhe	5–8 l/min	> 10 l/min

Eine prophylaktische Beatmung ist z.B. indiziert

- bei bewußtlosen Patienten, um einer möglichen Aspiration vorzubeugen, da hierbei die Schutzreflexe ausgeschaltet sind.
- nach einer schweren Aspiration, da sich hierbei innerhalb kurzer Zeit eine pulmonale Insuffizienz einstellen wird.
- bei einem prolongierten Schock.
- bei einer Sepsis.
- bei einer großflächigen Verbrennung.
- bei gewünschter Verminderung der kardiopulmonalen Belastung, z.B. während der Wiedererwärmung eines ausgekühlten koronarsklerotischen Patienten nach einer langen Operation. Durch das Kältezittern eines unterkühlten Patienten kann es zu einem starken Anstieg des Sauerstoffverbrauches kommen. Bei einem koronarsklerotischen Patienten mit bereits grenzwertiger Sauerstoffversorgung des Myokards könnte hierdurch eine Myokardischämie verursacht werden.
- bei erhöhtem intrakraniellem Druck (z.B. SHT), um eine kontrollierte Ventilation und gegebenenfalls kontrollierte Hyperventilation durchzuführen.

Auswahl des Beatmungsweges

Eine längerfristige Beatmung kann über
- einen Endotrachealtubus oder über
- ein Tracheostoma

erfolgen.

Während früher die Frage Tracheostomie oder Langzeitintubation heftig umstritten war, geht die heutige Tendenz eindeutig zur Langzeitintubation.

Langzeitintubation

Bei der Langzeitintubation wurde oft folgendes Vorgehen gewählt:
Noch vor einigen Jahren wurde eine orotracheale Intubation meist nicht länger als 24 Stunden vorgenommen, dann wurde eine nasotracheale Intubation angestrebt. In den letzten Jahren zeigte sich, daß der orale Tubus problemlos auch länger belassen werden kann, was in zunehmend mehr Kliniken auch durchgeführt wird.

Die **nasotracheale Intubation** hat gegenüber der orotrachealen Intubation folgende **Vorteile:**

- bessere Fixierungsmöglichkeit des Tubus
- wird vom Patienten langfristig besser toleriert
- gute Mundpflege möglich (Säuglinge können z.B. trotz nasalem Tubus trinken)

Die **nasotracheale Intubation** hat gegenüber der orotrachealen Intubation jedoch folgende **Nachteile:**

- Sie ist technisch wesentlich schwieriger durchzuführen.
- Bei der Nasenpassage droht eine Kontamination des Tubus.
- Entzündungen der Nasennebenhöhlen sind häufiger.
- Oft ist ein englumigerer Tubus nötig.
- Es drohen mögliche Knorpelschädigungen der Nasenscheidewand.
- Die endotracheale Absaugung ist schwieriger.

Tracheostomie

Selten wird die Tracheostomie der endotrachealen Intubation vorgezogen. **Indikationen** für eine Tracheostomie sind:

- Verletzungen des Kehlkopfes
- Erkrankungen, Verletzungen oder ein Tumor der oberen Luftwege, wodurch eine Intubation unmöglich ist

- eine frontobasale Schädelfraktur, die eine nasotracheale Intubation verbietet (Infektionsgefahr)
- Kehlkopf- bzw. Trachealläsionen nach Langzeitintubation
- kieferchirurgische- bzw. HNO-chirurgische Operationen
- Manchmal wird eine Tracheostomie auch dann angelegt, wenn absehbar ist, daß der ansonsten stabile Patient noch für längere Zeit nicht extubiert werden kann und/oder nur langwierig vom Beatmungsgerät abtrainiert werden kann. Eine Verlegung solcher Patienten in ein kleineres Krankenhaus ist auch oft nur dann möglich, wenn ein (pflegeleichteres) Tracheostoma angelegt ist. Über ein Tracheostoma kann der Patient intermittierend spontan atmen, aber auch zu jeder Zeit wieder an das Beatmungsgerät angeschlossen werden.

Die Tracheostomie wird normalerweise vom HNO-Arzt als geplanter Eingriff im Operationssaal vorgenommen. Dabei wird zwischen der epithelialisierten Stomaanlage, bei der die äußere Haut in die Trachea eingenäht wird, und der nichtepithelialisierten Stomaanlage unterschieden. Zunehmend häufiger werden auch perkutane Tracheostomietechniken angewandt (Punktion und mehrfache Aufbougierung des Punktionkanals = dilatiertes Tracheostoma). Notfallmäßige Tracheotomien bei Erstickungsgefahr werden nur noch sehr selten durchgeführt. In diesen Fällen ist die Koniotomie oder die transtracheale Jet-Ventilation meist das Verfahren der Wahl (s. S. 203).

Nach einer operativen Tracheostomie wird vom Operateur die Trachealkanüle (mit einem high volume, low pressure cuff, s. S. 75) eingesetzt und fixiert. Nach normalerweise 48 Stunden wird zum ersten Mal die Trachealkanüle gewechselt. Den ersten Wechsel sollte ein Arzt der HNO-Abteilung vornehmen. Falls sich der Tracheostomiekanal noch nicht vollständig ausgebildet hat, kann das Einsetzen der neuen Kanüle sehr schwierig bis unmöglich sein! Es müssen stets ein Trachealspreizer (zur evtl. notwendigen Aufdehnung des Tracheostomas) sowie ein Intubationsbesteck und eine Beatmungsmöglichkeit griffbereit sein. Eventuell ist es auch sinnvoll, die Trachealkanüle über einen zuvor (als Leitschiene) eingeführten dünnen Katheter (z.B. Absaugkatheter) vorzuschieben. Später wird die Kanüle ca. 2mal pro Woche gewechselt.

Falls ein Patient spontan atmet und falls keine Aspirationsgefahr besteht, kann die Trachealkanüle entblockt werden. Vor dem Entblocken sind Mund und Rachen und unmittelbar nach dem Entblocken die Trachea sorgfältig abzusaugen. Zum Essen und Trinken muß die Kanüle jedoch vorübergehend geblockt werden.

Pflege des Tracheostomas

Das Tracheostoma muß normalerweise einmal pro Schicht gepflegt werden, je nach Sekretion und Hautverhältnissen gegebenenfalls auch häufiger oder seltener. Hierbei wird der alte Tracheostomaverband entfernt, Bronchialsekret aus dem Tracheostoma und um das Stoma herum wird abgesaugt, die Haut gereinigt und getrocknet. Je nach Pflegestandard wird das Tracheostoma auch desinfiziert und anschließend mit Olivenöl eingerieben, um die Haut geschmeidig zu halten. Danach wird eine neue sterile Schlitzkompresse zwischen Haut und Abschlußplatte der Trachealkanüle eingebracht und die Trachealkanüle wird dann mit einem Fixierband um den Hals befestigt.

Bronchialtoilette

Beim intubierten oder tracheostomierten Patienten ist je nach den Bedürfnissen des Patienten eine mehr oder weniger häufige Bronchialtoilette notwendig. Mittels Auskultation (grobblasige Rasselgeräusche? s. S. 369) kann am besten festgestellt werden, wann wieder ein endobronchiales Absaugen nötig ist. Die **endobronchiale Absaugung** muß unter sterilen Bedingungen durchgeführt werden. Jeder Patient benötigt sein eigenes Absauggerät. Es sind ein Mundschutz, sterile Handschuhe und ein steriler Absaugkatheter zu benutzen. Vor dem Absaugmanöver wird dem Patienten für einige Minuten reiner Sauerstoff verabreicht, falls die F_iO_2 mehr als 0,5 beträgt.

Während der **Absaugkatheter** eingeführt wird, darf bei üblichen Kathetern nicht (!) gesaugt werden. Es gibt inzwischen allerdings auch Absaugkatheter, die unter Sog eingeführt werden (AERO-JET-Katheter, Fa. Sherwood Medical). Der Absaugkatheter – dessen Durchmesser höchstens 50% des Tubusinnendurchmessers betragen darf – wird bis zum Auftreten eines Widerstandes eingeführt. Nun wird der Katheter einen Zentimeter zurückgezogen, mit dem Finger das Y-Ventil bzw. der Fingertip verschlossen und der Katheter unter Sog langsam herausgezogen (Erwachsene 0,4 bar, Kinder 0,2 bar Sog). Inzwischen gibt es auch geschlossene Systeme zur endotrachealen Absaugung (z.B. TRACH CARE, Fa. Kendall). Der Absaugkatheter befindet sich in einer Schutzhülle. Das T-Stück dieses Systems wird zwischen Endotrachealtubus und Y-Stück der Beatmungsschläuche konnektiert. Dieser Absaugschlauch kann nun wiederholt aus seiner Umhüllung endotracheal eingeführt und wieder in seine sterile Umhüllung zurückgezogen werden. Der Katheter kann eingeführt werden, ohne daß die Beatmung unterbrochen werden muß und ohne daß z.B. ein hoher positiver endexspiratorischer Druck (PEEP; s. S. 22) verloren geht. Diese geschlossenen Absaugsysteme können jeweils für 24 Stunden verwendet werden.

Das Absaugmanöver sollte nicht länger als 10–15 Sekunden dauern. Insbesondere bei schwerkranken Patienten mit einer hohen F_iO_2 (s. S. 327) kann es bei längeren Absaugmanövern zu schweren Hypoxämien (s. S. 329) und auch Bradykardien kommen.

Zum Absaugen der linken Lunge wird empfohlen, den Kopf des (nasal intubierten) Patienten nach rechts zu drehen, zum Absaugen der rechten Lunge wird empfohlen, den Kopf nach links zu drehen. Der Nutzen scheint jedoch nicht sicher belegt. Nach dem Absaugmanöver empfiehlt sich ein mehrmaliges kräftiges Blähen der Lunge mit 100% O_2. Anschließend wird der Patient wieder an den Respirator angeschlossen und kurz danach wird wieder die übliche Sauerstoffkonzentration eingestellt.

Eine Gefahr beim endotrachealen Absaugen liegt immer in der Möglichkeit, einen Vagusreiz mit akuter Bradykardie auszulösen.

Das Bronchialsekret sollte regelmäßig mikrobiologisch untersucht werden (s. S. 324).

Langzeitbeatmung

Beatmungsparameter

Die eingestellten Beatmungsparameter müssen in regelmäßigen Abständen sowie bei einer Veränderung von Parametern in einem Beatmungsprotokoll schriftlich dokumentiert werden. Wird eine computergestützte Dokumentation vorgenommen, dann ist es sinnvoll, daß die Beatmungsparameter direkt in den Dokumentationscomputer eingespeist werden.

Inspiratorische Sauerstoffkonzentration

Es ist wichtig, eine unnütz hohe Sauerstoffkonzentration (F_iO_2, s. S. 327) zu vermeiden. Anzustreben ist eine normale Sauerstoffsättigung von 97–99% und ein p_aO_2, der etwas oberhalb des Normalwertes liegt (ca. 13–14 kPa). Die Gefahren einer zu hohen F_iO_2 werden auf S. 348 beschrieben.

Atemhubvolumen

Bei der Spontanatmung ist ca. 1/3 des Atemzugvolumens (AZV) Totraumventilation (anatomischer Totraum der zuleitenden Atemwege: Mund, Nase, Rachen, Trachea und

Bronchien). Beim Erwachsenen sind dies $1/3$ von 500 ml und damit ca. 150 ml Totraum. Die restlichen $2/3$ = 350 ml des AZV entsprechen der alveolären Ventilation, die für den Gasaustausch entscheidend ist. Würde ein Patient bei gleichem AMV mit einer erhöhten Atemfrequenz, dafür aber mit nur 300 ml pro Atemhub beatmet, würde die Totraumventilation von 150 ml bereits 50% des Atemhubvolumens betragen.

Entscheidend ist jedoch die alveoläre Ventilation. Um diese zu vergrößern, wird bei der künstlichen Beatmung des Erwachsenen mit normaler Compliance mit einem etwas über dem spontanen Atemzugvolumen von ca. 7 ml/kg KG liegenden Atemhubvolumen von ca. 8–12 ml/kg KG und mit einer etwas unter der normalen Atemfrequenz von 12–16/min liegenden Atemfrequenz von ca. 10/min beatmet.

Durch dieses Beatmungsmuster kann die prozentuale Totraumventilation verringert und der Entstehung von Atelektasen kann vorgebeugt werden. Zusätzlich sollte die Lunge in regelmäßigen Abständen (z.B. 1 pro 100 Atemhübe) durch ein übergroßes Atemhubvolumen **(Seufzer)** kräftig gebläht werden. An vielen Beatmungsmaschinen können die Frequenz und das Volumen dieser Seufzer eingestellt werden.

> Bei der Ausbildung z.B. einer schweren Pneumonie nimmt die Compliance der Lunge ab. Bei Beatmung mit einem konstanten Beatmungsvolumen werden die Beatmungsdrücke daher höher.

Da zu **hohe Beatmungsdrücke** die Gefahr einer druckbedingten Lungenschädigung (z.B. Pneumothorax) beinhalten (sogenanntes Barotrauma), wird versucht, den Beatmungsdruck möglichst nicht zu hoch ansteigen zu lassen. Durch folgende Methoden kann der Beatmungsdruck vermindert werden:

- Erniedrigung des Atemhubvolumens (ca. 6 ml/kg KG) bei gleichzeitiger Erhöhung der Atemfrequenz
- Verlängerung der Inspirationszeit (s.u.)
- Verminderung des Flows (s.u.)

Flow

> Unter einem Flow wird die Geschwindigkeit verstanden, mit der das Atemhubvolumen in den Patienten geblasen wird.

Der Flow kann an manchen Beatmungsgeräten direkt eingestellt werden (dieser Flow darf nicht mit dem Frischgasflow am Narkosegerät verwechselt werden; s. S. 22). An anderen Respiratoren muß der **Flow** aus der Inspirationszeit und dem Atemhubvolumen **errechnet** werden. Wird ein Patient z.B. mit einem Atemhubvolumen von 700 ml und einer Atemfrequenz von 10/min beatmet, so dauert ein Atemzyklus 6 Sekunden. Beträgt das I:E Verhältnis (Inspiration zu Expiration) 1:2, so dauert die Inspiration 2 Sekunden, das heißt, der Patient erhält ein Atemvolumen von 700 ml/2 s. Wird dies auf eine Minute extrapoliert, so würde der Patient in 60 Sekunden mit 21000 ml (= 21 l/min) beatmet, also mit einem Flow von 21 l/min. Bei einem I:E-Verhältnis von 1:2 steht also für die Inspiration lediglich $1/3$ des Atemzyklus zur Verfügung. Damit der Patient ausreichend beatmet wird, muß der Flow unter diesen Bedingungen also mindestens dem dreifachen Wert des Atemminutenvolumens entsprechen.

Der Flow wird meist bei ca. 30 l/min eingestellt. Bei Wahl eines sehr **hohen Flows** kommt es an den Aufzweigungen des Bronchialsystems zu stärkeren Turbulenzen, und der Beatmungs(spitzen)druck steigt an. Hierdurch wird auch eine ungleichmäßige Belüftung der verschiedenen Lungenabschnitte begünstigt. Durch **Erniedrigung des Flows** entstehen weniger Turbulenzen und der Beatmungsdruck sinkt. Die Luftverteilung erfolgt bei niedrigem Flow gleichmäßiger in den verschiedenen Lungenbereichen. Bei der Wahl eines zu niedrigen Flows wird jedoch unter Umständen das eingestellte AMV nicht mehr erreicht.

Inspirations- zu Exspirationszeit = I:E

Das normale Atemzeitverhältnis Inspiration : Exspiration (I:E) beträgt beim Erwachsenen 1:2, beim Säugling und Kind 1:1. Bei der Beatmung eines lungengesunden Patienten wird das normale Atemzeitverhältnis gewählt. Mit zunehmender Lungenschädigung nimmt die Compliance der Lunge ab (s. S. 325), und der Beatmungsdruck steigt an. Durch **Verlängerung der Inspirationszeit** kann der Beatmungsdruck gesenkt werden sowie auch eine bessere Oxygenierung des Patienten, das heißt ein Anstieg des p_aO_2 erzielt werden.

Je schlechter die Lungenfunktion und je höher der Beatmungsdruck, desto länger sollte die Inspirationszeit gewählt werden.

Unter Umständen kann das normale Atemzeitverhältnis von 1:2 verändert werden in 1:1, 2:1, 3:1, im Extremfall bis 4:1. Da nun die Inspirationsphase länger als die Exspirationsphase ist, wird von einem **umgekehrten Atemzeitverhältnis** oder von **„Inversed-ratio"**-Beatmung gesprochen.
Bei vielen Beatmungsgeräten können die Dauer der Inspiration sowie die Dauer einer Inspirationspause in Prozent des Atemzyklus eingestellt werden.

Während der **Inspirationspause** wird das in den Patienten geblasene Volumen noch für einen kurzen Zeitpunkt im Patienten zurückgehalten. Erst danach fängt die Exspiration an.

Während einer volumenkontrollierten Beatmung zeigt der **Beatmungsdruck** einen charakteristischen **Kurvenverlauf** (vgl. Abb. 7.4):

- 1 in Abbildung 7.4 = Spitzendruck:
  Während der Inspiration erreicht der Beatmungsdruck aufgrund von Turbulenzen sein Maximum.
- 2 in Abbildung 7.4 = Plateaudruck:
  Während der inspiratorischen Pause fällt er auf einen etwas niedrigeren Plateaudruck ab.
- 3 in Abbildung 7.4 = endexspiratorischer Druck:
  Während der Exspiration fällt der Druck auf Null.
- 4 in Abbildung 7.4 = positiver endexspiratorischer Druck:
  Der Druck fällt während der Exspiration nur bis auf einen eingestellten positiven endexspiratorischen Druck (PEEP) ab (s.u.).

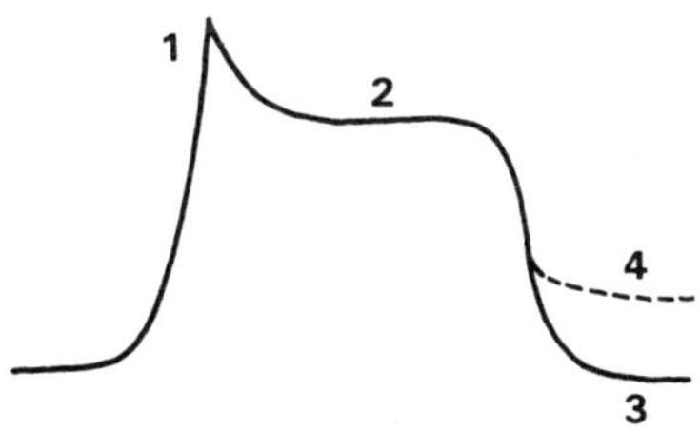

Abb. 7.4 Typische Beatmungsdruckkurve. 1 = Spitzendruck, 2 = Plateaudruck, 3 = endexspiratorischer Druck von Null, 4 = positiver endexspiratorischer Druck (PEEP).

Inspirationszeit und Inspirationspause werden zusammen als die **Inspirationsdauer** bezeichnet.

25% Inspiration und 10% inspiratorische Pause bedeuten, daß die gesamte Inspirationsphase 35% des kompletten Atemzyklus dauert, dies entspricht einem Atemzeitverhältnis I:E von 35%:65% = 1:1,9.

Arbeitsdruck

Der an vielen Respiratoren einstellbare Arbeitsdruck gibt an, welchen Druck der Respirator maximal aufbringen kann.

Der Arbeitsdruck sollte normalerweise 30–40 cmH_2O über dem notwendigen Beatmungsdruck liegen, das heißt im Normalfall bei 60–70 cmH_2O.

Wird der Druck zu niedrig gewählt, existiert keine ausreichende Druckreserve, und bei steigendem Beatmungsdruck würde das Gerät nicht mehr volumenkonstant arbeiten. Über eine Reduktion des Arbeitsdruckes auf z.B. 40 cmH_2O kann eine Art Druckbegrenzung eingestellt werden.

PEEP

PEEP (= **p**ositive **e**nd**e**xspiratory **p**ressure = positiver endexspiratorischer Druck) bedeutet, daß der Beatmungsdruck am Ende der Ausatmung nicht wie normalerweise auf Null, sondern nur bis auf einen eingestellten positiven Druck abfällt.

Ein eventueller PEEP wird meistens zwischen 5 und 15 cmH_2O eingestellt.

Ziel eines PEEP ist die Verbesserung des arteriellen p_aO_2-Wertes und damit die Erniedrigung der F_iO_2.

Erreicht wird dies dadurch, daß mit Hilfe des PEEP die funktionelle Residualkapazität (FRC) (s. S. 326) vergrößert wird, Atelektasen aufgebläht werden und dadurch Rechts-Links-Shunts vermindert werden. Besteht kein Rechts-Links-Shunt, so kann durch den PEEP keine Verbesserung der Oxygenierung erzielt werden.

Bei einem **Patienten mit Lungenödem** ist das Einschalten eines relativ hohen PEEP aus verschiedenen Gründen sinnvoll. Durch einen PEEP wird der venöse Rückfluß zum rechten Herzen behindert (s. S. 338). Dies hat eine ähnliche Wirkung wie ein Aderlaß oder die Gabe von Nitroglycerin und entlastet das Herz.

Des weiteren wird durch den erhöhten mechanischen Druck in den Alveolen das aus den Kapillaren ins Lungengewebe ausgepreßte Lungenödem wieder zurückgedrängt bzw. in der Entstehung behindert.

Beatmungsgeräte

Die Unterteilung der zahlreichen Respiratoren erfolgt am besten nach ihrem Steuerungsprinzip. Es gibt allerdings noch zahlreiche andere Einteilungskriterien.

Steuerung

Wie weiß der Respirator, daß er die Einatmung nun abbrechen und mit der Ausatmung beginnen soll? Der Umschaltmechanismus von der Inspiration in die Exspiration wird als Steuerung bezeichnet. Dieser Mechanismus kann

- volumengesteuert
- druckgesteuert
- zeitgesteuert
- flowgesteuert sein.

Volumensteuerung

Nach Abgabe eines einstellbaren Beatmungsvolumens schaltet der Respirator in die Ausatmung.

Die volumengesteuerten Geräte sind in der Intensivmedizin sehr beliebt. Bei einer Diskonnektion oder bei einem Leck im Schlauchsystem wird der Patient allerdings nicht richtig beatmet. Obwohl der Patient hierbei zu wenig oder kein Atemhubvolumen erhalten hat, schaltet das Gerät nach Abgabe des eingestellten Volumens in die Ausatmung um.

Bei diesen Geräten muß das Atemminutenvolumen immer im Ausatemschenkel gemessen werden. Bei der Messung im Inspirationsschenkel würde ein Leck zwischen Volumeter und Patient nicht erfaßt werden.

Eine Änderung der Compliance von Lunge oder Thorax hat fast keinen Einfluß auf das Beatmungsvolumen. Volumengesteuerte Geräte beatmen nahezu volumenkonstant. Allerdings kann bei einer Verschlechterung der Compliance der Beatmungsdruck stark ansteigen (Gefahr des Barotraumas). Daher sollten bei solchen Beatmungsgeräten die Druckgrenzen (s.u.) genau eingestellt werden.

Drucksteuerung

Bei Erreichen eines einstellbaren Druckes schaltet der Respirator in die Ausatmung.

Solange die Compliance konstant ist, kann mit diesen Geräten volumenkonstant beatmet werden. Vermindert sich jedoch die Compliance, weil der Patient z.B. nicht mehr relaxiert ist, wach wird, verspannt ist oder gegen die Maschine atmet, so wird der Beatmungsdruck, bei dem in die Exspiration umgeschaltet wird, schon erreicht, bevor das nötige Atemhubvolumen in den Patienten geblasen ist. Damit nimmt das Atemminutenvolumen ab, die Atemfrequenz steigt an. Sobald sich also die Compliance der Lunge oder des Thorax oder die Resistance ändert, muß das Gerät neu eingestellt werden.

Druckgesteuerte Geräte können also eine Änderung des Atemwiderstandes nicht kompensieren.

Deshalb sollten solche Geräte immer in Kombination mit einem Kapnometer (s. S. 370) betrieben werden, damit eine Änderung des AMVs am Kapnometer erkannt werden kann. Außerdem sollten die Grenzwerte für das Atemminutenvolumen genau eingestellt werden. Ein anderer Nachteil dieser druckgesteuerten Geräte besteht darin, daß mit ihnen meist kein endinspiratorisches Plateau (s. S. 336) und oft auch kein PEEP eingestellt werden kann.

Zeitsteuerung

Nach Ablauf eines einstellbaren Zeitintervalles schaltet der Respirator in die Ausatmung.

Viele der modernen Respiratoren sind zeitgesteuert.

Flowsteuerung

Der flowgesteuerte Respirator schaltet von der Inspiration auf die Exspiration, wenn ein bestimmter Minimalflow (s. S. 334) unterschritten wird.

Begrenzung

Wenn ein volumengesteuertes Beatmungsgerät einem Patienten das eingestellte Beatmungsvolumen von z.B. 800 ml einbläst, aber der Patient gerade hustet oder ausatmet, so kann es unter Umständen zu einem enormen Druck im Bronchialsystem kommen, da das volumengesteuerte Gerät rücksichtslos die eingestellten 800 ml Hubvolumen abgibt. Es ist nun möglich, eine Druckbegrenzung einzuschalten.

Eine **Druckbegrenzung** von 30 cmH_2O bedeutet, daß das volumengesteuerte Gerät mit 800 ml Atemhubvolumen beatmet, solange der Beatmungsdruck unter 30 cmH_2O bleibt.

Wird hierbei jedoch ein Beatmungsdruck von 30 cmH_2O überschritten, so schaltet das Gerät schon früher in die Exspiration. Es handelt sich damit um ein volumengesteuertes, druckbegrenztes Beatmungsmuster.
Es gibt folgende prinzipielle Begrenzungsmöglichkeiten:
- Volumenbegrenzung
- Druckbegrenzung
- Zeitbegrenzung
- Flowbegrenzung

Die beiden wichtigsten Begrenzungsprinzipien sind die Volumen- und die Druckbegrenzung. Es können in einem Respirator auch gleichzeitig z.B. eine Druck- und eine Volumenbegrenzung vorhanden sein. Diejenige

Begrenzung, die zuerst erreicht wird, beendet die Inspiration.

Zuordnung von häufig verwendeten Respiratoren

Viele der modernen Respiratoren sind Mischformen bezüglich Steuerung und Begrenzung.

- EVITA (Fa. Dräger):
  zeit- oder druckgesteuert, volumen-, zeit- oder druckbegrenzt
- Servo-Ventilator 900/900 B/900 C; 300 (Siemens):
  zeitgesteuert, druck- oder volumenbegrenzt
- Bennett 7200:
  zeit- oder druckgesteuert, volumen-, zeit- oder druckbegrenzt

Formen der maschinellen Beatmung

Kontrollierte Beatmung

Atemfrequenz und Atemhubvolumen werden vorbestimmt und können vom Patienten nicht beeinflußt werden.

Diese Beatmungsform setzt voraus, daß der Patient nicht mehr spontan atmet. Der Patient muß also zumindest sediert, im Extremfall relaxiert sein. Die kontrollierte Beatmung wird intraoperativ und bei pulmonal und kardiovaskulär schwerstkranken Intensivpatienten durchgeführt. Da der Patient intermittierend mit Überdruck beatmet wird, wird von einer **IPPV** (**i**ntermittent **p**ositive **p**ressure **v**entilation)-Beatmung gesprochen.
Die kontrollierte Beatmung kann allerdings eine Reihe von Nachteilen bzw. Nebenwirkungen haben. Beim spontanatmenden Patienten entsteht während der Einatmung ein Unterdruck in der Lunge. Der Druck in der Lunge und im Pleuraspalt fällt ab. Luft wird angesaugt. Gleichzeitig wird der venöse Rückfluß in die großen intrathorakalen Gefäße erleichtert. Außerdem wird durch das sich nach unten bewegende Zwerchfell der Druck im Bauchraum erhöht, und das Blut aus dem Bauchraum wird ausgepreßt. Es wird von einem **Saug-Pump-Mechanismus** gesprochen. Bei der Ausatmung steigt der Druck in der Lunge und im Pleuraspalt an, die Luft wird ausgepreßt.

Beim beatmeten Patienten sind die Druckverhältnisse umgekehrt. Während der Einatmung steigt der Druck in der Lunge und im Pleuraspalt an. Während der Ausatmung fällt der Druck in der Lunge und im Pleuraspalt ab.

Durch die Erhöhung des intrathorakalen Druckes bei der maschinellen Einatmung nimmt auch der Druck im rechten Vorhof zu. Der venöse Rückfluß zum Herzen ist gedrosselt. Dies ist um so gravierender, je höher die Beatmungsdrücke und je höher das PEEP-Niveau sind. Die **Drosselung des venösen Rückflusses zum Herzen** hat folgende Auswirkungen:

- Anstieg des zentralen Venendruckes (ZVD)
- Anstieg eines bereits erhöhten intrakraniellen Drucks
- Verminderung der Nierendurchblutung und der Urinausscheidung
- Abfall des Herzminutenvolumens (HMV)
- Abfall des arteriellen Blutdruckes
- Wasserretention:
  Dies ist als Kompensationsmechanismus des Körpers zu verstehen, wodurch der verminderte venöse Rückstrom zum Herzen ausgeglichen werden soll.
- Verminderung der Leberdurchblutung, wodurch es zu einem Anstieg der Transaminasen und des Bilirubins kommen kann
- Rechtsherzbelastung:
  Vor allem bei hohen Beatmungsdrücken kann es zur Kompression der Lungenkapillaren mit einer Druckerhöhung im Lungenkreislauf und damit zu einer Rechtsherzbelastung kommen.

- erhöhte Gefahr eines Barotraumas (s. S. 348)

Assistierte Beatmung

Der Patient versucht selbst zu atmen und erzeugt dadurch bei der Einatmung einen Negativdruck. Wird hierbei ein einstellbarer Negativdruck unterschritten, so beginnt der Respirator mit der Inspiration.

Diese Schwelle, bei deren Unterschreiten der Respirator sich einschaltet, wird als **Triggerschwelle,** der Vorgang als Triggern der Maschine bezeichnet. Die Triggerschwelle wird meist ca. 2–4 cmH_2O unterhalb des endexspiratorischen Druckes eingestellt, das heißt 2–4 cmH_2O unterhalb des PEEP-Wertes, oder 2–4 cmH_2O unterhalb des Nullwertes. Wird diese Triggerschwelle versehentlich über dem end exspiratorischen Druck eingestellt, so triggert sich die Maschine selbst. Bevor der Druck bis auf den endexspiratorischen Druck abgefallen ist, ist die Triggerschwelle schon unterschritten und die Maschine beginnt bereits mit der Inspiration. Der Patient wird dadurch fälschlicherweise stark hyperventiliert.
Bei der assistierten Beatmung muß der Patient eine relativ große inspiratorische Arbeit aufbringen, was insbesondere bei kritisch kranken Patienten zu einer schnellen Ermüdung der Atemmuskulatur führen kann.
Bei der assistierten Beatmung sollte eine relativ niedrige Mindestfrequenz eingeschaltet werden. Triggert der Patient das Gerät über einen bestimmten Zeitraum nicht, dann beginnt das Beatmungsgerät mit einem maschinellen Beatmungshub (= kontrolliert-assistierte Beatmung).

IMV

IMV ist die Abkürzung für **i**ntermittent **m**andatory **v**entilation, was mit intermittierender maschineller Ventilation übersetzt werden kann.

Der Respirator arbeitet mit einer niedrigen Beatmungsfrequenz (z.B. 7/min), dazwischen kann der Patient beliebig selbst atmen. Es wechseln also maschinelle Atemhübe mit Phasen der Spontanatmung. Es kann jedoch sein, daß der Patient gerade ausatmen will, die Maschine ihm aber den jetzt fälligen Atemhub aufzwingt.

SIMV

SIMV ist die Abkürzung für **s**ynchronized **i**ntermittent **m**andatory **v**entilation, was mit synchronisierter intermittierender maschineller Beatmung übersetzt werden kann.

SIMV ist eine logische Weiterentwicklung der IMV. Hierbei können die intermittierenden maschinellen Atemhübe an die Spontanatmung des Patienten angepaßt werden. Damit es nicht wie bei der IMV vorkommen kann, daß der Patient gerade ausatmen will, die Maschine aber in dem Moment mit dem Atemhub beginnt, wurde bei der SIMV vor jedem maschinellen Atemhub ein gewisser Zeitraum, ein sogenanntes **Erwartungsfenster** eingebaut. Innerhalb dieses Zeitraumes kann der Patient den maschinellen Atemhub triggern und damit an seine Atmung anpassen. Triggert er die Maschine in diesem Erwartungsfenster nicht, so beginnt der Atemhub nach Ablauf des Erwartungsfensters. Bei SIMV wechseln ebenfalls maschinelle Atemhübe mit Phasen der Spontanatmung. IMV und SIMV werden im Rahmen der Entwöhnung vom Respirator sowie bei Patienten eingesetzt, bei denen eine kontrollierte Beatmung (IPPV) nicht gelingt (weil der Patient immer dazwischen atmet).

Querflöte

Beim spontanatmenden, intubierten Patienten wird auf den Tubus ein T-Stück aufgesetzt. Über den einen Schenkel des T-Stücks wird dem Patienten Inspirationsgas mit so hohem (!) Flow zugeführt,

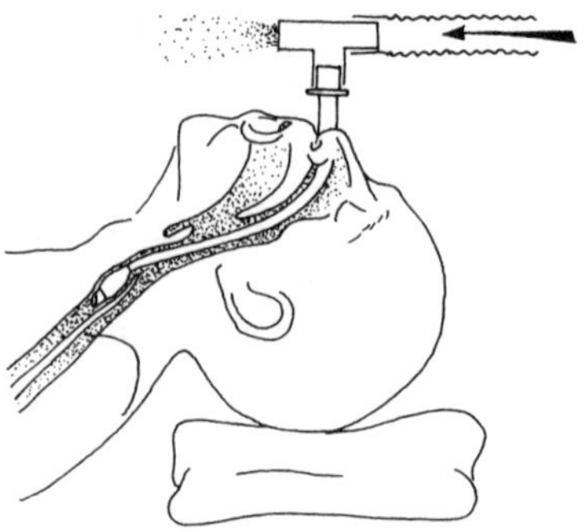

Abb. 7.5 „Querflöte" beim spontanatmenden, nasotracheal intubierten Patienten. Beachte: Frischgaszufuhr mit hohem Fluß.

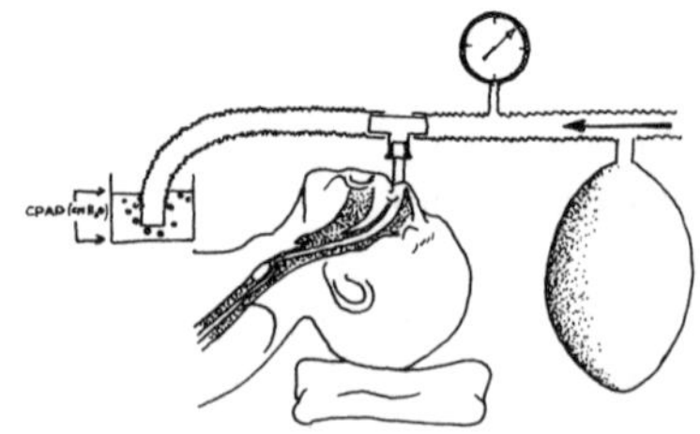

Abb. 7.6 CPAP-System beim spontanatmenden Patienten. Frischgaszufuhr mit hohem Fluß. Im Inspirationsschenkel sind Reservoirbeutel und Manometer eingebaut. Der Exspirationsschenkel wird entweder unter Wasser getaucht (Eintauchtiefe = Höhe des CPAP in cmH_2O; historisch) oder es wird ein entsprechendes CPAP-Ventil angeschlossen.

daß am offenen Ende des T-Stücks während der Inspiration noch ein Luftstrom zu fühlen ist (vgl. Abb. 7.5). Über den anderen Schenkel des T-Stücks atmet der Patient in die Umgebung aus.

Wird der Frischgasflow zu niedrig gewählt, so ist es bei einer tiefen Einatmung möglich, daß er nicht ausreicht und der Patient zusätzlich Luft aus dem offenen Ausatmungsschenkel des T-Stücks ansaugt. Damit ist die im Inspirationsschenkel gemessene F_iO_2 falsch hoch, da es zur Zumischung von Raumluft (21% O_2) kommt.
Eine längerfristige Atmung über das T-Stück ist zu vermeiden, da hierdurch Atelektasen und eine Abnahme der funktionellen Residualkapazität (FRC) begünstigt werden. Bei Säuglingen und Kleinkindern verbietet sich die T-Stück-Atmung, da sie besonders anfällig für solche Veränderungen sind. Bei ihnen muß statt dessen eine sogenannte CPAP-Atmung durchgeführt werden.

CPAP

CPAP bedeutet **c**ontinuous **p**ositive **a**irway **p**ressure und wird mit kontinuierlichem positivem Atemwegsdruck übersetzt.

Ähnlich wie bei der Querflöte wird dem spontanatmenden, intubierten Patienten auf den Tubus ein T-Stück aufgesetzt. Auf einen Schenkel des T-Stücks wird ein Inspirationsschlauch aufgesetzt, über den ein Inspirationsgemisch mit hohem (!) Flow zugeführt wird. Im Unterschied zur Querflöte ist am anderen Schenkel des T-Stücks noch ein Ausatmungsschlauch angebracht, dessen Ende ursprünglich z.B. 5–10 cm unter Wasser geführt wurde (vgl. Abb. 7.6). Hierdurch besteht in dem System kontinuierlich, also während In- und Exspiration, ein positiver Druck von 5–10 cmH_2O. Wichtig hierbei ist ein hoher Frischgasflow, damit der Patient selbst bei einem besonders tiefen Atemzug nicht einen negativen Druck erzeugen und damit Luft bzw. Wasser über den Exspirationsschenkel ansaugen kann. Aus diesem Grunde wird an den Inspirationsschenkel im Nebenanschluß noch ein großvolumiger Reservoirbeutel gekoppelt, der dies sicher vermeidet. Des weiteren befindet sich noch ein Manometer im System, um die Höhe des CPAP ablesen zu können. CPAP ist eine beliebte Beatmungsform vor allem auf neonatologischen Intensivstationen. Die Indikationen und Nebenwirkungen von CPAP entsprechen denen des PEEP (s. S. 336). Heute wird der Ausatemschlauch nicht mehr unter Wasser geleitet, sondern es wird an den Ausatemschlauch ein entsprechendes PEEP-Ven-

til angeschlossen, das die gleiche Funktion erfüllt. Moderne Beatmungsgeräte verfügen über einen CPAP-Modus, so daß keine CPAP-Apparatur mehr notwendig ist. Für extubierte Patienten stehen spezielle CPAP-Masken zur Verfügung.
Bei einer CPAP-Atmung mit 5 cmH_2O ist die Atemarbeit ca. 20(–40)% niedriger als bei einer Atmung über ein T-Stück.

Assistierte Spontanatmung

Die bei der kontrollierten Beatmung auftretenden Nebenwirkungen (z.B. hämodynamische Nebenwirkungen, Inaktivitätsatrophie der Atemmuskulatur u.ä; s. S. 348) können dadurch minimiert werden, daß versucht wird, die Spontanatmung soweit als möglich zu erhalten und sie gegebenenfalls maschinell zu unterstützen. Es sollte also möglichst eine Form der assistierten Spontanatmung durchgeführt werden.
Es haben sich folgende Formen der assistierten Spontanatmung bewährt:

- BIPAP (**b**iphasic **p**ositive **a**irway **p**ressure)
- APRV (**a**irway **p**ressure **r**elease **v**entilation)
- druckunterstützte Spontanatmung (ASB, IPS, PSV, IHS)

Bei **BIPAP** werden Spontanatmung und maschinelle Unterstützung in einer voneinander unabhängigen Form überlagert. Bei BIPAP atmet der Patient über das Gerät CPAP (z.B. EVITA, Fa. Dräger). Das Gerät schaltet gleichzeitig zwischen zwei verschiedenen CPAP-Niveaus hin und her. Die Höhe des CPAP-Niveaus sowie die Umschaltfrequenz können eingestellt werden.
Die Druckdifferenz zwischen den beiden CPAP-Niveaus sowie die Umschaltfrequenz bestimmen den maschinellen Anteil an der Atmung. Sind die Phasen mit hohem CPAP-Niveau länger als diejenigen mit niedrigem CPAP-Niveau, dann wird von **inversed BIPAP** gesprochen.

Bei **APRV** werden (wie bei BIPAP) Spontanatmung und maschinelle Unterstützung in einer voneinander unabhängigen Form überlagert.
Bei APRV atmet der Patient über ein CPAP-System spontan. In diesem CPAP-System wird mit einer wählbaren Frequenz für meist 0,5–3 Sekunden das CPAP-Niveau (durch Öffnen eines Exspirationsventiles) abgesenkt. Nach Ende dieses 0,5- bis 3sekündigen Intervalls steigt das CPAP-Niveau sehr schnell wieder an, da es sich um ein CPAP-System mit sehr hohem Flow (ca. 100 l/min) handelt. APRV scheint zu einer nur geringen Beeinträchtigung der Hämodynamik zu führen.

Mit modernen Beatmungsgeräten kann meist auch eine **druckunterstützte Spontanatmung** (ein **i**nspiratorischer **A**ssist, IA) durchgeführt werden. Andere Bezeichnungen für druckunterstützte Spontanatmung oder inspiratorischer Assist sind:

- ASB (**a**ssisted **s**pontaneons **b**reathing)
- IPS (**i**n**s**piratory **p**ressure **s**upport)
- PSV (**p**ressure **s**upport **v**entilation)
- IHS (**i**nspiratory **h**elp **s**ystem)

Bei der druckunterstützten Spontanatmung führt eine spontane Einatmung zur Triggerung der Beatmungsmaschine. Die Einatmung wird dann durch einen hohen, zusätzlichen Gasfluß unterstützt, bis ein einstellbarer Atemwegsdruck erreicht ist. Eine druckunterstützte Spontanatmung läßt sich als eine assistierte, flowgesteuerte Beatmung beschreiben. Durch eine geringe Druckunterstützung (ca. 3–5 cmH_2O) kann die durch das Beatmungsgerät und den Tubus bedingte Atemarbeit ausgeglichen werden, durch eine hohe Druckunterstützung (ca. 25–30 cmH_2O) kann die gesamte Atemarbeit des Patienten abgenommen werden. Die übliche Druckunterstützung beträgt 15–20 cmH_2O. Ist nur noch eine Druckunterstützung von ca. 5 cmH_2O notwendig, dann kann der Patient meist problemlos extubiert werden.
Unter einer druckunterstützten Spontanatmung nimmt die spontane Atemfrequenz ab, das Atemzugvolumen nimmt zu und der Sau-

erstoffverbrauch für die Atemarbeit nimmt ab. Diese Beatmungsform kann während der Entwöhnung eines Patienten von der maschinellen Beatmung sowie auch als primäre Beatmungsform durchgeführt werden.

Anfeuchtung der Einatmungsluft

Normalerweise wird die Einatmungsluft im Bereich der oberen Luftwege erwärmt und angefeuchtet. Dies ist wichtig, damit das Flimmerepithel des Bronchialsystems normal funktionieren und damit es Staubpartikel abtransportieren kann. Fällt die Luftfeuchtigkeit unter ca. 70%, so droht das Tracheobronchialsekret einzudicken und zu verborken.

> Bei einem intubierten Patienten ist die Anfeuchtungs- und Erwärmungsfunktion der oberen Luftwege ausgeschaltet.

Deshalb ist es zwingend erforderlich, das Inspirationsgemisch anzufeuchten. Außerdem ist auf eine gleichzeitige Erwärmung zu achten. Selbst wenn die kalten, aus der zentralen Gasversorgung kommenden Gase zu 100% mit Feuchtigkeit beladen werden, ist dies ungenügend. Denn die Fähigkeit, Feuchtigkeit aufzunehmen, ist stark von der Temperatur abhängig. Je wärmer die Luft, desto mehr Feuchtigkeit kann sie aufnehmen.

> Eine bei ca. 20 °C zu 100% mit Wasserdampf gesättigte Luft ist nach Erwärmung auf 37 °C nur noch zu 30% mit Wasserdampf gesättigt! Ganz wichtig ist also die Anfeuchtung **und** Erwärmung der Inspirationsluft.

Zur Anfeuchtung gibt es Verdampfer (Wärmebefeuchter) und Vernebler (Kaltbefeuchter). Sehr häufig kommen bei langzeitintubierten Patienten **Pass-over-Verdampfer** (z.B. der Benett-Kaskadenverdampfer) zum Einsatz. Hierbei strömt die Inspirationsluft durch erwärmtes steriles Wasser und wird dabei erwärmt und mit Feuchtigkeit beladen. Inzwischen stehen auch Einmalgeräte zur Anfeuchtung und Anwärmung zur Verfügung.

Anpassung des Beatmungsgerätes an den Patienten

Bei der maschinellen Beatmung tritt häufig das Problem auf, daß der Patient gegen die Beatmungsmaschine ankämpft. Bevor der Patient nun sediert oder gar relaxiert wird, damit er nicht mehr gegen den Respirator ankämpft, müssen stets folgende Fragen beantwortet sein:

- Auskultation?
  Die Lunge des Patienten muß auskultiert werden, ob nicht ein Pneumothorax, eine Tubusdislokation (z.B. einseitige Intubation, versehentliche Extubation) Ursache für die Beatmungsproblematik ist.
- Fehlerhafte Respiratoreinstellung?
  Sehr oft ist das Beatmungsgerät falsch eingestellt. Das Beatmungsmuster muß optimiert werden. Das Beatmungsgerät muß dem Patienten und nicht der Patient dem Beatmungsgerät angepaßt werden!
- Schmerzen?
  Es muß geklärt werden, ob der Patient stärkere Schmerzen und deshalb Beatmungsprobleme hat.
- Sedierung?
  Erst wenn die obigen Punkte ausgeschlossen sind, darf ein Patient zur Beatmung stärker sediert werden.
- Relaxierung?
  Eine Relaxierung sollte nur in verzweifelter Situation zur Langzeitbeatmung durchgeführt werden, wenn z.B. anders eine ausreichende Beatmung nicht mehr möglich ist.

Sedierung des beatmeten Patienten

Während in der Vergangenheit bei beatmeten Intensivpatienten häufig für längere Zeit eine kontrollierte Beatmung (IPPV; s. S. 338) durchgeführt wurde und hierfür eine relativ tiefe Analgesie und Sedierung (sogenannte Analgosedierung) des Patienten notwendig war, werden in den letzten Jahren möglichst frühzeitig Beatmungsformen eingesetzt, die eine Spontanatmung des Patienten ermöglichen und diese unterstützen (assistierte Beatmung; s. S. 339). Dadurch können die bei kontrollierter Beatmung häufig in den dorsobasalen Lungenabschnitten auftretenden Atelektasen (mit Ausbildung eines Rechts-Links-Shunts) vermindert werden. Als moderne Beatmungsform kommt z.B. BIPAP zunehmend häufiger zum Einsatz (oder auch ASB bzw. APRV; s. S. 341). Bei diesen modernen Beatmungsformen reicht ein deutlich flacherer Analgesie- und Sedierungsgrad aus. Zumeist wird eine Sedierung der Stufe 2 bis 3 auf der sogenannten Ramsay-Skala angestrebt (vgl. Tabelle 7.2). Bei diesem Sedierungsgrad ist der intubierte Patient schläfrig und ruhig, toleriert die Beatmung, reagiert aber auf Stimulation und ist dann orientiert und kooperativ. Bei der endotrachealen Absaugung ist ein heftiger Hustenreflex auslösbar. Eine tiefere Analgosedierung ist zumeist unerwünscht und würde zu einer Beeinträchtigung der Spontanatmung führen.

Für eine Analgosedierung wird stets ein Opioidanalgetikum und häufig zusätzlich ein Sedativum benötigt. Entscheidend ist eine gute Analgesie, um schmerzbedingte Atemschonhaltung und Streßreaktionen zu vermeiden. Bei richtiger Dosierung eines geeigneten Opioidanalgetikums reicht unter Umständen dessen sedierende Wirkkomponente aus, um die zusätzlich erwünschte Sedierung zu erzielen, so daß dann auf die Verabreichung eines Sedativums verzichtet werden kann.

Häufig wird zur Analgosedierung eine Kombination aus einem potenten Opioid (Sufentanil, Fentanyl, selten Alfentanil) und einem Benzodiazepin (Midazolam, Flunitrazepam) bzw. einem Sedativum/Hypnotikum (v.a. Propofol) eingesetzt. Vor allem bei delirgefährdeten Patienten wird das Opioid eventuell mit einem Neuroleptikum (v.a. Dehydrobenzperidol) kombiniert.

Für die Analgosedierung von Intensivpatienten hat sich in den letzten Jahren insbesondere das Opioidanalgetikum Sufentanil gut bewährt. Sufentanil stellt das zur Zeit potenteste Opioidanalgetikum dar (s. S. 52). Die Streßabschirmung scheint unter Sufentanil besser zu sein als unter Fentanyl, denn unter Sufentanilgabe sind beispielsweise die Plasmakonzentrationen von körpereigenem Adrenalin

Tab. 7.2 Ramsay-Skala zur Einstufung des Sedierungsgrades bei Intensivpatienten.

Sedierungsstufe	Sedierungsgrad	Reaktionen
0	wach	voll orientiert
1	unzureichend	halbwach, ängstlich, agitiert, unruhig
2	erwünscht	sediert, kooperativ, orientiert, ruhig, toleriert Beatmung
3	erwünscht	sediert, schlafend, angemessene lebhafte Reaktion nach leichter Stimulation
4	nachts erwünscht	tief sediert, schlafend, nach Stimulation träge Reaktion
5	tief	nur auf schmerzhafte Stimulation verlangsamte Reaktion
6	zu tief	nach Stimulation keine Reaktion, Koma

und Noradrenalin niedriger als unter Fentanylgabe. Im Vergleich zu Fentanyl – das bisher zumeist zur Analgosedierung von Intensivpatienten verwendet wurde – ist bei Sufentanil die hämodynamische Stabilität deutlich besser und die sedierende Komponente ist ebenfalls stärker ausgeprägt. Außerdem ist bei Sufentanil nach repetitiver Gabe bzw. bei längerfristiger Zufuhr über eine Spritzenpumpe mit einer wesentlich geringeren Kumulation als bei Fentanyl zu rechnen. Daher ist die sogenannte kontextsensitive Halbwertszeit (Zeitspanne, die nach einer Beendigung einer kontinuierlichen Medikamentenzufuhr vergeht, bis die Plasmakonzentration auf 50% des Wertes vor Zufuhrende abfällt) bei Sufentanil wesentlich niedriger als bei Fentanyl. Die kontextsensitive Halbwertszeit ist abhängig von der Infusionsdauer und berücksichtigt eine eventuelle Kumulation der Substanz (infusionsdauerabhängige Halbwertszeit). Bei einer Infusionsdauer von unter 8 Stunden ist diese kontextsensitive Halbwertszeit für Sufentanil sogar niedriger als bei dem kurzwirksamen Alfentanil. Die kontextsensitive Halbwertszeit beträgt nach einer ca. einstündigen Infusion von Sufentanil ca. 10 Minuten und nach einer ca. achtstündigen Infusion ca. 40 Minuten. Damit ist sie ähnlich niedrig wie die Werte der kontext-sensitiven Halbwertszeiten bei einer entsprechenden Propofolinfusion. Für Fentanyl beträgt dagegen die kontextsensitive Halbwertszeit nach einer achtstündigen Infusionszeit ca. 280 Minuten und ist damit ca. fünfmal länger als nach einer achtstündigen Sufentanilzufuhr.

Falls initial eine kontrollierte Beatmung unter Sufentanilgabe durchgeführt wird, empfiehlt sich meist eine Anfangsdosis für Sufentanil von ca. 0,75–1,0 µg/kg KG/Stunde. Bei einer unterstützten Spontanatmung kann die Sufentanildosierung meist auf ca. 0,25–0,35 µg/kg KG/Stunde reduziert werden. Aufgrund der sedierenden Eigenschaften des Sufentanils benötigen ca. 30% der Patienten kein zusätzliches Sedativum. Mit Beginn der Spontanatmungsphase sollte ein eventuell zusätzlich verabreichtes Sedativum reduziert oder möglichst schon langsam ausgeschlichen werden.

Für die kontinuierliche Zufuhr von Sufentanil hat es sich bewährt, 3 Ampullen Sufentanil à 5 ml (1 ml = 50 µg) mit 35 ml NaCl 0,9% auf 50 ml aufzuziehen (750 µg pro 50 ml = 15 µg pro ml). Eine Dosierung von ca. 0,4 µg/kg KG pro Stunde entspricht bei einem ca. 75 kg schweren Patienten ca. 30 µg/h (= 2 ml dieser Verdünnung). Um eine zusätzliche Sedierung zu erzielen, bietet sich für eine längerdauerernde Analgosedierung meist eine Kombination mit Midazolam (ca. 0,025–0,05 mg/kg KG/h; ca. 1,5–3,5 mg/h beim Erwachsenen) an. Daneben wird – vor allem für eine kurz- oder mittellange Analgosedierung – häufig auch Propofol (zumeist Propofol 2%; 100–200 mg/h beim Erwachsenen) eingesetzt.
Wird als Opioidkomponente Fentanyl verabreicht, dann ist zumeist eine Dosierung von 0,05–0,4 mg/h beim Erwachsenen notwendig. Mit Fentanyl ist aufgrund der geringen sedierenden Wirkung keine Monotherapie möglich. Fentanyl muß stets mit einem Sedativum kombiniert werden.
Vereinzelt kommt zur Analgosedierung auch Ketamin (Ketanest 30–60 mg/h beim Erwachsenen) in Kombination mit einem Benzodiazepin (v.a. Midazolam) zum Einsatz.

Während der Entwöhnung nach einer längerfristigen Analgosedierung droht oft eine sympathische Hyperaktivität (ähnlich wie bei einem Alkoholentzugsdelir) mit Hypertonie, Tachykardie, Tachypnoe, Zittern, motorischer Unruhe, Schwitzen und Delir.
Nach einer langfristigen Analgosedierung muß daher Wert darauf gelegt werden, daß die Sedierung langsam reduziert wird. Bei zu schneller Reduktion kann es zu stärkeren Entzugssymptomen, Unruhe, Delir oder gar zerebralen Krampfanfällen kommen.

Die Ursache von Entzugssymptomen ist folgendermaßen zu erklären: Durch zentral dämpfende Medikamente wie z.B. Benzodiazepine wird die Erregbarkeit des Gehirns vermindert. Der Körper versucht bei längerfristiger Gabe eines zentral dämpfenden Medikamentes dieser Dämpfung entgegenzuregeln und die neuronale Aktivität kompensatorisch wieder zu steigern. Haben sich nach einer längerfristigen Analgosedierung solche neuronalen Kompensationsmechanismen eingestellt und werden nun plötzlich die sedierenden und dämpfenden Medikamente abgesetzt, so überwiegt der Kompensationsmechanismus mit neuronaler Überaktivität und bedingt Unruhe, Erregungszustände und unter Umständen zerebrale Krampfanfälle. Diese Symptomatik ist ähnlich dem Alkoholentzugsdelir (s. S. 400).

Durch Gabe von Clonidin (Catapresan, Paracefan; s. S. 400) kann, vor allem nach einer längerfristigen Analgosedierung, diese sympathische Überaktivität gedämpft werden. Häufig wird daher vor Beginn der Entwöhnung von einer Langzeitbeatmung (sogenanntes Weaning) zusätzlich Clonidin verabreicht. Als Dosierung werden nach einen Initialbolus von ca. 300 µg meist ca. 1–2 µg/kg KG/h empfohlen. Danach ist die Dosierung an den aktuellen Bedarf anzupassen. Durch Clonidin kann der zusätzliche Opioidbedarf deutlich reduziert werden. Clonidin wirkt nicht atemdepressiv. Während die Opioid-(Sufentanil-)Zufuhr mit der Extubation beendet wird, sollte die Clonidingabe oft noch über den Extubationszeitpunkt hinaus verabreicht und erst dann langsam ausgeschlichen werden.

Unterstützende Maßnahmen bei der Beatmungstherapie

Das Roto-Rest®-Bett

Das Roto-Rest®-Bett ist ein **Spezialbett,** das bei schwerer pulmonaler Schädigung zur Verbesserung des gefährdeten Ventilations-Perfusions-Verhältnisses zum Einsatz kommt. Es läßt eine Kippung um eine Längsachse um maximal 62 Grad nach beiden Seiten zu. Dadurch ist eine kontinuierliche Lagerungsdrainage und Verbesserung der Lungenfunktion (Oxygenierung) möglich.

Die Lagerung eines Patienten in ein Roto-Rest®-Bett ist sehr zeitaufwendig (etwa eine Stunde). Einmal täglich bei der Körperpflege sollte der Patient aus den ihn fixierenden Polstern ausgebaut werden. Für diesen Zeitpunkt sind auch diagnostische und therapeutische Maßnahmen, wie z.B. Röntgenaufnahme und Bronchoskopie, einzuplanen. Das Bett wird für diese Zeit etwa zwei Stunden lang in seinen automatischen Kippbewegungen angehalten. Bei schweren pulmonalen Störungen kann bereits bei einem vorübergehenden Stillstand des Bettes ein Sättigungsabfall am Pulsoxymeter registriert werden. In diesen Fällen sollte auf pflegerische sowie auf vermeidbare therapeutische Interventionen verzichtet werden. Ansonsten sollte der Patient mit Ausnahme kurzer Unterbrechung zur Durchführung der wichtigsten pflegerischen Maßnahmen, wie z.B. der Mundpflege, kontinuierlich hin- und hergekippt werden.

Nach dem Einbetten des Patienten ist das Roto-Rest®-Bett sollte das Bett probeweise manuell um 62 Grad in beide Richtungen gekippt werden, um die korrekte Fixierung des Patienten und um den ausreichenden Spielraum sämtlicher Drainagen, Schläuche und Kabel zu überprüfen. Es gibt auch verlängerte Beatmungsschläuche für die Anwendung am Patienten im Roto-Rest®-Bett. Diese Schläuche sind aus Einwegmaterial, in denen das Inspirationsgemisch nicht erwärmt wird, um beim Drehen des Patienten eine Aspirationen von eventuell entstandenem Kondenswasser zu verhindern.

Im Roto-Rest®-Bett ist der Patient besonders gefährdet, einen Dekubitus oder eine Nervenläsion zu erleiden. Bei diesen Patienten hat jedoch die Therapie lebensbedrohlicher pulmonaler Schäden demgegenüber Vorrang.

Bei jeder Körperpflege ist aber zumindest ein

genauer Hautstatus vorzunehmen und zu dokumentieren. Es können dabei auch durchblutungsfördernde Maßnahmen und eine Wundversorgung durchgeführt werden. Rücken und Gesäß sind bei der Körperpflege sorgfältig zu pflegen. Die Patienten können in diesem Spezialbett allerdings nicht frei gelagert werden. Wo immer möglich, sollte durch entsprechende Polster der Gefahr von Druckschäden (besonders an Ohren, Hinterkopf oder Schultern durch die kräftige Einspannung in die Fixationspolster) vorgebeugt werden. Besondere Aufmerksamkeit ist auf sämtliche Drainagen, Schläuche und Kabel zu lenken. Sie müssen besonders an den Stellen, an denen der Patient mit Polstern in der richtigen Lage fixiert wird (Außenseiten des Rumpfes!), mit individuell zugeschnittenen Schaumstoffen kräftig gepolstert und vor einer Lumeneinengung oder einem Abknicken geschützt werden. Drainagen und Schläuche müssen durch Zwischenräume aus der Auflagefläche des Bettes nach unten zugfrei (!) abgeleitet werden.
Eine weitere Gefahr besteht in der Entstehung von druckbedingten Nervenläsionen. Bedroht ist vor allem der N. peronaeus an der Knieaußenseite, der entsprechend abzupolstern ist.

Die Bauchlage (s. S. 312)

Die seitengetrennte Beatmung

Eine einseitig verletzte oder geschädigte Lunge stellt unter Umständen die Indikation für eine spezielle, zum Teil aggressive Beatmungsform dar. Wird in diesem Fall die gesamte Lunge mit einem hohen PEEP beatmet, kommt es in der gesunden Lungenhälfte aufgrund der besseren Compliance zu einer stärkeren Blähung als in den geschädigten Abschnitten. Als Folge steigt der pulmonale Gefäßwiderstand in den gesunden Arealen, so daß das Blut vermehrt über die geschädigte Lunge umgeleitet und damit schlechter oxygeniert wird.
In dieser Situation kann es notwendig sein, die beiden Lungen getrennt zu beatmen. Dazu erhält der Patient einen Doppellumentubus, der besonders sorgfältig plaziert und in seiner Lage (bronchoskopisch) kontrolliert werden muß. Über jedes Lumen kann nun ein eigenes Beatmungsgerät angeschlossen werden. Die Lungen können auf diese Weise bevorzugt synchron, aber auch leicht asynchron (stärkere Scherkräfte sind dabei zu vermeiden!) mit unterschiedlichen Beatmungsparametern beatmet werden.

Komplikationen bei Langzeitbeatmung

Bei Patienten mit endotrachealer Langzeitintubation sollte ca. alle 10 Tage eine Tracheoskopie durchgeführt werden. Lassen sich hierbei Schädigungen der Trachea feststellen, so sollte mit einem besonders schonenden Tubus, z.B. einem Kamen-Wilkinson-Tubus (s. S. 77), intubiert werden. Bei Kehlkopfschädigungen bzw. stark geschädigter Trachea (freiliegende Trachealspangen) sollte der Patient tracheostomiert werden.

Bei **tracheostomierten** und langzeitbeatmeten Patienten können folgende Probleme drohen:

- Fehllage der Trachealkanüle:
  Vor allem beim ersten Wechseln der Kanüle kann es vorkommen, daß die Kanüle nicht durch den Tracheostomiekanal bis in die Trachea, sondern subkutan vorgeschoben wird.
- Druckulzera in der Trachea:
  Ursache ist oft ein zu starkes Blocken der Kanülenmanschette. Beim Blocken der Trachealkanüle gilt das gleiche wie beim Endotrachealtubus: Blocken nach Gehör (s. S. 86). Durch Scheuerbewegungen der Trachealkanüle oder durch Druckschädigungen vor allem am Kanülenende kann es zu Ulzera oder gar Gefäßverletzungen mit unter Umständen erheblichen Blutungen kommen. Dies ist vor allem bei Verwen-

dung von Metallkanülen der Fall, die normalerweise nur bei Patienten verwendet werden, die für immer mit einer Trachealkanüle leben müssen.

- Ösophagotracheale Fistel:
  Drucknekrosen und Ulzera können unter Umständen zu einer ösophagotrachealen Fistel führen. Dies ist vor allem bei der Verwendung von Metallkanülen der Fall.
- Verlegung (Verborkung) des Kanülenlumens

Im Rahmen einer Langzeitbeatmung über ein Tracheostoma bzw. über einen Endotrachealtubus treten die folgenden Probleme häufiger auf:

Infektionen

Langzeitbeatmete Patienten sind der großen Gefahr einer **bronchopulmonalen Infektion** ausgesetzt. Die normale Reinigungsfunktion des Flimmerepithels ist durch den Tubus unterbrochen. Das Abhusten von Sekret ist behindert, da der für ein kräftiges Husten notwendige Glottisverschluß nicht mehr möglich ist. Damit werden die Patienten von einer regelmäßigen **Bronchialtoilette,** dem endobronchialen Absaugen, abhängig. Häufig handelt es sich außerdem um infektgeschwächte Patienten. Beim regelmäßigen endobronchialen Absaugen sind genauso wie beim Wechseln von Endotrachealtuben oder Trachealkanülen strenge aseptische Bedingungen zu fordern. Bei einer pulmonalen Infektion sollte eine Antibiotikatherapie von den **Antibiogrammen** abhängig gemacht werden, die aus den regelmäßig entnommenen Bronchialabstrichen gewonnen werden.

> Die prophylaktische Gabe eines Antibiotikums ist bei beatmeten Patienten abzulehnen.

Die **Befeuchtertöpfe,** die zur Anwärmung des Inspirationsgases verwendet werden, stellen einen guten Nährboden für Bakterien dar. Die Befeuchtertöpfe dürfen daher erst unmittelbar vor Gebrauch mit sterilem Wasser gefüllt und müssen spätestens alle 48 Stunden gewechselt werden. Zunehmend häufiger kommen Einmalsysteme zur Anwendung. Der sich in den Beatmungsschläuchen niederschlagende Wasserdampf ist als infiziert zu betrachten, und es ist nicht erlaubt, das in den Schläuchen befindliche Kondenswasser zurück in den Verdampfertopf zu leiten.

Streß

Insbesondere bei ungenügender Sedierung und Analgesie kann es zu einer **Ulzeration** im Gastrointestinaltrakt, unter Umständen mit starker Blutung oder Perforation, kommen. Es ist deshalb regelmäßig der pH-Wert des Magensekrets zu messen. Bei niedrigem (saurem) Magen-pH ist eine Pufferung zu fordern oder eine Therapie mit H_2-Blockern (z.B. Ranitidin) durchzuführen (s. S. 308). Mit der enteralen Gabe von Nahrung sollte so früh wie möglich begonnen werden.

Gefahren eines PEEP

> Die durch eine maschinelle Beatmung ausgelöste negative Beeinflussung der Hämodynamik (s. S. 338) wird durch das Einschalten eines PEEP noch verstärkt.

Durch das Einstellen eines PEEP nimmt der p_aO_2 des arteriellen Blutes und damit der Sauerstoffgehalt des Blutes (s. S. 328) zu. Der Sauerstoffgehalt multipliziert mit dem HMV ergibt die **Sauerstofftransportkapazität** des Blutes, die letztlich entscheidende Größe, die besagt, wieviel Sauerstoff pro Zeiteinheit dem Gewebe zur Verfügung gestellt wird. Mit steigendem PEEP-Niveau kommt es jedoch zu einer Reduktion des HMV und damit der Sauerstofftransportkapazität.

> Bei hohem PEEP-Niveau kann die dadurch bedingte Abnahme des HMV so groß sein, daß der positive Effekt durch die PEEP-bedingte Erhöhung des p_aO_2 übertroffen wird, das heißt, die Sauer-

stofftransportkapazität ist aufgrund des stark erniedrigten HMVs vermindert, obwohl der p_aO_2 erhöht ist.

Es gilt nun, den PEEP einzustellen, mit dem die größte Sauerstofftransportkapazität erreicht werden kann (= **best-PEEP**). Der wohl geeignetste Parameter für die Ermittlung des best-PEEP ist die gemischt-venöse Sauerstoffsättigung (s. S. 181) bzw. die Berechnung von Sauerstoffangebot und Sauerstoffausschöpfung. Bei einem niedrigen p_aO_2 oder bei einem erniedrigten HMV nimmt die Ausschöpfung des Blutes im Gewebe zu, die gemischt-venöse Sättigung fällt weiter ab als normalerweise üblich. Sind das HMV und der p_aO_2 hoch, so ist die gemischt-venöse Sättigung ebenfalls hoch.

Der best-PEEP ist also dann eingestellt, wenn die gemischt-venöse Sauerstoffsättigung am höchsten ist.

Barotrauma

Die Gefahr einer druckbedingten Lungenschädigung (sogenanntes Barotrauma), z.B. eines Pneumothorax, besteht insbesondere bei alten Patienten, bei pulmonalen Vorerkrankungen (z.B. Emphysem) oder bei Lungeninfektionen mit einer Schwächung des Lungengewebes (z.B. Pneumonie).

Atrophie der Atemmuskulatur

Bei einer Langzeitbeatmung kann es zu einer Inaktivitätsatrophie der Atemmuskulatur kommen.

Sekretstau

Durch Eintrocknen der Bronchialsekrete bei ungenügender Befeuchtung und unzureichender Bronchialtoilette kann es zu einem Sekretstau und unter Umständen zu einer Verlegung des Tubus oder des Tracheostomas kommen.

Schleimhautverbrennungen

Auf eine korrekte Temperatureinstellung des Verdampfers ist unbedingt zu achten. Die Temperatur des Inspirationsgemisches sollte möglichst patientennah, z.B. kurz vor dem Winkelstück gemessen und mittels eines Servoregulationsmechanismus auf die eingestellte Temperatur geregelt werden. Die Temperatur des Inspirationsgemisches sollte ca. 3 °C unter der Körpertemperatur liegen. Das Aufwärmen eines unterkühlten oder das Kühlen eines fiebernden Patienten durch Verstellen der Temperatur des Inspirationsgemisches ist nicht zulässig.

Schäden bei chronischer Sauerstoffanwendung

Bei einer hohen inspiratorischen Sauerstoffkonzentration kann es zur Lungenschädigung kommen. Werden bei einer Langzeitbeatmung mehr als 40–50% Sauerstoff verabreicht, so drohen eine Schädigung von Flimmerepithelien, Surfactant und Alveolarepithelien. Bei Beatmung mit 100% Sauerstoff kommt es in schlecht belüfteten Arealen nach Resorption des Sauerstoffes zu Atelektasen, da der normalerweise verbleibende, die Alveolen dann noch offenhaltende Stickstoff fehlt. Folge ist eine Zunahme des Rechts-Links-Shunts.

Bei der Beatmung mit einer F_iO_2 von 1,0 ist schon innerhalb von 24 Stunden mit Lungenschädigungen zu rechnen. Die F_iO_2 soll so niedrig wie möglich gehalten werden.

Retrolentale Fibroplasie

Vor allem beim früh-, aber auch beim reifgeborenen Kind ist die noch unreife Netzhaut (Retina) sehr empfindlich. Diese hohe Empfindlichkeit besteht bis zur ca. 46. Woche nach der Empfängnis (der 46. postkonzeptionellen Woche). Beispielsweise durch eine zu hohe arterielle Sauerstoffspannung, aber auch durch eine Azidose (z.B. im Rahmen einer Sepsis) oder durch andere Störungen der

Homöostase kann das Krankheitsbild der retrolentalen Fibroplasie ausgelöst werden. Dadurch kann es unter Umständen zu irreversiblen Sehstörungen, im Extremfall bis zur Erblindung des Kindes kommen. Unnötig hohe arterielle Sauerstoffspannungen sind daher bei Früh- und Neugeborenen zu vermeiden.

Entwöhnung (weaning) des langzeitbeatmeten Patienten

Die Entwöhnung eines langzeitbeatmeten Patienten von der Beatmungsmaschine stellt oft ein großes Problem dar. Auf der einen Seite sollte die Entwöhnung so bald als möglich beginnen, um z.B. eine Schwächung der Atemmuskulatur durch Inaktivierung zu verhindern, andererseits führt eine zu frühzeitige oder zu schnelle Entwöhnung oft zu einem Abbrechen des Entwöhnungsversuchs oder zu einer Reintubation des Patienten. Bei ca. 20% der Patienten mit einer Langzeitbeatmung muß mit Entwöhnungsproblemen gerechnet werden. Bei Patienten mit einer chronisch-obstruktiven Lungenerkrankung (COLD; s. S. 381) treten in ca. 50% der Fälle Entwöhnungsprobleme auf.

Faustregel:
Die Entwöhnung vom Respirator dauert beim langzeitintubierten Patienten ungefähr so lange, wie die Zeitspanne zwischen der Intubation und dem Beginn der Entwöhnung.

Grundvoraussetzungen für eine erfolgreiche Entwöhnung sind:

- ausgeglichener Säure-Basen-Haushalt, damit der Patient z.B. nicht eine metabolische Azidose durch eine Hyperventilation auszugleichen versucht
- Fieberfreiheit, weil dies einen hoheren Stoffwechsel und damit eine gesteigerte Ventilation bedeuten würde
- Stabile Herz-Kreislauf-Funktion: Auch falls die Kreislaufverhältnisse nur unter einer laufenden Katecholamininfusion stabil sind, ist ein Entwöhnungsversuch möglich.

Die Bewußtseinslage des Patienten spielt für den Beginn der Entwöhnung **keine** Rolle, das heißt:

Auch bewußtlose Patienten können von der Beatmung entwöhnt werden. Allerdings kann die Extubation erst nach Rückkehr der Schutzreflexe erfolgen.

Ist abzusehen, daß die Schutzreflexe über längere Zeit nicht oder überhaupt nicht mehr zurückkehren werden, so bietet sich die Anlage eines Tracheostomas und die Verlegung dieser pflegebedürftigen Patienten mit dem Tracheostoma an. Bei der Entwöhnung sollte der Tag-Nacht-Rhythmus beachtet werden, das heißt, es sollte nicht nachts mit dem Entwöhnungsversuch begonnen werden.

Bei Beginn eines Entwöhnungsversuchs sollte das Atemminutenvolumen unter 10 l/min liegen, die F_iO_2 sollte möglichst nicht über 0,4 und der PEEP sollte unter ca. 10 cmH_2O sein.

Schrittweise Entwöhnung

Falls es die apparative Ausstattung erlaubt, empfiehlt sich nach einer Langzeitbeatmung z.B. folgender Stufenplan für die Entwöhnung des Patienten:

1. kontrollierte Beatmung
2. Reduktion der F_iO_2 möglichst auf 0,5 oder weniger
3. Verkürzung des Atemzeitverhältnisses, schrittweise von z.B. 4:1 auf 1:2 (s. inversed ratio S. 335)
4. Förderung der Spontanatmung durch Anpassung der Sedierung und Analgesierung
5. Anstreben einer unterstützten Spontanatmung:
   - kontrollierte/assistierte Beatmung

- SIMV (langsame Reduktion der maschinellen Hübe, der Patient muß immer mehr Atemarbeit selbst übernehmen; s. S. 339)
- ASB (langsame Druckreduktion; s. S. 341)
- Querflöte/CPAP

6. weitere Reduktion der F_iO_2
7. Extubation, falls $F_iO_2 \leq 0{,}4$; PEEP/CPAP ≤ 5 cmH_2O und Schutzreflexe vorhanden sind

Konventionelle Entwöhnung

In unkomplizierten Fällen kann oft auch folgendermaßen vorgegangen werden:
Der zunehmend spontanatmende Patient wird vom Respirator abgenommen und soll über die **Querflöte** atmen. Die bei der Querflöte eingestellte inspiratorische Sauerstoffkonzentration sollte ca. 10–20% höher als vorher unter Beatmungsbedingungen sein. Während dieser Spontanatmungsversuche sollte der Oberkörper des Patienten um ca. 20–40° aufgerichtet sein, was die Zwerchfellbewegung bei der Spontanatmung wesentlich erleichtert. Es empfiehlt sich eine atemunterstützende Lagerung (s. S. 310), bei der der Oberkörper gedehnt wird. Zur weiteren Unterstützung können die Arme etwa in Schulterhöhe gelagert werden.
Der Patient sollte bei den Entwöhnungsversuchen unbedingt schmerzfrei sein. Die Analgosedierung sollte also nicht plötzlich abgebrochen werden, sondern zugunsten der analgetischen Komponente umgestellt werden (s. S. 343).
Die Spontanatmungsversuche sollten anfangs ungefähr alle 30 Minuten für nur ca. 5 Minuten durchgeführt werden. Die Entwöhnungsphasen können, falls der Patient damit keine Probleme hat, länger und häufiger durchgeführt werden. Es sollte aber darauf Rücksicht genommen werden, daß endotracheal intubierte Patienten aufgrund des Strömungswiderstandes des Tubus eine erhöhte Atemarbeit leisten müssen, was zu einer schnelleren Erschöpfung führt als bei tracheostomierten Patienten.
Anstatt mit der Querflöte kann auch eine CPAP-Atmung durchgeführt werden. Kann der Patient einige Stunden problemlos über die Querflöte atmen und weist er eine unverändert gute Oxygenierung auf, wird er extubiert.

Überwachung während der Entwöhnung

Während der Entwöhnung muß die Atmung klinisch (s. S. 368) und apparativ (s. S. 370) besonders engmaschig überwacht werden.
Zeichen körperlicher und/oder psychischer Überanstrengung des Patienten können sein:

- Tachykardie, Tachyarrhythmie
- Tachypnoe, oberflächliche Atmung, Schaukelatmung, Luftnot
- Kaltschweißigkeit
- Blutdruckanstieg
- Unruhe, Blässe
- Sekretretention

Nicht zu vernachlässigen ist nach einer Langzeitbeatmung auch eine psychische „Abhängigkeit“ der Patienten vom Respirator. Deshalb sollten diese Patienten anfangs bei den Entwöhnungsversuchen nie alleine gelassen werden und detailliert über alle durchzuführenden Maßnahmen informiert werden.
Bei Versagen des Weaning-Versuches sinken Motivation und Selbstvertrauen des Patienten und er wird weit zurückgeworfen!

Extubation

Der Patient ist über die geplante Extubation aufzuklären. Vor der Extubation ist immer ein sorgfältiges Absaugen des Rachens (gegebenenfalls unter laryngoskopischer Sicht) erforderlich.

> Die Extubation sollte nur am ausreichend spontanatmenden Patienten mit zurückgekehrten Schutzreflexen vorgenommen werden.

Vor der Extubation darf der Patient mindestens 6 Stunden keine enterale Ernährung mehr bekommen. Bei der Extubation müssen alle Utensilien für eine eventuelle Reintubation (s. S. 82) griffbereit sein. Bei der Extubation kann es auch zum Erbrechen des Patienten kommen. Die Magensonde sollte vor der Extubation noch einmal abgesaugt werden. Sind hierbei die Schutzreflexe noch nicht zurückgekehrt, so droht eine Aspiration (s. S. 187).

Überwachung nach der Extubation

Unmittelbar nach der Extubation sollte der Patient in sitzender (atemunterstützender) Position gelagert werden und ruhen können. Auch nach der erfolgreichen Extubation müssen die Patienten noch einige Tage sorgfältig klinisch und apparativ überwacht werden. Insbesondere ein **Sekretstau** durch ungenügendes Abhusten, ein Eintrocknen der Sekrete, vor allem falls der Patient Sauerstoff über eine Nasensonde appliziert bekommt, oder eine körperliche Erschöpfung sind mögliche Probleme. Auf eine konsequente physikalische Therapie (z.B. Atemgymnastik, Klopf- und Vibrationsmassage) sowie auf eine psychologische Führung des Patienten ist in dieser Phase großen Wert zu legen.

Säure-Basen-Haushalt/ Blutgasanalyse

Allgemeine Bemerkungen

Für den ungestörten Ablauf vieler Funktionen im Organismus (z.B. biochemische Stoffwechselprozesse oder elektrophysiologische Prozesse an erregbaren Membranen usw.) muß eine Reihe von Bedingungen erfüllt sein. Eine dieser Bedingungen ist die Aufrechterhaltung eines möglichst konstanten pH-Wertes (und damit der Wasserstoffionenkonzentration; pH-Wert = negativer dekadischer Logarithmus der H^+-Ionenkonzentration).

Grundlagen

Säure

Säuren sind Substanzen, die in wäßriger Lösung Wasserstoffionen (H^+) abgeben.

Eine der wichtigsten Säuren des Körpers ist die Kohlensäure (H_2CO_3). Sie bildet sich aus Kohlendioxid (CO_2) und Wasser (H_2O). Die Kohlensäure kann als schwächere Säure Wasserstoffionen abgeben.

H_2CO_3 (Kohlensäure)	→	H^+ (Wasserstoffion)	+	HCO_3^- (Bikarbonat)

Basen

Basen sind Substanzen, die in wäßriger Lösung Wasserstoffionen (H^+) aufnehmen.

Eine der wichtigsten Basen im Körper ist das Bikarbonat.

HCO_3^- (Bikarbonat)	+	H^+ (Wasserstoffion)	→	H_2CO_3 (Kohlensäure)

pH-Wert

Der pH-Wert ist ein Maß für die H^+-Ionenkonzentration (negativ genommener 10er-Logarithmus der H^+-Ionenkonzentration). Der Normalwert für den pH-Wert beträgt: 7,4 ± 0,04 (7,36–7,44).

Der physiologische pH-Wert wird durch die fortlaufend im Stoffwechsel entstehenden Säuren und Basen gefährdet. Es droht entweder eine zu hohe Wasserstoffionenkonzentration (**Azidose,** Abfall des pH-Wertes unter

7,36) oder eine zu niedrige Wasserstoffionenkonzentration (**Alkalose,** Anstieg des pH-Wertes über 7,44). Beide Störungen beeinträchtigen gleichermaßen die Funktion der Organe.

Azidose:
pH < 7,36 (hohe H^+-Ionenkonzentration)
Alkalose:
pH > 7,44 (niedrige H^+-Ionenkonzentration)

Herkunft der Wasserstoffionen

Die meisten Säuren entstehen im Stoffwechsel, ein Teil stammt aus der Nahrung. Aus dem Abbau der Kohlenhydrate gehen große Mengen Kohlendioxid (CO_2) hervor (ca. 20 000 mmol/Tag). Unter körperlicher Arbeit kann sogar bis zu zehnmal mehr CO_2 entstehen. Dies führt zu einer Verschiebung des Säure-Basen-Milieus zur sauren Seite.

$$CO_2 + H_2O \rightleftharpoons H_2CO_3 \rightleftharpoons H^+ + HCO_3^-$$

Die Kohlensäure wird als sogenannte **flüchtige Säure** über die Lungen ausgeatmet. Daneben entstehen geringe Mengen an **nicht flüchtigen (fixen) Säuren** (ca. 40–60 mmol H^+ pro Tag). Diese müssen über die Nieren ausgeschieden werden. Zum Teil werden mit der Nahrung saure Substanzen, also H^+-Ionen, zugeführt. Ebenso werden bei körperlicher Arbeit in den Muskelzellen saure Stoffwechselprodukte, insbesondere Milchsäure (Laktat), freigesetzt.

Regulation des Säure-Basen-Haushalts

Der Organismus verfügt über Kompensationsmechanismen, um eventuellen Störungen entgegenzuwirken und den pH-Wert konstant zu halten. Zu diesen Kompensationsmechanismen gehören Puffersysteme, Lungen und Nieren.

Puffersysteme im Intra- und Extrazellularraum

Bei einem Überangebot an Säuren und Basen treten zunächst die Kompensationsvorgänge der Pufferung in Funktion.

Als **Puffer** werden Substanzgruppen bezeichnet, die saure oder basische Valenzen abfangen, chemisch binden und dadurch stärkere pH-Änderungen verhindern können.
Puffersubstanzen sind Lösungen, deren pH-Wert (Wasserstoffionenkonzentration) sich bei Zugabe einer Säure oder Base nicht wesentlich ändert.
Puffer bestehen aus dem Gemisch einer schwachen Säure mit einem ihrer Salze oder aus dem Gemisch einer schwachen Base mit einem ihrer Salze.

Werden dem Puffergemisch H^+-Ionen zugeführt, so bindet der Puffer diese Ionen. Werden hingegen Basen hinzugefügt, so setzt der Puffer H^+-Ionen frei. Auf diese Weise bleibt der pH-Wert weitgehend konstant.
Dem Körper stehen mehrere solcher Puffersysteme zur Verfügung:

- Kohlensäure-Bikarbonat-Puffersystem
- Hämoglobin-Puffersystem
- Protein-Puffersystem
- Phosphat-Puffersystem

Die Pufferkapazität des Blutes wird zu gleichen Teilen von den Bikarbonatpuffern und den Nichtbikarbonatpuffern abgedeckt. Der Hämoglobinpuffer hat einen Anteil von 80% an den Nichtbikarbonatpuffern.
Von den Puffersystemen im Plasma ist der Kohlensäure-Bikarbonat-Puffer von großer klinischer Bedeutung, da er sich durch die La-

boranalyse leicht erfassen läßt. Er wird durch die Bestimmung des Standardbikarbonats überwacht.

Regulationsorgan Lunge

Der weitaus größte Anteil der Säureausscheidung erfolgt durch Abgabe von flüchtigem CO_2 über die Lungen. Das als Endprodukt des Stoffwechsels in den Zellen reichlich anfallende CO_2 diffundiert ins Blut und wird über die Lunge abgeatmet.

Ein Anstieg des CO_2-Partialdrucks im Blut bzw. ein pH-Abfall aufgrund der vermehrt gebildeten Kohlensäure stimuliert das Atemzentrum und bewirkt eine Zunahme der Atemfrequenz und Atemtiefe. Dies führt zu einer vermehrten CO_2-Abgabe über die Lunge.

Fällt die CO_2-Konzentration durch vermehrte Atmung wieder ab, so steigt der pH-Wert an, da die Wasserstoffionenkonzentration abnimmt. Diese Veränderungen werden anhand der folgenden Gleichung nochmals deutlich:

$$CO_2 + H_2O \rightleftharpoons H_2CO_3 \rightleftharpoons H^+ + HCO_3^-$$

Während Puffersysteme sofort wirken, beginnt der Kompensationsmechanismus über die Lunge erst nach einigen Minuten. Die Regulationsmechanismen der Niere sind komplex. Sie sind erst Stunden bis Tage nach Beginn der Störung voll ausgebildet.

Regulationsorgan Niere

Die Regulationen durch Ausscheidung saurer oder basischer Stoffwechselprodukte durch die Niere kommen erst langsam zur Wirkung. Sie sind deshalb besonders für **chronische Störungen des Säure-Basen-Haushalts** von Bedeutung. Durch die verschiedensten chemischen und biologischen Austauschvorgänge an der Tubuluszelle kommt es bei einem Überangebot an sauren Substanzen zu einem vermehrten Ausscheiden von H^+-Ionen durch die Nieren. Mit dieser Ausscheidung von H^+-Ionen ist die Niere gleichzeitig in der Lage, die für den Körper notwendigen Basen (v.a. Bikarbonat) zurückzuhalten.

Über die Nieren können also mehr oder weniger H^+-Ionen ausgeschieden bzw. mehr oder weniger Bikarbonat rückresorbiert werden.

Störungen des Säure-Basen-Haushalts

Wenn die geschilderten Kompensationsmöglichkeiten nicht mehr ausreichen, um das Angebot an sauren oder basischen Substanzen abzufangen, verschiebt sich das Milieu: Es wird sauer oder alkalisch. Verschiebt sich das Milieu zur sauren Seite, so wird von **Azidose** (pH < 7,36) gesprochen.

Verschiebt sich das Milieu zur basischen Seite (pH > 7,44), so wird von **Alkalose** gesprochen.

Von **dekompensierten Störungen** wird gesprochen, wenn der pH-Wert außerhalb des Normbereiches liegt. Reichen die Kompensationsmöglichkeiten des Organismus noch aus, um einen noch normalen pH-Wert aufrechtzuerhalten, so handelt es sich um **kompensierte Störungen** des Säure-Basen-Haushalts.

Je nach der zugrundeliegenden Ursache können respiratorische und nichtrespiratorische (= metabolische) Störungen des Säure-Basen-Haushalts unterschieden werden. Diese Trennung ist wegen der verschiedenen therapeutischen Konsequenzen von Bedeutung.

Mögliche Störungen des Säure-Basen Haushalts sind:

- respiratorische Azidose
- respiratorische Alkalose
- metabolische Azidose
- metabolische Alkalose

Respiratorische und metabolische Störungen können auch kombiniert auftreten. Die Differenzierung der verschiedenen Störungen des Säure-Basen-Haushalts ist am besten anhand einer arteriellen **B**lut**g**as**a**nalyse (BGA) möglich.

Normwerte für die **Blutgasanalyse** sind:

Arterielle BGA:

- pH: 7,4 (± 0,04)
- pCO_2: 40 mmHg (± 5) = 5,3 kPa (± 0,7)
- pO_2: 97 mmHg = 13 kPa
- O_2-Sättigung: 97–99%
- Standardbikarbonat: 21–25 mmol/l
- Basenabweichung (base excess): ± 3 mmol/l

kPa x 7,5 = mmHg; mmHg/7,5 = kPa

Der pO_2 ist altersabhängig:

- 20 Jahre: 97 mmHg = 13,0 kPa
- 40 Jahre: 92 mmHg = 12,2 kPa
- 60 Jahre: 83 mmHg = 11,3 kPa
- 80 Jahre: 75 mmHg = 10,0 kPa
- 100 Jahre: 66 mmHg = 8,8 kPa

(s.S. 358)

Gemischt-venöse BGA:

- pH: 7,38
- pCO_2: 46 mmHg = 6,1 kPa
- pO_2: 40 mmHg = 5,3 kPa
- O_2-Sättigung: 75%
- Standardbikarbonat: 24–28 mmol/l
- Basenabweichung (base excess): 0–4 mmol/l

Respiratorische Azidose

Bei der respiratorischen Azidose handelt es sich um einen erhöhten pCO_2-Wert aufgrund einer verminderten CO_2-Abatmung über die Lungen **(Hypoventilation).**

Ursachen

Die wichtigsten Ursachen der respiratorischen Azidose sind:

- Verlegung der Atemwege
- zentrale Atemdepression
- Lungenerkrankungen
- Verletzungen/Erkrankungen der Thoraxwand
- neurologische Erkrankungen
- neuromuskuläre Erkrankungen

Typische BGA-Veränderungen:
pH: < 7,36
pCO_2: > 45 mmHg = > 6 kPa

Kompensation

Chronische respiratorische Störungen versucht der Körper metabolisch zu kompensieren. Hier spielt die Niere die wichtigste Rolle. Sie steigert die H^+-Ionenausscheidung mit dem Urin und fördert die Bikarbonatbildung. Hierdurch wird der pH-Abfall kompensiert, allerdings nicht vollständig.
BGA nach Kompensation:
pH: fast normal
pCO_2: > 45 mmHg = 6 kPa
Standardbikarbonat: > 25 mmol/l

Therapie

Akute respiratorische Azidosen müssen respiratorisch (!) behandelt werden durch Steigerung der Ventilation, z.B. durch assistierte oder kontrollierte Beatmung.

Respiratorische Alkalose

Eine respiratorische Alkalose bedeutet einen erniedrigten pCO_2 aufgrund einer gesteigerten CO_2-Ausscheidung der Lunge **(Hyperventilation).**

Ursachen

- Hyperventilation (psychisch bedingte Hyperventilation), kontrollierte Hyperventilation, z.B. bei Patienten mit Schädel-Hirn-Trauma

- falsche Einstellung des Respirators
- Angst
- Aufregung
- Salizylsäurevergiftung

Typische BGA-Veränderungen:
pH: > 7,44
pCO_2: < 35 mmHg = < 4,7 kPa

Kompensation
Länger anhaltende respiratorische Alkalosen werden metabolisch kompensiert. Die Nieren scheiden vermehrt Bikarbonat mit dem Urin aus.
BGA nach Kompensation:
pH: fast normal
pCO_2: < 35 mmHg = 4,7 kPa
Standardbikarbonat: < 21 mmol/l

Therapie
Die Behandlung richtet sich nach der zugrundeliegenden Ursache.

Metabolisch bedingte Störungen

Alle nichtrespiratorisch bedingten Abweichungen der Wasserstoffionenkonzentration vom Normalbereich werden als metabolische Störungen bezeichnet. Es wird zwischen metabolischer **Azidose** und metabolischer **Alkalose** unterschieden.

Zur Beurteilung der metabolischen Parameter sind das Standardbikarbonat und der Basenüberschuß (**b**ase **e**xcess, BE) geeignet.

Standardbikarbonat

Die Bikarbonatkonzentration wird aufgrund der Gleichung:
$CO_2 + H_2O \rightleftharpoons H_2CO_3 \rightleftharpoons HCO_3^- + H^+$
auch vom CO_2, also dem respiratorischen Parameter, beeinflußt.

Um den respiratorischen Einfluß (des pCO_2) auf die Bikarbonatkonzentration auszuschalten, wird das Plasmabikarbonat bei einem definierten pCO_2 von 40 mmHg (5,3 kPa), bei 37 °C und bei Vollsättigung des Hämoglobins gemessen. Es wird dann von Standardbikarbonat gesprochen. Das Standardbikarbonat ist damit unbeeinflußt vom respiratorischen Parameter pCO_2 und stellt einen reinen metabolischen Parameter dar.

Base excess (BE)

Ein wesentlich besserer Parameter für nicht respiratorische, also metabolische Störungen des Säure-Basen-Haushalts ist der base excess (BE). Damit wird der gesamte Basenüberschuß oder Basenmangel erfaßt.

Der BE ist diejenige Menge von Säuren oder Basen in mmol/l, die zum Rücktitrieren auf einen pH-Wert von 7,4 bei einem pCO_2 von 40 mmHg (5,3 kPa) und einer Temperatur von 37 °C erforderlich ist. Der BE wird nicht vom pCO_2 beeinflußt.

Ein Überschuß an Basen wird als **positiver BE** bezeichnet, ein Mangel an Basen als **negativer BE** (sprachlich richtig wäre die Bezeichnung: negative Basenabweichung).

Metabolische Azidose

Eine metabolische Azidose bedeutet einen Mangel an Bikarbonat und einen negativen BE (–BE).

Ursachen
Eine Anhäufung nicht flüchtiger Säuren tritt vor allem auf bei:

- Schock (vermehrte Milchsäureproduktion [Laktatbildung] aufgrund von anaerober Glykolyse)
- diabetischer Ketoazidose
- Hungerazidose

Verlust von Bikarbonat durch:
- Verlust von Pankreassaft
- Durchfälle
- Dünndarmdrainage

Typische BGA-Veränderungen:
pH: < 7,36
base excess: < –3 mmol/l
Standardbikarbonat: < 21 mmol/l

Kompensation
Metabolische Störungen versucht der Körper respiratorisch zu kompensieren. Es wird vermehrt CO_2 über die Lungen ausgeschieden. Eine Vollkompensation gelingt allerdings meist nicht.
BGA nach Kompensation:
pH: fast normal
Standardbikarbonat: < 21 mmol/l
base excess: < –3 mmol/l
pCO_2: < 35 mmHg = < 4,7 kPa

Therapie
Metabolische Azidosen müssen grundsätzlich metabolisch kompensiert werden, nicht respiratorisch. Hierzu eignen sich neben einer kausalen Therapie (z.B. Therapie des Schocks) intravenös zugeführte Puffersubstanzen. Die wichtigsten sind Natriumbikarbonat 8,4% (und TRIS-Puffer [THAM] 0,3%).

Berechnung des Bikarbonatbedarfs:
BE × 0,3 × kg KG = mmol Natriumbikarbonat
BE × 0,3 × kg KG = ml 8,4%iges Natriumbikarbonat, da 1 ml = 1 mmol
(Berechnung des Bedarfs an TRIS-Puffer:
BE × 0,3 × kg KG = mmol TRIS-Puffer
BE × kg KG = ml 0,3 molarer TRIS-Puffer, da 1 ml = 0,3 mmol)

Normalerweise wird die Hälfte der errechneten Puffersubstanz infundiert, danach eine arterielle Blutgasanalyse durchgeführt. Puffersubstanz der ersten Wahl ist Natriumbikarbonat. Bei einer **Hypernatriämie** ist jedoch Natriumbikarbonat kontraindiziert, weil damit große Mengen Natrium zugeführt werden. Es sollte dann TRIS-Puffer verwendet werden (natriumfrei).
TRIS kann, vor allem bei schneller Infusion, zu einem Abfall des pCO_2 mit einer **Atemdepression** führen. Es ist daher bei Patienten mit einer Ateminsuffizienz abzulehnen. Kontraindiziert ist TRIS-Puffer auch bei einer Oligurie und Anurie.

Metabolische Alkalose

Eine metabolische Alkalose bedeutet einen Überschuß an Bikarbonat und einen positiven base excess (+BE).

Ursachen
Verlust von Wasserstoffionen, z.B. durch
- Verlust von saurem Magensaft (Erbrechen, Magensonde)
- Diuretikagabe:
  Eine längerdauernde forcierte Diurese führt nicht nur zu einem Natrium- und Wasserverlust, sondern auch zu einem renalen Kalium- und Chloridverlust. Der renal bedingte Kaliummangel fördert die H^+-Ausscheidung über die Nieren. Die renale Cl^--Ausscheidung führt (um die elektrische Neutralität zu wahren) zu einer vermehrten Rückresorption von HCO_3^-. Folge ist eine metabolische Alkalose. Bei Intensivpatienten ist eine so verursachte metabolische Alkalose sehr häufig.
- übereifrige Pufferung

Typische BGA-Veränderungen:
pH: > 7,44
Standardbikarbonat: > 25 mmol/l
base excess: > + 3 mmol/l

Kompensation
Der Organismus versucht respiratorisch zu kompensieren. Es wird weniger CO_2 ausgeatmet (Hypoventilation). Eine Vollkompensation wird gewöhnlich nicht erreicht.
BGA nach Kompensation:
pH: fast normal

Standardbikarbonat: > 25
base excess: > 3 mmol/l
pCO_2: > 45 mmHg = > 6 kPa

Therapie
Metabolische Alkalosen werden metabolisch korrigiert, nicht respiratorisch. Liegt eine diuretikabedingte Alkalose vor, dann bietet sich die Gabe von KCl und NaCl an, um den auslösenden K^+- und Cl^--Mangel auszugleichen. Erst sehr schwere metabolische Alkalosen (pH-Wert über 7,55) müssen durch die Gabe von verdünnter (0,1 molarer) Salzsäure (HCl) korrigiert werden. Säurebedarf in mmol/l = BE x 0,3 x kg KG (0,1 molare HCl enthält 100 mmol/l). HCl muß über einen zentral-venösen Zugang verabreicht werden.

Abnahme und Aufbereitung der Blutprobe für eine Blutgasanalyse

Die Blutgasanalyse als invasives Verfahren ist nur punktuell möglich. Punktionsort der Wahl ist die Arteria radialis.

Bei **Kindern** kann stellvertretend arterialisiertes Kapillarblut, z.B. aus der hyperämisierten Fingerbeere, Ferse oder dem Ohrläppchen verwendet werden. Zuverlässige Ergebnisse sind bei einer kapillären BGA nur zu erwarten, wenn das Blut ohne übermäßiges Pressen der Ferse oder des Fingers leicht in die Kapillare eintritt und keine Kreislaufstörung oder Hypothermie vorliegt.
Wird bei einem **Neugeborenen** eine arterielle BGA abgenommen, so ist die rechte Arteria radialis Punktionsort der Wahl. Hier läßt sich Blut aus dem präduktalen Bereich gewinnen; dies ist von Bedeutung, falls der Ductus arteriosus (Ductus Botalli) noch offen sein sollte und ein Rechts-Links-Shunt besteht. Für den Bereich des Kopfes (Gehirn/Auge) ist die präduktale p_aO_2-Spannung von Bedeutung.

Bei der Abnahme einer BGA ist zu beachten, daß ein Schreien des Kindes zu einem schnellen Abfall des pO_2-Wertes führt und eine unter solchen Bedingungen abgenommene Probe mit Vorbehalt zu interpretieren ist.

Anhand einer Blutgasanalyse können die Oxygenierung, die Ventilation und der Säure-Basen-Haushalt überprüft werden. Für das Neugeborene wird ein p_aO_2 von 60–100 mmHg (8,0–13,3 kPa) empfohlen, für den Erwachsenen ein p_aO_2 knapp über 100 mmHg (vgl. Tab. 7.3).

Eine zuverlässige Beurteilung der Blutgase pO_2 und pCO_2 ist nur im arteriellen oder arterialisierten Blut möglich.
Aus zentral- oder gemischt-venösem Blut bestimmte BGAs sind speziellen Fragestellungen vorbehalten (s. S. 181). Metabolische Parameter des Säure-Basen-Haushalts können dagegen auch im venösen Blut bestimmt werden.

Zur **Abnahme der Blutgasanalyse** wird am besten eine 2-ml-Spritze benutzt. Als Antikoagulans wird Heparin zugesetzt. Andere Antikoagulanzien verfälschen die Ergebnisse der BGA und sind nicht erlaubt. Der pH-Wert von Heparin ist sauer (7,0). Darum darf nicht zuviel davon in der Spritze sein. Normalerweise wird etwas Heparin in die Spritze aufgezogen und anschließend das gesamte Volumen wieder herausgespritzt. Der im Spritzenkonus verbleibende Anteil genügt zur Gerinnungshemmung. Es stehen inzwischen auch spezielle, bereits heparinisierte BGA-Spritzen zur Verfügung.

Punktionsorte

Bevorzugte Punktionsorte für die Abnahme einer arteriellen Blutprobe sind:

Tab. 7.3 p_aO_2-Werte (in Abhängigkeit vom Alter)

Alter	P_aO_2 unter Atmung von Raumluft
3 bis 5 Stunden	ca. 60 mmHg (8,0 kPa)
6 bis 24 Stunden	ca. 68 mmHg (9,1 kPa)
25 bis 48 Stunden	ca. 73 mmHg (9,7 kPa)
3 bis 4 Tage	ca. 78 mmHg (10,4 kPa)
5 bis 10 Tage	ca. 80 mmHg (10,7 kPa)
11 bis 40 Tage	ca. 78 mmHg (10,4 kPa)
1 bis 10 Monate	ca. 85 mmHg (11,3 kPa)
1 bis 8 Jahre	ca. 90 mmHg (12,0 kPa)
10 bis 20 Jahre	ca. 96 mmHg (12,8 kPa)
40 Jahre	ca. 92 mmHg (12,3 kPa)
60 Jahre	ca. 83 mmHg (11,1 kPa)
80 Jahre	ca. 75 mmHg (9,5 kPa)

- vor allem Arteria radialis
- selten Arteria femoralis
- Ausweichmöglichkeiten: Arteria dorsalis pedis

Arteria radialis

Die Arteria radialis am Handgelenk ist die sicherste und am leichtesten zugängliche Punktionsstelle. Das Gefäß liegt oberflächlich, größere benachbarte Venen fehlen. Außerdem besteht zumeist ein ausreichender Kollateralkreislauf über die Arteria ulnaris.

Der Arm muß sorgfältig gelagert und im Handgelenk überstreckt werden. Nach mehrmaliger Desinfektion ist beim wachen Patienten möglichst eine Lokalanästhesie vor der Punktion durchzuführen. Zur Punktion eignet sich z.B. eine 22-Gauge-Stahlkanüle.

Nach Abnahme der Blutgasanalyse muß die Luft sofort aus der Spritze entfernt und die Spritze muß luftdicht verschlossen werden. Die Punktionsstelle ist mehrere Minuten sorgfältig zu komprimieren, damit kein Hämatom auftritt.

Arteria femoralis

Der Punktionsort liegt knapp unterhalb des Leistenbandes. Hier verlaufen von **i**nnen nach außen: die **V**ena femoralis, die **A**rteria femoralis und der **N**ervus femoralis („Eselsbrücke": IVAN). Die Kanüle wird senkrecht zur Haut eingestochen. Denkbar ist eine Verletzung des lateral der Arterie verlaufenden Nerven sowie eine versehentliche Punktion der medial der Arterie verlaufenden Vene.

Komplikationen einer arteriellen Punktion können sein:

- Gefäßspasmus
- intravasale Gerinnsel-(thrombose)bildung
- Hämatom

Arterialisiertes Kapillarblut

Bei Neugeborenen und Kleinkindern liefert die Analyse von arterialisiertem Kapillarblut ausreichend genaue Werte, wenn die Durchblutung im Punktionsbereich gut ist. Bei Zentralisation ist dieses Verfahren hingegen unzulässig.

Es sollte ein stark kapillarisiertes Gefäßbett wie Ferse, Ohrläppchen, Fingerbeere oder Großzehe für die Punktion gewählt werden. Nach Erwärmung (Hyperämisieren) mit Salbe oder kräftigem Reiben der voraussichtlichen Punktionsstelle sollte ein tiefer Einstich in das hyperämisierte Gebiet mit einer Lanzette vorgenommen werden. Das Blut muß frei austreten. Das Gewebe darf nicht stärker gequetscht werden. Nun ist eine heparinisierte Kapillare an den Blutstropfen zu führen. Das Blut muß leicht in die waagrecht gehaltene Kapillare fließen. Es ist darauf zu achten, daß keine Luftblasen in die Kapillare eintreten.

Analyse

Gemischt-venöse Blutgasanalyse

Eine gemischt-venöse Blutgasanalyse ist nur aus dem Blut der Arteria pulmonalis möglich, denn hier befindet sich ein repräsentatives Mischblut aus dem Gesamtkörper (gemischtes Blut aus Vena cava superior und Vena cava inferior).

Zentral-venöse Blutgasanalyse

Zentral-venöses Blut wird aus einer zentralen Vene, also zumeist aus der Vena cava superior oder dem rechten Vorhof (über einen Kavakatheter) abgenommen. Das zentral-venöse Blut repräsentiert normalerweise nur das Blut aus der oberen Körperhälfte, nicht das Blut des Gesamtkörpers.

Peripher-venöse Blutgasanalyse

Blutgasanalysen aus peripher-venösem Blut sind in keiner Weise für die pO_2- und pCO_2-Bestimmung geeignet. Das Ergebnis ist zu stark abhängig von der lokalen Perfusion.

Aufbewahrung bzw. Verarbeitung der Probe

Das entnommene Blut stellt nach wie vor ein lebendes Gewebe dar, das Sauerstoff verbraucht und CO_2 produziert.

Nach der Entnahme sollte das Blut sofort analysiert werden. Ist dies nicht möglich, so muß die Stoffwechselaktivität des entnommenen Blutes durch Lagerung bei 4 °C gesenkt werden. Bei dieser Temperatur kann das Blut ohne wesentliche Veränderungen ca. ein bis zwei Stunden aufbewahrt werden. Es ist darauf zu achten, daß keine Luftblasen in der Spritze sind. Viele kleine Luftblasen sind ungünstiger als eine größere Luftblase (größere Oberfläche).

Temperaturkontrolle

Die meisten Blutgasanalysatoren liefern Werte für eine normale Körpertemperatur von 37 °C. Bei Unterkühlung oder Fieber sollte die aktuelle Körpertemperatur dem Labor mitgeteilt werden bzw. am Blutgasanalysengerät eingestellt werden. Manchmal wird allerdings keine Temperaturkorrektur empfohlen.

Künstliche Ernährung

Da Intensivpatienten zumeist sediert oder komatös sind, können sie sich nicht selbst ernähren. Es muß entweder eine **parenterale Ernährung** (intravenöse Ernährung unter Umgehung des Gastrointestinaltraktes) oder eine **enterale Ernährung** (über den Gastrointestinaltrakt) durchgeführt werden. Die totale parenterale Ernährung sollte sobald als möglich verlassen und zumindest zusätzlich eine enterale Ernährung, also eine **enterale/parenterale Ernährung** durchgeführt werden. Anzustreben ist – sobald eine ausreichende Darmfunktion vorhanden ist – die reine enterale Ernährung.

Das Gleichgewicht zwischen aufbauenden (anabolen) und abbauenden (katabolen) Stoffwechselprozessen ist z.B. nach schweren Verletzungen und großen Operationen zugunsten einer katabolen Stoffwechsellage verschoben. Es wird von einem sogenannten **Postaggressionssyndrom** gesprochen. Ursache ist unter anderem eine erhöhte Konzentration an Katecholaminen (z.B. Adrenalin). Aufgrund des hierbei gesteigerten Metabolismus (Hypermetabolismus) ist vor allem ein **vermehrter Eiweißabbau** zu befürchten. Eiweiße werden abgebaut und (neben Kohlenhydraten und Fetten) als Energielieferanten verbrannt. Da beim Abbau von Aminosäuren Harnstoff anfällt, ist im Katabolismus die Harnstoffkonzentration im Blut erhöht (Normalwert: 2,5–6,7 mmol/l bzw. 15–40 mg/dl).

Wichtiges Ziel der künstlichen Ernährung ist es, das Ausmaß der Katabolie im Postaggressionsstoffwechsel zu minimieren. Ein erhöhter Eiweißabbau könnte zu verzögerter Wundheilung und verminderter Infektabwehr aufgrund eines Mangels an Immunglobulinen führen.

Bei der künstlichen Ernährung müssen die notwendigen Bausteine Kohlenhydrate, Fette, Eiweiße, Wasser, Elektrolyte, Vitamine und Spurenelemente verabreicht werden. Die einzelnen Bausteine müssen in adäquater Menge verabreicht werden (vgl. Tab. 7.4).

Der Energiebedarf beim Intensivpatienten liegt in der Größenordnung von 30–40 kcal/kg KG/Tag.
Der Energiebedarf des Menschen in Ruhe beträgt ca. 25 kcal/kg KG pro Tag. Je nach Aktivität, Streßsituation oder Fieber liegt der tatsächliche Energiebedarf mehr oder weniger über dem Ruheenergieumsatz von 25 kcal/kg KG/Tag. Bei geringer Aktivität bzw. geringer Streßsituation beträgt der Energiebedarf 1,2 x Ruheenergieumsatz. Bei mittlerer bzw. starker Streßsituation ist der 1,4- bzw. 1,6-fache Ruheenergieumsatz notwendig. Außerdem steigt der Energiebedarf pro Grad Fieber um ca. 10% des Ruheenergiebedarfs an.

Enterale Ernährung

Die enterale Ernährung ist nicht nur physiologischer als die parenterale Ernährung, sie ist

Tab. 7.4 Beispiel für einen Infusionsplan zur totalen parenteralen Ernährung bei einem 70 kg schweren Patienten (ASL = Aminosäurenlösung).

Zeit	Infusionslösung	ml	K^+	Na^+ [mmol]	Cl^-	Zusätze	kcal
5:00 bis 17:00	Glukose 50%	450	35	40	35	+ 40 ml Inzolen + 20 ml Natriumglycerophosphat	900
17:00 bis 5:00	Glukose 50%	450	35	40	35	+ 5 ml Magnorbin 20% + 10 ml Calcium gluconicum 10%	900
5:00 bis 17:00	ASL 10%	350					
17:00 bis 5:00	ASL 10%	350					
5:00 bis 17:00	Lipofundin 20%	250				+ 5 ml Vitalipid adult (5 kcal)	450
17:00 bis 5:00	Lipofundin 20%	250				+ 5 ml Vitalipid adult (5 kcal)	450

auch komplikationsärmer, billiger und einfacher. Initial ist gegebenenfalls eine enterale Ernährung über eine **Magen-** oder – bei Magenatonie oder -ausgangsstenose – über eine **Duodenal-** oder **Jejunalsonde** notwendig. Eine spezielle Sonde stellt die sogenannte **Trilumensonde** dar. Neben einem Belüftungsschenkel reicht ein Schenkel in den Magen und ein weiterer bis in das Jejunum. Diese Sonde wird bei Patienten mit hohem Reflux angelegt, die dennoch enteral ernährt werden sollen. Sie erhalten die Nahrung jejunal. Gastral kann überschüssiges Sekret entleert werden. Ist absehbar, daß der Patient auf lange Sicht künstlich ernährt werden muß (z.B. in Form einer Palliativmaßnahme), so empfiehlt sich die Anlage einer **PEG-Sonde** (= **p**erkutane **e**ndoskopische **G**astrostomie). Bewährt hat sich die Verwendung industriell hergestellter Sondennahrung. Den industriell hergestellten Sondennahrungen müssen meist noch Vitamine und Elektrolyte zugesetzt werden, da deren Gehalt unzureichend ist.

Über die Magensonde bzw. die PEG-Sonde sollten als Einzelportionen 30 bis maximal 300 ml verabreicht werden. Zuvor ist jeweils das Magensekret abzusaugen.

Der Restmageninhalt ist ein Parameter für die Magen-Darm-Aktivität. (Falls vor Gabe der nächsten enteralen Portion beim Erwachsenen mehr als ca. 100 ml aus dem Magen abgesaugt werden können, dann sollte keine neue Sondenkost verabreicht werden.)

Bei Duodenal- und Jejunalsonden sollten maximal 80 ml pro Portion verabreicht werden, um Spasmen des Duodenums oder Kreislaufproblemen (wegen plötzlichem Einstrom größerer Flüssigkeitsmengen in das Darmlumen; s.u.) vorzubeugen. Wenn möglich, ist eine kontinuierliche Gabe mittels Pumpe (z.B. Flexiflo, Fa. Abboth) durchzuführen.

Die enterale Ernährung sollte wegen der Gefahr einer Aspiration in leichter Oberkörperhochlage (ca. 30 Grad) durchgeführt werden und ist daher z.B. in Bauchlage kontraindiziert. Muß ein Patient vor einer geplanten Untersuchung nüchtern sein oder muß er sich einem therapeutischen Eingriff unterziehen, dann darf über die Magensonde oder PEG vorher 6–8 Stunden lang keine Nahrung verabreicht werden.

Nach der Verabreichung eines Nahrungsbolus sollte die Sonde jeweils mit etwas Tee klargespült werden, damit sie offen gehalten und der Nährboden für Keime entfernt wird. Wegen der Gefahr der Verkeimung sollte Sondenkost in einem geschlossenen System verabreicht werden, das nach 24 Stunden zu wechseln ist. Wird kein geschlossenes System verwendet, dann muß sie meist gekühlt (!) und spätestens nach 8 Stunden verworfen werden. Eine Ernährungspause (z.B. über die Nacht) ist bei der duodenalen Verabreichung nicht nötig. Bei einer pumpengesteuerten Gabe über Magensonde oder PEG-Sonde sollte jedoch nachts eine Verabreichungspause eingehalten werden, damit sich das saure Milieu des Magens mit seiner bakteriostatischen Wirkung wieder regenerieren kann.

Bei der Magen-, Duodenal-, Jejunal- und Trilumensonde ist auf eine sichere Fixierung an der Nase mit täglichem Pflasterwechsel zu achten. Bei Verdacht auf eine Dislokation der Duodenal-, Jejunal- oder Trilumensonde kann der pH-Wert nach Aspiration von Sekret aussagekräftig sein, der duodenal und jejunal etwa bei einem Wert von 8 liegt (gastral bei einem Wert von 2). Zeigt sich bei einer anschließenden Röntgenkontrolle eine Lageverschiebung (Dislokation), dann muß die Duodenal- oder Jejunalsonde meist endoskopisch korrigiert werden. Die PEG-Sonde ist in der Regel angenäht und wird mit Desinfektion, Schlitzkompressen und zusätzlichem Pflaster steg versorgt und gesichert.

Bei der **Sondenkost** wird unterschieden zwischen der chemisch (CDD)- und der nährstoffdefinierten (NDD) Diät. Während die chemisch definierte Kost aus niedermolekularen leichtverdaulichen Bestandteilen zusammengesetzt ist und damit keiner Verdauungs-

enzyme aus Mangen und Pankreas bedarf (= Astronautenkost), enthält die nährstoffdefinierte Kost hochmolekulare Bausteine, die die vollständige Verdauungsleistung erfordern. Hochmolekulare Kost darf aufgrund der mangelnden Vorverdauung also nicht duodenal bzw. jejunal verabreicht werden. Dies führt sonst zu kontinuierlichen Durchfällen, vor allem auch zu einer fehlenden Resorption der benötigten Nahrungsbestandteile.
Komplikationen der Sondenernährung können sein:

- „stille" Aspiration
  bei mangelnden Schutzreflexen und unzureichend geblocktem Cuff, gesteigertem Reflux nach Magen- oder Ösophagusresektion, Sondenfehllage (z.B. im Tracheobronchialsystem)
- Durchfall und mangelnde Resorption
  durch zu schnelle Zufuhr, zu schnellen Nahrungsaufbau, zu große Mengen, verkeimte Sondenkost oder falschen Verabreichungsweg. In diesem Zusammenhang ist das sogenannte Dumping-Syndrom zu beachten. Das sogenannte Frühdumping äußert sich unmittelbar nach der zu raschen Verabreichung hochmolekularer Nahrungsbestandteile. Dadurch kommt es zu einem schnellen Bluteinstrom in den Dünndarm mit Blässe, Übelkeit und Schweißausbruch des Patienten (bis hin zur Schocksymptomatik). Beim Spätdumping kommt es erst wenige Stunden nach der Gabe schnellresorbierbarer Kost aufgrund einer vermehrten Insulinausschüttung zu Symptomen einer Hypoglykämie.
- Sondenverstopfung
  durch mangelndes Nachspülen nach Kost- oder Medikamentenverabreichung
- Infektion der Einstichstelle der PEG

Totale parenterale Ernährung

Ist wegen unzureichender Magen-Darm-Funktion eine totale parenterale Ernährung notwendig, so müssen die Bausteine der Ernährung, also

- Kohlenhydrate
- Fette
- Eiweiße (in Form von Aminosäurelösungen; ASL)
- Flüssigkeit
- Elektrolyte
- Vitamine
- Spurenelemente

in einem ausgewogenen Verhältnis und einer bedarfsadaptierten Menge verabreicht werden. Mit der totalen parenteralen Ernährung sollte 1–2 Tage nach der Operation bzw. dem Trauma begonnen werden, damit der empfindliche Säure-Basen- sowie Flüssigkeits- und Elektrolythaushalt während der katabolen Phase des Postaggressionsstoffwechsels stabilisiert werden kann. Bei schwerstkranken Patienten und auch nach großen Operationen muß zumeist eine vorübergehende totale parenterale Ernährung durchgeführt werden, bis sich die Darmfunktion wieder zu normalisieren beginnt.
Um stärkere Schwankungen in der Infusionsgeschwindigkeit parenteraler Ernährungslösungen zu verhindern, sind diese über eine Infusionspumpe zu verabreichen.

> Eine parenterale Ernährung macht eine 2- bis 6stündliche Kontrolle des Blutzuckers und Urinzuckers sowie eine 6- bis 12-stündliche Kontrolle der Elektrolyte sowie eine einmalige Kontrolle pro Tag von Harnstoff/Kreatinin notwendig.

Kohlenhydrate

50–70% der benötigten Energie sollten in Form von Kohlenhydraten verabreicht werden. Kohlenhydrate werden normalerweise in Form von Glukose zugeführt. (Glukoseaustauschstoffe wie Fruktose, Xylit und Sorbit werden nur noch sehr selten eingesetzt.) Der Glukosebedarf liegt normalerweise bei ca.

4–6 g/kg KG/Tag. Die Anfangsdosis wird mit 1,5–2,0 g/kg KG/Tag angegeben. Die Dosis kann um 1 g/kg KG/Tag bis zu einer Maximaldosis von 6(–10) g/kg KG/Tag gesteigert werden.

1 g Kohlenhydrate liefert 4,0 kcal = 17 kJ.

Glukose wird meist in Form hochprozentiger (bis 70%iger) Glukoselösungen verabreicht. Da höherprozentige Glukoselösungen (> 10%) deutlich hyperton sind (Glukose 70%: 3500 mOsm; Glukose 10%: 500 mOsm), dürfen sie nur über einen zentralen Venenkatheter verabreicht werden (s. S. 167). Glukose wird (zusammen mit Kalium) in die Zellen aufgenommen. Hierfür ist Insulin notwendig. Besteht ein Insulinmangel (Diabetes mellitus) oder ist die Wirkung von Insulin vermindert (Insulinresistenz), was im Rahmen des Postaggressionsstoffwechsels häufiger der Fall ist, dann wird weniger Glukose in die Zellen aufgenommen. Es droht ein Anstieg der Blutzuckerkonzentration (eine Hyperglykämie). Bei Gabe von Glukoselösungen ist die Blutzuckerkonzentration regelmäßig zu bestimmen. Insbesondere bei Beginn einer totalen parenteralen Ernährung kann eine Glukoseverwertungsstörung mit Hyperglykämie auftreten, so daß anfangs meist eine reduzierte Glukosezufuhr sinnvoll ist. Bei Anstieg der Blutzuckerkonzentration über ca. 200 mg/dl und bei Auftreten einer Glukosurie ist die Glukosezufuhr zu reduzieren. Intravenöse Altinsulingaben sollten möglichst vermieden werden, da Insulin die Fettfreisetzung aus körpereigenen Reserven behindert. Bleibt die Blutzuckerkonzentration trotz Reduktion der Glukosezufuhr über 250 mg/dl, dann kann Altinsulin (bis 4 IE/h) zugeführt werden. Eine übermäßige Glukosezufuhr kann zu einer Leberverfettung führen, da überschüssige Glukose zu Fettsäuren umgewandelt wird. Bei einer vermehrten Glukoseaufnahme in die Zellen wird auch vermehrt Kalium und Phosphat in die Zellen aufgenommen, so daß es öfters zu einem Kalium- und Phosphatmangel im Blut kommen kann (Normalwert für Phosphat: 0,8–1,6 mmol/l).

Fette

Normalerweise werden ca. 1–1,5(–2) g/kg KG/Tag oder 30–50% des gesamten Kalorienbedarfs in Form von 10- oder 20%igen Fettlösungen verabreicht (z.B. Lipofundin). Inzwischen werden Fettemulsionen der zweiten Generation empfohlen, die ein Gemisch aus mittelkettigen und langkettigen Triglyceriden darstellen (Lipofundin MCT). Am zweiten postoperativen Tag werden meist nur 0,5 g/kg KG/Tag verabreicht. Die Dosis sollte höchstens um 0,25–0,5 g/kg KG jeden Tag bis zu einer Maximaldosis von 1,5(–2) g/kg KG/Tag gesteigert werden. Fette weisen einen sehr hohen Energiewert auf.

1 g Fett liefert 9,0 kcal = ca. 38 kJ.

Fette sind aufgrund ihrer Wasserunlöslichkeit nicht osmotisch aktiv (ca. 260 mOsm), führen zu keiner Venenreizung und könnten auch über eine dünne periphere Vene verabreicht werden. Fettemulsionen sollten möglichst nicht mit Glukose- oder Aminosäurelösungen über einen gemeinsamen Zugang verabreicht werden. Bei einer ungenügenden Verstoffwechselung der zugeführten Fettlösungen droht eine Hyperlipidämie mit Anstieg des Triglyceridwertes (Normalwert: 50–180 mg/dl bzw. 0,4–2,3 mmol/l). Bevor die Fettzufuhr gesteigert wird, sollte die Triglyceridkonzentration kontrolliert werden. Kontraindikation für eine Fettzufuhr ist eine Hypertriglyceridämie (> 300 mg/dl bzw. 3,1 mmol/l).

Täglich sollten fettlösliche Vitamine (Vitalipid) verabreicht werden (vgl. Tab. 7.4).

Eiweiße (Aminosäuren)

Eiweiße haben zwar einen Brennwert von 4,0 kcal/g (= ca. 17 kJ), sollten jedoch nicht mit dem Ziel verabreicht werden, als Energieträger zu dienen. Sie sind für den Baustoffwechsel gedacht.

Eiweiße sollten daher immer zusammen mit Energieträgern in Form von Kohlenhydraten und/oder Fettinfusionen verabreicht werden. Eiweiße werden im Rahmen der parenteralen Ernährung in Form von (meist 10%igen) Aminosäurelösungen in einer Dosierung von 1–2 g/kg KG/Tag verabreicht, um einen Abbau körpereigener Eiweiße (katabole Stoffwechselsituation) zu vermeiden (Aminosäurelösung, z.B. ASL 10%). Die Anfangsdosis beträgt 0,5–1,0 g/kg KG/Tag. Die Dosis kann pro Tag um bis zu 0,5 g/kg KG/Tag bis auf 2,0 g/kg KG/Tag gesteigert werden. Aminosäurelösungen sind hyperosmolar und sind daher über einen zentralen Venenkatheter zu verabreichen. Bei Vorliegen einer Niereninsuffizienz oder einer schweren Leberschädigung werden zum Teil modifizierte Aminosäurelösungen verwendet (z.B. Aminosteril N-Hepa 8%).

Flüssigkeit, Elektrolyte, Vitamine und Spurenelemente

- Der Flüssigkeitsbedarf beträgt 30(–40) ml/kg KG/Tag. Damit wird z.B. auch die Perspiratio (Flüssigkeitsverlust über Haut und Atmung) ersetzt. Die Perspiratio wird mit 10–12 ml/kg KG/Tag und pro Grad Fieber (> 37,5 °C) mit zusätzlich 2 ml/kg KG/Tag angenommen. Bei intubierten Patienten mit Anfeuchtung des Inspirationsgemisches wird die Perspiratio lediglich mit 50% veranschlagt.
- Der Natriumbedarf beträgt 1,0–1,5 mmol/kg KG/Tag.
  Der Kaliumbedarf beträgt 1,0–1,5 mmol/kg KG/Tag.
  Der Chloridbedarf beträgt 1–2 mmol/kg KG/Tag (vgl. Tab. 7.5).
- Zusätzlich sind
  - Phosphat (Natriumglycerophosphat; 20 ml enthalten 20 mmol Phosphat und 40 mmol Natrium, evtl. Kaliumphosphat; 30 ml enthalten 18 mmol Phosphat und 30 mmol Kalium),
  - Kalzium (Kalziumglukonat; 10 ml enthalten 4,5 mmol oder Kalziumchlorid 10%; 10 ml Kalziumchlorid 7,35% enthalten 5 mmol Kalzium) und
  - Magnesium (Magnorbin 20%; 20 ml enthalten 10 mmol Magnesium)

  zu ersetzen (vgl. Tab. 7.5).

Der **Vitaminbedarf** kann mit Multivitaminpräparaten gedeckt werden. Wasserlösliche Vitamine (z.B. 1 Ampulle Polybion [2 ml] pro Tag = Vitamin-B-Komplex) sollten bereits ab dem ersten Tag verabreicht werden. Zusätzlich sind 100 mg Vitamin C pro Tag und zweimal pro Woche 2 mg Folsäure (1 Ampulle = 2 ml Folsan) zu substituieren. Alternativ kann auch ein Kombinationspräparat, z.B. Soluvit verabreicht werden, das alle wasserlöslichen Vitamine enthält; täglich 1 Ampulle (lichtempfindliches Medikament). Fettlösliche Vitamine (Vitamine A, K, D, E; z.B. 1 Ampulle Vitalipid adult bzw. infantibus = 10 ml pro Tag) sollten ab dem 3.–5. Tag verabreicht werden. Vitamine sind häufig lichtempfindlich und sollten daher als Kurzinfusion verabreicht werden.
Der Bedarf an **Spurenelementen** (z.B. Eisen, Zink, Kupfer, Chrom, Fluor, Jod, Kobalt, Mangan) kann mit z.B. Inzolen (0,5[–1,0] ml/kg KG/Tag) oder Addel N (1 Ampulle = 10 ml pro Tag; nur für Erwachsene) gedeckt werden.
Elektrolyte, Vitaminlösungen und Spurenelemente können den Glukoselösungen zugesetzt werden. Fettlösliche Vitamine (z.B. Vitalipid adult oder infantibus) sind den Fettlösungen zuzusetzen. Zu beachten ist allerdings, daß In-

Tab. 7.5 Basisbedarf pro Tag.

H_2O	30	ml/kg KG
kcal	30	kcal/kg KG
Aminosäuren	1–2	g/kg KG
Na^+	1,0–1,5	mmol/kg KG
K^+	1,0–1,5	mmol/kg KG
Cl^-	1,0–2,0	mmol/kg KG
Ca^{2+}	0,1	mmol/kg KG
PO_4^{3-}	0,2	mmol/kg KG
Mg^{2+}	0,05	mmol/kg KG
Verteilung der Kalorienträger		
Glukose	4–6	g/kg KG
Fett	1–2	g/kg KG

zolen bzw. Addel N nicht in magnesium- oder kaliumphosphathaltige Infusionslösungen zugesetzt werden darf, ansonsten kommt es zu Ausfällungen oder Verfärbungen. Kaliumphosphat bzw. Natriumglycerophosphat darf wiederum kalzium- und magnesiumhaltigen Lösungen nicht zugesetzt werden.

Neben der kontinuierlichen klinischen Überwachung, die von Pflege- und Ärztepersonal vorzunehmen ist, muß mindestens dreimal pro Tag vom Arzt eine ausführliche körperliche Untersuchung vorgenommen werden. Die apparative Überwachung von Organfunktionen wird als Monitoring bezeichnet.

Überwachung des Intensivpatienten

Allgemeine Bemerkungen

Bei Intensivpatienten sind sämtliche relevanten Organsysteme, vor allem Herz-Kreislauf-Funktion, Atmung, Säure-Basen-Haushalt, Wasser-Elektrolyt-Haushalt und Blutgerinnung klinisch, apparativ und gegebenenfalls laborchemisch zu überwachen.

> Je stärker eine Organfunktion beeinträchtigt ist, desto intensiver und engmaschiger muß die Überwachung sein.

Überwachung der Herz-Kreislauf-Funktion

Da bei Intensivpatienten häufig eine Beeinträchtigung des Herzens (z.B. Herzinsuffizienz) und der Kreislaufsituation (Sepsis oder starke Blutung) vorliegt, ist die Überwachung der Herz-Kreislauf-Funktion von größter Wichtigkeit. Neben der klinischen Überwachung (Hautfarbe, Kapillardurchblutung, Rekapillarisierungszeit) ist insbesondere die apparative Überwachung von EKG, arteriellem Blutdruck und zentralem Venendruck (gegebenenfalls pulmonalarteriellem Druck und pulmonalkapillärem Verschlußdruck) wichtig.

Überwachung des EKG

Bei jedem Intensivpatienten wird routinemäßig eine EKG-Überwachung durchgeführt. Erkannt werden können damit:
- Herzfrequenz (Tachykardie? Bradykardie?)
- Herzrhythmus (supraventrikuläre, ventrikuläre Extrasystolen? Vorhofflimmern bzw. -flattern?)
- verminderte Koronardurchblutung (Myokardischämie? ST-Strecken-Senkung?)
- akuter Herzinfarkt (ST-Strecken-Hebung?)
- Kammerflattern
- Kammerflimmern
- Asystolie

Bei der **EKG-Ableitung** werden die während der Depolarisation und Repolarisation der Herzmuskulatur auftretenden Ströme über Hautelektroden gemessen. Für die Routineüberwachung reicht meist die Brustwandableitung mit drei Elektroden. Diese sind folgendermaßen zu plazieren:
- rot 2. ICR Medioklavikularlinie rechts
- gelb 2. ICR Medioklavikularlinie links
- grün/schwarz 6. ICR Medioaxillarlinie links

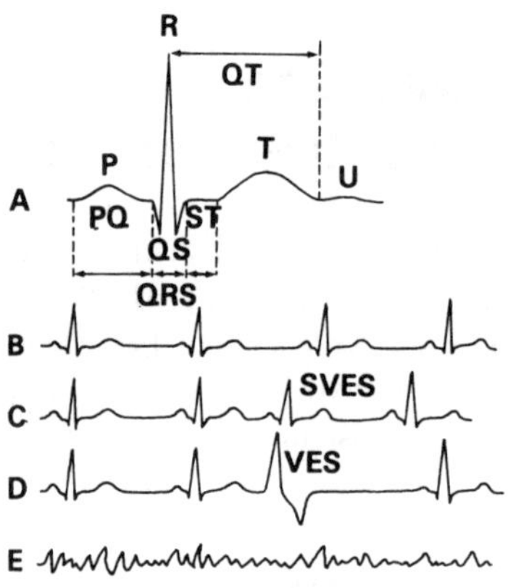

Abb. 7.7 Darstellung einer normalen EKG-Kurve. A = Nomenklatur der EKG-Kurve, B = normale EKG-Ableitung, C = **s**upra**v**entrikuläre **E**xtra**s**ystole (SVES), D = **v**entrikuläre **E**xtra**s**ystole (VES), E = Kammerflimmern.

Am EKG-Monitor wird hierbei die Ableitung II eingestellt (s. S. 26).
In Abbildung 7.7 B ist eine normale EKG-Ableitung dargestellt. Die positive P-Zacke repräsentiert die elektrische Erregung der Vorhöfe. Die positive R-Zacke entspricht der Erregung der Ventrikel. Während der ST-Strecke bleiben die Ventrikel depolarisiert, und die positive T-Zacke entspricht der Repolarisierung der Ventrikel. Vor der R-Zacke befindet sich die kleine negative Q-Zacke, die bei Vorliegen eines alten Herzinfarktes zumeist vergrößert ist. Nach der R-Zacke tritt die kleine negative S-Zacke auf. Q-, R- und S-Zacken werden zusammen als **QRS-Komplex** bezeichnet. Die Bezeichnung dieser Zacken stellt eine willkürlich entnommene Reihe aus dem Alphabet (P, Q, R, S, T, U) dar (Abb. 7.7, A).

Häufige Veränderungen des Herzrhythmus

Sinustachykardie

EKG-Kurve mit **erhöhter Frequenz** über 100 Schlägen pro Minute beim Erwachsenen. **Ursächlich** kommen
- Fieber
- Schmerz
- Streß
- Hyperthyreose
- Atropingabe oder z.B.
- Adrenalingabe (Suprarenin)

in Frage.

Sinusbradykardie

EKG-Kurve mit **erniedrigter Frequenz** unter 60 Schlägen pro Minute beim Erwachsenen. Mögliche **Ursachen:**
- vagale Reizung
- Digitalisintoxikation, Überdosierung von Beta-Blockern
- Überdosierung von Noradrenalin (Arterenol) (die zu einem extremen Blutdruckanstieg mit reflektorischer Bradykardie führt, s. S. 271)

- Cushing-Reflex (starke Steigerung des intrakraniellen Drucks mit Blutdruckanstieg und reflektorischer Bradykardie, s. S. 242)
- Herzinfarkt

Die **Behandlung** einer Bradykardie besteht nach Möglichkeit in einer kausalen Therapie der zugrundeliegenden Ursache, z.B. Unterbrechung eines vagalen Reizes (z.B. operativer Zug an den äußeren Augenmuskeln mit Auslösung eines okulokardialen Reflexes; s. S. 256). Ist dies nicht möglich, so muß – falls die Herz-Kreislauf-Funktion beeinträchtigt ist – eine symptomatische Behandlung (Atropin, Orciprenalin, Schrittmacheranlage o.ä.) durchgeführt werden.

Extrasystolen

Bei einer Extrasystole handelt es sich um eine verfrüht auftretende elektrische Erregung des Herzens. Je nachdem, von welcher Stelle der Herzmuskulatur der elektrische Reiz ausgeht, wird von einer **supraventrikulären** oder **ventrikulären Extrasystole** gesprochen.

Eine **supraventrikuläre Extrasystole** hat ihren Ursprung im Bereich der Vorhöfe (oder des AV-Knotens), das heißt in der Nähe des Sinusknotens. Der QRS-Komplex ist bei einer supraventrikulären Extrasystole daher gleich konfiguriert wie bei einer normalen Sinuserregung. Normalerweise sind lediglich die P-Zacke bzw. der Abstand zwischen P- und Q-Zacke verändert (vgl. Abb. 7.7, C).
Eine **ventrikulare Extrasystole** nimmt ihren Ursprung im Bereich der Ventrikel. Der QRS-Komplex ist typischerweise extrem verformt (vgl. Abb. 7.7, D). Nach einer ventrikulären Extrasystole tritt der nächste QRS-Komplex etwas verzögert auf **(kompensatorische Pause).** Wechseln sich ventrikuläre Extrasystolen mit jeweils einem normalen QRS-Komplex ab, so wird von einem **Bigeminus** gesprochen. Sind die ventrikulären Extrasystolen unterschiedlich deformiert, so bedeutet dies, daß sie von unterschiedlichen Arealen im Bereich der Ventrikel entspringen **(multifokale Extrasystolen).**
Lediglich gehäufte Extrasystolen sind therapiebedürftig. Hierfür kann z.B. Lidocain verwendet werden. Nach einem initialen Bolus (1 mg/kg KG) muß aufgrund der kurzen Wirkdauer des Medikamentes gegebenenfalls eine kontinuierliche Infusion durchgeführt werden.
Zur Behandlung ventrikulärer Herzrhythmusstörungen kommt auch vermehrt Ajmalin (Gilurytmal) bzw. Amiodaron (Cordarex) zum Einsatz.

Kammerflimmern

Die EKG-Grundlinie sieht wellenförmig und verzittert aus, es sind keine QRS-Komplexe zu erkennen (vgl. Abb. 7.7, E). Das Herz steht funktionell still, innerhalb weniger Sekunden tritt eine Bewußtlosigkeit auf. Der Patient ist pulslos.
Die **Behandlung** besteht in einer sofortigen Defibrillation bzw. mechanischen und medikamentösen Reanimation.

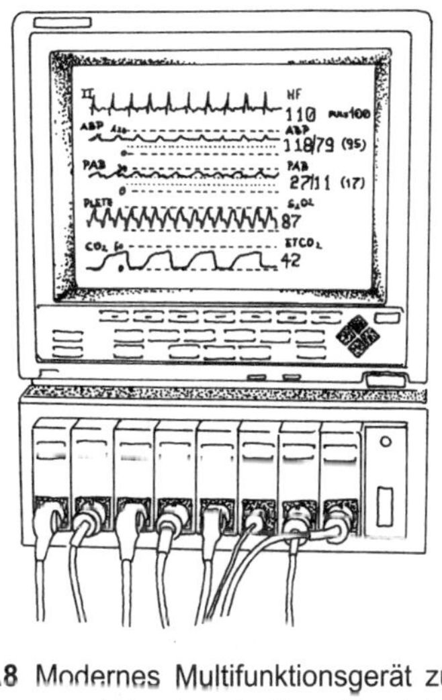

Abb. 7.8 Modernes Multifunktionsgerät zur Überwachung von Intensivpatienten. Darstellung von Herzfrequenz, arteriellem Blutdruck, pulmonalarteriellem Druck, arterieller Sauerstoffsättigung und endexspiratorischem CO_2.

Moderne **EKG-Geräte** verfügen über die Möglichkeit, den auf dem Monitor angezeigten EKG-Streifen „einzufrieren" oder evtl. auszudrucken, um so akute Veränderungen zu dokumentieren. Inzwischen werden zumeist **Multifunktionsgeräte** eingesetzt, mit denen nicht nur das EKG, sondern z.B. auch arterieller Blutdruck, Körpertemperatur, arterielle Sauerstoffsättigung, endexspiratorische CO_2-Kurve (Kapnogramm) und andere Parameter zumeist als Kurve sowie als digitaler Wert angezeigt werden (vgl. Abb. 7.8). Sämtliche Alarme des Monitors müssen sinnvoll eingeschaltet sein!

Überwachung des arteriellen Blutdrucks

Bei schwerkranken Patienten reicht die auskultatorische Messung des arteriellen Blutdrucks nach **R**iva-**R**occi (RR) nicht aus. Normalerweise wird bei Intensivpatienten eine kontinuierliche blutig-arterielle Druckmessung vorgenommen (s. S. 172). Um ein Verstopfen des intraarteriellen Katheters zu verhindern, wird bei Intensivpatienten stets eine kontinuierliche Spülung des arteriellen Zugangs durchgeführt (s. S. 174).

> Die Aussagekraft des arteriellen Blutdrucks ist jedoch beschränkt. Entscheidender Parameter ist der Blutfluß zu den Organen.

Es ist z.B. denkbar, daß der Blutdruck weitgehend normal ist, obwohl der Blutfluß (das Herzzeitvolumen) deutlich erniedrigt ist, da ein sehr hoher totaler peripherer Gefäßwiderstand (bei einem Volumenmangel mit peripherer Vasokonstriktion) vorliegt. In diesem Falle wäre evtl. die Organdurchblutung trotz scheinbar normalem Blutdruck unzureichend.

> Es gilt die Beziehung:
> **MAP = HMV × TPR**
> MAP = mittlerer arterieller Druck (**m**ean **ar**terial **p**ressure)
> HMV = **H**erz**m**inuten**v**olumen
> TPR = totaler peripherer Widerstand (**t**otal **p**eripheral **r**esistance)

Überwachung/Messung des zentralen Venendrucks

Bezüglich der Plazierung eines Kavakatheters (s. S. 167) sowie der Messung des zentralen Venendrucks und der Interpretation der erhobenen Werte (s. S. 181) wird auf die entsprechenden Kapitel verwiesen.

Überwachung/Messung des pulmonalarteriellen Drucks und des pulmonalkapillären Verschlußdrucks

Bezüglich der Plazierung eines Pulmonalarterienkatheters (s. S. 177) sowie der Interpretation der damit gewonnenen Werte (s. S. 181) wird auf die entsprechenden Kapitel verwiesen.

Überwachung der Atmung/Beatmung

Klinische Überwachung der Atmung

Inspektion

Mittels Inspektion können die **Atembewegungen** beurteilt werden. Sind Atembewegungen überhaupt vorhanden oder wird der Patient im Moment gar nicht beatmet, z.B. aufgrund eines apparativen Fehlers? Falls die Atembewegungen vorhanden sind:

- Sind sie normal, oder schleppt eine Seite des Thorax beim spontanatmenden Patienten nach?
  Ursache könnten eine versehentliche einseitige Intubation, eine Tubusdislokation oder Schmerzen aufgrund von Rippenfrakturen, einer Pleuritis oder einer einseitigen Pneumonie sein.
- Hat der spontanatmende Patient eine **paradoxe Atmung?**
  Während sich der Thorax hebt, senkt sich hierbei der Bauch und umgekehrt. Grund ist meist eine Rippenserienfraktur oder eine partielle Verlegung der oberen Luftwege, z.B. durch die beim bewußtlosen Patienten zurückgefallene Zunge.
- Wie ist die Oxygenierung des Patienten?
  Insbesondere am Nagelbett ist eine **Zyanose** frühzeitig zu erkennen. Mindestens eine Hand des Patienten sollte daher stets aufgedeckt liegen. Ist eine Zyanose erkennbar, so handelt es sich allerdings bereits um eine ausgeprägte Hypoxämie. Eine Zyanose ist normalerweise erst bei einer arteriellen Sättigung von ca. 80% zu erkennen, das entspricht beim Erwachsenen einem p_aO_2 von ca. 50 mmHg (6,6 kPa).

Palpation (= Tastuntersuchung)

Durch Auflegen der flachen Hände auf jeweils eine Thoraxflanke kann die Seitengleichheit der Atembewegungen abgeschätzt werden. Bei einem **Hautemphysem** kann ein typisches Schneeballknirschen getastet werden. Ursache kann ein Bronchialeinriß sein. Stets muß dann ein Pneumothorax ausgeschlossen werden.

Perkussion (= Untersuchung durch Beklopfen der Körperoberfläche)

Bei der Perkussion können vor allem Seitendifferenzen zwischen rechter und linker Lunge erkannt werden. Ein einseitiger dumpfer Klopfschall (wie beim Perkutieren der Oberschenkel = **Schenkelschall**) spricht für einen Erguß, einen Hämatothorax oder eine schwere Pneumonie. Ein hypersonorer Klopfschall (wie beim Beklopfen einer leeren Schachtel = **Schachtelschall**) spricht für einen Pneumothorax.

Auskultation (= Abhorchen)

Über der normalen Lunge ist ein sogenanntes **Vesikuläratmen** zu hören, das als Entfaltungsknistern der Alveolen zu interpretieren ist. Bei krankhaften Prozessen sind häufig sogenannte **R**assel**g**eräusche (meist nur als **RG** bezeichnet), zu auskultieren.

Trockene RG werden auch als Giemen und Brummen bezeichnet. Sie entstehen durch zähes Sekret in den großen Luftwegen und sind z.B. typisch für eine Bronchitis oder für den intubierten Patienten, der wieder endobronchial abgesaugt werden muß.

Feuchte RG sind wesentlich schwieriger zu auskultieren und klingen, als wenn mit einem Strohhalm in ein volles Wasserglas geblasen wird. Feuchte RG entstehen, wenn die kleinen Luftwege mit Flüssigkeit gefüllt sind und die Luft hindurchgeblasen wird.

Befindet sich Flüssigkeit in den Alveolen, so entstehen kleine Luftblasen, falls Luft durch die Flüssigkeit strömt. Es wird dann von **feinblasigen RG** gesprochen. Sie sind typisch für ein Lungenödem oder eine Pneumonie.

Mittelblasige RG entstehen in den kleineren, **grobblasige RG** in den größeren Bronchien.

Ein anderes wichtiges Krankheitsmerkmal sind abgeschwächte oder fehlende Atemgeräusche. Sie sprechen für einen Erguß oder einen Hämatothorax. Häufig läßt sich ein **abgeschwächtes Atemgeräusch** beim sitzenden Patienten nur über den unteren Lungenpartien, beim liegenden Patienten nur an der Flanke und vor allem auf dem Rücken feststellen. Die Flüssigkeit, die für die Dämpfung meist verantwortlich ist, folgt den Gesetzen der Schwerkraft. Eine weitere Ursache für ein abgeschwächtes Atemgeräusch kann eine Atelektase sein.

Apparative Überwachung der Atmung

Atemfrequenzmonitor

Der elektrische Widerstand zwischen den auf dem Thorax aufgeklebten EKG-Elektroden ändert sich (aufgrund der Volumenschwankungen) während In- und Exspiration. Diese Tatsache kann zur Messung der Atemexkursionen genutzt werden (**Impedanzpneumographie**). Verschiedene EKG-Geräte sind hierzu in der Lage und zeigen auf dem Monitor neben dem EKG die Atemexkursionen und die Atemfrequenz an.

Manometrie

Der Beatmungsdruck ist ein guter Parameter, um Veränderungen der Lungencompliance und -resistance (s. S. 325) sowie um Diskonnektionen erkennen zu können.

Sauerstoffkonzentration

Respiratoren verfügen über einen Sauerstoffmixer, an dem die inspiratorische Sauerstoffkonzentration stufenlos eingestellt werden kann.

Volumetrie

An den meisten Respiratoren können das eingestellte Atemhubvolumen und die AF, oft auch das AMV direkt abgelesen werden. Zur exakten Ventilationsüberwachung sind jedoch die endexspiratorische CO_2-Messung (s.u.) und die Blutgasanalyse (s. S. 351) notwendig.

Alarmeinstellungen

Stets müssen alle am Respirator verfügbaren Alarmeinstellungen sinnvoll eingeschaltet sein. Die wichtigsten sind Unter- und Obergrenze für AMV, F_iO_2 und Beatmungsdruck.

> Die Untergrenze für den Beatmungsdruck muß so eingestellt werden, daß sie während der Inspiration überschritten und während der Exspiration unterschritten wird. Diese Alarmgrenze ist der entscheidende Diskonnektionsalarm!

Endexspiratorische CO_2-Messung

Die endexspiratorische CO_2-Messung (Kapnometrie) ist neben der punktuellen Blutgasanalyse die zuverlässigste Möglichkeit zur Ventilationskontrolle. Bei der Kapnometrie im Hauptstrom wird ein CO_2-Meßkopf zwischen Tubus und Winkelstück konnektiert. Bei der Messung im Seitenstrom wird Ausatemgas über einen dünnen Probenabsaugschlauch in ein Analysegerät geleitet. Die Messung im Hauptstrom gibt zeitnähere Werte an, während bei der Messung im Nebenstrom eine zeitliche Verzögerung besteht (langer Probenabsaugschlauch). Die endexspiratorische CO_2-Messung ermöglicht eine kontinuierliche, nichtinvasive Überwachung der Ventilation. Ein physiologisches Ventilations-Perfusions-Verhältnis vorausgesetzt, beträgt die Differenz zwischen p_aCO_2 und dem endexspiratorisch gemessenen CO_2 wenige mmHg. Bei konstanten Störungen des Ventilations-/Perfusions-Verhältnisses kann anhand einer arteriellen Kontrollmessung ermittelt werden, um welchen Betrag der p_aCO_2 höher liegt als der endexspiratorisch gemessene Wert. Aus dem aktuellen endexspiratorischen CO_2-Wert kann damit der arterielle CO_2 errechnet werden.

> Die endexspiratorische CO_2-Messung ist zwingend erforderlich, wenn eine kontrollierte Hyperventilation (z.B. SHT) durchgeführt werden muß (s. S. 245).

Inzwischen sind auch Geräte zur kontinuierlichen arteriellen Blutgasanalyse verfügbar. Hierbei wird durch eine Kanüle, die zur arteriellen Druckmessung angelegt wurde, eine spezielle dünne Sonde eingeführt.

Pulsoxymetrie

Die Pulsoxymetrie ist ein nichtinvasives und einfach zu handhabendes Verfahren, um kontinuierlich die arterielle Sauerstoffsättigung des Hämoglobins zu bestimmen.

Hierzu wird ein Klippsensor z.B. an einem Finger oder an einem Ohrläppchen festgeklemmt.

Die pulsoxymetrisch gemessenen Sättigungswerte stimmen sowohl im Kindesalter als auch beim Erwachsenen sehr gut mit den mittels einer arteriellen BGA (an einem CO-Oxymeter) gemessenen Sättigungswerten überein. Die Ansprechzeit ist sehr kurz, so daß akute Störungen der Oxygenierung sofort erkannt werden können.

Liegen jedoch hohe Konzentrationen von **Kohlenmonoxidhämoglobin** (HbCO, z.B. durch eine Rauchvergiftung) vor, so mißt das Pulsoxymeter einen falsch hohen Sättigungswert.

Während eine Hypoxämie mit dem Pulsoxymeter sofort und zuverlässig erkannt werden kann, ist die Erkennung eines zu hohen Sauerstoffpartialdrucks nicht möglich.

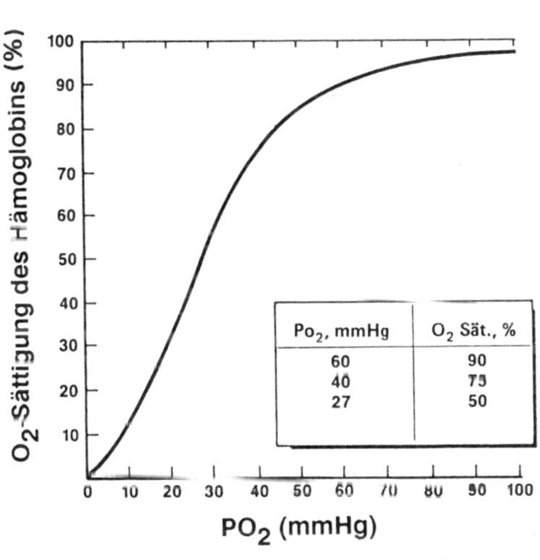

Abb. 7.9 Normale Sauerstoffdissoziationskurve.

Bei einer arteriellen Sättigung von 97–99% kann (aufgrund der S-förmigen Sauerstoffdissoziationskurve) nicht erkannt werden, ob der p_aO_2 100 mmHg (13,3 kPa) oder z.B. 500 mmHg (66,6 kPa) beträgt (vgl. Abb. 7.9).

Bei Früh- und Neugeborenen wird empfohlen, eine Sättigung von ca. 95% anzustreben. Damit können ein zu hoher p_aO_2 und die Gefahr einer retrolentalen Fibroplasie vermieden werden.

Transkutane Sauerstoffmessung

Mit Hilfe der transkutanen Sauerstoffmessung kann kontinuierlich die Sauerstoffspannung in der Haut gemessen werden.

Liegen keine Kreislaufstörungen oder Hautabnormalitäten vor, so besteht eine enge Korrelation zwischen der Sauerstoffspannung in der Haut und dem p_aO_2. Die transkutane pO_2-Messung hat sich auf neonatologischen Intensivstationen bewährt, nicht jedoch in der Erwachsenenmedizin. Wird der Sensor im Bereich der rechten Schulter plaziert, so kann die präduktale Sauerstoffspannung erfaßt werden.

Die Meßgenauigkeit der transkutanen Sauerstoffspannung ist jedoch sehr stark von der Hautdurchblutung beeinflußt.

Bei Hypothermie, bei Hypovolämie, bei einer Abnahme des HMV, auch schon bei Druck auf die Elektrode oder bei Veränderungen der Haut ist die Sauerstoffspannung in der Haut wesentlich niedriger als der arterielle p_aO_2. Die transkutane pO_2-Messung spiegelt in diesen Fällen die Güte der Hautdurchblutung wider.

Nachteile sind das zeitaufwendige Anbringen und Kalibrieren der Elektroden sowie die ca. 10minütige Stabilisierungsdauer. Außerdem müssen die Elektroden spätestens alle 4 Stunden gewechselt und neu kalibriert werden, damit es durch die auf 43–44 °C beheizte

Elektrode nicht zu Hautverbrennungen kommt.

Transkutane Kohlendioxidmessung

Die Meßgenauigkeit der transkutanen CO_2-Messung ist weit weniger von der Hautdurchblutung abhängig als die transkutane PO_2-Messung und liefert auch im Schock bei relativ schlechter Hautdurchblutung noch akzeptable Werte.

Nachteil der Methode ist das zeitaufwendige Anbringen und Kalibrieren des Sensors. Außerdem ist die Anschlagzeit relativ träge (bis 60 s), weshalb akute Ventilationsstörungen unter Umständen nicht rechtzeitig erkannt werden können. Die Methode ist der Kapnometrie (s. S. 370) unterlegen. Es sind auch kombinierte Sensoren zur transkutanen O_2- und CO_2-Messung verfügbar. Auch die transkutane CO_2-Messung kommt üblicherweise nur in der neonatologischen Intensivmedizin zum Einsatz.

Überwachung des Säure-Basen-Haushalts und der Blutgase

Die Abnahme von Blutproben zur Bestimmung des Säure-Basen-Haushalts und der Blutgase sowie die Interpretation der entsprechenden Resultate sind auf den Seiten 351ff ausführlich dargestellt.

Überwachung der Hirnfunktion

Bei Intensivpatienten liegt oft eine Störung der Hirnfunktion vor. Meist handelt es sich um Patienten mit einer Schädel-Hirn-Verletzung.

Charakteristisches Merkmal einer Gehirnverletzung ist die Bewußtseinseintrübung.

Das Ausmaß der Bewußtseinseintrübung ist ein Maß für die Schwere der Gehirnverletzung.
Die wiederholte Beurteilung und Dokumentation des Bewußtseinszustandes ist eine der wichtigsten Überwachungsmaßnahmen eines schädel-/hirnverletzten Patienten. Eine Veränderung der Bewußtseinslage ist der beste Indikator für eine Verbesserung bzw. Verschlechterung der Gehirnfunktion. Eine plötzliche klinische Verschlechterung legt den Verdacht auf eine Erhöhung des intrakraniellen Drucks, z.B. aufgrund einer Zunahme eines Hirnödems oder aufgrund eines epiduralen, subduralen oder intrazerebralen Hämatoms nahe.

Da der Bewußtseinsgrad mit apparativen Überwachungsmaßnahmen nicht sicher erkannt werden kann, kommt der engmaschigen klinischen Überwachung der Patienten besondere Bedeutung zu.

Vor allem dem Pflegepersonal fällt die entscheidende Aufgabe zu, Veränderungen sofort zu erkennen. Solche Änderungen müssen umgehend dem zuständigen Arzt mitgeteilt werden.
Zur Beurteilung der **Bewußtseinslage** hat sich die Glasgow-Koma-Skala (**G**lasgow **C**oma **S**cale = **GCS**) bewährt. Hier werden drei Kategorien beurteilt: Augen öffnen, verbale Antwort und motorische Reaktion. Diese drei Kriterien werden nach einem definierten Punkteschlüssel bewertet (vgl. Tab. 7.6). Die erreichbare Punktezahl bewegt sich zwischen mindestens drei und maximal 15 Punkten. Da schädel-/hirnverletzte Patienten oft intubiert und kontrolliert beatmet werden, kann in diesen Fällen die verbale Antwort nicht bewertet werden.
Neben der Beurteilung der Bewußtseinslage ist auch die regelmäßige **Überprüfung der**

Tab. 7.6 Glasgow-Koma-Skala zur Beurteilung des Bewußtseinsgrades (**G**lasgow-**C**oma-**S**cale = GCS).

Glasgow-Koma-Skala	Punkte
Augen öffnen	
spontan	4
auf Ansprache	3
auf Schmerz	2
nicht	1
Beste motorische Reaktion	
kommt Aufforderungen nach	6
gezielte Abwehr auf Schmerz	5
ungezielte Abwehr auf Schmerz	4
beugt auf Schmerz	3
streckt auf Schmerz	2
keine	1
Verbale Antwort	
orientiert	5
verwirrt	4
unangemessene Worte	3
unverständliche Geräusche	2
keine	1

Pupillomotorik von entscheidender Bedeutung:

- Reagieren die Pupillen auf Licht?
- Sind sie beidseits gleich eng (isokor) oder unterschiedlich weit (anisokor)?
- Sind die Pupillen entrundet?

Ganz wichtig ist auch hier die Verlaufsbeurteilung und deren Dokumentation. Plötzliches Weiterwerden einer Pupille legt immer den Verdacht auf eine intrakranielle Drucksteigerung aufgrund einer gleichzeitigen intrakraniellen Blutung nahe und verlangt eine sofortige Drucksenkung sowie Abklärung der Ursache mittels kranialer Computertomographie (Senkung des intrakraniellen Drucks, s. S. 241).

Um die Pupillomotorik stets beurteilen zu können, dürfen diesen Patienten keine Augentropfen verabreicht werden, die die Pupillomotorik beeinflussen. Außerdem ist nur klare Augensalbe zu verwenden.

Des weiteren ist die Überwachung von Atemmuster, Herzfrequenz und Blutdruckverhalten (Cushing-Reflex? s. S. 242; Glasgow-Coma-Scale, s.o.) wichtig. Falls der Kornealreflex, das heißt der reflektorische Lidschluß beim Berühren der Kornea mit einem sterilen Tupfer, ausgefallen ist, so ist die Kornea durch Austrocknen, Ulzerationen und Infektionen gefährdet. In diesen Fällen muß eine sorgfältige Augenpflege durchgeführt werden (s. S. 301).

Um schädel-/hirntraumatisierte Patienten optimal überwachen und therapieren zu können, ist eine engmaschige klinisch-neurologische Überwachung und ein ausgedehntes apparatives Monitoring notwendig.

Klinisch-neurologische Überwachung

Hierbei sind insbesondere die Beurteilung des Bewußtseinszustands und der Pupillomotorik (s. S. 372) entscheidend. Wichtig ist auch die **motorische Reaktion auf Schmerzreiz.** Anhand der motorischen Reaktion auf einen künstlich gesetzten Schmerzreiz (z.B. starkes Kneifen) können Rückschlüsse auf eine eventuelle zerebrale Schädigung geschlossen werden. Ausbleibende motorische Reaktionen sprechen für schwere Hirnstammschädigung, schweres Koma oder schwere Intoxikation. Muskeleigenreflexe sind in diesem Fall nicht auslösbar, der Muskeltonus ist schlaff. Beugemechanismen (v.a. Beugung im Ellenbogengelenk) sprechen für eine Schädigung der Großhirnhemisphären. Streckmechanismen an Beinen und Armen mit Innenrotation weisen auf eine Schädigung des Mittelhirns hin. Bei gezielter Abwehr versucht der Patient, den Schmerzstimulus gezielt zu entfernen. Bewegt sich der Patient auf Aufforderung, so bedeutet dies, daß er bei Bewußtsein ist.

Rigor

Rigor ist charakteristisch für eine Schädigung des extrapyramidal-motorischen Systems. Bei passiver Bewegung liegt ein gleichmäßiger, „wächsener" Widerstand (oft mit Zahnradphänomen) vor. Ursache ist eine die Agonisten und Antagonisten betreffende erhöhte Grundspannung der Skelettmuskulatur.

Spastik

Spastik ist durch einen federnden Dehnungswiderstand gekennzeichnet. Ursächlich kommt vor allem eine Schädigung der Pyramidenbahn in Frage. Bei passiver Überdehnung kann dieser Widerstand evtl. plötzlich völlig zusammenbrechen. Zusätzlich liegen gesteigerte und pathologische Reflexmuster vor.

Nackensteifigkeit

Tritt bei einem Patienten Nackensteifigkeit (oft in Kombination mit Fieber) auf, muß an eine Meningitis oder eine subarachnoidale Blutung gedacht werden. Zur Prüfung auf Nackensteifigkeit wird versucht, den Kopf des Patienten anzuheben (bei Verdacht auf eine Halswirbelsäulenverletzung ist dies jedoch nicht erlaubt). Gegebenenfalls ist eine entsprechende Antibiotikatherapie (nach vorheriger Liquorpunktion zur Diagnosesicherung) durchzuführen.

Apparatives Monitoring

Arterielle Blutdruckmessung

Der arterielle Mitteldruck sollte im Normbereich, also bei etwa 90 mmHg, liegen. Ein plötzlicher Blutdruckanstieg, evtl. in Kombination mit Herzrhythmusstörungen oder Bradykardie, kann Zeichen eines Cushing-Reflexes sein und erfordert eine sofortige Therapie (s. S. 242).

Herzfrequenz

Eine plötzliche Bradykardie mit Blutdruckanstieg läßt einen Cushing-Reflex vermuten (s. S. 242).

Messung des zentralen Venendrucks

Siehe Abschnitt „Legen eines zentralen Venenkatheters" auf S. 167.

Regelmäßige Kontrolle der arteriellen Blutgaswerte

Siehe Abschnitt „Die blutige arterielle Druckmessung" auf S. 172.

Kontrolle der Beatmungsparameter

Häufig wird bei Verdacht auf einen erhöhten intrakraniellen Druck eine mäßige kontrollierte Hyperventilation durchgeführt (s. S. 245). Innerhalb von ca. 24 Stunden scheint es jedoch hierbei zu Adaptationsvorgängen zu kommen, so daß nach neueren Erkenntnissen eine längerfristige kontrollierte Hyperventilation die Chance des Patienten vermutlich nicht verbessert.

Beurteilung der Blutzuckerkonzentration

Durch regelmäßige Bestimmung der Blutzucker- und Urinzuckerkonzentration können Hyperglykämie und Glukosurie mit vermehrter Diurese (Zuckerdiurese) erkannt und durch Reduktion der Glukoseinfusionen oder durch Insulingaben therapiert werden (s. S. 362). Größere Schwankungen der Blutzuckerkonzentration sind vor allem bei Verdacht auf einen erhöhten intrakraniellen Druck unerwünscht.

Messung des intrakraniellen Drucks

Werte bis 15 mmHg werden als normal, bis 30 mmHg als erhöht und über 30 mmHg als stark erhöht bezeichnet. Intrakranielle Drücke von mehr als 20 mmHg sollten therapeutisch angegangen werden.

> Aus der Differenz des mittleren arteriellen Drucks (MAP) und des intrakraniellen Drucks (ICP) kann der zerebrale Perfusionsdruck errechnet werden:
> CPP = MAP – ICP
> (s. S. 242).

Kurzfristige ICP-Anstiege, z.B. während des Hustens, sind physiologisch. Entscheidend ist der rasche Rückgang auf den Ausgangswert. Bei bereits vorbestehendem hohem ICP kann jedoch durch den Hustenakt eine kritische ICP-Steigerung, evtl. mit Einklemmung (s. S. 242), provoziert werden. In kritischen Fällen ist deshalb vor dem endotrachealen Absaugen die intravenöse Gabe eines Barbiturates (z.B. Thiopental) gerechtfertigt.

Zur Messung des intrakraniellen Drucks eignen sich:

- Ventrikelkatheter:
  Nach Anlegen eines frontalen Bohrlochs wird ein Katheter in den ersten oder zweiten Hirnventrikel (Seitenventrikel) eingeführt. Über einen Ventrikelkatheter kann der Liquordruck im Seitenventrikel gemessen werden, gegebenenfalls kann Liquor abgelassen bzw. zu Untersuchungszwecken entnommen werden. Die Gefahr besteht vor allem darin, daß diese Katheter leicht verlegt oder infiziert werden können.
- Epidurale Drucksonde:
  Nach Anlegen eines frontalen Bohrlochs wird ein Druckaufnehmer zwischen Knochen und harter Hirnhaut eingesetzt. Da die Dura intakt bleibt, ist das Infektionsrisiko relativ gering. Häufig kommt es jedoch bei diesem Meßverfahren zu Fehlmessungen, die evtl. zu nichtindizierten therapeutischen Maßnahmen veranlassen.
- Intraparenchymatöse Messung (Camino-Sonde):
  Hierbei wird eine optisch arbeitende Drucksonde ca. 4 cm tief in das Hirngewebe eingeführt. Diese Sonden messen sehr genau. Komplikationen scheinen relativ selten zu sein.

Kapnometrische Überwachung

Siehe kontrollierte Hyperventilation, S. 245.

Sättigung im Bulbus venae jugularis

In den letzten Jahren wird vor allem bei Patienten mit schwerem SHT eine Messung der Sauerstoffsättigung im Bulbus venae jugularis empfohlen. Hierzu wird ein Spezialkatheter über die Vena jugularis interna eingeführt und nach kranial bis zur knöchernen Schädelbasis geschoben, wo sich eine Erweiterung der Vene (der Bulbus venae jugularis) befindet. Über einen fiberoptisch arbeitenden Katheter kann kontinuierlich die Sauerstoffsättigung gemessen werden. Fällt die Durchblutung des Gehirns ab (z.B. wegen Blutdruckabfall oder zu starker Hyperventilation mit massiver zerebraler Vasokonstriktion), dann nimmt die jugularvenöse Sauerstoffsättigung ($SvjO_2$) ab. Ein Abfall unter ca. 55% ist pathologisch (Normalwert: ca. 65%).

Kontrolle der Urinausscheidung

Die übermäßige Ausscheidung eines wasserklaren Urins läßt einen Diabetes insipidus vermuten. Ursache ist meist eine verletzungsbedingte Verminderung der zerebralen Sekretion des **anti**d**i**uretischen **H**ormons (ADH). Das spezifische Uringewicht liegt hierbei unter 1004 g/l. Oftmals limitieren sich solche Phasen eines Diabetes insipidus von selbst. In diesen Fällen ist es wichtig, die Flüssigkeits- und Elektrolytverluste zu ersetzen. Dauert ein Diabetes insipidus längere Zeit an, dann sollte ein dem ADH (antidiuretisches Hormon) verwandtes Hormon (z.B. Desmopressin [Minirin] oder Argipressin [Pitressin]) appliziert werden.

Tab. 7.7 Häufig bestimmte Laborwerte (Normalwerte).

Parameter	Normalwerte	Veränderungen
Leukozyten	4000–10000/mm^3	erhöht bei Infektionen
Thrombozyten	150000–300000/mm^3	erniedrigt bei starker Blutung, Schock, Sepsis
Kalium	3,5–5 mmol/l	erhöht bei Niereninsuffizienz, Azidose erniedrigt bei Alkalose, Diuretikatherapie, Hypothermie
Quickwert	70–100%	erniedrigt bei Marcumartherapie, Leberinsuffizienz
PTT (partielle Thromboplastinzeit)	23–38 s	verlängert bei Heparin-Therapie, bei Vollheparinisierung wird der 2- bis 3fache Wert angestrebt
Fibrinspaltprodukte	< 10 mg/l	erhöht bei Verbrauchskoagulopathie
Laktat	1–1,8 mmol/l	erhöht bei Gewebshypoxie, Schock
Kreatinin	< 110 µmol/l, < 1,2 mg/dl	erhöht bei Niereninsuffizienz
Harnstoff	2,5–6,7 mmol/l bzw. 15–40mg/dl	erhöht bei Katabolie und Niereninsuffizienz
Lipase	< 140 U/l	erhöht bei Pankreatitis
Alpha-Amylase	40–180 U/l	erhöht bei Pankreatitis
CK (Kreatinkinase)	< 70 U/l	erhöht bei Herzinfarkt und Muskeltrauma
CK-MB (herzspezifische Kreatinkinase)	normalerweise nicht im Blut	erhöht bei Herzinfarkt
HBDH (SLDH)	50–140 U/l	erhöht bei akutem Myokardinfarkt
Gesamteiweiß	6,5–8,5 g/l	vermindert bei Katabolie, nephrotischem Syndrom
Indirektes Bilirubin	< 12,7 µmol, < 0,8 mg/dl	erhöht bei Hämolyse
Direktes Bilirubin	< 5,1 µmol/l, < 0,3 mg/dl	erhöht bei Gallenwegsverschlüssen, schwerer Leberschädigung
Alkalische Phosphatase	60–170 U/l	erhöht bei Gallenwegsverschlüssen

Weitere Überwachungsmaßnahmen

Außerdem ist darauf zu achten, daß die Natrium- und Kaliumplasmakonzentrationen im Normbereich liegen. Die Körpertemperatur sollte nicht erhöht sein (regelmäßige Temperaturkontrolle wegen der Möglichkeit eines zerebral bedingten Fiebers), der Hämatokritwert sollte etwa bei 30–35% liegen.

Auf möglichen Blut- oder Liquoraustritt aus Nase und Ohren ist zu achten, was auf eine Schädelfraktur hinweisen kann. Ob es sich um Liquor oder ein anderes Sekret handelt, kann mit einem Glukose-Stick erfaßt werden (Zuckerkonzentration im Liquor ca. 30–50% der Blutzuckerkonzentration).

Wichtig ist auch eine schonende Pflege des Patienten. Bei **erhöhtem intrakraniellem Druck** sollte der Patient nur auf dem Rücken gelagert werden. Der Oberkörper ist zur Optimierung des venösen Blutabflusses aus dem Gehirn leicht (bis ca. 30°) anzuheben. Der Kopf muß in Neutralstellung gelagert werden. Insbesondere beim Betten oder beim endotrachealen Absaugen des Patienten kann es zu erheblichen intrakraniellen Drucksteigerungen kommen. Häufig empfiehlt es sich, vor solchen Maßnahmen prophylaktisch z.B. Fentanyl oder ein Barbiturat zu injizieren, um eine Streßreaktion zu vermindern.
Bezüglich der Lagerung dieser Patienten ist zu beachten, daß keine Spitzfußprophylaxe durchgeführt werden soll, da durch das Anbringen eines Fußbrettes Streckmuster begünstigt werden.

Überwachung der gastrointestinalen Funktion

Es sind eine sorgfältige
- Inspektion (Umfangsänderung?)
- Perkussion (luftgefüllte Darmschlingen, Meteorismus?)
- Palpation (Abwehrspannung? Aszites?)
- Auskultation (Darmgeräusche?)
- Ausscheidungskontrolle

durchzuführen (siehe auch Streßulkusprophylaxe, S. 307).

Laborchemische Überwachung

Je nach zugrundeliegender Erkrankung sind evtl. die in Tabelle 7.7 aufgeführten Parameter bzw. die Blutgase (s. S. 358) oder der Säure-Basen-Haushalt (s. S. 353) zu kontrollieren.

Spezielle Krankheitsbilder

Lunge

Akutes Lungenversagen (ARDS)

Nach unterschiedlichsten Schädigungen der Lunge kann es zu einem akuten Lungenversagen (**a**dult **r**espiratory **d**istress **s**yndrome = **ARDS**) kommen. Ein ARDS kann Folge von
- Aspiration
- Polytrauma
- Sepsis
- Schock
- schwerer Pneumonie
- Ileus
- Fettembolie, Fruchtwasserembolie
- Pankreatitis
- Massentransfusion

oder anderen Ursachen sein.

> Die zugrundeliegende Störung verursacht eine Aktivierung des körpereigenen Komplementsystems. Dies führt dazu, daß sich Granulozyten im Bereich der Lungenkapillaren anheften. Aus diesen Granulozyten werden toxische Substanzen freigesetzt, die zu einer Kapillarschädigung und einer Steigerung der Kapillarpermeabilität im Bereich der Lunge führen. Dadurch kommt es zu einem Übertritt von Plasma in das Lungeninterstitium, es entwickelt sich zuerst ein Ödem des Lungenparenchyms **(interstitielles Lungenödem)** und danach ein **intraalveoläres Lungenödem.**

Bei längerfristigem Bestehen dieser primär reversiblen Lungenveränderungen kommt es zu fibrotischen Veränderungen des Lungenparenchyms. Die Dehnbarkeit der Lunge (Compliance) und die funktionelle Residualkapazität nehmen ab, die Produktion des Surfactants ist gestört, es entwickeln sich Atelektasen. Das

Ventilations-Perfusions-Verhältnis wird negativ beeinflußt, es kommt zur Ausbildung von Rechts-Links-Shunts (s. S. 236, 328, 336). Der Pulmonalarteriendruck ist erhöht. Das Krankheitsbild kann innerhalb von Tagen bis Wochen zum Tode führen.

Klinisch fallen neben Tachypnoe und Dyspnoe deutlich gesteigerte Atemarbeit, Tachykardie und Hypoxämie auf. In der späteren Krankheitsphase tritt eine zusätzliche Hyperkapnie auf.

Bei einem akuten Lungenversagen (z.B. aufgrund einer schweren Aspiration) kann der Röntgenbefund in der Anfangsphase relativ unauffällig sein und in deutlichem Kontrast zu einer ausgeprägten klinischen Symptomatik stehen. Im Spätstadium der Erkrankung zeigt sich **röntgenologisch** oft eine milchig-weiße Verschattung der Lunge.

Therapeutisch ist beim ARDS eine maschinelle Beatmung mit PEEP durchzuführen. Die inspiratorische Sauerstoffkonzentration sollte so niedrig wie möglich gewählt werden, so daß gerade noch eine ausreichende arterielle Sauerstoffsättigung erzielt wird. Bei Erhöhung der inspiratorischen Sauerstoffkonzentration nimmt der p_aO_2 nur geringgradig zu (s. S. 329). Die optimale Einstellung des Beatmungsgerätes ist schwierig und muß anhand zahlreich durchgeführter Blutgasanalysen wiederholt korrigiert werden. Aufgrund der abnehmenden Compliance werden meist relativ hohe Beatmungsdrücke (mit der erhöhten Gefahr eines Barotraumas) notwendig. Um die Drücke möglichst gering zu halten, werden ARDS-Patienten häufig leicht hypoventiliert, da für die Verabreichung kleinerer Atemhubvolumina auch nur geringere Beatmungsdrücke erforderlich sind. Es wird von einer **permissiven Hyperkapnie** gesprochen (Anstieg des p_aCO_2 auf 8–10 kPa). Durch intermittierende Bauchlagerung des Patienten oder die Lagerung im Roto-Rest®-Bett (s. S. 345) kann evtl. die Oxygenierung verbessert werden.

Um das bestehende **Lungenödem** zu **vermindern,** ist eine sorgfältige und leicht negative Flüssigkeitsbilanz durchzuführen. Eine Substitution sollte möglichst mit kolloidalen Flüssigkeiten durchgeführt werden, da Elektrolytlösungen in höherem Prozentsatz ins Gewebe – und damit auch in das Lungengewebe – abdiffundieren. Der Hb-Wert sollte stets größer als 12 g/dl gehalten werden, um bei dem verminderten Sauerstoffpartialdruck einen ausreichenden arteriellen Sauerstoffgehalt des Blutes (s. S. 328) aufrecht zu erhalten.

Falls alle konservativen Beatmungsmethoden nicht den gewünschten Erfolg bringen, besteht die letzte Möglichkeit darin, ein extrakorporales Lungenersatzverfahren anzuwenden (z.B. ECMO [**e**xtra**c**orporal **m**embran **o**xygenation]). Dabei wird mit Hilfe einer modifizierten Herz-Lungen-Maschine extrakorporal CO_2 eliminiert und präpulmonal O_2 angereichert. Durch diese Ruhigstellung der Lunge soll eine weitere Traumatisierung verhindert und deren Selbstheilung gefördert werden. Die hohe Letalität des ARDS kann jedoch auch hierdurch nicht entscheidend verbessert werden.

Bei einer akuten weiteren pulmonalen Verschlechterung muß stets an ein Barotrauma (Pneumothorax) gedacht werden. In einigen Kliniken wird prophylaktisch eine Thoraxdrainage gelegt. Die Letalität des ARDS beträgt ca. 50%.

Aspirationssyndrom (s. S. 187)

Wie stark die nach einer Aspiration von Magensekret/Mageninhalt auftretende Lungenschädigung ist, hängt sehr stark vom pH-Wert und vom Volumen des aspirierten Magensekrets ab. Als kritische Grenze werden ein pH-Wert unter 2,5 und ein Volumen von über 0,4 ml/kg KG (ca. 25 ml beim erwachsenen Patienten) angegeben.

Patienten mit einem Aspirationssyndrom (**Mendelson-Syndrom**) werden zumeist auf der Intensivstation vorübergehend beatmet. Ziel der **symptomatischen Therapie** ist die Normalisierung der arteriellen Blutgase.

Folge des Aspirationssyndroms kann eine schwere Bronchopneumonie oder ein ARDS sein. Die Behandlungsprinzipien sind in den Kapiteln „Die Aspiration" (s. S. 187) und „Akutes Lungenversagen" (ARDS, s. S. 377) beschrieben. Oft tritt bei diesen Patienten eine Kreislaufinsuffizienz auf und macht eine entsprechende Volumen- bzw. Katecholaminzufuhr notwendig.

Lungenödem

> Bei einem schweren Lungenödem kommt es zur Flüssigkeitsansammlung in Lungeninterstitium, Alveolen und kleinen Luftwegen. Folge ist eine Störung des Gasaustausches mit Abfall des arteriellen pO_2-Drucks.

Anfangs tritt eine kompensatorische Hyperventilation mit Abfall des arteriellen CO_2-Partialdrucks auf (s. S. 359). Im Spätstadium droht die Erschöpfung des Patienten mit Anstieg des CO_2-Partialdrucks.
Die wichtigsten **Ursachen** eines Lungenödems sind:

- erhöhter Druck in den Lungenkapillaren (z.B. Linksherzinsuffizienz; s. S. 182)
- Mitralstenose
- Flüssigkeitsüberladung
- gesteigerte Membranpermeabilität mit vermehrter Sequestration von Plasma ins Lungeninterstitium (z.B. wegen Bakterien, Viren, Toxinen, Aspirationssyndrom, ARDS)
- erniedrigter kolloidosmotischer Druck im Blut (s. S. 123, 232)

Folgen der Flüssigkeitsansammlung in interstitiellem Lungengewebe, Lungenparenchym und Alveolen sind:

- Abnahme der Lungen-Compliance
- Zunahme von Diffusionsstrecke und Rechts-Links-Shunt (s. S. 328).

Das **klinische Bild** ist gekennzeichnet durch:

- Tachypnoe
- Dyspnoe
- Tachykardie
- feuchte Rasselgeräusche
- schaumiger Auswurf
- Zyanose

Röntgenologisch läßt sich initial vor allem eine milchige („schmetterlingsförmige") Verschattung im Bereich der Lungenwurzeln (Lungenhili) nachweisen.
Therapeutisch stehen bei Linksherzinsuffizienz

- Verabreichung von Sauerstoff
- Steigerung der Diurese mittels Diuretika
- Hochlagerung des Oberkörpers und Gabe von Nitroglycerin (zur Verringerung des venösen Rückflusses)
- Sedierung mit einem Opioid

im Vordergrund. In schweren Fällen wird eine endotracheale Intubation und maschinelle Beatmung mit PEEP notwendig.

Lungenentzündung (Pneumonie)

Entzündungen des Lungengewebes können nach verschiedenen Kriterien eingeteilt werden. Unterschieden wird z.B. entsprechend der Morphologie zwischen Lobär-, Broncho- und interstitieller Pneumonie oder entsprechend des Verlaufs zwischen akuter und chronischer Pneumonie bzw. entsprechend der Ätiologie zwischen einer ambulant oder nosokomial (im Krankenhaus) erworbenen Pneumonie. Eine Lungenentzündung wird typischerweise durch eine bakterielle Infektion verursacht (falls ambulant erworben: vor allem durch Pneumokokken, Hämophilus; falls nosokomial erworben: vor allem durch gramnegative Enterokokken und Staphylococcus aureus bedingt). In der Intensivmedizin ist die nosokomiale Pneumonie durch gramnegative Bakterien (s. S. 309) von besonderer Bedeutung. Bei der häufig vorliegenden

Bronchopneumonie breitet sich die Infektion über Bronchien und kleine Luftwege in das Lungengewebe aus. **Folgen der Entzündung** sind:

- Gewebsödem
- Abfall der Compliance
- erhöhter Rechts-Links-Shunt

Das **klinische Bild** ist gekennzeichnet durch:

- Tachypnoe
- Dyspnoe
- Hypoxämie
- Fieber
- Schüttelfrost
- eitriger Auswurf
- Rasselgeräusche
- Bronchialatmen

Das **Röntgenbild** der Lunge zeigt zumeist fleckförmige milchig-weiße Verschattungen. Je nach Ergebnis der arteriellen Blutgasanalyse werden eine Intubation und maschinelle Beatmung des Patienten notwendig. Die Kriterien für die endotracheale Intubation sind auf den Seiten 330ff beschrieben. Beim intubierten Patienten ist wiederholt Tracheobronchialsekret unter sterilen Bedingungen abzusaugen. In dem Sekret soll der bakterielle Erreger nachgewiesen und dessen Empfindlichkeit auf Antibiotika ausgetestet werden.

Entscheidende **Therapiemaßnahmen** sind die Verabreichung von Antibiotika sowie die Zufuhr einer erhöhten inspiratorischen Sauerstoffkonzentration. In schweren Fällen ist eine maschinelle Beatmung mit PEEP notwendig.

Neben bakteriellen Pneumonien **(typische Pneumonien)** gibt es auch atypisch verlaufende Pneumonieformen, die durch Viren oder Mykoplasmen verursacht werden. Es wird von **primär atypischer Pneumonie** gesprochen. Bei einer primär atypischen Pneumonie lassen sich keine pathogenen Keime nachweisen. Schwere Verlaufsformen haben eine ernste Prognose.

Beinaheertrinken

> Bei ca. 90% der Beinaheertrunkenen kommt es zur Aspiration größerer Wassermengen. Lediglich in einem geringen Prozentsatz wird kein Wasser aspiriert **(trockenes Ertrinken).**

Handelt es sich um **Aspiration von Süßwasser,** so ist zu beachten, daß Süßwasser im Vergleich zum Plasma **hypoton** ist. Daher diffundiert das Süßwasser relativ schnell aus den Alveolen ins Blut und es droht eine intravasale Hypervolämie. Durch Diffusion des hypotonen Süßwassers in die Erythrozyten können diese platzen, wodurch eine schwere Hämolyse (evtl. mit Nierenversagen) auftreten kann. Durch eine Schädigung des Surfactants kommt es zur Ausbildung von Atelektasen und einer Zunahme des Rechts-Links-Shunts mit Hypoxämie.

Bei **Aspiration von Salzwasser** ist zu beachten, daß das salzhaltige Meerwasser im Vergleich zum Plasma **hyperton** ist. Es kann daher nicht resorbiert werden und verbleibt in den Alveolen. Aufgrund der Hypertonie des aspirierten Meerwassers diffundiert Flüssigkeit aus dem Plasma und dem Interstitium entlang des Konzentrationsgradienten zum aspirierten Meerwasser in die Alveolen. Dadurch droht eine intravasale Hypovolämie. Die flüssigkeitsgefüllten Alveolen können nicht ventiliert werden. Da die Alveolen jedoch weiterhin durchblutet (perfundiert) werden, entsteht eine Ventilations-Perfusions-Störung mit erhöhtem Rechts-Links-Shunt und Hypoxämie.

Das **trockene Ertrinken** (ca. 10% der Fälle) ist durch einen reflektorischen Laryngospasmus begründet. Flüssigkeit dringt dabei nicht in die Lunge ein.

Die **Intensivbehandlung** ist nach Beinaheertrinken symptomatisch und dient der Therapie pulmonaler Störungen.

Chronisch-obstruktive Lungenerkrankung (COLD)

Typisch für die chronisch-obstruktive Lungenerkrankung (**c**hronic **o**bstructive **l**ung **d**isease = **COLD**; oder **c**hronic **o**bstructive **p**ulmonary **d**isease = **COPD**) sind ein langjähriger, chronischer Verlauf, ein erhöhter Strömungswiderstand der Luft in den Atemwegen (Obstruktion), inhomogene Alveolarbelüftung und zunehmende Lungenüberblähung. Die **Folge** ist eine respiratorische Globalinsuffizienz (s. S. 329). Die Obstruktion kann aufgrund folgender **Ursachen** entstehen:

- vermehrte Schleimbildung in den Atemwegen
- ödematöse Schwellung der Bronchialschleimhaut
- Bronchospasmus

Zumeist handelt es sich hierbei um Patienten mit chronischer Bronchitis, Asthma bronchiale, chronisch-obstruktivem Lungenemphysem oder Bronchiektasen.
Um die chronische Hypoxämie zu kompensieren, kommt es bei diesen Patienten zu einem Anstieg des Hb-Wertes (Polyglobulie). Typisch ist auch eine pulmonalvaskuläre Hypertension. Ursachen sind eine hypoxiebedingte Vasokonstriktion im Lungengefäßbett sowie eine krankheitsbedingte Abnahme der Lungenkapillaren. Es kommt zu einer Mehrbelastung des rechten Ventrikels mit Hypertrophie (chronisches Cor pulmonale), im Endstadium droht eine Rechtsherzinsuffizienz.
Klinisch imponieren:

- Dyspnoe
- Husten mit Auswurf
- überdehnter Thorax mit relativ horizontalstehenden Rippen
- Giemen und Brummen
- hypersonorer Klopfschall
- abgeschwächte Atemgeräusche

Eine weitere **Folge** der chronisch-obstruktiven Erkrankung ist die

- erniedrigte FEV_1 (s. S. 326).

Patienten mit einer COLD müssen häufig intensivmedizinisch behandelt werden. Da COLD-Patienten nur noch geringe pulmonale Reserven besitzen, können sie bereits im Rahmen eines relativ geringen bronchopulmonalen Infektes, einer Operation oder einer stärkeren Sedierung dekompensieren. Die Therapie solcher Patienten gestaltet sich erfahrungsgemäß schwierig und langwierig.

Da insbesondere das Abtrainieren von einem Beatmungsgerät sehr problematisch ist, sollte die maschinelle Beatmung, wenn irgend möglich, vermieden werden.

Therapeutisch ist eine antibiotische Therapie von bronchopulmonalen Infekten notwendig. Zusätzlich muß bei einer ausgeprägten Hypoxämie Sauerstoff verabreicht werden. Es ist jedoch zu beachten, daß im Falle einer Globalinsuffizienz der Atemantrieb über den niedrigen O_2-Partialdruck stimuliert wird (s. S. 288). Eine zu hohe Sauerstoffkonzentration in der Inspirationsluft ist daher zu vermeiden, und es ist eine intensive Überwachung des Patienten notwendig. Zumeist reicht ein arterieller Sauerstoffpartialdruck von 50–60 mmHg aus.
Wichtig ist auch die Verabreichung von Sekretolytika (Acetylcystein), Expektoranzien, Broncholytika (Beta-2-Mimetika), eine möglichst halbsitzende Lagerung und evtl. die Gabe von Antibiotika. Eine gute psychische Führung dieser Patienten ist wichtig. Häufig können diese chronisch lungenkranken Patienten sehr gut beurteilen, was für sie erfolgversprechend ist. Die Patienten sollten daher auch befragt werden, wie sie normalerweise akute Verschlechterungen behandeln, und es sollte ihren Wünschen diesbezüglich entsprochen werden. Einen besonders wichtigen Stellenwert hat bei diesen Patienten eine sachgerechte Physiotherapie.
Bei einer evtl. notwendig werdenden **maschinellen Beatmung** muß darauf geachtet werden, daß die Beatmungsdrücke möglichst niedrig sind (wegen der erhöhten Gefahr eines

Barotraumas), daß eine langsame Atemfrequenz mit einer relativ langen Exspirationsphase (Atemzeitverhältnis 1:2; 1:3; 1:4) gewählt wird und daß die Sauerstoffkonzentration lediglich bis auf das notwendige Mindestmaß gesteigert wird.

Lungenkontusion

Im Rahmen eines stumpfen Thoraxtraumas kann es zu einer Quetschung von Lungengewebe (Lungenkontusion) kommen. **Folge** können Einblutungen ins Lungengewebe, Atelektasen, Schädigung des Surfactants und ein Ödem sein. Je nach Schweregrad der Lungenkontusion genügt **therapeutisch** die Zufuhr von Sauerstoff über eine Nasensonde oder es ist eine endotracheale Intubation mit PEEP-Beatmung notwendig. Im schlimmsten Fall kann es trotz Therapie zu einem schwersten ARDS mit zumeist infauster Prognose kommen.

Lungenembolie

> Bei immobilisierten Patienten können sich (v.a. in den großen venösen Gefäßen der Leiste) Thromben entwickeln. Löst sich ein solcher Thrombus, dann wird er mit dem Blutstrom bis in die Lungenstrombahn geschwemmt, wo er zur Verlegung einer Lungenarterie führen kann (Lungenembolie).

Eine Lungenembolie äußert sich **klinisch** in Thoraxschmerzen, Luftnot, Tachypnoe und führt aufgrund der akuten Rechtsherzbelastung meist zu EKG-Veränderungen (akuter Rechtsschenkelblock) und Blutdruckabfall. Bei einer schweren Lungenembolie droht ein akutes Rechtsherzversagen (Anstieg von ZVD) mit ausgeprägtem Blutdruckabfall. Typisch ist ein hoher arterieller p_aCO_2-Wert bei niedrigem endexspiratorischem CO_2-Wert (Totraumventilation) sowie ein niedriger p_aO_2-Wert.

Therapeutisch kommen vor allem Katecholamine wie Dobutamin (Dobutrex) sowie initial 5000–10 000 IE Heparin intravenös (Verhinderung neuer Thromben und einer Thrombenvergrößerung) und gegebenenfalls eine medikamentöse Auflösung des Embolus (Lyse; z.B. initial 250 000–1 500 000 IE Streptokinase oder Urokinase, danach 100 000 IE/Stunde) in Frage. Inzwischen wird oft auch rt-PA (Actilyse; 100 mg über 2 Stunden) eingesetzt. Anschließend wird eine Heparintherapie (initial 5000–10 000 IE; danach eine Infusion mit 400–500 IE/kg KG/Tag) durchgeführt. Oft wird eine kardiopulmonale Reanimation, sehr selten eine operative Thrombektomie notwendig.

Diagnostisch bieten sich Thoraxröntgenbild (geringe Aussagekraft), Lungenperfusionsszintigraphie, Pulmonalisangiographie (beweisend) und seit einigen Jahren ein Bolus-Spiral-CT an.

Um eine erneute Thrombusloslösung zu verhindern, ist eine vorübergehende Immobilisierung und Heparinisierung notwendig. Oft schließt sich eine Langzeitmarcumarisierung an.

Herz

Herzinsuffizienz

Bei einer akuten oder chronischen Herzinsuffizienz ist das Herz nicht mehr in der Lage, bei Belastung (Belastungsinsuffizienz) oder bereits in Ruhe (Ruheinsuffizienz) ein ausreichendes **H**erz**m**inuten**v**olumen (HMV) auszuwerfen. Aufgrund des zu geringen HMV kommt es zu einer verstärkten Sauerstoffausschöpfung im peripheren Gewebe, die gemischt-venöse Sauerstoffsättigung fällt typischerweise ab. Während vom Ventrikel normalerweise in der Systole 55-75% seines Blutvolumens ausgeworfen wird (die **E**jektionsfraktion [EF] also 0,55–0,75 beträgt), ist die EF bei einer Herzinsuffizienz vermindert. Typische **klinische** Zeichen für eine Herzinsuffizienz sind:

- erniedrigtes Herzzeitvolumen
- erhöhter enddiastolischer Druck im Ventrikel
- Tachykardie
- periphere Vasokonstriktion
- Flüssigkeitsretention mit Ödembildung
- metabolische Azidose

Die häufigsten **Ursachen** einer Herzinsuffizienz sind Herzklappenfehler, schwere koronare Herzerkrankung oder Hypertonie. Je älter ein Patient ist, desto höher ist die Wahrscheinlichkeit, daß bei ihm eine Herzinsuffizienz vorliegt.

Linksherzinsuffizienz

Eine Insuffizienz des linken Ventrikels führt zu schneller körperlicher Ermüdbarkeit und interstitiellem Lungenödem mit Dyspnoe und Hypoxie. Bei einem Lungenödem lassen sich feuchte Rasselgeräusche auskultieren, zuerst über den unteren Lungenbereichen, später über der ganzen Lunge. Der pulmonalkapilläre Verschlußdruck (PCWP) ist bei Vorliegen einer schweren Linksherzinsuffizienz erhöht (meistens > 20 mmHg).

Rechtsherzinsuffizienz

Bei einer Insuffizienz des rechten Ventrikels steigt der (zentrale) Venendruck an, es fallen auch beim sitzenden Patienten prominente Venae jugulares externae auf. Typisch sind stauungsbedingte Überdehnung der Leber (mit der Folge eines Aszites!) sowie eindrückbare Ödeme an abhängigen Körperteilen (beim stehenden Patienten an den Knöcheln und prätibial, beim liegenden Patienten am Os sacrum und an den Flanken).

Behandlung der chronischen Herzinsuffizienz

Bei der **Therapie** einer **chronischen Herzinsuffizienz** sollten die auslösenden Ursachen beseitigt werden, z.B. ein Herzklappenfehler korrigiert oder ein arterieller Hypertonus therapiert werden. Die medikamentöse Therapie der chronischen Herzinsuffizienz besteht darin, entweder die Inotropie (z.B. durch Digitalis) zu steigern und/oder die Vorlast (z.B. durch Diuretika) und/oder die Nachlast (z.B. durch ACE-Hemmer) zu senken.

Als medikamentöse Standardtherapie bietet sich die Kombination von ACE-Hemmer, Digitalispräparat und Diuretikum an. Die Gabe eines ACE-Hemmers wird zunehmend als Therapie der Wahl propagiert.

ACE-Hemmer blockieren dasjenige Enzym, das Angiotensin I in das stark blutdrucksenkende Angiotensin II überführt (sogenanntes **A**ngiotensin **C**onverting **E**nzyme). ACE-Hemmer führen also zu einem Abfall des peripheren Gefäßwiderstandes und vermindern dadurch die notwendige Herzarbeit. Häufig eingesetzte ACE-Hemmer sind z.B. Captopril (Lopirin), Enalapril (Pres, Xanef) oder Lisinopril (Acerbon).

Digitalispräparate wirken durch die Erhöhung der intrazellulären Kalziumkonzentration positiv inotrop. Die therapeutische Plasmakonzentration von Digoxin wird mit 0,7–1,8 ng/ml, die von Digitoxin mit 8–25 ng/ml angegeben.

Bei einem digitalisierten Patienten tritt als unspezifisches Zeichen eine muldenförmige ST-Strecken-Senkung auf. Bei einer Überdosierung von Digitalis (Digitalisintoxikation) treten Herzrhythmusstörungen unterschiedlichster Art auf (z.B. ventrikuläre Extrasystolen [insbesondere ein Bigeminus], AV-Blockierungen, Kammerflimmern). Hypokaliämie, Hyperkalziämie, Hypomagnesiämie und arterielle Hypoxämie erhöhen die Digitalistoxizität und sind zu vermeiden. Auch eine stärkere Hyperventilation mit respiratorischer Alkalose ist zu vermeiden, da es hierdurch zu einem Abfall der Plasmakaliumkonzentration kommt.

Diuretika (z.B. Furosemid) können zu einer Hypokaliämie führen und dadurch digitalisbedingte Herzrhythmusstörungen begünstigen.

Außerdem können sie eine Hypovolämie und orthostatische Dysregulation verursachen.

Behandlung der akuten Herzinsuffizienz

Bei der **Therapie** der **akuten Herzinsuffizienz** ist, wenn möglich, eine kausale Therapie durchzuführen. Z.B. ist bei einem akuten Myokardinfarkt gegebenenfalls eine Thrombolyse der Koronararterien (s. S. 279) oder bei einer hypertensiven Krise eine entsprechende Blutdrucksenkung durchzuführen. Eine kausale Therapie ist jedoch nur in einem geringen Prozentsatz der Fälle möglich.

Typisch für eine akut dekompensierte Herzinsuffizienz sind:

- systolischer Blutdruck < 80 mmHg
- Herzindex < 2,0 l/min x m^2
- PCWP > 20 mmHg
- verminderte Organperfusion mit Oligurie (Urinmenge < 20 ml/h) und Vasokonstriktion

An Therapiemöglichkeiten kommen bei der akut dekompensierten Herzinsuffizienz vor allem in Frage:

- positiv inotrope Medikamente zur Steigerung der myokardialen Pumpleistung (v.a. Katecholamine; s. S. 269)
- Vasopressoren zur Steigerung des Perfusionsdruckes (v.a. Katecholamine; s. S. 269)
- Vasodilatatoren zur Verminderung der Vor- und Nachlast (Furosemid, Nitroglycerin und eventuell Nitroprussidnatrium, z.B. beim Low-output-Syndrom; s. S. 272)
- adäquate Volumengabe. Es sollte ein PCWP im hochnormalen Bereich (ca. 18–20 mmHg) angestrebt werden.

Zur Vorlastsenkung können z.B. 40–80 mg Furosemid intravenös verabreicht werden. Zur Vorlastsenkung bietet sich auch eine Nitroglyceringabe per Spritzenpumpe an, falls eine initiale sublinguale Gabe erfolglos blieb. Zur Nachlastsenkung kommen arterielle Vasodilatatoren (Nitroprussidnatrium, Kalziumantagonisten) in Frage.

Als Basistherapie bei der Therapie der akuten Herzinsuffizienz gilt seit Jahren die Gabe eines Katecholamins. Katecholamine (z.B. Dopamin, Dobutamin, Adrenalin, Noradrenalin) sind die Mittel der Wahl zur akuten Steigerung von myokardialer Kontraktilität, Herzminutenvolumen und Blutdruck. Soll eine positiv-inotrope Substanz verabreicht und gleichzeitig der arterielle Druck gesteigert werden, so wird vielerorts Dopamin als Mittel der Wahl bezeichnet, da es auch zu einem Anstieg des peripheren Widerstandes führt. Dobutamin führt dagegen zu einem Abfall des peripheren Gefäßwiderstandes. Da unter Dobutamin gleichzeitig das Herzminutenvolumen ansteigt, bleibt der Blutdruck normalerweise weitgehend konstant. Adrenalin und Noradrenalin sind im Falle einer akuten Herzinsuffizienz dann indiziert, wenn trotz Optimierung von Vor- und Nachlast und Gabe von Dopamin oder Dobutamin der arterielle Druck kritisch erniedrigt bleibt.

Katecholamine haben allerdings den Nachteil, daß sie

- die Herzfrequenz steigern,
- den peripheren Widerstand erhöhen,
- den myokardialen Sauerstoffbedarf steigern und
- Herzrhythmusstörungen verursachen können.

In den letzten Jahren werden zunehmend häufiger Phosphodiesterasehemmer (PDE-Hemmer) zur Therapie der akuten Herzinsuffizienz empfohlen (z.B. Amrinon, Enoximon; s. S. 272). Sie verursachen eine positiv inotrope Wirkung sowie eine Vasodilatation und werden daher oft als Inodilatoren bezeichnet. Sie verursachen:

- Steigerung des Herzminutenvolumens
- Erniedrigung des links- und rechtsventrikulären Füllungsdruckes
- Erniedrigung des peripheren und pulmonalvaskulären Widerstandes
- keine Begünstigung von Herzrhythmusstörungen
- keine Steigerung (eventuell sogar eine Verminderung) des myokardialen Sauerstoff-

verbrauches aufgrund der verminderten Vor- und Nachlast

Da PDE-Hemmer zu einer Vasodilatation führen, ist auf eine ausreichende Volumenzufuhr zu achten. Bei schwerer Herzinsuffizienz können PDE-Hemmer eventuell mit einem Katecholamin kombiniert werden.
Ist eine akute Herzinsuffizienz medikamentös nicht zu bessern, dann kann vorübergehend eine intraaortale Ballongegenpulsation (s. S. 279) sinnvoll sein.

Digitalispräparate sollten bei der Therapie der akuten Herzinsuffizienz nicht zur Steigerung der Kontraktilität verabreicht werden. Sie sollten höchstens als Antiarrythmikum eingesetzt werden. Tritt z.B. im Rahmen der akuten Herzinsuffizienz ein Vorhofflimmern mit schneller Überleitung auf, so kann durch eine schnelle Aufdigitalisierung die Herzfrequenz meist erniedrigt und die hämodynamische Situation meist verbessert werden. Hierfür bietet sich beispielsweise die Gabe von Digoxin (3–4 x 0,25 mg) intravenös über 24 Stunden an. Gegebenenfalls kann zusätzlich die Gabe von Verapamil oder Diltiazem sinnvoll sein, um die Herzfrequenz zu senken.

Herzinfarkt

Von einem **akuten Herzinfarkt** (Myokardinfarkt) wird gesprochen, wenn ein größerer Teil der Herzmuskulatur aufgrund des Verschlusses einer Koronararterie nekrotisch wird. Auslösende Ursache ist zumeist ein gefäßverschließender Thrombus. In ca. 95% liegt bei diesen Patienten eine Koronarsklerose vor. Etwa 50% der Patienten mit einem Myokardinfarkt versterben innerhalb einer Stunde zumeist an Herzrhythmusstörungen (v.a. Kammerflimmern).

Bei Auftreten eines Herzinfarktes kommt es normalerweise zu

- typischen klinischen Symptomen.
- typischen EKG-Veränderungen.
- charakteristischen Konzentrationsveränderungen herzspezifischer Enzyme.

Klinische Symptome

Es treten meist schwere Schmerzen („Vernichtungsschmerzen") auf, die eine ähnliche Lokalisation und einen ähnlichen Charakter haben wie Angina-pectoris-Schmerzen (aber wesentlich stärker und länger [> 30 Minuten] anhalten). Außerdem stellen sich meist Todesangst, Schweißausbruch und Übelkeit ein.

EKG-Veränderungen

Die 12-Kanal-EKG-Ableitung ist das wichtigste diagnostische Hilfsmittel, um einen akuten Herzinfarkt nachzuweisen. Die für einen Herzinfarkt typischen EKG-Veränderungen sind in Abbildung 7.10 dargestellt. Im Rahmen eines akuten Infarktes treten oft therapiebedürftige Herzrhythmusstörungen auf.

Enzymveränderungen

Erste typische Veränderungen herzspezifischer Enzyme treten wenige Stunden nach einem Myokardinfarkt auf (vgl. Abb. 7.11).

Kreatinkinase
(CK; = Kreatinphosphokinase = CPK)

Die CK (Normalwert: < 70 U/l) beginnt 4–6 Stunden nach dem Infarkt anzusteigen, erreicht ihr Maximum nach 18–24 Stunden und normalisiert sich nach 3–4 Tagen. Bei einem CK-Maximum von < 400 IU kann mit einem

EKG-Stadium		Typisches Bild	Wichtige Merkmale	Beginn / Dauer
frischer Infarkt (akutes Stadium)	Stadium 1	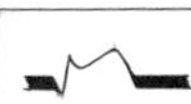	deutliche ST-Hebung T positiv R klein Q noch klein	Sofort / 1 bis 2 Std. bis 1 Woche
	Zwischenstadium	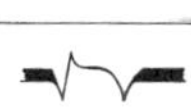	leichte ST-Hebung T spitz-negativ Q groß R klein	1. bis 10. Tag / kurz
alter Infarkt (chronisches Stadium)	Stadium 2	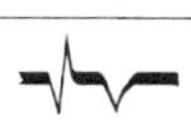	T spitz-negativ Q groß R noch klein keine ST-Hebung	0. bis 7. Tag / 6 Monate bis mehrere Jahre
	Stadium 3	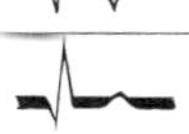	Q pathologisch T bereits positiv R normal oder reduziert keine ST-Hebung	– / 6 Monate bis bleibend

Abb. 7.10 Typische EKG-Veränderungen bei einem Herzinfarkt.

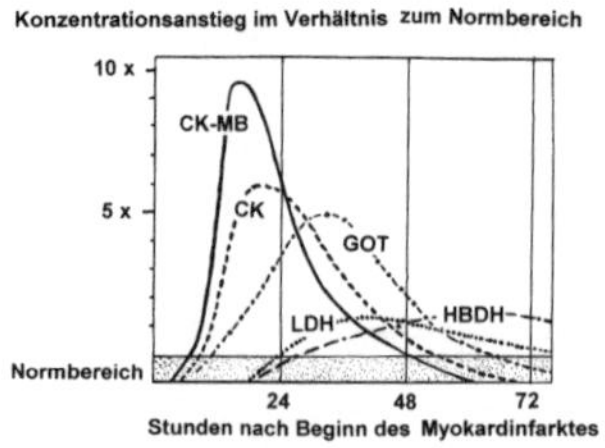

Abb. 7.11 Veränderungen der herzspezifischen Enzyme im zeitlichen Verlauf. CK-MB = myokardspezifisches Isoenzym der Kreatinkinase, CK = Kreatinkinase, GOT = Glutamat-Oxalazetat-Transaminase (ASAT), LDH = Laktat-Dehydrogenase, HBDH = Alpha-Hydroxybutyrat-Dehydrogenase.

komplikationslosen Verlauf gerechnet werden, bei einem CK-Maximum von > 1000 IU muß von einem riesigen Infarkt ausgegangen werden. Die CK ist sehr empfindlich, sie kann allerdings auch nach z.B. einer intramuskulären Injektion, mechanischen Reanimation oder elektrischen Defibrillation oder sonstigen Muskelverletzungen ansteigen. Da die CK in Form von drei Isomeren vorkommt (CK-MM [Muskeltyp], CK-BB [Gehirntyp] und CK-MB [Herzmuskeltyp]), bietet sich die Bestimmung der CK-MB wegen ihrer Spezifität für den Herzmuskel zur Diagnostik des Herzinfarktes an. Die CK-MB ist zwar herzspezifisch (CK-MB > 6–10% der CK spricht für einen Herzinfarkt), aber weniger empfindlich als die CK, so daß kleinere Infarkte evtl. nicht erfaßt werden. Die CK-MB beginnt 2–6 Stunden nach dem Infarkt anzusteigen, erreicht ihr Maximum nach 24–36 Stunden und normalisiert sich nach 1–1,5 Tagen wieder.

Serum-Laktat-Dehydrogenase (SLDH; LDH) und Hydroxybutyrat-Dehydrogenase (HBDH = $SLDH_1$)

Die SLDH (Normalwert < 240 U/l) weist einen langsamen Konzentrationsanstieg mit Maximum nach 72 Stunden auf. Die SLDH liegt in Form verschiedener Isoenzyme vor.
Die HBDH (Normalwert < 140 U/l) ist ein myokardspezifisches Isoenzym der SLDH (= $SLDH_1$). Typisch für einen Herzinfarkt ist die Erhöhung dieser HBDH bzw. deren prozentualer Anteil an der Gesamt-SLDH. Ein Quotient HBDH/LDH von > 0,9 ist prognostisch ungünstig. Die maximale Höhe des HBDH-Anstiegs ist grob proportional der Infarktausdehnung und hat damit prognostischen Charakter.

Serum-Glutaminsäure-Oxalessigsäure-Transaminase (SGOT; GOT)

Die SGOT (Normalwert < 15 U/l) beginnt 4–6 Stunden nach dem Infarkt anzusteigen, erreicht ihr Maximum nach 24–28 Stunden und normalisiert sich nach 4–7 Tagen wieder. Die SGOT kann allerdings auch bei Leber- und Muskelerkrankungen ansteigen.

Myoglobin

Myoglobin steigt (zusammen mit Troponin-T) als erster Parameter an. Myoglobin kann allerdings auch z.B. nach einer intramuskulären Injektion, elektrischen Defibrillation oder einer sonstigen Muskelverletzung auftreten. Außerdem ist die exakte Myoglobinbestimmung nicht routinemäßig möglich und auch zeitaufwendig.

Troponin-T

Troponin-T ist ein neuerer Marker, der (zusammen mit Myoglobin) als erster Parameter ansteigt. Es gibt inzwischen Schnelltests, die direkt am Bett des Patienten durchgeführt und bewertet werden können.

Da die einzelnen herzspezifischen Enzyme einen charakteristischen zeitlichen Verlauf aufweisen, kann anhand des Enzymmusters auf das Alter des Infarktes geschlossen werden (vgl. Abb. 7.11).
Neben den Veränderungen herzspezifischer Enzyme kommt es noch zu unspezifischen Entzündungszeichen wie Leukozytose (10 000–15 000/mm^3), Beschleunigung der Blutsenkungsgeschwindigkeit und Anstieg des C-reaktiven Proteins (CRP).
Laborchemische Untersuchungen sind weniger für die Akutdiagnostik, sondern vor allem für die Verlaufsbeobachtung geeignet.

Therapie

Ziel der Therapie ist es, den Sauerstoffverbrauch des Herzens zu vermindern sowie die Myokarddurchblutung zu verbessern bzw. wiederherzustellen.

Folgende Therapiemaßnahmen kommen in Frage:

- Analgetika,
  vor allem Morphin; wiederholt 1–5 mg Morphin bis zum individuellen Dosisbedarf
- Sedativa/Anxiolytika,
  z.B. Diazepam; wiederholt ca. 5 mg bis zum individuellen Dosisbedarf
- Sauerstoffgabe,
  falls der p_aO_2 erniedrigt ist. Bei Auftreten einer Herzinsuffizienz mit Lungenödem kann eine endotracheale Intubation mit Beatmung notwendig werden.
- Bettruhe und Immobilisierung
  für 2–3 Tage beim unkomplizierten Infarkt. Für ca. 3 Wochen ist eine stationäre Behandlung notwendig.
- Nitropräparate,
  z.B. eine Kapsel Nitrolingual bukkal zur Erweiterung der Kollateralgefäße und Ausschluß einer (nitrosensiblen) Angina pectoris. Der Infarktschmerz ist – im Gegensatz zum Angina-pectoris-Schmerz – allerdings nicht nitrosensibel. Bei Auftreten einer Herzinsuffizienz kann auch die Gabe von Nitroglycerin per Infusionspumpe notwendig werden. Es ist Vorsicht geboten, da Nitroglycerin eventuell zu einem deutlichen Blutdruckabfall führen kann.
- Dobutamin
  bei Linksherzinsuffizienz zur Steigerung der Inotropie
- Beta Rezeptorenblocker
  können bei tachykarden und hypertensiven Patienten sinnvoll sein und evtl. die Infarktgröße vermindern.
- Atropin
  ist bei bradykarden Rhythmusstörungen indiziert.
- Lidocain
  als Antiarrhythmikum der Wahl beim Auftreten von ventrikulären Rhythmusstörungen (z.B. 100 mg)
- temporärer Herzschrittmacher
  muß gegebenenfalls plaziert werden
- Defibrillation
  bei Kammerflimmern oder schneller Kammertachykardie (s. S. 416). Nach erfolgreicher Therapie empfiehlt sich eine Lidocaingabe per infusionem.
- Acetylsalicylsäure:
  initial ein Bolus von 500 mg i.v. (Aspisol), danach in einer Dosierung von 100–250 mg/Tag per os zur Thrombozytenaggregationshemmung. Dadurch kann die Rate von Gefäßneuverschlüssen vermindert werden.
- Heparin:
  5000 IE intravenös, danach 600–1200 IE/Stunde bereits in der Aufnahmestation. Es wird eine Verlängerung der PTT auf das 1,5- bis 3fache angestrebt. Nach ca. 4 Tagen Heparin subkutan (z.B. 2 x 7500 IE).
- Thrombolyse:
  Da ein Myokardinfarkt zumeist durch einen Thrombus bedingt ist, kommt der frühzeitigen Thrombolyse enorme Bedeutung zu. Bei Durchführung einer Thrombolyse innerhalb von 4 Stunden gelingt eine Wiedereröffnung des Gefäßes in bis zu 70–75% der Fälle. Neben einer Frühlyse (innerhalb von 6 Stunden) scheint auch noch eine Spätlyse (bis zu 24 Stunden) sinnvoll zu sein.
  Als Thrombolytika haben sich bewährt:
  - Streptokinase; 1,5 Millionen IE in 60 Minuten; Kontraindikation: Streptokokkeninfekt
  - Urokinase; 1,5–3,0 Millionen IE in 60 Minuten
  - APSAC (= **a**nisoyl **p**lasminogen **s**treptokinase **a**ctivator **c**omplex – Komplexbildung zwischen Plasminogen und Streptokinase; Plasminogen ist die Vorstufe von Plasmin, das Fibrin [Thromben] auflösen kann); 30 mg intravenös in 5 Minuten; Kontraindikation: Streptokokkeninfekt
  - rt-PA (= **r**ecombinant **t**issue **p**lasmino-

gen **a**ctivator [recombinant = gentechnisch hergestellt]; entspricht der körpereigenen t-PA, die vom Gefäßendothel freigesetzt wird und Fibrin [Thromben] auflösen kann). rt-PA muß in Kombination mit Heparin verabreicht werden; 100 mg über 90 Minuten

- PTCA:
  Durch den zunehmenden Einsatz der PTCA (**p**erkutane **t**ransluminale **K**oronar**a**ngioplastie = instrumentelle Erweiterung arteriosklerotisch verengter Koronararterien mittels Ballonkatheter) kann die Mortalität nach einem Herzinfarkt vermindert werden. Eine PTCA ist indiziert, falls Kontraindikationen gegen eine Lysetherapie vorliegen oder falls die Lysetherapie unzureichend ist bzw. es zu einem schnellen Wiederverschluß des Gefäßes kommt.

Da Thrombolytika nicht nur Thromben in den Koronararterien auflösen, sondern eine generelle thrombolytische Wirkung haben, stellen z.B. kurz zurückliegende Operationen, Ulkusleiden, Blutungsneigung, ein Apoplex in den letzten 6 Monaten, vorausgegangene Vena-subclavia-/Vena-jugularis-interna-Punktionen, Tumorerkrankungen, Schwangerschaft oder eine vorausgegangene Herzdruckmassage eine Kontraindikation dar.

Nach Auftreten eines Herzinfarktes ist eine Intensivüberwachung von entscheidender Wichtigkeit, um akute Herzrhythmusstörungen sofort erkennen und therapieren zu können. Wichtig ist daher eine kontinuierliche EKG-Überwachung (möglichst mit automatischer Arrhythmieerkennung). Außerdem ist ein hämodynamisches Monitoring notwendig sowie die konsequente Therapie z.B. einer auftretenden Herzinsuffizienz.

Niere

Akutes Nierenversagen

Erwachsene scheiden pro Tag 1000–2000 ml Urin aus. Mit dem Urin werden auch Abfallprodukte des Stoffwechsels eliminiert. Um eine noch ausreichende Ausscheidung dieser harnpflichtigen Abfallprodukte zu garantieren, müssen pro Tag jedoch mindestens 400–500 ml Urin ausgeschieden werden.
Bei Intensivpatienten tritt häufiger ein akutes Nierenversagen auf.

Es kann zwischen **anurischem** (keine Urinausscheidung), **oligurischem** (zu wenig, das heißt unter 400 ml Urin pro Tag) und **polyurischem Nierenversagen** (übernormale Urinausscheidung) unterschieden werden.

Typisch für das Nierenversagen ist die unzureichende Ausscheidung harnpflichtiger Substanzen. Beim niereninsuffizienten Patienten steigt die Konzentration des normalerweise renal eliminierten Kreatinins und des Harnstoffs an (ein isolierter Anstieg des Harnstoffs spricht dagegen für einen katabolen Stoffwechsel; s. S. 360). Typisch sind auch eine Abnahme der Kreatinin-Clearance (normal 95–140 ml/min), der Natriumkonzentration im Urin und der Urinosmolarität (verminderte Konzentrationsfähigkeit), ein Anstieg der Kaliumplasmakonzentration und eine metabolische Azidose.

Bei beginnender Niereninsuffizienz ist zu beachten, daß bei renal ausgeschiedenen Medikamenten eine Dosisreduktion notwendig wird (z.B. Digoxinpräparate, zahlreiche Antibiotika). Es sollten Plasmakonzentrationsbestimmungen der entsprechenden Medikamente vorgenommen werden.

Ein akutes Nierenversagen mit Anurie oder

Oligurie kann verschiedene **Ursachen** haben. Beim **prärenalen** Nierenversagen liegt eine Mangeldurchblutung der Niere (zumeist aufgrund einer Hypovolämie), beim **postrenalen** Nierenversagen eine Verlegung der harnableitenden Wege zugrunde. Bei entsprechender kausaler Therapie lassen sich prä- und postrenales Nierenversagen leicht beseitigen. Dagegen gibt es für das organisch **(renal)** bedingte akute Nierenversagen keine kausale Behandlungsmethode. Ursache eines organisch bedingten Nierenversagens ist normalerweise eine Schädigung der ableitenden Nierentubuli. Auslösend können eine längerfristige Mangeldurchblutung im Rahmen eines Volumenmangelschocks sein, daneben kann es z.B. im Rahmen einer Pankreatitis, schweren Peritonitis, Verbrennung, Sepsis (durch Endotoxine) oder einer Fehltransfusion mit schwerer Hämolyse oder einer Muskelzerstörungen zu einer Schädigung der Nierentubuli kommen. Des weiteren sind eine Reihe nierentoxischer Substanzen wie Blei, Arsen und andere bekannt. Auch von einer Anzahl von Medikamenten ist bekannt, daß sie nephrotoxisch wirken können (z.B. Antibiotika aus der Gruppe der Aminoglykoside, Zytostatika, Antirheumatika).

Um einem **Nierenversagen vorzubeugen,** muß ein intravasaler Volumenmangel umgehend beseitigt, eine erniedrigte Nierendurchblutung aufgrund einer Herzinsuffizienz durch positiv-inotrope Substanzen verbessert und die Nierendurchblutung gegebenenfalls durch eine Dopamininfusion (ca. 2–3 µg/kg KG/min, s. S. 271) gesteigert werden. Bei beginnendem oligurischem oder anurischem Nierenversagen kann versucht werden, durch sehr hohe Furosemidgaben (max. 2000 mg/Tag) die Urinausscheidung zu steigern. Voraussetzung für eine Furosemidgabe ist jedoch ein ausreichendes intravasales Volumen.

Die **Therapie des eingetretenen Nierenversagens** ist symptomatisch. Bei bestehender **Hyperkaliämie** muß eine kaliumfreie enterale oder parenterale Ernährung durchgeführt werden. Es bietet sich auch ein Einlauf mit Kationenaustauschern (z.B. Resonium A) an. Diese binden Kalium und geben dafür Natrium oder Kalzium ab. Bei einer schweren Hyperkaliämie kann durch gleichzeitige Gabe von Glukose und Insulin (eine Einheit Altinsulin auf ca. 2–3 g Glukose; z.B. 200 ml Glukose 20% mit 20 IE Insulin) eine Erniedrigung der Plasmakaliumkonzentration erzielt werden. Die aufgrund der Glukosegabe nach intrazellulär wandernde Glukose bewirkt auch eine Aufnahme von Kalium in die Zelle. Auch durch Gabe von Natriumbikarbonat (ca. 100–200 mmol) kann aufgrund des pH-Wert-Anstiegs eine Aufnahme von Kalium in die Zelle erreicht werden (Azidose führt zur Hyperkaliämie, Alkalose führt zur Hypokaliämie im Plasma). Eine bedrohliche Hyperkaliämie kann auch durch intravenöse Injektion von Kalzium vorübergehend antagonisiert werden (10–30 ml Kalziumglukonat 10%).

Wird bei therapieresistentem **anurischem oder oligurischem Nierenversagen** die Flüssigkeitszufuhr nicht entsprechend reduziert, so droht rasch eine Überwässerung des Patienten mit Wassereinlagerung und Ödemen, die sich häufig als periphere Ödeme, Lidödeme und Lungenödem äußern. Bei anurischem Nierenversagen dürfen beim normalgewichtigen Erwachsenen lediglich 750 ml Flüssigkeit pro Tag verabreicht werden. Dies entspricht dem Verlust über Stuhl, Atmung und Verdunstung. Im Falle eines polyurischen Nierenversagens drohen aufgrund der hohen Flüssigkeits- und Elektrolytverluste entsprechende Bilanzstörungen. Es ist eine sorgfältige Substitution notwendig. Eine apparative Blutreinigung **(Hämodialyse)** muß vor allem durchgeführt werden bei:

- starker Überwässerung
- schwerer Hyperkaliämie
- urämischer Intoxikation (Harnstoff > 30–40 mmol/l; Harnstoff-Stickstoff – BUN [**b**lood **u**rea **n**itrogen] > 100 mg/dl; BUN x 2,14 = Harnstoff in mg/dl)
- Plasmakreatinin von 6–8 mg/dl
- ZNS-Symptomen
- Perikarderguß

Zumeist genügt eine in zweitägigem Abstand durchgeführte **Dialyse.** Normalerweise wird über einen großlumigen (in die Vena jugularis interna oder Vena subclavia plazierten) doppelläufigen, sogenannten Shaldon-Katheter dialysiert. Während und nach der Dialyse ist eine entsprechende Überwachung des Patienten notwendig, da es hierbei zu Hämolyse, Thrombozytenabfall, Herzrhythmusstörungen (dialysebedingte Elektrolytverschiebungen) oder Blutungen kommen kann. Eine Dialyse wird normalerweise unter Heparinisierung durchgeführt (falls ACT [s. S. 276] < 160–180 Sekunden). Eine heparinfreie Dialyse wird durchgeführt, falls die ACT > 180 Sekunden bzw. die PTT > 60 Sekunden beträgt.

Unter Dialyse kann auch ein Blutdruckabfall auftreten (die Dialysemaschine benötigt ein extrakorporales Blutvolumen von 200–300 ml). Vor und ca. 4 Stunden nach der Dialyse sollten Elektrolyte, Kreatinin, Harnstoff, Gerinnungsparameter und Blutbild kontrolliert werden.

Neben einer intermittierenden Hämodialyse wurde früher bei Intensivpatienten häufiger auch eine **kontinuierliche arteriovenöse Hämofiltration** (continuous **a**rterio-**v**enous **h**emofiltration = **CAVH**) durchgeführt (vgl. Abb. 7.12). Hierfür werden die Arteria und Vena femoralis punktiert. Die arteriovenöse Blutdruckdifferenz treibt das arterielle Blut durch einen Kapillarfilter und preßt ein Ultrafiltrat (Wasser und Substanzen mit einem Molekulargewicht unter 10 000) ab. Das Blut strömt über den venösen Schenkel wieder zum Patienten. Um eine ausreichende Entgiftung von nierengängigen Substanzen zu garantieren, müssen relativ hohe Volumina an Ultrafiltrat abgelassen werden. Das wie Plasma zusammengesetzte Ultrafiltrat wird verworfen und durch entsprechende Infusionen (z.B. durch kaliumfreie Ringer-Laktat-Lösung) teilweise oder vollständig ersetzt, je nachdem, ob eine Entwässerung des Patienten erwünscht ist oder nicht. Um ein Verstopfen der Hämofiltrationspatrone zu verhindern, muß in den arteriellen Schlauch kontinuierlich Heparin zugeführt und ein ausreichender systolischer Blutdruck garantiert werden.

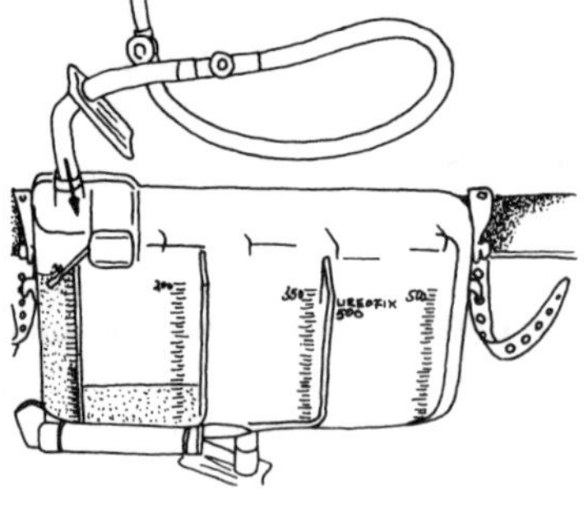

Abb. 7.12 Kontinuierliche arteriovenöse Hämofiltration mit Auffangbehälter für Dialysat.

Die Anlage der arteriovenösen Hämofiltrationsvorrichtung hat unter sterilen Kautelen (einschließlich sterilem Kittel, Mundschutz und Kopfbedeckung) zu erfolgen. Bei den Vorbereitungen ist darauf zu achten, daß die Hämofiltrationspatrone mit Hilfe einer hochgehängten Infusionsflasche luftblasenfrei mit physiologischer Kochsalzlösung gefüllt wird, der 5000 Einheiten Heparin zugemischt wurden.

Vorteile der apparativ einfachen CAVH sind, daß nur geringe Heparinmengen benötigt werden und relativ geringe Kreislaufbeeinträchtigungen zu erwarten sind.

Inzwischen wird anstatt einer CAVH meist eine **kontinuierliche venovenöse Hämofiltration** (continuous **v**eno- **v**enous **h**emofiltration = **CVVH**) über eine Pumpe durchgeführt. Außerdem stehen inzwischen auch kontinuierliche Verfahren mit Gegenstrom (z.B. CVVHDF = **k**ontinuierliche **v**enovenöse **H**ämo**dia**filtration) zur Verfügung. Hierbei wird eine Dialysatflüssigkeit entgegen der Blutflußrichtung an der Filtrationsmembran vorbeigeleitet. Bei diesem Verfahren wird ein hoher Konzentrationsgradient vom Blutplasma zur Dialysatflüssigkeit aufrechterhalten. Daher ist dieses Nierenersatzverfahren deutlich effektiver als eine spontane CAVH. Inzwischen gibt es Systeme mit Bilanzierungswaage. Die Menge der Dialyseflüssigkeit sowie die Gesamtausfuhr werden gewogen. Gesamtausfuhr minus Dialysat ergibt die Bilanz. Mit diesen Bilanzierungswaagen wird die Flüssigkeitsbilanzierung einfacher und genauer. Zum Teil kann die gewünschte positive oder negative Flüssigkeitsbilanz (in ml) einprogrammiert werden.

ZNS

Schädel-Hirn-Verletzungen

Patienten mit traumatischer Schädel-Hirn-Verletzung sind relativ häufig auf Intensivstationen zu betreuen. Bei einem Schädel-Hirn-Trauma (SHT) muß zwischen **primärer Hirnschädigung,** die beim Unfall auftritt, und zwischen evtl. später noch auftretender, sekundärer Hirnschädigung unterschieden werden. An **sekundären Hirnschädigungen** sind vor allem das posttraumatische Hirnödem mit Gefahr des intrakraniellen Druckanstiegs (s. S. 241), eine Meningitis oder ein Abszeß zu nennen.

Primäre Hirnschädigungen sind therapeutisch nicht beeinflußbar. Das gesamte therapeutische Bemühen gilt dem Versuch, sekundäre Hirnschädigungen zu minimieren (Überwachung der Hirnfunktion, s. S. 372).

Schädel-Hirn-Traumen können je nach Schweregrad und in verschiedene Stadien (Grad I–III) unterteilt werden.

SHT I. Grades:
- Bewußtlosigkeit bis 1 Stunde
- retrograde Amnesie (Erinnerungslosigkeit für das Unfallereignis)
- vegetative Störungen
- keine Substanzschäden des Gehirns
- neurologische Störungen klingen innerhalb von 4 Tagen ab
- keine Spätschäden

SHT II. Grades:
- Bewußtlosigkeit 1–24 Stunden
- Substanzschäden
- neurologische Störungen klingen innerhalb von 3 Wochen ab
- selten Spätschäden

SHT III. Grades:
- Bewußtlosigkeit 1–7 Tage oder
- Hirnstammschädigung und Bewußtlosigkeit länger als 6 Stunden
- neurologische Störungen länger als 3 Wochen
- häufig Spätschäden

An **klinischen Zeichen** imponieren bei einem SHT neben der Bewußtseinstrübung je nach Schweregrad:
- Zeichen eines erhöhten intrakraniellen Druckes:
  - Übelkeit, Erbrechen
  - Bradykardie, Hypertonie
  - Kopfschmerzen, Schwindel
  - Sehstörungen
  - Stauungspapille
  - zentral ausgelöstes Fieber
- Einklemmungszeichen bei zunehmender Steigerung des intrakraniellen Druckes:
  - ein- oder beidseitige Pupillenerweiterung, Beeinträchtigung der Pupillomotorik
  - Parästhesien, kontralaterale Hemiplegie
  - Streckkrampfe, Nackensteifheit
  - Pyramidenbahnzeichen
  - fortschreitender Ausfall der Hirnstammreflexe mit Atemstörungen, Kreislaufstörungen
- sichtbare Kopfverletzungen

Hirnschädigungen sind meist im Bereich der Gewalteinwirkung auf den Schädel (Coup) und oft auch an der gegenüberliegenden Stelle (Contre-coup) nachweisbar. Eine operativ angehbare intrakranielle Raumforderung muß stets ausgeschlossen werden.
An **diagnostischen** Maßnahmen sollte eine Röntgenaufnahme des Schädels zum Ausschluß von Schädelfrakturen sowie eine zerebrale Computertomographie (um eine zerebrale Blutung bzw. ein Ödem nachweisen zu können) durchgeführt werden. Ziel der **therapeutischen** Maßnahmen muß es sein, eine weitere Hirndrucksteigerung zu vermeiden (s. S. 241, 373). An intensivmedizinischen Möglichkeiten zur Bekämpfung eines pathologisch erhöhten intrakraniellen Drucks (ICP) stehen folgende Maßnahmen zur Diskussion:

- Lagerung des Patienten mit leicht erhöhtem Oberkörper (s. S. 241)
- kontrollierte Hyperventilation (s. S. 245)
- medikamentöse ICP-Senkung (s. S. 42, 241)
- Barbituratgabe/Barbituratkoma:
  Barbiturate vermindern den zerebralen Stoffwechsel und die Hirndurchblutung. Dadurch kann der intrakranielle Druck erniedrigt werden. Zur akuten Senkung des intrakraniellen Drucks wird zumeist das schnell- und kurzwirksame Thiopental (s. S. 42) verabreicht. Zur Durchführung eines länger dauernden Barbituratkomas kann Pentobarbital (Nembutal) verabreicht werden (Initialdosis: ca. 20 mg/kg KG; danach: dreimal 10 mg/kg KG/Tag). Bei Durchführung eines Barbituratkomas sollte eine gleichzeitige kontinuierliche EEG-Überwachung vorgenommen werden. Die Barbituratdosierung sollte höchstens soweit gesteigert werden, bis die im EEG nachweisliche Hirnaktivität weitgehend zum Erliegen kommt **(burst suppression)**. Eine weitere Erhöhung der Barbituratdosis ist dann sinnlos.
- Kreislaufstabilisierung
- Osmodiuretika (s. S. 241)
- Liquordrainage (s. S. 241)
- Kortikosteroide (s. S. 241)
- Hypothermie:
  Durch eine künstliche Senkung der Körpertemperatur können Hirnstoffwechsel sowie intrakranieller Druck gesenkt werden. Der dadurch bedingte ICP-senkende Effekt wird jedoch zum Teil als relativ gering bezeichnet. Beginnt die Hypothermie bereits vor oder während des Eintritts der Hirnschädigung, kann ein sicherer hirnprotektiver Effekt erzielt werden. Bei Beginn der Hypothermie nach Eintritt der Hirnschädigung ist dieser Effekt eher umstritten. Zur Senkung der Körpertemperatur mittels Kühlmatte oder Eispackungen (z.B. auf 32 °C) müssen die körpereigenen Gegenregulationsmechanismen massiv „geblockt" werden (z.B. mit einem **lytischen Cocktail:** 50 mg Pethidin, 50 mg Promethazin und 0,9 mg Hydergin langsam intravenös). Bei Patienten mit Schädel-Hirn-Trauma wird anstatt Promethazin oft 50 mg Promazin (Protactyl) verwendet, da es einen geringeren Einfluß auf den intrakraniellen Druck haben soll. Es ist ein fortlaufendes, intensives Monitoring von
  - Herz und Kreislauf
  - Beatmungsparametern
  - Blutgasen
  - Nierenfunktion
  - Stoffwechsel
  - Elektrolythaushalt
  - Blutgerinnung
  - zerebraler Funktion

  zu fordern, um drohende Entgleisungen (z.B. stärkere Alkalose mit Hypokaliämie) vermeiden zu können. Bei Beendigung der Hypothermie muß die Wiedererwärmung sehr langsam erfolgen.

Kraniotomie

Nach einer Kraniotomie ist eine intensivmedizinische Nachbetreuung notwendig. Es ist insbesondere das **Risiko einer postoperativen Nachblutung bzw. einer Ödembildung** mit Anstieg des ICP zu beachten. Eine entsprechende engmaschige Überwachung von neurologischem Status (s. S. 372), Atmung und Herz/Kreislauf ist notwendig. Insbesondere der Blutdruck muß in engen – vom Neurochirurgen für den einzelnen Patienten vorgegebenen – Grenzen konstant gehalten werden, um einerseits eine ausreichende Durchblutung sicherzustellen und andererseits die Nachblutungsgefahr möglichst gering zu halten. Bei Verdacht auf eine Nachblutung ist eine sofortige zerebrale Computertomographie notwendig, um eine eventuelle Operationsindikation zu klären. Es sollte routinemäßig ca. 6–8 Stunden postoperativ eine zerebrale Computertomographie durchgeführt werden.

Aneurysma-Clipping

Bei noch nicht operierten Patienten mit einer **S**ub**a**rachnoidal**b**lutung (**SAB**, Blutung aus einem Aneurysma einer Zerebralarterie) besteht vor allem die Gefahr einer Rezidivblutung. Bei der Narkoseeinleitung ist ein Blutdruckanstieg zu vermeiden. Nach dem operativen Klippen eines entsprechenden Aneurysmas (s. S. 250) besteht vor allem die Gefahr eines **Gefäßspasmus mit Hirninfarkt.** Blutdruckabfälle sind zu vermeiden, es wird normalerweise ein etwas über dem normalen Blutdruck liegender Wert angestrebt. Oftmals wird Nimodipin per Infusionspumpe verabreicht (1. Stunde 1 mg/h, dann 2 mg/h, falls kein Blutdruckabfall auftritt). Durch diesen selektiven Kalziumantagonisten soll evtl. ein zerebraler Vasospasmus positiv beeinflußt werden. Manche Patienten reagieren jedoch mit einem deutlichen Blutdruckabfall, was gegen dessen weitere Verabreichung spricht. Wird die Vasospasmusgefahr besonders hoch eingeschätzt, dann kann es bei einem Blutdruckabfall evtl. erforderlich sein, zusätzlich einen (vorwiegend peripher wirkenden) Vasokonstriktor wie Noradrenalin (Arterenol) zu verabreichen, um einen ausreichenden zerebralen Perfusionsdruck (CPP – MAP – ICP; s. S. 212) aufrecht zu erhalten.

Querschnittslähmung

Eine Querschnittslähmung ist zumeist traumatisch durch direkte (Schlag) oder indirekte (Sturz) Gewalteinwirkung bedingt. Je nach Höhe der Querschnittslähmung sind die unteren Extremitäten (**Paraplegie**) oder alle vier Extremitäten (**Tetraplegie**) gelähmt. Schädigungen im Bereich der Halswirbelsäule zwischen C3 und C5 (Ursprung des für die Zwerchfellatmung notwendigen Nervus phrenicus) oder oberhalb davon sind mit dem Leben nicht vereinbar.

Ursache der Lähmung sind eine Durchtrennung oder Schädigung der Nervenbahnen durch dislozierte Knochenfragmente der verletzten Wirbelsäule oder eine Hämatombildung im Spinalkanal durch Stauchung oder Überbiegung der Wirbelsäule.
Es konnte gezeigt werden, daß **therapeutisch** durch die frühzeitige Gabe (innerhalb von 8 Stunden) von 30 mg/kg KG Methylprednisolon (z.B. Urbason) als Bolus und eine anschließende Gabe von ca. 5 mg/kg KG/h über ca. 24 Stunden das neurologische Ergebnis (outcome) nach Rückenmarkverletzungen verbessert werden kann.
Unmittelbar nach Auftreten einer Querschnittslähmung kommt es zur Ausbildung eines sogenannten **spinalen Schocks.** Es imponieren ein kompletter Ausfall von Sensibilität, Motorik und Muskeleigenreflexen unterhalb der Querschnittshöhe. Distal der Verletzungsstelle weisen die Patienten eine Vasodilatation, hervortretende Venen und eine warme Haut auf. Ursache ist ein Ausfall der sympathisch gesteuerten Vasokonstriktion. Diese distal der Querschnittshöhe auftretende Vasodilatation führt zu einem Blutdruckabfall. Kranial der Verletzungsstelle kommt es zur kompensatorischen Vasokonstriktion. Es tritt außerdem ein paralytischer Ileus auf. Während dieser etwa zwei Wochen dauernden Phase des spinalen Schocks drohen vor allem

respiratorische Probleme, weshalb eine intensivmedizinische Überwachung notwendig ist.

Zu beachten ist, daß während der Phase des spinalen Schocks beim Absaugen des Nasen-Rachen-Raumes starke vagale Reaktionen bis hin zur Asystolie ausgelöst werden können.

Mit **Übergang in das chronische Stadium** kehren die spinalen Reflexe wieder zurück. Der Patient ist nun vor allem durch aufsteigende Infektionen im Urogenitalbereich und – bei hohem Querschnitt mit grenzwertiger Atemfunktion – durch pulmonale Komplikationen gefährdet. Es imponieren gesteigerte Muskeleigenreflexe, Spastizität und Rigidität der entsprechenden Muskulatur. Es entwickeln sich spinale Automatismen (z.B. Blasen-/Darmentleerung bei einem bestimmten Füllungsgrad). Die Herz-Kreislauf-Situation ist labil und insbesondere in den ersten Wochen nach Abklingen des spinalen Schocks durch eine sogenannte **autonome Hyperreflexie** gefährdet. Durch unterschiedlichste Reize im Verletzungsgebiet (Schmerzreize, Überdehnung der Blase oder ähnliches) kann eine autonome Hyperreflexie mit exzessiver Hypertonie und reflektorischer Bradykardie auftreten.

Pflege eines querschnittsgelähmten Patienten

Stets muß vorher geklärt werden, ob der Patient gelagert werden darf (partielle Querschnittslähmung bei instabiler Fraktur?). Sind Lagerungsmanöver erlaubt, sollten sie zur Dekubitusprophylaxe regelmäßig durchgeführt werden. Eine sorgfältige Hautpflege ist für diese Patienten besonders wichtig. Aufgrund der beeinträchtigten Regulationsfähigkeit des Gefäßsystems können bereits bei Lagerungsmanövern Blutdruckabfälle auftreten. Da während des spinalen Schocks ein akuter Harnverhalt auftritt, muß der Patient alle sechs Stunden katheterisiert werden oder er muß einen transurethralen oder besser einen suprapubischen Blasenkatheter erhalten. Die während des initialen Spinalschocks auftretende Magen-Darm-Atonie macht eine parenterale Ernährung, das Legen einer Magensonde, konsequente Abführmaßnahmen und eine Ulkusprophylaxe notwendig. Mit Wiederbeginn der Darmaktivität kann mit der oralen Nahrungszufuhr langsam begonnen werden.

Querschnittsgelähmte Patienten sollten möglichst bald in spezielle Therapiezentren verlegt werden. Ein großes Problem bei der Betreuung dieser Patienten ist deren psychische Führung. Oft handelt es sich um junge Patienten, die ihre Behinderung nicht verstehen und akzeptieren wollen. Es kommen bald z.B. Fragen nach dem Berufsleben oder z.B. dem Sexualleben auf das ärztliche und pflegerische Personal zu.

Bewußtseinsstörungen

Durchgangsstadium

Während der Erholungsphase nach Hirnverletzungen tritt zumeist ein Durchgangsstadium auf, das durch stark schwankende Bewußtseinslage, Orientierungslosigkeit, Aggressivität und Überaktivität gekennzeichnet ist. Der Patient muß in dieser Phase intensiv überwacht werden.

Apallisches Syndrom

Ein apallisches Syndrom ist durch den Funktionsausfall des Palliums (Großhirns) gekennzeichnet. Hirnstammfunktionen (vegetative Funktionen) sind jedoch erhalten. Die Augen können geöffnet sein (Coma vigile). Der Patient kann jedoch Reize nicht bewußt wahrnehmen. Die Augen können nicht aktiv fixieren.

Es imponieren häufig primitive Mechanismen wie Schmatzen, Kauen und ähnliches. Der Muskeltonus ist erhöht, es können wieder Primitivreflexe (z.B. Greif- und Saugreflex) auf-

treten. Schmerzreize werden durch ungezielte Massenbewegungen und eine Steigerung der Sympathikusaktivität beantwortet. Der Muskeltonus ist erhöht, es imponieren Spastizität und Rigor. Der Patient neigt zu Schwitzen, Tachykardie und Hyperventilation (Dezerebrationsstarre, s. S. 373).
Zur **Therapie** der Tachykardie wird oft ein Beta-Blocker und zur Behandlung der Spastik ein muskelerschlaffendes Benzodiazepin (z.B. Lioresal) eingesetzt. Das apallische Syndrom kann Wochen, Monate oder Jahre bestehen bleiben. Eventuell ist über ein sogenanntes Remissionsstadium eine Rückbildung mit oder ohne bleibendem Defekt möglich.

Zerebrale Krampfanfälle

Bei Schädel-Hirn-traumatisierten Patienten besteht die erhöhte Gefahr zerebraler Krampfanfälle. **Fokale Krampfanfälle** führen z.B. zu rhythmischen Zuckungen einer Gesichtshälfte oder eines Armes. Sie sind abzugrenzen von **generalisierten zerebralen Krampfanfällen.** Zum Durchbrechen zerebraler Krampfanfälle bietet sich ein Barbiturat oder Benzodiazepin an. Zur Langzeittherapie werden zumeist Phenytoin (Phenhydan), Clonazepam (Rivotril) oder Phenobarbital (Luminal) eingesetzt.
Vergleiche auch „Überwachung der Hirnfunktion", S. 372.

Hirntod

Nach einem schweren Schädel-Hirn-Trauma kann der isolierte Hirntod eintreten, obwohl aufgrund intensivmedizinischer Unterstützung Kreislauf- und Lungenfunktion noch weitgehend intakt sein können.

> Der **isolierte Hirntod** bedeutet den irreversiblen Ausfall aller Hirnfunktionen und damit den Tod des Patienten.

Typisch sind:
- tiefe Bewußtlosigkeit
- weite, lichtstarre Pupillen
- keine Spontanatmung
- keine Schmerzreaktion
- Ausfall der Hirnstammreflexe
- Null-Linien-EEG

Die **Diagnose** eines isolierten Hirntodes muß anhand einer ausführlichen klinischen Untersuchung von zwei Ärzten festgestellt werden, die weder an einer möglichen Organentnahme, noch an der anschließenden Transplantation beteiligt sein dürfen. Die Diagnose Hirntod muß auf einem detaillierten Frage-Dokumentations-Bogen niedergeschrieben werden. Auszuschließen sind stets eine Intoxikation, ein Medikamentenüberhang (z.B. Muskelrelaxanzien) oder eine Hypothermie des Patienten. Sicherstes Kriterium ist der angiographische Nachweis eines intrazerebralen Kreislaufstillstands in allen vier das Gehirn versorgenden Arterien (Arteriae carotis internae und Arteriae vertebrales).

> Trotz isolierten Hirntods können eventuell noch auf Rückenmarkebene vermittelte spinale Reflexe auslösbar sein. Dies widerspricht nicht der Diagnose Hirntod!

Bei diesen Toten kann eine Organexplantation diskutiert werden (s. S. 239).

Abdomen

Peritonitis

Die lokal begrenzte oder die diffuse Peritonitis (Entzündung des Bauchfells) stellt ein häufiges intensivmedizinisches Problem dar. Besonders wichtig ist die **diffuse (generalisierte) Peritonitis,** die oft durch eine Perforation im Bereich von Magen-Darm-Trakt oder Gallenblase bedingt ist. Eine weitere häufigere Ursache stellt die Anastomoseninsuffizienz

nach Operationen im Bereich des Gastrointestinaltraktes dar.
Bei einer länger bestehenden Entzündung oder Ischämie kann es auch zu einer **(Durchwanderungs-)Peritonitis** kommen. Mögliche Ursachen sind Appendizitis, Ileus, Gallenblasenempyem, inkarzerierte Hernie, Mesenterialinfarkt, Pankreatitis, Divertikulitis oder ein nekrotisierender Tumor. Aufgrund der zumeist vorliegenden bakteriellen Entzündung des Peritoneums kommt es zu einer ausgeprägten Flüssigkeitssequestration in das entzündlich veränderte Gewebe. Folge ist ein deutlicher Volumenmangel. Ein sekundär auftretender Ileus verstärkt den Volumenmangel weiter. Eine unbehandelte **diffus-eitrige Peritonitis** führt zu Volumenmangelschock und septischem Schock. Sekundärkomplikationen sind vor allem respiratorische Probleme, Niereninsuffizienz, Leberinsuffizienz und Gerinnungsstörungen. **Kennzeichen der diffusen Peritonitis** sind:

- Bauchschmerzen
- „bretthartes" Abdomen
- Druck- und Loslaßschmerzen
- Erbrechen
- hochfrequente und flache Atmung
- fehlende Darmgeräusche
- eventuelle Kreislaufinsuffizienz
- Fieber

Falls irgend möglich, ist eine kausale chirurgische **Therapie** durchzuführen (Übernähung der Anastomoseninsuffizienz, Spülung der Bauchhöhle mit NaCl und Taurolinlösung). Die Wundversorgung muß in diesem Fall offen erfolgen, das heißt, die Wundränder dürfen nicht adaptiert werden, sondern müssen bis zum Abheilen der Entzündung mit einem eingenähten Vicrylnetz mit Reißverschluß zusammengehalten werden. Dadurch wird die Durchführung wiederholter Lavagen möglich. Die Wundbehandlung erfolgt aufwendig mit zweistündlichem Wechsel feuchter Verbände (s. S. 320). An intensivmedizinischen Maßnahmen sind Antibiotikatherapie, rein parenterale Ernährung, Ableiten des Magensekrets über eine Magensonde, suffiziente Schmerztherapie und adäquate Volumensubstitution durchzuführen. Bei schweren Verlaufsformen können eine maschinelle Beatmung sowie die symptomatische Therapie evtl. auftretender Organinsuffizienzen notwendig werden.

Ileus

Ein Ileus (Darmverschluß) stellt eine Unterbrechung der Darmpassage dar. Ursächlich können eine Verlegung des Darmlumens **(mechanischer Ileus)** oder eine Darmlähmung **(paralytischer Ileus)** vorliegen. Bei unvollständiger Ausprägung der Symptomatik wird von **Subileus** gesprochen.

Es imponieren Abdominalschmerzen, Erbrechen (miserere = kotiges Erbrechen, z.B. beim mechanischen Ileus), Meteorismus (luftgefüllte Darmschlingen), fehlender Stuhl- und Windabgang. Typisch sind bei der Abdomenleeraufnahme im Stehen oder in Linksseitenlage Luftspiegel in Dünn- und Dickdarm. Während beim paralytischen Ileus Darmgeräusche fehlen, sind sie beim mechanischen Ileus verstärkt. Bei dieser Hyperperistaltik wird von sogenannten „metallischen", „hochgestellten" und „klingenden" Darmgeräuschen gesprochen. Es droht eine rasch zunehmende Schocksymptomatik durch Flüssigkeits- und Elektrolytverluste aufgrund von rezidivierendem Erbrechen und großen Flüssigkeitsverlusten in das Darmlumen. Es drohen auch Elektrolytverluste, vor allem eine Hypokaliämie.
Die häufigsten **Ursachen eines mechanischen Ileus** sind Verwachsungen (zumeist nach vorausgehenden Abdominaloperationen), inkarzerierte Hernien und Tumore. Vor der Stenose kommt es zur Dilatation des Darmes und zum Rückstau von Darminhalt. Bei massiver Überdehnung des Darmes drohen Durchblutungsstörungen, Nekrose und Perforation. Aufgrund der Darmwandschädigung

können Bakterien und Toxine aus dem Darmlumen durch die Darmwand dringen und zu Peritonitis und Sepsis führen. Bei mechanischem Ileus sind therapeutisch primär eine Entlastung mittels Magensonde, ein entsprechender Ausgleich der Flüssigkeits-, Elektrolyt- und Eiweißverluste und danach eine operative Intervention durchzuführen.
Ein **paralytischer Ileus** kann unterschiedlichste **Ursachen,** wie z.B. diffuse Peritonitis, akute Pankreatitis, Mesenterialinfarkt, Mesenterialvenenthrombosen, retroperitoneale Blutung, metabolische Entgleisungen oder medikamentöse Ursachen haben. Je nach Ursache ist als **Therapie** neben einer Entlastungssonde z.B. eine operative Intervention oder eine Stimulation des Darmes durch Einläufe oder Medikamente wie Parasympathikomimetika (z.B. Neostigmin [Prostigmin], Distigminbromid [Ubretid]), Sympathikolytika (Trifluperidol [Triperidol]) oder Ceruletid (Takus, Krötengift; bei Pankreatitis jedoch nicht anwenden) indiziert.

Akute gastrointestinale Blutung (GI-Blutung)

Bei einer gastrointestinalen Blutung kann es entweder in das Darmlumen und/oder in die Bauchhöhle bluten.
Die häufigsten **Ursachen** für eine **Blutung in das Darmlumen** sind – im Falle einer oberen GI-Blutung – Magen- oder Duodenalgeschwüre, Magenkarzinome und Ösophagusvarizen. Für die seltenere untere GI-Blutung sind besonders Hämorrhoiden, Dickdarmkarzinome und entzündliche Darmerkrankungen verantwortlich. Eine weitere häufigere Ursache für intraabdominelle Blutungen sind postoperative Nachblutungen. Stärkere Blutungen in das Magen-Darm-Lumen sind **klinisch** durch Bluterbrechen, durch blutigen Rückfluß über eine Magensonde, durch Blutauflagerungen auf dem Stuhl oder durch Teerstuhl gekennzeichnet.

> Gemeinsames Merkmal aller stärkeren gastrointestinalen Blutungen ist der sich entwickelnde hämorrhagische Schock.

Blutungen in die Bauchhöhle sind meist durch postoperative Nachblutungen oder die Ruptur von Milz oder Leber bedingt. **Klinisch** imponieren eine Abwehrspannung des Bauches und starke Schmerzen. Für die **Diagnose** einer intraperitonealen Blutung sind entweder eine sonographische Untersuchung, eine Abdominallavage oder eine sorgfältige klinische Untersuchung (Palpation, Zunahme des Bauchumfanges?) notwendig.
Therapeutisch stehen die Plazierung mehrerer großlumiger peripherer Verweilkanülen sowie energische Volumen- und Blutsubstitution an erster Stelle. Bei schweren Blutungen muß die Operation noch vor der Stabilisierung des Kreislaufs begonnen werden. Zusätzlich ist eine Magensonde zu legen und gegebenenfalls der Magen klarzuspülen.

Ulkusblutungen

Bei Intensivpatienten besteht die erhöhte Gefahr von streßbedingten Gastrointestinalblutungen. Daher hat die Ulkusprophylaxe einen hohen Stellenwert in der Intensivmedizin (s. Streßulkusprophylaxe, S. 307). Bei einer Ulkusblutung kann manchmal konservativ therapiert werden. Nach Einführen einer Magensonde wird der Magen mit kalter physiologischer Kochsalzlösung klargespült. Inzwischen wird bei einer Ulkusblutung oft eine Unterspritzung oder eine Laserung durchgeführt.

Ösophagusvarizenblutung

Bei Vorliegen einer Leberzirrhose ist der Gefäßwiderstand in der zirrhotischen Leber hoch und die Leberdurchblutung dadurch gedrosselt. Das Blut staut sich vor der Leber in der Pfortader, es wird von **portaler Hypertension** gesprochen. Das Blut aus der Pfortader fließt daher zum Teil über Umgehungskreisläufe (an der Leber vorbei) in die Vena cava.

Bei portaler Hypertension stellen die Ösophagusvenen einen wichtigen **Umgehungskreislauf** dar. Diese dadurch dilatierten Gefäße (Ösophagusvarizen) können einreißen und zu massiven Blutungen mit Volumenmangelschock führen. Bei dem oft massiven Bluterbrechen besteht die Gefahr einer Aspiration!

Es ist eine umgehende Volumensubstitution notwendig. Gegebenenfalls ist durch **Kompressionssonden,** wie die Sengstaken-Blakemore-Sonde (2-Ballon-Sonde) oder die Linton-Nachlas-Sonde (1-Ballon-Sonde), eine Blutstillung zu versuchen. Die **Sengstaken-Blakemore-Sonde** wird über die Nase bis in den Magen vorgeschoben. Der untere, kleinere und runde Ballon dieser Sonde wird mit Luft gefüllt und an die untere Ösophagusöffnung herangezogen. Dieser Ballon dient der Sondenfixierung unterhalb der Kardia. Danach wird der längliche, im distalen Ösophagus liegende zweite Ballon aufgeblasen, wodurch die blutenden Ösophagusvarizen komprimiert werden (vgl. Abb. 7.13). Über

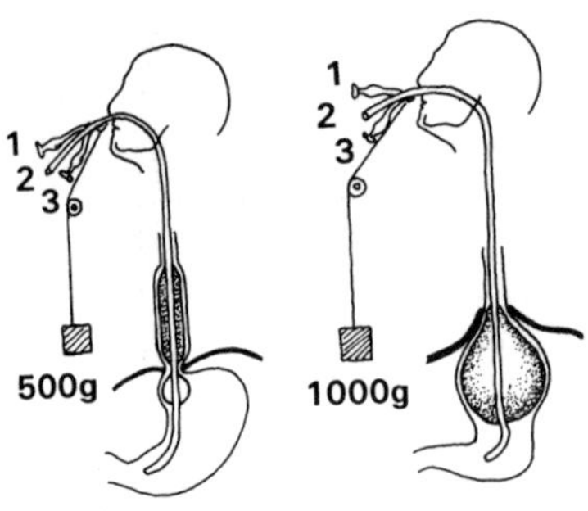

Abb. 7.13 Links: Plazierte Sengstaken-Blakemore-Sonde (2-Ballon-Sonde). 1 = Ösophagusballon, 2 = Magensonde, 3 = Magenballon. Rechts: Plazierte Linton-Nachlas-Sonde (1-Ballon-Sonde). 1 = Ösophagussonde, 2 = Magensonde, 3 = Ballon.

die Sonde kann auch eine Magenspülung vorgenommen werden. Der Magen muß klargespült werden.

Kompressionssonden dürfen wegen der Gefahr einer Ösophaguswandnekrose höchstens 48 Stunden in geblocktem Zustand belassen werden. Zwischenzeitlich sind sie wiederholt kurzfristig zu entblocken, um Drucknekrosen vorzubeugen.

Der Kompressionsdruck der Ösophagussonde sollte 35–40 mmHg betragen. Kommt die Blutung nicht zum Stehen, so ist selten ein notfallmäßiges operatives Vorgehen notwendig. Ist die Blutung zum Stillstand gekommen, dann kann die Sonde entblockt werden. Sicherheitshalber sollte sie jedoch wegen der Gefahr einer Nachblutung noch ca. einen Tag ungeblockt in situ belassen werden. Zusätzlich kann versucht werden, den Druck in der Pfortader medikamentös mit Vasopressin zu senken.
Bei anhaltender Blutung kann versucht werden, die Varizen endoskopisch zu veröden. Langfristig kann die Anlage einer Anastomose zwischen Pfortader und V. cava (eines portokavalen Shunts) indiziert sein. Die Leber wird dann weiterhin über die A. hepatica ausreichend mit arteriellem Blut versorgt. Das Pfortaderblut gelangt über den Shunt unter Umgehung der Leber direkt in die V. cava.

Die bei einer Ösophagusvarizenblutung in den Gastrointestinaltrakt eingetretenen Blutmengen werden bakteriell abgebaut. Vor allem das hierbei anfallende Ammoniak kann normalerweise bei diesen Patienten nicht mehr entgiftet werden, da eine Leberinsuffizienz vorliegt. Es droht eine **Ammoniakvergiftung,** die sich in zerebralen Symptomen (Stupor, Zittern, Bewegungsarmut, Parästhesien) äußert **(hepatische Enzephalopathie, Coma hepaticum)**. Neben einer Magen- und Dickdarmentleerung mittels Sonde und Einläufen muß eine Reduktion der Darmflora mit einem oral verabreichten und nichtresorbierbarem Antibiotikum (Neomycin 4 g/Tag oral) durchgeführt werden. Zusätzlich wird ein Laxans (Bifiteral, 20 ml alle zwei Stunden, bis Durchfall auftritt) verabreicht und eine Streßulkusprophylaxe (s. S. 307) durchgeführt.

Pankreatitis

Die wichtigsten **Ursachen einer akuten Pankreatitis** (interstitiell-ödematös 80–90%; hämorrhagisch-nekrotisch 10–20%) sind Erkrankungen im Bereich der ableitenden Gallenwege und chronischer Alkoholismus. Auch nach Abdominalverletzungen kann eine (traumatisch bedingte) Pankreatitis auftreten.

Klinisch imponieren starke Oberbauchschmerzen mit eventuell gürtelförmiger Ausstrahlung in den Rücken, Erbrechen, Ileus, aufgeblähtes Abdomen, evtl. ein hypovolämischer Schock. Je nach Schwere der Erkrankung treten zusätzlich linksseitiger Pleuraerguß, respiratorische Probleme, akutes Nierenversagen, Gerinnungsstörungen (DIC und evtl. Verbrauchskoagulopathie, s. S. 404), abdominelle Blutungen, eitrige Peritonitis und intraabdominelle Abszesse auf.

Typische **laborchemische Veränderungen** sind eine erhöhte Alpha-Amylase in Serum und Urin, erhöhte Serumlipase, Abfall der Plasmakalziumkonzentration, metabolische Azidose und Anstieg der Laktatkonzentration (vgl. Tab. 7.7; S. 376). Liegt der Pankreatitis ein Gallenabflußhindernis zugrunde (Cholestase), dann sind die alkalische Phosphatase, das direkte Bilirubin und die Gamma-GT (vgl. Tab. 7.7; S. 376) erhöht.

Bei der schweren Verlaufsform, der **nekrotisierenden Pankreatitis,** kommt es durch Pankreasenzyme zu einer Selbstverdauung des Organs. Es handelt sich um ein schweres Krankheitsbild mit schlechter Prognose. Aufgrund schwerer Entzündungsreaktionen kommt es zur Sequestration großer Flüssigkeits- und Eiweißmengen ins Gewebe und zur Ausbildung eines hypovolämischen Schocks. Wegen der initial auftretenden Hypovolämie und Hypotonie droht häufig ein prärenales akutes Nierenversagen. Die Durchführung einer großzügigen Volumenzufuhr und der Einsatz von Katecholaminen sind normalerweise notwendig.

> Um jegliche Stimulation der Pankreassekretion zu vermeiden, muß der Patient parenteral ernährt und der Magensaft abgeleitet werden. Außerdem kann eine Insulingabe erforderlich werden. Eventuell sollte eine Antibiotikatherapie bzw. eine Antibiotikaprophylaxe eingeleitet werden.

Eine ausreichende Analgesie und Sedierung stellen oft ein Problem dar. Sinnvoll ist die Anlage einer kontinuierlichen Periduralanästhesie, sofern keine Gerinnungsstörung vorliegt. Bei der Gabe von Opioiden besteht die Gefahr, daß der Abfluß des Pankreassekrets aufgrund einer opioidbedingten Tonuserhöhung des Sphincter Oddi behindert wird.

Die Frage, ob in Einzelfällen evtl. eine chirurgische Intervention sinnvoll ist, muß mit den Abdominalchirurgen geklärt werden. Bei schweren Verlaufsformen können sich erhebliche respiratorische Probleme, evtl. ein ARDS (s. S. 377) entwickeln.

Komplikationen nach gastrointestinalen Operationen

Eine vorübergehende, ca. zwei bis drei Tage dauernde Magen-Darm-Atonie ist nach größeren Abdominaleingriffen häufig anzutreffen. Bei einem länger bestehenden postoperativen Ileus ist eine entsprechende Diagnostik notwendig (s. S. 396). Eine postoperative Peritonitis ist zumeist durch eine Nahtinsuffizienz, unbemerkte Perforation oder eine Durchwanderungsperitonitis im Rahmen eines Ileus bedingt (s. S. 396). Die häufigsten Ursachen für postoperative Nachblutungen sind eine unzureichende intraoperative Blutstillung sowie Blutgerinnungsstörungen.

Alkoholkrankheit

1998 wurde nach offiziellen Statistiken davon ausgegangen, daß in Deutschland 2,5 Millionen alkoholkranke Menschen leben. Alkohol ist die häufigste Suchtdroge in Deutschland. Bei verunfallten Patienten handelt es sich in bis zu 15–20% um alkoholkranke Patienten. Die jährlichen Folgekosten des Alkoholkonsums werden in Deutschland mit ca. 30 Milliarden angegeben. Bei Alkoholkranken ist das Risiko eines Karzinoms im Mund-Kehlkopf-Bereich ca. zehnfach erhöht. Bei gleichzeitigem Alkohol- und Nikotinmißbrauch ist dieses Risiko ca. 44fach erhöht. Die dämpfende Wirkung einer chronischen Alkoholzufuhr wird vom Körper dadurch kompensiert, daß es zur Stimulation erregender Neurotransmittersysteme kommt. Beim plötzlichen Wegfall der dämpfenden Alkoholwirkung kommt es zur Störung des neuen Gleichgewichts mit Überwiegen erregender Systeme, zur Übererregbarkeit des ZNS. Wird bei einem alkoholkranken Patienten die Alkoholzufuhr unterbrochen, so droht ein **Alkoholentzugsdelir.** Es ist gekennzeichnet durch:

- motorische Unruhe
- Nesteln
- Halluzinationen
- Desorientiertheit

Es besteht eine sympathikotone Reaktionslage mit Tachykardie, Schwitzen, Hypertension und Hyperventilation. Die **Symptomatik** beginnt meist 6–8 Stunden nach Abfall der Blutalkoholkonzentration. Das Alkoholentzugssyndrom wird oft in Stadium I (Zittern), Stadium II (Halluzinationen, Prädelir) und Stadium III (Delirium tremens) unterteilt.

Im Rahmen eines schweren Alkoholentzugsdelirs kann ein **Delirium tremens** auftreten. Hierbei handelt es sich um eine lebensbedrohliche Komplikation. 2–3 Tage nach Alkoholabstinenz treten Trachykardie, Hypertonie, Hyperthermie, Halluzinationen und evtl. zerebrale Krampfanfälle auf. Es ist eine aggressive Therapie notwendig.

Bei bekannter Alkoholabhängigkeit hat es sich bewährt, bereits vor einer geplanten Operation mit anschließender Intensivbehandlung (das heißt Unterbrechung der üblichen oralen Alkoholzufuhr) mit einer Delirprophylaxe zu beginnen. Hierzu kommt eine parenterale Alkoholinfusion über einen zentralen Venenkatheter in Frage. Hierbei sollte die sonst durchschnittlich zugeführte tägliche Alkoholmenge kontinuierlich verabreicht werden. Bewährt hat sich auch eine niedrig dosierte Flunitrazepam-(Rohypnol-)Gabe im Rahmen der Prämedikation. Auch diese Prophylaxe sollte postoperativ parenteral weitergeführt werden. Zur **Therapie** des Delirium tremens wird oft Diazepam (z.B. 5–10 mg alle 5 Minuten, bis der Patient sediert ist) verabreicht. Im Falle einer schweren vegetativen Alkoholentzugssymptomatik kann Clonidin (Catapresan) meist mit gutem Erfolg eingesetzt werden. Nach einer Initialdosierung („loading dose") von bis 1,2 mg intravenös wird eine bedarfsadaptierte kontinuierliche Infusion (2–6 µg/kg KG/h) angeschlossen. Bei einer halluzinatorisch betonten Delirsymptomatik sollte Haloperidol (Haldol) entweder kontinuierlich oder in mehrfachen täglichen Einzeldosen (z.B. 4–6 mal 5–10 mg) zugeführt werden. Auch Clomethiazol (Distraneurin) ist für eine Delirprophylaxe bzw. Delirtherapie geeignet. Clomethiazol kann oral oder sehr vorsichtig intravenös (20–100 ml/h der 0,8%igen Lösung) verabreicht werden. Insbesondere bei höherer intravenöser Dosierung kann es jedoch zu einer Hypersalivation und Atemdepression führen. Zur Therapie einer Tachykardie kann auch die Gabe eines Beta-Blockers notwendig werden. Gegebenenfalls muß der Patient intubiert werden. Flüssigkeitshaushalt, Elektrolytstörungen (Hypomagnesiämie, Hypokaliämie) und ein Vitaminmangel (Thiaminmangel = B1-Mangel) sind zu korrigieren. Zur Therapie der Hypomagnesiämie werden initial 4 g Magnesiumsulfat (16 mmol Mg), anschließend werden 0,1 mmol/kg KG/h intravenös empfohlen. Eine Magnesiumsubstitution ist zur Prophylaxe zerebraler

Krampfanfälle sehr wichtig. Das Vitamin Thiamin ist stets zu substituieren. Zur Therapie eventueller ventrikulärer Herzrhythmusstörungen eignet sich Lidocain. Um Selbstverletzungen des Patienten oder Verletzungen anderer Personen zu vermeiden, sind diese Patienten an den Armen und den Beinen zu fixieren.

Verbrennungskrankheit

Allgemeine Bemerkungen

> Schwere Verbrennungen führen nicht nur zu lokalen, sondern auch zu generalisierten Veränderungen. Es wird von Verbrennungskrankheit gesprochen.

Verbrennungen der Körperoberfläche können in **vier Schweregrade** unterteilt werden:

- Verbrennung I. Grades: gerötete, schmerzhafte und trockene Haut ohne Blasenbildung, sehr schmerzhaft
- Verbrennung II. Grades: schmerzhafte, feuchte Haut mit Blasenbildung
- Verbrennung III. Grades: trockene, weiße oder fleischfarbene Haut. Da diese Verbrennung mindestens bis in die Subkutis reicht und die dort liegenden Nervenendigungen zerstört hat, ist sie nicht schmerzhaft (schmerzhaft sind aber die erst- und zweitgradig verbrannten Randbezirke).
- Verbrennung IV. Grades: Verkohlung, nicht schmerzhaft

Eine Verbrennung führt durch die **Freisetzung von Entzündungsmediatoren** zu:

- Kapillardilatation
- Sequestration von Flüssigkeit ins Gewebe
- Ausbildung eines interstitiellen Ödems (nicht nur im geschädigten Areal)
- verstärkter Verdunstung von Flüssigkeit über die geschädigten Hautpartien

In der sogenannten Schockphase kommt es zu massiven **Flüssigkeits- und Eiweißverlusten** innerhalb der ersten 24–48 Stunden. Der entstehende intravasale Flüssigkeitsverlust ist proportional der Ausdehnung der verbrannten Körperoberfläche. Es droht eine Hypovolämie mit Hypotension und Volumenmangelschock. **Folge** können eine Oligurie oder Anurie sein. Eine evtl. stärkergradige Hämolyse kann über eine Hämoglobinurie die Nierenfunktion noch zusätzlich beeinträchtigen. Durch die erhöhte Wasserverdunstung entsteht außerdem ein bedeutender Wärmeverlust (580 cal pro Gramm verdunstetes H_2O), der zu einem erhöhten Energieverbrauch führt und eine gesteigerte Kalorienzufuhr erforderlich macht. Durch den enormen intravasalen Flüssigkeitsmangel kommt es zu einer Hämokonzentration. Aufgrund der Streßsituation kommt es zu einer längerdauernden Erhöhung der Kortikoidkonzentration. Akute Ulzerationen im Magen und Duodenum **(Curling-Ulzera)** sind daher gefürchtete und unter Umständen lebensbedrohliche gastrointestinale Komplikationen (s. Streßulkusprophylaxe, S. 307). Die Immunglobuline IgG und IgM sind erniedrigt, die Leukozytenfunktion ist gehemmt. Aufgrund der erhöhten Gefäßpermeabilität und Sequestration in der Anfangsphase der Verbrennungskrankheit sind die Serumalbumine typischerweise erniedrigt.

Nach 36–48 Stunden normalisiert sich die Kapillarpermeabilität wieder. Es beginnt die Rückresorption des sequestrierten Volumens. Bis zum Beginn des Heilungsprozesses besteht eine katabole Stoffwechsellage.

Nach Überwindung der initialen Schockphase ist der Patient in der Regenerationsphase insbesondere durch Infektionen und einen Hypermetabolismus gefährdet

Die häufigsten **Komplikationen** einer Verbrennungskrankheit sind:

- Sepsis
- Niereninsuffizienz
- Ateminsuffizienz
- Magen-Darm-Ulzera

Die häufigste Todesursache bei Verbrennungspatienten ist die **Sepsis.** Es lassen sich vor allem gramnegative Bakterien (häufig Pseudomonas aeruginosa) auf den Wunden nachweisen. Bei bestätigter bakterieller Wundinfektion bzw. bei positiven Blutkulturen ist eine entsprechende Antibiotikatherapie durchzuführen. Eine prophylaktische Antibiotikatherapie ist dagegen umstritten.

Der **Hypermetabolismus** führt zum erhöhten Sauerstoff- und Kalorienbedarf und zur Steigerung des Herzminutenvolumens. Aufgrund des Hyperkatabolismus werden beim normalgewichtigen Erwachsenen zumeist 3000–6000 kcal/Tag notwendig.

Bei der Aufnahme eines Verbrennungspatienten müssen die Ausdehnung der Verbrennung (ausgedrückt in Prozent der Körperoberfläche) sowie der Grad der Verbrennung festgestellt werden. Beim Erwachsenen gilt die sogenannte **9er-Regel** (vgl. Abb. 7.14) zur Abschätzung der prozentual verbrannten Körperoberfläche.

Beim Kind ist der prozentuale Anteil des Kopfes an der Körperoberfläche relativ hoch und derjenige der unteren Extremität relativ gering.

Bei Gesichts- und Halsverbrennungen muß stets auch an ein Inhalationstrauma sowie an ein toxisches Lungenödem gedacht werden. Bei Verdacht auf eine **Kohlenmonoxidvergiftung** muß mit einem CO-Oxymeter die HbCO-Konzentration und die sogenannte fraktionelle Sättigung (HbO_2) bestimmt werden. Bei erhöhtem HbCO-Wert werden mittels üblichem Blutgasanalysengerät (z.B. ABL-Gerät) oder Pulsoxymeter falsch hohe Sättigungswerte gemessen!

Versorgung von Verbrennungswunden

Verschiedene antiseptische Oberflächentherapeutika stehen zur Verfügung, um einer bakteriellen Besiedelung der Wundfläche vorzubeugen (z.B. Betaisodona). Die Behandlungsstrategie der Wundfläche (verbundene oder offene Behandlung) variiert von Klinik zu Klinik. Zumeist wird eine offene Wundbehandlung bevorzugt. Es scheint sinnvoll zu sein, **nekrotische Hautbezirke** möglichst bald abzutragen und diese Areale mit Kunsthaut (Epigard) abzudecken. Bei einer verzögert durchgeführten Nekrektomie (nach 8–10 Tagen) ist die Infektionsgefahr erhöht. Es ist zu beachten, daß hierbei evtl. massive Blutverluste auftreten können.

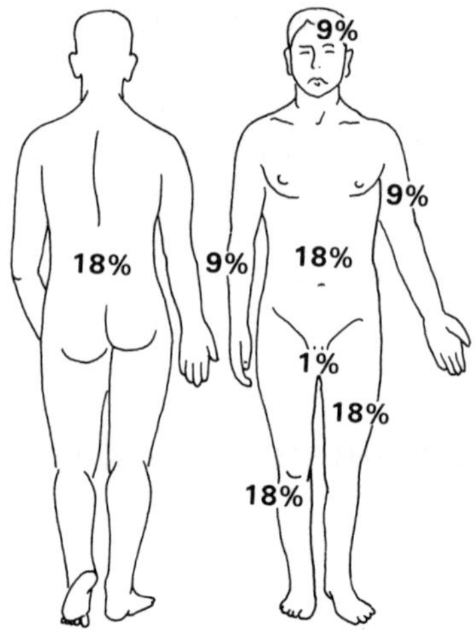

Abb. 7.14 9er-Regel zur Abschätzung der prozentual verbrannten Körperoberfläche beim Erwachsenen.

Regelmäßige Abstriche vom Wundgebiet sind durchzuführen. Eine Tetanusprophylaxe ist notwendig.

> Häufige Händedesinfektion, aseptisches Vorgehen bei allen Maßnahmen, Verwendung von sterilen Handschuhen, Mundschutz und Überkittel sind die wichtigsten Voraussetzungen, um eine Wundinfektion zu vermeiden.

Um die hohe Infektionsgefahr zu verringern, werden Verbrennungspatienten in Einzelzimmern isoliert. Die Zimmertemperatur sollte auf 28–32 °C angehoben werden, um Wärmeverluste zu reduzieren.

Volumentherapie

Für eine adäquate Volumentherapie ist eine ausreichende Anzahl großlumiger Kanülen notwendig. Die **Zugänge** sollten festgenäht werden. Tage oder Wochen später, wenn die

Patienten eventuell mehrere Operationen hinter sich haben, kann es problematisch werden, einen venösen Zugang zu legen. Manchmal muß auf Venen von Kopfhaut, Stamm oder Schulter zurückgegriffen werden.
Zumeist wird empfohlen, in den ersten 24 Stunden nur kristalloide Lösungen zu infundieren und auf Kolloide zu verzichten, da zu befürchten ist, daß aufgrund der anfänglich erhöhten Kapillarpermeabilität die Kolloide ins Gewebe wandern und evtl. noch weiter Wasser mit ins Gewebe ziehen. Als **Infusionsmenge** werden beim Erwachsenen 4 ml/kg KG/% verbrannter Körperoberfläche in den ersten 24 Stunden zusätzlich zum Grundbedarf empfohlen (bei Kindern bis 8 ml/kg KG/% verbrannter Körperoberfläche). Die Hälfte davon sollte in den ersten 8 Stunden infundiert werden **(Baxter-Schema).** Zusätzliche Flüssigkeitsverluste durch Erbrechen, Diarrhö oder Fieber müssen außerdem adäquat ersetzt werden.
Bereits am zweiten Tag normalisiert sich die Kapillarmembranpermeabilität wieder weitgehend, und die Infusionsmenge an Kristalloiden kann im Vergleich zum ersten Tag drastisch reduziert werden. Zusätzlich können Eiweiße – orientiert an den Serumeiweißwerten – substituiert werden. Gegebenenfalls müssen auch Gerinnungsfaktoren in Form von FFP verabreicht werden. Mit Normalisierung der Kapillarpermeabilität setzt ein Flüssigkeitsrückstrom aus dem Gewebe ins Gefäßsystem ein. Dies kann zur **intravasalen Volumenüberladung** führen.
Falls die Verbrennung mehr als 20% der Körperoberfläche beträgt, tritt fast immer eine **Magen-Darm-Atonie** auf. Zur Ableitung des Magensekrets sollte eine Magensonde plaziert werden. Sobald als möglich sollte mit der oralen Flüssigkeitszufuhr begonnen werden, wobei die Menge vorsichtig zu steigern ist.
Zur Überwachung der **Nierenfunktion** ist bei Verbrennungen über 20% der Körperoberfläche ein Blasenkatheter zu legen, wobei die Urinausscheidung nicht unter 1 ml/kg KG/h abfallen sollte. In der Regel sollten Patienten mit ausgedehnten Verbrennungen polyurisch gehalten werden. Außerdem ist ein zentraler Venenkatheter zu plazieren, da die ZVD-Messung einen wichtigen Parameter zur **Beurteilung der intravasalen Volumensubstitution** darstellt. Wichtig ist das tägliche Wiegen der Patienten. Bei adäquater Volumentherapie sollte das Körpergewicht am ersten Tag – je nach Ausdehnung der Verbrennung – um 10–20% zunehmen.

Polytraumatisierter Patient

Die Primärversorgung eines polytraumatisierten Patienten ist auf Seite 282 beschrieben. Nach Sicherung der Vitalfunktionen und Durchführung lebensrettender Notoperationen wird der Polytraumatisierte für die Stabilisierungsphase auf die Intensivstation verlegt. Nachdem ein polytraumatisierter Patient aufgenommen und an das entsprechende Monitoring angeschlossen wurde sowie hämodynamisch stabilisiert ist, sind eine Reihe von Dingen zu klären bzw. zu überprüfen:

- Die bisher erhobenen Befunde sind zu kontrollieren und zu dokumentieren.
- Es ist zu klären, ob noch bestimmte diagnostische (z.B. Röntgen der Halswirbelsäule), therapeutische (z.B. Thoraxdrainage) oder prophylaktische Maßnahmen (z.B. Tetanusschutzimpfung) durchgeführt werden müssen.
- Nochmalige Untersuchung des Patienten und Dokumentation der Verletzungen. Es ist stets auch an evtl. verspätet auftretende Komplikationen (z.B. zweizeitige Milzruptur) zu denken.
- Es ist zu klären, ob der Patient gelagert werden darf oder ob einschränkende Verletzungen (z.B. Wirbelsäulenverletzungen) vorliegen.
- Bei Frauen muß z.B. geklärt werden, ob sie schwanger sind oder ob sie menstruationsbedingt einen Tampon tragen, der dann zu entfernen ist.

Bei polytraumatisierten Patienten stehen

- Kreislaufproblematik
- respiratorische Probleme
- metabolische Veränderungen

im Vordergrund.

Daneben drohen auch:

- Niereninsuffizienz
- Störungen der Blutgerinnung
- Magen-Darm-Ulzera
- eine katabole Stoffwechsellage
- eine erhöhte Infektanfälligkeit
- die Gefahr einer Sepsis

Um eine Niereninsuffizienz und eventuelle Blutgerinnungsstörungen wie eine disseminierte intravasale Gerinnung (DIC) oder eine Verbrauchskoagulopathie zu verhindern, ist eine konsequente **Therapie des Volumenmangelschocks** notwendig. Zur Überwachung der kardiovaskulären Situation empfiehlt sich die Plazierung einer arteriellen Druckmessung, eines zentralen Venenkatheters, gegebenenfalls eines Pulmonalarterienkatheters und eines Blasenkatheters.

Hat sich der Zustand des Patienten stabilisiert, so wird er – im Rahmen der **zweiten Operationsphase** – von der Intensivstation, möglichst mit „seinem" Beatmungsgerät, in den Operationssaal gebracht. Als Narkoseform ist die (T)IVA oder Neuroleptanästhesie das Verfahren der Wahl, wobei meist ein enormer Medikamentenverbrauch auffällt. Aufgrund der inzwischen längeren Immobilisation und der oft großen Muskelverletzungen verbietet sich die Anwendung von Succinylcholin (s. S. 67). Als Relaxans sind z.B. Pancuronium, Rocuronium oder Vecuronium geeignet.

Die **Erholungsphase** umfaßt das Ausschleichen der intensivmedizinischen Therapie sowie die Entwöhnung vom Beatmungsgerät.

Sepsis

Sepsis ist definiert als eine systemische Einschwemmung von Bakterien, anderen Mikroorganismen oder von bakteriellen Produkten (Toxinen), die über eine Aktivierung zahlreicher Mediatorsysteme letztlich zu einer unzureichenden Gewebsperfusion und einer diffus entzündlichen Gewebsveränderung führt. Letztlich kann es zu einem Multiorganversagen (**m**ultiple **o**rgan **f**ailure = MOF; v.a. Lungen-, Nieren-, Leberversagen) kommen.

Entsprechend einer neuen Konsensuskonferenz wird Sepsis definiert als eine Infektion in Verbindung mit mindestens zwei der nachfolgenden Kriterien:

- Hyperthermie > 38 °C oder Hypothermie < 36°C
- Tachykardie (HF > 90/min)
- Tachypnoe (AF > 20/min, p_aCO_2 < 32 mmHg)
- Leukozytenzahl > 12000/mm^3 oder < 4000/mm^3; 10% unreife Leukozyten

Die Bakterien/-toxine führen über eine Mediatoraktivierung zu einer Schädigung der Kapillarwände. Die Kapillarmembranen werden „porös", es entsteht ein sogenanntes **capillary leak syndrome.** Intravasale Flüssigkeit kann leicht ins Gewebe abwandern, es bilden sich Ödeme aus. In den geschädigten Kapillaren beginnen Gerinnungsprozesse, es droht eine disseminierte intravasale Gerinnung (**d**isseminated **i**ntravascular **c**oagulation = DIC) die zum Verbrauch der Gerinnungsfaktoren (= Verbrauchskoagulopathie) mit diffuser Blutungsneigung führen kann. Da der Körper versucht, diese DIC-bedingten Gerinnsel wieder abzubauen, fallen vermehrt Fibrinspaltprodukte an. Typischerweise öffnen sich arteriovenöse Shunts in den verschiedenen Geweben. Es kommt zur Umverteilung in der Gewebsperfusion. **Folge der entstehenden Mikrozirkulationsstörungen** sind eine Mangelversorgung des Gewebes mit Hypoxie, Azidose und Laktatanstieg. Aufgrund der zahlreichen peripheren Shunts kommt es zu unzureichender Sauerstoffausschöpfung des Blutes (hohe gemischt-venöse Sauerstoffsättigung). Der periphere Gesamtwiderstand ist deutlich erniedrigt, das Herzminutenvolumen kompensatorisch erhöht.

Therapeutisch stehen bei der Sepsis Volumensubstitution und Katecholamingabe (Dopamin, Arterenol), Antibiotikatherapie, falls möglich zusätzlich operative Sanierung einer Sepsisquelle und maschinelle Beatmung im Vordergrund. Der erhöhte Eiweißkatabolismus verlangt eine hohe Proteinzufuhr sowie eine bedarfsgerechte hochkalorische Kohlenhydratzufuhr. Diese Patienten benötigen einen sehr hohen pflegerischen und apparatetechnischen Aufwand. Aufgrund der instabilen Kreislaufverhältnisse und der Tatsache, daß diese Patienten oft nicht gelagert werden können, sind sie stark dekubitusgefährdet.

SIRS

Von einem SIRS (**s**ystemic **i**nflammatory **r**esponse **s**yndrome) wird gesprochen, wenn ein der Sepsis vergleichbares Krankheitsbild vorliegt, ohne daß jedoch eine Infektion nachweisbar ist. Mögliche Ursachen sind Verletzungen, Verbrennungen, schwere Blutung, Ischämie, hämorrhagisch-nekrotisierende Pankreatitis oder eine anaphylaktoide Reaktion.

Teil 8 Lebensrettende Sofortmaßnahmen

Allgemeine Bemerkungen

Grundvoraussetzung für ein normales Funktionieren des Organismus ist die ausreichende Versorgung der Organe mit Sauerstoff. Die für die Sauerstoffversorgung absolut notwendigen Elementar- oder auch **Vitalfunktionen** sind:

- Atmung und
- Herz-Kreislauf-System

Kommt es zu einer plötzlichen Bedrohung dieser Vitalfunktionen, so haben wir einen Notfallpatienten vor uns. Bei allen Notfallpatienten müssen durch lebensrettende Sofortmaßnahmen die Vitalfunktionen wiederhergestellt und stabilisiert werden. Die Vitalfunktionen Atmung und Herz/Kreislauf sind eng miteinander verknüpft. Kommt es z.B. zu einem **Atemstillstand,** so bleibt aufgrund des eintretenden Sauerstoffmangels (= Hypoxie) das Herz spätestens nach 5–10 Minuten ebenfalls stehen. Tritt dagegen zuerst ein **Kreislaufstillstand** auf, so wird auch das Gehirn nicht mehr durchblutet. Der Patient wird bereits nach ca. 10 Sekunden bewußtlos, und innerhalb einer Minute fallen alle wesentlichen zerebralen Funktionen einschließlich der Spontanatmung aus.

Bei Eintritt eines Atem- und Herz-Kreislauf-Stillstandes wird vom zunächst noch **reversiblen klinischen Tod** gesprochen. Nach kurzer Zeit kommt es zu irreversiblen Schädigungen der Organe und damit zum unwiderruflichen, zum **biologischen Tod.**
Die Zeitspanne zwischen Eintritt des klinischen Todes und Eintritt des biologischen Todes wird als **Wiederbelebungszeit** bezeichnet. Innerhalb dieser Zeitspanne können Herz/Kreislauf und Atmung wiederhergestellt werden, ohne daß bleibende Organschäden eintreten.

Diese Wiederbelebungszeit ist für die einzelnen Organe unterschiedlich lang. Am kürzesten ist sie für das Gehirn, hier beträgt sie 3–5 Minuten. Da ein Lebewesen als tot definiert ist, wenn das Gehirn tot ist, entspricht die Wiederbelebungszeit des Gehirns der Wiederbelebungszeit des Gesamtorganismus.

Jeder Helfer kann durch Sehen, Hören und Tasten eine Störung der Vitalfunktionen Atmung und Herz/Kreislauf feststellen.

Die Therapie eines Atem- und Herz-Kreislauf-Stillstandes muß sofort (innerhalb von Sekunden) begonnen werden.

Für die anfänglichen Sofortmaßnahmen sind keinerlei (!) Hilfsmittel nötig. (Die im folgenden beschriebenen Richtlinien entsprechen den Empfehlungen des European Resuscitation Council von 1992, 1996 und 1998.)

Die kardiopulmonale Reanimation

Zu den Basismaßnahmen der kardiopulmonalen Reamimation (**basic life support**) gehören lediglich die Maßnahmen, die **ohne irgendwelche Hilfsmittel** durchgeführt werden können. Zuerst muß (ohne Hilfsmittel) eine Diagnose gestellt und dann gegebenenfalls (ohne Hilfsmittel) therapiert werden.

Bewußtlosigkeit?

Wird ein möglicherweise vital bedrohter Patient angetroffen, dann gilt es zuerst zu klären, ob der Patient bei Bewußtsein ist oder bewußtlos ist. Der Patient sollte vorsichtig gerüttelt und laut angerufen werden: „Hallo! Ist alles o.k.?" Falls der Patient nicht reagiert, ist von einer Bewußtlosigkeit auszugehen. Der Laienhelfer soll um Hilfe rufen. Es ist nun zu klären, ob bei dem Patienten eine Störung der Vitalfunktion Atmung vorliegt.

Störungen der Vitalfunktion Atmung?

Diagnostik von Atemstörungen

Um festzustellen, ob der Patient noch atmet oder nicht, ist der Kopf des Patienten zu überstrecken (um eine beim Bewußtlosen nach hinten fallende und die Atemwege verlegende Zunge vom Rachen abzuheben und die Luftwege freizumachen). Außerdem muß das Ohr dem Mund und der Nase des Patienten genähert werden, gleichzeitig ist der Brustkorb zu beobachten. Es sollte überprüft werden, ob sich der Brustkorb des Patienten hebt und senkt und ob eine Luftströmung an Mund und Nase des Patienten gehört oder gefühlt wird. Diese Überprüfung der Atmung sollte nicht länger als 10 Sekunden dauern. Es können folgende Zustände festgestellt werden:

Normale Atmung

Atmet der Patient normal, dann ist es wichtig dafür zu sorgen, daß die Atemwege offen gehalten werden, z.B. durch Lagerung des Patienten in stabiler Seitenlage oder durch Intubation des Patienten (s.u.). Die Atmung ist weiterhin zu überprüfen.

Teilweise (= partielle) Verlegung der Atemwege

Eine partielle Verlegung der Atemwege ist in allen Etagen der Luftwege durch eine Vielzahl von Ursachen möglich, wie z.B. durch:

- Blut
- Sekret
- Erbrochenes
- Fremdkörper wie Zahnprothesen
- zurückgefallene Zunge
- Laryngospasmus usw.

Der Patient versucht hierbei meist, das Atemhindernis krampfhaft zu überwinden. Häufig sind bei der verzweifelten Einatmung oberhalb der Schlüsselbeine (= supraklavikulär) sowie zwischen den Rippen (= interkostal) Einziehungen der Haut zu sehen. Meist ist ein pfeifendes, gurgelndes oder krächzendes Atemgeräusch zu hören, und es läßt sich eine nur geringe Luftströmung fühlen.

Totale Verlegung der Atemwege

Die Ursachen einer totalen Atemwegsverlegung können im Prinzip die gleichen sein wie bei der partiellen Verlegung der Luftwege. Es sind deutlich frustrane Atembewegungen mit supraklavikulären und interkostalen Einziehungen sowie paradoxe Schaukelbewegungen von Bauch und Thorax zu erkennen. Es kann jedoch keine Luftströmung gehört oder gefühlt werden.

Zentrale Atemregulationsstörung

Als Ursache einer zentralen Atemregulationsstörung kommen traumatische, entzündliche und medikamentöse Störungen des Atemzentrums in Frage. Besonders wichtig sind zentrale Atemregulationsstörungen als Nebenwirkungen von Opioiden, Sedativa, Hypnotika, Anästhetika usw. Meist tritt hierbei eine Änderung der Atmung im Sinne einer Bradypnoe oder einer Apnoe auf.

Spezielle zentral bedingte Atemstörungen sind:

- Biot-Atmung: rhythmische, vertiefte Atemzüge, zum Teil unterbrochen von plötzlichen Apnoephasen (bei Hirnverletzung und ICP-Erhöhung)
- Cheyne-Stokes-Atmung: Atemzüge rhythmisch, zu- und abnehmende Atemfrequenz und -amplitude, dazwischen Apnoephasen (bei Hirnentzündung oder zerebralen Durchblutungsstörungen)
- Kussmaul-Atmung: Atemzüge rhythmisch, vertieft, normo- oder hypofrequent (bei metabolischer Azidose, z.B. bei diabetischem Koma)

Störungen der Atemmuskulatur, des Thorax und der Lunge

Störungen der Atemmuskulatur können vor allem durch einen Überhang von Muskelrelaxanzien nach einer Narkose auftreten, selten auch durch eine Poliomyelitis, durch Muskelkrämpfe im Rahmen eines Tetanus oder bei neurologischen Störungen (z.B. Guillan-Barrè-Syndrom). Bei Störungen des knöchernen Thorax ist vor allem an eine Rippenserienfraktur zu denken. Bei Störungen der Lunge kommen vor allem ein Pneumothorax oder ein Hämatothorax in Frage.

Atemstillstand

Bei der Überprüfung der Atmung ist keine Bewegung des Thorax zu erkennen. Auch kann mit dem an den Mund und die Nase angenaherten Ohr keine Luftströmung gehört oder gefühlt werden. Ein Laienhelfer soll nun jemanden weg schicken, um Hilfe zu holen oder gegebenenfalls selbst kurzfristig den Patienten verlassen, um Hilfe zu organisieren, falls davon auszugehen ist, daß bei dem Patienten ein kardiales Problem vorliegt. (Eine plötzliche Bewußtlosigkeit beim Erwachsenen ist zumeist durch ein kardiales Problem bedingt.) Falls die Bewußtlosigkeit aber durch Verletzungen oder durch Beinaheertrinken bedingt ist oder falls es sich um ein Kind handelt, sollte ein Einhelfer erst eine Minute lang Wiederbelebungsmaßnahmen durchführen, bevor er gegebenenfalls selbst Hilfe holt.

Die pulmonale Wiederbelebung

Hat die Diagnostik eine Gefährdung der Vitalfunktion Atmung ergeben, so müssen unverzüglich die Atemwege freigemacht und freigehalten werden. Tritt nun keine ausreichende Spontanatmung ein, so muß unverzüglich mit der Atemspende/Beatmung begonnen werden.

Freimachen der Atemwege

Der Mund-Rachen-Raum muß grob gereinigt werden. Flüssigkeiten können mit einer Absaugvorrichtung, größere Partikel mit einer Zange (z.B. Magill-Zange, s. S. 80) entfernt werden. Notfalls müssen z.B. der Zeige- und Mittelfinger verwendet werden (um die evtl. ein Gazestreifen oder ein Taschentuch gewickelt werden kann). Zum Freimachen der Atemwege gehört auch ein Überstrecken des Kopfes und Hochziehen des Unterkiefers mit den Fingerspitzen (oder mit dem Esmarch-Handgriff, s. S. 287), wodurch eine zurückgefallene Zunge von der Rachenhinterwand abgehoben werden kann. Bei Verdacht auf eine Verletzung der Halswirbelsäule muß eine Überstreckung des Kopfes vermieden werden!

Freihalten der Atemwege

Meistens führt das Freimachen der Atemwege bei bewußtlosen Patienten zu einer ausreichenden Spontanatmung. Anschließend muß dafür gesorgt werden, daß die Atemwege freibleiben. Zum Freihalten der Atemwege eignen sich:

- Esmarch-Handgriff (s. S. 287)
- stabile Seitenlage
- Einführen eines Wendl-Tubus (s. S. 288)
- Einführen eines Guedel-Tubus (s. S. 81)

Falls das Freimachen und Freihalten der Atemwege zu keiner ausreichenden Spontanatmung führen, muß unverzüglich mit einer Atemspende/Beatmung begonnen werden. (Sobald als möglich ist eine orotracheale Intubation (s. S. 82) und Beatmung mit einem Atemhubvolumen von ca. 10–15 ml/kg KG anzustreben).

Atemspende

Die Atemspende kann durchgeführt werden als

- Mund-zu-Mund-Beatmung oder als
- Mund-zu-Nase-Beatmung

Bevorzugt wird die **Mund-zu-Mund-Beatmung,** die folgendermaßen durchgeführt wird:

- Rückenlage des Patienten
- Überstrecken des Kopfes:
  Eine Hand liegt an der Stirn-Haar-Grenze, mit den Fingerspitzen der anderen Hand wird das Kinn des Patienten angehoben. Der Kopf wird überstreckt. Mit dem Daumen und Zeigefinger der an der Stirn-Haar-Grenze liegenden Hand wird die Nase zusammengedrückt (um zu verhindern, daß die in den Mund geblasene Luft durch die Nase entweicht). Gelingt eine Mund-zu-Mund-Beatmung nicht, dann ist eine Mund-zu-Nase-Beatmung durchzuführen.

Abb. 8.1 Überstreckung des Kopfes.

  Mit der am Kinn liegenden Hand wird der Unterkiefer angehoben, um die Atemwege freizumachen (vgl. Abb. 8.1).
- Insufflation:
  Der Helfer soll den Patienten zweimal effektiv beatmen. Jeder Atemhub sollte ca. 2,0 Sekunden dauern. Nach tiefer Einatmung sollte die Ausatemluft kontinuierlich und gleichmäßig in den Patienten geblasen werden. Beim Erwachsenen sollten pro Atemhub ca. 500–600 ml insuffliert werden. Falls die Beatmung nicht effektiv ist, sollten nicht mehr als fünf Beatmungsversuche unternommen werden. Anschließend ist zu überprüfen, ob der Patient einen tastbaren Puls hat oder ob eine Störung der Vitalfunktion Herz/Kreislauf vorliegt (s.u.). Hat der Patient eine ausreichende Kreislauffunktion, dann wird mit einer Frequenz von 10–12 Atemhüben pro Minuten beatmet (vgl. Abb. 8.2).
- Kontrolle der Ausatmung:
  Ist die Insufflation beendet, so hebt der

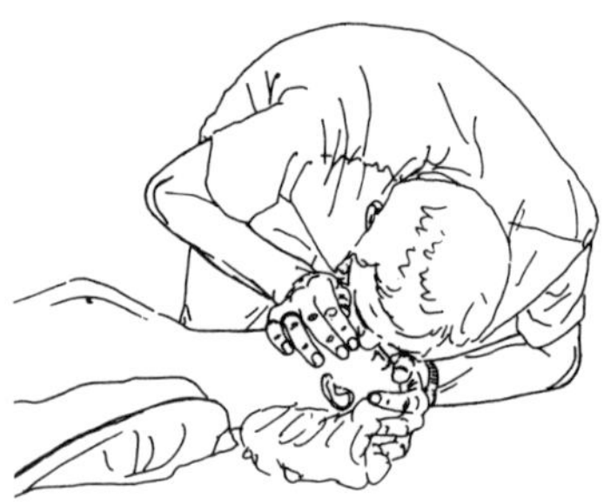

Abb. 8.2 Mund-zu-Mund-Beatmung.

Abb. 8.3 Passive Ausatmung.

Helfer seinen Mund von dem Mund des Patienten ab, dreht seinen Kopf, um den Thorax des Patienten zu beobachten, und nähert sein Ohr der Nase des Patienten (vgl. Abb. 8.3). Die passive Ausatmung des Patienten kann nun am Senken des Thorax gesehen und am Ausströmen der Luft aus dem Mund gehört und gefühlt werden.

Für die Atemspende sind inzwischen hygienisch unbedenkliche Einmaltücher mit Ventilfunktion erhältlich. Deren Anwendung erfordert jedoch einige Übung, um eine komplette Abdichtung der Atemwege zwischen Helfer und Patient zu erreichen. Falls verfügbar, sollte stets mit Hilfe eines Beatmungsbeutels bzw. eines Narkosegerätes eine Maskenbeatmung (s. S. 97) durchgeführt werden. Schnellstens sollte die endotracheale Intubation angestrebt werden. Nur hierdurch ist ein sicheres Freihalten der Atemwege und die Zufuhr von Sauerstoff in hoher Konzentration zu gewährleisten.

Erfolgskontrolle

Meist kann schon nach wenigen Insufflationen ein Rückgang einer vorher bestehenden Zyanose beobachtet werden.
Konnte nach den initialen zwei Beatmungen des Patienten kein Puls getastet werden, so muß von einer Störung der Vitalfunktion Herz/Kreislauf ausgegangen werden.

Störungen der Vitalfunktion Herz/Kreislauf?

Diagnostik von Herz-Kreislauf-Störungen

> Die Frage, ob der Patient einen Spontankreislauf hat oder nicht, wird nach den initialen beiden Beatmungen dadurch geklärt, daß die Arteria carotis (etwas lateral des Kehlkopfes) getastet wird. Vor allem beim entkleideten Patienten kann auch die Arteria femoralis palpiert werden. Eine periphere Pulsdiagnostik (z.B. an der Arteria radialis) ist nicht (!) zulässig. Außerdem ist zu prüfen, ob der Patient Spontanbewegungen wie Schlucken und Atmen (mehr als gelegentliche Schnappatmung) aufweist. Spontanbewegungen sprechen für einen vorhandenen Kreislauf. Die Überprüfung auf einen vorhandenen Kreislauf sollte nicht länger als 10 Sekunden dauern.

Da das Blutdruckmessen nach Riva-Rocci eine zeitraubende und nicht absolut zuverlässige Methode ist, darf sie bei Verdacht auf einen Kreislaufstillstand nicht zur Diagnosestellung herangezogen werden. Verwertet werden kann die Blutdruckmessung z.B. bei Intensivpatienten oder im OP, wenn der Patient bereits vorher eine arterielle Blutdruckmessung hatte.
Da das Ableiten eines EKG ebenfalls zeitraubend ist, kann es zur Diagnosestellung eines Kreislaufstillstandes nicht herangezogen werden, es sei denn, daß bereits vorher eine EKG-Ableitung angeschlossen war, wie z.B. bei einem Patienten auf der Intensivstation oder im OP.
Wird eine Pulslosigkeit festgestellt, dann kann von einem therapiebedürftigen Kreislaufstillstand ausgegangen werden.

> Unter einem Kreislaufstillstand wird der Zusammenbruch der Perfusion sämtlicher

Organe verstanden. Die häufigsten Ursachen eines Kreislaufstillstandes sind Kammerflimmern, Asystolie oder eine elektromechanische Entkopplung.

Bei all diesen Zuständen wirft das Herz kein Blut aus. Das Herz steht also funktionell still. Es wird von einem funktionellen oder einem **hämodynamischen Herzstillstand** gesprochen.
Innerhalb von 10 Sekunden nach Eintritt eines Kreislaufstillstandes wird der Patient aufgrund des zerebralen Kreislaufstillstandes bewußtlos.
Innerhalb von 60 Sekunden nach Eintritt eines Kreislaufstillstandes tritt auch ein Atemstillstand ein.
Innerhalb von 60 Sekunden nach Eintritt eines Kreislaufstillstandes werden die Pupillen des Patienten weit. Beim schädel-/hirntraumatisierten Patienten kann jedoch z.B. eine Pupille weit sein, ohne daß ein Kreislaufstillstand vorliegt (s. S. 242). Andererseits werden z.B. bei einem Patienten mit einer E-605-Vergiftung oder mit einem Glasauge die Pupillen trotz eines Kreislaufstillstandes nicht weit. Beim Beurteilen der Pupillen müssen immer beide (!) Augen überprüft werden. Die Pupillen können auch im Rahmen einer suffizient durchgeführten Reanimation weit werden. Ursache kann in diesem Falle z.B. eine hochdosierte Adrenalingabe sein.
Bei einem primären Kreislaufstillstand ist die Haut „leichenblaß". Besteht jedoch zuerst ein Atemstillstand, der von einem Kreislaufstillstand gefolgt wird, so ist die Haut normalerweise tief zyanotisch. Dieses Kriterium ist jedoch z.B. bei Patienten mit einer Kohlenmonoxidvergiftung, einer schweren Anämie, schwarzer Hautfarbe, schweren Verbrennungen usw. nicht immer verwertbar.

Die kardiale Wiederbelebung

Allgemeine Bemerkungen

Hat die Diagnostik einen Herz-Kreislauf-Stillstand ergeben, so muß unverzüglich mit der Herzdruckmassage, der sogenannten kardialen Wiederbelebung begonnen werden. Außerdem muß die bereits angefangene Beatmung fortgeführt werden.

Bei der **externen Herzdruckmassage** wird durch rhythmischen Druck auf das Sternum das Herz zwischen Sternum und Wirbelsäule komprimiert, wodurch ein Blutauswurf aus dem Herzen erzeugt wird und ein Minimalkreislauf aufrechterhalten werden kann. Nach neueren Erkenntnissen ist für den Blutfluß unter der Herzdruckmassage auch ein sogenannter **Thoraxpumpmechanismus** verantwortlich. Aufgrund der kompressionsbedingten generalisierten Steigerung des intrathorakalen Druckes kommt es zu einer Kompression der intrathorakalen Gefäße. Da hierbei die Venen stärker komprimiert werden als die Arterien, kommt es zu einer Blutströmung ins arterielle System. Während beim Erwachsenen für den Blutfluß beide Mechanismen verantwortlich sind, kommt es bei Kindern aufgrund ihres elastischen Thorax vor allem zu einer direkten Kompression des Herzens. Neben der externen Herzdruckmassage muß eine Ventilation der Lunge durchgeführt werden.

Zur Durchführung der kardiopulmonalen Reanimation wird der Patient sofort flach auf den Rücken gelegt, wobei auf eine harte Unterlage zu achten ist. Im Bett muß eine Reanimationsplatte, z.B. das abnehmbare Fußbrett eines Krankenhausbettes, unter den Thorax geschoben werden. Notfalls ist der Patient immer auf

Abb. 8.4 Kardiopulmonale Wiederbelebung: Herzdruckmassage mit der Ein-Helfer-Methode.

den Fußboden zu legen. Der Helfer kniet oder steht seitlich neben dem Patienten. Druckpunkt für die Herzdruckmassage beim Erwachsenen ist die untere Hälfte des Brustbeins (Sternum). Um das untere Ende des Sternums festzustellen, soll mit Zeige- und Ringfinger entlang des Rippenbogens bis zum Sternumende gefahren werden. Die übereinandergelegten Handballen werden – bei verhakten Fingern – auf den Druckpunkt aufgesetzt. Der Druck muß senkrecht von oben mit gestreckten Ellebogen erfolgen und das Sternum ca. 4–5 cm der Wirbelsäule nähern. Der Druck sollte weitgehend durch Beugen des Oberkörpers bei gestreckten (!) Armen erzeugt werden (vgl. Abb. 8.4). Druck- und Entlastungsphase sollten von gleicher Dauer sein. Die Handballen müssen auch während der Entlastungsphase auf dem Druckpunkt verbleiben.

Je nachdem, ob ein oder zwei Helfer für die kardiopulmonale Reanimation zur Verfügung stehen, wird eine sogenannte 1-Helfer-Methode von einer sogenannten 2-Helfer-Methode unterschieden.

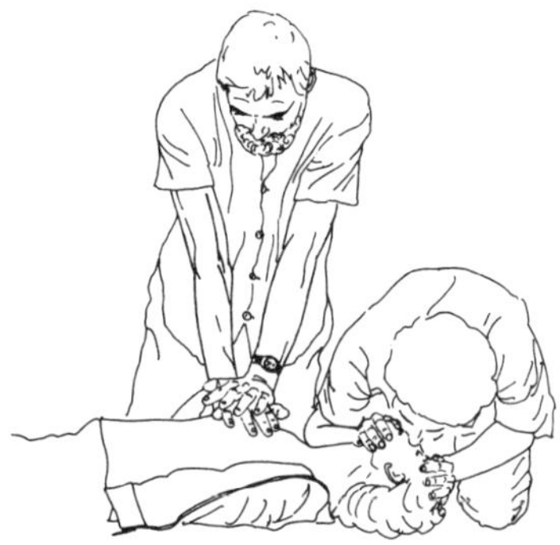

Abb. 8.5 Kardiopulmonale Reanimation: Zwei-Helfer-Methode.

1-Helfer-Methode

Der Helfer muß abwechselnd Beatmung (vgl. Abb. 8.2) und Herzdruckmassage (vgl. Abb. 8.4) durchführen. Er beginnt mit 2 effektiven Insufflationen und führt dann die kardiopulmonale Reanimation mit 15 Herzdruckmassagen, gefolgt von jeweils 2 Insufflationen, weiter (15:2). Die Kompressionen sollen mit einer Frequenz von ca. 100/min erfolgen.

2-Helfer-Methode

Der eine Helfer übernimmt die Herzdruckmassage, der zweite die Ventilation (vgl. Abb. 8.5). Es ist wiederum mit 2 Insufflationen zu beginnen. Danach wird die kardiopulmonale Reanimation mit 5 Herzdruckmassagen, gefolgt von 1 Insufflation, fortgeführt (5:1). Die Insufflation sollte genau zwischen zwei Herzmassagen interponiert werden. Eine Insufflation sollte wiederum ca. 2 Sekunden dauern. Die Kompression erfolgt mit einer Frequenz von ca. 100/min. Derjenige, der die Beatmung durchführt, muß wiederholt die Effektivität der Herzdruckmassage durch Ertasten des Pulses überprüfen. Nach ca. einer Minute sowie danach alle paar Minuten muß die kardiopulmonale Reanimation für ca. 5 Sekunden unterbrochen werden, und es sollte überprüft werden, ob ein Spontankreislauf und eine Spontanatmung aufgetreten sind.

Der Laienhelfer soll die Reanimation solange fortführen, bis

- qualifizierte Hilfe verfügbar ist
- der Patient Lebenszeichen von sich gibt
- er erschöpft ist

Erweiterte kardiopulmonale Reanimation beim Erwachsenen

Zur erweiterten kardiopulmonalen Reanimation (**advanced basic live support**) gehört der **Einsatz von Medikamenten** sowie **EKG-Diagnostik** und die **elektrische Defibrillation.**

Medikamente für die Reanimation

Die beschriebenen mechanischen Wiederbelebungsversuche sollen sobald als möglich durch eine gezielte medikamentöse Therapie ergänzt werden. Die Medikamente sollten intravenös verabreicht werden. Falls kein intravenöser Zugang vorhanden ist, können die wichtigsten Medikamente (Suprarenin, Lidocain, Atropin) auch in 2- bis 2,5facher Dosis über den Endotrachealtubus verabreicht werden. Die Medikamente der ersten Wahl sind:

- Suprarenin (= Adrenalin)
- Lidocain
- Atropin

Suprarenin (= Adrenalin)

Erwachsene erhalten 1,0 mg intravenös einer 1:10 verdünnten Lösung. Gegebenenfalls Wiederholung alle 3–5 Minuten. Bei Verabreichung über eine periphere Vene sollten jeweils mindestens 20 ml Flüssigkeit (z.B. NaCl 0,9%) nachinjiziert werden, damit das Suprarenin bis nach zentral gelangt. Bei unzureichender Wirkung können evtl. auch steigende Boli (bis 0,1 mg/kg KG) verabreicht werden. Wird Adrenalin im Rahmen eines primär nicht auf eine Defibrillation ansprechenden Kammerflimmerns verabreicht, dann sollte 30–60 Sekunden danach mit 360 Joule (J) defibrilliert werden (s.u.).

Lidocain

Lidocain ist das Antiarrhythmikum der ersten Wahl bei ventrikulären Rhythmusstörungen (v.a. bei Kammerflimmern, das auf Defibrillation nicht anspricht). Die Initialdosis wird mit 1,5 mg/kg KG angegeben. Gegebenenfalls kann nach 3–5 Minuten die Initialdosis wiederholt werden. Anschließend können gegebenenfalls alle 8–10 Minuten 0,5 mg/kg KG verabreicht werden. 30–60 Sekunden nach einer Lidocaingabe wegen eines Kammerflimmerns sollte mit 360 J defibrilliert werden (s.u.).

Atropin

Im Falle einer Asystolie wird nach erfolgloser Gabe von Suprarenin die zusätzliche Gabe von 3 mg Atropin empfohlen.

Natriumbikarbonat

Während eines Kreislaufstillstandes entwickelt sich eine **metabolische Azidose.** Hierdurch kann die Kontraktilität des Herzens erniedrigt, die Flimmerbereitschaft des Herzens erhöht und die Ansprechbarkeit auf Katecholamine und auf eine Defibrillation (s.u.) verschlechtert werden.
Die Gabe von Natriumbikarbonat zur Therapie einer solchen metabolischen Azidose wird inzwischen sehr zurückhaltend empfohlen. Es sollte nur dann verabreicht werden, wenn der

Patient intubiert und ausreichend beatmet ist und ein längerdauernder Kreislaufstillstand vorliegt oder wenn nach einem längeren Kreislaufstillstand wieder ein Spontankreislauf auftritt (und die sauren Stoffwechselprodukte aus den Geweben ausgewaschen werden).
Natriumbikarbonat darf nicht endotracheal verabreicht werden. In Notfallsituationen kann Natriumbikarbonat (trotz seiner hohen Osmolarität) ausnahmsweise auch über einen peripher-venösen Zugang verabreicht werden. Spätestens zu diesem Zeitpunkt muß ein (möglichst peripher-venöser) Zugang gelegt werden. Ein zentraler Venenkatheter (s. S. 167) sollte während der Herzdruckmassage nur gelegt werden, wenn eine peripher-venöse Punktion nicht möglich ist. Es bietet sich dann die Vena subclavia an (s. S. 170). Bei Neugeborenen kann notfalls in die Nabelvene injiziert werden.
Erwachsene erhalten initial gegebenenfalls 1 mmol/kg KG intravenös.
Falls möglich, sollte die Natriumbikarbonatgabe jedoch nach dem Ergebnis einer Blutgasanalyse dosiert werden. Die metabolische Azidose sollte nicht vollständig ausgeglichen werden. Vor einer überschießenden Gabe von Natriumbikarbonat muß gewarnt werden.

Orciprenalin (= Alupent) und Kalzium

Orciprenalin und Kalzium haben in der Reanimation des Herz-Kreislauf-Stillstandes keinen Platz mehr.

EKG und Defibrillation

Bald möglichst sollte ein EKG angeschlossen werden, um ein Kammerflimmern, eine Asystolie oder eine elektromechanische Entkopplung als Ursache des Herz-Kreislauf-Stillstandes differenzieren und um eine wiedereinsetzende Herzaktion frühzeitig erkennen zu können.

Die Defibrillation

Bei einer elektrischen **Defibrillation** wird ein Gleichstromimpuls (wählbarer Intensität) über zwei großflächige Spezialelektroden durch die Brustwand auf das Herz abgegeben. Eine Defibrillation wird vor allem bei Kammerflimmern durchgeführt. Durch den (aus Kondensatoren) abgegebenen Gleichstromimpuls kommt es zu einer simultanen Entladung sämtlicher Herzmuskelzellen. Nach einer solchen Defibrillation (Synchronisation der Herzmuskelzellen) treten oft wieder ein normaler Herzrhythmus und eine normale Erregungsleitung entlang der typischen Bahnen ein. Während bei schweren **ventrikulären** Herzrhythmusstörungen mit diffuser Erregungsbildung und -leitung ohne erkennbaren QRS-Komplex (v.a. Kammerflimmern) zu beliebiger Zeit ein starker elektrischer Impuls abgegeben wird (Defibrillation), wird eine **Kardioversion** bei Vorhofflimmern (**supraventrikulären** Störungen) mit vorhandenem QRS-Komplex durchgeführt. Mittels Kardioversion sollen tachyarrhythmische Störungen in einen Sinusrhythmus umgewandelt werden. Dabei wird gezielt während der Refraktärzeit des Herzens ein Stromstoß abgegeben. 20 ms nach der R-Zacke wird ein R-Zacken-gesteuerter, synchronisierter mäßiger Stromstoß ausgelöst. Um die R-Zacken-Synchronisation zu ermöglichen, muß der Patient an den in den Defibrillator integrierten EKG-Monitor angeschlossen werden.

> Während einer Defibrillation darf niemand Kontakt zum Patienten oder dessen Bett haben (auch nicht über eine Pfütze am Fußboden!!), weil sonst die Gefahr besteht, daß der ausgelöste Strom weitergeleitet wird. Auch ist unbedingt zu vermeiden, daß der Patient im Nassen liegt, weil in Verbindung mit der Defibrillation Verbrennungen an feuchten Körperstellen auftreten können.

Kammerflimmern

Die häufigste Ursache eines Herzstillstandes ist ein Kammerflimmern. Das EKG zeigt hierbei schnelle, unregelmäßige Ausschläge.

Die Therapie der Wahl bei einem Kammerflimmern ist die unverzügliche **elektrische Defibrillation** (vgl. Abb. 8.6).

Die mit Gel bestrichenen Defibrillatorelektroden werden an der Herzbasis (2. ICR rechts parasternal) und an der Herzspitze (unterhalb der linken Brustwarze) aufgesetzt. Zur Defibrillation werden bei Erwachsenen initial 200 J empfohlen. Für eine eventuelle zweite Defibrillation werden ebenfalls 200 J und für eine dritte Defibrillation 360 J empfohlen. Nach den neuesten Empfehlungen sollen initial bis drei Defibrillationen unmittelbar nacheinander durchgeführt werden. Bei Erfolglosigkeit sollte dann wieder mit der Herzdruckmassage und Beatmung fortgefahren werden, Adrenalin (Dosierung wie oben beschrieben) verabreicht und 30–60 Sekunden danach erneut mit 360 J defibrilliert werden. Zusätzlich kann Lidocain (Dosierung wie oben beschrieben) verabreicht und danach mit 360 J defibrilliert werden. Zwischen den einzelnen Defibrillationen und Medikamentengaben sind natürlich die Herzdruckmassage und die Beatmung fortzuführen. Gegebenenfalls kann noch Bikarbonat (in obiger Dosierung) indiziert sein.

Wird auf der Intensivstation am angeschlossenen EKG-Monitor das plötzliche Auftreten von Kammerflimmern beobachtet, so kann die Reanimation primär mit einer elektrischen Defibrillation begonnen werden.

Asystolie

Bei einer Asystolie zeigt das EKG keine elektrische Aktivität. Die Grundlinie ist leicht wellenförmig. Bei einer vollkommen geraden

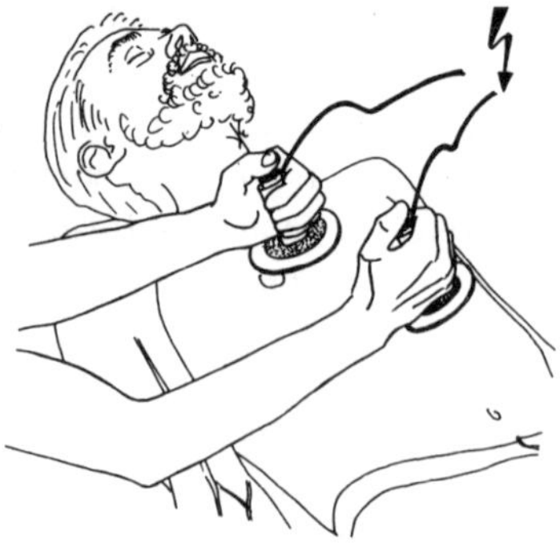

Abb. 8.6 Defibrillation.

Null-Linie handelt es sich um einen Ableitungsfehler! Die Elektroden müssen überprüft werden.

Die Therapie der Wahl bei einer **Asystolie** ist die Gabe von **Adrenalin** (in obiger Dosierung).

Bei unzureichender Wirkung wird zusätzlich Atropin (in obiger Dosierung) und gegebenenfalls auch noch Bikarbonat (in obiger Dosierung) verabreicht.

Elektromechanische Entkopplung

Bei der elektromechanischen Entkopplung liegt eine Pulslosigkeit vor, obwohl im EKG elektrische Herzaktionen nachweisbar sind. Die Therapie besteht in der Gabe von Adrenalin (in obiger Dosierung) und bei fortbestehender Bradykardie in zusätzlicher Atropingabe (in obiger Dosierung). Gegebenenfalls kann noch Natriumbikarbonat (in obiger Dosierung) indiziert sein.

Der präkordiale Faustschlag

Wird das Eintreten eines primären Herzstillstandes, z.B. auf der Intensivstation, vom Helfer beobachtet und ist ein Defibrillator nicht unmittelbar verfügbar, so

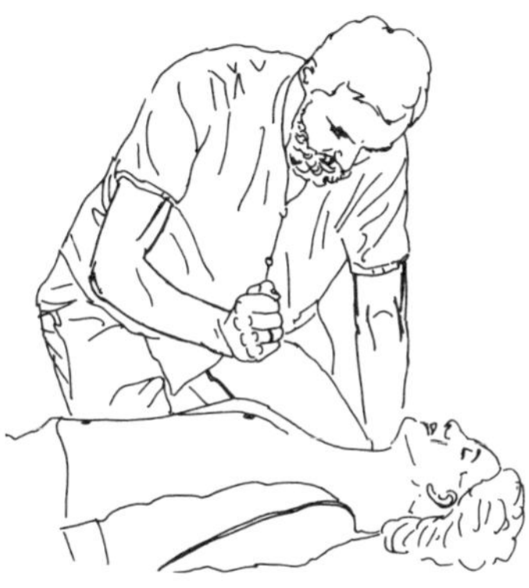

Abb. 8.7 Präkordialer Faustschlag.

kann die kardiopulmonale Reanimation auch mit einem präkordialen Faustschlag begonnen werden (vgl. Abb. 8.7).

Aus ca. 30 cm Entfernung wird ein kräftiger Faustschlag auf die Mitte des Sternums durchgeführt. Durch die mechanische Irritation kann es, ähnlich wie bei der elektrischen Defibrillation, unter Umständen zum Wiedereinsetzen der Herzaktion kommen. Kommt es nach dem präkordialen Faustschlag nicht sofort zum Wiedereinsetzen einer normalen Herzaktion, so muß unmittelbar mit der kardiopulmonalen Reanimation begonnen werden. Der präkordiale Faustschlag darf nicht angewendet werden bei Kindern sowie bei einem primären Atemstillstand mit nachfolgendem Herzstillstand (also bei einem zyanotischen Patienten).

Das ABC der kardiopulmonalen Reanimation beim Erwachsenen

Das zeitliche Vorgehen bei einer kardiopulmonalen Reanimation erfolgt nach dem ABC der Reanimation:

Bewußtsein überprüfen: Ist der Patient bewußtlos (rütteln und anrufen)?
Falls ja:

- **A**temwege freimachen (Kopf überstrecken, Kinn hochziehen) und klären, ob Spontanatmung vorhanden (Atmung mit angenähertem Ohr hörbar und fühlbar? Thoraxbewegungen sichtbar?).

Falls keine (ausreichende) Spontanatmung:

- **B**eatmen: 2mal effektiv beatmen (2 Sekunden pro Atemhub), maximal 5 Beatmungsversuche.

- **C**irculation wiederherstellen:
  Kreislauf vorhanden? Karotispuls tastbar? Spontanbewegungen, Schlucken, Atmung (mehr als gelegentliche Schnappatmung) vorhanden?
  Falls ja: weiterbeatmen.
  Falls nein:
  Herzdruckmassage (Kompressionsfrequenz ca. 100/min; Kompressions- und Entlastungsphase gleichlang; untere Hälfte des Sternums ca. 4–5 cm eindrücken):
  - 1-Helfer-Methode: 15:2 im Wechsel
  - 2-Helfer-Methode: 5:1 interponiert

- **D**rogen:
  - Adrenalin 1 mg, gegebenenfalls Wiederholung alle 3–5 Minuten intravenös. Bei unzureichender Wirkung evtl. Bolussteigerung bis 0,1 mg/kg KG
  - Natriumbikarbonat 1 mmol/kg KG, falls der Patient intubiert und ausreichend beatmet ist, aber ein längerfristiger Herz-Kreislauf-Stillstand besteht oder bei Wiederauftreten

eines Spontankreislaufs nach langfristigem Kreislaufstillstand

- EKG:
  - Asystolie: Adrenalin und gegebenenfalls Atropin (und evtl. Natriumbikarbonat)
  - Kammerflimmern: Defibrillation (möglichst unmittelbar nacheinander mit 200 J, 200 J, 360 J), gegebenenfalls Suprarenin und 30–60 Sekunden danach Defibrillation mit 360 J; gegebenenfalls Lidocain und 30–60 Sekunden danach Defibrillation mit 360 J (gegebenenfalls noch Natriumbikarbonat)
  - elektromechanische Entkopplung: Adrenalin und gegebenenfalls Atropin (sowie evtl. Natriumbikarbonat)

Die kardiopulmonale Reanimation bei Neugeborenen, Säuglingen und Kindern bis 8 Jahre

Kinder über 8 Jahre werden nach den für Erwachsene beschriebenen Richtlinien reanimiert (s.o.). Bei der kardiopulmonalen Reanimation bei Neugeborenen, Säuglingen und Kindern gelten im Prinzip vergleichbare Richtlinien für die kardiopulmonale Reanimation, wie sie für Erwachsene vorstehend beschrieben wurden. Es sind jedoch folgende Besonderheiten zu beachten:

- Initial sollten mindestens zwei effektive Beatmungshübe, es können aber bis zu fünf Beatmungshübe verabreicht werden.
- Bei Kindern unter einem Jahr erfolgt die Beatmung mit dem weit geöffneten Mund gleichzeitig über Mund und Nase des kleinen Patienten.
- Bei Kindern unter einem Jahr ist die Arteria carotis (wegen des kurzen Halses) schwierig zu tasten. Es wird empfohlen, den Puls im Bereich der Arteria brachialis (etwas proximal der Ellenbeuge in der Oberarminnenseite) zu tasten.
- Die Insufflation eines Beatmungshubes sollte bei Säuglingen und Kindern bis 8 Jahren ca. 1–1,5 Sekunden dauern.
  Bei Kleinkindern sollte mit der Herzdruckmassage bereits begonnen werden, wenn die Herzfrequenz auf unter 60 Schläge pro Minute abfällt. Bei Frischgeborenen sollte mit der Herzdruckmassage begonnen werden, wenn die Pulsfrequenz unter 60 Schläge pro Minute beträgt oder falls unter Beatmung die Pulsfrequenz unter 100 Schläge pro Minute beträgt.
- Das Sternum sollte beim Neugeborenen um 2–3 cm, beim Säugling und beim Kleinkind um ca. 1/3 der Thoraxtiefe eingedrückt werden. Bei Neugeborenen sollte der Thorax mit beiden Händen jeweils von einer Seite umgriffen werden, wobei die Daumen möglichst nebeneinander auf dem unteren Drittel des Sternums, die restlichen 4 Finger als Widerlager auf dem Rücken des Neugeborenen zu liegen kommen. Die Herzdruckmassage erfolgt dann mit dem Daumen. Beim Säugling wird mit dem Mittelfinger und Ringfinger ca. 1 Querfinger unterhalb der gedachten Verbindungslinie zwischen den Brustwarzen komprimiert. Bei Kindern (1–8 Jahre) wird mit einem Handballen im Bereich der unteren Sternumhälfte die Herzdruckmassage durchgeführt.
- Die Kompression sollte bei Neugeborenen mit einer Frequenz von 120/min, beim Säugling mit einer Frequenz von ca. 100/min erfolgen. Beim Säugling und Kind wird nach jeder 5. Kompression insuffliert (5:1), sowohl bei der 1-Helfer- als auch der 2-Helfer-Methode. Beim Neugeborenen sollte nach jeder 3. Kompression beatmet werden (3:1). Bei der hierbei angestrebten Kompressionsfrequenz von 120 pro Minute ergibt sich eine effektive Frequenz von

90 Kompressionen und 30 Beatmungen pro Minute.

- Falls kein intravenöser Zugang vorhanden ist, kann auch eine (spezielle) Stahlkanüle bis in die Spongiosa des Schienbeines (der Tibia) eingestochen werden. Über eine solche Kanüle kann eine intraossäre Infusion oder Transfusion oder die Gabe von Medikamenten vorgenommen werden. Für die intraossäre Gabe von Medikamenten werden die gleichen Dosen wie für die intravenöse Gabe empfohlen. Die Wirkung tritt ähnlich schnell auf wie nach intravenöser Gabe.
- Adrenalin wird bei Säuglingen und Kindern in einer Dosierung von 0,01 mg/kg KG (= 0,1 ml/kg KG einer 1:10 verdünnten Lösung) intravenös oder intraossär empfohlen. Für die endotracheale Gabe werden 0,1 mg/kg KG (0,1 ml/kg KG der unverdünnten Lösung) empfohlen. Eventuell kann die Dosis bis 0,2 mg/kg KG gesteigert werden. Gegebenenfalls Dosiswiederholung alle 3 Minuten.
  Beim Neugeborenen wird eine Adrenalindosis von 0,01–0,03 mg/kg KG (= 0,1–0,3 ml einer 1:10 verdünnten Lösung) gegebenenfalls alle 3 Minuten intravenös (bzw. endotracheal) empfohlen.
- Atropin wird (bei einer Bradykardie) in einer Dosierung von 0,02 mg/kg KG empfohlen (Minimaldosis 0,1 mg; Maximaldosis 0,5 mg beim Säugling bzw. Kind), falls Suprarenin erfolglos ist. Die Dosis kann gegebenenfalls einmal wiederholt werden.
- Lidocain wird beim Säugling und Kind (beim Kammerflimmern) in einer Dosierung von 1 mg/kg KG intravenös oder intraossär empfohlen. Gegebenenfalls kann diese Dosis wiederholt werden.
- Natriumbikarbonat:
  Die Gabe von Natriumbikarbonat sollte sehr zurückhaltend durchgeführt werden. Lediglich wenn das Kind intubiert und ausreichend ventiliert ist sowie eine effektive Herzdruckmassage durchgeführt wird, kann bei einem längeren Kreislaufstillstand 1 mmol/kg KG Natriumbikarbonat langsam intravenös oder intraossär verabreicht werden. Gegebenenfalls kann nach 10 Minuten weiteren Kreislaufstillstandes die Dosis wiederholt werden. Falls möglich, sollte die Dosierung nach einer Blutgasanalyse orientiert werden. Bei Neugeborenen sollte 8,4%iges Natriumbikarbonat (mit Glukose 5–10%) 1:1 verdünnt werden. Als Dosierung werden 1–2 mmol/kg KG empfohlen. Es ist eine langsame Gabe zu beachten. Vor allem bei Frühgeborenen (< 32. Schwangerschaftswoche) droht bei schneller Gabe wegen der hohen Osmolarität eventuell eine Hirnblutung.
- Defibrillation:
  Eine Defibrillation ist bei Kindern extrem selten notwendig. Für die Defibrillation mit reduzierter Energieanwendung gibt es für die meisten Defibrillatoren ein Vorsatz-Elektroden Paar. Diese werden auf die üblichen Schockpaddel aufgesetzt. Bei den meisten Defibrillatoren kommt es hierbei zu einer Reduzierung der eingestellten Energie im Verhältnis 1:10. Diese Babyschockelektroden sind bei einem Körpergewicht von unter 10 kg anzuwenden. Bei der ersten und zweiten Defibrillation werden 2 J/kg KG, bei der dritten Defibrillation werden 4 J/kg KG empfohlen. Auch für eventuelle weitere Defibrillationen werden 4 J/kg KG empfohlen.
- Volumengabe beim Neugeborenen:
  Falls bei einem Neugeborenen die Reanimationsbemühungen erfolglos bleiben, sollte an einen intravasalen Volumenmangel gedacht werden. Es empfiehlt sich die Gabe von 10–20 ml/kg KG z.B. einer Elektrolytlösung oder 5%igen Albuminlösung.
- Asystolie:
  Adrenalingabe (Dosierung s. o.)
- Kammerflimmern:
  möglichst unmittelbar nacheinander mit 2 J/kg KG, 2 J/kg KG und 4 J/kg KG defibrillieren, gegebenenfalls Lidocaingabe und 30–60 Sekunden danach mit 4 J/kg KG

defibrillieren (gegebenenfalls noch Natriumbikarbonat)

Erfolgskontrolle

- Der Thorax hebt und senkt sich während der Atemspende. Bei der passiven Ausatmung ist mit dem angenäherten Ohr die aus der Nase entweichende Luft zu hören und zu fühlen.
- Die Hautfarbe wird wieder rosiger.
- Der Karotispuls ist tastbar.
- Der Patient bewegt sich.
- Vorher weite Pupillen werden wieder enger.
- Eine spontane Herzaktion setzt wieder ein.
- Eine Spontanatmung setzt wieder ein.

Komplikationen

- Sternum- und Rippenfrakturen
- Pneumothorax, Hämatothorax
- Leber- und Milzverletzungen
- Herzkontusion u.ä.

Verletzungen durch eine kardiopulmonale Reanimation treten vor allem bei fehlerhafter Technik oder bei alten Patienten mit brüchigen Knochen auf.

Behandlung nach der kardiopulmonalen Reanimation

Nach einer Reanimation ist der Patient oft durch einen hypoxischen Hirnschaden (aufgrund einer Störung der zerebralen Autoregulation und einer Abnahme des zerebralen Blutflusses) sowie durch Herzrhythmusstörungen oder einen erneuten Herzstillstand bedroht. Der Patient muß deshalb auf die Intensivstation verlegt werden.

Therapieziele

- Stabilisierung des Kreislaufs
  auf normale oder leicht übernormale Werte. Der arterielle Mitteldruck sollte bei ca. 90 mmHg liegen. Es muß ein ausreichender zerebraler und koronarer Perfusionsdruck angestrebt werden.
- Kontrollierte Beatmung:
  Es sollte eine mäßige Hyperventilation angestrebt werden und der p_aO_2 sollte mindestens 100 mmHg (13,3 kPa) betragen.
- Sedierung
  sowie Prophylaxe bzw. Therapie von zerebralen Krämpfen, z.B. mit Diazepam, Phenytoin oder Barbituraten (z.B. Phenobarbital)
- Verhinderung eines Fieberanstiegs:
  Anstreben einer normalen Körpertemperatur
- Gabe von Steroiden
  ist sehr umstritten.
- Kontrolle der Laborwerte und Anstreben von Normalwerten für
  - pH
  - Hämatokrit
  - BZ: stärkere Blutzuckerschwankungen müssen unbedingt vermieden werden
  - Serumalbumin
  - Serumelektrolyte
- Oberkörperhochlage um ca. 30°
  zur Optimierung des venösen Abflusses aus dem Gehirn. Ein Anstieg des intrakraniellen Drucks muß vermieden werden (CPP = MAP – ICP; s. S. 242).

Beendigung einer kardiopulmonalen Reanimation

Besteht trotz korrekt durchgeführter kardiopulmonaler Reanimation und medikamentöser

Behandlung eine längerfristige therapieresistente Asystolie oder kommen agonale (präfinale und extrem deformierte) EKG-Rhythmen vor, so liegt ein endgültiger Herztod vor und die Reanimation kann eingestellt werden. Die Beendigung einer Reanimation allein auf der Basis neurologischer Kriterien ist nicht gerechtfertigt, da neurologische Kriterien während der Reanimation nicht zuverlässig und prognostisch nicht eindeutig sind. Weite Pupillen können z.B. auch durch hohe Dosen von Adrenalin bedingt sein.

Teil 9 Anhang

Normalwerte

Blutgasanalyse (BGA)

Eine BGA kann arteriell, kapillär, zentralvenös (s. S. 357) oder gemischt-venös (s. S. 181) abgenommen werden. Die Abnahme aus einer peripheren Vene zur Beurteilung der Blutgase ist nicht vertretbar!

- alte Nomenklatur: mmHg
- neue Nomenklatur: kPa (Kilopascal)
- Umrechnungsfaktor: 7,5 (kPa × 7,5 = mmHg)

p_aO_2	20 Jahre	97 ± 5 mmHg	12,9 ± 0,7 kPa
	40 Jahre	92 ± 5 mmHg	12,2 ± 0,7 kPa
	60 Jahre	83 ± 5 mmHg	11,3 ± 0,7 kPa
	80 Jahre	75 ± 5 mmHg	10,0 ± 0,7 kPa

p_vO_2	40 ± 5 mmHg	5,3 ± 0,7 kPa
p_aCO_2	40 ± 5 mmHg	5,3 ± 0,7 kPa
p_vCO_2	46 ± 5 mmHg	6,1 ± 0,7 kPa

Sättigung arteriell	97%
Sättigung gemischt- oder zentralvenös	75%
Standardbikarbonat (StB)	21–25 mmol/l
Base excess (BE)	± 3 mmol/l
pH	7,4 ± 0,04

Elektrolyte

- alte Nomenklatur: mval/l
- neue Nomenklatur: mmol/l

Natrium	135–147 mval/l = 135–147 mmol/l
Kalium	3,5–5 mval/l = 3,5–5 mmol/l
Kalzium	4,2–5,6 mval/l = 2,1–2,8 mmol/l

Gerinnung

Quick	70–100%
PTT	23–38 sec

Leberwerte

SGOT	5–15 U/l
SGPT	5–20 U/l
LDH	80–240 U/l

Sonstige Laborwerte

Parameter	Normalwerte
Leukozyten	4 000–10 000/mm³
Thrombozyten	150 000–300 000/mm³
Fibrinspaltprodukte	< 10 mg/l
Laktat	1–1,8 mmol/l
Kreatinin	< 110 µmol/l
Harnstoff	2,5–6,7 mmol/l bzw. 15–40 mg/dl
Lipase	< 140 U/l
Alpha-Amylase	40–180 U/l
CK (Kreatinkinase)	< 70 U/l
CK-MB (herzspezifische Kreatinkinase)	normalerweise nicht im Blut
Protein	6,5–8,5 g/l
Indirektes Bilirubin	< 12,7 µmol/l
Direktes Bilirubin	< 4,3 µmol/l
Alkalische Phosphatase	60–170 U/l

Blutzucker (BZ)

- alte Nomenklatur: mg%, mg/dl
- neue Nomenklatur: mmol/l
- Umrechnungsfaktor: 18 (mg% : 18 = mmol)

70–100 mg%	3,9 –5,5 mmol/l

Blutbild

Hämoglobin (Hb)	Männer	14–18 g%
	Frauen	12–16 g%
Hämatokrit (HK)	Männer	43–49 %
	Frauen	36–45 %
Thrombozyten	150 000–300 000/mm³	

Hämodynamische Parameter

	Normalbereich	Durchschnittswert
Herzfrequenz (HF)	60–100/min	
Arterieller Blutdruck:		
systolisch	90–140 mmHg	130 mmHg
diastolisch	60–90 mmHg	70 mmHg
Mitteldruck	70–105 mmHg	85 mmHg
Zentraler Venendruck	1–5 mmHg	3 mmHg
Rechter Vorhof	1–5 mmHg	3 mmHg
Rechter Ventrikel:		
systolisch	17–32 mmHg	25 mmHg
enddiastolisch	1–7 mmHg	4 mmHg
Pulmonalarterie:		
systolisch	17–32 mmHg	25 mmHg
enddiastolisch	4–13 mmHg	9 mmHg
Mitteldruck	9–19 mmHg	15 mmHg
Pulmonal-kapillärer Verschlußdruck (= pulmo-capillary wedge-pressure = PCWP = Wedge-Druck)	4–13 mmHg	9 mmHg
Linker Vorhof	2–12 mmHg	8 mmHg
Herzminuten-volumen (HMV = cardiac output)	4–8 mmHg	

Medikamentenverzeichnis

Freiname	Handelsname	Freiname	Handelsname
Adrenalin	Suprarenin	Lidocain	Xylocain
Alfentanil	Rapifen	Methohexital	Brevimytal, Brevital
Alcuronium	Alloferin	Mepivacain	Meaverin, Scandicain
Amrinon	Wincoram	Midazolam	Dormicum
Atracurium	Tracrium	Naloxon	Narcanti, Narcan
Bupivacain	Bupivacain, Carbostesin	Neostigmin	Prostigmin
Buprenorphin	Temgesic	Nifedipin	Adalat
Cimetidin	Tagamet	Nitrendipin	Bayotensin akut
Cis-Atracurium	Nimbex	Nitroglycerin	Trinitrosan
Clemastin	Tavegil	Nitroprussid-Natrium	nipruss
Clonidin	Catapresan, Clonidin, Paracefan	Noradrenalin	Arterenol
Desfluran	Suprane	Pancuronium	Pancuronium
Diazepam	Valium	Pethidin	Dolantin
Diclofenac	Voltaren	Phenobarbital	Luminal
Dikaliumclorazepat	Tranxilium	Physostigmin	Anticholium
Dimetinden	Fenistil	Piritramid	Dipidolor
Dobutamin	Dobutrex	Prilocain	Xylonest
Dopamin	Dopamin	Promethazin	Atosil
Dopexamin	Dopacard	Propofol	Disoprivan
Droperidol	Dehydrobenzperidol	Pyridostigmin	Mestinon
Enfluran	Ethrane	Ranitidin	Sostril
Enoximon	Perfan	Remifentanil	Ultiva
Esmolol	Brevibloc	Rocuronium	Esmeron
Etomidat	Hypnomidate	Sevofluran	Sevorane
Famotidin	Pepdul	S-Ketamin	Ketanest S
Fentanyl	Fentanyl	Succinyldicholin	Pantolax, Lysthenon, Succicuran
Flunitrazepam	Rohypnol	Sucralfat	Ulcogant
Halothan	Halothan, Fluothan	Sufentanil	Sufenta, Sufenta mite
Imipenem	Zienam	Theophyllin	Bronchoparat
Isofluran	Forane, Forene	Thiopental	Trapanal
Ketamin	Ketanest	Urapidil	Ebrantil
		Vecuronium	Norcuron

Auszug aus dem Medizinprodukte-gesetz (MPG)

Gesetz über Medizinprodukte (Medizinproduktegesetz – MPG)
Vom 2. August 1994
(BGBl [Bundesgesetzblatt] S. 1963)

Der Bundestag hat mit Zustimmung des Bundesrates folgende Gesetze beschlossen: ...

Erster Abschnitt
Zweck, Anwendungsbereich des Gesetzes, Begriffsbestimmungen

§ 1
Zweck des Gesetzes
Zweck des Gesetzes ist es, den Verkehr mit Medizinprodukten zu regeln und dadurch für die Sicherheit, Eignung und Leistung der Medizinprodukte sowie die Gesundheit und den erforderlichen Schutz der Patienten, Anwender und Dritter zu sorgen.

§ 3
Begriffsbestimmungen
1. Medizinprodukte sind alle einzeln oder miteinander verbunden verwendeten Instrumente, Apparate, Vorrichtungen, Stoffe und Zubereitungen aus Stoffen oder andere Gegenstände einschließlich der für ein einwandfreies Funktionieren des Medizinproduktes eingesetzten Software, die vom Hersteller zur Anwendung für Menschen mittels ihrer Funktionen zum Zwecke
a) der Erkennung, Verhütung, Behandlung oder Linderung von Krankheiten...
b) von Verletzungen oder Behinderungen... zu dienen bestimmt sind...

Zweiter Abschnitt
Anforderungen an Medizinprodukte

§ 4
Verbote zum Schutz von Patienten, Anwendern und Dritten
(1) Es ist verboten, Medizinprodukte in den Verkehr zu bringen, zu errichten, in Betrieb zu nehmen, zu betreiben oder anzuwenden, wenn
1. der begründete Verdacht besteht, daß sie die Sicherheit und die Gesundheit der Patienten, der Anwender oder Dritter bei sachgemäßer Anwendung, Instandhaltung und ihrer Zweckbestimmung entsprechender Verwendung über ein nach den Erkenntnissen der medizinischen Wissenschaften vertretbares Maß hinausgehend gefährden oder
2. ihr Verfallsdatum abgelaufen ist.

§ 8
Voraussetzungen für das Inverkehrbringen und die Inbetriebnahme
(1) Medizinprodukte...gemäß § 11 Abs. 1 sowie Medizinprodukten, die zur klinischen Prüfung bestimmt sind, dürfen im Geltungsbereich dieses Gesetzes nur in den Verkehr gebracht und in Betrieb genommen werden, wenn sie mit der CE-Kennzeichnung...versehen sind. Über die Beschaffenheitsanforderungen hinausgehende Bestimmungen, die das Betreiben von Medizinprodukten betreffen, bleiben unberührt.

§ 13
Klassifizierung
(1) Medizinprodukte werden Klassen zugeordnet (vgl. Tabelle am Ende des Auszuges aus dem MPG; vom Autor angefügt).

Fünfter Abschnitt
Vorschriften für das Errichten, Betreiben und Anwenden von Medizinprodukten

§ 22
Vorschriften für das Errichten, Betreiben und Anwenden aktiver Medizinprodukte

(1) Aktive Medizinprodukte dürfen nur ihrer Zweckbestimmung entsprechend, nach den Vorschriften dieses Gesetzes und hierzu erlassener Rechtsverordnungen, den allgemein anerkannten Regeln der Technik sowie den Arbeitsschutz- und Unfallverhütungsvorschriften errichtet, betrieben und angewendet werden. Sie dürfen nicht betrieben und angewendet werden, wenn sie Mängel aufweisen, durch die Patienten, Beschäftigte oder Dritte gefährdet werden können. Aktive Medizinprodukte dürfen nur von Personen angewendet werden, die auf Grund ihrer Ausbildung oder ihrer Kenntnisse und praktischen Erfahrungen die Gewähr für eine sachgerechte Handhabung bieten.

Neunter Abschnitt
Straf- und Bußgeldvorschriften

§ 43
Strafvorschriften

(1) Mit Freiheitsstrafe bis zu drei Jahren oder mit Geldstrafe wird bestraft, wer

1. entgegen § 4 Abs. 1 Nr. 1 ein Medizinprodukt in den Verkehr bringt, errichtet, in Betrieb nimmt, betreibt oder anwendet,

2. entgegen § 8 Abs. 1 Satz 1 ein Medizinprodukt, das den Vorschriften der Strahlenschutzverordnung oder der Röntgenverordnung unterliegt oder bei dessen Herstellung ionisierende Strahlen verwendet wurden, in den Verkehr bringt oder in Betrieb nimmt.

Zehnter Abschnitt
Übergangsbestimmungen

§ 47
Inverkehrbringen, Errichten und Betreiben von medizinisch-technischen Geräten

(1) Medizinisch-technische Geräte gemäß § 2 Nr. 1, 3 und 4 der Medizingeräteverordnung vom 14. Januar 1985 (BGBl. I S. 93), zuletzt geändert durch Artikel 9 Nr. 8 des Gesetzes vom 26. August 1992 (BGBl. I S. 1564), dürfen, soweit sie nicht nach den Vorschriften der §§ 8 bis 11 dieses Gesetzes in den Verkehr gebracht werden, nur in den Verkehr gebracht werden, wenn sie den geltenden Vorschriften der Medizingeräteverordnung in der jeweils geltenden Fassung und den sonstigen Voraussetzungen für ihr Inverkehrbringen entsprechen und Leben oder Gesundheit oder sonstige in den für medizinisch-technische Geräte geltenden Rechtsverordnungen aufgeführte Rechtsgüter der Patienten, Anwender oder Dritter bei bestimmungsgemäßer Verwendung nicht gefährden.

Beispiele für die vier Risikoklassen nach den Medizinproduktegesetz.

Vier Risikoklassen für Medizinprodukte nach 18 komplizierten Regeln			
Klasse I niedrigste Klasse	Klasse IIa	Klasse IIb	Klasse III höchste Klasse
Brillenglas Brillengestell	Kontaktlinsen	Kontaktlinsenpflege- mittel	Herzklappen
Stethoskope	Atemsystem Atemschlauch	Beatmungsgerate	Schrittmacher
Operationstisch	Bakterienfilter	Röntgengeräte	Defibrillator am Herzen

Abkürzungsverzeichnis

A

A. Arterie
$AaDO_2$ alveoloarterielle Sauerstoffpartialdruckdifferenz
ACH Acetylcholin
ACT aktivierte Gerinnungszeit (activated clotting time)
ACVB aortokoronarer Venenbypass
ADH antidiuretisches Hormon
AF Atemfrequenz
AMV Atemminutenvolumen
ARDS akutes Lungenversagen (adult respiratory distress syndrome)
ASB unterstützte Spontanatmung (assisted spontaneous breathing)
ATS Antithrombosestrümpfe

B

BGA Blutgasanalyse
BSV Bandscheibenvorfall

C

CAVH kontinuierliche arteriovenöse Hämofiltration
CCT kraniales Computertomogramm
CK Kreatinkinase
CO_2 Kohlendioxid
CPAP kontinuierlicher positiver Atemwegsdruck (continous positive airway pressure)
CPP zerebraler Perfusionsdruck (cerebral perfusion pressure)
CVVH kontinuierliche venovenöse Hämofiltration

D

DHBP Dehydrobenzperidol
DIC disseminierte intravasale Gerinnung (disseminated intravascular coagulation)

E

EKZ extrakorporale Zirkulation
EU Extrauteringravidität

F

FEV_1 1-Sekunden-Kapazität (forciertes exspiratorisches Volumen in 1 Sekunde)
FFP gefrorenes Frischplasma (fresh frozen plasma)
F_iO_2 inspiratorische Sauerstoffkonzentration (fraction of inspired oxygen)

G

GOT *siehe* SGOT
GPT *siehe* SGPT

H

HÄS Hydroxyäthylstärke
Hb Hämoglobin
HCO_3^- Bikarbonat
HK Hämatokrit
HKV Hydrokolloidverband
HLM Herz-Lungen-Maschine
HMV Herzminutenvolumen
HNO Hals-Nasen-Ohren

I

I:E Inspirations- zu Exspirationszeit
ICP intrakranieller Druck (intracranial pressure)
IMV intermittierende maschinelle Ventilation (intermittent mandatory ventilation)
IPPV intermittierende Überdruckbeatmung (intermittent positive pressure ventilation)

L

LDH Laktatdehydrogenase

M

MAP mittlerer arterieller Druck

N

N. Nervus
N_2O Lachgas
NLA Neuroleptanästhesie

O

O_2 Sauerstoff

P

pCO_2 Kohlendioxidpartialdruck
p_aCO_2 arterieller Kohlendioxidpartialdruck
PCWP pulmonalkapillärer Verschlußdruck (pulmonary capillary wedge pressure)
PDA Periduralanästhesie
PEEP positiver endexspiratorischer Druck (positive endexspiratory pressure)
pO_2 Sauerstoffpartialdruck
p_aO_2 arterieller Sauerstoffpartialdruck
PPL Plasmaproteinlösung
PTT Thromboplastinzeit (partial thromboplastin time)

S

SAB Subarachnoidalblutung
SEK Serumeiweißkonserve
SGOT Serum-Glutamat-Oxalacetat-Transaminase
SGPT Serum-Glutamat-Pyruvat-Transaminase
SHT Schädel-Hirn-Trauma
SIMV synchronisierte intermittierende maschinelle Beatmung (synchronized intermittent mandatory ventilation)

T

TE Tonsillektomie
TEP Totalendoprothese
TIVA totale intravenöse Anästhesie
TPR totaler peripherer Widerstand
TUR transurethrale Resektion

V

V. Vene

Z

ZVD zentraler Venendruck
ZVK zentraler Venenkatheter

Sachverzeichnis

A

D

F

J

K

N

O